"十二五"普通高等教育本科国家级规划教材
国家林业和草原局普通高等教育"十三五"规划教材

树 木 学

（北方本）

第 3 版

张志翔　主编

中国林业出版社

图书在版编目(CIP)数据

树木学：北方本/张志翔主编. —3 版. —北京：中国林业出版社，2021.5(2024.12重印)
"十二五"普通高等教育本科国家级规划教材
国家林业和草原局普通高等教育"十三五"规划教材
ISBN 978-7-5219-1153-4

Ⅰ. 树… Ⅱ. 张… Ⅲ. 树木学－高等学校－教材 Ⅳ. S718.4

中国版本图书馆 CIP 数据核字(2021)第 085360 号

审图号：GS(2021)1129 号/GS 京(2022)1513 号

中国林业出版社教育分社

策划编辑： 肖基浒　　　　**责任编辑：** 肖基浒　洪　蓉
电话：(010) 83143555　　**传真：**(010) 83143516

出版发行	中国林业出版社(100009　北京市西城区刘海胡同7号) E-mail:jiaocaipublic@163.com　电话:(010)83143500 http://www.forestry.gov.cn/lycb.html
印　刷	北京中科印刷有限公司
版　次	1997 年 6 月第 1 版 2008 年 6 月第 2 版 2021 年 5 月第 3 版
印　次	2024 年 12 月第 4 次印刷
开　本	850mm × 1168mm　1/16
印　张	34.25　　插页　4
字　数	826 千字
定　价	90.00 元

未经许可，不得以任何方式复制或抄袭本书之部分或全部内容。

版权所有　侵权必究

《树木学》(北方本)第 3 版
编 写 人 员

主　编：
　　张志翔（北京林业大学，教授）

副 主 编：
　　张钢民（北京林业大学，教授）
　　孙学刚（甘肃农业大学，教授）
　　穆立蔷（东北林业大学，教授）

编　委：（按姓氏笔画为序）
　　刘果厚（内蒙古农业大学，教授）
　　闫双喜（河南农业大学，教授）
　　杜克久（河北农业大学，教授）
　　杜凤国（北华大学，教授）
　　苏金乐（河南农业大学，副教授）
　　赵良成（北京林业大学，副教授）
　　康永祥（西北农林科技大学，教授）
　　戚继忠（北华大学，教授）
　　臧德奎（山东农业大学，教授）
　　葛丽萍（山西农业大学，教授）
　　谢　磊（北京林业大学，副教授）

主　审：
　　王建中（北京林业大学，教授）

《树木学》(北方本) 第 2 版
编 写 人 员

主　编：
　　张志翔
副 主 编：
　　孙学刚　穆立蔷　张钢民
编写人员：(按姓氏笔画为序)
　　刘果厚（内蒙古农业大学）
　　孙学刚（甘肃农业大学）
　　闫双喜（河南农业大学）
　　杜克久（河北农业大学）
　　杜凤国（北华大学）
　　苏卫国（天津农学院）
　　苏金乐（河南农业大学）
　　张玉钧（北京林业大学）
　　张志翔（北京林业大学）
　　张钢民（北京林业大学）
　　赵良成（北京林业大学）
　　康永祥（西北农林科技大学）
　　戚继忠（北华大学）
　　臧德奎（山东农业大学）
　　穆立蔷（东北林业大学）
主　审：
　　黄普华（东北林业大学）
　　王建中（北京林业大学）

第3版编写人员及分工

北京林业大学（主持单位）：

张志翔——前言、总论、裸子植物相关内容；胡桃科到杨柳科相关APG分类系统的内容；中国森林树种地理分布概述，树种名称索引；教材修订策划与组织；全书最终整理和统稿。

张钢民——总论中分子系统学内容编写；松科、红豆杉科、罗汉松科、鼠李科、葡萄科、杜英科，以及木兰科到桑科相关APG分类系统的内容；教材编写策划和编写联系；全书错误校订修改。

赵良成——柏科、三尖杉科、含羞草科、苏木科、蓝果树科，以及杜鹃花科到桑寄生科相关APG分类系统的内容。

张玉钧——木麻黄科、水青树科、连香树科。

谢　磊——锦葵科、悬铃木科、苦木科、梧桐科，以及卫矛科到五加科相关APG分类系统的内容。

沐先运——卫矛科、黄杨科、小檗科、虎耳草科、桑寄生科、七叶树科。

尚　策——木本植物常用形态术语。茄科到禾本科相关APG分类系统的内容。

东北林业大学：

穆立蔷——蔷薇科、杨柳科、柿树科、石榴科、千屈菜科、漆树科；中国森林树种地理分布概述（东北区）。

西北农林科技大学：

康永祥——银杏科、苏铁科、忍冬科（含荚蒾科、接骨木科）、菊科、山茱萸科。

甘肃农业大学：

孙学刚、田青——麻黄科、蓼科、藜科、蝶形花科、柽柳科、杜鹃花科、棕榈科、禾本科及相关特征图绘制；负责第一次统稿：南洋杉科、木兰科、樟科、海桐科、蓼科、藜科、蝶形花科、柽柳科、杜鹃花科、麻黄科、八角科、无患子科、玄参科、省沽油科、山矾科、领春木科、金缕梅科、大枫子科、八角枫科、唇形科、茄科、木犀科、马鞭草科、胡颓子科、蒺藜科、楝科、紫葳科、棕榈科、禾本科。

北华大学林学院：

杜凤国——壳斗科、桦木科、榛科、胡桃科。全书稿通读修正。

戚继忠——榆科、桑科、杜仲科、猕猴桃科、椴树科、槭树科。

内蒙古农业大学：

刘果厚——唇形科、茄科、马鞭草科、胡颓子科、蒺藜科、楝科、紫葳科。

山东农业大学：
   臧德奎——南洋杉科、木兰科、樟科、蜡梅科、五味子科、海桐科、木犀科。
河南农业大学：
   苏金乐、闫双喜——八角科、玄参科、省沽油科、山矾科、领春木科、金缕梅科、大风子科、八角枫科。

第 2 版编写人员及分工

张志翔——前言、总论、木棉科、桃金娘科、红树科、卫矛科、黄杨科、大戟科、冬青科、茶科、芸香科、五加科、茜草科；中国森林树种地理分布概述，树种名称索引；树种特征图和树种分布区图收集、设计、组编和制作等。

张钢民——总论中分子系统学内容编写；松科、红豆杉科、罗汉松科、鼠李科、葡萄科、杜英科。

赵良成——杉科、柏科、三尖杉科、含羞草科、苏木科、蓝果树科。

张玉钧——木麻黄科、水青树科、连香树科。

穆立蔷——蔷薇科、杨柳科、柿树科、石榴科、千屈菜科、漆树科；中国森林树种地理分布概述（东北区）。

康永祥——银杏科、苏铁科、忍冬科（含荚蒾科、接骨木科）、菊科、山茱萸科。

孙学刚——麻黄科、蓼科、藜科、蝶形花科、柽柳科、杜鹃花科、棕榈科、禾本科及相关特征图绘制；南洋杉科、木兰科、樟科、海桐科、蓼科、藜科、蝶形花科、柽柳科、杜鹃花科、麻黄科、八角科、无患子科、玄参科、省沽油科、山矾科、领春木科、金缕梅科、大枫子科、八角枫科、唇形科、茄科、木犀科、马鞭草科、胡颓子科、蒺藜科、楝科、紫葳科、棕榈科、禾本科。

杜凤国——壳斗科、桦木科、榛科、胡桃科。

戚继忠——榆科、桑科、杜仲科、猕猴桃科、椴树科、槭树科。

刘果厚——唇形科、茄科、马鞭草科、胡颓子科、蒺藜科、楝科、紫葳科。

臧德奎——南洋杉科、木兰科、樟科、蜡梅科、五味子科、海桐科、木犀科。

苏金乐，闫双喜——八角科、玄参科、省沽油科、山矾科、领春木科、金缕梅科、大风子科、八角枫科。

杜克久——锦葵科、悬铃木科、苦木科、梧桐科。

苏卫国——小檗科、虎耳草科（含绣球花科、醋栗科）、桑寄生科、七叶树科。

第3版前言

"树木学"作为林学类专业的一门主干课程和特色课程,在林业高等教育中具有举足轻重的地位。树木学不仅为林学类专业学习、研究和工作积累树木知识,同时对学生综合能力与素质的培养具有重要的意义。通过本课程的学习,旨在使学生形成正确的专业思想和对林学学科的专业认同,培养学生观察、分析和解决问题的能力,为学生后续的林业专业课程学习及实践打下坚实的知识和能力基础。

考虑到树木具有明显的地域性特点,本教材所选树种主要以秦岭、淮河以北分布(东北、华北和西北地区)的树种为主,适当地兼顾南方重要森林树种、经济树种和引种成功的国外重要树种,共涉及517种,占中国树种资源的5%~6%。修订教材在总论部分仍占有较大的比重,目的是在有限的教学时数内,结合实践,使学生掌握扎实的基础理论、树种鉴别能力、树木研究和评价的技能。

本教材在内容和结构上基本延续了《树木学》(北方本)第2版,但吸收了植物学科的一些新进展,特别是分子系统学的研究成果。书中裸子植物采用克氏分类系统(Christenhusz system,2011),在该系统中,杉科被合并到柏科中;三尖杉科合并到红豆杉科;各科的系统位置也发生了很大的变化。在被子植物部分,考虑到林业领域对树种的传承和使用习惯性,仍然使用克朗奎斯特系统(Cronquist system,1981)。为了使学生了解最新的APG系统研究结果,对每个科在APG系统中的位置变化和组成均作了简单的阐述,如榆科中的青檀属、朴属、糙叶树属、白颜树属和山黄麻属调整到大麻科,国产的榆科中仅保留了刺榆属、榆属和榉属;无患子科包括了槭树科、七叶树科;椴树科、木棉科、梧桐科合并到锦葵科中等信息。

本教材是"十二五"普通高等教育本科国家级规划教材、国家林业和草原局普通高等教育"十三五"规划教材,也是国家级精品课程和国家级一流课程建设的重要支撑。第3版教材的出版得益于全体编委的努力。在教材编写和出版过程中始终得到北京林业大学各级领导及全国树木学同行的关注和支持,中国林业出版社对本书修订也给予了极大的帮助,在此一并表示诚挚的谢意。

限于我们的水平,本教材可能存在不妥之处,敬请广大教师和同学们提出宝贵意见。

编 者
2020.12

第2版前言

《树木学》(北方本)第2版为普通高等教育"十一五"国家级规划教材,在第1版的基础上作了较大的修订工作。《树木学》(北方本)(任宪威主编)自1997年出版以来,已被全国北方高等农林院校的林学、森林资源保护与游憩、水土保持与荒漠化防治和草业科学等专业普遍使用,为我国树木学教学工作的发展发挥了积极作用。在原版教材中共介绍了树种(包括变种、变型)1 000多个,植物系统内容突出,是一本集教学和服务生产实践为一体的教学资料。但随着近年来课程体制的改革,树木学的教学时数大幅度减少,迫切需要一本在充实新内容的同时,对部分过于繁杂的内容进行精简的新版教材。《树木学》(北方本)第2版同国内现有同类教材相比,将体现如下特色:

1. 突出树木学专业基础课的性质

树木学不同于植物分类学,它是研究树木的形态特征、系统分类、生物学特性、生态学特性、森林树种地理分布、利用价值和树种评价的一门学科,是林学学科各专业的专业基础课。因此,教材不应只是对木本植物的分类进行介绍,而是注重与林业学科领域的科研和林业生产实践相结合。在树种介绍中,除形态特征外,还应充分吸收相关学科的最新研究结果,加强树种的生物学、生态学及林学等特性、分布、利用和保育等方面的内容。

2. 内容精简,重点突出

原教材内容繁杂,所涉及的种类过多(连同变种和变型达1 029个),重点不够突出,且过分强调系统学问题。为适应树木学教学,第2版教材将把重点放在科属特征的介绍上,删去目的介绍。在同一属或亚属中,选择少数具有重要经济、生态或观赏价值的代表种作详尽介绍,其他种类与之比较,力求少而精,以点带面,突出重点。以加强学生基本功为主要目的,而不是过多地描述物种。同时,在特征描述中,科中的共同特征,原则上不再在属、种中重复描述,如榛科 Corylaceae 的"叶多为重锯齿,雄花为无被花,雌花为单被花"为各属、种的共同特征,在属、种中不再重复。

3. 突出北方特色,适当兼顾南方的重要树种

本教材主要涉及我国北方的木本植物,删除原教材中的木通科、大血藤科等热带分布科。但在林业生产、生态建设和城市绿化树种介绍中,适当兼顾南方重要的森林组成树种、生态建设用树种、工业原料树种、国外引进重要树种、中国特有珍稀濒危物种(如珙桐 *Davidia involucrata* 等)以及北方重要国际贸易树种及《中华人民共和国森林法》中限制、禁止出口的珍贵树种(名录)。本教材共包括树种517种,分属77科

258属。

4. 新颖性和实用性

在借鉴原教材优点的基础上，参阅大量的中、外教材和相关学科的文献，力求使本教材做到推陈出新，内容新颖，以适应新世纪林业科学技术的发展。为了使本教材内容形象生动，具有更强的可读性、实用性，重要树种均附有形象的插图，部分内容配以精美的彩色图片。为扩展知识，在一些章节中以"窗口"的形式，综述或摘抄一些反映现代树木形态与系统学及现代生物学技术对树木学研究领域的推动和新的研究成果，供学习时参考。

本教材共分为3篇。第1篇分6个部分，主要是使学生建立树木学的基本概念；理解和掌握树木的分类、命名、鉴定、形态、变异、特性、中国森林树种资源和分布区等知识；第2篇为各论部分，分裸子植物和被子植物，主要介绍树种的形态、特性、分布和用途，以及对树种的评价；第3篇为中国森林树种地理分布概述，重点介绍中国各森林分布区重要森林树种和所组成的森林类型，总体上让学习者了解中国的森林资源和分布。树种选择以中国北方树种为主，兼顾中国南方的重要森林树种、经济树种和世界性重要树种。不同学校可以根据需要、教学经验和地区特点重新编排、组织、删节和扩充教学内容、增减树种。裸子植物以郑万钧系统(《中国植物志》第七卷)，被子植物以 Cronquist(1981) 系统按科排列为主，一些科属根据教学的特点，未遵循该系统的结构，如蔷薇科 Rosaceae 中的桃属 *Amygdalus*、杏属 *Armeniaca*、李属 *Prunus*、樱属 *Cerasus* 和稠李属 *Padus* 均统一按李属 *Prunus* 编写；绣球花科 Hydrangeaceae 和醋栗科 Ribesiaceae 按虎耳草科 Saxifragaceae 编写；珙桐科 Davidiaceae 和紫树科 Nyssaceae 按蓝果树科(紫树科) Nyssaceae 编写；荚蒾科 Viburnaceae 和接骨木科 Sambucaceae 统一到忍冬科 Caprifoliaceae 中编写。

全书共有插图452，彩色图版4版。部分插图由北京林业大学胡冬梅和许旭红新绘和仿绘。其余的插图引自祁承经、汤庚国主编《树木学》(南方本)、吴征镒、Peter H. Raven 主编《Flora of China Illustrations》、郑万钧主编《中国树木志》、孙立元、任宪威主编《河北树木志》、Thomas Stützel《Botanische Bestimmungsübungen》、Strasburger《Lehrbuch der Botanik》(34 Auflage)、John Farrar《Trees in Cananda》、Gregor Aes, Andreas Riedmiller《Bäume》等，在此谨向原作者致谢。书中的彩色图版由张志翔、孙学刚等拍摄。

由于参考文献较多，仅列出一些重要的参考文献。因此，对引用但未列出的文献作者表示感谢。

本教材始终得到北京林业大学的关注和支持，并成为校级精品课程到北京市精品课程和国家精品课程《树木学》的重要建设内容，教材的编写在经费上得到保障。中国林业出版社对本教材的编写提出很好的意见和建议。在编写中，也得到南京林业大学、西南林学院等南方院校同行的支持和帮助。全书完稿后，承蒙黄普华教授修改、王建中教授的全书审阅。在此，对关心和帮助本教材编写的各位老师和同行们表示诚挚的谢意。

编 者

2007.12

目 录

第 3 版前言
第 2 版前言

第1篇　总论 …………………………………………………………………… (1)

第1章　树木学与树木分类概述 …………………………………………… (2)
1.1　树木学简介 …………………………………………………………… (2)
1.1.1　树木学的概念和研究内容 ………………………………………… (2)
1.1.2　树木学在林业生产中的作用 ……………………………………… (3)
1.1.3　学习树木学的方法 ………………………………………………… (3)
1.2　树木分类概述 ………………………………………………………… (4)
1.2.1　植物分类系统 ……………………………………………………… (4)
1.2.2　树木分类的依据 …………………………………………………… (9)
1.2.3　植物分类的等级 …………………………………………………… (14)
1.2.4　植物命名 …………………………………………………………… (16)
1.2.5　检索表 ……………………………………………………………… (18)

第2章　树木的形态及变异 ………………………………………………… (20)
2.1　树木形态 ……………………………………………………………… (20)
2.1.1　营养形态 …………………………………………………………… (20)
2.1.2　生殖形态 …………………………………………………………… (34)
2.2　树木形态变异 ………………………………………………………… (43)

第3章　树木生长发育与物候观测 ………………………………………… (47)
3.1　树木生物学特性 ……………………………………………………… (47)
3.1.1　树木生物学特性的基本概念 ……………………………………… (47)
3.1.2　树木生长发育的基本规律 ………………………………………… (47)
3.1.3　树木的年周期 ……………………………………………………… (49)
3.2　树木物候和观测方法 ………………………………………………… (51)
3.2.1　树木物候的概念 …………………………………………………… (51)
3.2.2　树木物候观测方法 ………………………………………………… (51)

第4章　树木与环境 ………………………………………………………… (54)
4.1　环境概述 ……………………………………………………………… (54)

4.1.1　生态因子及分类 …………………………………………………………… (54)
　　4.1.2　生态因子对树木的影响分析 ………………………………………………… (54)
4.2　树木与环境的生态适应 …………………………………………………………… (56)
　　4.2.1　树木对光因子的生态适应 …………………………………………………… (56)
　　4.2.2　树木对温度因子的生态适应 ………………………………………………… (57)
　　4.2.3　树木对水分因子的生态适应 ………………………………………………… (58)
　　4.2.4　树木对空气因子的生态适应 ………………………………………………… (58)
　　4.2.5　树木对土壤因子的生态适应 ………………………………………………… (59)
　　4.2.6　树木对地形因子的生态适应 ………………………………………………… (60)
4.3　树木与生物因子的关系 …………………………………………………………… (60)
　　4.3.1　生物因子对树木的影响 ……………………………………………………… (60)
　　4.3.2　人为因子对树木的影响 ……………………………………………………… (61)
4.4　树木耐寒区位 ……………………………………………………………………… (62)

第5章　树种分布区和树木区系 …………………………………………………… (64)
5.1　树种分布区 ………………………………………………………………………… (64)
　　5.1.1　树种分布区的概念及其形成 ………………………………………………… (64)
　　5.1.2　分布区的类型 ………………………………………………………………… (64)
　　5.1.3　树种分布中心和特有现象 …………………………………………………… (65)
5.2　中国树种的区系成分 ……………………………………………………………… (66)
　　5.2.1　中国树种的区系概念 ………………………………………………………… (66)
　　5.2.2　中国树种区系研究类型与划分 ……………………………………………… (66)

第6章　中国树种资源与保护利用 ………………………………………………… (69)
6.1　中国珍稀濒危树种资源 …………………………………………………………… (69)
6.2　中国特有树种 ……………………………………………………………………… (70)
6.3　珍稀濒危植物的种类及其划分标准 ……………………………………………… (71)
6.4　保护与拯救的对策 ………………………………………………………………… (72)
　　6.4.1　就地保育 ……………………………………………………………………… (72)
　　6.4.2　迁地保育 ……………………………………………………………………… (72)
　　6.4.3　近地保育 ……………………………………………………………………… (73)
　　6.4.4　野外回归 ……………………………………………………………………… (73)

第2篇　树种各论 ……………………………………………………………………… (75)
第7章　裸子植物 GYMNOSPERMS …………………………………………… (76)
　1. 苏铁科 Cycadaceae ………………………………………………………………… (79)
　2. 银杏科 Ginkgoaceae ………………………………………………………………… (80)
　3. 麻黄科 Ephedraceae ………………………………………………………………… (82)
　4. 松科 Pinaceae ……………………………………………………………………… (84)
　5. 罗汉松科 Podocarpaceae …………………………………………………………… (104)
　6. 南洋杉科 Araucariaceae …………………………………………………………… (104)

7. 柏科 Cupressaceae ……………………………………………………………… (106)
8. 红豆杉科 Taxaceae ……………………………………………………………… (119)

第8章 被子植物 ANGIOSPERMS …………………………………………………… (124)

Ⅰ. 双子叶植物 DICOTYLEDONEAE …………………………………………… (125)

1. 木兰科 Magnoliaceae ………………………………………………………… (125)
2. 蜡梅科 Calycanthaceae ……………………………………………………… (132)
3. 樟科 Lauraceae ……………………………………………………………… (133)
4. 八角科 Illiciaceae …………………………………………………………… (143)
5. 五味子科 Schisandraceae …………………………………………………… (145)
6. 小檗科 Berberidaceae ……………………………………………………… (146)
7. 水青树科 Tetracentraceae …………………………………………………… (149)
8. 连香树科 Cercidiphyllaceae ………………………………………………… (150)
9. 领春木科 Eupteleaceae ……………………………………………………… (151)
10. 悬铃木科 Platanaceae ……………………………………………………… (152)
11. 金缕梅科 Hamamelidaceae ………………………………………………… (154)
12. 杜仲科 Eucommiaceae ……………………………………………………… (158)
13. 榆科 Ulmaceae ……………………………………………………………… (159)
14. 桑科 Moraceae ……………………………………………………………… (168)
15. 胡桃科 Juglandaceae ……………………………………………………… (175)
16. 壳斗科 Fagaceae …………………………………………………………… (182)
17. 桦木科 Betulaceae ………………………………………………………… (198)
18. 木麻黄科 Casuarinaceae …………………………………………………… (209)
19. 藜科 Chenopodiaceae ……………………………………………………… (210)
20. 蓼科 Polygonaceae ………………………………………………………… (212)
21. 芍药科 Paeoniaceae ………………………………………………………… (216)
22. 山茶科 Theaceae …………………………………………………………… (217)
23. 猕猴桃科 Actinidiaceae …………………………………………………… (222)
24. 杜英科 Elaeocarpaceae …………………………………………………… (225)
25. 椴树科 Tiliaceae …………………………………………………………… (226)
26. 梧桐科 Sterculiaceae ……………………………………………………… (231)
27. 木棉科 Bombacaceae ……………………………………………………… (232)
28. 锦葵科 Malvaceae ………………………………………………………… (233)
29. 大风子科 Flacourtiaceae …………………………………………………… (235)
30. 柽柳科 Tamaricaceae ……………………………………………………… (236)
31. 杨柳科 Salicaceae ………………………………………………………… (239)
32. 杜鹃花科 Ericaceae ………………………………………………………… (251)
33. 柿树科 Ebenaceae ………………………………………………………… (255)
34. 山矾科 Symplocaceae ……………………………………………………… (257)

35. 海桐科 Pittosporaceae ……………………………………………… (259)
36. 虎耳草科 Saxifragaceae ……………………………………………… (260)
37. 蔷薇科 Rosaceae ……………………………………………………… (265)
38. 含羞草科 Mimosaceae ………………………………………………… (304)
39. 苏木科 Caesalpiniaceae ……………………………………………… (307)
40. 蝶形花科 Papilionaceae ……………………………………………… (311)
41. 胡颓子科 Elaeagnaceae ……………………………………………… (327)
42. 千屈菜科 Lythraceae ………………………………………………… (331)
43. 桃金娘科 Myrtaceae …………………………………………………… (332)
44. 石榴科 Punicaceae …………………………………………………… (338)
45. 红树科 Rhizophoraceae ……………………………………………… (339)
46. 八角枫科 Alangiaceae ………………………………………………… (341)
47. 蓝果树科(紫树科) Nyssaceae ……………………………………… (343)
48. 山茱萸科 Cornaceae …………………………………………………… (346)
49. 桑寄生科 Loranthaceae ……………………………………………… (352)
50. 卫矛科 Celastraceae ………………………………………………… (354)
51. 冬青科 Aquifoliaceae ………………………………………………… (358)
52. 黄杨科 Buxaceae ……………………………………………………… (359)
53. 大戟科 Euphorbiaceae ………………………………………………… (360)
54. 鼠李科 Rhamnaceae …………………………………………………… (369)
55. 葡萄科 Vitaceae ……………………………………………………… (375)
56. 省沽油科 Staphyleaceae ……………………………………………… (379)
57. 无患子科 Sapindaceae ………………………………………………… (381)
58. 七叶树科 Hippocastanaceae ………………………………………… (386)
59. 槭树科 Aceraceae ……………………………………………………… (387)
60. 漆树科 Anacardiaceae ………………………………………………… (393)
61. 苦木科 Simaroubaceae ………………………………………………… (399)
62. 楝科 Meliaceae ………………………………………………………… (402)
63. 芸香科 Rutaceae ……………………………………………………… (405)
64. 蒺藜科 Zygophyllaceae ……………………………………………… (411)
65. 五加科 Araliaceae …………………………………………………… (413)
66. 茄科 Solanaceae ……………………………………………………… (417)
67. 马鞭草科 Verbenaceae ………………………………………………… (418)
68. 唇形科 Lamiaceae ……………………………………………………… (424)
69. 木犀科 Oleaceae ……………………………………………………… (426)
70. 玄参科 Scrophulariaceae …………………………………………… (441)
71. 紫葳科 Bignoniaceae ………………………………………………… (445)
72. 茜草科 Rubiaceae ……………………………………………………… (448)

73. 忍冬科 Caprifoliaceae ······ (453)
74. 菊科 Asteraceae ······ (461)
Ⅱ. 单子叶植物 MONOCOTYLEDONEAE ······ (462)
75. 棕榈科 Arecaceae ······ (462)
76. 禾本科 Poaceae ······ (466)
77. 竹亚科 Bambusoideae/Nees Bamboo Subfamily ······ (466)

第 3 篇 中国树种分布 ······ (481)
第 9 章 中国森林树种地理分布概述 ······ (482)
9.1 东北区 ······ (484)
9.1.1 自然地理条件 ······ (484)
9.1.2 植物区系特点 ······ (484)
9.1.3 主要森林类型、树种资源与分布 ······ (484)
9.2 华北区 ······ (489)
9.2.1 自然地理条件 ······ (489)
9.2.2 植物区系特点 ······ (489)
9.2.3 主要森林类型、树种资源与分布 ······ (490)
9.3 蒙新区 ······ (496)
9.3.1 自然地理条件 ······ (496)
9.3.2 植物区系特点 ······ (496)
9.3.3 主要森林类型、树种资源与分布 ······ (497)
9.4 华东、华中区 ······ (501)
9.4.1 自然地理条件 ······ (501)
9.4.2 植物区系特点 ······ (501)
9.4.3 主要森林类型、树种资源与分布 ······ (502)
9.5 华南区 ······ (509)
9.5.1 自然地理条件 ······ (509)
9.5.2 植物区系特点 ······ (510)
9.5.3 主要森林类型、树种资源与分布 ······ (511)
9.6 云贵高原区 ······ (518)
9.6.1 自然地理条件 ······ (518)
9.6.2 植物区系特点 ······ (518)
9.6.3 主要森林类型、树种资源与分布 ······ (519)
9.7 青藏高原区 ······ (524)
9.7.1 自然地理条件 ······ (524)
9.7.2 植物区系特点 ······ (524)
9.7.3 主要森林类型、树种资源与分布 ······ (525)

参考文献 ……………………………………………………………………………（526）

索　引 ………………………………………………………………………………（530）

　中文名索引　　　　　　学名索引　　　　　　英文名索引

第1篇 总　论

第 1 章 树木学与树木分类概述

1.1 树木学简介

1.1.1 树木学的概念和研究内容

树木是木本植物的总称,包括乔木(trees)、灌木(shrubs)、木质藤本(woody vines)和竹类(bamboos)。树木学(dendrology)是研究树木的形态特征、系统分类、地理分布、生物学特性、生态学特性、资源利用及其在林业生态工程、经济开发中的地位与作用的一门学科;是一门既重视树木的基础理论,又具有很强实践性的学科。Dendrology 的词源来自希腊文 dendro(树木)和 logos(学理)。现代的树木学已由树木分类学发展成一门综合性学科,研究内容涉及树木的各个方面。随着现代生物技术的发展,树木学成为经典与现代相结合的典范;现代树木学的研究体现了环境、群体、个体、细胞、分子的全过程,并在不断地向纵深发展。尽管 dendrology 的字面含义是"树木的研究",但树木学的定义和研究内容却在不断地发生变化。早期的树木学主要涉及树木的分类、地理分布和林学特征,随着科学技术的发展,树木学的内涵得以扩展,现在基本认为树木学的研究内容涵盖了树木分类学(包括命名等)、形态学、系统发育、分子系统学、生态学、保护生物学、树木地理学、树种评价与利用以及自然历史领域。

掌握树木形态特征、树种鉴定的基本知识和方法;熟知树木中文、拉丁文名称和正确书写拉丁学名;认识树种习性、分布范围和生存环境;了解树种资源的保护与利用和森林树种地理分布,是对所有从事林学、环境科学、园林、生物、草业科学和自然保护区专业学生和相关人员的基本要求。树木是林业科学研究和生产的主要对象之一,掌握一定的树木知识,已成为相关专业毕业生专业能力和水平的体现。因此,树木学是林学、森林保护、水土保持与荒漠化防治、草业科学(高尔夫球场方向)、自然保护区、环境科学等的本科专业基础课。同时,它也是园林、生物、地理、野生动植物保护与利用、林木遗传育种和环境保护等学科研究生应该学习和掌握的基础课内容。

社会的发展愈加追求安全、优美、自然的生态环境,树木学家的学识和经验越来越得到社会的认知和需求,"乡土、长寿、抗逆、食源和美观"的树木资源选择与利用原则,为树木学家提出新的要求。中国林学会成立专门的树木学专业委员会,成为凝聚全国树木学家的专门学术机构;随着野生植物保护协会和各种环境保护协会的成立,随着国家对基础科学研究和树种资源收集与编目的重视,树木学家为相关部门所需求,从科学走向公众。在新的时代,生态系统保护、城市森林建设对乡土树种和珍贵树木种质资源的挖掘利用对树木学家提出新的要求,评价森林植物多样性、森林树种的利用,研究和了解森林树种的种质资源、驯化、栽培、观赏、绿化价值,以及古树名木、珍稀濒危树种的保育等成为树木学家继续研究的任务。

此外，野生生物的研究也把目光集中到了森林、集中到了树木，因为树木不仅为其他野生动物提供了栖息和筑巢环境，也为其提供了食物来源；更重要的是野生动物的生存和繁衍与所依赖的栖息地中的植物有着难以割舍的协同进化。因此，有必要重新去了解自然历史以及人类在历史和现代对树种不同利用的知识，了解全球林业中重要国际性树种的经济用途、蓄积量和经营管理。在湿地保护和研究中，树种也扮演着重要的角色。可见，现代的树木学已成为一门综合性和实用性的学科。

1.1.2 树木学在林业生产中的作用

传统的林业生产是以生产木材为主要目的，树木学在林业生产中的作用主要也只是对树木的分类和识别。但是，由于过度砍伐森林、环境污染已危及人类自身安全，人类对绿色环境的渴望和需求日益高涨；由于高等植物以每年 200 种惊人的速度灭绝，树种保护得到人类高度重视，人类不得不改变林业发展的方向——保护森林，恢复森林，提高森林生态功能，发展城市林业，优化生态环境，加强生态建设，维护生态安全。因此，树木学的作用除树种分类、名称鉴定外，又赋予了更丰富的内涵。首先，在生态系统保护和林业发展与建设，树木是主体，树种的选择、地理分布、生物学特性、生态学特性和利用价值成为工程成败的关键；其次，人工林建设从单纯造林发展到提高人工林的质量和生态功能，以及近自然林业经营理念的实现，使树木学和具有深厚树木学知识的林业管理人才成为不可缺少的力量；最后，随着人类对森林的过度砍伐和环境污染导致大量树种濒临灭绝，对珍稀濒危树种的保护和利用的研究成为树木学和树木学家的重要任务。特别是随着工业的发展和能源短缺问题的日益突显，人类已意识到生物质能源利用的重要意义。生物质能源树种是生物质能源重要的组成部分，其开发利用依赖于适宜能源树种的选择和研究。能源树种的开发利用，受到历史和科学技术发展的直接影响，其成果将推动社会的发展。19世纪橡胶资源的收集和开发，筛选出的橡胶树带动了世界范围内工业，尤其是汽车工业的发展，充分说明树种资源开发的重要性和意义。中国树种资源达 9 000 余种，其中含油量在 20% 以上的油料树种约 300 种，可以食用的 100 余种。可作为木本能源植物的树木种类很多，但许多种类尚不知其用途，真正开发利用的树种还很少。研究树木资源和利用，是树木学及其相关学科的主要任务。有效地开发和利用树木，可有力地推动林业的可持续发展和农业经济的发展。世界性组织 World Agroforestry Centre（ICRAF，世界混农林业中心）以建立混农林业为手段，研究和探讨世界范围内贫困国家和地区，尤其是非洲、拉丁美洲和亚洲的农业经济发展，树种的开发和利用起到了关键的作用，该组织向相关地区推荐了世界范围内的大量用于能源、工业原料、森林食品、用材等优良树种。从更高的层次上看，森林树种资源保育与合理的开发利用，是关系国家安全的问题。

1.1.3 学习树木学的方法

树木是世界上最大的植物，具有庞大的体积，寿命长、树影大、在森林群落中起着建群的作用；树木花朵、果实和叶片色彩、形态多样，极具观赏性；树木以及组成的森林成为人类游憩的场所，使人类感受回归自然的激情；树木为世界所有的生物提供了食物来源、避难、栖息、燃料、木制品和非木质制品；树木通过光合作用放出氧气，吸收二氧化碳，为生物提供所需的氧气，净化着空气；树木是森林进行碳汇的主体，成为减缓全球变暖的主力；树木组成的森林植被在保持水土，防止土壤流失方面起到了关键的作用；油料树种、淀粉树种和纤维树种成为人类寻找石油替代产品——生物质能源的重要的角色，为解决世界范围内的能源危机提供了途径。学会树种的鉴定、识别，了解树木的生长发育规律、对环境的要求、分布规律和利用有助于带你进入植物界中这一广阔的树木世界。通过树木学学习增进对自然界的兴趣和热爱，提高观察、判断、概括能力和对科学的好奇心。

科学有效地识别树种是树木学学习的首要任务。树木学实践性极强，要学好树木学需要有明确的学习目的，采用科学的学习方法。

树木学是植物学的分支学科，也是林学的分支学科。学习树木学，需要具备一定的植物、林学以及其他相关学科的知识，要具备植物解剖学、植物分类学、植物遗传学、植物地理学、植物生理学、分子生物学、植物生态学、土壤学、气象学、林产化学、木材学等方面的专业知识。同时，学习树木学也为森林培育学、森林有害生物防治、林木遗传育种学、森林经理学等课程的学习奠定树种基础。

树木学的特点是描述性强、涉及的树木种类多、名词术语多、需要记忆的内容多、树种的拉丁学名难记，初学者感到有些困难。有效的方法是培养学习兴趣，理论联系实际。多观察生长的树木和树木标本，观察时作重点笔记，对相近种类进行形态对比；充分利用工具书，学会正确鉴定，在理解中记忆。日积月累，循序渐进，勤奋好学才能学好树木学。

1.2 树木分类概述

1.2.1 植物分类系统

树木分类是树木学的重要内容，树木分类学是植物分类学的分支学科。植物分类学的形成和发展史代表了植物形态学和植物系统学的发展历程。植物形态学研究植物的发育、形态与结构，并根据其个体发育与系统发育来解释现存各种植物的形态与结构变化的植物学分支学科。植物系统学是研究植物类群的分类、鉴定和亲缘关系；描述植物的多样性及其在系统发育过程中所发生的分异与趋同；研究植物的起源和演化过程，以及类群间相互关系和系统排列的科学。其目的是建立一个能够反映植物演化和谱系发生关系的自然系统。现代植物分类学家已不再是只把植物的外部形态性状作为建立分类系统的资料和根据，而必须是尽可能多地利用来自解剖学、胚胎学、细胞学、遗传学、生物化学、生物地理学、古植物学、生态学、分子生物学和发育生物学等学科的性状或证据以及反映相关学科的最新研究成果。植物系统学也不再是一门所谓古老的描述性学科，而是已经发展成为一门多学科交叉、相互渗透的综合性学科。

人类对生物的分类到发展成为一门学科经过了漫长的过程。一般是以亚里士多德的弟子 Theophrastos Eresio（约公元前371—前287）所著的《植物的历史和植物本原》(*De Histo-*

ria et De Causis Plantarum)的问世作为植物学的创始。此后，经过了一个"本草学"的漫长历史阶段，植物系统学才发展成为成熟的科学。

现代植物分类系统是在过去分类系统的基础上发展起来的。如果从 John Ray（1627—1705）的系统和 Carolus Linnaeus（1707—1778）的性系统算起，到现在大约经历了267~298年的历史。在达尔文《物种起源》（1859）出版以后，各类植物分类系统纷纷问世，至今不衰。植物分类学的发展时期划分常是以新的观点或著作为标志，如林奈的《植物种志》的发表等。按其科学发展水平的阶段性，将植物分类的发展时期和相应的分类系统归纳如下：

(1)"本草学"时期（以习性和用途分类）

在古代，植物学与本草学几乎是同义的。中国最早的本草专著约成书于公元2世纪的《神农本草经》。西方的本草学著作比中国晚。这个时期植物分类的依据主要是根据用途（药、果、农作物）和习性（乔、灌、草）等。中国本草学以李时珍《本草纲目》为代表，于1596年出版，后来由外国人翻译成拉丁、英、德、法、俄、日、朝等文字，传播到世界各国。古希腊的 Theophrastus 著的《植物的历史》（Historia Plantarum），是根据植物习性分为乔木、灌木、草本3大类，又根据子房上下位、花瓣的合生与分离及果实类型将植物分为480种，被认为是世界上古代第一部最完美的植物分类著作，作为植物分类学的发端期。

(2)人为分类系统时期（以植物形态相似性分类）

16世纪欧洲的文艺复兴打破了宗教统治势力，同时伴随着资本主义兴起对植物原料的需求；17世纪以来搜集到的植物种类大量增加，为植物分类学的发展创造了条件。这一时期的特点是打破了以用途来排列植物，而是选定1个或几个形状来划分和排列植物类群。如英国的 John Ray（1702）在《植物新方法》（Methodus Plantarum Nova）的第2版中记载植物18 000种，注意到植物的胚有1枚和2枚子叶之分、叶脉有平行与网状之分，但在植物的排列中首先考虑的是草本和木本，子叶的特征处于次要地位。这个时期杰出的代表是瑞典的 Carolus Linnaeus 于1735年发表了《植物自然系统》（Systema Nature），将植物分为24纲。1753年、1764年他又分别发表了《植物种志》（Species Plantarum）和《植物属志》（Genera Plantarum），他在这些著作中接受了 John Ray "种"的概念和 Josephipitton de Tournefort "属"的概念，再加上 G. Bauhin 的双名法，将植物分为68目（相当于科）1 105属7 700种。Linnaeus 被认为是植物分类学的奠基人。但是 Linnaeus 的分类主要是根据雄蕊的数目分类，实质上是人为分类系统。

(3)自然分类系统时期（以形态相似性和亲缘关系分类）

Linnaeus 在《植物的纲》（Classes Plantarum）（1738）提出新分类的自然系统作为植物学的主要研究目标，可以说是自然系统的预示。1789年，法国植物学家 A. C. de Jussieu 在其叔辈 B. de Jussieu 和 J. de Jussieu 指导下出版了《植物属志》，将植物分为以下3类，即 Ⅰ 无子叶植物（ACOTYLEDONES）、Ⅱ 单子叶植物（MONOCOTYLEDONES）和 Ⅲ 双子叶植物（DICOTYLEDONES）。第 Ⅰ 类只1纲；Ⅱ、Ⅲ 类又根据无花瓣、单花瓣、花瓣分离和雄蕊上下位等性状，将整个植物界划分为15纲100个自然目（相当于科），被称为自然分类系统的奠基人。瑞士植物学家 de Candolle 家族，祖孙三代都是著名的植物学家。1813年，A. P. de Candolle 发表了《植物学基本原理》（Theorie Elementaire de la Botanique），将植物分为135目（科），这个系统在19世纪曾得到广泛的认同。

(4) 系统发育系统时期（以性状演化趋势分类）

19 世纪下半叶，英国博物学家 C. R. Darwin 于 1859 年出版了《物种起源》，生物分类学家才真正走上自然分类——系统分类的道路，该书对分类学家的影响体现在三个方面：①"种"不是特创的，而是在生命长河中由另一个种演化来的，并且永远是变化着的；②真正的自然分类必须是建立在谱系上的（genealogical），即任何一个自然分类群中的诸种均出自一个共同祖先（common ancestry）；③"种"不是由"模式"（type）来显示的，而是由变动着的居群（population）所组成。英国植物学家 G. Bentham 和 J. D. Hooker，对达尔文 20 余年来演化学说的研究早已知晓，也早已有了演化的概念，他们于 1863—1883 年发表了一个新的种子植物分类系统，此系统是在 A. C. de Jussieu 和 A. P. de Candolle 系统基础上扩展而成。该系统几乎搜集了全世界有花植物所有属名，将种子植物分为双子叶植物、裸子植物和单子叶植物 3 大类，共记载植物 200 科 7 569 属，达到自然分类全盛期。其分类大纲如下：

Ⅰ. 双子叶植物 DICOTYLEDONES

  1. 离瓣类 POLYPETALAE　以毛茛、锦葵、卫矛、无患子、蔷薇、桃金娘、伞形等目为顺序排列。

  2. 合瓣类 CAMOPETALAE　以茜草、杜鹃花、柿树等目为顺序排列。

  3. 单瓣类 MONOCHLAMYDEAE　以马兜铃、胡椒、樟、胡颓子、大戟、核桃等目为顺序排列。

Ⅱ. 裸子植物 GYMNOSPERMAE　以麻黄、松柏、苏铁等目为顺序排列。

Ⅲ. 单子叶植物 MONOSPBRMAE　以兰、椰子、露兜树、禾本等目为顺序排列。

几乎在同一时期，德国 A. W. Eichler 依据演化学说观点，建立了新的植物系统，涉及整个植物界，将植物界分为隐花植物与显花植物两大类。在显花植物中又分为裸子植物与被子植物两类，被子植物又分为单子叶植物与双子叶植物，双子叶植物分为离瓣花类与合瓣花类，离瓣花类以柔荑花序类的科开始，其系统如下：

Ⅰ. 隐花植物 CRYPTOGAMAE

Ⅱ. 显花植物 PHANEROGAMAE

  1. 裸子植物门 GYMNOSPERMAE

  2. 被子植物门 ANGIOSPERMAE

    (1) 单子叶植物纲 MONOCOTYLEAE

    (2) 双子叶植物纲 DICOTYLEAE

从此以后，植物分类学分为两个学派，即"假花学派"和"真花学派"或称为"柔荑派"和"毛茛派"。至今两派观点依然存在。A. Engler 和 R. von Witstein 系统为"柔荑派"代表，C. E. Bessey、H. Hallier 和 J. Hutchinson 系统为"毛茛派"的代表。2 个学派对被子植物的起源观点不同，但其建立系统的原则都是依据植物形态的演化趋势来决定植物类群的位置和亲缘关系。

新的科学技术和方法的运用，对植物性状进行了多方面研究，使植物分类学取得了许多新进展。在系统发育时期影响较大的有以下几个系统：

恩格勒系统：德国人 Adolf Engler（1844—1930）在 1887—1899 年间与 Karl Prantl

(1849—1893)出版了20版巨著《植物自然分科志》(*Die Natürlichen Pflanzenfamilien*),将植物分为17门。这一系统将单子叶植物放在双子叶植物之前(Melchior在1964年以后的出版物中纠正其系统中单子叶植物置于双子叶植物前的缺点),认为原始的有花植物为"柔荑花序类","合瓣花类"被子植物是进化的一类植物。但越来越多资料证据显示,这些观点是不能接受的,这一学派被大多数植物分类学家冷落,尽管如此,由于拥有几部世界范围内的巨著,恩格勒系统至今仍被许多国家采用。中国国家植物标本馆的标本存放和《中国植物志》的编排次序均按此系统。

哈钦松系统:英国植物学家J. Hutchinson于1926年发表《有花植物科志》(*The Families of Flowering Plants*),且不断修订,先后发行4版(Hutchinson, 1926, 1934, 1969, 1973),植物类群增至420科。该系统明确提出木兰目Magnoliales是现存被子植物中最原始的类群,是木本支的起始点;认为毛茛目Ranunculales与木兰目平行进化,是草本支的开端群。但系统中将植物界分为草本支与木本支,引起了植物学家的争议。该系统在中国影响很大,中国科学院华南植物研究所、昆明植物研究所等标本馆植物排列,以及《广东植物志》《云南植物志》《中国树木志》和火树华主编的《树木学》等采用此系统。

20世纪60年代以来,修订或提出的新系统有10多个。受到推崇和影响较大的是克朗奎斯特系统和塔赫他间系统。这两个系统有许多相近之处。

塔赫他间系统:塔赫他间(Armen L. Takhtajan, 1910—2009)自20世纪40年代以来发表了大量被子植物系统发育和演化方面的论文和著作。他于1997年出版了《有花植物多样性和分类》(*Diversity and Classification of Flowering Plants*)将木兰植物门Magnoliophyta(被子植物)分为木兰纲Magnoliopsida和百合纲Lilipsida,将木兰纲分为11个亚纲,将百合纲分为6个亚纲,增加了71个超目分类等级。

克朗奎斯特系统:Arthur Cronquist(1919—1992)于1968年发表了有花植物分类系统,经过修订于1981年出版《有花植物完整的分类系统》(*An Integrated System of Classification of Flowering Plants*)。该系统在目前的欧美植物分类学等教材和教学中普遍使用,本书也采用该系统。其分类大纲主要有:

Ⅰ. 木兰纲 Magnoliopsida

(1)木兰亚纲 Magnoliidae 分为木兰目、樟目等8目。

(2)金缕梅亚纲 Hamamelidae 分为昆栏树目、金缕梅目等11目。

(3)石竹亚纲 Caryophyllidae 分为石竹目等3目。

(4)五桠果亚纲 Dilleniidae 分为五桠果目、山茶目、杨柳目等13目。

(5)蔷薇亚纲 Rosidae 分为蔷薇目、豆目等13目。

(6)菊亚纲 Asteridae 分为龙胆目、茄目等11目。

Ⅱ. 百合纲 Liliopsida

(1)泽泻亚纲 Alismatidae 分为泽泻目等4目。

(2)槟榔亚纲 Arecidae 分为槟榔目等4目。

(3)鸭趾草亚纲 Commelinidae 分为鸭趾草目等5目。

(4)姜亚纲 Zingiberidae 只姜目1目。

(5)百合亚纲 Liliidae 分为百合目、兰目2目。

在克朗奎斯特分类系统中，除引用了经典分类学用的形态性状外，还引证了大量的化学、木材解剖、茎节叶隙、花粉、胚胎、染色体等性状资料。他的主要观点是：

(1) 有花植物起源于一类已经灭绝的种子蕨。

(2) 木兰亚纲是有花植物基础的复合群或称为毛茛复合群，花被十分发育，雄蕊多数，心皮分离，雌蕊由单心皮组成，具2层珠被。木兰目是现存原始有花植物类群。

(3) 金缕梅亚纲是一群简化的风媒传粉群，通常无花瓣，花被小，多为柔荑花序（不包括杨柳科）。

(4) 石竹亚纲通常为特立中央胎座或基底胎座，许多植物都含有甜菜碱。

(5) 蔷薇亚纲多为离瓣花，如雄蕊多数时为向心发育，常具花盘和蜜腺，多为中轴胎座。

(6) 五桠果亚纲有显著花被，多为离瓣花，稀合瓣花，雄蕊多数时为离心发育，多为侧膜胎座也有中轴胎座。

(7) 菊亚纲包括合瓣花类，雄蕊通常少于花瓣裂片，是本纲中最进化的类群。

(8) 百合纲可能起源于现代睡莲目，泽泻亚纲为水生植物，离心皮，可能接近睡莲目。

现代的植物分类系统还有很多，如Dahlgren（瑞典人）、Kubitzki（德国人）和中国植物分类学家胡先骕等建立的被子植物系统。

APG系统：20世纪90年代以来，由美国密苏里植物园、英国皇家植物园邱园等单位组成的被子植物系统发育研究组（Angiosperm Phylogeny Group，APG）利用植物DNA序列数据和系统发育分析方法构建了被子植物系统发育框架，提出了被子植物系统发育分类系统，目前最新的APG系统为APG IV。同以往被子植物分类系统相比，APG系统产生了许多令人瞩目的、显著的变化。基于DNA序列数据的系统发育分析的APG系统中，被子植物不再分为单子叶植物和双子叶植物，而是分为被子植物基部类群（ANITA演化阶）、木兰类（Magnoliids）、单子叶植物（Monocots）和真双子叶植物（Eudicots）。

被子植物基部类群并非自然类群，是最早分化的被子植物类群。这个类群中，很多植物保留着被子植物原始的特征，尤其以新卡利多尼亚分布的单型科无油樟科（Amborellaceae）植物为最早分化类群。

木兰类分支是一个比较自然的类群，包括了木兰科、樟科、胡椒科、金粟兰科等传统分类上认为非常原始的被子植物科。这些植物在传统的分类系统中被认为是双子叶植物，但在分子系统学分析中并没有与大多数双子叶植物聚为一支。

单子叶植物分支包括单子叶植物基部类群和鸭跖草类，大致与传统分类学中的单子叶植物界定相当，但内部的系统学关系却发生了较大变化，许多科的界定都与传统分类不同。

真双子叶植物包括真双子叶植物基部类群和核心真双子叶植物（由蔷薇类及蔷薇类并系类群和菊类及菊类并系类群组成）。真双子叶植物分支中最先分化出的类群是金鱼藻目、毛茛目、山龙眼目、黄杨目等类群，除此之外的众多植物组成了核心真双子叶植物。真双子叶植物在APG系统中比例最大，约占被子植物总数的75%。

APG系统目前在西方国家已被普遍接受。许多世界著名的标本馆如英国皇家植物园标本馆，爱丁堡植物园标本馆等的标本排列已经按照APG系统重新摆放。植物学教材、网站等基本均按照 APG 系统排列，专业期刊科技论文中植物的归属也大多要求按照 APG 系统观点。

现代的被子植物分类系统还有很多，如 Dahlgren（瑞典人）、Kubitzki（德国人）和中国植物分类学家胡先骕等建立的系统。

1.2.2 树木分类的依据

树木分类依据的性状是指树木有机体的各部分或分类群中能够被测量、计数或用其他研究方法提供的任何特性，包括宏观形态和微观形态，如花粉形态、染色体、解剖构造、表皮形态及化学成分、分子性状（DNA 测序和定位）等。性状可能是简单的，也可能是复合的。有时看起来是简单性状，却可以被分解成许多个别性状，如叶形可以分解为长度、宽度、长宽比、叶先端、叶基部和叶缘、毛被等性状。性状的复杂程度还取决于观察时的放大倍数，如用手持放大镜观察叶片上的毛被和用立体解剖镜观察或用电子显微镜观察，其结果就大不相同。

1.2.2.1 营养和繁殖形态学

树木形态是指树种的枝、叶、花、果实和种子的外部形态。

繁殖器官的性状是相对稳定的，它包括花、果实和种子的性状。在被子植物分类中花结构等性状是科以上等级分类的主要依据，特别是雌蕊的心皮数目、心皮离合，子房的上位、下位、室数和胎座等是分科的重要性状。依据花的性状可以推测亲缘关系。因此，从 Linnaeus 开始至今的各种植物分类系统都重视花的性状。花的性状不仅是用作分科的依据，有时还用来作科的命名，如蝶形花科 Fabaceae、唇形科 Lamiaceae 等。因为有些树木的花很小，多数树木的花期很短，形态学术语难记，常使初学者感到有些困难。

果实和种子对于某些科、属的分类和鉴定极为重要，如桦木科 Betulaceae、壳斗科 Fagaceae、蔷薇科 Rosaceae、桑科 Moraceae、榆科 Ulmaceae、胡桃科 Juglandaceae、鼠李科 Rhamnaceae 和木犀科 Oleaceae 等的果实和种子性状都是重要的分类依据。

营养器官性状包括树皮、枝、芽、叶、叶痕、维管束痕、刺、毛被和幼苗等，是鉴定树种重要的特征。茎的类型、树皮的开裂方式、颜色是野外鉴定树木的重要依据，如根据树皮颜色和开裂方式可识别桦木属 Betula 树种。枝、芽、叶痕、维管束痕等性状是落叶树种冬态识别和分类的依据。叶的类型、叶序通常用作树木分类的依据。因树叶在树上留存时间长，容易观测，其变异性也有一定规律，是树木分类与鉴定的重要性状。叶脉、脉序以及叶柄、叶片和托叶的变态也均为树木分类性状。但营养器官的性状常因环境、年龄而产生差异，使初学者较难掌握。很多亲缘关系相距很远的树种在营养器官上常常都很相似。例如，有些槭树属 Acer 树种的叶片与悬铃木属 Platanus 的叶片相似，桦木科一些树种的叶片与榆科某些种类相似。同一种树种由于生长环境不同、年龄差异，在营养器官形态上变异较大，如毛白杨 Populus tomentosa 在中幼龄时树皮灰绿色、平滑，老时则深纵裂，暗灰褐色。叶片的大小、开裂情况和质地等容易受生长环境和年龄的影响，作为分类性状时应慎用，如小叶朴 Celtis bungeana 不同年龄阶段和不同环境生长的叶片存在明显的变异（图 1-1：1~5）。

幼苗因为在形态上与成年树木有很大差异，作为一个独立的性状，对树木分类和识别

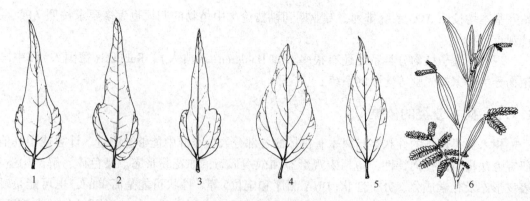

图 1-1 叶形的变异

1~3. 小叶朴 *Celtis bungeana* 萌生枝叶 4, 5. 小叶朴成熟叶 6. 金合欢属 *Acacia*.

有参考意义。幼苗性状是在种子内形成的，受外界环境影响小，其形态特征可作为属或科的鉴定特征。同一属树种的子叶基本相似，不同属的子叶形状多种多样，子叶颜色和毛被存在差异。子叶数目和种子萌发时子叶出土或留土，早已用于植物分类学中。初生叶和成年树的叶常有很大差异。侧柏 *Platycladus orientalis* 幼苗的初生叶为条形，成年树叶为鳞形。刺槐 *Robinia pseudoacacia* 和洋白蜡 *Fraxinus pennsylvanica* 幼苗的初生叶为单叶，成年树叶为羽状复叶。金合欢属 *Acacia* 的初生叶为二回羽状复叶，成年树的叶则由二回羽状复叶退化成叶状叶轴（图 1-1：6）。榆 *Ulmus pumila* 等树种幼苗的初生叶是对生，成年树叶序是互生。有关形态学问题参考"第 2 章 树木的形态及变异"。

1.2.2.2 解剖学

解剖学是研究植物体内部的解剖构造，为微观性状。许多外部形态很近似的树种其解剖构造却很不相同。根据解剖学研究结果，木质部有无导管作为区分裸子植物与被子植物的性状，也是区分双子叶植物中原始和进化类型的性状。裸子植物通常无导管，而被子植物中只有昆栏树 *Trochodendron aralioides*、水青树 *Tetracentron sinense* 等少数种类无导管，被认为是原始类型。导管分子具有梯形穿孔板者较具有单穿孔板者原始。叶柄维管束和小枝节部的叶隙可作为属一级的分类性状，如绣线菊属 *Spiraea* 为单迹单叶隙节，柳属 *Salix* 为三叶隙节等。针叶内维管束数目及树脂道数目和位置是松属 *Pinus* 的常用分类性状。具乳汁管成为大戟科 Euphobiaceae、桑科 Moraceae、夹竹桃科 Apocynaceae 和萝藦科 Asclepiadaceae 等的科特征。气孔周围表皮细胞排列方式也具有分类价值，如爵床科 Acanthaceae 的气孔为横列型，玄参科 Scrophulariaceae 的气孔则为无规则型，有些科则为平行型或辐射型等；双子叶植物的气孔构造和单子叶植物存在着差异。种子解剖构造研究表明，在被子植物科的水平上，种皮构造基本上是一致的。通过对传粉机制和胚胎发育的解剖学研究，为裸子植物的分类提供了有利的特征。

1.2.2.3 孢粉学

因花粉具有保守性，花粉性状与植物分类关系早已引起植物分类学家们的注意。电子显微镜的广泛应用，使花粉性状成为研究植物系统发育、亲缘关系和分类的重要性状之一。花粉性状包括花粉的形状，花粉粒的大小、极性和对称性，花粉萌发器及花粉壁的纹饰等（图 1-2）。裸子植物的花粉根据胚珠珠孔的结构、有无授粉滴等特征分为 5 种类型，

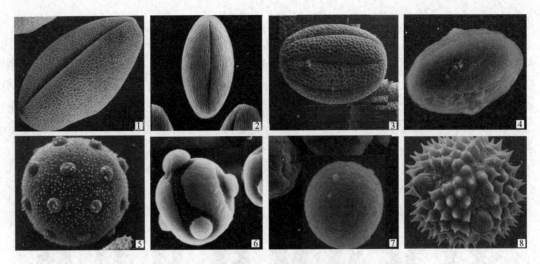

图 1-2　花粉类型与花粉壁纹饰
1. 单沟花粉（水苏属 *Stachys*）　2. 三沟花粉（元宝枫 *Acer truncatum*）　3. 多沟花粉（百里香属 *Thymus*）
4. 单孔花粉（鸭嘴花属 *Adhatoda*）　5. 散孔花粉（蝇子草属 *Silene*）　6. 环孔花粉（香茶藨子 *Ribes odoratum*）
7. 无孔花粉（滇杨 *Populus yunnanensis*）　8. 三孔沟花粉（紫菀属 *Aster*）

即松型、苏铁型、杉型、柏型和麻黄型（Singh，1978）。被子植物的花粉类型比较复杂，根据单粒花粉可分为 18 种类型。现列举几类如下：①无孔类型，如杨属 *Populus*；②具螺旋状沟类型，如小檗属 *Berberis*；③具 2 孔且均匀分布于赤道面上类型，如桑属 *Morus*；④具 3 孔均匀分布赤道面上类型，如桦木科 Betulaceae；⑤具 3 沟垂直赤道分布类型，如栎属 *Quercus*；⑥具 3 孔沟均匀分布赤道面上类型，如栗属 *Castanea*；⑦具多孔类型，如枫杨属 *Pterocarya* 等。

在金缕梅科 Hamamelidaceae 的分类中，多数属的花粉都是 3 沟，而阿丁枫属 *Altingia* 的花粉却是多孔。因此，依据花粉特征，结合其他形态性状，将阿丁枫属由金缕梅科 Hamamelidaceae 独立成阿丁枫科 Altingiaceae；在番荔枝科 Annonaceae 各类群的研究中，花粉特征成为重要的分类依据；在探讨八角科 Illiciaceae 和南半球分布的林仙科 Winteraceae 的亲缘关系研究中，发现这两个类群的花粉均具有网状外壁纹饰，同时具有高网壁和短的小柱、分枝的石细胞，显示出较紧密的亲缘关系。

花粉形态还可为植物类群的演化关系提供依据。一般认为单沟的远极花粉是原始类群，裸子植物多属此类；萌发孔位于赤道面的为进化类群，双子叶植物多属此类；花粉表面呈瘤状的较呈网状的或刺状的原始。但仅凭花粉本身某一性状不能判定原始或进化，需综合考虑。

1.2.2.4　细胞学

将染色体性状用于分类的学科称为细胞分类学（cytotaxonomy）。染色体的结构包括着丝点、次缢痕、随体和臂四部分。分类中重点研究染色体的数目、染色体形态和组型分析，主要包括染色体的数目、倍性、染色体的长度、着丝点位置、两臂长度比率、次缢痕有无或位置、随体有无和形状。着丝点的位置决定了染色体的臂比，即长臂与短臂之比，如果着丝点位于两臂中央，其臂比为 1。染色体组型是指着丝点、次缢痕和随体在各个染色体上的分布情况。

每种树木染色体数目是恒定的,亲缘关系越密切的种群其数目越可能相同。染色体的基数为 x,单倍体 $n=X$;二倍体 $2n=2X$,如苏铁科 $2n=16$、18、22,银杏科 $2n=22$,松科 $2n=24$,柏科 $2n=22$,杉科 $2n=22$ 等;四倍体 $2n=4X$;六倍体 $2n=6X$。原始被子植物染色体基数为 $X=7$。被子植物中有35%~40%种类的染色体数目是以多倍体形式出现。二倍体和四倍体的染色体数目常是非整倍性,这是由于染色体的着丝点横裂或染色体错分裂所致。

研究发现,芍药属 Paeonia $X=5$,$2n=2X=10$;而毛茛科 Ranunculaceae 其他属的 $X=6\sim10$、13,如毛茛属 Ranunculus 为 $X=8$,$2n=2X=16$(图1-3),染色体数目成为将芍药属独立为芍药科 Paeoniaceae 的重要依据。

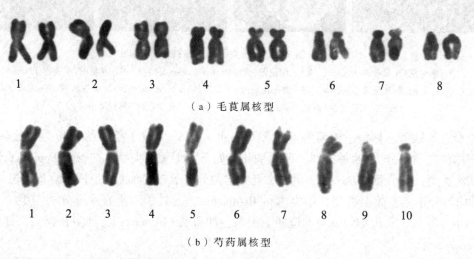

图1-3 毛茛属 Ranunculus 和芍药属 Paeonia 染色体组型

1.2.2.5 生物化学

利用植物体所含化学成分鉴别植物类群、探讨它们之间亲缘关系的学科称为植物化学分类学(chemosystematics)。现在已经证实次生化合物,如生物碱、黄酮类化合物、萜类化合物等不是代谢的废弃物,而是自然选择的结果,其成分较固定,并受遗传基因控制。

化学物质在科一级水平上研究较多。花色素是具有分类学价值的化学物质,特别是甜菜碱(betaine)与花色素苷(anthocyanin)分别存在于不同的大类群中。在金缕梅亚纲中通常含有前花青苷(proanthocyanins),而在石竹亚纲中则为甜菜碱代替。利用化学物质在树木分类学中已有许多成功的例子,如根据黄酮类化合物在榆科 Ulmaceae 中的分布支持了把榆科分为榆亚科和朴亚科的观点。又如,芍药苷(paeonifloin)在毛茛科中只分布在芍药 Paeonia lactiflora 和牡丹 P. suffruticosa 等16个种的芍药属 Paeonia 中,结合其他性状支持芍药属 Paeonia 由毛茛科中分出独立成芍药科。相近的树种含有相近的化学物质,研究树木化学分类对研究树种的资源利用也有重要的意义。

随着现代生物技术和微生物发酵工程的发展,以及人类对健康的重视,树木代谢产物(生物化学物质)开发利用得到飞速发展。如银杏 Ginkgo biloba 研究发现银杏叶提取物中含有 160 多种成分，主要是黄酮苷及银杏内酯两类重要的活性物质，其中黄酮类化合物就有 44 种，可用于治疗冠心病、心血管病、心绞痛；银杏叶可制银杏茶和饲料添加剂，银杏叶提取物还可研制成营养口服液、保健品和化妆品等，由此银杏成为制药、美容化妆品及保健饮料的重要原料。沙棘油存在于沙棘 Hippophae rhamnoides 果实、种子和叶子之中，含有维生素 E、类胡萝卜素、黄烷酮、肌醇等重要生物活性物质达 106 种之多。沙棘黄酮对心肌缺血、高血脂、冠状动脉粥样硬化疗效甚佳。喜树 Camptotheca acuminata 的果实、根、树皮、枝和叶均含有喜树碱，具有抗癌和清热杀虫的功效。红豆杉 Taxus wallichiana var. chinensis 树皮和叶可分离出一种具有细胞毒性的化合物——紫杉醇（taxol），是近年来已发现的最好的抗癌药物之一。由于其独特的作用机制和对耐药细胞有效的特点，是近年来新抗肿瘤药物中受到广泛重视的一类。

1.2.2.6 分子系统学

20 世纪 70 年代以来，随着分子生物学的迅猛发展，蛋白质和 DNA 分析技术日臻完善，特别是 DNA 和 RNA 序列测定的化学法和酶法的相继提出，使植物系统与进化也进入了分子水平，可以直接对遗传变异和进化的分子基础 DNA 等进行分析，以研究并揭示植物系统与进化的分子规律。由于核酸分子是最基本的进化单元，能反映进化本质，且以其为指标确定的系统进化关系不受主观因素影响，因而备受人们的青睐。分子系统学是分子生物学和植物系统学交叉形成的一门学科，是利用分子生物学的实验手段，获取 DNA 序列各类分子性状，以探讨植物类群之间的系统发育关系以及进化的过程和机制。分子性状除 DNA 序列外，还包括基因组结构特征（如基因顺序和基因缺失等）、蛋白质性状（如等位酶和蛋白质序列）和 DNA 指纹性状等。

常用于分子系统学分析研究的植物基因组包括叶绿体基因组（cpDNA）、核基因组（nDNA）和线粒体基因组（mtDNA）。目前，除线粒体基因组（在动物系统学研究中应用较多）研究较少外，另外两种基因组已被广泛用于植物系统学研究。

核基因组常用的有：18S、26S 基因及 ITS 区段。其中 ITS 进化速率较快，适用于属间和种间等较低分类阶元的系统发育研究，如对杨属 Populus 的研究。叶绿体基因组常用的有：rbcL、atpB、ndhF、matK 基因、trnL 内含子和 trnL-F 基因间隔区等。其中 rbcL 是植物分子系统学研究中应用最普遍的基因之一，由于其保守性强，进化速率相对较慢，多用于科级或更高分类阶元的系统研究，如对整个被子植物系统发育的研究和对胡桃科 Juglandaceae 与马尾树科 Rhoipteleaceae 的研究。

利用分子系统学研究种子植物高级阶元的系统发育时，表现出 3 种趋势：

(1) 大规模的分析和局部的严格分析相结合

如 Chase (1993) 等 42 位学者对 499 种植物的叶绿体 DNA rbcL 基因序列进行研究，分析了整个种子植物的系统发育，结果表明买麻藤目 Gnetales 的 3 个属一起构成有花植物的姊妹群；得出的几个主要谱系和 Dahlgren 与 Thorne 新近提出的被子植物的分类方案极为吻合；原克朗奎斯特系统中木兰亚纲 Magnoliidae 各目是被子植物的最原始分支；种子植物不应再分为单子叶植物和双子叶植物，而是应按照花粉类型分为具单沟花粉植物和具 3 沟花粉植物。Soltis et al. (1997) 则对 223 种植物的核糖体 18S rRNA 基因序列进行分析，探讨整个被子植物的系统发育；Gadek et al. (1993) 对柏科 Cupressaceae 14 个属的代表种的 rbcL

基因序列做了分析,承认该科是单系群,并认为该科分为位于北部的柏亚科 Cupressoideae 和位于南部的 Callitroideae 亚科,但是 *Tetraclinis* 属应从后者移入前者。

(2) 分子数据和形态学数据结合分析

至今,分子系统学研究尚未打破以形态学研究得出的被子植物系统的基本框架,也没有因为分子系统学的发展而降低形态学研究的贡献。因为形态学性状、分子性状等均带有植物演化的信息。分子系统学研究结果有时与形态学的结果不一致,但研究结果可以补充或提醒植物系统学家应注意的一些被忽视的或错误的性状等,并重新研究认识。因此,利用形态学、分子系统学等性状的综合分析得到可靠的系统发育关系。Nandi et al. (1998) 在五桠果类和蔷薇类研究中,以 Chase 的研究为基础,补充了 38 种植物的 *rbc*L 序列,对 *rbc*L 矩阵和形态学数据矩阵分别进行了分析,发现根据形态学性状分析所确认的新聚类和 *rbc*L 分析的结果一致。Chase et al. (1995) 在研究整个单子叶植物系统发育时,也采用了形态学结合分子的研究思路。

(3) 多个基因序列结合分析

由于基因的长度一般在 1 000 和几千个碱基对,包含的信息位点有限。因此,常常将多个基因分别独立分析,再对所得的分支树作出比较。目前,多个基因序列的结合分析已成为分子系统学发展的一种趋势。Savolainen et al. (2000) 利用 *atp*B 和 *rbc*L 2 个叶绿体基因序列,Angiosperm Phylogeny Group(APG,1998)等根据叶绿体基因组和核基因组的 *rbc*L、*atp*B 和 18S rDNA 3 种基因合并分析了整个被子植物的系统发育。

虽然分子系统学研究已经取得了很多令人瞩目的成就,并已成为当前生物学领域最具活力的一个分支学科。但是也应清醒认识到,其理论和方法上还存在着方方面面有待于深入探讨的问题。然而,随着分子系统学理论的不断完善和技术的不断进步,以及和其他相关学科的交叉和渗透,它必将成为探讨生物类群的起源以及类群间系统演化关系最强有力的手段之一。

1.2.3 植物分类的等级

1.2.3.1 分类等级

分类(classification)就是将具有相同特征的一类事物组成一个类群,再将具有相同特征的许多类群组成高一级的分类等级的过程。因此,分类的过程可分为两步,即组合(grouping)和等级划分(ranking)。在日常生活中,时时和分类打交道,通过组织和比较,使无序的生活变得井然有序,如汽车、衣服、工具、家具等被人类分成了不同的类群,就是一种分类思维。

植物分类也遵循这种逻辑,并形成不同分类等级的分类系统。同一等级的植物类群具有相同的特征,高一级的分类等级特征涵盖低一级所有类群的特征,目的是通过分类研究,揭示植物间的亲缘关系。

树木的分类等级与命名和植物分类等级与命名完全相同。基本分类等级有 6 个:门、纲、目、科、属、种,在这些等级下还可设一级辅助等级。最常用的是科、属和种,现以玉兰 *Magnolia denudata* 为例(表 1-1)。

表 1-1　植物分类基本等级

中文名	英文名	学名	学名缩写	词尾	树种举例
界	Kingdom	Regnum	Reg.		植物界 Regnum, Vegetebele
门	Division	Divisio	Divis.	-phyta, -a, -ae	种子植物门 Spermatophyta
亚门	Subdivition	Subdivisio	Subdivis.	-phytina	被子植物亚门 Angiospermae
纲	Class	Classis	Cl.	-opsida, -eae	双子叶植物纲 Dicotyledoneae
亚纲	Subclass	Subclassis	Subclass.	-idae	木兰亚纲 Magnoliidae
目	Order	Ordo	Ordo	-ales	木兰目 Magnoliales
亚目	Suborder	Subordo	Subord.	-ineae	
科	Family	Familia	Fam.	-aceae	木兰科 Magnoliaceae
亚科	Subfamily	Subfamilia	Subfam.	-oideae	
族	Tribe	Tribus	Trib.	-eae	
亚族	Subtribe	Subtribus	Subtrib.		
属	Genus	Genus	Gen.	-a, -um, -us	木兰属 *Magnolia* Linn.
亚属	Subgenus	Subgenus	Subgen.	与属名同形或同性	
组	Section	Sectio	Sect.	与属名同形或同性	
亚组	Subsection	Subsectio	Subsect.		
种	Species	Species	sp.		玉兰 *Magnolia denudata* Desr.
亚种	Subspecies	Subspecies	subsp., ssp.		
变种	Variety	Varietas	var.	词尾与属同性	
亚变种	Subvariety	Subvarietas	subvar.		
变型	Forma	Forma	f.		

1.2.3.2　种、属、科的概念

(1) 种 Species

种是物种的简称，是生物分类的基本单位。对种的概念植物学家与动物学家认识不完全一致。现代植物学家广泛使用居群(population)这个词来解释种。一般认为居群中所有个体都具有共同的形态特征、生理和生态学特性；与近缘种之间有明显的差异，占有一定的地理区域；同种个体间能进行繁殖，而与其他种杂交不易成功。但是也有些学者不同意以杂交可育性作为分种的标准，因为杂交可育性在植物界中普遍存在，如柳属 *Salix*、栎属 *Quercus* 和槭属 *Acer* 等。动物学家则强调以种内杂交可育性作为分种的标准。

(2) 属 Genus

属是形态特征相似、亲缘关系密切的种的集合。中国古代已有属的概念，与 Linnaeus 的拉丁属名一致，而且许多名称沿用至今，如松属 *Pinus*、榆属 *Ulmus*、桑属 *Morus*、栎属 *Quercus*、榛属 *Corylus*、柳属 *Salix* 等。属名的构成是用一个拉丁文名词、单数、第一格，性别有阴、阳、中三性，属名第一字母必须大写。属名的形成有些是来自希腊文经拉丁化后形成，如 *Crataegus*(山楂属)；有些是地名拉丁化形成的，如 *Taiwania*(台湾杉属)；有些是由人名形成的，如 *Lonicera*(忍冬属)、*Davidia*(珙桐属)、*Linnaea*(北极花属)等。

(3) 科 Family

集形态相似、亲缘关系相近的属为科。例如，松科 Pinaceae、杨柳科 Salicaceae、榆科

Ulmaceae、桑科 Moraceae，等等。科名的命名一般是以模式属名去掉词尾加-aceae 而成，如 *Pinus* 去掉词尾-us 加上科名的词尾-aceae 而成松科 Pinaceae 的科名。科内所包含物种的范围相差很大，银杏科 Ginkgoaceae、杜仲科 Eucommiaceae 只包括 1 属 1 种，而兰科 Orchidaceae 包括 1 000 属 15 000~20 000 种，蝶形花科 Fabaceae 包括 440 属 12 000 多种。

1.2.4 植物命名(nomenclature)

1.2.4.1 俗名(common or vernacular names)

为民间或民族赋予某一植物的名称。这种名称难以用于广泛的国内、国际交流。但是，在中国，树木学家在为树种定名时，常常会考虑以某树种的俗名作为中文名。

1.2.4.2 学名(scientific names)

民间对树种的称呼，往往同一树种在不同的地域有不同的名字，如蒙古栎、柞树，实际为同一个种，这样不便于国内及国际间交流。对此，1935 年国际植物学会第六次会议通过决议，从 1935 年 1 月 1 日起，除细菌外对每种新植物命名时都必须采用双名法命名，以拉丁文描述特征，即每个植物种名由属名加上种加词组成，后附定名人名称。属名第一个字母必须大写，种加词一律小写。如银白杨的种名 *Populus alba* 是由 *Populus*(杨属) + *alba*(白色的)两个词组成。种加词大多数是表示形状、颜色等形态的形容词，如 tomentosa(被绒毛的)、cordata(心形的)等。此外，也有用表示生境的、地名的、用途的和人名的，等等，如 alpina(高山的)、officinalis(药用的)、chinensis 或 sinensis(中国的)、bungeana(本坚氏的)、hui(胡先骕的)。用人名作种加词时词尾有 4 种情况：如果人名的词尾是 a 时则再加 e，如 balansae 由 Balansa 而来；如果词尾为其他元音字母时则加 i，如 glazioui 由 Glaziou 而来；如果词尾是辅音字母时则加 ii，如 armandii 由 Armand 而来；如词尾为 er 时则加 i，如 keteleeri 由 Keteleer 而来。

命名人的名字(作者名字)写在种名的后面，如银白杨的完整学名是 *Populus alba* Linn.。命名人的名字可以写全名，如果是多音节词往往缩写，缩写至第几个音节必须根据规定，以不重名为原则。L. 是 C. Linnaeus(林奈)的缩写，有时也写成 Linn.，缩写词后需加'.'。中国人的姓多为单音节词，不缩写，如 Hu(胡先骕)、Cheng(郑万钧)。为了避免同姓而造成的混乱，要加名字的缩写，通常用名字的第一字母，如 S. Y. Hu(胡秀英)、W. K. Hu(胡文光)。外国人也是如此，如 E. Br.(Eilen Brown)、R. Br.(Robert Brown)。如果某一种树木由 2 位作者命名，在二姓氏间加 et，如水杉的拉丁学名是 *Metasequoia glyptostroboides* Hu et Cheng。如果某一树种由某一命名人先命名，而后由另一命名人先代发表时，在两位作者姓氏之间加 ex，如盐生桦 *Betula halophila* Ching ex P. C. Li。

种以下的亚种、变种和变型的命名：

亚种(subspecies)：其形态特征与种有较大差异，且占据一定的分布区域，在种加词后加 ssp. 或 subsp. 加亚种加词和定名人，如郁香忍冬 *Lonicera standishii* ssp. *frangrantissima*(Linndl. et Paxt.) Hsu et H. J. Wang，亚种名称在树木分类学中用得很少。

变种(variety)：某一树种在形态上有一定的变异，在种加词后加 var. 表示，如樟子松 *Pinus sylvestris* Linn. var. *mongolica* Litv. 是分布在欧洲的欧洲赤松 *Pinus sylvestris* Linn. 的变种。变种这一等级在树木分类学中常用，但每位学者掌握的标准并不一致。

变型(forma)：形态上变化较小，但特征稳定的类群，用 f. 表示。银荆 *Cercis chinensis* Bunge f. *alba* Hsu 形态特征与紫荆无大区别，仅花由紫色变为白色，故定名为紫荆变型。

1.2.4.3 国际植物命名法规要则

1900 年，在法国巴黎召开了第一届国际植物学大会，通过起草植物命名法规决议，1905 年第二届国际植物学大会讨论了起草的法规。国际植物命名法规(*International Code of Botanical Nomenclature*, ICBN)是专门处理化石或非化石植物[包括高等植物、藻类、真菌、黏菌、地衣、光合原生生物(protist)以及与其在分类上近缘的非光合类群]命名的法规，由国际植物学大会(International Botanical Congress, IBC)制定。最近几十年来，国际植物学大会每 6 年举办一次，每次都会对国际植物命名法规进行修订，推出新版的法规。最新的法规是 2017 年在中国深圳召开的第十九届国际植物学大会上通过的《深圳法规》(*Shenzhen Code*)。针对《墨尔本法规》中国学者提出了 22 个建议，其中 5 个在 2017 年深圳植物学大会植物命名法规分会通过。现将《国际植物命名法规》的有关规定摘要如下：

(1) 分类群

任何等级的分类学上的类群均称为分类群(单数为 taxon，复数为 taxa)。任何一个植物个体均处理为隶属于一个数目无限的、连续依次排列的等级的分类群，其中种(species)为基本等级。

(2) 分类等级

分类群的主要等级(ranks)自上而下依次为：界(regnum)、门(divisio, phylum)、纲(classis)、目(ordo)、科(familia)、属(genus)和种(species)。因此，每个种应隶属于某一属，每个属应隶属于某个科，依此类推。分类群的次要等级自上而下依次为：族(tribus)、组(sectio)和系(series)、变种(varietas)和变型(forma)。其中族为科与属之间的等级，组和系为属与种之间的等级，变种和变型为种下等级。如需要更多的分类等级时，这些等级的构词可在主要等级和次要等级的构词前加前缀"亚"(sub-)产生。因此，一个植物可归属于下列各等级的分类群中(按自上而下顺序)：界(regnum)、亚界(subregnum)、门(divisio 或 phylum)、亚门(subdivisio 或 subphylum)、纲(classis)、亚纲(subclassis)、目(ordo)、亚目(subordo)、科(familia)、亚科(subfamilia)、族(tribus)、亚族(subtribus)、属(genus)、亚属(subgenus)、组(sectio)、亚组(subsectio)、系(series)、亚系(subseries)、种(species)、亚种(subspecies)、变种(varietas)、亚变种(subvarietas)、变型(forma)、亚变型(subforma)。

(3) 合格名称

分类群名称的应用是由命名模式来决定的，不管其词源如何，分类群的科学名称均处理为拉丁文；有拉丁文描述，按照一个分类群只能有一个正确名称的规定，在一个公开出版的刊物上发表或至少分送给其图书馆可被一般植物学家使用的植物学机构时才为有效发表。有效发表后如果符合法规其他有关规定才算合格名称。

(4) 植物命名的模式和模式标本

模式标本是依据《国际植物命名法规》规定，用作发表新种学名的植物标本。科或科级之下的诸分类单位名称，必须指定命名模式标本 nomenclatural type。模式标本必须要永久保存，不能是活植物。常用的模式有主模式 holotype，是由作者发表种(或亚种，或变种)

的学名时将一个标本指定作为模式。等模式 isotype 系与主模式标本同为一采集者在同一地点与时间所采集的同号复份标本。

(5) 优先律原则

一种植物或某一分类群如已有 2 个或 2 个以上的学名，应以最早发表的合法名称或加词为该种或该分类群的名称。种子植物的种加词(种名)优先律的起点为 1753 年 5 月 1 日，即以 Linnaeus1753 年出版的《植物种志》(*Species Plantarum*)第 1 版为起点；属名的起点从 1754 年及 1764 年 Linnaeus 所著的《植物属志》(*Genera Plantarum*)的第 5 版与第 6 版开始。

(6) 学名的废弃和改变

每一种植物只有一个合法的正确学名，其他名称均作为异名予以废弃。废弃的原则主要有 2 项，一是同属于一个分类群，而且早已有了正名，后来的名称应废弃；二是晚出同名，应当废弃，或基于同一模式同一等级的同物异名或基于不同模式同一等级的同物异名，也应当废弃。经过认真研究，确认某一属的植物名称需转移到另一属时，或某一等级需转移到另一等级时，都应将原来作者名置于括弧中一并转移。

(7) 杂种(hybrid)的命名

杂种用 2 个种加词之间加 × 表示，如 小黑杨 *Populus simonii* Carr. × *P. nigra* Linn. 为小叶杨 *P. simonii* Carr. 和黑杨 *P. nigra* Linn. 之间的杂交种，但也可以单独定名，用 × 表示是杂交种，如 *Populus* × *xiaohei* T. S. Huang et Y. Liang。

(8) 品种(cultivar)

根据《国际栽培植物命名法规》规定，品种的形态变异可通过有性繁殖或无性繁殖加以保存下来。原定名法规规定其名称以缩写 cv. 表示或加单引号表示，如千头柏 *Platycladus orientalis* cv. Sieboldii 或 *P. orientalis* 'Sieboldii' 其后不附定名人。但《国际栽培植物命名法规》(ICNCP) 第 6 版(1995)的规定，在种加词之后直接加品种名，并用单引号' '表示，如千头柏 *Platycladus orientalis* 'Sieboldii'。同时规定，无性系(clone)、F_1 代杂交种(F_1 hybrid)等可以给予品种名称。

1.2.5 检索表

检索表是专为鉴定和区别各级分类类群编制的特征识别索引。各类植物志、树木志常在科、属、种描述的前面编写有相应的检索表，以方便读者查找和鉴定树木。检索表的形式很多，常用的是定距式检索表，也称阶梯式检索表，即每一序号排列在一定的阶层上，下一序号向右错后一位，如《中国树木志》和本教材中所用的检索表。另一种是平行式检索表，也称齐头式检索表，检索表各阶层序号都居每行左侧首位。检索表中所列均为突出特征，是鉴定树种的工具，动手编制检索表是提高鉴别树种能力的手段之一。

随着计算机技术在植物分类学中的运用，计算机已广泛运用于植物的检索、鉴定和查询，随着科学的发展，电子植物检索表将会成为植物分类学学习和研究常用的工具和手段。

复习思考题

1. 什么是树木？与草本植物的主要区别是什么？

2. 树木分为几种类型？主要的差异是什么？

3. 什么是树木学，其研究内容包括哪些？为什么说树木学是一门综合和交叉的学科？

4. 结合你自己所学的专业，综述树木学在本专业理论和实践应用中的作用。

5. 恩格勒被子植物分类系统与克朗奎斯特被子植物分类系统的核心理论是什么？

6. 被子植物分类系统主要有哪几个？总结比较各分类系统的主要观点。

7. 简述分子系统学在树木分类研究中的应用及近年来的研究进展(可查阅资料)。

8. 如何编制树种检索表？写出具体的编写步骤，并挑选在叶特征、叶类型和叶着生方式等10种不同树种进行枝叶检索表编写练习。

9. 简述树木分类的依据主要有哪些？树木分类中常用的微观性状有哪些？

10. 一个树种形态始是终保持稳定不变吗？为什么？通过查找研究资料和自己的观测来回答这个问题。

第 2 章　树木的形态及变异

2.1　树木形态

树木形态(morphology)是进行树种描述、比较、鉴定和分类的重要基础知识。从事树种分类、检索表编制、树木系统发育研究、树木品种选育等都离不开对形态的掌握。实践中，要正确识别树种也离不开对树木形态的掌握。因此，熟知树木形态，正确使用树木形态术语是学习树木学最重要的基础。

树木的形态包括营养和生殖两种形态。

2.1.1　营养形态

在树种的识别和鉴定中，营养形态(vegetative morphology)贯穿于树种的整个生长季，是最为常用的特征，主要包括生活型(习性)、树形、树皮、枝条、芽和叶等。对于落叶树种其树形、树皮、枝条和芽还具有明显的冬态特征。

2.1.1.1　生活型和树形

(1) 生活型

生活型(life form)是植物对于综合生境条件长期适应而反映出来的外貌性状，即是对生境条件适应的表现，也具有遗传稳定性。生活型在树木学教学中，常常称为树木的习性(habit)。树木的生活型(图2-1)可分为：

乔木(trees)：具有明显直立的主干而上部有分枝的树木，树高通常在3m以上(图2-1:1)。又可分为大乔木、中等乔木及小乔木等，如毛白杨 *Populus tomentosa*、油松 *Pinus tabuliformis*、水曲柳 *Fraxinus mandshurica*。

灌木(shrubs)：主干不明显，而且靠近地面有分枝的树木(图2-1:2)，或虽具主干而高度不超过3m，如胡枝子 *Lespedeza bicolor*、三裂绣线菊 *Spiraea trilobata*、紫穗槐 *Amorpha fruticosa*。

亚灌木(半灌木，subshrubs)：介于草本和木本之间的一种木本植物，茎枝上部越冬时枯死，仅基部为多年生而木质化，如黑沙蒿 *Artemisia ordosica*、白莲蒿 *A. gmelinii*。

木质藤本(woody vines)：茎干柔软，不能直立，靠倚附它物支持而上，包括：①缠绕藤本(twining vines)，借助主枝缠绕他物而向上生长，如紫藤 *Wisteria sinensis*、葛藤 *Pueraria lobata*。②攀缘藤本(climbing vines)，以卷

图 2-1　树木生活型示意
1. 乔木　2. 灌木

须、不定根、吸盘等攀附器官攀缘他物而上,如葡萄 *Vitis vinifera*、凌霄 *Campsis grandiflora*、爬山虎 *Parthenocissus tricuspidata*。

(2) 树形

树形 (form of tree) 是指树木分枝生长后自然形成的树冠的形状(图 2-2)。常见的树形有:

塔形,如雪松 *Cedrus deodara*;圆柱形,如圆柏 *Juniperus chinensis*;卵形,如加杨 *Populus × canadensis*;宽卵形,如榆 *Ulmus pumila*、槐树 *Sophora japonica*;圆球形,如杜梨 *Pyrus betulaefolia*;平顶形,如油松(大树)*Pinus tabuliformis*、合欢 *Albizia julibrissin*;伞形,如凤凰木 *Delonix regia*、龙爪槐 *Sophora japonica* 'Pendula';棕榈型,如棕榈 *Trachycarpus fortunei*。

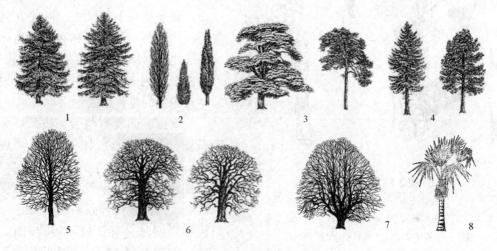

图 2-2 几种树形示意

1. 塔形 2. 圆柱形 3. 平顶形 4. 长卵形 5. 卵形 6. 圆球形 7. 宽卵形 8. 棕榈形

2.1.1.2 树皮

树皮(bark)是树木识别,尤其是对高大树木识别和鉴定的重要特征之一。但对于初学者来讲,树皮特征的掌握十分困难。一旦有了实践经验和对树木更多的认知和了解,树皮特征会成为识别树种的重要辅助手段。树皮受到树龄、树木生长速度、生境等的影响。对于成年树干,树皮特征涉及质地、厚度、粗糙度(光滑、开裂、鳞片状剥落等)、内外树皮的颜色、开裂的深度、纤维发达与否、开裂方式(纵裂、横裂)等;幼嫩树干的皮孔和颜色在树种识别中也很重要。

树木中树皮常见的开裂方式有(彩版 1):

平滑(梧桐 *Firmiana simplex*);粗糙(臭椿 *Ailanthus altissima*、臭冷杉 *Abies nephrolepis*);鳞片状开裂(鱼鳞云杉 *Picea jezoensis* var. *ajanensis*);细纵裂(水曲柳 *Fraxinus mandschurica*);浅纵裂(紫椴 *Tilia amurensis*);深纵裂(刺槐 *Robinia pseudoacacia*、栓皮栎 *Quercus variabilis*、香杨 *Populus koreana*);鳞块状纵裂(油松 *Pinus tabuliformis*);窄长条浅纵裂(圆柏 *Juniperus chinensis*、杉木 *Cunninghamia lanceolata*);不规则纵裂(黄檗 *Phellodendron amurense*);方块状开裂(柿 *Diospyros kaki*、君迁子 *D. lotus*);横向浅裂(山桃 *Prunus davidiana*);

鳞状剥落（榔榆 Ulmus parvifolia）；片状剥落（悬铃木属 Platanus、白皮松 Pinus bungeana）；长条片剥落（蓝桉 Eucalyptus globulus）；纸状剥落（红桦 Betula albosinensis）。

2.1.1.3 枝条（图2-3）

枝条（twigs）是位于顶端，着生叶、花或果实的木质茎。枝条的基部具有芽鳞痕，根据芽鳞痕可以判断枝条的年龄（图2-3：1）。枝条是树种特征描述的重要部分，枝条的颜色、被毛、皮孔等特征主要取自1年生枝条，2年生以上枝条反映的特征往往不全面。枝条及其上的叶痕、叶迹和其他附属物（刺、毛等）是树种识别重要的特征之一，除刚刚发芽形成的嫩枝外，可在全年用于识别树种，是落叶树种冬态识别的重要依据。

根据节间发育与否，枝条可分为长枝（long shoots）（图2-3：1）和短枝（spur shoots）（图2-3：2）两种类型。短枝是因为节间不发育或生长缓慢形成的。大多数树种仅具有长枝，一些树种则同时具有长枝和短枝（图2-3：3），如银杏属 Ginkgo、落叶松属 Lar-

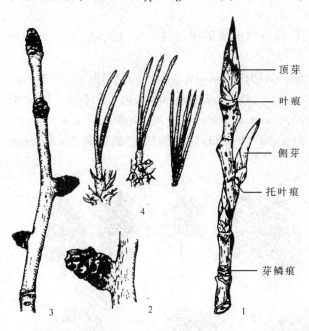

图2-3 枝条类型示意
1. 长枝特征　2. 无限短枝，顶端可形成顶芽
3. 同时具有长枝和短枝　4. 有限短枝，不形成顶芽，顶端常着生2、3、5枚针叶（松属 Pinus）

ix、枣属 Ziziphus。在果树中，生殖枝（花枝）具有短枝的特点，如苹果 Malus pumila、梨 Pyrus bretschneideri 等。根据短枝顶芽发育与否，短枝分为无限短枝（indeterminate short shoot），这类短枝每年形成顶芽，具有伸长生长的功能，并不断生长，有时，由于节间的伸长，短枝顶端发育出长枝，在银杏 Ginkgo biloba、落叶松属中常见（图2-3：2）。另一类短枝称为有限短枝（determinate short shoot），这类短枝不形成顶芽，顶端常着生2、3、5枚叶片，并和叶片形成一个整体，这种短枝仅在松属 Pinus 中出现，是松属针叶束生的基础（图2-3：4）。此外，在木本植物中，部分树种还具有一种特殊的营养枝，此种枝条为1年生，叶腋内无芽，落叶时和叶片一起脱落。由于叶腋内无芽，常被初学者当成复叶，如水杉 Metasequoia glyptostroboides、落羽杉 Taxodium distichum 及枣属树种。

枝条上具有许多树种识别的重要特征，尤其对树种冬态识别非常重要，主要有：

芽（bud）：见2.1.1.4。

叶痕（leaf scar）：是叶片脱落后在枝条上留下的痕迹。叶痕的形状有新月形、半圆形、马蹄形和圆形等（图2-4：1~3）。

托叶痕（stipule scar）：为托叶脱落后在枝条上留下的痕迹。常位于叶痕的两侧。托叶痕形状有点状、眉状、线状等。没有托叶的树种无托叶痕。

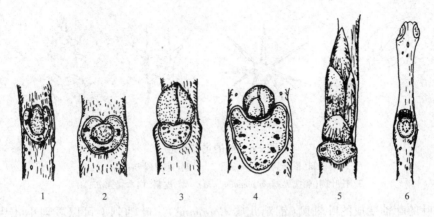

图 2-4　几种叶痕和维管束痕示意
1~3. 叶痕：1. 马蹄形（榆橘属 *Ptelea*）　2. 圆形（盐肤木属 *Rhus*）　3. 半圆形（栗属 *Castanea*）
4~6. 维管束痕：4. 9 组排成"V"形（臭椿）　5. 3 组点状排列（杨属 *Populus*）　6. 多组，排成圆形（梓树属 *Catalpa*）

维管束痕（vascular bundle scar）：为叶柄内维管束在叶片脱落后留下的痕迹，又称叶迹（vein scar）。维管束痕的数目和排成的形状在不同的树种中具有一定的差别，如臭椿 *Ailanthus altissima* 为 5~9，排成"V"形（图 2-4：4）；加杨 *Populus × canadensis* 为 3~4，点状排列（图 2-4：5）；水曲柳 *Fraxinus mandshurica* 为单迹；梓树属 *Catalpa* 维管束痕数目多数，排成圆形（图 2-4：6）。

髓（pith）（图 2-5）：是枝条中部的组织，质地和颜色可用于识别树种。如葡萄属 *Vitis* 的髓为褐色，泡桐属 *Paulownia* 的髓大而松软。将枝条横断面切成一斜面时，髓可出现不同的形状（图 2-5），如栎属 *Quercus* 为星形或多边形、杨属 *Populus* 为五角形、赤杨属 *Alnus* 为三角形及榆属 *Ulmus*、白蜡属 *Fraxinus* 和大多数树种为圆形。通过枝条的纵切面可以判断髓的类型，大多数树种的髓实心（solid pith），竹亚科 Bambusoideae、连翘 *Forsythia suspensa* 等的髓中空（hollow pith），而杜仲 *Eucommia ulmoides*、猕猴桃属 *Actinidia*、核桃属 *Juglans* 及枫杨属 *Pterocarya* 等树种为片状髓（chambered pith）。

枝、叶的变态性状和刺状物是一些属或种的重要识别特征（图 2-6）。

枝刺（thorns）：为枝条的变态（图 2-6：1）。枝刺具有固定的位置，生于叶腋内，基部有叶痕；其上常可着生叶、芽或具有叶痕等，有时分支，如鼠李属 *Rhamnus*、皂荚属 *Gleditsia*。

叶刺（foliar spines）和**托叶刺**（stipular spines）：是叶和托叶的变态，位置固定，发生于叶和托叶生长的部位。叶刺可分为由单叶形成的叶刺（小檗属 *Berberis*）（图 2-6：

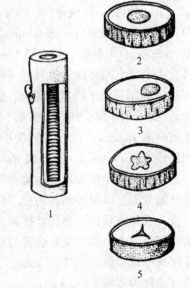

图 2-5　髓的类型
1. 片状髓　2. 圆形　3. 偏斜形
4. 五角形　5. 三角形

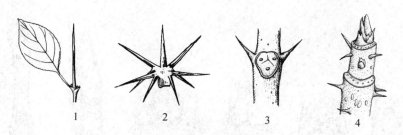

图 2-6 刺的类型示意
1. 枝刺(鼠李属 *Rhamnus*)　2. 叶刺(小檗属 *Berberis*)
3. 托叶刺(刺槐 *Robinia pseudoacacia*)　4. 皮刺(楤木属 *Aralia*)

2)和由复叶的叶轴变成的叶轴刺(锦鸡儿属 *Caragana*)。叶轴刺上可以看到小叶片脱落后留下的叶痕。托叶刺(图2-6：3)常成对出现，位于叶片或叶痕的两侧，如枣树 *Ziziphus jujuba* 和刺槐 *Robinia pseudoacacia*。

皮刺(prickles)：为表皮和树皮的突起，位置不固定，叶、枝条、树干、花、果实等都能出现。皮刺是一些科和属及种的识别特征，如五加科 Araliaceae(图2-6：4)、木棉科 Bombacaceae、蔷薇属 *Rosa*、悬钩子属 *Rubus* 和花椒属 *Zanthoxylum*。此外，枝条的颜色、蜡被、气味、有无栓皮(cork)以及毛被均为树种识别的重要特征。

2.1.1.4 芽

芽(buds)(图2-7)是未伸展的枝、叶、花或花序的幼态。芽的类型、形状和芽鳞特征是树木冬态识别的重要依据。芽常着生在1~2年生枝上。老枝和树干上会产生不定芽(adventitious bud)。

芽按着生位置，可分为顶芽(terminal bud)和侧芽(lateral bud)或腋芽(axillary bud)(图2-7：1)。但在一些树种中，由于顶芽败育，无真正的顶芽，由最近的侧芽发育形成，这种顶芽称为假顶芽(pseudoterminal bud)。假顶芽可根据假顶芽基部有叶痕，枝条顶端有枝痕(twig scar)来判断，如榆属 *Ulmus*、桦属 *Betula*、椴属 *Tilia* 和栗属 *Castanea*。当每个节上具有2个以上的芽时，直接位于叶痕上方的侧芽称为主芽，其他的芽称为副芽(accessory bud)。当副芽位于侧芽两侧时，这些芽称为并生芽(collateral bud)，如山桃 *Prunus davidiana*；如果副芽位于侧芽上方时，这些芽称为叠生芽(superposed bud)，如皂荚属 *Gleditsia* 和核桃属 *Juglans*。在一些树种中，其芽埋藏在叶痕里，称为叶柄下芽(submerged bud)，如悬铃木属 *Platanus*、刺槐属 *Robinia*。

芽根据有无芽鳞可分为鳞芽(scaly bud)和裸芽(naked bud)。芽鳞(bud scales)是叶或托叶的变态，以保护幼态的枝、叶、花或花序以及附属物。当芽鳞较多，且一枚覆盖着另一枚，成鱼鳞状称为覆瓦状排列(imbricate)，如杨属 *Populus*；当芽仅具2或3个芽鳞，芽鳞间相互靠合，称为镊合状排列(valvate)，如漆树 *Toxicodendron vernicifluum*。在许多属中，芽仅具一枚芽鳞，如柳属 *Salix*。当有芽鳞的顶芽或假顶芽发芽后，芽鳞脱落在枝条上留下的痕迹称为芽鳞痕(bud-scale scar)。芽鳞痕是判断枝条年龄的重要依据。

芽根据发育所形成的器官，可分为：

叶芽(leaf bud)：芽内仅具枝和叶原基，发芽后形成枝和叶。

花芽(flower bud)：芽内仅具花或花序原基，发芽后形成花或花序。

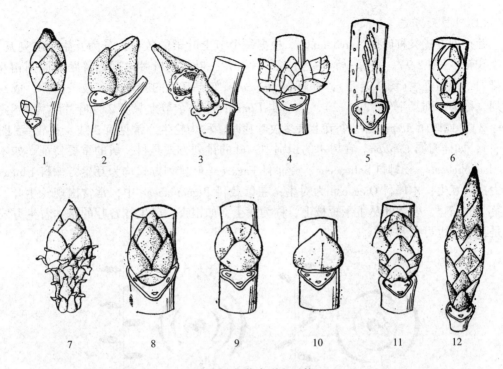

图 2-7 冬芽类型和形状
1. 顶芽 2. 假顶芽 3. 柄下芽 4. 并生芽 5. 裸芽 6. 叠生芽 7. 圆锥形 8. 扁形
9. 圆球形 10. 扁三角形 11. 椭圆形 12. 纺锤形

混合芽(mixed bud)：芽内同时具有枝、叶和花或花序原基，发芽后形成枝、叶和花或花序。

2.1.1.5 叶

叶(leaves)是鉴定、比较和识别树种常用的形态，在鉴定和识别树种时，叶具有明显和独特的、容易观察和比较的形态特征。叶在树种形态特征中变异比较明显，但是每个树种叶的变异仅发生在一定的范围内。由叶片、叶柄和一对托叶组成的叶叫完全叶（图2-8），如山桃 *Prunus davidiana*；叶无托叶或无叶柄等均称不完全叶，如丁香属 *Syringa* 的叶无托叶。叶片(blade)是指叶柄顶端的宽扁部分；叶柄(petiole)为叶片与枝条连接的部分；托叶(stipule)是叶柄基部两侧小型的叶状体；叶和枝间夹角内的部位称为叶腋(leaf axils)，其内常具腋芽。

在树种识别和鉴定中，叶是首先被关注的形态特征。尤其是一些树种以其特有的叶形态，给初学者深刻的印象，如银杏 *Ginkgo biloba* 的扇形叶。木本植物的叶主要包括以下形态特征：

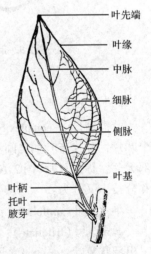

图 2-8 完全叶组成示意

(1) 叶排列方式

叶排列方式又称叶序(phyllotaxy)。根据每个节上叶子的数目，分为互生、二列互生、对生和轮生(图2-9)。当每一个节上生长一片叶片，叶片与叶片之间以等距离原则相互交互排列，即为互生(图2-9：1)，如栎属 *Quercus*；如果互生的叶排列在枝条两侧，成二列排列，称为二列互生(图2-9：2)，如榆属 *Ulmus*；当一个节上只有2片叶片称为对生(图2-9：3)，如槭属 *Acer*；当一个节上有多枚叶片时，称为轮生，常见有3或4枚轮生(图2-9：4)，如梓树属 *Catalpa*。在树木的识别中，叶的排列方式是科、属的重要特征。如木兰科 Magnoliaceae、杨柳科 Salicaceae、壳斗科 Fagaceae 叶排列方式均为互生；榆科 Ulmaceae 则为二列互生；木犀科 Oleaceae 为对生；在紫葳科 Bignoniaceae 中，常常出现轮生叶。由于茎节的缩短，多数叶丛生于短枝上，称为簇生，如银杏。簇生叶各叶的基本着生方式可以是互生，也可以是对生。

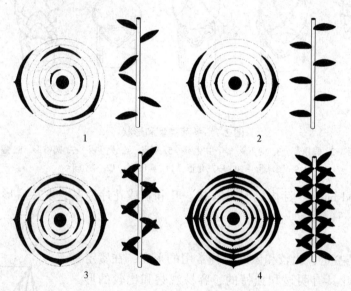

图2-9 叶的排列方式示意(每一个点线形成的圆，表示一个节)

(引自 Thomas Stützel，2002)

1. 互生 2. 二列互生 3. 对生 4. 轮生

(2) 叶类型

叶类型(leaf complexity)分为单叶(simple leaf)和复叶(compound leaf)。叶柄上着生1个叶片，叶片与叶柄之间不具关节，称为单叶；总叶柄具2片以上分离的叶片，小叶柄基部无芽，称为复叶(图2-10)。复叶为被子植物常见的叶类型，根据叶片在总叶柄上的排列和分枝，又分为：

单身复叶(unifoliate)：外形似单叶，但小叶片与叶柄间具关节，如柑橘属 *Citrus*。

三出复叶(trifoliate)：总叶柄上具3片小叶。根据顶生小叶无明显的小叶柄，又分为三出羽状复叶(ternate)，即顶生小叶着生在总叶轴的顶端，其小叶柄较2个侧生小叶的小叶柄为长，如胡枝子属 *Lespedeza*；三出掌状复叶(ternate)，3片小叶都着生在总叶柄顶端上，小叶柄近等长，如橡胶树 *Hevea brasiliensis*。

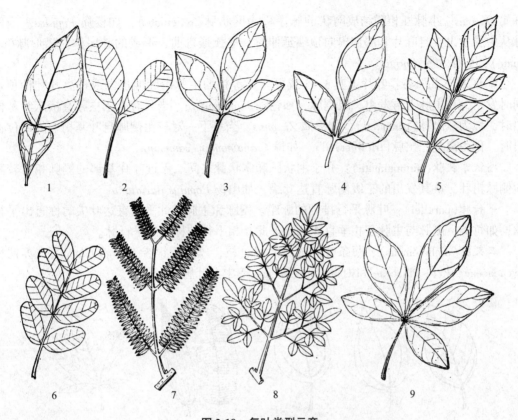

图 2-10 复叶类型示意
1. 单身复叶 2. 二出复叶 3. 掌状三出复叶 4. 羽状三出复叶
5. 奇数羽状复叶 6. 偶数羽状复叶 7. 二回羽状复叶 8. 三回羽状复叶 9. 掌状复叶

羽状复叶(pinnate)：复叶的小叶排列成羽状，生于总叶轴的两侧。根据顶端有 1 片或 2 片小叶，可分为奇数羽状复叶(odd-pinnate)，即羽状复叶的顶端有 1 片小叶，小叶的总数为奇数，如槐树 Sophora japonica；偶数羽状复叶(evem-pinnate)，羽状复叶的顶端有 2 片小叶，小叶的总数为偶数，如皂荚 Gleditsia sinensis。

二回羽状复叶(bipinnate)：总叶柄的两侧有羽状排列的一回羽状复叶，总叶柄的末次分枝连同其上小叶称为羽片，羽片的轴叫羽片轴或小羽轴，如合欢 Albizia julibrissin。

三回羽状复叶(tripinnate)：总叶柄两侧有羽状排列的二回羽状复叶，如辽东楤木 Aralia elata。

掌状复叶(palmate)：几片小叶着生在总叶柄顶端，如七叶树 Aesculus chinensis。

(3) 叶脉

叶脉(leaf venation)是贯穿叶肉内的维管组织及外围的机械组织；叶脉在叶片上的排列方式称脉序。脉序有网状脉序(netted venation)和平行脉序(paralled venation)两种。叶片中部较粗的叶脉为主脉(midrib)或中脉，由主脉向两侧分出的次级脉为侧脉(secondary veins)，再由侧脉分出，并联结各侧脉的细小脉为细脉。在木本植物中常有 5 种基本的叶脉(图 2-11)：

羽状脉(pinnate)：主脉明显，侧脉自主脉的两侧发出，排列成羽状，如榆属 Ulmus，

栎属 *Quercus*。小脉互相联结成网状的脉序称为网状脉(reticulate)，如杨属 *Populus*。当侧脉从中脉发出或自叶片基部伸出向顶端延伸时，呈弧形弯曲，形成的脉序称为弧形脉(arcuate)，如梾木属 *Cornus*。

掌状脉(palmate)：叶片上有 3~5 或更多近等粗的主脉由叶柄顶端或稍离开叶柄顶端同时发出，在主脉上再发出二级侧脉，如葡萄 *Vitis vinifera*。当只有 3 条主脉直接从叶基伸出时，称为三出脉(trinerved)，如枣属 *Ziziphus*。当最下一对较粗侧脉自叶基稍上的部位伸出时，称为离基三出脉(triplinerved)，如樟 *Cinnamomum camphora*。

羽状掌状脉(pinnpalmate)：介于羽状脉和掌状脉之间。靠近叶片基部的侧脉相对较其他侧脉粗壮，从其发出的三级侧脉直达叶缘，如山杨 *Populus davidiana*。

平行脉(parallel)：叶脉平行排列的脉序。侧脉和主脉彼此平行直达叶尖的称直出平行脉，如竹类；侧脉与主脉互相垂直而侧脉彼此互相平行的称侧出平行脉。

二叉脉(dichotomous)：每条叶脉成二叉状分枝，仅见于银杏 *Ginkgo biloba*。在苏铁科 Cycadaceae、松科 Pinaceae 和柏科 Cupressaceae 等中，叶脉很少分枝。

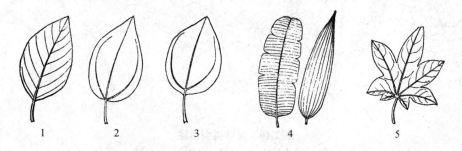

图 2-11　叶脉类型
1. 羽状脉　2. 三出脉　3. 离基三出脉　4. 平行脉　5. 掌状脉

(4) 叶形

叶片或复叶的小叶片通常是种的识别特征。叶形(leaf shapes)是叶片或小叶片的轮廓。此外，叶片先端、叶基和叶缘也是树木识别的重要特征。常见的叶形、叶先端、叶基和叶缘如下：

叶形的类型(图 2-12)

鳞形(scale)：叶细小成鳞片状，如柽柳属 *Tamarix*、木麻黄属 *Casuarina*。

披针形(lanceolate)：叶长为宽的 5 倍以上，中部或中部以下最宽，两端渐狭，如山桃 *Prunus davidiana*、旱柳 *Salix matsudana*。

倒披针形(oblanceolate)：颠倒的披针形，叶上部最宽，如楠木 *Phoebe zhennan*。

卵形(ovate)：形如鸡卵，长约为宽的 2 倍或更少，如桑树 *Morus alba*、女贞 *Ligustrum lucidum*。

倒卵形(obovate)：颠倒的卵形，最宽处在上端，如玉兰 *Magnolia denudata*。

圆形(orbicular)：形状如圆盘，叶长宽近相等，如中华猕猴桃 *Actinidia chinensis*。

长圆形(oblong)：长方状的椭圆形，长约为宽的 3 倍，两侧边缘近平行，又称矩圆形，如红树 *Rhizophora apiculata* 的一些叶。

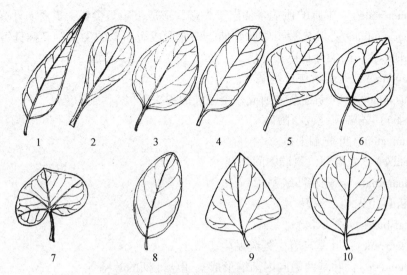

图 2-12　木本被子植物常见叶形示意
1. 披针形　2. 匙形　3. 卵形　4. 长圆形　5. 菱形　6. 心形
7. 肾形　8. 椭圆形　9. 三角形　10. 圆形

椭圆形（elliptical）：近于长圆形，但中部最宽，边缘自中部起向两端渐窄，尖端和基部近圆形，长约为宽的 1.5~2 倍，如白兰花 Michelia alba。

菱形（rhombic）：近斜方形，如小叶杨 Populus simonii、乌桕 Sapium sebiferum。

三角形（deltate）：叶状如三角形，如加杨 Populus × canadensis。

心形（cordate）：叶形如心脏，先端尖或渐尖，基部内凹成心形，如紫丁香 Syringa oblata。当叶片的宽度明显大于长度时，称为肾形（reniform）。

叶先端（leaf apices）（图 2-13）

渐尖（acuminate）：叶片先端成一锐角，叶尖两侧叶缘内凹，向上逐渐变尖。

锐尖（acute）：叶片先端成一锐角，叶尖两侧叶缘近直。

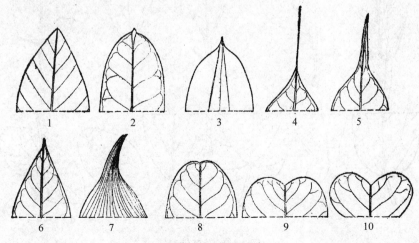

图 2-13　叶先端示意
1. 尖　2. 微凸　3. 凸尖　4. 芒尖　5. 尾尖　6. 渐尖　7. 骤尖　8. 微凹　9. 凹缺　10. 二裂

微凸（mucronate）：中脉的顶端略伸出于先端，形成极小短尖头，又称具小短尖头。

凸尖（mucronulate）：叶先端由中脉延伸于外而形成短而急的尖头，又称具短尖头。

芒尖（aristate）：凸尖延长成芒状。

尾尖（caudate）：先端渐狭长呈尾状。

骤尖（cuspidate）：先端逐渐尖削成一个坚硬的尖头。

钝（obtuse）：先端圆钝或窄圆。

截形（truncate）：叶先端平截。

微凹（retuse）：先端圆，顶端中间稍凹。

凹缺（emarginate）：先端凹缺稍深。

二裂（bifid）：先端二深裂。

叶基（leaf bases）（图2-14）

下延（decurrent）：叶基自着生处起贴生于枝上。

渐狭（attenuate）：叶基两侧向内渐缩形成具翅状叶柄的叶基。

楔形（cuneate）：叶下部两侧渐狭成楔子形，如北京丁香 *Syringa pekinensis*。

截形（truncate）：叶基部平截，如元宝枫 *Acer truncatum*。

圆形（rounded）：叶基部呈圆形，如山杨 *Populus davidiana*。

耳形（auriculate）：基部两侧各有一耳形裂片，如蒙古栎 *Quercus mongolica*。

心形（cordate）：叶基心脏形，如紫荆 *Cercis chinensis*、紫丁香 *Syringa oblata*。

偏斜（oblique）：基部两侧不对称，如榆属 *Ulmus*、椴属 *Tilia*。

鞘状（ocreate）：基部伸展形成鞘状，如沙拐枣 *Calligonum mongolicum*。

盾状（peltate）：叶柄着生于叶背部的一点，如蝙蝠葛 *Menispermum dauricum*。

合生穿茎（perfoliate）：两个对生无柄叶的基部合生成一体，如盘叶忍冬 *Lonicera tragophylla*。

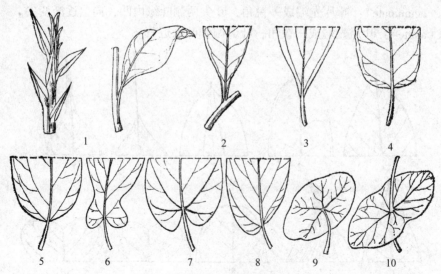

图2-14 叶基示意

1. 下延　2. 渐狭　3. 楔形　4. 截形　5. 圆形　6. 耳形　7. 心形　8. 偏斜　9. 循状　10. 合生穿茎

叶缘(leaf margins)(图 2-15)

全缘(entire)：叶缘不具任何锯齿和缺裂，如紫丁香 Syringa oblata、玉兰 Magnolia denudata。

波状(undulate)：边缘波浪状起伏，如樟 Cinnamomum camphora。

锯齿(serrate)：边缘锯齿尖锐，如榆 Ulmus pumila、苹果 Malus pumila。

重锯齿(biserrate)：锯齿之间又具小锯齿，如榆叶梅 Prunus triloba。

齿牙(dentate)：边缘有尖锐的齿牙，齿端向外，齿的两边近相等，如大花溲疏 Deutzia grandiflora，又称牙齿状。

缺刻(notched)：边缘具不整齐较深的裂片。

叶片的开裂方式(leaf lobbing)(图 2-15)

当叶缘锯齿深达至中脉的 1/4 以上时，称为叶裂片(lobed leaf)。

浅裂(lobed)：裂片裂至中脉约 1/3，如蒙古栎 Quercus mongolica。

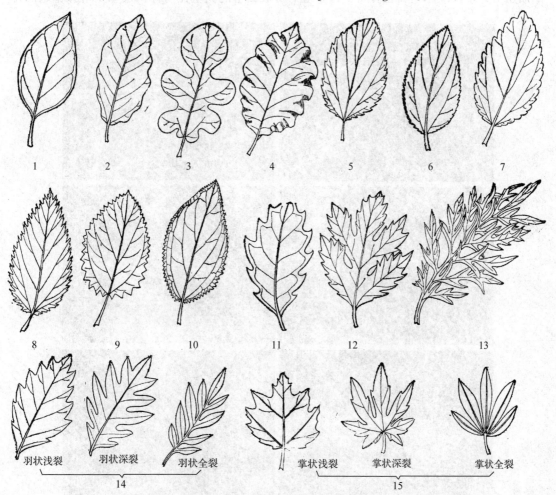

图 2-15　叶缘及叶片开裂方式示意

1. 全缘　2. 波状　3. 深波状　4. 皱波状　5. 锯齿　6. 细锯齿　7. 钝齿　8. 重锯齿　9. 齿牙　10. 小齿牙　11. 浅裂　12. 深裂　13. 全裂　14. 羽状分裂　15. 掌状分裂

深裂(parted)：裂片裂至中脉约 1/2 以上，如鸡爪槭 *Acer palmatum*。

全裂(divided)：裂片裂至中脉，并彼此完全分开，如银桦 *Grevillea robusta*。

羽状分裂(pinnately lobed)：裂片排列成羽状，并具羽状脉。因分裂深浅程度不同，又可分为：羽状浅裂(pinnatilobate)，裂片裂至中脉的 1/4 至近 1/2；羽状深裂(cleft)，裂片开裂刚刚超过中脉的 1/2；羽状全裂(pinnatisect)，裂片开裂几达中脉。

掌状分裂(palmate)：裂片排列成掌状，并具掌状脉。因分裂深浅程度不同，又可分为：掌状浅裂(palmatifid)、掌状深裂[掌状三浅裂(tripalmatifid)、掌状五浅裂(qunquepalmatifid)、掌状五深裂(palmately 5-parted)]、掌状全裂(palmatisect)。

叶表皮特征(surface feature of leaves)(图 2-16)

在树木的分类和鉴定中，一些叶表皮的显微特征起到重要的作用。在放大 40 倍以上观察时，会发现由于叶脉的突起或凹陷，使叶表面粗糙而不平滑。叶表皮也会因其被有的蜡质层分布厚薄或不均，也显得不再平滑。叶表面毛的类型在树种识别中是十分稳定的特

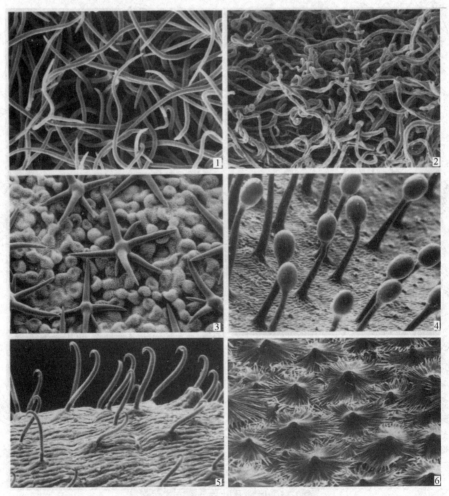

图 2-16 表皮毛一些类型扫描电镜照片

1. 柔毛(悬钩子属 *Rubus*) 2. 绒毛(仙女木 *Dryas octopetala*) 3. 星状毛(苏里兰维罗拉肉豆蔻 *Virola suramensis*)
4. 腺毛(角茅膏菜属 *Drosera*) 5. 钩状刚毛(蝶形花科 Fabaceae) 6. 盾状毛(沙棘 *Hippohae rhamnoides*)

征。毛被的观察十分容易，可用普通实体解剖镜，甚至手持放大镜即可观察到。当然，用扫描电镜(SEM)观察毛的种类和形态是树木分类研究重要的手段之一(图2-16)。根据毛的形状和质地，木本植物常见的毛类型有：

柔毛(pilose)：毛柔软，不贴伏表面，如柿 Diospyros kaki。

绒毛(tomentose)：毛软绵状，常缠结或成垫状，如毛白杨 Populus tomentosa 的幼叶。

茸毛(villous)：毛长而直立，密生如丝绒状。

绢毛(sericeous)：毛长、直、柔软而贴伏，有丝绸光泽，如杭子梢 Campylotropis macrocarpa。

粗糙(scabrous)：由于叶表皮细胞或短刚毛，使叶表皮手感粗糙，有如砂纸。

硬毛(hispid)：毛短粗而硬，直立，如映山红 Rhododendron simsii。

刚毛(setasetae)：毛长而直立，粗硬，先端尖，触之有刺感。

睫毛(ciliate)：毛成行生于叶缘，如黄檗 phellodendron amurense。

星状毛(stellate)：毛从中央向四周分枝，形如星状，如糠椴 Tilia mandshurica。

丁字毛(T-shaped hair)：毛从中央向两侧各分一枝，外观形如一根毛，如毛梾 Cornus walteri。

分枝状毛(branched hair)：毛树枝状分枝，如毛泡桐 Paulownia tomentosa。

盾状毛(腺鳞)(pelta)：毛成圆片状，具短柄或无，如伞花胡颓子 Elaeagnus umbellata。

腺毛(piloglandulose)：毛顶端具膨大的腺体，如核桃楸 Juglans mandshurica 叶和果实表面的毛。

(5)裸子植物叶形态(图2-17)

裸子植物的叶在排列方式上与被子植物相似，但形态上有显著的区别。在裸子植物中，叶主要分为6种类型：

针形(acicular)：叶细而长，横切面为半圆形、扇形或三棱形，先端尖，形如针状。在松属 Pinus 中，针形叶常2、3或5枚生于不发育的短枝顶端，成束状(图2-17：1)。2针一束的，叶横切面为半圆形，3或5针一束的为扇形。雪松属 Cedrus 的针叶则为三棱形。

条形(linear)：叶片长而窄，扁平，两边近平行，如冷杉属 Abies、水杉属 Metasequoia、红豆杉属 Taxus(图2-17：2~3)。在云杉属 Picea 中，其条形叶横切面为棱形，这种条形叶称为四棱状条形叶，是云杉属特有的叶形。

刺形(subulate)：叶短，扁平，从基部向先端渐窄，先端尖，呈刺状，如杜松 Juniperus regida 以及圆柏 J. chinensis 的刺形叶(图2-17：4)。

鳞形(scale)：叶小型，压扁，形如鳞片(图2-17：5)。绝大多数柏科 Cupressaceae 树种的叶为鳞形。

钻形或锥形(subulate)：叶短且窄，先端尖，形如钻或锥(图2-17：6)，如柳杉属 Cryptomeria 和台湾杉属 Taiwania。

扇形(flabellate)：叶顶端宽圆，向下渐狭，形如扇面，如银杏 Ginkgo biloba(图2-17：7)。

裸子植物叶的排列方式主要有螺旋状互生(图2-17：2，6)(松科 Pinaceae、柏科 Cupressaceae、罗汉松科 Podocarpaceae、红豆杉科 Taxaceae、交互对生(图2-17：5)(柏科、

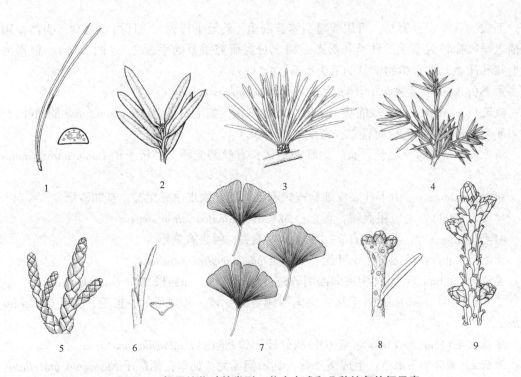

图 2-17　裸子植物叶的类型、着生方式和几种枝条特征示意
1. 针形叶，束生　2. 条形叶，互生　3. 条形叶，簇生　4. 刺形叶，轮生　5. 鳞形叶，交互对生
6. 钻形叶　7. 扇形叶　8. 枝具扁平叶痕　9. 枝具叶枕

麻黄科 Ephedraceae)和三枚轮生(图2-17：4)(柏科)。在有短枝的树种中，叶在短枝上簇生(银杏属 *Ginkgo*、金钱松属 *Pseudolarix*、雪松属 *Cedrus* 和落叶松属 *Larix* 各树种，图2-17：3)。

在一些裸子植物中，其叶片无柄，叶片直接着生在枝条上，当叶片脱落后在枝条上留下圆形的扁平叶痕，如冷杉属(图2-17：8)；或无柄的叶片着生在枝条的木钉状突起上，即叶枕(sterigma)，如云杉属(图2-17：9)；或是叶片具短柄，并着生在叶枕上，如铁杉属 *Tsuga*；或是叶片具有短柄，无叶枕，如黄杉属 *Pseudotsuga*；或是叶无柄，叶基下延成为枝皮的一部分，如柳杉属 *Cryptomeria*；而在柏科具有鳞形叶的树种中，其鳞形叶交互对生，叶基下延，相互覆盖，并将枝条完全覆盖。因此，树木学家将此种枝条称为鳞叶小枝(图2-17：5)，如侧柏属 *Platycladus*、崖柏属 *Thuja*。

2.1.2　生殖形态

种子植物的有性生殖是通过开花过程完成的。花能够为植物分类提供稳定特征，是分科、分属和研究植物系统进化的重要依据。因此，花的形态学特征是种子植物分类的基础。在树木识别中，花同样能提供不同的分类信息，但由于花多生于树冠上，难以看到，且持续时间较短，在实际识别中有一定的困难。因此，重要的是要具备花形态特征和形态学术语的基本知识。

2.1.2.1 裸子植物球花和球果形态

裸子植物没有真正的花,在开花期间形成的繁殖器官称为球花,即孢子叶球(strobilus)。典型的球花仅在南洋杉科 Araucariaceae、松科和柏科中出现,其他科不明显。这里仅介绍典型的球花形态。根据性别球花分为雄球花(male cone)和雌球花(female cone)。

所有裸子植物的雄球花结构十分简单,均由花粉囊(pollen sacs,许多书籍和文献也称花药)、小孢子叶(microsporophyll)和中轴组成(图 2-18:1)。每个小孢子叶着生 1 至多数

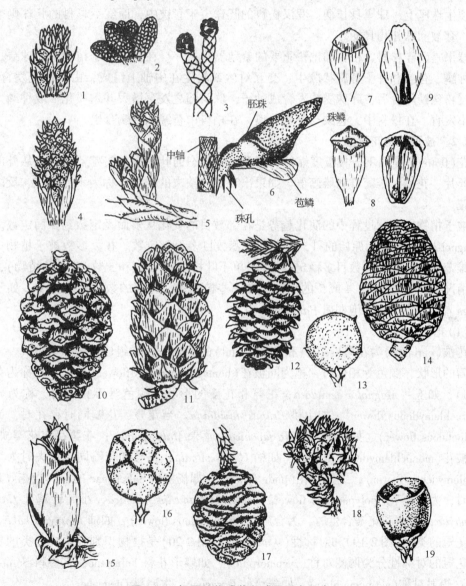

图 2-18 裸子植物球花和球果形态示意

1. 松属雄球花(冬态) 2. 松属雄球花(春天萌动时) 3. 扁柏属雄球花(开花时) 4. 松属雌球花 5. 扁柏属雌球花 6. 松属的一枚珠鳞,示倒生胚珠、珠鳞和苞鳞 7. 松属的种鳞(示鳞脐顶生) 8. 松属的种鳞背面(示鳞脐背生)和腹面(示种子) 9. 落叶松属种鳞背面和苞鳞 10~19. 球果(10. 松属 11. 落叶松属 12. 云杉属 13. 刺柏属 14. 雪松属 15. 扁柏属 16. 柏木属 17. 巨杉属 18. 柳杉属 19. 红豆杉属)

花粉囊。花粉囊数量在裸子植物的不同类群中存在差异，如松科和罗汉松科 Podocarpaceae 为2，柏科为2~6，红豆杉科 Taxaceae 为3~9。

雌球花是由珠鳞（ovulate scale）、苞鳞（bract）和胚珠（ovule）着生在中轴上形成，胚珠在授粉期间完全裸露（图2-18：2~3）。南洋杉科、松科和柏科的珠鳞成鳞片状，为枝条的变态，着生在由叶变态形成的苞鳞腋内，胚珠着生在珠鳞的腹面。不具典型球花的苏铁科 Cycadaceae 的珠鳞为变态的叶片，胚珠着生在中下部两侧；银杏科 Ginkgoaceae 的胚珠着生在顶生珠座上，珠座具长柄；罗汉松科的胚珠生于套被中，而红豆杉科的胚珠则生于珠托上，套被和珠托均具柄。

球果是南洋杉科、松科和柏科重要的繁殖器官之一。在其他裸子植物中无球果。球果是由种鳞、苞鳞和种子螺旋状散生、交互对生或轮生在中轴上组成，由雌球花发育形成。胚珠授粉珠鳞闭合后，胚珠受精发育成种子，珠鳞随之发育增大并木质化形成种鳞，苞鳞基本不发育。在松科中，苞鳞与种鳞分离，在柏科中苞鳞和种鳞合生。

2.1.2.2 被子植物花形态

花（flowers）是由不分枝极度缩短的茎和高度变态的叶形成的繁殖器官。花从外向里分别是萼片、花瓣、雄蕊群和雌蕊群。如果出现部分缺失的现象，称为不完全花，反之，为完全花。

被子植物在演化过程中的演化趋势是花部数目的变化从多而无定数到少而定数。木兰科 Magnoliaceae 等较为原始的科，雄蕊和雌蕊数目多而无定数。在大多数被子植物中，花被、雄蕊群和雌蕊群的数目多稳定在3数（单子叶植物）、4数和5数（双子叶植物），在多数的情况下，一般为3、4或5的倍数。在一些植物中，花部的数目退化减少，如丁香属 Syringa 雄蕊数目为2、泡桐属 Paulownia 为4。

(1) 花被

花被（perianth）为花萼（sepal）和花瓣（petal）的总称。花瓣组成花冠（corolla）。当花萼和花瓣的形状、颜色等相似时，称为同被花（homochlamydeous flower），每一片称为花被片（tapel），如玉兰 Magnolia denudata；花萼和花瓣的形状、颜色等不相同时，称为异被花（heterochlamydeous flower），如山桃 Prunus davidiana。当花萼、花瓣同时存在时，为双被花（dipetalous flower），如槐树 Sophora japonica、苹果 Malus pumila；花萼存在花瓣缺失时，为单被花（monochlamydeous flower），如榆 Ulmus pumila；花萼和花瓣同时缺失时为无被花（anchlamydeous flower），又称裸花（nude flower），如杨柳科 Salicaceae 的花。当花萼和花瓣离生时，为离瓣花（polypetalous flower），如山茶 Camellia japonica、小叶锦鸡儿 Caragana microphylla；花萼和花瓣合生时，为合瓣花（sympetalous flower），如柿 Diospyros kaki。

花冠的类型（图2-19）和对称性（symmetry）（图2-20）是植物识别和系统分类的重要特征。花冠的对称性分为两侧对称（zygomorphic），如蝶形花科 Fabaceae、玄参科 Scrophulariaceae；辐射对称（actinomorphic），如蔷薇科 Rosaceae、木犀科 Oleaceae。

(2) 雄蕊群

雄蕊群（androeceum）为一朵花内全部雄蕊（stamen）的总称（图2-21）。在完全花中，雄蕊群位于花被和雌蕊群之间。根据雄蕊不同程度的合生，分为离生雄蕊（distinct stamen）、单体雄蕊（monandrous stamen）、二体雄蕊（diandrous stamen）或多体雄蕊（polyandrous sta-

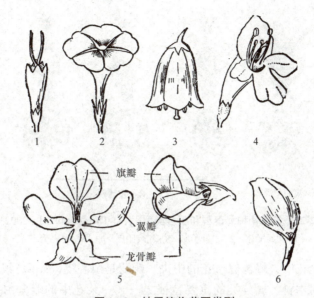

图 2-19　被子植物花冠类型
1. 筒状　2. 漏斗状　3. 钟状　4. 唇形　5. 蝶形　6. 舌状

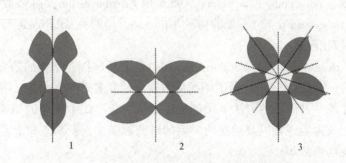

图 2-20　被子植物花的对称性
1. 两侧对称（只有 1 个对称面）　2. 两侧对称（有 2 个对称面）　3. 辐射对称

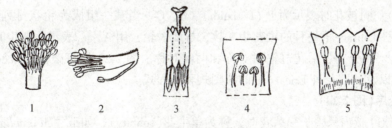

图 2-21　雄蕊群类型
1. 单体雄蕊　2. 二体雄蕊　3. 聚药雄蕊　4. 二强雄蕊　5. 冠生雄蕊

men）。雄蕊的数目和花丝合生与否是树木科、属分类的重要特征之一。如蔷薇科的雄蕊多数而分离；锦葵科 Malvaceae 雄蕊多数，但合生为单体雄蕊；木棉科 Bombacaceae 雄蕊多数，合生为 5 束；而山茶科 Theaceae 雄蕊多数，仅基部合生。

（3）雌蕊群

雌蕊（gynoeceum）群为一朵花内全部雌蕊（pistil）的总称（图 2-22）。一朵花中可以有 1

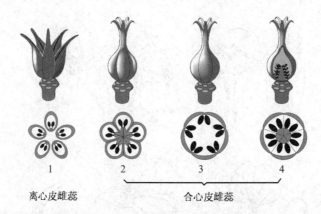

图 2-22 常见 4 种雌蕊群和胎座类型(引自 Thomas Stützel，2002)
1. 边缘胎座　2. 中轴胎座　3. 侧膜胎座　4. 特立中央胎座

至多枚雌蕊。在完全花中，雌蕊位于花的中央。雌蕊是由心皮（carpel）组成。心皮的数目、合生情况和位置是树木科、属分类的重要特征之一。一朵花中的雌蕊由一个心皮组成的，为单雌蕊（simple pistil），如蝶形花科 Fabaceae；由多数心皮组成，但心皮之间相互分离的，为离心皮雌蕊（apocarpous gynaecium），如八角 *Illicium verum*；由多数心皮合生组成的，为合生雌蕊（compound pistil），如椴树科 Tiliaceae、杨柳科 Salicaceae 等。

2.1.2.3　花图式和花程式

花图式（floral diagram）和花程式（floral formula）是分析掌握花结构的最有效的方式。

花图式就是将一朵花（花蕾期）做横切面后直观反映花各部分的位置、排列方式、合生或离生等结构特征的一种图示的方法，用侧生花表示。花图式中理想的切面应该是能反映出心皮数目、合生或离生现象以及胎座的类型的雌蕊群横切面；对于雄蕊群着重显示花丝分离或合生以及花药室数等。

花程式是描述花结构的另一种方式。是采用花各部组成的英文字母缩写表示花各部组成，用数字表示各组成的数目，如 K（kelch，德语）、C（corolla）、A（Androecium）和 G（Gynoecium）；同被花时表示为 P（Perianth）、A、G。当某一组成为轮状排列时，用"＋"连接，如樟科 Lauraceae 树种的雄蕊为 9 枚，排成 3 轮，用 A_{3+3+3} 表示；合生时，用"（ ）"表示，"＊""↑"分别表示花冠辐射对称和两侧对称。图 2-23 是蔷薇科 Rosaceae、蝶形花科 Fabaceae 以及杜鹃花科 Ericaceae 的花图式和花程式。

2.1.2.4　花序（图 2-24）

当枝顶或叶腋内只生长一朵花时，称为单生花（solitary），如玉兰 *Magnolia denudata* 和白兰 *Michelia × alba*。当许多花按一定规律排列在分支或不分支的总花柄上时，形成了各式的花序（inflorescence），总花柄称为花序轴（rachis）。每朵花或花序轴基部常生有苞片（bract）。在树木中，常见的花序有总状花序（raceme），如刺槐 *Robinia pseudoacacia*；圆锥花序（panicle），如槐树 *Sophora japonica*；柔荑花序（catkin），如杨柳科 Salicaceae 树种；头状花序（head），如构树 *Broussonetia papyrifera* 雌花序；聚伞花序（cyme），如华北五角枫 *Acer truncatum* 和南蛇藤 *Celastrus orbiculatus*；隐头花序（hypanthodium），如榕树属 *Ficus*；伞房花序（corymb），如苹果 *Malus pumila* 以及穗状花序（spike），如枫杨 *Pterocarya*

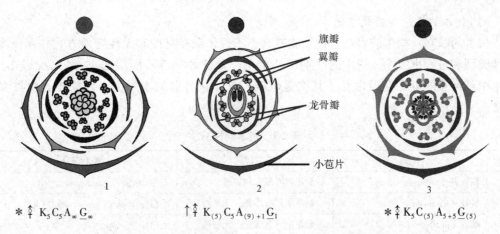

图 2-23 花图式和花程式（引自 Thomas Stützel，2002）
1. 蔷薇科蔷薇属 *Rosa* 2. 蝶形花科刺槐属 *Robinia* 3. 杜鹃花科越橘属 *Vaccinium*

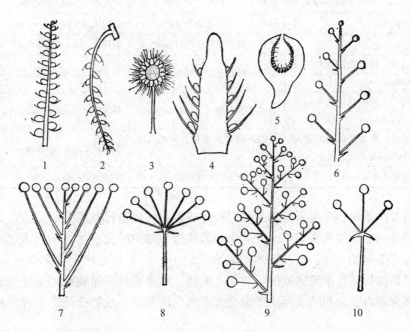

图 2-24 花序类型
1. 穗状花序 2. 柔荑花序 3. 头状花序 4. 肉穗花序 5. 隐头花序 6. 总状花序
7. 伞房花序 8. 伞形花序 9. 圆锥花序 10. 聚伞花序

stenoptera 的雌花序。

2.1.2.5 树木繁殖系统

植物繁育系统（reproductive system）是当今进化生物学研究中最为活跃的领域，综合了植物形态学、分类学、生态学、生殖生物学和分子生物学等研究领域。繁育系统是指代表所有影响后代遗传组成的有性特征的总和，主要包括花形态特征、花的性别、花的开放式样、花各部位的寿命、传粉和传粉模式、传粉者种类和频率、自交亲和程度和交配系统，其中交配系统是核心。有花植物的性系统的塑造受到遗传和环境两方面的影响。

(1) 树木的性别与交配系统

树木的性别：树木的繁殖远比动物复杂，不仅体现在有性和无性繁殖方式并存，而且有性类型和过程也复杂。树木的性别可从单花、单株和种群不同层次进行划分（表2-1）。树木中最常见的类型是两性花，其次是雌雄同株。在种群的水平上，以雌雄异株类型最丰富。

表2-1 树木的性别

层次	性别	形态特征	树种范例
单花	两性花（hermaphroditic）	一朵花内有雌蕊和雄蕊	玉兰 *Magnolia denudata*
	雄花（staminate）	一朵花中只有雄蕊，无雌蕊	毛白杨 *Populus tomentosa*
	雌花（pistillate）	一朵花中只有雌蕊，无雄蕊	毛白杨 *P. tomentosa*
单株	雌雄同花（hermaphroditic）	植株上只有两性花	山桃 *Prunus davidiana*
	雌雄（异花）同株（monoecism）	植株上既有雄花，又有雌花	栓皮栎 *Quercus variabilis*
	雄株（androecy）	植株上只有雄花，没有雌花	柘树 *Cudrania tricuspidata*
	雌株（gynoecy）	植株上只有雌花，没有雄花	柘树 *C. tricuspidata*
	雄全同株，即雄花两性花同株（andromonoecy）	植株上既有雄花，又有两性花	七叶树 *Aesculus chinensis*
	雌全同株，即雌花两性花同株（gynomonoecy）	植株上既有雌花，又有两性花	马尾树 *Rhoiptelea chiliantha*
	三全同株，即雄花雌花两性花同株（trimonoecism）	植株上同时有雄花、雌花和两性花	细枝柃 *Eurya loquaiana*
种群	雌雄异株（dioecism）	种群由雄株和雌株构成	旱柳 *Salix matsudana*

树木的交配系统：交配系统是生物有机体通过有性繁殖将基因从一代传递到下一代的模式，和居群的遗传结构密切相关，是影响群体遗传结构的关键生物学因素之一。交配系统类型划分有不同的方法，但在树木的繁育系统中，广义上可分为自交和异交两种形式。自交和异交是植物繁育系统研究的一对中心问题。大多数被子植物都产生完全花，其中相当大的一部分是自交亲和的。但由于近交衰退的广泛存在，植物进化出多种多样的方式来避免自交。

(2) 传粉

传粉（pollination）就是花粉粒从花粉囊移动到胚珠（裸子植物）或柱头（被子植物）过程。异交是形成繁育系统中传粉多样性的主要动力。异交传粉机制的多样性来自花结构和传粉媒介的相互适应，其多样性表现在花与传粉媒介两个方面。在花的形态（传粉前机制）方面的适应机制有雌雄异熟（dichogamy）、花柱对生（enantiostyly）、雌雄异位（herkogamy）、花柱异长（heterostyle）和雌雄异株（dioecy）等；根据传粉媒介的不同，异交又可主要分为：风媒、水媒和虫媒（主要是指昆虫）繁育系统，前二者花的构造相对简单。被子植物传粉机制的多样性主要表现在动物传粉的繁育系统中。裸子植物和被子植物中的壳斗科 Fagaceae、桦木科 Betulaceae、榛科 Corylaceae、胡桃科 Juglandaceae、杨柳科 Salicaceae、榆科 Ulmaceae 以及竹亚科 Bambusoideae 的各种竹类等均为风媒传粉（pollination）。

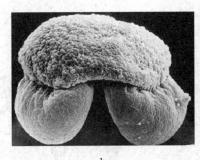 

图 2-25 裸子植物花粉类型和授粉方式
1. 松属 Pinus 花粉粒，两侧为气囊 2. 刺柏属 Jupinerus 的胚珠和授粉滴

裸子植物的花粉粒为适应风媒传粉，花粉粒常具有气囊(图 2-25：1)，裸露的胚珠的珠孔分泌授粉滴(如刺柏属 Juniperus)(图 2-25：2)或珠孔两裂，裂片延伸，内侧具乳状突起，有利于接受空气中飞散的花粉粒。在被子植物中，风媒植物的花粉粒量大、干燥、松散，易被风吹动；花较小、单性、结构简单；常为单被花或无被花，以便柱头或花药外露；花多在早春先叶开放，有利于传粉，如杨柳科 Salicaceae、桦木科 Betulaceae。

虫媒树种具有相适应的花形态特征：花具有气味、花被肥厚艳丽，通常具有花盘(如枣树 Ziziphus jujuba)、蜜腺等分泌花蜜等功能的器官；花粉粒数量少、粒大而重；因具黏着性，花粉粒常成团(如连翘 Forsythia suspensa)。鸟媒和小型哺乳动物传粉的花往往具有红色和黄色的花被(如木棉 Bombax ceiba)、花冠特化成管状等窄小形状、具有花盘等分泌器官。

2.1.2.6 果实

胚珠受精后，随着种子的发育，子房增大，发育成果实(fruit)。在一些树木中果实仅由子房发育形成，称为真果(true fruit)，如桃 Prunus persica；而在一些树木中，花的其他部分(花托、花被等)也参与果实的形成，这种果实称为假果(spurious fruit)，如梨 Pyrus bretschneideri。

果实的类型是识别树木的重要特征之一，尤其是高大的树木，寻找树下残存的果实和果实附属物是鉴定树木重要的线索。根据果实成熟时果皮的性质，可将果实分为肉果(fleshy fruit)和干果(dry fruit)。根据果实是由一个心皮或一个合生心皮雌蕊形成，或由花序形成还是由一朵花的离心皮雌蕊形成，分为单果、聚花果或聚合果。在树木识别中，常见的果实类型有(图 2-26)：

(1) 肉果类(fleshy fruit)(单果)

由一个心皮或一个合生心皮雌蕊形成，果皮肉质多浆。

浆果(berry)：由合生心皮上位子房形成的果实，外果皮薄，中果皮和内果皮肉质多浆，如葡萄 Vitis vinifera。

核果(drupe)：由单心皮的上位子房形成一室的肉质果。外果皮薄，中果皮肉质或纤维质，内果皮骨质，如樱桃 Prunus pseudocerasus。

梨果(pome)：肉质假果，由下位子房合生心皮及花托形成的果实，如苹果 Malus pumila。

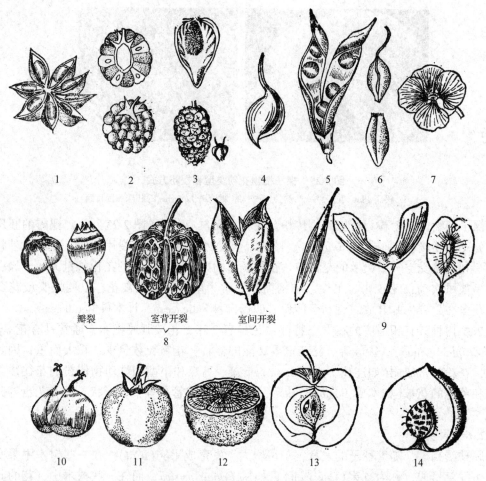

图 2-26 树木中常见果实类型
1. 聚合蓇葖果 2. 聚合核果 3. 聚花果 4. 蓇葖果 5. 荚果 6. 颖果 7. 胞果
8. 蒴果 9. 翅果 10. 坚果 11. 浆果 12. 柑果 13. 梨果 14. 核果

柑果（hesperidium）：实为一种浆果，由合生心皮、上位子房形成果实，外果皮革质，内果皮上具有多汁的毛细胞，如橘 *Citrus reticulata*。

(2) 干果类（单果）

由一个心皮或一个合生心皮雌蕊形成，成熟时果皮干燥。

荚果（legume）：由单心皮上位子房形成的干果，成熟时沿腹缝线和背缝线同时开裂，或不裂，如刺槐 *Robinia pseudoacacia*。

蓇葖果（follicle）：为开裂的干果，成熟时心皮沿背缝线或腹缝线开裂，如银桦 *Grevillea robusta*。

蒴果（capsule）：由2个以上合生心皮的子房形成的果实，开裂方式多样，有室背开裂、室间开裂、孔裂、瓣裂，如茶 *Camellia sinensis*。

翅果（samara）：瘦果状带翅的干果，由合生心皮的上位子房形成，如五角枫 *Acer mono*。

坚果（nut）：果皮坚硬，由合生心皮开成一室一胚珠的果，如板栗 Castanea mollissima。
颖果（caryopsis）：由合生心皮形成一室一胚珠的果，果皮和种皮完全愈合，如竹类的果实。

(3) 聚合果（aggregate fruit）

由一花中的多数离生心皮雌蕊的每一个子房（心皮）形成的果实，这些果聚合在一个花托上，就组成一个聚合果。根据小果类型可分为：

聚合蓇葖果：每一个单心皮形成一个蓇葖果，如八角 Illicium verum。
聚合核果：每一个单心皮形成一个小核果，如牛叠肚 Rubus crataegifolius。
聚合瘦果：每一个单心皮形成一个瘦果，如灌木铁线莲 Clamatis fruticosa。

(4) 聚花果（multiple fruit）

由整个花序形成的合生果，如桑树 Morus alba 的桑椹。

2.2 树木形态变异

自然变异（variation）是生物界的普遍现象和特征。在每个树种中，普遍存在着种内变异（intraspecific variation）。由于种内变异，对树种的识别和鉴定时就存在着不确定性，甚至导致鉴定错误。因此，树种形态发生的变异，影响正确掌握特征和识别树种，尤其是给初学者会带来困难，甚至混乱。所以，在观察树种时，应学会对变异范围的正确理解，学会应用变异的观点，在树种识别和鉴定中从单纯的、典型的种上升到种群或居群范围。只有具备了较宽范围的种的概念，理解种内变异的存在，积累更多的树种形态特征，掌握树种鉴定的技能，才能很好地理解和识别种内的变异、种间的差别和2个树种间杂交种形态的变化等。

自然变异是个体间通过有性生殖发生突变、遗传隔离和重组等方式产生的。同一个种的不同居群也会因为地理原因发生形态等方面的变化。各树种明显的形态上的变异类型，是可以或可能从地理分布、生态环境以及生长发育规律上进行确定的。其实最重要的是在对一定数量的树种的基本形态的了解基础上，借助于多年积累的经验，才能解决树种内形态变异带来的困难。

树种种内形态的变异的原因可分为个体内内在变异（intrinsic variation）和外因性变异（extrinsic variation）。内在变异包括表型可塑性、发育可塑性、突变、染色体变异、生态型变异、形态的渐变性、繁殖型变异、非适应型变异和物种形成等类型；而外因性变异包括杂交种（hybrid）和渐渗杂交（introgressive hybridization）等自然或人为因素导致的物种形态变异。

在树种分类、鉴定和识别中，常见的有以下几种变异：

(1) 表型可塑性

表型可塑性（phenotypic plasticity）是指同一个基因型对不同环境应答而产生不同表型的特性。这里所说的"表型"是和"基因型"相对的遗传学概念，包括除基因本身之外的所有性状，涉及形态解剖、生理生化以及生活史等各个方面。表型可塑性在生物界中是普遍存在的现象,是表型进化的一个基本特点。

这种变异是树种为适应变化的环境条件,而非基因变异产生的形态学上的变化,因此又称为生态表现型变异(ecophenic variation)。它可以出现在树种内或树种间。在栎属 Quercus 和槭树属 Acer 的一些树种的叶片,具有向阳一侧裂片深、叶片大而厚,而背阴一侧则裂片浅、叶片小而薄的特点。如果同一树种分别生长在水分充足、肥沃深厚土壤和生长在干旱瘠薄土壤,其叶片大小、被毛等形态会产生一定的差别。在极端环境条件下,如因干旱、霜冻、多次虫害、有毒物质污染等导致树种落叶后往往会生长出非典型或奇特的叶片和果实等。

(2) 发育可塑性

发育可塑性(developmental plasticity)是指在树木发育过程中出现形态随着发育的进程而变化的现象。在树种描述和鉴定中,往往只注意成熟的树木和成熟的器官,而忽视了未成熟阶段形成的形态上的差异。如黑弹朴 Celtis bungeana 正是由于幼树和萌条上的叶片具有明显的裂片、叶先端多成尾尖状,而成年叶片无裂片、叶先端渐尖,导致学生识别上的困难。在一些树种中,从幼苗开始,随着生长,真叶和成熟叶在类型和形态上有着明显的差别。如白蜡属 Fraxinus 种子发芽后生长的 1~2 枚真叶为单叶,随着幼苗的生长叶片类型经历了单叶、三出复叶到羽状复叶的发育过程(图2-27)。对于相思树属 Acacia 叶片退化,叶柄扁平成叶状是该属重要的识别要点,但别忽视了在幼苗期和萌条上的叶片是明显的羽状复叶。

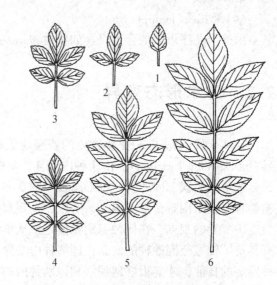

图2-27 白蜡属 *Fraxinus* 不同发育阶段叶的形态
1. 初生叶 2~4. 叶生长中的变化过渡
5, 6. 成熟叶

(3) 突变

尽管突变(mutation)源泉是所有基因型的变异,但是在形态上表现相当小,也不明显。如云南松 Pinus yunnanensis 的变异类型灌木状的地盘松 P. yunnanensis var. pygmaea。因地盘松植株矮,采种容易,对云南松的造林带来极大的影响。树种突变的另外一种显著的表现是花色和果实的变化。北京东灵山海拔2 000m生长的银露梅 Potentilla glabra 其花色为白色,但出现粉红色花的突变枝。因此,在观赏树种和果树的培育中,常常利用突变枝培育新品种。

(4) 染色体变异

染色体变异是由于染色体结构或数目发生改变,从而导致遗传信息随之改变,生物体的后代性状发生改变。树木在有性生殖过程中染色体通过配对、复制、分裂、减数等过程,实现减数分裂,使配子体世代的染色体数目为 n,即只有1个染色体组,称为单倍体。随着受精作用,精卵结合,染色体数目为 $2n$,恢复为2个染色体组,形成二倍体的孢子体世代——合子，合子发育形成树木。因此，正常的树木是二倍体。染色体出现 2 种可能的变异：一是因染色体在减数分裂或受精过程中，增加或缺失 1 至多条染色体，称为非整倍染色体（aneuploid），在这种情况下，同一种树木的染色体数目往往是偶数和奇数并存，如枫香属 Liquidambar 的一些树种染色体 $n = 15$ 或 16，柳属 Salix 的染色体 $n = 19$ 和 22 等；二是在减数分裂过程中染色体组未减数，仍为二倍体，在受精过程中染色体组增加，导致多倍体（poploid）。如三倍体毛白杨 Populus tomentosa 的染色体 $2n = 3X = 59$，而正常的毛白杨 $2n = 38$。染色体变异有时会出现形态上明显的区别，如三倍体毛白杨叶片的大小和颜色，以及生长速度较正常毛白杨有明显的差异。而有时在形态上则无任何表现。

(5) 生态型

生态型（ecotype）是指同一物种内因适应不同生境而表现出具有一定结构或功能差异的不同类群，是由生态因子对一个物种种群内许多基因型选择的结果，因此生态型是同一种植物对不同环境条件的趋异适应，是种内分化定型的结果。生态型主要用于植物，与分类学中的亚种是不同的概念，一个亚种可以包含 1 至多个生态型。种群是生态型的构成单位，遗传变异是生态型形成的基础，环境因子的选择是生态型分化的条件。生态型根据形成的主导因子不同分为气候生态型、土壤生态型和生物生态型等类型。自然选择会从同一基因库中筛选出不同的生态型。形态特征是生态型变异的一种指示，与环境相关的形态变异则是植物对环境适应的具体表现。一般来说，如果原生境很不相同，互有明显界限，所形成的生态型也很容易区分；如果界限不明显，存在过渡区域，则会产生过渡型，称作生态渐变型。此外，在异花授粉特别是风媒的种类中，由于基因的频繁交流会出现生态型界限模糊的现象。

种内分化成生态型的原因有两条途径：一是物种扩散到新生境；二是原生境局部条件改变。一般来说，生态幅越广的植物，特别是分布区内生境差异越大，分化出的生态型就越多；物种系统发育的历史越久，分化的机会也越多。生态型是新种的先驱。生态型的形成可由多种因素，如气候因素、土壤因素、生物因素或人为活动（如引种扩大分布区）所引起。由于水环境不同引起形态特征的分化变异形成 2 种生态型：一种是陆生型，无法长期在水中生长；另一种是既可生长于水中或水体附近，又可以生长于一般土壤的既耐湿又耐旱的两栖型。例如榕树，在形态上，陆生型树冠紧密，气生根极少，叶窄长卵圆形或长倒卵形，深绿色，果球形，不耐水淹；而水生型树冠开展，从树干的基部和上部大量萌生气生根，叶宽椭球形，淡绿色，果卵圆形，能长期耐水淹。

(6) 渐变型

树种种群形态的变化是渐变式的。在树种形态识别中，往往发生在 2 个种级以上树种间。在树种种群地理分布的两极，典型个体间差异十分明显，但是在其间的过渡则是逐渐进行的。例如，蒙古栎 Quercus mongolica 和辽东栎 Q. wutaishanica 在形态上的渐变不仅为 2 个树种的识别和鉴定带来困难，而且形态的渐变使这 2 种栎在分类上存在争议。在 Flora of China 中，将辽东栎处理为蒙古栎的异名。植物种群调查结果证实，小叶锦鸡儿 Caragana microphylla、中间锦鸡儿 C. intermedia 和柠条锦鸡儿 C. korshinskii 在内蒙古高原形成地理替代分布。种群分布、分类、形态、生长发育和遗传结构研究结果表明，这 3 种锦鸡儿地理替代分布是连续的、渐变的，3 个种在内蒙古高原自东向西形成一个地理连续渐变群。分析内蒙古高原的气候变迁和这3种锦鸡儿的地理替代分布状况认为，它们的地理替代分布是适应环境演化的结果。但从居群的角度分析，3种锦鸡儿种的划分也是难于确定的。

(7) 繁殖型

不同的繁殖策略是树种在种和居群水平上产生形态变异的重要原因之一。树木的繁殖策略有3种类型，即远系繁殖(outbreeding)、远源杂交(outcrossing)和近亲繁殖(inbreeding)。繁殖策略在树种的长期生存和进化中起着有利和不利的影响作用，并与树种花的形态结构、自交不亲和力和花的性别(单性、两性)密切相关。单性花树种如杨属 Populus 和柳属 Salix 是明显的远源杂交者，因此，在此类树种和居群中，容易产生形态上的变异，给鉴定带来一定的困难。对于两性花树种，同种花间的杂交或同花的自交引起基因水平上的变异较小，形态上的变异也小。

(8) 杂交种

在自然界中，亲缘关系较近的树种间时常会出现杂交现象，形成的 F_1 代在形态上，尤其是叶片形态上介于亲本之间。在毛白杨 Populus tomentosa 与新疆杨 P. alba var. pyramidalis 杂交育种中，形成的 F_1 代杂种叶片的形态有的接近毛白杨，而有的像新疆杨，而有的则介于两者之间。

复习思考题

1. 树木的营养形态和生殖形态各包含哪些？这些形态在树种识别上各有什么特点？
2. 什么是树木的生活型？生活型主要分为哪几类？各举出相应的代表树种。
3. 什么是树木的冬态？树种冬态识别主要依据哪些特征？
4. 比较裸子植物和被子植物树木在营养和生殖形态特征上的主要区别。
5. 举例说明树木的形态变异主要有哪几种？掌握树木的形态变异对树木的认知有何重要意义？
6. 什么是树木的表型可塑性和发育可塑性？二者如何区别？举例说明。

第3章 树木生长发育与物候观测

3.1 树木生物学特性

3.1.1 树木生物学特性的基本概念

树木生长发育的规律(个体发育)称为树木的生物学特性。它是指树木由种子萌发经幼苗、幼树发育到开花结实，最后衰老死亡的整个生命过程的发生发展规律。

生长和发育关系密切，生长是发育的基础。树木的生长是指树木在各种物质代谢的基础上，通过细胞分裂和伸长，使树木的体积和重量产生不可逆的增加。树木的发育是指在整个生活史中，树木个体构造和机能通过细胞、组织和器官的分化，从简单到复杂的变化过程，表现为种子的萌发、营养体形成、繁殖体的形成并进入开花、传粉、受精、结实等阶段，直至衰老和死亡的过程。木本植物的发育特点表现在茎和枝条的木质化和繁殖过程的重复出现。在林业生产中，树木的生长发育更多地是关注从种子萌发或营养体的萌芽到开花结实至衰亡的过程。这个过程贯穿于苗木培育与生产、森林培育与经营管理以及木质和非木质产品(种实等)利用的林业生产中。

3.1.2 树木生长发育的基本规律

3.1.2.1 树木发育的阶段

树木作为多年生植物，其生长是无限的，但寿命是有限的，可以生活几十年至几千年。在树木生长发育过程中，营养生长贯穿整个生命周期。根系的发育、地上部分的高生长、树冠的形成与增长都是通过营养生长实现的。繁殖过程则是树木性成熟的具体表现。

树木的生物学特性可根据林业生产的需要和树木的生长发育规律人为地分为种子期、幼年期、成年期和老年期。各个时期在形态上和生理上均有不同的表现。

(1) 种子期

种子是种子植物的有性生殖过程中胚胎发育的结果。种子中的胚是新一代植物的幼体。种子成熟后进入休眠(dormancy)，这是高等植物重要的进化适应现象。在休眠期间，树木可通过种子散布，直到环境适宜时开始萌发，形成新的植株。种子培育、采集、贮藏、品质检测和播种等是林业生产的重要环节。

(2) 幼年期

从种子萌发起至具明显的地上部分，叶形态从子叶经真叶，变化到常态叶为止为幼苗期；而从种子萌发起至性成熟为幼树期。一般以第一次开花为性成熟的标志。如北方流行的谚语："桃三、杏四、梨五"，即桃 *Prunus persica* 幼年期为3年，杏 *P. armeniaca* 是4年，梨 *Pyrus bretschneideri* 是5年。一般来说，绝大多数的实生树木不到一定的年龄是不开花的。不同树种或品种幼年期差别大,油松 Pinus tabuliformis 的幼年期为 6~7 年,侧柏 Platycladus orientalis 为 6~10 年,刺槐 Robinia pseudoacacia 为 4~5 年等。树木幼年期的长短也受气候、土壤及栽培管理的影响,如红松 Pinus koraiensis 天然林幼年期长达 80~140 年,而辽宁草河口人工红松幼年期只 20 年左右。树木幼苗幼年期的形态和成年期常有明显区别。云杉 Picea asperata 幼苗期针叶扁平,成年时叶四棱形;圆柏 Juniperus chinensis 幼树期全为刺形叶,成年期才有鳞形叶。在生理上幼年期较成年期耐阴。

(3) 成年期

以进入性成熟为起点至开花结实衰退为止,此时期也称繁殖期。此时期根系与树冠生长都已达到高峰,形态特征和生物学特性均较稳定。

(4) 老年期

从结实衰退开始到自然死亡前为止。这个时期生理机能明显衰退,新生枝数量明显减少,主干顶端和侧枝开始枯死,抗性下降,容易发生病虫害。

对于无性繁殖的树木,从发育阶段上讲,无种子期,同时也没有性成熟过程,只要生长正常,有成花诱导条件随时可以进入繁殖期,开花结实。

3.1.2.2 树木的寿命

世界上寿命最长的生物是树木。树木中寿命最长的是乔木,其次是灌木和藤本。乔木中因种类不同,寿命长短差异很大。一般针叶树的寿命比阔叶树长。松属 Pinus、云杉属 Picea、落叶松属 Larix 树种寿命长达 250~400 年,红松达 3 000 年,巨杉 Sequoiadendron giganteum 达 4 000 年以上;栎属 Quercus 树种达 400~500 年,山杨 Populus davidiana、桦木属 Betula 通常为 80~100 年。在温带地区,乔木年龄的测定用数木质部年轮来确定,有些树种也可从树皮年轮测定。热带常绿树年轮不规律,用数年轮方法测定树龄不是十分准确,有时存在假年轮。灌木的年龄较难测定,因为灌木的根茎通常分蘖性强,逐代更替,不能以个别茎的年龄代替灌丛的年龄。

3.1.2.3 树木生命周期中生长与衰亡的变化规律 (图 3-1)

(1) 实生树生长衰亡的变化规律

树木从种子萌发以后,以根颈为中心,根因具向地性,向下形成根系。茎因具背地性,向上生长成主干、侧枝形成树冠。各种树木的根系与树冠的幅度和大小均因各自的遗传性而有一定的范围。树木从幼年期到成年期生长都很旺盛,主茎上的骨干枝不断萌发侧枝,形成茂密的树冠。树膛内光照不足,早年形成的侧枝营养不良,长势衰退以至枯萎,造成树膛空缺。成年树进入旺盛开花结实以后,新产生的叶、花、果都集中在树冠外围,增大了从根尖至树冠外围的运输距离。开花、结果消耗了大量养分,而补偿不足,使树木生长势减弱。随着年龄增长逐渐衰亡。树木生长到一定年龄以后,生活潜能也逐渐降低,出现衰老现象:生活力下降、主干枯顶、树冠枯枝枯梢等。不良环境(酸雨、水污染、土壤污染等)和病虫危害也会促使树木衰老和死亡。

(2) 树木自身的更新复壮

具有长寿潜伏芽的树种,当树冠空缺时,能在主要枝上萌生出粗壮而直立的徒长枝,在徒长枝上又形成小树冠。由许多徒长枝形成的小树冠代替了原来的树冠,使树冠形态发生了变化。当新树冠达到最大限度以后又会出现衰弱和更新。一般更新与衰亡由树冠外向

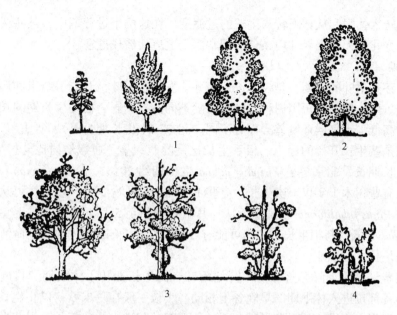

图 3-1　树木生命周期中生长与衰亡的变化规律示意
1. 幼、青年期　2. 壮年期　3. 衰老更新期　4. 第二轮更年初期

树膛内，顶端向下部直到根颈进行。当主干死亡以后，如果根颈处有长寿潜伏芽，又可萌发成小树，并按照上述更新规律进行第二轮生长和更新。但树冠一次比一次小，直至死亡。而潜伏芽寿命短的树种，一般自身更新比较困难。无潜伏芽的树种就不可能进行自我更新。许多针叶树种都没有这种更新能力。

(3) 营养繁殖树的生长衰亡变化规律

营养繁殖树的发育特性，主要取决于繁殖材料取自实生树的什么部位。如取自成年树冠外围的枝，本身已具有开花的潜力，繁殖后开花早；取自实生树的基部或根颈，其发育阶段年轻，故开花迟。

营养繁殖树的遗传基础与母树相同，其发育性状（花、果颜色，雌雄性别等）和对环境条件的要求与抗逆性基本相同。老化过程在一定程度上和一定条件下是可逆的，通过施肥、修剪可更新复壮。

3.1.3　树木的年周期

树木在一年内随着季节的变化，在生理活动和形态表现上，发生的生长发育的周期变化称为年周期。树木每年萌芽、展叶、抽枝、开花、果熟和落叶休眠都是年周期变化。树木在长期适应环境的年周期变化中，在生理机能上形成了相应的有节奏的变化特性，称为树木的物候学特性。了解树木年周期变化对林业区划、植树造林、树木的生产管理和园林树木的配置都有重要意义。

3.1.3.1　落叶树木的年周期

落叶树木的年周期明显地分为生长期和休眠期。从春季萌芽开始到秋季落叶前为生长期。从秋季落叶后到翌年春季萌芽前为休眠期。在生长期与休眠期之间又各有一个过渡期，即从生长转入休眠和从休眠转入生长的过渡期。在这两个过渡期中，某些树种的抗寒性和抗旱性与变化较大的外界环境条件之间常因不适应而造成危害。

(1) 生长期

树木从萌芽到落叶的时期，是树木进行萌芽、发枝、展叶、开花、结果和形成新芽的生长活动时期。生长期的长短因树种不同和树龄不同而异，同一树种生长期的长短因南北地域、海拔的高低、小气候环境差异而有不同。北方树木生长期为4~7个月。

叶芽萌发是茎生长开始的标志。根系生长比茎的萌芽早。通常幼树比老树生长期长，雄株比雌株生长期长。北京枣树 Ziziphus jujuba 生长期约201d，榆 Ulmus pumila 约257d。树木枝条生长有些树木1年仅1次生长，有些1年内生长几次，另一些种类可从春季生长至秋季。油松 Pinus tabuliformis 新梢生长从3月下旬开始至5月下旬或6月上旬停止，约70d。杨树 Populus spp. 新梢生长1年内可能有2~3次。生长期间树木的生命活动同样受环境条件和栽培技术的影响。

入秋，随着气温的下降，落叶树木开始落叶，由生长期转入休眠期。其过程是渐变的，而且树体各部位进入休眠期的早晚各不相同。小枝一般在夏末秋初停止生长，并进行木质化和养分积累，为进入休眠期做准备。长枝下部的芽进入休眠期早，主茎进入休眠期晚，根颈进入休眠期最晚。秋季昼渐短夜渐长，细胞分裂渐慢，树液停止流动，加之温度降低，光合作用与呼吸作用减弱，叶绿素分解，最后在叶柄基部形成离层而使叶片脱落。落叶后随着气温降低，树体内脂肪和物质增加，细胞液浓度和原生质黏度增加，原生质膜形成拟脂层，透性降低等有利于抗寒越冬。树木经过这一系列准备后进入休眠期。

因水涝、干旱、病虫害引起的非正常落叶不属于此阶段范围。

(2) 休眠期

从秋末冬初正常落叶到第二年春季萌芽前为树木的休眠期。在休眠期间树木并非完全停止生命活动，而是仍在缓慢地进行着各种生命活动，如呼吸、蒸腾、根的吸收，养分合成和转化，芽的分化和芽鳞生长等，故一般又称为相对休眠期。休眠期的长短取决于树种遗传性。树木休眠一方面是为了度过严寒冬季，另一方面有些树木必须通过一定的低温阶段才能萌芽生长。一般原产温带的落叶树木，休眠期要求0~10℃的累计时数。原产暖温带的树木，休眠期需5~15℃累计时数。冬季低温不足会引起翌年萌芽或开花的参差不齐。北方树种南移，常因冬季低温表现为花芽少，新梢节间短，叶呈莲座状等现象。

在温带地区，当日平均气温稳定通过3℃时（有些树木是0℃时）树木的生命活动加速，树液流动，芽逐渐膨大直至萌发，树木从休眠转入生长期。其长短因树种不同而异。树木春季萌芽，最主要取决于从休眠到萌芽所需的积温和萌芽前3~4周的日平均气温。对积温要求低的树种其萌芽期早，要求高者则萌芽期晚。华北五角枫 Acer truncatum、核桃 Juglans regia 萌芽时要求积温30~50℃，构树 Broussonetia papyrifera、桑树 Morus alba 则要求积温150℃，木槿 Hibiscus syriacus、合欢 Albizia julibrissin、柿 Diospyros kaki、枣 Ziziphus jujuba 积温需达到230~250℃时才能萌芽。有些树种的花芽萌发所需积温较叶芽低，故先开花后发叶，如毛白杨 Populus tomentosa、榆 Ulmus pumila 等。这个时期树木的抗寒力和抗旱力均降低，如遇气候突然寒冷，芽易受冻害，过分干旱容易造成枯梢，过分低温和干旱还有死亡的危险。北方春季气温波动大，每年树木萌芽期的早晚波动也较大。

3.1.3.2 常绿树木的年周期

常绿树的年周期与落叶树年周期主要的区别点是常绿树的叶子寿命长,当年不脱落,2年生以上的叶子也是陆续脱落。常绿树叶子的寿命因树种不同而异。松属 *Pinus* 为2~5年,冷杉属 *Abies* 为3~10年,红豆杉属 *Taxus* 可达6~10年。老叶脱落时间一般也是在秋冬之间。常绿阔叶树老叶脱落时间常在春季与新叶开展同时,故常可见到新老叶交替现象。

3.2 树木物候和观测方法

3.2.1 树木物候的概念

树木物候是研究树木的生活现象和季节周期性变化的关系,是研究树木生长发育与环境条件的关系。树木物候观测是研究树木年周期的一个好方法,也是研究树种生物学特性和生态学特性的一种途径。树木物候期的早晚除树种本身的生物学特性外,还受纬度、经度和海拔高度的影响。在中国,树木的物候表现为,南方物候现象春夏季比北方出现的早(芽萌发和早春开花早),秋季则比北方迟(落叶晚)。同纬度,西部物候期比东部沿海物候期早。中国学者龚高法仅用1965年《中国动植物物候观测年报》中的资料,经过统计认为从初春山桃 *Prunus davidiana* 芽膨大期到夏末紫薇 *Lagerstroemia indica* 始花期,各种物候现象出现的日期随纬度的差异逐渐减小。以北京地区的物候期为标准,大体上在2月底以前,纬度每差1°各物候期相差4~5d,从3月上旬至4月下旬,纬度每差1°物候期相差3~4d,从4月底至6月中旬,纬度每差1°物候期相差1d以下,从7月下旬(紫薇开花之后),各物候期随纬度升高反而提早(表3-1)。公式计算为:

$$Y = a + b(\varphi - 30°) + c(\lambda - 110°) + dh$$

式中,Y 为某一地点某种植物的物候期;φ 为纬度;λ 为经度;h 为海拔高度(单位为100m);a、b、c、d 为系数。

表3-1 中国植物物候期随地理位置的推移(以4种树种为例)

树种	物候期	北京平均日期(月.日)	纬度(日/°)	经度(日/°)	经度(日/5°)	海拔(日/100m)
榆 *Ulmus pumila*	始花期	3.22	+3.55	+0.37	+1.85	+0.90
杏 *Prunus armeniaca*	始花期	4.4	+3.74	+0.78	+3.90	+1.54
紫荆 *Cercis chinensis*	始花期	4.29	+2.40	+1.10	+5.55	+0.73
合欢 *Albizia julibrissin*	始花期	6.12	+2.53	+0.07	+0.35	+0.60
紫薇 *Lagerstroemia indica*	始花期	7.19	+0.49	+0.25	+1.25	+0.53

3.2.2 树木物候观测方法

3.2.2.1 准备工作

(1)观测地点和观测植株的选定

观测地点和观测植株需根据物候观测的目的来选定。一般原则,观测地点宜选在有代表性的地段,避开小气候影响大的地方。植株应选生长正常,已进入开花结果的壮年植株,不要选有严重病虫害的植株。选定以后记录该地的经度、纬度、海拔高度和地形等。对所选定的植株做好标志,测定树高、胸径和年龄,记入预先准备好的表格中。

(2)观测时间

原则上要求常年观测,不遗漏任何物候期。冬季深休眠期可暂停观测。生长期每 5d 观测 1 次,开花期应每天观测 1 次。观测时间以 14:00 以后为宜,宜在树冠阳面观测。

(3)观测人员及记录

观测人员应相对固定,坚持定时观测,不要缺漏,观测时当场做好记录,不能事后凭印象追记。遇有异常现象也应记录下来。

3.2.2.2 观测项目与物候特征

(1)树液流动初期

以新伤口出现滴状液汁为准。

(2)萌芽期

萌芽是由休眠转入生长期的标志。记录芽膨大期,其特征为:具芽鳞且芽较大者,以在芽鳞间出现浅色条纹时为芽膨大期。小芽、裸芽则借助放大镜凭经验观测。芽由原来的颜色转变成绿色或其他颜色时为芽变色期。

(3)展叶期

幼叶在芽中成各种卷叠式,当有 5% 的叶片平展时为展叶初期。具有复叶的树种,以 1~2 片至数片展开为准。针叶树以肉眼能看出为准。阔叶树的叶片有 50% 以上展开,针叶树的针叶长度已长达正常叶长度的 1/2 以上为展叶盛期。全树有 90% 以上的叶展开为展叶末期或称叶全展。

(4)开花期

树上有 5% 花朵的花瓣展开;柔荑花序伸长到正常长度的 1/2,能见到雄蕊或子房;裸子植物能看到花药或胚珠为初花期。全树 50% 以上花朵开放,柔荑花序或裸子植物雄球花开始散出花粉,裸子植物的胚珠或被子植物的柱头顶端出现水珠为开花盛期。全树残留 5% 以下花朵,柔荑花序或裸子植物的雄球花散粉完毕为开花末期。

(5)新梢生长期

新梢开始生长和停止生长日期,观测有无 2 次或 3 次生长。根据需要进行生长量的定期测量。

(6)果熟期

果熟期是一个比较难掌握的物候期。以采种为目的应观测记录果实生长发育的全过程。一般性物候观测仍是观测 3 个时期。果实和种子成熟的标志以果实或种子长到正常的形状、大小、颜色、气味为特征。当树上有 5% 的果实达到成熟的标准时为果熟初期,大部分达到 50% 以上为果熟盛期。麻栎 Quercus acutissima、栓皮栎 Q. variabilis 果实和种子是第二年成熟。有些树种果实成熟后很快就脱落了,如榆 Ulmus pumila、玉兰 Magnolia denudata 等。另外,一些树种的果实成熟后在树上留存时间很长,如槐树 Sophora japonica、臭椿 Ailanthus altissima、三球悬铃木 Platanus orieritalin 等。杨属 Populus、柳属 Salix 树种的果实成熟以后裂开,种子飞散。松属 Pinus、云杉属 Picea、落叶松属 Larix 树种的球果成熟后种子自球果散落，而球果在树上可以留存很长时间。

(7) 叶变色期

秋叶由绿色变为红色、黄色、橙色，有些树种基本不变色或变化不甚明显。观测时应记录变色日期。

(8) 落叶期

全树有 5%~10% 的叶子正常脱落为落叶初期，全树有 50% 以上叶落下为落叶盛期，全树仅留存 5% 以下的叶片即为落叶末期。榛 *Corylus heterophylla*、栎属 *Quercus* 的部分落叶树种，如栓皮栎 *Q. variabilis* 等常是叶枯而经冬不落，至翌年春季才脱落干净。树木物候观测记录见表 3-2。

表 3-2 树木物候观测记录表

编号：_____ 地点：_____ 时间：_____ 观测者：_____

中 名			拉丁学名			
生长环境						
生长情况	树高　m		胸径　cm		年龄　年	
萌动期	树液流动		叶芽膨大，叶芽变绿		花芽膨大，花芽变色	
展叶期	叶雏形	叶初展		叶盛展	叶全展	
开花期	花序初现	花序伸长				
	个别花开放	初花		盛花	末期	
	第二次开花日期		花量	第三次开花日期		花量
新梢生长	第一次生长期		第一次生长停止	第二次始生长期		第二次停止期
果熟期	初熟	盛熟		大量脱落		
叶秋色	开始变色		全部变色			
落叶期	开始落叶	大量落叶		落叶末期		

复习思考题

1. 什么是树木的生物学特性？与生态学特性有何联系和区别？
2. 树木生长发育的基本规律有哪些？结合已有知识和自己专业，简述这些规律在生产实践中有何应用？
3. 什么是树木的年周期？举例说明常绿树木和落叶树木的年周期有何不同。
4. 什么是树木物候？观察树木的物候有何实践意义？
5. 如果你准备观测某一树种的物候，应如何选择观测时间和地点？主要观测哪些物候特征？

第4章 树木与环境

4.1 环境概述

树木生活的地面和空间称为环境。构成树木生活环境的因子称为环境因子。生态因子是指环境中对生物的生长、发育、生殖、行为和分布有着直接或间接影响的环境要素，如温度、食物、O_2、CO_2 和其他相关生物等。对树木而言，在环境因子中，对树木生活有直接、间接作用的因子称为生态因子。在生态因子中，对于树木生活必不可少的因子称为生存条件。树木和环境是相互作用的统一体，在研究树木与环境的关系时，不仅要了解树木本身各方面的特性，还应了解它们生活的环境及它们之间的相互关系。

4.1.1 生态因子及分类

在任何综合的环境中，都包含着许多性质不相同的单因子。每一单因子在综合环境中的质量、性能、强度等，都会对植物起着主要的或次要的、直接的或间接的、有利的或有害的生态作用。而且这些作用在时间上和空间上，也不是固定不变的，在不同的情况下它们的作用也是不同的。在研究环境与植物间的相互关系中，根据因子的类别通常可划分为下列五类：

气候因子：光能、温度、空气、水分、雷电等。

土壤因子：土壤的有机和无机物质的物理、化学等性能以及土壤生物和微生物等。

地形因子：地球表面的起伏、山岳、高原、平原、洼地、湿地、坡向、坡度等，这些都是影响植物生长和分布的因子。

生物因子：动物的、植物的、微生物的影响等。

人为因子：人对植物资源的利用、改造、发展和破坏过程中的作用，以及环境污染危害作用等。人为因子对植物的影响远远超过其他自然因子。因为人为活动通常是有意识有目的的，可以对自然环境中的生态关系起着促进或抑制、改造或建设的作用。放火烧山、砍伐森林、土地耕作、转基因树种的定向培育等，都是人为活动影响自然环境的例子。人类在利用自然过程中，逐步认识自然和掌握环境变化的规律性。但是自然因子也有其强大的作用，非人为因子所能代替的，例如，生物因子中的昆虫授粉作用，可使虫媒花植物在广阔的地域传粉结实，这就决非人工授粉作用所能胜任。又如，风媒花植物的授粉作用是靠空气因子（风）来传粉，如杨属 *Populus*。

4.1.2 生态因子对树木的影响分析

在研究树木与生态因子关系时，必须具有以下几个基本观念。

4.1.2.1 生态因子相互联系的综合作用

生态环境是由许多生态因子组合起来的综合体，对植物起着综合的生态作用。通常所谓环境的生态作用，也是指环境因子的综合作用。各个单因子之间不是孤立的，而是互相联系、互相制约的，环境中任何一个因子的变化，必将引起其他因子不同程度的变化。例如，光照强度的变化，不仅可以直接影响空气的温度和湿度等气候因子的变化，同时也会引起土壤的温度和湿度的变化。因此，环境对植物的生态作用，通常是各个生态因子共同组合在一起，对植物起综合作用。

4.1.2.2 主导因子

组成环境的所有生态因子，都是植物生活所必需的，但在一定条件下，其中必有一二个因子是起主导作用的，这种起主要作用的因子就是主导因子。主导因子包括两方面的含义：第一，从因子本身来说，当所有的因子在质和量相等时，其中某一个因子的改变能引起植物全部生态关系发生变化，这个能对环境起主要作用的因子称为主导因子。第二，对植物而言，由于某一因子的存在与否和数量的变化，而使植物的生长发育情况发生明显的变化，这类因子也称为主导因子。例如，植物春化阶段的低温因子，光周期现象中的日照长度，低温对南方喜温植物的危害作用，等等。

4.1.2.3 生态因子间的不可代替性和可调剂性

植物在生长发育过程中所需要的生存条件——光、热、水分、空气、无机盐类等因子，对植物的作用虽不是等价的，但都是同等重要而不可缺少的。如果缺少其中一种，便会引起植物的正常生活失调，生长受到阻碍，甚至死亡；而且任何一个因子，都不能由另一个因子来代替，这就是植物生态因子的不可替代性和同等重要性规律。但是另一方面，在一定情况下，某一因子在量上的不足，可以由其他因子的增加或加强而得到调剂，并仍然有可能获得相似的生态效应。例如，增加 CO_2 浓度，可以补偿由于光照减弱所引起的光合强度降低的效应，但是因子之间的补偿作用，也并非经常的和普遍的。

4.1.2.4 生态因子作用的阶段性

每一个生态因子，或彼此有关联的若干因子的结合，对同一植物的各个不同阶段所起的生态作用，是不相同的。也可以说植物对生态因子的需要是分阶段的，植物的一生中，并不需要固定不变的生态因子，而是随着生长发育的推移而变化。例如，低温在某些植物春化阶段中是必需的条件，但在以后的生长时期中，低温对植物则是有害的。另外，同一生态因子在植物某一发育阶段可能不起作用，而在另一阶段则为植物所必需，例如，光照的长短在植物的春化阶段并不起作用，但在光周期阶段则是必需的。

4.1.2.5 生态因子的直接作用和间接作用

在对植物的生长发育状况和分布原因的分析过程中，必须区别生态环境中因子的直接作用与间接作用。很多地形因素，如地形起伏、坡向、坡度、海拔、经纬度等，可以通过影响光照、温度、雨量、风速、土壤性质等的改变而对植物发生影响，从而引起植物和环境的生态关系发生变化。例如，中国四川省二郎山的东坡上，分布着湿润的常绿阔叶林，山脊的西坡上，则分布着干燥的草坡，不但任何树木不能生长，灌丛植物亦很少见到。同是一个山体的坡面上，东西两坡面具有迥然不同的植被类型。这是因为由东向西运动的潮湿气流，在东坡随着海拔的逐步增高，气温的逐步降低，使空气中大量的水汽形成降雨导致东坡非常潮湿，形成常绿阔叶林。当空气运行到山脊顶部时，已变为又干又冷的空气，这种干冷的空气，在由山脊沿着西坡向下运行时，随着海拔逐步降低，温度逐步增高，干空气又从坡面上吸收水分，使坡面上更加干燥，因此西坡分布着干燥的草地。这就是因子间接作用的一个例子。

4.1.2.6 生态幅

生态幅是指树木对生存条件和生态因子变化强度的适应范围。各种树木对生存条件及生态因子变化强度有一定的适应范围，超过这个限度就会引起生长不适或死亡。一些树种对生态因子的要求比较严格，其生态幅较窄，如橡胶树不耐寒，最低温度不能低于5℃，否则，发生冻害。而一些树种，具有较广的分布范围，对温度变化有较强的适应能力，如黄连木 *Pistacia sinensis* 在中国分布范围广，北界从温带的太行山以南至南亚热带的华南北部和西南，其生态幅较宽。对生态幅较窄的树种进行引种时，要注意主导因子的作用；而生态幅较宽的树种，则应注意地理类型的存在。

4.2 树木与环境的生态适应

树木对环境条件的要求和适应能力，称为树木的生态学特性。由于树木长期生长在某种环境条件下，形成了对该种环境条件一定的要求和适应能力。

4.2.1 树木对光因子的生态适应

光照对于树木来说是非常重要的生态因子，它是一切绿色植物生命活动的重要条件。各种树种在其系统发育中形成了对光照强度不同的要求，有些树种在全光条件下生长良好，有些树种需要在庇荫的条件下才能生长。生态学家根据树木耐阴性的差别，将树木分为喜光树种、耐阴树种和中等耐阴树种。

喜光树种：从幼苗期就需要在充分光照条件下才能正常生长发育的树种，如落叶松属 *Larix*、松属 *Pinus*（2针松）、桦属 *Betula*、杨属 *Populus*、桉树属 *Eucalyptus*、泡桐属 *Paulownia*、臭椿 *Ailanthus altissima*、刺槐 *Robinia pseudoacacia* 等。

耐阴树种：在一定的庇荫条件下能正常生长发育的树种，如冷杉属 *Abies*、红豆杉属 *Taxus*、铁杉属 *Tsuga*、八角属 *Illicium*、楠木属 *Phoebe*、水青冈属 *Fagus*、云杉属 *Picea* 中一些种类。

中等耐阴树种：介于两者之间，如红松 *Pinus koraiensis*、杉木 *Cunninghamia lanceolata*、樟树 *Cinnamomum camphora*、槭属 *Acer*、椴属 *Tilia*、鹅耳枥属 *Carpinus*、青冈属 *Cyclobalanopsis* 等。

树种的喜光性和耐阴性常因生长地区、环境、年龄不同而有所差异。同一树种幼年期较耐阴，生长在干旱条件下的树木则要求更多的光照。

判断树木耐阴性的方法有生理指标法和形态指标法两种。生理指标法是通过光合作用测定，确定光补偿点和光饱和点。耐阴性树种光补偿点较低，一般仅100~300Lux，光饱和点为5 000~10 000Lux；喜光树种光补偿点较高为1 000Lux，光饱和点为50 000Lux以

表 4-1　喜光性与耐阴性树种的形态比较

项目	喜光性形态	耐阴性形态
树冠	枝叶稀疏、透光	枝叶浓密、透光度小
树干	自然整枝良好，枝下高长	自然整枝不良，枝下高短或近无
树皮	通常较厚	通常较薄
叶	叶小而厚，落叶	叶大而薄，明显叶相嵌
林下天然更新	不良，常为单层林	良好，常为复层林

上。但光补偿点和光饱和点常随树种的生长环境、生长发育状况以及生长部位而有所改变，因此，需综合考虑。形态指标法是根据树木的外部形态来判断树种的喜光性和耐阴性（表 4-1）。

4.2.2　树木对温度因子的生态适应

温度是树木生长发育必不可少的因子，也是树种分布区的主导因子。不同树种对温度的适应范围不同，谚语说"樟不过长江""杉不过淮河"就是这个道理。各树种因遗传性不同，对温度的适应性也有很大差异。在林业生产中，树种耐寒性可以根据原分布区的气候带来确定，一般可分为 4 种类型：

耐寒树种：落叶松属 *Larix*、冷杉属 *Abies*、樟子松 *Pinus sylverstris* var. *mongolica*、西伯利亚红松（新疆五针松）*P. sibirica*、偃松 *P. pumila*、高山柏 *Juniperus squamata*、白桦 *Betula platyphylla*、蒙古栎 *Quercus mongolica* 等。

较耐寒树种：油松 *Pinus tabuliformis*、侧柏 *Platycladus orientalis*、榆 *Ulmus pumila*、毛白杨 *Populus tomentosa*、核桃 *Juglans regia*、刺槐 *Robinia pseudoacacia*、苹果 *Malus pumila* 等。

较喜温树种：杉木 *Cunninghamia lanceolata*、马尾松 *Pinus massoniana*、白栎 *Quercus fabri*、油桐 *Vernicia fordii*、乌桕 *Sapium sebiferum*、苦楝 *Melia azedarach*、茶 *Camellia sinensis*、棕榈 *Trachycarpus fortunei* 等。

喜温树种：橡胶树 *Hevea brasiliensis*、椰子 *Cocas nucifera*、油棕 *Elaeis guineensis* 等。

由于温度会影响树木的生长发育，因而会制约树种的分布。同时，由于树木长期生活在一定的温度范围内，在生长发育的过程中，需要有一定的温度量和适应一定的温度变幅，某一种树种只适生于一个气候带范围内，但有些树种对温度的适应范围宽，可以跨越几个气候带，形成了温度依赖性的树种生态类型。有一些树种能在较宽的温度范围内生长，即能适应较大的温度变幅，其分布广，为广布树种，如栓皮栎 *Quercus variabilis* 能在 $-5 \sim 35$℃ 的温度范围内生活。耐寒树种南移时，由于缺乏必要的低温阶段不能正常开花结实或影响树木生长发育的节律，导致生长不良，如杨树在广东、广西和海南等地种植，最大的问题就是落叶晚、木质化不良等导致杨树生长不佳。研究树种耐寒性对造林树种选择和树木引种有极重要的实践意义。

4.2.3　树木对水分因子的生态适应

水是影响树木生长发育和分布的重要因子，没有水就没有树木。不同树种或同一树种不同生长发育阶段对水的要求和适应能力是不同的。《中国植被》中以年降水量500mm作为全国湿润地区和干旱地区的分界线。东部湿润地区以森林为主，西部干旱地区以草原和荒漠为主。东部生长的树木一般较喜湿润，西部生长的树木一般较耐干旱，但不是绝对的，主要取决于它们的生态学特性。例如，刺槐 Robinia pseudoacacia 怕水淹，若在水中泡上6~7d 就会死亡，而柳树 Salix spp. 却能长期生长在浅水中。又如，沙枣 Elaeagnus angustifolia、梭梭 Haloxylon ammodendron 能长期生长在干旱沙漠地区，而红树 Rhizophora apiculata 却要求海滩浅水环境才能生长。另一些树种如旱柳 Salix matsudana、落羽杉 Taxodium distichum 既可以生长于湿润环境，也可以生长在干旱环境，被称为"两栖树"。

根据树种对水分的适应性，可以将树种分为湿生、中生和旱生类型。

湿生树种：能在排水不良或土壤含水量经常处于饱和状态的环境正常生长的树种。这些树种常在树干基部生出不定根，或从根部生出膝状根或呼吸根，以适应通气不良的环境。湿生树种有：水松 Glyptostrobus pensilis、落羽杉、池杉 Taxodium ascendens、枫杨 Pterocarya stenoptera、桤木 Alnus cremastogyne、柳属 Salix、水团花 Adina pilulifera、红树等。

旱生树种：能在干旱缺水的环境中正常生长的树木。旱生树种常具有发达根系，根系的长度常超过地上部分高度的几倍。形态上常具发达的角质层，被绒毛，具下陷气孔，肉质茎等特征。旱生树种如梭梭、沙枣、白刺 Nitraria sibirica、霸王 Zygophyllum xanthoxylon 等，常生于干旱沙漠、戈壁中。耐旱力较强的树种，如松属 Pinus、侧柏 Platycladus orientalis、栓皮栎 Quercus variabilis、麻栎 Q. acutissima、刺槐等。

中生树种：处于湿生和旱生二者之间的大多数树种。它们喜生于土壤湿润、排水良好的环境。

4.2.4　树木对空气因子的生态适应

空气对于树木生活也是必不可少的环境因子。树木进行呼吸作用需要氧（O_2），进行光合作用需要二氧化碳（CO_2）。空气中虽然含氮量很多，但却不能被树木直接吸收，需通过根瘤菌将空气中游离氮气固定后才能利用。

随着工业发展，空气中增加了多种有害气体，如二氧化硫（SO_2）、氯化氢（HCl）、氟化氢（HF）等。这些有害气体直接危害人类健康，也危害树木的生存。据测定，空气中氟化氢的浓度若高于 3×10^{-9}（μg/kg）时，就会使树叶的顶端和边缘出现受害症状。若氟化氢浓度为 1×10^{-9}（μg/kg）时，在0.5~2个月内可使杏 Prunus vulgaris、李 Prunus salicina、樱桃 Pruns pseudocerasus、葡萄 Vitis vinifera 受害。若浓度达到 5×10^{-9}（μg/kg）时在7~10d 就可使之受害。

不同树种对有害气体反应不一样，有些树种对有害气体抗性小，而另一些树种具有吸收某些有害气体的能力或称抗性强。

抗二氧化硫树种：银杏 Ginkgo biloba、侧柏 Platycladus orientalis、日本黑松 Pinus thunbergii、构树 Broussonetia papyrifera、皂荚 Gleditsia sinensis、刺槐 Robinia pseudoacacia、旱柳

Salix matsudana、榆 Ulmus pumila、臭椿 Ailanthus altissima、沙枣 Elaeagnus angustifolia、海州常山 Clerodendrum trichotomum 等。

抗氯化氢树种：合欢 Albizia julibrissin、五叶地锦 Parthenocissus quinquefolia、黄檗 Phellodendron amurense、伞花胡颓子 Elaeagnus umbellata、构树、榆、接骨木 Sambucus williamsii、紫荆 Cercis chinensis、槐树 Sophora japonica、紫藤 Wisteria sinensis、紫穗槐 Amorpha fruticosa、木槿 Hibiscus syriacus、杠柳 Periploca sepium 等。

抗氟化氢树种：白皮松 Pinus bungeana、侧柏、杜松 Juniperus regida、构树、榆、槐树、丝棉木 Euonymus bungeanus、黄檗、伞花胡颓子、紫穗槐、臭椿、毛泡桐 Paulownia tomentosa、悬铃木 Platanus sp.、山楂 Crataegus pinnatifida 等。

风、雨、雷电等气象因子，在某种情况下对树木也有重大影响。

4.2.5 树木对土壤因子的生态适应

土壤与树木的关系十分密切，树木的根需固着在土壤中并从土壤中汲取水分和营养物质才能生存。土壤水分已如前述。树木要从土壤中吸收和利用营养物质，主要取决于土壤物理性质、化学性质和养分3个方面。

4.2.5.1 土壤物理性质

土壤物理性质主要指土壤的质地、结构状况、孔隙度、水分和温度状况等。它们影响土壤中养分转化速率和存在状态。土壤的质地是土壤物理性质的主要性状。多数树种适生于质地适中、水分状况良好的土壤。

4.2.5.2 土壤化学性质

土壤化学性质主要是指土壤的酸碱度（pH 值）、阳离子吸附及交换性能、土壤还原性物质、土壤含盐量及其他有毒物质的含量等。土壤酸碱度是土壤化学性质的综合反应，但主要取决于土壤中盐基饱和状况。盐基饱和度越小，土壤酸性越强。pH 值小于 6.5 为酸性土，pH 6.5~7.5 为钙质土，pH 7.5~8.5 为盐碱土。不同树种对 pH 值有一定的适应范围，超过这个范围生长就会受到抑制甚至死亡。中国土壤酸碱度的变化规律是由南方的强酸性、酸性到江淮的弱酸性，再过渡到北方的中性和碱性，但中国的东北部和山东半岛例外，多为弱酸性和中性土壤。根据树种的耐酸碱性分为：

酸性土树种：指能生长在土壤 pH 4.5~5.5，绝不能生长在钙质土和盐碱土上。如杜鹃花属 Rhododendron、茶 Camellia sinensis、油茶 Camellia oleifera、马尾松、木荷 Schima superba、樟树等。

钙质土树种：指能生长在土壤 pH 7~8.5 的树种，石灰岩山地生长的树种多为钙质土树种，如侧柏、柏木属 Cupressus、青檀 Pteroceltis tatarinowii、黄连木 Pistacia chinensis、皂荚 Gleditsia sinensis 等。

盐碱土树种：指能生长在 NaCl、高含量 pH 值在 8.0 以上的土壤上的树种，如柽柳属 Tamarix、水柏枝属 Myricaria、白刺属 Nitraria、梭梭属 Haloxylon、盐爪爪属 Kalidium 等。

4.2.5.3 土壤养分

土壤养分主要取决于矿物质和有机质的数量和组成。但是土壤向树木提供养分的能力并不是直接取决于土壤中养分的含量，而是由养分有效性的高低决定。多数树种都是喜欢深厚、肥沃土壤，但有些树种能耐土壤的干旱瘠薄，例如，马尾松 *Pinus massoniana*、樟子松 *P. sylvestris* var. *mongolica*、刺槐 *Robinia pseudoacacia*、荆条 *Vitex negundo* var. *heterophylla*、酸枣 *Ziziphus jujuba* var. *spinosa*、小叶鼠李 *Rhamnus parvifolia*、小叶锦鸡儿 *Caragana microphylla* 等。

4.2.6　树木对地形因子的生态适应

地形因子是生态因子的间接因子。地形因子包括山脉河流走向、地形起伏、海拔高低、坡向和坡度等。地形因子直接影响光照、温度、水分和土壤因子的重新组合和分配，对树木的生长发育在遵从生态因子的影响规律，尤其表现在对不同树木分布的影响。中国的地形多种多样，大致沿大兴安岭、太行山、巫山和云贵高原的东缘将国土分为东西两种类型。东部地形平缓，西部地形高耸。地形因子对树种分布的影响是十分明显的。

山脉走向能阻挡气流的移动，直接影响温度和降水。如位于陕西境内的秦岭山脉为东西走向，平均海拔 2 000~3 000m，它阻挡了南来的湿润海洋性气流，影响秦岭以北的降水。它也阻挡了北方的寒潮，使秦岭以南气候温暖。因此，秦岭和淮河的连线成为中国划分南北的分界。秦岭—淮河以南为亚热带气候，大致上成为马尾松 *Pinus massoniana* 分布的北界和油松 *P. tabuliformis* 分布南界的交汇处，树木种类中常绿阔叶树所占比例增加。

海拔由低至高气温递减，相对湿度递增，光照渐强，紫外线增加。树种的垂直分布明显。地形因子在对树木个体的生长发育表现在随着海拔变化，同一树木生长发育节律发生变化。如山桃 *Prunus davidiana*，在同一山体，低海拔物候早，随着海拔升高，发芽开花相应推迟。随着地形的变化，其主导因子也会发生变化。在华北地区海拔 600~800m 的低山地区，油松最适生坡向为阴坡，主导因子是水分；而在海拔 800~1 800m 的中高山地区，在阳坡生长最好，主要因子是温度。这是由于南坡（阳坡）光照强，气温高，土壤温度亦高，土壤较干旱，阴坡则相反。陡峭的山坡比平缓的山坡更易造成水土流失，从而间接影响树木的生长。

4.3　树木与生物因子的关系

4.3.1　生物因子对树木的影响

树木的生长发育需要适生的非生物的环境条件的同时，也依附于生物环境。生物因子包括动物、植物、微生物之间的相互关系，形成有相互促进和相互抑制的关系。在森林群落中，树木与动物和微生物之间形成以营养结构和循环为主体的生态系统。而对于树木个体，树木为动物提供食物来源和栖息地；动物在树木的繁殖过程中促进了花粉和种子传播。许多树木的生长发育与根瘤菌等微生物的共生有关，如松属 *Pinus* 树种的根部有共生性的菌根，缺乏这种菌根，生长会受到影响。在蝶形花科 Fabaceae 等树木的育苗和造林时，往往会加入含有根瘤菌的土壤，提高苗木的质量和造林成活率。

在生物因子相互影响的研究中，1937 年德国学者 H. Molisch 提出了他感作用（allelo-parthy）的概念，就是一种植物通过向体外分泌代谢过程中的化学物质，对其他植物产生直接或间接的影响。这种作用是种间关系的一部分，是生存竞争的一种特殊形式，种内关系也有此现象。为证实他感作用的物质的存在和作用方式，20世纪40年代以来，人们在植物他感作用的试验验证、克生物质的提取、分离和鉴定方面做了许多工作。经鉴定香桃木属 Myrtus、桉树属 Eucalyptus 和臭椿属 Ailanthus 的叶均有主要成分为酚类物质［如对羟基苯甲酸（hydroxy benzoic acid）、香草酸（vanillic acid）和阿魏酸（ferulic acid）等］的分泌物，对亚麻 Linum sp. 的生长具有明显的抑制作用。美国生态学家 J. Bonner 等进行了具有决定性意义的克生物质的分离工作，并在1950年研究了高等植物的有毒分泌物对种间相互作用的影响，发现了高等植物的自毒作用对于种群的发展也具有较重要的意义，如沙漠上的一些植物在遇缺水胁迫时便产生自毒现象，从而利用有限的水分，度过干旱，保持该物种的生存和繁衍。

他感作用的研究揭示了许多在植物群落中的种类构成。植物群落都由一定的植物种类组成，他感作用是造成种类成分对群落的选择性以及某种植物的出现引起另一类消退的主要原因之一。H. B. Bode 阐明了黑核桃 Juglans nigra 树下几乎没有草本植物的原因是因为该树种的树皮和果实含有氢化核桃酮（1，4，5-三羟基萘），当这种物质被雨水冲洗到土中，即被氧化成核桃酮，从而抑制其他植物的生长。

4.3.2 人为因子对树木的影响

人是树种资源培育、保护、营造森林和破坏森林的最积极因素。人类利用科技手段，通过野生树木资源的引种驯化、人工杂交选育和转基因树木的定向培育为林业生产培育出大量的新品种和树种资源。

树木是森林首要的组成成分，是森林的建群种。树木又是木材和工业原料的重要来源。人类对木材的需求在不断增长。目前，世界木制品生产，包括薪柴、炭和商用木制品的生产比1970年提高36%。在发展中国家的许多地区，木材仍是人们主要甚至是唯一的能量来源。在非洲，90%的人口以木材（薪柴）和其他生物作为能源，在1970—1994年木材（薪柴）和炭的产量和消费量翻了一番，预计到2010年还将增长5%（FAO，1997a）。商业木材生产仍然以发达国家为主，但发展中国家工业用原木产量占全球产量的比例也从1970年的17%增长到1994年的33%（FAO，1997a）。预计最大的商业木材需求地区将是亚洲，该地区需求增长最为迅速，但森林储备已严重不足。

木材是最主要的国际贸易商品之一，主要来源仍然是原始森林。在世界许多地方，由于过度采伐、管理不善和生境破坏，具有潜在价值的木材资源树种正在退化。例如，加纳的600余种大型树种中，约60种是商用木材，近25种因过度采伐或数目稀少已被确认为保护树种（WCMC，1992）。最近对1万种树种（全球树种总量约10万种）的分析（Oldfield et al.，1998）表明，近6 000种已达到IUCN规定的受威胁标准，其中976种被列为极度濒危，1 319种濒危，3 609种生存状态脆弱（表4-2）。生境丧失或变动是威胁树木，尤其是生长区受限制的树木主要原因。但是采伐是人们经常提到的单独威胁。砍伐森林的根本原因是贫困、人口和经济增长、城市化和农用地的扩张。毁林开荒，发展农业是热带森林减少的主要原因。但是伐木毁灭了1/3的森林，这一比例在亚洲高达1/2，在南美的部分地区可能还要高一些（FAO，1997）。

表 4-2　全球树木的保护状态

类　型	树种数目
估计全世界总数	100 000
经过评估的树木种类	10 091
全球受威胁的种类	5 904
极度濒危	976
其中：濒危	1 319
脆弱	3 609
灭绝	95

注：95 种灭绝的树种中，有 18 种仍然存在，但不是处在野生状态。
来源：WCMC 物种数据库（可以通过 http://sea.unep-wcmc.org/reception/aboutWCMC.htm 获得）和 Oldfield 等，1998。

4.4　树木耐寒区位

树木耐寒区位（hardiness zones）是表示在每个区中，栽培树木能够适应的冬季的最低气温。温度范围为该地区 1 月份平均最低气温。区位范围从 1~12。第 1 区表示副极地气候，而第 12 区则表示赤道周围的最温暖地区。中国科学院地理科学与资源研究所根据中国历年积累的气象资料统计，中国的植物栽培范围是 2~12（彩版 2）。每个区位的气温范围是 4~6℃，第 12 区为最低区位，该区无霜冻。

本教材中给出的重要树种的最大和最小耐寒区位，如华山松 *Pinus armandii* 的耐寒区范围为 6~9 区，表示华山松可以抵御 1 月平均气温低于 -18℃ 的第 6 区冬季严寒，也可以在冬季 1 月最低气温 -2~4℃ 的第 9 区，即亚热带地区正常生长。目前，国内外在描述和树种利用介绍中均给出了各树种的耐寒区位，对树种的引种栽培起到一定的参考性，该值符合气候相似性的树种引种的基本原理，但在引种具体栽培树种时，还必须考虑最高气温也会影响树种的生长，如从东北引种红松 *Pinus koraiensis* 在华北平原种植，当地的夏季高温限制了红松的正常生长。因此，在树种的引种栽培过程中，始终要考虑生态因子综合影响和主导因子的相互联系。

复习思考题

1. 自然环境和生态环境的区别是什么？
2. 什么是生态因子，并举例说明；生态因子和环境因子有什么区别？
3. 影响树木生长发育和分布的生态因子有哪些？其都由哪些单因子组成？
4. 在树种的生长发育与自然分布中，生态因子是如何对树种产生影响的？主要表现形式是什么？

5. 什么是树种的生态学特性？树木对生态环境的适应可以分为几大类？请说明各类的概念和相应的类型，并列举出相应的树种。

6. 请选择你熟悉的某一树种，通过查找相关研究资料，分析其自然生长和分布与环境的关系。

7. 在某一区域选择绿化或生态修复树种时，你如何选择树木？请写出选择的原则，并举例分析。

第5章 树种分布区和树木区系

5.1 树种分布区

5.1.1 树种分布区的概念及其形成

5.1.1.1 树种分布区的概念

树种分布区是指某一树种或分类群在地球表面上所占有一定范围的分布区域,即每一树种都有一定的生活习性,要求一定的居住场所。分布区的大小、类别因树种不同而异,同时,分布区不是固定不变,而是随着外界条件因素的变化而发生相应的变迁与发展。

5.1.1.2 树种分布区的形成

树种分布区受气候、土壤、地形、生物、地史变迁及人类活动等因素的综合影响而形成,反映着树种的历史、散布能力及其对各种生态因素的要求和适应能力。

树木分布主要取决于温度与降水量,并受纬度、经度的气候带影响。

除生态因素外,树木的分布还受地史变迁及人类生产活动的影响。一些地区由于第四纪冰期、间冰期的交错和由于地质活动的山地升降交错的变化等,使植物由喜温变成耐寒、由湿生变为旱生等。树种现在的分布区或现在的生境不一定是树种生长发育最适宜的地方,而是由于环境变迁的胁逼或生物的竞争等因素所造成的,如在"避难所"中的一些特有物种,一旦被引种到与它们原来历史上的生态环境相似的区域时,它们的生长发育也许会更好,这也是树木引种成功的一个潜在因素,如银杏 *Ginkgo biloba*、水杉 *Metasequoia glyptostroboides* 等孑遗树种在第四纪冰川时由于所处地形、地势优越,不但在中国得以保存生长到现在,而且由于地史原因,引种的范围向北远远超出现在的自然分布区。

人类生产活动对树种分布区的扩大或缩小影响很大,通过引种驯化有目的的扩大了一些优良树种的栽培区,如水杉1942年发现仅湖北利川水杉坝一带有野生,目前广布于全国20个省(自治区、直辖市),并在世界20多个国家引种栽培。

5.1.2 分布区的类型

任何树种在分布上都会涉及水平分布和垂直分布,因此,树种的分布区包括水平分布区和垂直分布区。根据树种起源可分为天然分布区(自然分布区)和栽培分布区(人为分布区);根据树种分布是否连续又可分为连续分布区和间断分布区。了解树种的分布特点,有利于进行造林树种的选择和树种的引种。具体如下:

天然分布区:为树种依靠自身繁殖、侵移和适应环境能力而形成的分布区。如翅果油树 *Elaeagnus mollis* 天然分布仅见于山西吕梁山、中条山和陕西西安市鄠邑区涝峪海拔700~1 500m山地;红桧 *Chamaecyparis formosensis* 天然分布仅见于台湾中央山脉、阿里山等海拔1 050~2 000m山地。

栽培分布区：因人为引种栽培形成的分布区。由于发展生产与科学研究工作的需要，自国外或国内其他地区引入树种，在新地区进行栽植而形成新的分布范围，所引种树种原来的天然分布区称为该树种的原产地。如原产澳大利亚的各种桉树 *Eucalyptus* spp.，引种到中国形成新的分布范围，中国成为桉树的栽培分布区，而澳大利亚为桉树的原产地；原产北美的刺槐 *Robinia pseudoacacia* 在中国也有一定的栽培分布区域。国产树种如文冠果 *Xanthoceras sorbifolia*，近年都大幅度地扩大栽培造林。

水平分布区：树种在地球表面依纬度、经度所占有的分布范围，如马尾松 *Pinus massoniana* 的水平分布区为淮河、伏牛山、秦岭以南至广东、广西的南部，东自东南沿海和台湾，西至贵州中部、云南东部及四川大相岭以东；油松 *P. tabuliformis* 水平分布为华北、西北等北方地区。

垂直分布区：为树木在山地自低而高所占有的分布范围，如马尾松在其垂直分布范围内生长于海拔 700m 以下地区，黄山松 *P. taiwanensis* 则生长于海拔 700m 以上较高山地。华北落叶松 *Larix principis-rupprechtii* 在华北垂直分布海拔 1 200～2 800m，而油松在华北的天然分布海拔范围为 600～1 800m。

连续分布区：某一树种以大量个体较普遍地分布于产区，如杉木 *Cunninghamia lanceolata*、油松、山杨 *Populus davidiana* 的分布区。

间断分布区：某些属、种分类群由于地史变迁、人为影响及其他生态因素的影响，其个体零星散布于一些不连续的地区。如天女花（天女木兰）*Magnolia sieboldii* 间断分布于日本，以及中国东北南部、安徽黄山和浙江昌化，无连续分布现象。秃杉 *Taiwania cryptomerioides* 间断分布在台湾、贵州、云南、湖北等地，缅甸北部也有分布。鹅掌楸属 *Liriodendron* 的 2 个种分别分布于中国（鹅掌楸 *L. chinense*）和北美洲（北美鹅掌楸 *L. tulipifera*），构成典型的洲际间的间断分布。

树种分布区的形状、范围大小因树种不同而有差异。在确定树种分布区时，首先要确定其分布的边缘地点，将边缘地点连接成闭合曲线即为该树种的分布范围。树种分布区的边界往往是树种现代分布区的极限，到达极限以后，再向分布区外分布就会遇到障碍。

5.1.3 树种分布中心和特有现象

5.1.3.1 树种分布中心

树种分布起源的原始地区称为该树种的分布中心。分布中心通常只有一个，如有多个，可能是多元起源。

5.1.3.2 树种的特有现象

仅分布于单个有限地理区域的分布类群称为特有现象。特有现象分为古特有现象和新特有现象。古特有现象是一树种或分类群古时广泛分布，现代受到限制而成为特有现象，如中国的银杏、水杉均为古特有，它们是第四纪冰川以后的孑遗树种。新特有现象是后来出现的特有现象，在演化上是年轻的。

5.2 中国树种的区系成分

5.2.1 中国树种的区系概念

树木区系是研究世界或某一地区所有植物种类的组成、植物的特有性、现在和过去分布，以及植物起源和演化历史的科学。

5.2.2 中国树种区系研究类型与划分

中国树木种类繁多，区系成分复杂，参照吴征镒《中国种子植物属的分布区类型》(1991)，将中国木本植物属的区系成分进行了统计。根据（恩格勒系统）统计，中国木本植物包括引栽种共计207科，木本蕨1科2属，裸子植物11科41属，被子木本植物195科1 221属，属的区系成分以热带亚洲成分所占比例最大，为26.54%。木本种子植物属的区系分为15个类型（表5-1）。

表5-1 中国木本种子植物属的区系成分统计

分布区类型	种子植物		木本种子植物		木本植物占种子植物（%）
	属数	占总属数（%）	属数	占总属数（%）	
世界分布	104	3.33	13	1.03	12.50
泛热带分布	362	11.63	165	13.3	45.58
热带亚洲和热带美洲间断分布	62	1.99	74	5.85	—
旧世界热带分布	177	5.68	101	7.98	57.06
热带亚洲至热带大洋洲分布	148	4.75	91	7.19	61.48
热带亚洲至热带非洲分布	164	5.26	91	7.19	55.48
热带亚洲分布	611	19.61	336	26.54	54.99
北温带分布	302	9.70	75	5.92	24.83
东亚和北美间断分布	124	3.98	64	5.05	51.61
旧世界温带分布	164	5.26	24	1.90	1.31
温带亚洲分布	55	1.76	8	0.63	14.54
地中海区、西亚至中亚分布	171	5.49	30	2.37	17.54
中亚分布	116	3.72	6	0.47	5.17
东亚分布	299	9.59	102	8.06	34.17
中国特有分布	257	8.25	86	6.79	33.46
总计	3 116	100.00	1 266	100.00	40.62

分析本教材收录树种属的分布类型，包括87科257属。其中裸子植物10科28属，被子木本植物（克朗奎斯特系统）77科257属，属的区系成分以北温带分布成分所占比例最大，为20.55%。属的区系分为14个类型（表5-2）。

表 5-2　树木学（北方本）收录树种属的分布类型统计

分布区类型	本区属数	占本区属*百分比（％）
1. 世界分布	4	—
2. 全热带分布	26	10.28
2-1 热带亚洲、大洋洲（新西兰）和南美洲（墨西哥）间断分布	2	0.79
3. 热带亚洲和热带美洲间断分布	8	3.16
4. 旧世界热带分布	10	3.95
5. 热带亚洲至热带大洋洲分布	9	3.56
6. 热带亚洲至热带非洲分布	2	0.79
7. 热带亚洲（印度—马来西亚）分布	12	4.74
7-1 缅甸、泰国至中国西南分布	1	0.40
7-4 越南（或中南半岛）至中国华南（或西南）分布	1	0.40
小计（热带属）	65	25.69
8. 北温带分布	52	20.55
8-2 北极——高山分布	1	0.40
8-4 北温带和南温带（全温带）间断分布	4	1.58
9. 东亚和北美间断分布	35	13.83
9-1 东亚和墨西哥间断分布	1	0.40
10. 旧世界温带分布	7	2.77
10-1 地中海、西亚和东亚间断分布	8	3.16
10-2 地中海和喜马拉雅间断分布	2	0.79
11. 温带亚洲分布	5	1.98
12. 地中海区至中亚分布	5	1.98
12-1 地中海至中亚、蒙古和南非、大洋洲间断分布	1	0.40
12-3 地中海至温带、热带亚洲、大洋洲和南非间断分布	2	0.79
13. 中亚分布	0	0.00
13-1 亚洲中部分布	2	0.79
14. 东亚分布	42	16.60
小计（温带属）	167	66.01
15. 中国特有分布	21	8.30
总　　计	257	100.00

*属百分比基数为 253，不包括世界分布属。

复习思考题

1. 什么是树种的分布区？树种分布区包括哪些类型？
2. 导致树木分布区形成的自然因素是什么？树种的垂直分布形成受哪些主导因子的影响？在相同海拔高度山区，森林建群树种的分布格局不同，为什么？以某一地区为例，请分析形成分布格局不同的主要原因。
3. 了解树种分布区对树种研究、乡土树种选择与利用有什么意义？请举例说明。
4. 如何确定树种的分布中心和特有现象？请查研究或调查资料，用某一个地区来讨论和阐述。
5. 什么是树木区系？查阅你所在地区或附近地区的研究资料，来阐述树木区系的类型。

第6章 中国树种资源与保护利用

中国幅员辽阔，地域跨度大，水热资源分布各异，从而生境条件多样，适于各种植物生存。在全世界大约有10万种树木中，中国有天然分布约8 000种，引进1 000多种，其中乔木2 800多种，灌木6 000余种，经济树种1 000余种。各个气候带都有大量代表科属，例如，桦木科、壳斗科栎属的落叶树种，以及杨柳科、忍冬科Caprifoliaceae、小檗科Berberidaceae等是温带的代表；樟科、木兰科、山茶科、壳斗科的常绿树种，金缕梅科Hamamelidaceae以及冬青科Aquifoliaceae、五加科Araliaceae、蓝果树科Nyssaceae，还有单种的连香树科Cercidiphyllaceae和水青树科Tetracentraceae等是亚热带的代表；至于中国热带森林中包含的科就更多，常见的科有龙脑香科Dipterocarpaceae、番荔枝科Annonaceae、橄榄科Burseraceae、山榄科Sapotaceae、楝科Meliaceae、藤黄科Guttiferae、使君子科Combretaceae、天料木科Samydaceae、大戟科Euphorbiaceae和四数木科Tetramelaceae等。丰富的树木资源不仅为树木学的研究奠定了基础，而且为中国的林业发展、生态建设提供了有利的条件。

6.1 中国珍稀濒危树种资源

中国是植物大国，植物种类居世界第三位，仅高等植物（苔藓、蕨类、种子植物）就有3万余种，有许多种是中国特有和世界著名的珍贵树种。近一个世纪以来，尤其最近几十年来，由于人口的剧增、工业的发展、城镇建设迅速扩大，人类对植物资源不合理的索取日趋加重，如森林用材、药用植物、经济植物、观赏植物资源等。人们向自然索取的植物资源越来越多，甚至发展为掠夺式利用，从而导致以下三方面后果：①森林面积急剧缩减；②植被破坏；③生态环境恶化。据国际自然和自然资源保护同盟所属保护监测中心统计：截至20世纪末，全世界有50 000～60 000种植物受到不同程度的威胁，约每5种植物中就有1种植物的生存遭受威胁；在中国至少有3 000种生存受到威胁或处于濒临灭绝的境地，许多树种已经灭绝或濒临灭绝，例如，雁荡润楠 Machilus minutiloba、广元冬青等可能已经绝迹。鸦樱果朴、天台鹅耳枥 Carpinus tientaiensis 等已经濒临灭绝。现在，物种以每天1种的速度在消失，如再不采取保护措施，将来很可能几分钟就消失1种。这绝非危言耸听，而是残酷的现实。世上许多东西凭借人类的才智可以再造，而一个物种一旦灭绝就不能再生，不可复得，人类将永远失去利用它的可能性。一个物种的消失，常常还会导致另外10～30种生物的生存危机。

植物是生命的源泉，保护植物就是保护人类自己。因此，近年来对濒危植物的保护和研究已引起世界各国多方面人士的重视。为了加强对珍稀濒危植物的保护工作，中国政府采取了一系列相应的措施，1984年国务院环境保护委员会公布了中国第一批《珍稀濒危保护植物名录》共354种，包括蕨类9种、裸子植物68种、被子植物277种，其中一级8种、二级143种、三级203种。1987年出版了《中国珍稀濒危保护植物名录》（第一册），增加了35种，使受保护植物达到389种。1991年，中国科学院植物所、国家环境保护总局出版了《中国植物红皮书》；1992年，林业部制定颁布了《国家珍贵树种名录》（第一批），其中国家珍贵树种一级37种、二级95种，共132种。一级珍贵树种是：西双版纳粗榧 Cephalotaxus mannii Hook. f.、巨柏 Cupressus gigantea、银杏（原生种）、百山祖冷杉 Abies beshanzuensis、梵净山冷杉 A. fanjingshanensis、元宝山冷杉 A. yuanbaoshanensis、资源冷杉 A. ziyuanensis、银杉 Cathaya argyrophylla、白皮云杉 Picea aurantiaca、康定云杉 P. montigena、南方红豆杉 Taxus wallichiana var. mairei、密叶红豆杉 T. fuana、水松 Glyptostrobus pensilis、水杉（原生种）、秃杉、普陀鹅耳枥 Carpinus putoensis、天目铁木 Ostrya rehderiana、伯乐树（钟萼木）Bretschneidera sinensis、膝柄木 Bhesa sinensis、狭叶坡垒 Hopea chinensis、坡垒 H. hainanensis、毛叶坡垒 H. mollissima、望天树 Parashorea chinensis、铁力木 Mesua ferrea、大树杜鹃 Rhododendron protistum、金丝李 Garcinia paucinervis、银叶桂 Cinnamomum mairei、降香黄檀 Dalbergia odorofera、格木 Erythrophleum fordii、绒毛皂荚 Gleditsia vestita、珙桐 Davidia involucrata（彩版3：1）、香果树 Emmenopterys henryi、黄檗（黄波罗）Phellodendron amurense、海南紫荆木 Madhuca hainanensis、猪血木 Euryodendron excelsum、蚬木 Excentrodendron hsienmu。1996年，中国颁布了第一部专门保护野生植物的行政法规《中华人民共和国野生植物保护条例》（1997年实施）；1994年在《中国珍稀濒危保护植物名录》的基础上，制定了《国家重点保护野生植物名录》，计393种，其中一级保护64种、二级保护329种。在393种中，木本植物308种，占总数的78.4%，一级保护的64种中，其中木本植物有58种，占90.6%。1999年，国务院正式公布第一批《国家重点保护野生植物名录》。2011年，国家林业局启动的全国极小种群野生植物拯救保护工程，提出了120种极小种群野生植物，其中近32%的物种濒临灭绝，推动了野生植物的保护工作。

在不同植被地理区域和珍稀濒危物种的主要繁殖地和栖息场所建立保护区或国家公园，就地保护珍稀濒危植物。在不同地区的植物园、树木园、种植园内迁地保护和繁殖了一部分珍稀濒危植物。

原国家林业局及国家自然科学基金委员会下达了与中国重要珍稀树种的保护与繁殖直接相关的国家攻关课题及有关研究，如中华桫椤 Alsophila costularis（彩版3：2）、银杉、秃杉 Taiwania cryptomerioides、望天树、珙桐、天目铁木等。几年来取得了很大成绩，挽救了一批濒危植物，解除了它们的濒危状态。

6.2　中国特有树种

中国特有树种主要指仅在中国境内分布的树种，但也包括少数以中国境内分布为主少量分布到国外邻近地区的树种。特有种分析是树木区系研究的重要内容。据统计中国有特有科5个，特有属86个（种很多未作详细统计），其中裸子植物特有科为银杏科 Ginkgoaceae，含1属1种。松科 Pinaceae 的特有属为金钱松属 *Pseudolarix* 和银杉属 *Cathaya* 各只有1种。杉科 Taxodiaceae 有水杉属 *Metasequoia*、水松属 *Glyptostrobus*、台湾杉属 *Taiwania*，各属只有1种，杉木属 *Cunninghamia* 有3种，其中除杉木 *C. lanceolata* 少量分布到越南北部外其余均产中国。红豆杉科 Taxaceae 白豆杉属 *Pseudotaxus* 只1种白豆杉 *P. chienii*（彩版3：4）为中国珍稀特有树种。裸子植物中，中国特有种在有些属中所占比例很大，如冷杉属 *Abies* 全世界有50多种，中国特有种占15种，油杉属 *Keteleeria* 全世界有11种，中国特有种占9种。被子植物中特有科有4科，即杜仲科 Eucommiaceae、珙桐科 Davidiaceae（本书归为蓝果树科 Nyssaceae）、伯乐树科 Bretschneideraceae、大血藤科 Sargentodoxaceae。大血藤科有2种，一种为三出复叶，另一种为单叶，均分布在秦岭以南。被子植物中，特有78属，分隶于37科，如木兰科 Magnoliaceae 的华盖木属 *Manglietiastrum*、观光木 *Tsoongiodendron odorum*（彩版3：6）等3属，金缕梅科 Hamamelidaceae 的牛鼻栓属 *Fortunearia* 等5属，山茶科 Theaceae 的圆籽荷属 *Apterosperma* 等5属，无患子科 Sapindaceae 的茶条木属 *Delavaya* 等4属。竹亚科 Bambusoideae 的筇竹属 *Qiongzhuea* 等16属。被子植物中具有重要经济价值和观赏价值的特有树种有杜仲 *Eucommia ulmoides*、青檀 *Pteroceltis tatarinowii*、蚬木 *Excentrodendron hsienmu*、珙桐 *Davidia involucrata*、金花茶 *Camellia nitidissima*（彩版3：7）、猬实 *Kolkwitzia amabilis* 等。分布到北方的特有树种还有蜡梅属 *Chimonanthus*、虎榛子属 *Ostryopsis*、文冠果 *Xanthoceras sorbifolia*、金钱槭 *Dipteronia sinensis*（彩版3：9）、蚂蚱腿子 *Myripnois dioica* 等。被子植物中国特有种在各个较大的科、属中均占有很大数量，最突出的如樟科 Lauraceae，中国有420多种，其中特有种就有192种。

6.3 珍稀濒危植物的种类及其划分标准

《中国珍稀濒危植物名录》主要是根据国际通用标准来划分类别的，即根据植物的濒危程度、分布区域和种群数量等具体情况而定；《国家重点保护野生植物名录》对植物划分保护等级首先是考虑该植物的经济、科研价值，其次才考虑其濒危程度，它是由有关行政部门组织制定，报国务院批准后公布的，并有国务院行政法规配套文件。由于两种名录选列物种的标准不同，故所列物种也有一定的差别，但都属国家森林资源的重点保护植物。那么，如何来界定珍稀濒危植物呢？

濒危（临危）种：在它们整个分布区或分布区的重要地带处于绝灭危险的植物。这些植物居群不多，植株稀少，地理分布有很大的局限性，仅生存在特殊或有限的地方。如大序隔距兰要求高湿、高温，而且要有依附的树干，当森林被砍伐，它也就随之而消失；一些植物的发芽率极低，如梵净山冷杉 *Abies fanjingshanensis*、梓叶槭 *Acer catalpifolium*、天竺桂 *Cinnamomum japonicum*、宝华玉兰 *Magnolia zenii*、长果秤锤树 *Sinojackia dolichocarpa*（彩版3：5）、琅琊榆 *Ulmus chenmoui* 等。

稀有种：指那些并不是立即有绝灭危险的，其分布区域有限，居群不多，植株也较稀少，或虽有较大分布范围，但只是零星分布的种。中国特有的单种属或少种属代表植物，例如，银杏 *Ginkgo biloba*（彩版3：10）、银杉 *Cathaya argyrophylla*、金钱松 *Pseudolarix am-*

abilis（彩版 3：3）、水杉 *Metasequoia glyptostroboides*、金花茶 *Camellia nitidissima*（彩版 3：7）、珙桐 *Davidia involucrata*、香果树 *Emmenopterys henryi*、杜仲 *Eucommia ulmoides*、鹅掌楸 *Liriodendron chinense* 等。

渐危（脆弱或受威胁）种：指那些由于人为或自然原因，在可以预见的将来很可能成为濒危的植物。它们的分布范围和居群、植株数量正随着森林被砍伐、生态环境的恶化或过度开发而日益缩减。如长苞冷杉 *Abies georgei*、油杉 *Keteleeria fortunei*、刺五加 *Acanthopanax senticosus*（彩版 4：2）、天目木兰 *Magnolia amoena*、长白松 *Pinus syvelstris* var. *sylverstriformis*、浙江楠 *Phoebe chekiangensis*、红豆树 *Ormasia hosiei*、红椿 *Toona ciliata* 等。

6.4 保护与拯救的对策

目前，保护和拯救珍稀濒危植物的基本方法有就地保育和迁地保育。

6.4.1 就地保育

就地保护（*in situ*）是指把包含保护对象在内的一定面积的陆地或水域划分出来，进行保护和管理，实现对有价值的自然生态系统和野生生物及其栖息地予以保护，以保持生态系统的原真性，维护生态系统内生物的繁衍与进化，维持系统内的物质能量流动与生态过程。就地保护是生物多样性保护中最为有效的一项措施，是拯救生物多样性的必要手段，建立自然保护地是就地保护主要措施。

我国于 1956 年在广东省肇庆市的鼎湖山，建立了第一个自然保护区——鼎湖山自然保护区，从此，中国的自然保护地体系从零开始逐步完善。在生态系统与重要自然资源保护方面，形成了由国家公园、自然保护区、自然公园（包括风景名胜区、森林公园、地质公园、自然文化遗产、湿地公园、沙漠公园、水产种质资源保护区、海洋公园、海洋特别保护区、自然保护小区等）组成的中国自然保护地体系。目前我国已建立了超过 10 类的自然保护地。截至 2018 年年底，各类自然保护地总数 1.18 万处，其中国家级 3 766 处。各类陆域自然保护地总面积约占陆地国土面积的 18% 以上，占海域面积的 4.6%。占重要地位的自然保护区数量达 2 729 个，总面积 $147 \times 10^4 km^2$，占陆地国土面积的 14.8%，占所有自然保护地总面积的 80% 以上；风景名胜区和森林公园约占 3.8%。其中共建立各种类型、不同级别的自然保护区 2 750 个，总面积 $147.33 \times 10^4 km^2$（其中自然保护区陆地面积约 $142.88 \times 10^4 km^2$），陆域自然保护区面积占陆地国土面积 14.88%。国家级自然保护区 446 个，面积 $96.95 \times 10^4 km^2$，占全国保护区总面积的 65.8%，占陆地国土面积的 9.97%。有 34 个自然保护区加入了"世界生物圈保护区网络"，中国成为世界上生物圈保护区最多的国家之一。有 177 处保护地加入"中国生物圈保护区网络"。国家级森林公园总数达 897 处，总规划面积 $12.79 \times 10^4 km^2$，占全国国土面积的 1.3%。自然湿地保护面积达 $21.85 \times 10^4 km^2$，全国共批准国家湿地公园 896 处，国际重要湿地 49 处。建立国家级风景名胜区共 244 处，面积约 $10 \times 10^4 km^2$。建立省级风景名胜区 700 多处，面积约 $9 \times 10^4 km^2$。共建立 270 处国家地质公园，建立省级地质公园 100 余处，其中 37 处被联合国教科文组织收录为世界地质公园。建立各级海洋特别保护区 111 处,面积 $7.15 \times 10^4 km^2$,其中国家级海洋特别保护区 71 处(含国家级海洋公园 48 处)。我国共有 55 个项目被联合国教科文组织列入《世界遗产名录》,数量列世界第一。其中世界自然遗产 14 处,世界文化和自然遗产 4 处。全国还建立了 5 万多处自然保护小区。

我国已基本形成了类型比较齐全、布局基本合理、功能相对完善的自然保护地构架,尤其是相对比较完整的自然保护区管理体系和科研监测支撑体系,有效发挥了资源保护、科研监测和宣传教育的作用。

6.4.2 迁地保育

迁地保育(in extu)是指当原来的生境已不适合它们自身繁衍后代,须采取人工繁殖的手段将这些珍稀植物的苗木迁移到其他自然条件优越、适合它们生长和繁殖后代的地区加以保存。对于迁地保育,选择迁存地是关键。迁地保育是珍稀树种种质资源保护和发展的一种重要手段。迁地保育主要包括建立野外基因库,建立活植物收集区,保存活植物,建立种子银行保存种子,建立种质库保存组织等。要加强物种生物学繁殖技术方面的研究,掌握那些繁育困难的珍稀濒危物种的繁育技术,保证迁地保育的顺利实施。

6.4.3 近地保育

近地保育是我国为开展极小种群野生植物保护提出的一种新的植物保育方法。是针对一些对生态环境要求严格,生态幅较窄的,难于迁移到植物园等环境变化较大的地方进行保育的树种采取的方法。该方法的重点在于根据目标树种对生态环境的要求,就近寻找生态环境相似的地方进行迁移保护。

6.4.4 野外回归

在迁地保护或种源繁育的基础上,采取人工方法,在特定的野生植物的历史分布区内,重新建立该物种种群,称为野外回归或物种重引入。一般以保护和重建特定物种所处分布区的野外种群为目的。野外回归涉及以下工作过程。

物种选择:物种选择的原则一是人工培植技术条件成熟、迁地保护或者种源繁育成功;二是具有谱系清晰、多样性丰富,生长状态良好等特点。

回归地选择:一般选择原生地或者与原生地生境状况相似的区域,选择适宜的回归地,根据开展野外回归物种的相关特性,对生境进行适度改造,开展野外回归工作。

野外回归种群建立:在物种和回归地选择的基础上,制定物种野外回归规划,开展野外回归的前期试验,通过合理配置,以及相关的人工促进措施,重建新的种群,逐步野化,形成可持续发展的野外回归种群。

野外回归种群的巡护、管护和监测:对回归地生境及种群每一植株的生长进行长期动态的监测,建立巡护、管护和监测档案,必要时采取园艺措施协助,以保障种群重建的成功。

20 世纪 90 年代后,人们加大了对濒危植物的濒危机理和濒危过程的时间、空间机制方面的研究。目前,迁地保护已经成功的种类有:油杉 *Keteleeria fortunei*、金钱松 *Pseudolarix amabilis*、水杉 *Metasequoia glyptostroboides*、福建柏 *Fokienia hodginsii*、竹柏 *Podocarpus*

nagi、红豆杉 *Taxus wallichiana* var. *chinensis*、长叶榧树 *Torreya jackii*、观光木 *Tsoongiodendron odorum*（彩版 3：6）、黄山木兰 *Magnolia cylindrica*、天女木兰 *M. sieboldii*、天目木兰 *M. amoena*、闽楠 *Phoebe bournei*、舟山新木姜子 *Neolitsea sericea*、天目木姜子 *Litsea auriculata*、伯乐树 *Bretschneidera sinensis*、夏蜡梅 *Calycanthus chinensis*、红豆树 *Ormosia hosiei*、长果秤锤树 *Sinojackia xylocarpa*、长序榆 *Ulmus elongata*、伞花木 *Eurycorymbus cavaleriei*、刺五加 *Eleuthercoccus senticosus* 等。此外，有学者对一些珍稀树种繁殖技术进行了研究，取得了长足的进展，如桫椤 *Alsophila spinulosa*、银杉 *Cathaya argyrophylla*、秃杉 *Taiwania cryptomerioides*、天目铁木 *Ostrya rehderiana*、普陀鹅耳枥 *Carpinus putoensis*、珙桐 *Davidia involucrata*、望天树 *Shorea chinensis* 等。

  中国珍稀濒危植物保护工作起步相对较晚，科研经费紧张，科研队伍较弱，科研成果在保护和教育中应用较少，仍处于比较落后状态，直到 1992 年，国家科学技术部根据国家中长期科学技术发展纲要和学科发展趋势，结合经济建设的需要，组织了国家自然科学基金重大研究项目——中国主要濒危植物保护生物学的研究。其目的是利用我国丰富的植物资源和特有的自然条件等方面的优势，通过多学科的综合研究，揭示植物濒危过程和致濒机制，预测主要濒危植物的发展趋势，为制定有效的植物保护措施和策略提供科学的依据，构建保护生物学的理论体系，指导我国深入开展濒危植物保护的基础性研究工作。研究覆盖了种群生态学、物种生物学、生殖生物学、传粉生物学、细胞学、遗传学、分子生物学和生物数学等多个学科。主要对每个濒危物种从种群生态学特性、生殖生物学特性和遗传多样性三个方面进行研究，查明和预测濒危物种的种群动态、消长规律、致濒机制（内因、外因）以及遗传多样性的时空变化及其与生态因子的关系，遗传多样性与濒危的关系，并在此基础上进行综合分析，为制定有效的保护措施提供科学的依据。

  总之，就地保育和迁地保育对于保存物种是行之有效的两个措施。但实践中究竟以何种为主，应根据物种的濒危程度及其保存为判断，如对于某物种已降到临界水平，就地保育虽很重要（即不使物种衰退灭绝），但应以迁地保育为主，尽快解决濒危状态。同时，更要加强宣传教育工作，制定保护野生植物的行政法规和条例，使之纳入法制轨道，进行科学管理；充分发挥森林公安保卫森林资源的卫士作用。加强国内、国际间的合作，呼吁全人类共同保护濒危植物资源，拯救濒危物种。

复习思考题

1. 根据你的已有知识并查阅相关资料，简述中国目前树种资源概况。
2. 什么是树种的特有现象？列举中国特有植物科 5 个、特有植物属（木本）10 个。思考为什么中国特有植物较多？
3. 根据你的已有知识并查阅相关资料，分析造成树种珍稀濒危的主要因素有哪些？
4. 你所了解或知道的珍稀濒危树种有哪些？保护和利用这些珍稀濒危树种有何重要意义？
5. 珍稀濒危植物的划分标准有哪些？针对某一类型，各自举出 3~5 种相应的代表树种。
6. 什么是就地保护和迁地保护？二者在保护和拯救珍稀濒危树种方面各有何优缺点？在实践中如何选择？

第 2 篇
树种各论

第 7 章 裸子植物 GYMNOSPERMS

裸子植物因能产生种子，属于种子植物。但因其胚珠裸露，无子房包被或种子裸露无果皮包被，与被子植物有明显的区别。

裸子植物孢子体很发达，大多为乔木，少数为灌木或木质藤本，无草本；次生木质部中大多具管胞，仅在高级种类中具导管，次生韧皮部中仅具筛胞，无筛管和伴胞；球花单性，大孢子叶或珠鳞腹面着生胚珠，胚珠裸露，小孢子叶或雄蕊具 2 至多数。种子具胚和胚乳，子叶 1 至多数。

裸子植物是地球上最早用种子进行有性繁殖的，在此之前出现的苔藓和蕨类植物都是以孢子进行有性生殖。在裸子植物的生殖过程中，雄配子体后期形成花粉管，直接将精子输送至颈卵器，受精过程摆脱了水的限制；雌、雄配子体均寄生于孢子体上；雌性生殖器官仍为颈卵器，故属于颈卵器植物之列，在高级类型中则颈卵器已消失；由于胚珠及其在受精后发育成的种子均裸露，外无子房或果皮包被，不形成果实，故称裸子植物，这是其最明显的特征。

裸子植物大约出现于距今 3 亿多年前的晚古生代的泥盆纪晚期，这一时期的裸子植物称为原裸子植物。中生代三叠纪和侏罗纪是裸子植物最繁盛的时期，这一时期被称为裸子植物时代，它们靠种子繁殖，受精过程完全摆脱了对水的依赖，更适于陆地的生境。这是植物进化中的又一次飞跃。像苏铁类、银杏类、松柏类等陆生植物的大量发展，不仅为成煤作用创造了有利的条件（如世界广泛分布的侏罗系煤层），而且也为爬行动物的繁育提供了丰富的食物基础。但在 1 亿年前的中生代白垩纪以后，很多种类绝灭了，特别是第三纪和第四纪的冰川影响，裸子植物的种类明显减少。

目前，全世界裸子植物仅 12 科 85 属 1 118 种，广泛分布于全世界，特别是在北半球亚热带高山地区及温带至寒带地区形成大面积的森林。中国裸子植物资源较丰富，有 12 科（含引进）236 种和 47 变种。在中国保存下来的裸子植物"活化石"种类最多，如银杏 *Ginkgo biloba*、银杉 *Cathaya argyrophylla*、水杉 *Metasequoia glyptostroboides* 等。裸子植物是森林的重要建群树种或组成树种，是重要的木材资源，它们在工业、农业、建筑业、交通运输业、医药、庭园绿化和环境保护等方面，均具有极其重要的意义。

裸子植物（Gymnosperm）在高等植物中常作为一个自然类群，在地球环境大变迁时大批先后灭绝。现存的裸子植物种类并不多，但对裸子植物分类系统的研究成果很多。传统的裸子植物分类十分重视雌性生殖结构，即雌球花的特征。苏铁类的胚珠直接着生在叶性的大孢子叶上，被称为叶生胚珠类（phyllosperm），大孢子叶组成单轴型的大孢子叶球或雌球花。银杏类的胚珠则生长在畸形条件下的叶面上，这点与苏铁类相似，是叶生型的，但单轴分枝和生殖短枝相当于松柏类的复轴型雌球花，鳞叶及腋生的生胚珠长梗是比较原始的苞鳞珠鳞复合体结构等特征接近松柏类，因此，银杏类被认为是苏铁类与松柏类的过渡类型。松柏类的胚珠生长在珠鳞上，珠鳞生于苞鳞的叶腋，苞鳞和珠鳞一起构成一个生殖单位，即苞鳞珠鳞复合体，这个复合体构成松柏类的雌球花。苞鳞珠鳞复合体在形态、大小、数量、苞鳞珠鳞融合度等方面的变异形成了松柏类雌球花的不同式样，成为松柏类分类的重要依据。买麻藤类的雌雄花也是复合型，但其胚珠具有1~2层盖被与松柏类不同。因此，现存的裸子植物分类了四大类：苏铁类、银杏类、松柏类和买麻藤类。但银杏在大多数情况下归为松柏类，这样裸子植物分为三大类，即苏铁类、松柏类和买麻藤类。随之也产生了许多裸子植物的分类系统。裸子植物系统在国际上主要有 B. Sahni（1920），R. Pilger（1926），C. J. Chamberlain（1935），R. Florin（1951），Pilger & Melchior（1954），Zimmermann（1959），K. R. Sporne（1965），郑万钧（1978），S. V. Meyen（1984），Kubitzkii（1990）等。这些分类系统的提出都建立在对形态学或古植物学证据研究的基础上。所有的研究对现存的各类裸子植物类群的处理和系统位置均有着不同的学术观点（表7-1）。

分子系统学基于分支分类学的原理，利用DNA序列数据重建了裸子植物系统发育。在现存种子植物的五大类群中，苏铁类、银杏类、买麻藤类和被子植物类各自均为单系群，但松柏类是单系或并系。分子系统学研究结果解决了裸子植物的一些系统发育关系和存在的分类问题：①现存的苏铁科Cycadaceae划分为2科，即苏铁科和泽米铁科Zamiaceae；②明确杉科Taxodiaceae为一并系或多系（包含金松属时），金松属独立为金松科Sciadopityaceae，杉科其他成员与柏科合并为广义柏科Cupressaceae；③三尖杉科Cephalotaxaceae和红豆杉科Taxaceae合并为广义的红豆杉科；④松科单独构成一个分支，或与买麻藤类构成一个分支；⑤主产与南半球的罗汉松科Podocarpaceae和南洋杉科Araucariaceae关系最近，两者构成南洋杉目Araucariales；⑥金松科、红豆杉科（广义）和柏科（广义）构成一个分支，即柏目Cupressales，红豆杉科和柏科互为姐妹群，金松科为外类群。

目前接受的是Christenhusz于2011年提出的基于分子系统学研究的裸子植物分类系统，称为克氏系统，该系统将裸子植物分为4亚纲8目12科（图7-1）。本书的裸子植物分类采用该系统。

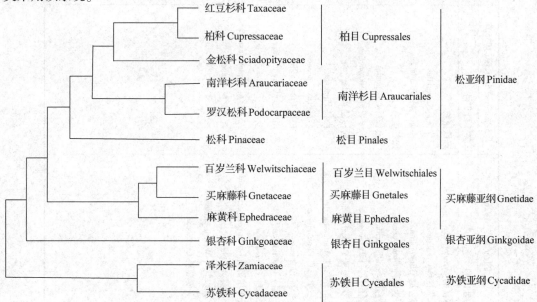

图7-1　克氏裸子植物分类系统框架（Christenhusz *et al.*, 2011）

表 7-1 几个主要的裸子植物分类系统

Pilger 系统(1926)	Chamberlain 系统(1935)	Pilger & Melchior 系统(1954)	Zimmermann 系统(1959)	郑万均系统
3 纲 12 科	2 类 3 目 9 科	4 纲 3 目 12 科	2 亚门 4 纲 7 目	4 纲 8 目 11 科。未涉及百岁兰科
苏铁纲 Cycadopsida	苏铁植物	苏铁纲 Cycadopsida	苏铁亚门	苏铁纲 Cycadopsida
苏铁科 Cycadaceae	苏铁目 Cycadales	苏铁目 Cycadales	苏铁纲 Cyeadopsida	苏铁目 Cycadales
银杏科 Ginkgoaceae	苏铁科 Cycadaceae	苏铁科 Cycadaceae	苏铁目 Cycadales	苏铁科 Cycadaceae
银杏科 Ginkgoaceae	松杉植物	银杏目 Ginkgoales	松杉亚门	银杏目 Ginkgoales
松杉纲 Coniferopsida	银杏目 Ginkgoales	银杏科 Ginkgoaceae	银杏纲 Ginkgopsida	银杏科 Ginkgoaceae
红豆杉科 Taxaceae	银杏科 Ginkgoaceae	松杉纲 Coniferopsida	银杏目 Ginkgoales	银杏纲 Ginkgoaceae
罗汉松科 Podocarpaceae	松杉目 Pinales	松杉目 Pinales	松杉纲 Coniferopsida	松杉纲 Coniferopsida
南洋杉科 Araucariaceae	松科 Pinaceae	松科 Pinaceae	松杉目 Pinales	松杉目 Pinales
三尖杉科 Cephalotaxaceae	杉科 Taxodiaceae	杉科 Taxodiaceae	松科 Pinaceae	南洋杉科 Araucariaceae
松科 Pinaceae	柏科 Cpressaceae	柏科 Cpressaceae	杉科 Taxodiaceae	松科 Pinaceae
杉科 Taxodiaceae	南洋杉科 Araucariaceae	罗汉松科 Podocarpaceae	柏科 Cpressaceae	杉科 Taxodiaceae
柏科 Cpressaceae	罗汉松科 Podocarpaceae	三尖杉科 Cephalotaxaceae	三尖杉科 Cephalotaxaceae	柏科 Cpressaceae
盖子植物纲 Chlamydospermopsida	三尖杉科 Cephalotaxaceae	南洋杉科 Araucariaceae	南洋杉科 Araucariaceae	罗汉松目 Podocarpales
麻黄科 Ephedraceae	红豆杉科 Taxaceae	红豆杉纲 Taxales	罗汉松科 Podocarpaceae	罗汉松目 Podocarpaceae
百岁兰科 Welwitschiaceae		红豆杉科 Taxaceae	红豆杉目 Taxales	三尖杉目 Cephalotaxales
买麻藤科 Gentaceae		盖子植物纲 Chlamydospermopsida	红豆杉科 axaceae	三尖杉科 Cephalotaxaceae
		百岁兰科 Welwitschiaceae	盖子植物纲 Chlamydospermopsida	红豆杉目 Taxales
		麻黄科 Ephedraceae	麻黄目 Ephedrales	红豆杉科 Taxaceae
		买麻藤科 Gentaceae	百岁兰目 Welwitschiales	盖子植物纲 Chlamydospermopsida
			买麻藤目 Gentales	麻黄目 Ephedrales
				麻黄科 Ephedraceae
				买麻藤目 Gentales
				买麻藤科 Gentaceae

> **知识窗**
>
> **关于裸子植物种鳞起源学说**
>
> 有关裸子植物球果类种鳞形态学本质方面和起源，主要的观点可归纳以下 7 类：①种鳞为叶性器官的叶性说；②种鳞相当于叶舌的叶舌说；③种鳞是由胚珠合点端增生产生的独特结构说；④胚珠构造的假种皮学说；⑤半枝学说；⑥红豆杉类胚珠的肉质化部分为珠被性质的构造；⑦种鳞的枝性本质的枝性说。
>
> 参考文献
>
> Eckenwalder J E, 1976. Re-evaluation of Cupressaceae and Taxodiaceae: A Proposed Merger. Madroño[J], 23: 237-256.
>
> Watson Frank D and Eckenwalder J E, 1993. Cupressaceae[A]. Flora of North America Editorial Committee (eds.): Flora of North America North of Mexico, Vol. 2[M]. London: Oxford University Press.
>
> Brunsfeld Steven J, Pamela E Soltis, Douglas E Soltis, et al., 1994. Phylogenetic Relationships Among the Genera of Taxodiaceae and Cupressaceae: Evidence from rbcL Sequences[J]. Systematic Botany, 19 (2): 253-262.
>
> Farjon, Aljos, 1998. World Checklist and Bibliography of Conifers[M]. Richmond, U．K.: Royal Botanical Gardens at Kew.
>
> Farjon, Aljos, 2005. A Monograph of Cupressaceae and Sciadopitys[J]. Royal Botanic Gardens, Kew.
>
> Gadek P A, Alpers D L, Heslewood M M, et al., 2000. Relationships within Cupressaceae Sensu Lato: A Combined Morphological and Molecular Approach[J]. American Journal of Botany, 87(7): 1044-1057.
>
> 杨永，王志恒，徐晓婷，2017. 世界裸子植物的分类和地理分布[M]. 上海：上海科学技术出版社.
>
> 杨永，傅德志，2001. 松杉类裸子植物的大孢子叶球理论评述[J]. 植物分类学报，39(2): 169-191.

1. 苏铁科 Cycadaceae/Cycas Family

常绿，木本。茎干圆柱状，不分枝，髓心大。木质部具管胞。叶螺旋状排列，集生于树干顶部，有营养叶与鳞叶之分：鳞叶小，密被褐色毡毛；营养叶大，深裂成羽状，稀二至三回羽状深裂。雌雄异株，雄球花顶生，由鳞片状或盾片状小孢子叶组成，花药（小孢子囊）多数，生于小孢子叶背面，小孢子萌发时产生 2 个具纤毛能游动的精子；雌球花由大孢子叶组成，生茎顶鳞叶腋部，每侧着生 2~5（稀更多）胚珠，珠孔向上。种子核果状，微扁，具 3 层种皮，外种皮肉质或厚纤维质，颜色鲜艳；中种皮骨质，灰白色；内种皮膜质，淡褐色；胚乳丰富；子叶 2，萌发时留土。

1 属约 100 种，分布于热带与亚热带地区。中国 1 属约 30 种，主要分布于北回归线以南地区。苏铁类大概起源于古生代的髓木科，二叠纪时曾在陆地上迅速迁移，侏罗纪时广泛分布。

苏铁科是现存苏铁类最原始的类群，是全世界重点保护的濒危物种，其中一些具有很高的观赏价值，尤其苏铁 Cycas revoluta 在中国及全世界广为栽培（北方温室栽培，供观赏用）。

苏铁属 *Cycas* Linn./Cycads

属的形态特征同科。

约100种,中国约30种,产台湾、福建、广东、广西、四川和云南等地。

苏铁 *Cycas revoluta* **Thunb.**/Sago Palm 图7-2,彩版4:4

乔木,高达8m,径达95cm;茎不分枝,稀分杈,干皮灰黑色,具宿存叶痕。羽状叶集生于干顶,长70~200cm,羽片呈"V"形伸展,裂片条形,缘向外反卷,叶柄两侧有齿状刺。小孢子叶球卵状圆柱形,长30~60cm,径8~15cm,小孢子叶窄楔形,长3.5~6cm,宽1.7~2.5cm,先端圆状截形,具短尖头;大孢子叶长15~24cm,密被灰黄色绒毛,边缘深裂,裂片钻状,长1~3cm;胚珠4~6,密被淡褐色绒毛。种子熟时橘红色,倒卵状或长圆状,压扁,长4~5cm,疏被绒毛。花期6~7月,种子9~10月成熟。

产福建东部沿海低山区及其邻近岛屿,生于山坡疏林或灌丛中。自20世纪70年代以来,因人为破坏,天然苏铁林已几乎绝迹。目前全国各地广为栽培,北方地区盆栽,温室越冬。日本、印度尼西亚亦产。耐寒区位9~11。

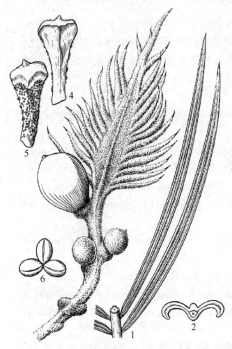

图7-2 苏铁 *Cycas revoluta*
1. 羽状叶之一段 2. 羽状裂片横切面
3. 大孢子叶及种子 4, 5. 小孢子叶、腹面
6. 聚生的花药

喜暖热潮湿的环境。生长甚慢,寿命长达200年。华南10年生以上的树几乎每年开花;北方偶见开花。

为重要观赏植物。种子入药,有治痢疾、止血、止咳之效,茎内淀粉可供食用。

2. 银杏科 Ginkgoaceae/Maidenhair-tree Family, Ginkgo Family

根据古植物学研究,本科原有14属,其中银杏属20多种,起源于古生代,自上三叠纪始至下白垩纪末,在地球上广泛分布于欧洲、美洲和亚洲,以侏罗纪最繁盛。第四纪冰川以后仅存1属1种,中国特有。形态特征同种。

银杏属 *Ginkgo* Linn./Ginkgo

单种属。属的形态特征同种。

银杏(白果) *Ginkgo biloba* **Linn.**/Maidenhair Tree 图7-3,彩版3:10

落叶乔木,树干端直,高达40m,胸径达5m,树皮灰褐色,深纵裂。幼年及壮年树冠圆锥形，老树广卵形。大枝近轮生，雌株的大枝常较雄株的开展或下垂；枝分长枝及短枝。叶扇形，顶端宽 5~8cm，边缘浅波状，萌枝及幼树之叶的中央浅裂或深裂为 2，基部楔形，有多数叉状并列的细脉，柄长 5~8cm。叶在长枝上螺旋状排列，散生，在短枝上簇生。球花小，雌雄异株，生于短枝顶部叶腋，与叶同放。雄球花柔荑花序状，具多数雄蕊，每雄蕊具 2 花药，花粉萌发时产生 2 个具纤毛的游动精子，雌球花具长梗，梗端分两叉，叉顶具盘状珠座，其上各着生 1 枚直立胚珠，通常仅 1 枚发育成种子。种子核果状，椭圆形、倒卵形或近球形，长 2.5~3.5cm；具 3 层种皮，外种皮肉质，淡黄色或橘黄色，被白粉，有臭味；中种皮骨质，白色，具 2~3 条纵脊；内种皮膜质，淡红褐色；胚乳肉质，子叶 2 枚，发芽时不出土。花期 3~4 月，种子成熟期 9~10 月。

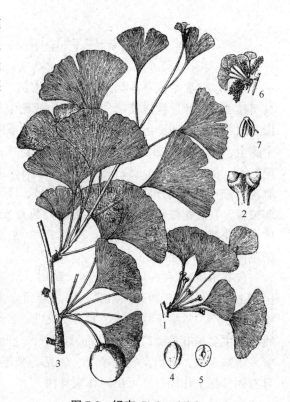

图 7-3　银杏 *Ginkgo biloba*
1. 雌球花枝　2. 雌球花，示珠座和胚珠　3. 长短枝及种子　4. 去外种皮的种子　5. 去外、中种皮的种子纵切面，示胚乳与胚　6. 雄球花枝　7. 雄蕊

银杏是现存种子植物中最古老的种类，被称为"活化石"。

原产中国，浙江西天目山有野生植株，生于海拔 500~1 000m 酸性黄壤土地带。现广泛栽培，北自沈阳，南达广东北部，西至云南、四川、贵州，以江苏、安徽、浙江为栽培中心。朝鲜、日本、欧美各国均有引栽。耐寒区位 3~10。

喜光，对气候及土壤条件适应广。在冬春温寒干燥或温凉湿润、夏秋温暖多雨，土层深厚，排水良好的条件下生长旺盛；在高温多雨条件下生长缓慢；在瘠薄干燥、过度潮湿或盐分太重土壤上生长不良。生长较慢，但在条件适宜和精心管理的条件下，生长迅速。江苏宜兴市 7 年生树高 7 m，胸径 6cm。寿命长，可达 3 000 年以上。实生苗开始开花，结实年龄 15~20 年，40 年进入结果盛期；嫁接苗可提前到 5~6 年结实。前 40 年，为树高生长速生期，分蘖力强。种子、嫁接或分株繁殖。

树干端直，树形优美，春叶嫩绿，秋色鲜黄，常栽为庭园和"四旁"绿化树。材质轻软，富弹性，易加工，有光泽，不易开裂反翘，供建筑、雕刻、绘图板及室内装饰等用材。种仁俗称白果，可供食用，多食易中毒，亦可药用，有润肺益气、定喘咳、利尿等效；叶及外种皮可作农药。

银杏的栽培品种较多，常见的优良栽培变种有：江苏泰兴的大佛指，1 000g 种子 300~340 粒；江苏苏州的洞庭皇，1 000g 种子 283 粒；浙江诸暨的圆底佛手，1 000g 种子 363 粒；山东的大圆玲等。

3. 麻黄科 Ephedraceae / Ephedra Family

灌木、亚灌木或草本状；茎直立或匍匐，多分枝。小枝对生或轮生，绿色，圆筒形，具明显的节。叶退化成膜质，交叉对生或轮生，下部合生成鞘状，先端具2~3片三角状裂齿。球花单性，卵圆形或椭圆形，生于枝顶或叶腋；雌雄异株，稀同株；雄球花单生或数个簇生，具2~8对或2~8轮（每轮3枚）苞片，每苞片生1雄花，雄花具膜质假花被，雄蕊2~8，花丝合生成1或2束；雌球花具与雄球花相同数目的苞片，仅顶端1~3苞片生有雌花，雌花具顶端开口的囊状革质假花被，胚珠具膜质珠被，珠被上部延伸成直或弯曲的珠被管，自假花被管口伸出，顶端数枚苞片发育增厚成肉质，红色或橘红色，稀干燥膜质，假花被发育成革质假种皮。种子1~3枚，具肉质或粉质胚乳，子叶2，发芽时出土。染色体$2n=14, 28, 56$。

仅有1属67种，广布于亚洲、美洲、欧洲东南部、非洲北部等干旱、荒漠地区。我国有14种，分布于西北、东北、华北及西南高海拔地区。喜光，耐干旱，耐严寒，对土壤要求不严，常生于荒漠地区的石质戈壁、沙地和土壤瘠薄、干旱的山坡。多数种类含生物碱，主要是麻黄碱(1-ephedrine)$C_{10}H_{15}N_{0}$和假麻黄素等，麻黄素制剂用于治神经和心血管系统兴奋剂，主治支气管哮喘、休克、风寒感冒和发热无汗等症，为重要的药用植物。具有固沙保土作用，亦可供园林观赏用。

麻黄属 *Ephedra* Tourn. ex Linn. / Ephedra

形态特征与科同。

分种检索表

1. 球花苞片厚膜质，绿色，有无色膜质窄边；雌球花熟时苞片肥厚肉质、红色而呈浆果状；叶2(3)裂。
　2. 球花苞片2枚对生；珠被管较短而直，稀长而稍弯。
　　3. 植株有直立木质茎呈灌木状；节间长1~3.5cm；珠被管较长而稍弯，长达2mm；种子1 ……………………………………………………………………………………… **1. 木贼麻黄** *E. equisetina*
　　3. 植株无直立木质茎呈多年生草本状；节间长3~4cm；珠被管较短，长约1mm；种子2 ……………………………………………………………………………………… **2. 草麻黄** *E. sinica*
　2. 球花苞片3枚轮生或2枚对生，膜质边缘较明显；珠被管长而弯曲 ……… **3. 中麻黄** *E. intermedia*
1. 球花苞片膜质，淡黄棕色，仅中脉有绿色纵肋；雌球花熟时苞片增大干燥成半透明膜质；叶(2)3裂 ……………………………………………………………………………… **4. 膜果麻黄** *E. przewalskii*

1. 木贼麻黄 *Ephedra equisetina* Bunge / Mongolian Ephedra　　图7-4：14~18

直立小灌木，高可达1m。木质茎粗长，基径1~1.5cm；小枝径约1mm，节间长1~3.5cm，常被白粉。叶2裂，褐色，长1.5~2mm，下部3/4合生，裂齿短三角形，先端钝。雄球花无梗或具短梗，单生或3~4簇生节部，苞片3~4对；雌球花常对生于节部，苞片3对，珠被管长达2mm，稍弯曲，成熟时苞肉质红色；种子常单生。花期6~7月，种子成熟期8~9月。

产内蒙古、河北、山西、陕西、甘肃、新疆等地；新疆垂直分布海拔1 300~3 000m。

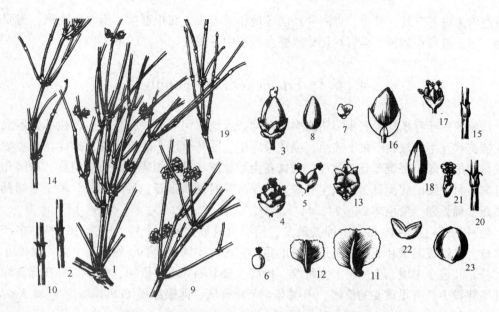

图 7-4 麻黄属 *Ephedra* 4 种（引自中国沙漠植物志）

1~8. 中麻黄 *Ephedra intermedia*：1. 雌花枝 2. 节部 3. 雌球花 4. 雄球花 5. 雌蕊 6. 雄蕊 7. 苞片 8. 种子
9~13. 膜果麻黄 *Ephedra przewalskii*：9. 雌花枝 10. 节部 11. 雌球花下部苞片 12. 雌球花上部苞片 13. 雌球花
14~18. 木贼麻黄 *Ephedra equisetina*：14. 枝 15. 节部 16. 雌球花 17. 雄球花 18. 种子
19~23. 草麻黄 *Ephedra sinica*：19. 枝 20. 节部 21. 雄花 22. 苞片 23. 种子

俄罗斯西伯利亚、蒙古亦产。生物碱含量较其他麻黄高，为提取麻黄碱的主要原料植物。耐寒区位 3~7。

2. 草麻黄 *Ephedra sinica* Stapf /Chinese Ephedra　图 7-4：19~23

草木状灌木，高 20~40cm，木质茎很短。小枝径约 2mm。叶 2 裂，下部 1/2 合生。珠被管直伸，种子 2。花期 5~6 月。种子成熟期 8~9 月。

产东北、华北和西北等地。陕西北部常组成大面积群落。生物碱含量丰富，仅次于木贼麻黄，木质茎极少，易于加工，为提取麻黄素的主要原料植物。耐寒区位 3~7。

3. 中麻黄 *Ephedra intermedia* Schrenk ex Mey. /Intermediate Ephedra　图 7-4：1~8

灌木，高 20~100cm。小枝具白粉。叶 2 裂或 3 裂，长 1.5~2mm，下部 2/3 合生。雄球花宽卵形，长 5mm；雌球花具苞片 3~4 对，珠被管螺旋状弯曲；种子 2。花期 6 月，种子成熟期 8 月。

产东北南部、华北、西北；垂直分布海拔 1 000~3 000m，是本属中分布最广的一种。耐寒区位 4~7。

生于荒漠砾石阶地、冲积扇、石灰岩陡峭山坡。生物碱含量较少，供药用。

4. 膜果麻黄 *Ephedra przewalskii* Stapf /Przewalsk Ephedra　图 7-4：9~13

灌木，高 20~100cm。当年枝绿色，径约 1mm，节间长 2~3cm。叶 3 或 2 裂，下部 1/2~2/3 合生。雄球花具苞片 3~4 轮，每轮 3 片；雌球花具苞片 4~5 轮，苞片扁圆形，中肋绿色、草质；珠被管直或微弯；种子成熟时苞片发育成干膜质，包着 2~3 种子，种子不外露。花期 5~6 月，种子成熟期 7~8 月。

产内蒙古、宁夏、甘肃、青海和新疆等地，常组成大面积群落。不含生物碱，为固沙植物，茎、枝可作燃料，据资料记载骆驼食后有中毒现象。耐寒区位3~7。

4. 松科 Pinaceae/Pine Family

常绿或落叶乔木，稀灌木。树皮多呈鱼鳞状或龟甲状开裂。叶条形、四棱状条形或针形，螺旋状互生，或在短枝上簇生，或成束着生。球花单性，雌雄同株；雄球花具多数螺旋状排列的雄蕊，每雄蕊具2花药；雌球花由数螺旋状排列的珠鳞和苞鳞组成，珠鳞和苞鳞分离，每珠鳞的腹面具2枚倒生胚珠。球果成熟时种鳞张开，稀不张开。种子上端具一膜质翅，稀无翅。染色体 $2n = 24, 44$。

松科是松柏亚纲 Pinidae 中种类最多，经济价值最大的一个科。11属265种，多产于北半球，是组成温带和亚热带山地森林的重要树种。中国10属90种，其中引入种栽培24种，分布几遍全中国。为用材、木纤维、松脂、松节油等重要资源，许多树种在园林绿化和环境建设中具有很重要的价值。中国有4个特有属，即银杉属 *Cathaya*、油杉属 *Keteleeria*、长苞铁杉属 *Nothotsuga* 和金钱松属 *Pseudolarix*。

对松科的分类系统，学者们根据自己研究所依据的性状和资料，提出各自的意见，如Frankis(1988)根据种子形态和种翅将松科分为4亚科。《中国植物志》(第七卷)则采用枝型观点将松科分为冷杉亚科 Abietoideae、落叶松亚科 Laricoideae 和松亚科 Pinoideae(表7-2)。本书采用《中国植物志》三个亚科的分类结果。

表7-2 亚科比较识别表

项目	冷杉亚科 Abietoideae	落叶松亚科 Laricoideae	松亚科 Pinoideae
枝条	全为长枝	具长短枝之分	具长短枝，短枝极不发育
叶形	条形、四棱形	条形、针形	针形
叶着生方式	螺旋状互生	长枝上互生，短枝上簇生	数针一束，基部为叶鞘所包
球果种鳞	扁平	扁平	盾形，具鳞盾、鳞脐

近年来的研究发现，长苞铁杉 *Tsuga longibracteata* 形态与铁杉属的其他种不同，表现特征与分析系统学均表明应独立于铁杉属，并将其独立为长苞铁杉属 *Nothotsuga*，该属仅一种，即长苞铁杉 *Nothotsuga longibracteata*，特产中国。

分亚科、分属检索表

1. 叶条形、四棱形或针形，螺旋状着生，不成束。
  2. 叶条形或四棱形，枝仅有长枝，无短枝 ……………………………………… Ⅰ. 冷杉亚科 Abietoideae
    3. 球果成熟后种鳞自宿存中轴上脱落，球果腋生，直立；叶扁平……………………… 1. 冷杉属 *Abies*
    3. 球果成熟后种鳞宿存。
      4. 球果顶生，通常下垂，稀直立；叶在枝条上均匀排列。
        5. 小枝有极显著隆起的叶枕；叶四棱形或扁平棱状……………………………… 2. 云杉属 *Picea*
        5. 小枝有微隆起的叶枕或叶枕不明显；叶扁平条形。
          6. 球果较大，苞鳞伸出，先端3裂；叶内有2边生树脂道 ……………… 3. 黄杉属 *Pseudotsuga*

6. 球果较小，苞鳞不露出，先端不裂或 2 裂；叶内维管束鞘下有 1 树脂道 ·················
·· 4. 铁杉属 Tsuga
 4. 球果腋生，初直立后下垂；叶条形，在枝条上端排列紧密，似簇生状············ 5. 银杉属 Cathaya
2. 叶在长枝上螺旋状散生，在短枝上簇生，扁平条形或针状；落叶性或常绿性 ·······················
·· Ⅱ. 落叶松亚科 Laricoideae
 7. 叶扁平条形，柔软，落叶性；球果当年成熟。
  8. 叶形较窄，簇生叶长短相近；雄球花单生于短枝顶端；种鳞革质，成熟后不脱落 ···············
·· 6. 落叶松属 Larix
  8. 叶形较宽，簇生叶长短不齐；雄球花簇生于短枝顶端；种鳞木质，成熟后自中轴脱落 ········
·· 7. 金钱松属 Pseudolarix
 7. 叶针状，坚硬；常绿性；球果次年成熟，种鳞脱落 ······································ 8. 雪松属 Cedrus
1. 叶针形，通常 2、3 或 5 针一束，基部为叶鞘（脱落或宿存）所包围，常绿性；球果翌年成熟，种鳞宿
 存，背面上方具鳞盾及鳞脐 ·· Ⅲ. 松亚科 Pinoideae, 9. 松属 Pinus

A. 冷杉亚科 Abietoideae/Subfamily Abietoideae

常绿乔木。枝仅具长枝。叶螺旋状着生。种鳞扁平。球果当年或翌年（银杉属 Cathaya）成熟。

该亚科在北方常见的有 2 属，即冷杉属 Abies 和云杉属 Picea（表 7-3）。除上述 2 属外，中国还有油杉属 Keteleeria、黄杉属 Pseudotsuga、铁杉属 Tsuga 和银杉属 Cathaya 4 个属。其中银杉 Cathaya argyrophylla 为国家一级保护植物。

表 7-3 冷杉属和云杉属特征比较

项目	冷杉属 Abies	云杉属 Picea
枝	平滑，具圆形、微凹的叶痕	粗糙，具显著隆起的叶枕
叶	扁平条形，中脉凹下	四棱形，稀扁平条形
球果	成熟后直立，种鳞脱落	成熟后下垂，种鳞宿存

1. 冷杉属 Abies Mill. /Fir（图 7-5）

常绿乔木。大枝轮生，小枝对生，具圆形而微凹的叶痕。叶扁平条形，螺旋状互生，上面中脉凹下，树脂道 2，中生或边生。雌雄球花均单生于叶腋。球果当年成熟，直立；种鳞木质，熟时自中轴脱落。种子上端具宽大的膜质翅。染色体 $2n = 24$。

62 种，分布于亚洲、欧洲、北美洲及非洲北部高山和高纬度地带。中国有 21 种 6 变种，多为极耐寒、耐阴树种。喜气候凉润、降水量丰富的高山环境，分布于东

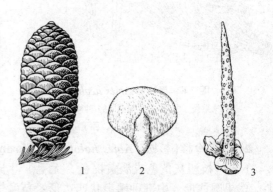

图 7-5 冷杉属 Abies 主要识别特征示意
1. 球果 2. 种鳞背面及苞鳞 3. 成熟球果，示种鳞脱落

北、华北及西北，常组成大面积的纯林或与云杉属 Picea 树种组成暗针叶林。在浙江庆元海拔1 720m百山祖的落叶阔叶林中混生的百山祖冷杉 Abies beshanzuensis 是华东现存的冷杉，成为研究分布区古气候、古地理和古植物区系发生和演化重要的材料。此外，分布于湖南的资源冷杉 A. ziyuanensis、广西的元宝山冷杉 A. yuanbaoshanensis、贵州的梵净山冷杉 A. fanjingshanensis 和台湾的台湾冷杉 A. kawakami 是该属分布离赤道较近的树种，由于分布的局限性和数量的稀少，已成为国家级的保护树种。表7-4为臭冷杉和辽东冷杉特征比较表。

表7-4 臭冷杉和辽东冷杉分种特征比较表

树 种	1年生枝条	营养枝叶顶端	种鳞和苞鳞
臭冷杉 A. nephrolepis	密被短柔毛	凹缺或2裂	种鳞肾形，苞鳞顶端有时露出
辽东冷杉 A. holophylla	无毛	锐尖或渐尖	种鳞伞形、四边形，苞鳞短，不露出

1. 臭冷杉（臭松） Abies nephrolepis（Trautv. ex Maxim.）Maxim./Khingan Fir 图7-6

乔木，高达30m，胸径50cm；幼树树皮平滑，老树树皮浅纵裂，块状剥落。1年生枝淡黄褐色至浅灰褐色，密被短柔毛。叶长1.5~3cm，宽1.5mm，营养枝叶顶端凹缺或2裂，叶背面有2条白色气孔带。球果圆柱形，长4.5~9.5cm，径2~3cm；中部种鳞肾形或扇状肾形，密生短毛；苞鳞倒卵形，微露出。花期4~5月，球果成熟期9~10月。

产东北小兴安岭海拔350~1 000m，长白山林区500~1 800m。河北雾灵山和小五台山海拔1 600m以上、山西五台山海拔1 200~2 800m有分布，但野生资源日渐稀少，应加以保护。俄罗斯和朝鲜也有分布。耐寒区位4~7。

耐阴，耐水湿，耐寒，喜阴湿、排水良好的酸性土壤。在东北小兴安岭和长白山林区生于冷湿的谷地，形成小片纯林，俗称"臭松排子"，或与辽东冷杉 Abies holophylla 组成暗针叶林；生长慢，寿命长，可达200年；浅根性，易风倒。种子繁殖，林内更新良好。

材质软，木纤维长，供造纸等用。树皮含丰富的树脂，可提制冷杉胶，供光学仪器用。

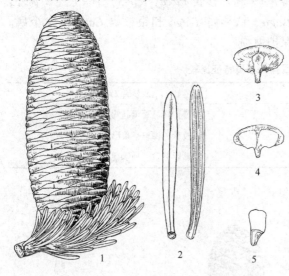

图7-6 臭冷杉 Abies nephrolepis
1. 球果枝 2. 叶表、背面 3. 种鳞背面及苞鳞
4. 种鳞腹面 5. 种子

2. 辽东冷杉（杉松） Abies holophylla Maxim./Manchurian Fir 图7-7

1年生枝淡灰黄色或淡黄褐色，无毛。叶长2~4cm，宽1.5~2.5mm，顶端锐尖或渐尖。球果圆柱形，中部种鳞扇状四边形；苞鳞短，不外露。花期4~5月，球果成熟期9~10月。

产黑龙江东南部、吉林东部及辽宁东部的小兴安岭和长白山地区，生于海拔500~

1 200m的山地林中。俄罗斯和朝鲜亦有分布。河北、北京等地有栽培,为常见园林绿化树种。耐寒区位4~6。

本属常见的种类还有:

巴山冷杉 Abies fargesii Franch./Farges Fir 小枝颜色较深,红褐色或微带紫色,无毛;叶片先端常有凹缺。产河南南部、湖北西部、陕西南部、甘肃南部及东南部、四川、青海东部,生于海拔1 500~3 700m 地段,成纯林或组成混交林。耐寒区位7~9。

日本冷杉 Abies firma Sieb. et Zucc./Japanese Fir 1 年生小枝淡黄灰色,凹槽中有细毛;球果成熟时苞鳞外露,直伸。原产日本,中国多引种栽培,作庭园观赏树。耐寒区位6~9。

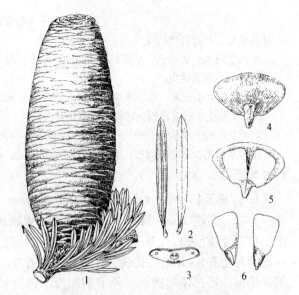

图7-7 辽东冷杉 Abies holophylla
1. 球果枝 2. 叶表、背面 3. 叶横切面
4. 种鳞背面及苞鳞 5. 种鳞腹面 6. 种子

2. 云杉属 Picea Dietr. /Spruce(图7-8)

常绿乔木。小枝具显著隆起的叶枕,基部常残存芽鳞。叶四棱状条形或条形,无柄,四面有气孔线或仅上面有气孔线。叶内树脂道2,边生。雌球花单生于枝顶。球果当年成熟,下垂;种鳞革质,宿存;苞鳞短小,不外露。种子上端具膜质长翅,有光泽。染色体 $2n=24$。

44 种,分布于北半球气候凉爽的温带地区以及亚热带高海拔地区。中国有22种,其中7种为特有,引入2种。产东北、华北、西北、西南等地及中国台湾的高山地带。常组成大面积的天然林或与冷杉属 Abies 组成常绿针叶混交林,为中国重要的林业资源之一。分布于中国台湾中央山脉海拔2 300~3 000m 山区的台湾云杉 Picea morrisonicola 为该属世界范围内分布最南的树种。

多为耐阴树种,在侧光庇荫条件下天然更新良好;年降水量400~900mm地区均能生长;能耐-30℃低温;喜深厚、肥沃、排水良好的酸性或微酸性土壤,生长较慢。主根不发达,侧根发达。种子繁殖。

材质优良,可供用材;树干可取松脂;树皮富含单宁,可提制栲胶。各地常栽培为庭园观赏树种。

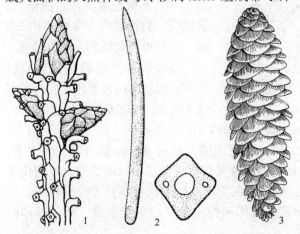

图7-8 云杉属 Picea 主要识别特征示意
1. 枝条具叶枕 2. 叶四棱状条形 3. 球果种鳞宿存

分种检索表

1. 叶四棱形，四面有气孔线。
   2. 小枝红褐色或黄褐色，基部宿存芽鳞向外反曲，顶芽圆锥形，幼叶气孔带明显，灰白色。
      3. 叶先端尖或锐尖。
         4. 1年生小枝无白粉，球果种鳞露出部平滑无纵纹 ……………………… **1. 红皮云杉** *P. koraiensis*
         4. 1年生小枝有白粉，球果种鳞露出部有纵纹 …………………………… **2. 云杉** *P. asperata*
      3. 叶先端钝，小枝无白粉 …………………………………………………………… **3. 白杆** *P. meyeri*
   2. 小枝灰白色，顶芽卵圆形，基部宿存芽鳞不反曲，叶扁四棱形，幼嫩叶绿色 … **4. 青杆** *P. wilsonii*
1. 叶扁平条形，仅上面有气孔线 ………………………………………… **5. 鱼鳞云杉** *P. jezoensis* var. *microsperma*

1. 红皮云杉 *Picea koraiensis* Nakai/Korean Spruce　图7-9

乔木，高达30m，胸径80cm；树皮不规则长薄片状脱落，裂缝呈红褐色。冬芽圆锥形，宿存芽鳞反曲；1年生枝黄褐色，被短绒毛。叶四棱锥形，长1.2~2.2cm，顶端尖，叶表面每边有5~8条气孔线，叶背面每边有3~5条气孔线。球果圆柱形，长5~8cm；中部种鳞倒卵形，顶端圆形。种子倒卵形，连翅长1.3~1.6cm。花期5~6月，球果9~10月成熟。

产自黑龙江、吉林长白山、辽宁东部及内蒙古东部，生于海拔300~1 800m地带，形成纯林或针阔混交林。俄罗斯远东地区和朝鲜北部也有分布。东北及北京等地普遍栽培。耐寒区位3~6。

稍耐阴，喜温凉湿润气候，常与红松 *Pinus koraiensis*、落叶松 *Larix gmelinii*、白桦 *Betula platyphylla* 等树种组成混交林；较耐干旱，不耐过度水湿；浅根性，易风倒；生长较快，寿命长达200年。抗病虫害及抗烟尘能力较强。

材质轻软，弯翘性能好，供车厢、建筑和跳板等用材；为东北地区造林、更新及庭园绿化树种。

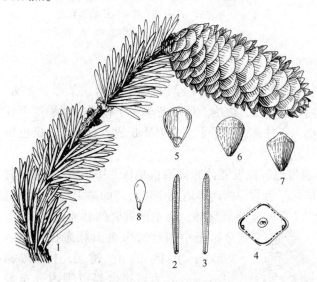

图7-9　红皮云杉 *Picea koraiensis*
1. 球果枝　2,3. 叶　4. 叶横切面　5. 种鳞腹面
6,7. 种鳞背面　8. 种子

2. 云杉 *Picea asperata* Mast./Chinese Spruce　图7-10

常绿乔木，高可达45m，胸径达1m。树皮不规则鳞片状脱落。小枝有毛，或无毛，基部具先端反曲的宿存芽鳞；1年生枝淡褐黄色或淡黄褐色。芽三角状圆锥形。叶四棱状条形，长1~2cm，微弯，先端尖或急尖，横切面四方形。球果柱状矩圆形或圆柱形，熟时淡褐色或栗色，长6~10cm；种鳞倒卵形、圆形至钝三角形，先端全缘。种子倒卵圆形。花期4~5月，球果成熟期9~10月。

为中国特有树种，分布于四川西部、青海东部、甘肃东南部和陕西西南部等地山区。垂直分布海拔1 600~3 800m，集中分布于2 300~3 200m。耐寒区位4~8。

适应性强，稍耐阴。喜温凉湿润气候，但在云杉属中是较为喜光耐旱的树种。适生区年均气温6~9℃，年降水量800~900mm，相对湿度大于70%。在深厚肥沃、排水良好的微酸性土壤上生长最好。

重要森林更新和荒山造林树种。木材材质优良，供造纸和一般用材。树干可提取树脂，树叶可提取芳香油，树皮含单宁。生长快，7年生人工林平均树高可达2m，年均直径生长量可达1cm。

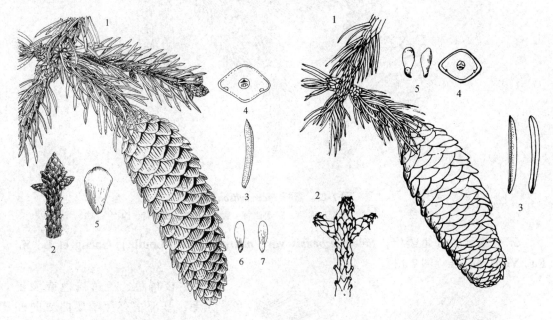

图7-10 云杉 Picea asperata
1. 球果枝 2. 芽及小枝 3. 叶 4. 叶横切面
5. 种鳞背面 6, 7. 种子背、腹面

图7-11 白杆 Picea meyeri
1. 球果枝 2. 冬芽及小枝 3. 叶表、背面
4. 叶横切面 5. 种子背、腹面

3. 白杆 Picea meyeri Rehd. et Wils. / Meyer Spruce 图7-11

高30m，胸径60cm；树皮灰褐色，不规则块状开裂。冬芽圆锥形，宿存芽鳞反曲；1年生枝黄褐色，被短绒毛。叶四棱状条形，顶端钝尖或钝，叶表面每边有6~7条气孔线，叶背面每边有4~5条气孔线。球果圆柱形，长6~9cm；中部种鳞倒卵形，顶端圆或钝三角形。种子倒卵形，连翅长1.3cm。花期5月，球果成熟期9~10月。

中国特有种。产内蒙古、河北、山西、陕西和甘肃南部；垂直分布海拔1 600~2 700m，是华北地区高山主要森林树种之一。华北地区的园林绿化广为栽培。耐寒区位4~8。

4. 青杆 Picea wilsonii Mast. / Wilson Spruce 图7-12

树皮淡黄灰色或暗灰色，浅裂成不规则鳞状块片脱落。1年生枝灰白色或淡灰黄色，无毛，基部宿存芽鳞不反曲。叶四棱锥形，短而细。球果卵状圆柱形或椭圆状长卵形，长5~8cm。

产中国华北、西北，生于海拔1 400~2 800m的山地，形成纯林或针阔混交林。耐寒区位6~10。

图7-12 青杄 Picea wilsonii
1. 球果枝 2. 叶 3. 叶横切面 4, 5. 种鳞背、腹面 6, 7. 种子背、腹面

5. 鱼鳞云杉（鱼鳞松） *Picea jezoensis* var. *microsperma* (Lindl.) Cheng et L. K. Fu／Yezo Spruce 图7-13

1年生枝褐色、淡黄褐色或淡褐色，无毛，基部宿存芽鳞反曲或向外开展。冬芽圆锥形，淡褐色。叶扁平条形，横切面扁菱形，仅上面具2条气孔带。球果长圆状圆柱形或长卵圆形，长4~6cm，种鳞排列疏松，菱状椭圆形，边缘有不规则细缺刻。种子小，连翅长约9mm。

产内蒙古东部、黑龙江、吉林和辽宁，生于海拔300~1 000m的山地。俄罗斯远东地区和日本也有分布。耐寒区位4~8。

本属常见的种类还有：

青海云杉 *Picea crassifolia* Kom.／Thick-leaved Spruce 2年生枝淡粉红色，常被白粉；叶为四棱锥形，先端钝。产甘肃、青海、宁夏及内蒙古，于海拔1 600~3 400m的山地阴坡或山谷形成纯林。耐寒区位4~6。

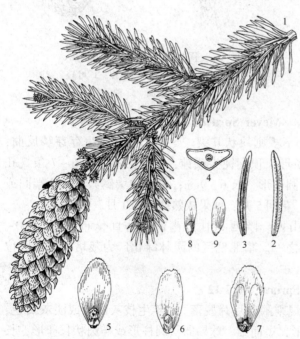

图7-13 鱼鳞云杉 Picea jezoensis var. microsperma
1. 球果枝 2, 3. 叶表、背面 4. 叶横切面 5, 6. 种鳞背面及苞鳞 7. 种鳞腹面 8, 9. 种子背、腹面

麦吊云杉 *Picea. brachytyla* (Franch.) Pritz. /Sargent Spruce 1年生枝基部宿存芽鳞紧贴小枝，不向外反曲；叶为扁平条形。产河南西部、湖北西部、陕西南部、甘肃南部、青海东南部和四川，生于海拔1 500~2 900m的山地。耐寒区位8~10。

3. 黄杉属 *Pseudotsuga* Carr. /Douglas Fir

常绿乔木。小枝有微隆起的叶枕。叶条形，螺旋状互生，基部扭曲排成假2列，叶表面中脉凹下，叶内树脂道2，边生。球果下垂；苞鳞显著露出，顶端3分叉。种子两侧有种翅包着，基部露出。染色体$2n=24$。

6种，间断分布于亚洲和北美洲。中国有3种，均为国家保护树种。北美黄杉（花旗松）*Pseudotsuga menziesii*，原产美国太平洋沿岸，中国庐山等地引栽。

黄杉 *Pseudotsuga sinensis* Dode / Chinese Douglas Fir 图7-14

高达50m，胸径达1m；树皮深灰色，不规则块状开裂。叶长1.3~3cm，顶端圆或凹缺。球果卵圆形，长4.5~8cm，径3.5~4.5cm；苞鳞露出部分向后反曲，中裂片窄三角形，长约3mm。种子三角状，长约9mm。花期4月，球果成熟期10~11月。

产陕西（镇坪）、湖北、湖南、四川（大巴山）、贵州和云南，生于海拔800~2 600m的中山地带，散生于针叶阔叶林中，陕西镇坪海拔1 200m处有小面积黄杉林。为国家三级保护树种。耐寒区位7~9。

幼树稍耐阴，喜温暖湿润气候，对土壤要求不严。适生于山地环境，为良好的水源涵养林营造树种，在低山丘陵生长不良。木材细致，硬度适中，为优质用材；树形优美，可栽培供观赏。

图7-14 黄杉 *Pseudotsuga sinensis*
1. 球果枝 2. 种鳞背面及苞鳞 3. 种鳞腹面 4. 种鳞及苞鳞侧面 5. 种子背、腹面 6. 雌球花枝 7. 雄球花枝 8. 叶

4. 铁杉属 *Tsuga* Carr. /Hemlock Spruce

常绿乔木。小枝有浅叶枕。叶条形，螺旋状互生，基部扭曲排成假2列；叶表面中脉凹下，叶背面中脉两侧各有1条气孔线，叶内维管束鞘下方有1条树脂道。雄球花单生于叶腋，雌球花单生于枝顶。球果较小，下垂；种鳞宿存，薄木质；苞鳞小，多不外露。种子上端有翅，腹面有树脂囊。染色体$2n=24$。

10种，产亚洲和北美洲。中国有3种，引进1种，产秦岭及长江以南各地，以西南地区较多，仅1种分布至秦岭北坡。属于东亚-北美间断分布类型，第四纪以前欧洲亦有分布。耐阴，耐水湿，喜凉爽多雨湿润的气候条件和山地环境。树冠枝叶浓密，截水和涵养水分能力强，是重要的水源涵养林树种，同时也经常用作庭园绿化，尤其在欧洲盛行。其木材硬度较大，故称为"铁杉"。

铁杉（南方铁杉） Tsuga chinensis (Franch.) Pritz. /Chinese Hemlock　图7-15

高达50m，胸径1.6m；树皮灰褐色，片状剥裂。1年生枝细，淡黄色或淡黄灰色，

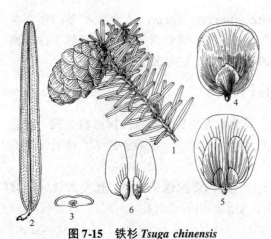

图7-15　铁杉 Tsuga chinensis
1. 球果枝　2. 叶背面　3. 叶横切面　4. 种鳞背面及苞鳞　5. 种鳞腹面　6. 种子

有短毛。叶条形，长1.2~2.7cm，宽1.5~3mm，顶端凹缺。球果较小，卵形，长1.5~2.5cm，径1.2~1.6cm；苞鳞不外露。种子连翅长7~9mm。花期4月，球果成熟期10月。

中国特有树种。产河南南部和西南部、陕西南部、甘肃南部、湖北西部、湖南西北部、四川、贵州东北，垂直分布海拔1 200~3 200m，是本属中分布最广的一种。耐寒区位7~9。

耐阴，喜温暖气候，适肥沃、排水良好的酸性土壤；生长缓慢。种子或扦插繁殖。

材质坚硬、耐水湿，故名"铁杉"，为优良用材。亦为森林采伐后的重要更新树种。

5. 银杉属 Cathaya Chun et Kuang / Cathay Silver Fir

仅1种，中国特有，为国家保护植物，有"植物熊猫"之美称。属特征见种特征。

银杉 Cathaya argyrophylla Chun et Kuang /Cathay Silver Fir　图7-16

常绿乔木，高20m，胸径40cm；树皮暗灰色，鳞片状开裂。小枝仅有长枝；1年生枝黄褐色，密被灰黄色短柔毛，后渐脱落。叶螺旋状互生，在枝节间的顶端排列紧密成簇生状，在其下则排列疏散，条形，长4~6cm，宽2.5~3mm，叶缘微反曲，上面中脉凹下，下面中脉隆起，两边各有1白色气孔带，树

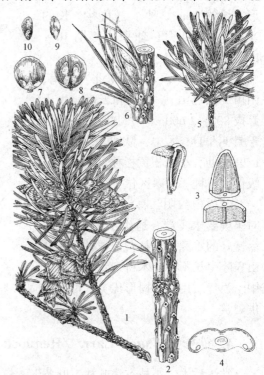

图7-16　银杉 Cathaya argyrophylla
1. 球果枝　2. 枝　3. 叶背面　4. 叶横切面　5. 雄球花枝
6. 雌球花枝　7. 种鳞背面及苞鳞　8. 种鳞腹面
9, 10. 种子背、腹面

脂道2，边生。雄球花单生于2~4年生枝叶腋，雌球花单生于当年生枝叶腋。球果腋生，卵球形至长椭圆形，长3~5cm，径1.5~3cm；种鳞木质，近圆形，背面密被短柔毛；苞鳞小，不露出。种子倒卵圆形，长5~6mm，连翅长约1.5cm。花期5月，球果翌年10月成熟。染色体$2n=24$。

产广西（金秀、龙胜）、湖南（新宁、资兴）、重庆（金佛山）及贵州（道真），生于海拔940~1 900m的孤立帽状石山顶部或陡坡。耐寒区位9~10。

喜光，喜温暖凉爽湿润环境。根系发达，抗风。生长缓慢，更新不良。种源稀少，属国家保护的一级珍稀濒危物种。

B. 落叶松亚科 Laricoideae /Subfamily Laricoideae

枝具长短枝之分。叶在长枝上螺旋状互生，在短枝上簇生。种鳞扁平。球果当年成熟。

该亚科包括落叶松属 Larix、金钱松属 Pseudolarix 和雪松属 Cedrus 3 属（表7-5）。

表7-5 分属特征比较表

项目	落叶松属 Larix	雪松属 Cedrus	金钱松属 Pseudolarix
习性	落叶	常绿	落叶
叶	扁平条形，柔软	针形	扁平条形，柔软
雄球花	无柄，单生	无柄，单生	有柄，数个簇生
种鳞	革质，宿存	木质，脱落，扇状三角形	木质，脱落，卵状披针形

6. 落叶松属 *Larix* Mill. /Larch

落叶乔木。冬芽近球形；枝有明显的长枝和短枝之分。叶在长枝上螺旋状互生，在短枝上簇生，条形，扁平，柔软。雌雄球花均单生于短枝顶端。球果当年成熟，直立；种鳞革质，宿存；苞鳞不露出或微露出，或长而显著露出。种子三角状倒卵形，形小，上部有膜质长翅。染色体$2n=24$。

13种，分布于北美东部和西部、欧洲和亚洲的高山与寒温带及高寒地带（从西伯利亚直至缅甸北部）。中国6种，引入栽培2种。分布和栽培于东北、华北、西北、西南高山地区，常组成大面积纯林，或与其他针阔叶树种混生，为各产区森林的主要组成树种，亦为分布区森林恢复和人工林的重要树种。

喜光性强，耐寒、抗旱、耐烟尘，对土壤要求不严；浅根性；生长较快。种子繁殖。

材质坚韧，结构细致，均为优良用材树种；树皮可提取栲胶；种子可榨油。春叶嫩绿，秋叶金黄，从孤植到森林均具观赏价值。

根据球果的形状、种鳞与苞鳞的相对长度，分为红杉组和落叶松组。

分组和分种检索表

1. 球果圆柱形；苞鳞长于种鳞，显著露出；小枝下垂 ·················· 红杉组 Sect. *Multiseriales*
 ·· 1. 红杉 *L. potaninii*

1. 球果卵圆形或长卵圆形；苞鳞较种鳞为短，不露出或球果基部的苞鳞微露出；小枝不下垂 ··· 落叶松组 Sect. *Larix*
   2. 种鳞上部边缘不反曲或微反曲；1年生枝色浅，不为红褐色，无白粉。
      3. 1年生枝较细，径约1mm；球果种鳞14~30枚 ···················· 2. 落叶松 *L. gmelinii*
      3. 1年生枝较粗，径1.5~2.5mm；球果种鳞26~45枚 ········· 3. 华北落叶松 *L. principis-rupprechtii*
   2. 种鳞上部边缘显著向外反曲；1年生枝红褐色，被白粉···················· 4. 日本落叶松 *L. kaempferi*

红杉组 Sect. *Multiseriales*

球果圆柱形，苞鳞长于种鳞。产我国亚热带高海拔地区，主要分布于秦岭、岷江流域、白龙江流域、喜马拉雅山北坡和横断山。边材黄褐色，心材红褐色或鲜红褐色，耐腐，抗蚁蛀，比落叶松组的木材更适于锯解成板材作屋架、墙壁板、门窗等用材。

1. 红杉 *Larix potaninii* Batalin／Potanin Larch　图 7-17

高50m，胸径1m；树皮灰褐色。1年生枝红褐色或淡紫褐色，下垂，微有毛。叶长1.2~3.5cm。球果圆柱形，长3~5cm，径1.5~2.8cm，熟时紫褐色；中部种鳞矩圆形，背面多少有细小疣状突起；苞鳞矩圆状披针形，显著外露，直伸，顶端渐尖。种子斜倒卵形，连翅长7~10mm。花期4~5月，球果成熟期9~10月。

为中国西部高山的特有树种，产甘肃南部、四川岷江流域、大小金川流域至西部的康定等海拔2 500~4 000m高山地带。成小片纯林或与鳞皮冷杉 *Abies squamata* 和川西云杉 *Picea balfouriana* 组成混交林。为西部高山最具有价值的用材和水源涵养林树种，耐寒区位5~9，但异地栽培表现不佳。

图 7-17　红杉 *Larix potaninii*
1. 球果枝　2. 球果　3. 种鳞背面及苞鳞
4. 种鳞腹面及苞鳞上端　5，6. 种子背、腹面

落叶松组 Sect. *Larix*

球果卵形或长卵形，苞鳞比种鳞短；木质部管胞比红杉组的短，纵向树脂道多，属于

进化类型。本组树种分布范围较广，山地、平原、河谷、沼泽地均能生长。东北大兴安岭、小兴安岭，长白山及华北山地均有分布。

边材黄白色至黄褐色，心材黄褐色至红褐色，比红杉组的木材更适合作矿柱、木桩、桅杆等用材；树皮可提制栲胶。

2. 落叶松（兴安落叶松） *Larix gmelinii* (Rupr.) Kuze. /Dahurian Larch

高30m，胸径90cm；树皮灰褐色，鳞片状剥落后呈紫红色。1年生枝较细，径约1mm，淡黄褐色，无毛或散生长毛。叶长1.5~3cm，宽不足1mm。球果卵圆形或椭圆形，长1.5~2.5cm，径1~2cm；种鳞16~25枚，熟时张开，中部种鳞五角状，顶端截形或微凹，淡黄褐色，无毛；苞鳞小，不露出。种子斜倒三角形，形小，连翅长约1cm。花期5~6月，球果成熟期9~10月。

产东北大、小兴安岭及内蒙古东部至俄罗斯叶尼塞河东部的西伯利亚一带，常构成大面积的纯林；垂直分布海拔300~1 200m。人工林遍及东北和华北山区。耐寒区位3~5。

极喜光，仅幼时耐庇荫。耐寒；对土壤适应性强，分布区内沼泽地、干旱瘠薄地、岩石裸露地及沙地均能生长；根系发达，抗风、抗火能力强；种子繁殖力强，天然更新容易，为东北及内蒙古地区重要的更新和造林树种。

木材耐腐力、抗压力强，为东北重要的用材树种之一。

3. 华北落叶松 *Larix principis-rupprechtii* Mayr. /Prince Rupprecht Larch　图7-18

高30m，胸径1m；树皮暗灰褐色，不规则块片状开裂。1年生枝淡褐色至淡褐黄色，径1.5~2.5mm，微有白粉，幼时微有毛，后渐脱落。叶长2~3cm，宽约1mm。球果卵圆形，长2~4cm，径约2cm；熟时淡褐色，有光泽；种鳞26~45枚，中部种鳞五角状，顶端截形或微凹，背面无毛。种子长3~4mm，连翅长1~1.2cm。花期4~5月，球果成熟期9~10月。

中国特有种，分布于华北各高山地区；垂直分布海拔1 200~2 800m，可达森林垂直分布的上限。东北、西北和华中高山地区有引种。在 *Flora of China* 中，本种处理为落叶松 *L. gmelinii* 的变种 *Larix gmelinii* var. *principis-rupprechtii*。本书按种介绍。耐寒区位5~6。

喜光，耐寒，对土壤适应性强，以山地棕壤生长最好；耐干旱瘠薄。

材质坚韧细密，抗压和抗弯曲强度高；富含树脂，抗腐力强，为优良的用材树种；树皮可提制栲胶，也可为纤维板材。生长快，易繁殖，是华北山区重要造林树种之一。

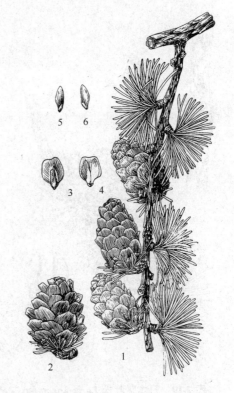

图7-18　华北落叶松 *Larix principis-rupprechtii*
1. 球果枝　2. 球果
3, 4. 种鳞背、腹面　5, 6. 种子背、腹面

4. 日本落叶松 *Larix kaempferi* (Lamb.) Carr. /Japanese Larch　图7-19

高达30m，胸径达1m。1年生长枝径1.5mm，淡红褐色，被白粉，幼时有柔毛。叶长3~4cm。球果卵圆形，长1.5~3.5cm，径1.0~2.0mm；种鳞46~65枚，顶端显著反曲，背面有疣状突起和短毛。种子倒卵形，长3~4mm，连翅长1.1~1.4cm。花期4~5月，球果10月成熟。

原产日本。中国东北、华北、西北、西南等地区引栽，生长良好。耐寒区位4~9。

喜肥厚、湿润的山间谷地，生长快，耐空气污染，是可推广的山地速生丰产林造林、水源涵养和城市绿化树种。

本属在新疆阿尔泰山和天山东部分布有西伯利亚落叶松 *L. sibirica* Ledeb./Siberian Larch，该种与华北落叶松 *L. principis-rupprechtii* 的主要区别：小枝以黄色为主，短枝顶端叶枕间密生白色长柔毛；种鳞三角状卵形至卵形，背面密生绒毛。是产区森林更新和荒山造林的重要树种。耐寒区位1~8。

7. 金钱松属 *Pseudolarix* Gord. / Golden Larch

仅1种，中国特有的单种属，为国家保护树种。

金钱松 *Pseudolarix amabilis* (Nelson) Rehd. /Golden Larch　图7-20，彩版3：3

落叶乔木，高50m，胸径1.5m；大枝平展，树冠尖塔形，枝叶稀疏；树皮灰褐色，

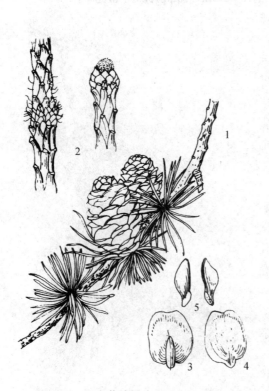

图7-19　日本落叶松 *Larix kaempferi*
1. 球果枝　2. 小枝及顶芽　3. 种鳞背面及苞鳞
4. 种鳞腹面　5. 种子背、腹面

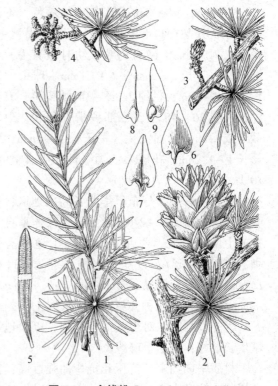

图7-20　金钱松 *Pseudolarix amabilis*
1. 长短枝及叶　2. 球果枝　3. 雌球花枝　4. 雄球花枝
5. 叶背面　6，7. 种鳞背、腹面　8，9. 种子背、腹面

不规则鳞片状开裂。冬芽圆锥形；枝二型，明显分为长枝与短枝。叶条形，在长枝上螺旋状互生，在短枝上呈簇生状，辐射平展呈圆盘形；叶长 2~2.5cm，宽 1.5~4mm，叶上面中脉平或微凹，叶下面中脉两侧各有 1 条气孔带。雄球花有柄，数个簇生短枝顶端；雌球花单生短枝顶端。球果当年成熟，直立，卵圆形，长 6~7.5cm，径 4~5cm；种鳞木质，卵状披针形，球果成熟后脱落；苞鳞短小，不露出。种子倒卵形，长约 6mm，上部具翅，种子连翅几与种鳞等长。花期 4~5 月，球果成熟期 10~11 月。染色体 $2n=44$。

产江苏南部、安徽南部和西部、浙江、江西、湖南、福建北部、四川东部、湖北西部海拔 1 000m 以下地带，浙江西天目山可达 1 400m。天然生树木已很少见，多为人工栽培。耐寒区位 8~9。

喜光，喜生温暖、多雨和土层深厚、肥沃、排水良好的中性或酸性土壤；生长较快，为分布区内生长较快的优良用材树种。

木材结构略粗，纹理直，硬度适中，可供一般用材；根皮入药，名"土槿皮"，有止痒、杀虫及抗霉菌作用；树干通直，树姿优美，树皮红褐色，与亮绿的春叶和金黄的秋叶形成鲜明的对比，十分美观，为著名的庭园观赏树种。

8. 雪松属 *Cedrus* Trew /Cedar

常绿乔木，树干端直，树冠尖塔形；具长枝与短枝。叶在长枝上螺旋状散生，在短枝上簇生，三棱针形。雌、雄球花分别单生于短枝顶端，直立。球果翌年、稀第三年成熟，直立，卵形或宽椭圆形；种鳞木质，宽大，扇状三角形，排列紧密，鳞背密生短绒毛，熟时与苞鳞及种子一起脱落；苞鳞短小，不露出。种子三角形，种翅上部宽大，膜质。染色体 $2n=44$。

4 种，间断分布于非洲西北部、土耳其中南部、塞浦路斯、叙利亚、黎巴嫩和喜马拉雅山脉西部。中国引入栽培 2 种。

雪松 *Cedrus deodara*（Roxb.）G. Don. /Deodar Cedar 图 7-21

常绿乔木，高 50m，胸径 3m；树皮深灰色，不规则鳞片状剥裂。树冠尖塔形，大枝不规则轮生，平展，小枝微下垂；1 年生枝淡灰黄色，微有白粉和短柔毛。叶三棱针形，长 2.5~5cm。雌雄异株稀同株。球果卵形或宽椭圆形，长 7~12cm，径 5~9cm；中部种鳞倒三角形，

图 7-21 雪松 *Cedrus deodara*
1. 球果枝 2, 3. 种鳞背、腹面 4, 5. 种子
6. 雄球花枝 7, 8. 雄蕊 9. 叶

球果成熟后脱落。种子连翅长约2.2~3.7cm。花期10~11月，球果翌年10月成熟。

原产喜马拉雅山西部，从阿富汗至尼泊尔西部，海拔1 200~3 300m的山地。中国北自大连、北京、陕西，南至长江流域各地及西南各地普遍栽培。其树冠圆锥形，低处大枝平展，小枝下垂，树形十分优美，为世界著名庭园观赏树种。耐寒区位7~10。

喜光，幼年稍耐庇荫，喜温暖不耐严寒，喜深厚肥沃土壤，不耐积水；浅根性，抗风力差。对HF及SO_2较敏感，可作为大气污染监测植物。

C. 松亚科 Pinoideae/Subfamily Pinoideae

枝具特化短枝。叶针形，2、3、5针一束；种鳞有鳞盾和鳞脐。仅有1属，即松属。

9. 松属 *Pinus* Linn. /Pine

常绿乔木，稀灌木。大枝轮生。叶二型：鳞叶（原生叶）螺旋状着生，幼苗期扁平条形，后逐渐退化成膜质苞片状；针形叶（次生叶）常2、3、5针一束，稀单生（美国产单叶松 *P. monophylla* 的针叶单生），生于鳞叶腋部不发育的短枝顶端，每束针叶基部为叶鞘所包，叶鞘脱落或宿存。针叶横切面具1或2条维管束和2~10条树脂道。雌雄同株；球花单性，雄球花多数，生于当年生枝基部，花粉有气囊；雌球花单生或少数生于当年生枝顶端。球果2年成熟，熟时种鳞木质，宿存，上面露出部分通常肥厚为鳞盾，鳞盾的先端或中部多有瘤状凸起或微凹的鳞脐。发育种鳞具2种子，种子上部常具长翅。染色体 $2n = 24$。

121种，是松柏类中最大的属。北半球广泛分布，北至北极地区，南至北非、中美洲、中南半岛，南亚松 *Pinus merkusii* 分布到苏门答腊岛。中国27种，分布几遍全国；另引入16种。红松 *P. koraiensis*、华山松 *P. armandii*、云南松 *P. yunnanensis*、马尾松 *P. massoniana* 和油松 *P. tabuliformis* 等是中国森林的主要组成树种，也是主要造林树种。

松属多为喜光树种，一般适酸性土壤，但有些种类在石灰岩山地也能生长。种子或扦插繁殖。

松属为世界上木材和松脂生产的主要资源，亦为各地森林组成和造林的重要树种；树姿雄伟苍劲，可栽作风景树，因具有抗寒性，古人以松、竹、梅誉为"岁寒三友"。

松属的传统分类是以叶内维管束数目为依据，分为单维管束和双维管束2个亚属。

分亚属、分种检索表

1. 叶鞘早落；针叶3~5针一束，叶内有1条维管束；鳞脐顶生，稀背生 ··· 单维管束松亚属 Subgen. *Strobus*
  2. 叶3针一束；球果卵圆形，形小，种鳞鳞脐背生，有刺；大树树皮灰白色 ··· **1. 白皮松 *P. bungeana***
  2. 叶5针一束；球果卵状圆锥形，较大，种鳞鳞脐顶生，无刺；树皮灰色或灰褐色。
    3. 球果成熟时种鳞不张开或微张开，先端反曲；小枝密被黄褐色或红褐色绒毛 ··· **2. 红松 *P. koraiensis***
    3. 球果成熟时种鳞张开，先端不反曲；小枝绿色或灰绿色，无毛 ························· **3. 华山松 *P. armandii***
1. 叶鞘宿存；针叶2~3针一束，叶内有2条维管束；鳞脐背生 ························· 双维管束松亚属 Subgen. *Pinus*

4. 叶2针、稀3针一束。

    5. 1年生枝淡黄褐或淡红褐色，无白粉；树皮灰褐或红褐色。

       6. 叶长10cm以上。

          7. 鳞脐有刺；针叶长10~15cm，宽1~1.5mm ·················· **4. 油松 P. *tabuliformis***

          7. 鳞脐凹下，无刺；针叶长12~20cm，宽不及1mm ·········· **5. 马尾松 P. *massoniana***

       6. 叶短，长4~8cm，常扭曲 ·················· **6. 樟子松 P. *sylvestris* var. *mongolica***

    5. 1年生枝橘黄或红黄色，微被白粉；树皮橘红色 ·············· **7. 赤松 P. *densiflora***

4. 叶3针、稀2针一束，长10~30cm ··························· **8. 云南松 P. *yunnanensis***

单维管束松亚属 Subgen. *Strobus*

1. 白皮松 *Pinus bungeana* Zucc. et Endl. /Lace-bark Pine, Bunge Pine 图7-22

乔木，高达30m，胸径1.3m；幼树树皮灰绿色，光滑，成年树皮灰白色并呈不规则鳞片状剥落。1年生小枝灰绿色，无毛。针叶3针一束，粗硬，长5~10cm；树脂道6~7，边生；叶鞘早落。球果卵圆形，长5~7cm，径4~6cm；鳞盾近菱形，横脊明显，鳞脐背生，顶端有刺。种子倒卵形，顶端具短翅，翅易脱落。花期4~5月，球果成熟期翌年9~10月。

中国北方特有种。产山西、河南西部、陕西南部、甘肃南部、四川北部和湖北西部；垂直分布海拔500~1 500m。辽宁南部至长江流域广为栽培。耐寒区位5~9。

喜光，幼树稍耐阴，适宜干冷气候，在中性、酸性及石灰性土壤上均能生长。对SO_2及烟尘均有较强的抗性。

木材花纹美、有光泽；树形优美，树皮奇特，为优良观赏树种；可作黄土高原水土保持树种。

图7-22 白皮松 *Pinus bungeana*
1. 球果枝 2, 3. 种鳞背、腹面 4~6. 种子、种翅、去翅种子 7, 8. 针叶及其横切面 9. 雌球花 10. 雄球花枝 11. 雄蕊

2. 红松 *Pinus koraiensis* Sieb. et Zucc. /Korean Pine 图7-23

乔木，高达40m，胸径1m以上；树皮红褐色或灰褐色，不规则长方鳞片状开裂。1年生小枝密被红褐色柔毛。针叶5针一束，粗硬而直，长6~12cm，树脂道3个中生。球果大，卵状圆锥形，长9~14cm，径6~10cm，成熟时种鳞不张开，种鳞先端向外反卷，鳞脐顶生。种子三角状倒卵形，长12~18mm，无翅。花期5~6月，球果成熟期翌年9~10月。

图 7-23　红松 *Pinus koraiensis*
1. 枝叶　2. 球果枝　3. 一束针叶　4. 针叶横切面
5, 6. 种鳞背、腹面　7. 种子

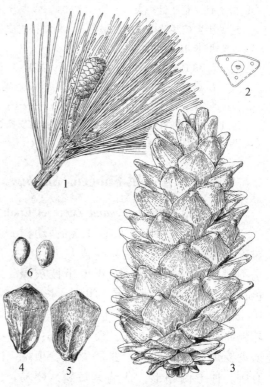

图 7-24　华山松 *Pinus armandii*
1. 雌球花枝　2. 叶横切面　3. 球果
4, 5. 种鳞背、腹面　6. 种子

产东北小兴安岭和长白山等林区，南达辽宁宽甸；小兴安岭海拔 300~600m，长白山海拔 500~1 200m。俄罗斯远东地区、朝鲜和日本也有分布。耐寒区位 3~6。

喜光，幼时稍耐阴；喜温凉湿润气候，年均气温 0~6℃，年降水量 700~1 200mm 地区生长正常，耐寒，能耐 -50℃ 低温；在土层深厚、排水良好的灰色森林土上生长良好；浅根性，侧根发达；天然更新困难。寿命可长达 500 年。种子或嫁接繁殖。

木材纹理直，易加工，为优良用材树种；树皮可提取栲胶；种子美味可食，也可入药，有滋补、祛风寒之功效。为产区的重要造林树种。

3. 华山松 *Pinus armandii* Franch. /Armand Pine　图 7-24

乔木，高达 25m，胸径 1m；幼树树皮灰绿或淡灰色，平滑，老树树皮灰色，裂成方块状。1 年生小枝灰绿色，无毛。针叶 5 针一束，长 8~15cm，柔软；树脂道 3，常背面 2 个边生，腹面 1 个中生。球果卵状圆锥形，长 10~20cm，成熟时种鳞张开，先端不向外反曲。种子倒卵圆形，长 1~1.5cm，黄褐、暗褐或黑色，无翅。花期 4~5 月，球果成熟期翌年 9~10 月。

产中国中部至西南地区，垂直分布海拔 1 000m 以上，西南达 3 200m，为产区（产山西中条山、海拔 1 000~1 700m，河南伏牛山、海拔 1 000m 以上，陕西太白山、南郑、略阳、岚皋、勉县、凤县、海拔 1 500~2 300m，甘肃洮河、白龙江流域、海拔 1 300~

2 000m，向南至湖北、四川、贵州、云南、西藏，垂直分布在西藏林芝达海拔3 200m）重要的高山造林树种。耐寒区位6～9。

北方许多省（自治区）有栽培，为优良的庭园绿化树种。木材供建筑、家具用材；树皮含单宁；种子可食。

双维管束松亚属 Subgen. *Pinus*

4. 油松 *Pinus tabuliformis* Carr. [*Pinus tabulaeformis* Carr.]/Chinese Pine   图7-25

乔木，高达25m，胸径1m以上；幼树树冠圆锥形，孤立木老树树冠平顶；树皮灰褐色，鳞片状开裂。冬芽褐色；1年生枝淡红褐色至淡灰黄色，无毛。针叶2针一束，粗硬，长10～15cm，宽1～1.5mm，树脂道5～8，边生；叶鞘宿存。球果卵圆形，长4～9cm；种鳞肥厚，鳞脐背生，呈刺状。种子卵圆形，连翅长1.5～1.8cm。花期4～5月，球果成熟期翌年9～10月。

中国特有种，北自吉林南部、内蒙古，南至河南，东自山东，西至青海的门源、四川小金和宝兴等地，以河北、山西和陕西为分布中心。常构成大面积纯林，或与壳斗科植物构成松栎混交林。垂直分布海拔500～1 900m，青海可达2 700m。耐寒区位5～8。

喜光，但在产地造林时由于水分是最主要的限制因子，故造林时常将其置于阴坡；喜温凉气候，能耐-30℃低温；在年降水量300～750mm、土层深厚的棕壤或淋溶褐土环境生长最好；适应力强，根系发达，耐干旱瘠薄，于多石山地亦能生长；不耐水涝、盐碱。寿命长。

木材强度大，为优良用材；树干可采松脂，提取松节油和松香；叶及花粉入药；为华北地区重要的造林树种。树形优美，树干苍劲，为传统园林观赏树种。

图7-25　油松 *Pinus tabuliformis*
1. 球果枝　2. 雄花枝　3. 雌球花　4. 雄球花
5. 种鳞背、腹面　6. 种子　7. 珠鳞
8. 雄蕊　9. 一束针叶

5. 马尾松 *Pinus massoniana* Lamb./ Masson Pine, Chinese Red Pine   图7-26

乔木，高达45m，胸径1.5m；树皮红褐色，不规则鳞片状开裂。1年生枝淡黄褐色。叶2针、稀3针一束，长12～20cm，径不足1mm，较油松 *P. tabuliformis* 细长；树脂道4～8，边生。球果卵圆形，长4～7cm；鳞盾菱形，微隆起或平；鳞脐凹下，无刺。种子卵圆形，连翅长2～2.7cm。花期4～5月，球果成熟期翌年10～11月。

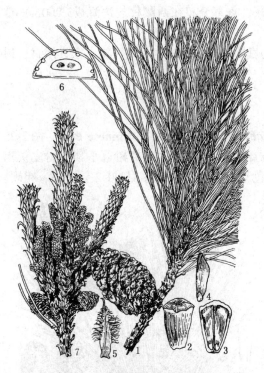

图 7-26 马尾松 Pinus massoniana
1. 球果枝 2、3. 种鳞背、腹面 4. 种子 5. 原生叶（鳞叶） 6. 针叶横切面 7. 幼枝及雄球花

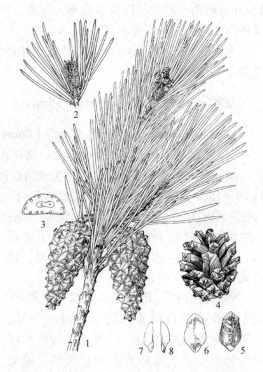

图 7-27 樟子松 Pinus sylvestris var. mongolica
1. 球果枝 2. 雄球花枝 3. 针叶横切面 4. 球果 5、6. 种鳞背、腹面 7、8. 种子

分布于秦岭—淮河以南广大地区，是国产松属中分布最广的一种；垂直分布在长江中下游为海拔 1 200m 以下，最高可达海拔 1 800m 以上。耐寒区位 8~10。

喜光，喜温暖湿润气候，能耐干旱瘠薄土壤。生长快，生产力高，为长江流域及以南广大地区荒山造林先锋树种。松毛虫危害严重，应注意防治。

材用，兼产松脂树种。用途广泛，是南方重要树种之一。

6. 樟子松 *Pinus sylvestris* Linn. var. *mongolica* Litv. /Mongolian Scotch Pine 图 7-27

高达 30m，胸径 1m；树皮灰褐色，鳞块状开裂。1 年生枝淡黄褐色，无毛。叶 2 针一束，长 4~8cm，较油松 *P. tabuliformis* 短而扭曲。树脂道 6~11，边生。球果长卵形，长 3~6cm；鳞盾斜方形，多角状肥厚隆起，向后反曲，鳞脐呈瘤状突起，具易脱落的刺。种子长卵形或倒卵圆形，连翅长 1.1~1.5cm。花期 5~6 月，球果成熟期翌年 9~10 月。

产大兴安岭林区和呼伦贝尔草原等地；垂直分布在大兴安岭海拔 400~900m。俄罗斯和蒙古亦有分布。

喜光，耐严寒，-40℃低温条件下也能正常生长；耐干旱、瘠薄，对土壤要求不严。寿命可达 250 年。耐寒区位 2~9。

材质良好，供建筑、枕木、家具等用；为北方重要的水土保持林和防风固沙造林树种。

7. 赤松 Pinus densiflora Sieb. et Zucc. /Japanese Red Pine

高达30m，胸径达1.5m；树皮橘红色。1年生枝橘黄色或红黄色，无毛，微有白粉。叶2针一束，长8~12cm；树脂道4~7，边生。球果卵状圆锥形，长3~5.5cm；鳞脐平或微突起成短刺。种子卵形，长4~7mm，连翅长1.5~2cm。花期4~5月，球果成熟期翌年9~10月。

产黑龙江东部鸡西、东宁，经长白山至辽东半岛、山东半岛，南达江苏云台山区，生于海拔920m以下沿海地带的山区。俄罗斯、朝鲜、日本亦有分布。耐寒区位4~9。

喜光，能耐-30℃低温，要求年降水量800mm以上的环境，不适于盐碱地和黏重土壤上生长，抗风力强。生长快。种子繁殖。

用材，造纸，针叶可提芳香油，沿海丘陵造林树种。

8. 云南松 Pinus yunnanensis Franch. /Yunnan Pine 图7-28

高达30m，胸径1m。树皮灰褐色，不规则鳞片状剥裂。1年生枝淡红褐色，无毛。叶3针、稀2针一束，长10~30cm，径约1.2mm，柔软，稍下垂；树脂道4~5，兼有边生和中生。球果圆锥状卵球形，长5~11cm，径3.5~7cm，鳞脐有短刺。种子卵圆形或倒卵形，连翅长1.6~2cm。花期4~5月，球果翌年9月成熟。

产云南、西藏东南部、四川西部及西南部、贵州、广西，生于海拔600~3100m地带，常成纯林或与其他针阔叶树种组成混交林。耐寒区位7~10。

喜光，生长快，耐干旱瘠薄，为产区荒山荒地造林的先锋树种。

双维管束松亚属常见的种类还有：

火炬松 Pinus taeda Linn. /Lobolly Pine 枝条每年生长数轮。叶3针一束，刚硬，长15~23cm，径1.6mm；树脂道2~5，中生。球果圆柱形或卵状圆柱形；鳞脐呈三角形短刺。耐寒区位7~11。

湿地松 Pinus elliottii Engelm. /Slash Pine 枝条每年生长数轮。叶3针和2针一束并存，长18~30cm，粗硬；树脂道2~9，内生。球果圆锥状卵形；鳞脐瘤状，具粗壮短刺。耐寒区位7~11。

火炬松和湿地松均原产美国东南部，现中国长江流域及以南地区广为栽培，生长良好。

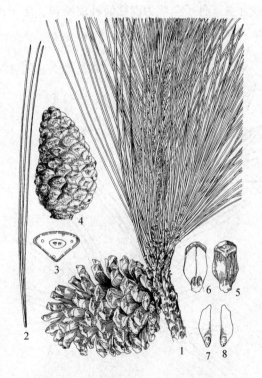

图7-28 云南松 Pinus yunnanensis
1. 球果枝 2. 一束针叶 3. 针叶横切面
4. 未成熟球果 5, 6. 种鳞背、腹面 7, 8. 种子

5. 罗汉松科 Podocarpaceae / Podocarpus Family

常绿乔木或灌木。叶螺旋状互生或对生，条形、鳞形或披针形。球花单性，雌雄异株，稀同株；雄球花穗状，雄蕊多数，每雄蕊具2花药；雌球花由多数或少数苞片组成，只1胚珠，由囊状或杯状套被所包，稀无套被。种子核果状或坚果状，全部或部分为肉质或较薄而干的假种皮所包，生于肉质或非肉质的种托上。染色体 $2n = 22，24，26，30，34，36，38$。

19属约181种，主要分布于南半球热带和亚热带。中国有4属12种，主产长江以南。

罗汉松属 Podocarpus L'Her. ex Persoon / Podocarp

叶互生，稀对生，条形、披针形或窄椭圆形。雌球花通常生于叶腋或苞腋，套被与珠被合生。种子全部为肉质假种皮所包，生于肉质或干燥种托上，种托红色或紫色。染色体 $2n = 24，34，38$。

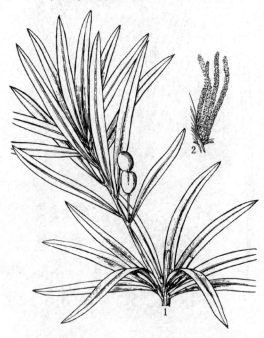

图7-29 罗汉松 Podocarpus macrophyllus
1. 具种子的枝　2. 雄球花

99种，分布与科同。中国7种，产长江流域以南。木材材质优良，供细木工用材；常栽作观赏。北方盆栽，温室越冬，多数种为重要的景观树种，供观赏。肉质种托鸟类喜食，为城市中重要的鸟类食源树种。

罗汉松 Podocarpus macrophyllus (Thunb.) D. Don / Broad-leaved Podocarp
图7-29，彩版4：5

乔木，高达20m，胸径60cm；树皮浅裂，成薄片状脱落。叶条形，革质，螺旋状互生，长7~12cm，宽7~10mm，基部楔形。雄球花穗状，常2~5簇生；雌球花单生，有梗。种子卵圆形，长10~12mm，有柄，熟时假种皮紫黑色；种托柱状椭圆形，长10~15mm，肉质，红色或紫红色（彩版4：5）。

产长江流域以南各省区，在中国习见栽培应用，在寺庙、园林中常可发现极古老的树。北方盆栽观赏。耐寒区位7~11。

6. 南洋杉科 Araucariaceae / Monkey Puzzle Family

常绿乔木，具树脂，大枝轮生。叶螺旋状互生，稀在侧枝上近对生，下延。雌雄异株，稀同株；雄球花圆柱形，单生或簇生叶腋或枝顶；雌球花椭圆形或近球形，单生枝顶；雄蕊和苞鳞多数，螺旋状排列，珠鳞不发育或与苞鳞合生；胚珠1，倒生。球果大，直立，卵圆形或球形；种鳞木质，球果2~3年成熟，有1粒种子，通常在球果基部及顶端的种鳞内不含种子。种子扁平，无翅或两侧有翅或顶端有翅，子叶2，稀4。染色体$2n = 26$。

3属39种，分布于南半球热带和亚热带地区。中国引入2属约10种。

南洋杉属 Araucaria、贝壳杉属 Agathis 和最近发现的奥勒米南洋杉属 Wollemia 组成独特的南洋杉科。南洋杉科树种多为高大的乔木，是一类古老的针叶树，由其化石可知，在三叠纪时期（大约2亿年前），该科的树种分布全球，但现今仅分布于南半球。

南洋杉属 Araucaria Juss. / Monkey Puzzle

常绿乔木。叶在同一植株上大小悬殊，鳞形、钻形、披针形或卵状三角形，顶端尖锐，基部下延。球果大，直立，熟时苞鳞木质、扁平，顶端具尖头，反曲或向上弯曲。种子无翅或具两侧与珠鳞合生的翅。子叶2，稀4，萌芽时出土或不出土。

约19种，分布于大洋洲及南美洲等地，其中13种仅分布于新喀里多尼亚岛及其附近岛屿，其余6种，2种产于南美洲，2种产于澳大利亚东部，2种分布于新几内亚岛。中国引入南洋杉 Araucaria cunninghamii、大叶南洋杉 A. bidwillii 和异叶南洋杉 A. heterophylla 3种。

该属树种稍耐寒，但遇严寒如在北半球大陆温带和北亚热带地区不能露天越冬。

南洋杉 Araucaria cunninghamii Sweet / Hoop Pine 图7-30

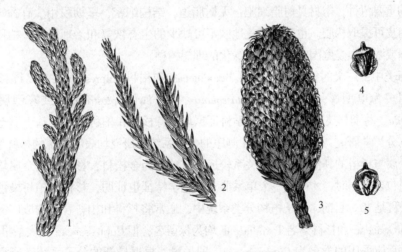

图7-30 南洋杉 Araucaria cunninghamii
1，2. 枝叶 3. 球果 4、5. 苞鳞背、腹面

常绿大乔木，高60~70m，胸径1m以上，树冠塔形，层次分明，老时平顶状。主枝轮生，平展，侧生小枝密生，平展或稍下垂。叶锥形、针形、镰形或三角形，长7~17mm，基部宽约2.5mm，排列疏松，开展；大树及球花枝之叶卵形、三角状卵形或三角形，长6~10mm，基部宽约4mm，排列紧密，前伸。雌雄异株。球果卵形或椭圆形，长6~10cm，直径4.5~7.5cm；苞鳞刺状且尖头向后强烈弯曲，种子两侧有翅。

原产澳大利亚东部，盛产新南威尔士中北部及昆士兰州北端得约克角等地海滨。中国海南、福建、广东、台湾等地有栽培，长江流域及以北地区常见盆栽。耐寒区位 9~12。

喜光，稍耐阴；喜温暖高湿气候及肥沃土壤，不耐干旱和寒冷，较抗风。生长迅速，再生能力强，砍伐后易生萌蘖。

木材供建筑、家具等用。树体高大，姿态优美，是世界五大庭园树之一，常栽培供观赏。

7. 柏科 Cupressaceae/Cypress Family

多为乔木，稀灌木，常绿、半常绿或落叶。叶条形、条状披针形、钻形（锥形）、鳞形或刺形，螺旋状互生、交互对生或轮生，叶基部常下延，同一树上的叶同型或异型。球花单性，雌雄同株或异株，雄球花具多数雄蕊，每雄蕊各有 2~9（常 3~4）个花药，雄蕊互生或交互对生；雌球花具珠鳞 3 至多数，互生、交互对生或 3 枚轮生，每珠鳞具 1 至多数直立胚珠，苞鳞与珠鳞合生，仅尖头分离和完全合生，或苞鳞发达，珠鳞退化，或苞鳞退化，珠鳞发达。球果当年或翌年成熟。种鳞扁平或盾形，革质、木质，开裂或肉质不开裂。种子具窄翅、下端有翅、四周有翅或无翅，子叶 2，稀 5~6，发芽时子叶出土。

29 属 159 种几遍全球分布。中国 16 属 44 种，分布几遍全国，引入栽培 6 属约 21 种，如落羽杉属、澳洲柏属和四鳞柏属等。多为优良用材树种和人工林树种。柏木亚科树种多为喜钙树种，常见于石灰岩地区，多数种类为营造湖河及水网地区的防护林、用材林、水土保持林和生态公益林的重要树种。木材具树脂细胞，无树脂道，结构细密，坚韧耐用。有香气，叶可提取芳香油，树皮可提取栲胶。也是石漠化地区不可缺少的生态恢复和治理树种。柏科树种树姿优美，叶翠绿或浓绿，是庭园观赏和城市绿化的理想树种。

传统分类中，广义的柏科分为杉科 Taxodiaceae 和柏科 Cupressaceae。传统杉科孑遗植物多，现存属多为单型属，如水杉属 *Metasequoia*、水松属 *Glyptostrobus*，或寡型属，如杉木属 *Cunninghamia*、落羽杉属 *Taxodium*。多学科证据均支持杉科和柏科合并。基于形态特征的表型分析和分支分类学研究，以及基于 DNA 测序的分子系统学研究均表明传统的杉科是一个复杂的类群：金松属与杉科的其他类群亲缘关系较远，应独立为金松科，杉科的其余属均构成并系类群，将柏科包含在内时，才构成一个单系群。细胞学特征也证明，杉科和柏科染色体基础均为 11，而金松科是 10。目前，裸子植物分类系统中，通常将杉科和柏科合并构成广义的柏科，柏科学名 Cupressaceae 和杉科学名 Taxodiaceae 均为保留名，但 Cupressaceae 发表最早，有优先权，因此，合并后应采用的学名为 Cupressaceae，即柏科。根据最新的分子系统学研究，广义柏科包含 7 个主要分支，分别对应 7 个亚科（图 7-31）：杉木属归入杉木亚科 Cunninghamioideae，台湾杉属归入台湾杉亚科 Taiwanioideae，密叶杉属 *Athrotaxis* 归入密叶杉亚科 Athrotaxoideae，它们各成一支，位于基部；水杉属、红杉属 Sequoia 和巨杉属 Sequoiadendron 构成的分支对应红杉亚科 Sequoioideae，水松属和落羽杉属构成的分支则对应落羽杉亚科 Taxodioideae，剩下的 2 个分支互为姐妹群，包含了传统柏科，即柏木亚科 Cupressoideae 和澳柏亚科 Callitroideae。

分属检索表

1. 叶和种鳞（苞鳞）均为螺旋状排列，叶条形、披针形、钻形、稀鳞形。
  2. 叶常绿，革质，披针形、钻形。

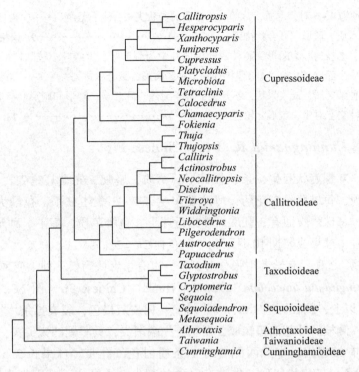

图 7-31　柏科的系统发育与分类（引自 Mao *et al.*，2012）

3. 叶披针形，叶缘具锯齿；球果苞鳞发达，种鳞退化，3 裂，每种鳞具 3 种子 ··· **1. 杉木属 *Cunninghamia***
3. 叶钻形，全缘；球果种鳞发达，苞鳞退化或苞鳞与种鳞合生。
　　4. 叶二型，幼树和萌枝的叶为钻形，老树的叶为鳞形；种鳞扁平，近全缘，苞鳞退化 ··· **2. 台湾杉属 *Taiwania***
　　4. 叶钻形；种鳞盾形，先端具 3~7 裂齿，苞鳞与种鳞合生，仅在种鳞中部留有未愈合的小尖头 ··· **3. 柳杉属 *Cryptomeria***
2. 落叶或半常绿。叶柔软，条形，常排成 2 列或 3 行。
　　5. 叶二型，钻状条形叶排列成 3 行，鳞形叶排列紧密；球果倒梨形，种鳞扁平；种子微扁，下端有长翅 ··· **4. 水松属 *Glyptostrobus***
　　5. 叶条形，排成 2 列呈羽状；种鳞盾形，镊合状排列；种子三棱形，棱脊上常有厚翅 ··· **5. 落羽杉属 *Taxodium***
1. 叶和种鳞交互对生或轮生，叶鳞形、刺形，稀条形。
　　6. 落叶；叶条形，羽状排列；枝二型，侧生的无芽小枝呈羽片状，冬季和叶一起脱落，球果具长梗，下垂，种鳞盾形 ··· **6. 水杉属 *Metasequoia***
　　6. 常绿；叶鳞形或刺形。
　　　　7. 球果成熟时，开裂，种鳞木质或革质；种子有翅，稀无翅。
　　　　　　8. 叶全为鳞形，生鳞叶小枝平展，排列成平面；球果当年成熟。
　　　　　　　　9. 种鳞扁平或鳞背隆起，但不为盾形，覆瓦状排列。
　　　　　　　　　　10. 种鳞 4 对，革质，顶端具突起小尖头；种子两侧具翅 ················· **7. 崖柏属 *Thuja***

10. 种鳞 4~6 对，木质，背部有一弯曲的钩状尖头；种子无翅 ……… **8. 侧柏属** *Platycladus*
9. 种鳞木质，盾形，聚合状排列 …………………………………… **9. 扁柏属** *Chamaecyparis*
8. 叶二型，老枝的叶为鳞形，萌枝或幼树的叶常为刺形叶。生鳞叶小枝圆柱形，不排列成平面，稀排列成平面（柏木）；球果翌年成熟，种鳞盾形，聚合状排列 ……… **10. 柏木属** *Cupressus*
7. 球果成熟种鳞肉质，成浆果状，不开裂；种子无翅。叶二型，鳞形和刺形叶，或同型，仅具刺形叶；鳞形叶交互对生，刺形叶轮生 ………………………………… **11. 刺柏属** *Juniperus*

1. 杉木属 *Cunninghamia* R. Br. /Chinese Fir

常绿乔木。叶螺旋状互生，条状披针形，革质，坚硬，先端具锐尖，叶缘有细锯齿。雄球花簇生枝顶，每雄蕊具 3 花药；雌球花单生或 2~3 集生枝顶，苞鳞大，珠鳞退化变小，顶端 3 裂，每珠鳞腹面有 3 胚珠。球果近球形，苞鳞革质，扁平。种子扁平，两侧具窄翅。花期 4 月，球果成熟期 10 月下旬。染色体 $2n = 22$。

东亚特有属。2 种，有学者主张分为 3 种，也有学者认为仅 1 种 1 变种。

杉木 *Cunninghamia lanceolata* (Lamb.) Hook. /Chinese Fir 图 7-32

高达 30 m 以上，胸径可达 3 m，树干端直；树皮灰褐色，裂成长条片状脱落。叶在主枝上辐射伸展，侧枝的叶基部扭转成 2 列状，先端渐尖，具坚硬的锐尖头，长 2~6cm，宽 3~5mm，叶缘有细锯齿，中脉两侧各有 1 条粉白色气孔带。球果长 2.5~5cm，径 3~4cm，苞鳞棕黄色，三角状卵形，先端有坚硬的刺尖，边缘有不规则细齿。种子长卵形，长 6~8mm，两侧有窄翅。花期 3~4 月，球果成熟期 10 月下旬。

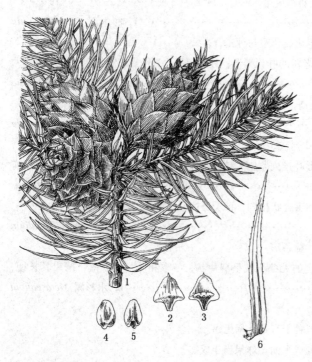

图 7-32 杉木 *Cunninghamia lanceolata*
1. 球果枝 2, 3. 种鳞背、腹面 4, 5. 种子 6. 叶

产秦岭—淮河以南，南至广东、广西、云南，东自沿海，西至四川西部。越南北部亦产。垂直分布在中心产区为海拔 1 200m 以下，南部及西南部分布较高，云南可达海拔 2 900m。多为栽培，天然分布区界限很难确定，现在四川西南部安宁河流域有残存零星天然杉木林。山东烟台、海南五指山引种的杉木生长正常；北京卧佛寺少量引栽。耐寒区位 7~10。

喜光，幼年稍耐阴；喜温暖湿润气候；适肥厚、排水良好的酸性土壤，不耐干旱瘠薄，不耐盐碱，浅根性。生长快，7~8 年开花结实，25~30 年成材利用。寿命长，可达 200 年以上。种子或扦插繁殖。

杉木为中国长江流域、秦岭以南地区广泛栽培的优良用材树种，在产区人工林中占有较大的比例。福建南平、湖南湘西和贵州凯里等为杉木的主产区。木材芳香，纹理直，材质轻软，耐腐，不易遭白蚁蛀，是中国南方首要的商品用材和工业原料树种。

在杉木产区，为追求木材产量，主要营造纯林，致使林内生物多样性较为贫乏，生态系统功能退化，难以发挥其生态功能。因此，在杉木产区，可以采取片状混交的方式，适当营造杉木和阔叶树的混交林，提高防火和生态功能。

2. 台湾杉属 *Taiwania* Hayata /Taiwania

常绿乔木。大枝平展，小枝细长下垂。叶螺旋状互生，二型，幼树和萌枝之叶钻形（锥形），两侧压扁；老树之叶鳞形，排列紧密，横切面三角形或四棱形。雄球花数个集生于枝顶；雌球花单生枝顶，每珠鳞具2个胚珠，苞鳞退化。球果形小，近球形，种鳞宿存，革质，扁平，无苞鳞。种子扁平，两侧具窄翅。染色体 $2n = 22$。

中国特有属。1种。

秃杉（台湾杉） *Taiwania cryptomerioides* Hayata /Taiwan Cryptomeria   图7-33

高可达75m，胸径达2.5m；树皮褐灰色，裂成不规则长条片。大树之叶长2~3（5）mm，幼树和萌枝之叶长6~14mm。球果长1.5~2.2cm，径约1cm；种鳞15~39枚，长6~8mm。花期4~5月，球果成熟期10~11月。

产台湾、湖北、贵州、四川、云南，垂直分布海拔800~2 700m，常散生于针叶林、针阔叶树混交林中，有达2 000年树龄的老树。缅甸北部亦产。材质优良，但资源濒危，现已列为国家一级保护植物。耐寒区位9~11。

秃杉是一种材质优良的速生树种，可作为杉木的更新树种。在云南由于其扦插技术的完善，已大规模种植。适生于空气湿润大、气候温凉的亚热带山地缓坡种植。在湿润肥沃通透性好的土壤条件下，生长迅速。在云南龙陵县种于二关

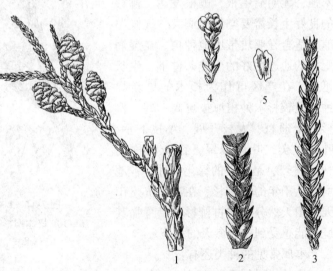

图7-33 秃杉 *Taiwania cryptomerioides*
1. 球果枝 2. 枝叶一段 3. 幼树枝叶 4. 雄球花枝 5. 种子

水库边缓坡上的30多年生秃杉胸径达50cm。大枝平展，小枝下垂，叶色浓绿，是优良的绿化树种，孤植、群植均能达到美化效果。也是适生区理想的生态公益林、水源涵养林和防护林树种。

3. 柳杉属 *Cryptomeria* D. Don /Cryptomeria

常绿乔木。叶钻形（锥形），螺旋状排列成近3列。雄球花单生于小枝顶部叶腋或集

生于枝顶；雌球花单生枝顶，苞鳞与珠鳞合生，顶端分离，每珠鳞具 2~5 个胚珠。球果近球形，种鳞宿存，木质，盾形，顶端具 3~7 裂齿，背部具三角状苞鳞；发育的种鳞具 2~5 种子。种子呈不规则的扁椭圆形，边缘具窄翅。染色体 $2n = 22, 23, 44$。

1 种 1 变科，产中国和日本。

柳杉 *Cryptomeria japonica* var. *sinensis* Miquel.　　图 7-34：1~5

高可达 40m，胸径可达 2m；树皮红棕色，小枝细长下垂。叶长 1~1.5cm，先端常内弯。球果径 1.5~1.8cm，种鳞 20 枚左右，上部具 4~5（很少 6~7）三角形裂齿，齿长 2~4mm。花期 4 月，球果 10~11 月成熟。

产长江流域以南，东部生于海拔 1 000~1 400m，西部可达 2 400m；南方各地广泛栽培，是重要的用材林、防护林、水源涵养林和公益林的理想树种。耐寒区位 7~11。

喜温暖湿润的气候和酸性、排水良好的土壤。枝条柔软，富弹性，其抗风性、抗寒性和抗雪压能力均较杉木强，无明显主根，侧根发达。柳杉的良好生长需要空气湿润大、气候温凉，适合在亚热带山地种植。在湿润肥沃的通透性好的土壤条件下，生长迅速。在产区可作为杉木的更新树种，但较杉木种植海拔更高一些。柳杉树干通直、大枝开展、小枝下垂、叶形优美、叶色翠绿，在云南称为"孔雀杉"，是优良的绿化树种。各地均有上千年的古柳杉。在浙江杭州市天目山天然分布着古柳杉林，身临其境，能感受到古树参天的意境。

本属常见的种类还有：

日本柳杉 *Cryptomeria japonica* (Linn. f.) D. Don/Japanese Cryptomeria；Japanese Cedar（图 7-34：6~10）与柳杉的主要区别：前者叶直伸或稍内弯，种鳞较多，20~30 枚，顶端裂齿长 6~7mm。是当地重要造林树种，中国山东、长江流域以南各地广泛栽培，北京卧佛寺有少量引栽。用途同柳杉。耐寒区位 7~11。

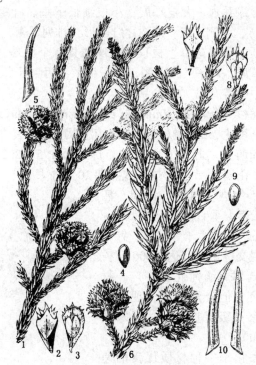

图 7-34　1~5. 柳杉 *Cryptomeria fortunei*
6~10. 日本柳杉 *Cryptomeria japonica* var. *sinensis*
1. 球果枝　2, 3. 种鳞背、腹面及苞鳞上部
4. 种子　5. 叶　6. 球果枝
7, 8. 种鳞背、腹面及苞鳞上部　9. 种子　10. 叶

4. 水松属 *Glyptostrobus* Endl. /Chinese Cypress

为中国特有的单种属。

水松 *Glyptostrobus pensilis*（Staunt.）Koch／Chinese Cypress 图7-35

半常绿乔木，高 8～10m，稀可达 25m，树干基部通常膨大，生于湿生环境者基部膨大成柱槽状，并有屈膝状呼吸根。叶异型，螺旋状排列；条形叶扁平，长 1～3cm，常排成羽状 2 列，条状钻形叶长 4～11mm，排成 3 列，此二类叶大而柔软，冬季与无芽小枝一同脱落；鳞形叶小，长 2～4mm，排列紧密，冬季宿存。球花单生于具鳞叶小枝枝顶，雄球花每雄蕊具花药 2～9，雌球花珠鳞 20～22 枚，苞鳞略大于珠鳞。球果倒卵形，长 2～2.5cm，径 1.3～1.5cm，具长梗；种鳞木质，上部边缘有 6～10 三角状尖齿，苞鳞与种鳞几全部合生，发育的种鳞具 2 种子。种子椭圆形，微扁，长 5～7mm，下部有长翅，种翅长 4～7mm。花期 1～2 月，球果成熟期 10～11 月。染色体 $2n=22$。

产福建、广东、江西、四川、云南，海拔 1 000m 以下地区，生于低湿地和泥沼地。杭州、上海、南京、武汉等地有栽培。耐寒区位 8～11。

喜光，喜温暖气候和水湿环境，不耐低温，除盐碱土外，各种土壤均能生长。

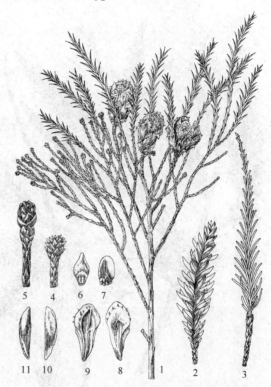

图 7-35 水松 *Glyptostrobus pensilis*
1. 球果枝 2. 条状钻形叶小枝 3. 条形叶（上部）和鳞形叶（下部）小枝 4. 雌球花枝 5. 雄球花枝 6. 珠鳞及胚珠 7. 雄蕊 8, 9. 种鳞背、腹面 10, 11. 种子

木材淡红黄色，材质轻软，耐水湿，耐腐；根系发达，可栽于河边、堤旁作防风固堤之用；树姿优美，常植于水榭、池塘，景观别具一格。杭州植物园松柏园中的水榭旁，水松、水杉 *Metasequoia glyptostroboides*、落羽杉 *Taxodium distichum* 与隔"湖"相望的亭台交相辉映，美不胜收。

5. 落羽杉属 *Taxodium* Rich.／Deciduous Swamp Cypress

落叶或半常绿乔木，树干基部常膨大，具膝状呼吸根。叶异型，螺旋状排列，条形叶在无芽小枝上排成 2 列，冬季与小枝一同脱落；钻形叶生于有芽小枝，冬季宿存。雄球花多数集生于枝顶，排成总状或圆锥花序状；雌球花单生于去年生枝顶，每珠鳞具 2 胚珠，苞鳞与珠鳞几完全合生。球果近球形，种鳞木质，盾形。顶端具三角状突起的苞鳞尖头，发育的种鳞具 2 种子。种子不规则三角形，具 3 个锐棱脊。染色体 $2n=22$。

现存共 3 种，原产北美洲，中国均引种栽培。

落羽杉 *Taxodium distichum* (Linn.) Rich. /Bald Cypress 图7-36：1~3

落叶乔木，在原产地高达50m，胸径2m；树皮纵裂成长条片脱落；大枝呈水平开展。叶条形，扁平，长1~1.5cm，排成羽状2列。球果径约2cm，具短梗。种子长1.2~1.8cm。雄球花形成于秋季，翌年春天开花，球果成熟期10月。

原产北美洲东南部，生于亚热带排水不良的沼泽化土壤上；喜光，耐水湿，抗风性强。中国自20世纪初引入，河南鸡公山林场李家寨保存着这一历史痕迹，并建有落羽杉和池杉 *Taxodium ascendens* 母树林和种子园。现山东、河南及长江流域广泛栽培，生长良好。材质轻软，纹理通直细密，干后不变形，抗白蚁蛀，为优良用材。树姿优美，秋叶赤红，水边栽植产生膝状呼吸根，形成特异景观，在武汉东湖可享受此美景，为优良庭园观赏树。耐寒区位4~9。

本属常见的种类还有：

池杉 *Taxodium distichum* var. *imbricatum* (Nuttall) Croom （图7-36：4，5） 与落羽杉的区别：大枝向上伸展，叶钻形，不排成2列。耐寒区位4~9。

图7-36　1~3. 落羽杉 *Taxodium distichum*
4，5. 池杉 *Taxodium ascendens*
1. 球果枝　2. 种鳞顶部　3. 种鳞侧面
4. 小枝及叶　5. 小枝及叶放大

6. 水杉属 *Metasequoia* Miki ex Hu et Cheng /Dawn Redwood

中国特有的单种属。仅水杉1种，为著名的活化石。水杉发现之前，曾一直被认为该种已绝灭，该属只有由日本学者发表的化石属——水杉属 *Metasequoia*，在地球上已没有生存的种群。1941年中国树木学家在湖北和四川之间的一个村庄——磨刀溪发现了一株被称为"水杉"的落叶大树，并采集标本。3年后，经研究发现与化石特征一致。并于1948年命名后，轰动了植物界，被誉为植物的"大熊猫"。

水杉 *Metasequoia glyptostroboides* Hu et Cheng /Dawn Redwood　图7-37

落叶乔木，高达35m，胸径2.5m；幼树树冠尖塔形，老树广圆形；树皮灰褐色，长条状剥裂；树干基部常膨大。大枝斜展，小枝下垂，对生；冬芽显著。叶条形，柔软，长0.8~3.5cm，宽1~2.5mm，交叉对生，排成羽状2列，冬季与侧生小枝一同脱落。雄球花于秋季形成，单生于叶腋或枝顶，成总状或圆锥花序状，每雄蕊具3个花药；雌球花单生于去年生枝顶或近枝顶，有11~14对交互对生的珠鳞，每珠鳞具5~9胚珠。球果矩圆状球形，长1.8~2.5cm，径1.6~2.5cm，具长梗；种鳞木质，盾形。种子扁平，倒卵形，长7~9mm，两侧有翅。花期2~4月，球果成熟期10~11月。染色体$2n=22$。

水杉为中国特产古老而珍贵稀有的树种，自然分布于湖北利川水杉坝磨刀溪、重庆石柱以及湖南龙山等地；垂直分布海拔750~1 500 m。由于水杉分布的地史原因，具有较广的分布潜力，现辽宁南部以南，南达广州，东起沿海，西至成都均有栽培。现世界各地广泛引种栽培。耐寒区位5~10。

喜光，在深厚、肥沃、排水良好的砂壤土上生长迅速；对气候的适应范围较广，在年均气温12~20℃，年降水量800~1 500mm地区生长良好，能耐−30℃低温。耐寒区位4~8。

图7-37　水杉 *Metasequoia glyptostroboides*
1. 球果枝　2. 雄球花枝　3. 球果　4. 雄球花
5，6. 雄蕊背、腹面　7. 种子

树干通直圆满，木材轻软，材质次于杉木，结构稍粗，纤维素含量高，是良好的造纸原料；树姿优美挺拔，春叶色嫩绿宜人，秋叶变黄，为著名的庭园观赏树。可孤植、群植和成排种植。也是长江流域水网地区重要的农田防护、道路绿化的理想树种。

7. 崖柏属 *Thuja* Linn. / Arborvitae

乔木，枝平展。生鳞叶的小枝排成平面，扁平。雌雄同株，球花单生枝顶；雄球花具多数雄蕊，每雄蕊具4花药；雌球花具珠鳞3~5对，仅下部的2~3对珠鳞各生1~2胚珠。球果当年成熟，种鳞薄，革质，扁平，近顶端有突起的尖头，发育种鳞各具种子1~2。种子扁平，两侧有翅。染色体$2n=22$。

6种，分布于美洲北部及亚洲东部。中国2种，分布于吉林南部及四川东北部。另引种栽培3种，作观赏树。

朝鲜崖柏 *Thuja koraiensis* Nakai / Korean Arborvitae　图7-38：1~3

高达10 m，胸径75cm；树皮红褐色。鳞叶长1~2mm，先端钝，背部有腺点，下面的鳞叶有白粉；鳞叶揉碎时无香气。球果椭圆状球形，长9~10mm，径6~8mm；种鳞4对。种子椭圆形，长约4mm，种翅宽1.5mm。

产吉林延吉和长白山等地海拔700~1 400m山地。喜生于湿润、土壤富有腐殖质的山谷地区。朝鲜也有分布。耐寒区位5~9。

木材坚实耐用，叶可提取芳香油。

本属常见的种类还有：

北美香柏 *Thuja occidentalis* **Linn.** /American Arborvitae（图7-38：4）

与朝鲜崖柏的主要区别：鳞叶先端尖，种鳞常5对。原产北美，中国青岛、庐山、南京、上海、杭州等地引入栽培，供观赏。生长较缓慢。耐寒区位2~10。

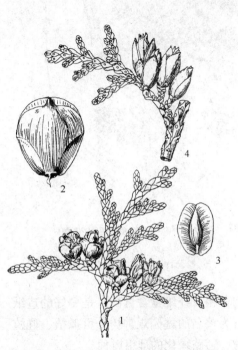

图7-38 1~3. 朝鲜崖柏 *Thuja koraiensis*
4. 北美香柏 *Thuja occidentalis*
1、4. 球果枝 2. 种鳞 3. 种子

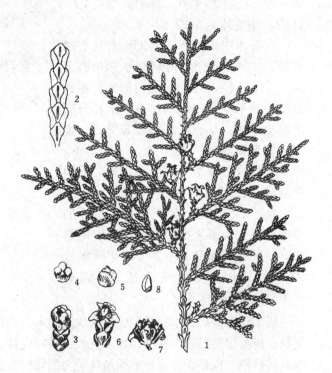

图7-39 侧柏 *Platycladus orientalis*
1. 球果枝 2. 鳞叶枝放大 3. 雄球花 4、5. 雄蕊腹、背面
6. 雌球花 7. 球果 8. 种子

8. 侧柏属 *Platycladus* Spach /Chinese Arborvitae

单种属。分布几遍全国。朝鲜亦产。

侧柏 *Platycladus orientalis* (Linn.) Franco /Chinese Arborvitae　图7-39

乔木，高达20 m，胸径达1 m；幼树树冠尖塔形，老树广圆形；树皮淡灰褐色，条状纵裂。生鳞叶小枝扁平，排成一个平面。叶鳞形，长1~3mm，先端微钝，背面有腺点。雌雄同株，球花单生枝顶；雄球花具雄蕊6对，各具2~4花药；雌球花具珠鳞4对，仅中间的2对珠鳞各生1~2胚珠。球果当年成熟，近卵圆形，长1.5~2.5cm，成熟前近肉质，蓝绿色，成熟时褐色，张开；种鳞木质，扁平，背部顶端的下方有一弯曲的钩状尖头，中部2对种鳞各具种子1~2。种子长卵形，长3~4mm，稍有棱脊，无翅。球花形成

于夏末初秋，于翌年3~4月开花，球果成熟期9~10月。染色体 $2n=22$。

产内蒙古南部，东北以南，经华北向南达广东、广西北部，西部自陕西、甘肃以南至西南，垂直分布华北海拔1 000~1 200m，西南海拔1 800~3 600m。人工栽培几遍全国，但在淮河以北、华北等地区生长最好。庭园、寺庙、墓地习见，并多为古柏大树。陕西黄陵内的"黄帝手植柏"均为古侧柏的代表，树龄均在千年以上。耐寒区位6~11。

为生态幅较广的喜光树种，幼龄期稍耐阴，能适应干冷及暖湿气候，耐干旱瘠薄，对土壤要求不严，适生于中性、酸性及微碱性土壤，在石灰性土上生长良好。生长较慢，寿命长。

材质致密坚重，有香气，耐腐朽，为优良用材树种；枝叶和种子（柏子仁）入药；为黄土高原和华北、西北重要造林树种，尤其是石灰岩山地生态恢复和石漠化治理的重要树种。侧柏树姿优美，耐修剪，各地常栽为庭园观赏树和绿篱。常于陵园种植。栽培品种很多，常见有洒金'Aurea Nana'、金黄球柏'Semperaurescens'、金塔柏'Beverleyensis'、罗斯达'Rosedalis'等。

9. 扁柏属 *Chamaecyparis* Spach / False Cypress

乔木。生鳞叶的小枝扁平，排成一个平面。叶全为鳞形，叶色两面异型。雌雄同株，球花单生枝顶；雄球花具3~4对雄蕊，雌球花具3~6对珠鳞，部分珠鳞具1~5胚珠。球果当年成熟，球形；种鳞木质，盾形，顶部中央具小尖头，发育种鳞具1~5种子。种子卵圆形，微扁，两侧具窄翅。染色体 $2n=22$。

6种，分布北美、日本和中国。中国1种，产台湾，引种栽培4种。

日本扁柏 *Chamaecyparis obtusa* (Sieb. et Zucc.) Endl. / Hinoki Cypress　图7-40：4, 5

在原产地高达40m，胸径1.5m。鳞叶肥厚，长1~1.5mm，先端钝，下面微被白粉。球果球形，径0.8~1cm；种鳞4对，顶部为五角形或近方形。种子近圆形，长约2.5~3mm，淡褐色。花期4月，球果成熟期10~11月。

原产日本。中国青岛、武汉、南京、上海及台湾等地引种栽培，作为庭园观赏树。喜温暖湿润气候，稍耐干燥，浅根性。树姿优美，为名贵观赏树种。耐寒区位7~9。

本属常见的种类还有：

日本花柏 *Chamaecyparis pisifera* (Sieb. et Zucc.) Endl. / Sawara Cypress（图7-40：1~3）

与日本扁柏的区别：鳞叶先端锐

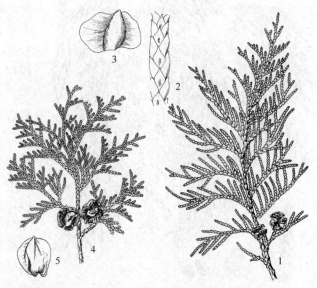

图7-40　1~3. 日本花柏 *Chamaecyparis pisifera*
4, 5. 日本扁柏 *Chamaecyparis obtusa*
1, 4. 球果枝　2. 一段小枝，示鳞叶　3, 5. 种子

尖。球果小，径约6mm；种鳞5对。原产日本，引种及用途同日本扁柏。耐寒区位7~9。

10. 柏木属 *Cupressus* Linn. /Cypress

乔木，稀灌木。生鳞叶的小枝圆柱形，稀扁平（柏木）。叶全为鳞形，有时幼苗及萌芽枝上具刺形叶。雌雄同株，球花单生枝顶；雄球花具多数雄蕊，每雄蕊具2~6个花药；雌球花具4~8对珠鳞，部分珠鳞的基部具5至多数胚珠。球果翌年成熟，近球形；种鳞木质，盾形，熟时张开；发育种鳞具5至多数种子。种子微扁，两侧具窄翅。染色体$2n=22$。

约20种，分布北美、东亚及地中海等温热地区。中国6种，引入栽培4种，均为优良用材树种，并常栽为庭园观赏树。在中国除柏木外，分布于西藏雅鲁藏布江两岸林芝地区的西藏巨柏 *Cupressus gigantea* 是该属在国内发现的直径最大的柏树。云贵高原的干香柏 *C. duclouxiana* 是产区困难立地和石灰岩山地的生态恢复、石漠化治理和水土保持的重要树种之一。

柏木 *Cupressus funebris* Endl. /Chinese Weeping Cypress 图7-41

高达30 m，胸径2 m；树皮淡灰褐色。生鳞叶小枝扁平，细长下垂。鳞叶长1~2mm，两面同型，先端锐尖。球果近球形，径0.8~1.2cm；种鳞4对，顶部为不规则的五角形或近方形，发育种鳞具5~6种子。种子近圆形，长约2.5mm，淡褐色。花期3~5月，球果成熟期翌年5~6月。

天然分布广，产于秦岭北坡以南，向南至广东、广西北部，西至四川、贵州、云南，垂直分布海拔长江流域1 000m以下，西南2 000m以下。四川（称为川柏）、贵州、湖南、湖北为中心产区，常为生态公益、水土保持和石灰岩地区绿化的造林树种。耐寒区位7~9。

喜光，喜温暖湿润的气候条件。耐干旱瘠薄，天然更新能力强。对土壤的适应性广，中性、微酸性及钙质土上均能生长，在土层较厚的石灰岩山地钙质土上生长最为旺盛，为亚热带石灰岩山地钙质土的指示植物，为适生区重要的造林树种。木材纹理直，结构细，耐水湿，有香气，耐腐朽，是优良的用材树种；枝叶、根可提炼出口物资柏甘油，球果、根、枝、叶皆可入药；柏木树冠浓密，枝叶下垂，树姿优美，常栽为庭园、陵园、风景区观赏树。南京明孝陵内的柏木为陵园的美化和

图7-41 柏木 *Cupressus funebris*
1. 球果枝 2. 小枝 3, 4. 雄蕊背、腹面
5. 雌球花 6. 球果 7. 种子

肃穆营造了气氛。

11. 刺柏属 *Juniperus* Linn. /Juniper

乔木或灌木，直立或匍匐。有叶小枝不排成平面。叶全为刺形或鳞形，或同一树上兼有刺叶和鳞叶；鳞叶交互对生，背（下）面具腺点；刺叶通常3枚轮生，基部下延生长，或具关节。雌雄同株或异株，球花单生枝顶或叶腋；雄球花具4~8对雄蕊；雌球花具4~8交互对生或3枚轮生的珠鳞，每珠鳞具1~3胚珠。球果翌年稀当年或3年成熟；种鳞合生，肉质，不开裂；苞鳞与种鳞愈合，仅顶端尖头分离。种子1~6，无翅。染色体$2n$ = 22，44。

60 余种，分布北半球，北至北极圈，南至亚热带高山。中国15（17）种，南北均产，以西北和西南山区种类最多；另引入栽培2种。在欧美各国，圆柏属 *Sabina* 被归并在刺柏属 *Juniperus* 中，本属多数树种耐干旱和严寒，抗风力强，常生于高山、极地等环境条件严酷的地方，在高寒和沙漠地区成匍匐丛生，灌丛为水土保持和固沙树种。在西藏林芝海拔5 000m 的色季拉山方枝柏 *J. saltuaria* 形成纯林或与喜马拉雅冷杉 *Abies spectabilis*、林芝杜鹃 *Rhododendron nyingchiense* 等形成混交林。

《中国树木志》和《中国植物志》（第7卷）根据叶形和球果特征，承认圆柏属，将刺柏属描写为圆柏属 *Sabina* 和刺柏属 *Juniperus*。但在新的 *Flora of China* 编写中，将圆柏属合并到刺柏属中。国外的植物志和树木学等书籍和教材，一直按刺柏属描写和介绍。本书按 *Flora of China* 处理，将圆柏属归并到刺柏属中。

分种检索表

1. 叶全为刺叶或鳞叶，或二者兼有，刺叶基部无关节，下延生长；冬芽不显著；球花单生枝顶。
  2. 植株具二型叶：鳞形和刺形，或幼树仅具刺形叶。
    3. 乔木，球果球形，每球果具种子2~3 ················· **1. 圆柏** *J. chinensis*
    3. 匍匐灌木，球果倒卵圆形，每球果具种子3~5（通常3） ········ **2. 叉子圆柏** *J. vulgaris*
  2. 植株仅具刺形，球果扁球形 ················ **3. 铺地柏** *J. chinensis* var. *procumbens*
1. 叶全为刺形叶，基部具关节；冬芽显著；球花单生叶腋。每球果具3枚种子。
  4. 叶钻状，先端锐尖，腹面下凹成深槽，叶背面具明显的纵脊，内有1条白色气孔带。球果熟时蓝黑色 ································· **4. 杜松** *J. regida*
  4. 叶条状或披针状，腹面微凹，背面纵脊不明显，具2条白色气孔带，先端汇合。球果熟时淡红色或红褐色 ······························ **5. 刺柏** *J. formosana*

1. 圆柏（桧柏） *Juniperus chinensis* Linn. [*Sabina chinensis* (Linn.) Ant.] /Chinese Juniper 图7-42

高达20m，胸径2.5m；树皮灰褐色，纵裂成窄长条片；小枝近圆柱形或方形。叶二型，幼树和萌发枝具刺形叶，长6~12mm，3叶轮生；壮龄树多具鳞形叶，对生，长2.5~5mm，先端钝尖，背面近中部有微凹的腺体。球果近球形，径6~8mm，熟时暗褐色，被白粉；种子2~3粒。花期3~4月，球果成熟期翌年4~9月。

产内蒙古南部、河北、山西、山东、陕西、河南，南至广东、广西，西至甘肃、四川、云南，垂直分布海拔 500~1 000m；野生较少，多为栽培。朝鲜、日本也有分布。耐寒区位 4~9。

喜光，幼树耐庇荫，喜温凉气候，耐干旱瘠薄，在中性、酸性及碱性土壤上均能生长，忌水湿。木材坚韧致密，有香气，耐腐朽，为优良用材树种；枝叶可提取芳香油。树姿优美，耐修剪，各地普遍栽为庭园观赏树，有多种栽培类型，如龙柏'Kaizuca'、塔柏'Pyramidalis'、鹿角桧'Pfitzeriana'等。

2. 叉子圆柏（沙地柏） *Juniperus sabina* Linn. [*Sabina vulgaris* Ant.] / Savin Juniper 图 7-43

匍匐灌木，主干铺地平卧，顶端向上伸展。叶二型，鳞叶斜方形，长 1.5~3mm，背面近中部有腺体；刺形叶长 3~5mm。球果近球形，径 6~7mm，熟时蓝黑色，被白粉；种子 3~5 粒。

产陕西、宁夏、青海、甘肃和新疆，垂直分布海拔 1 100~2 800m。欧

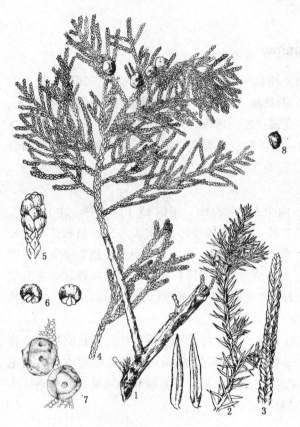

图 7-42 圆柏 *Juniperus chinensis*
1. 球果枝 2. 刺形叶 3, 4. 鳞形叶 5. 雄球花
6. 雄蕊 7. 球果放大 8. 种子

洲、中亚亦产。常生于多石的干燥阳坡，对山地水土保持有重要作用。常随云杉林而分布，在林缘或阳坡形成稠密的匍匐灌丛。常栽培为园林绿化树种。耐寒区位 4~9。

3. 铺地柏 *Juniperus chinensis* var. *procumbens* (Endl.) [*Sabina procumbens* (Endl.) Iwata et Kusaka] / Creeping Juniper

与叉子圆柏的区别为：枝干贴近地面伸展，小枝密生。多为刺形叶，长 6~8mm，顶端具小尖头，球果扁球形，具种子 2~3 粒。

原产日本，中国黄河流域至长江流域广泛栽培。喜光，适生于滨海湿润气候，对土质要求不严，耐寒力、萌生力均较强。园林绿化树种。耐寒区位 4~9。

4. 杜松 *Juniperus regida* Sieb. et Zucc. / Stiffleaf Juniper 图 7-44：1, 2

高达 15m，胸径 0.5m；树皮褐色；树冠塔形或圆柱形。小枝下垂。刺形叶长 12~20mm，先端锐尖，腹面下凹成深槽，内有 1 条白色气孔带，叶背面具明显的纵脊。雌雄异株。球果近球形，径 6~8mm，熟时蓝黑色，常被白粉。种子近卵圆形，长 5~6mm。球果 2 年成熟。球花于夏末发育形成于叶腋，翌年春开花，球果成熟期 9~10 月。

产东北、华北各地，西至陕西、甘肃、宁夏；垂直分布海拔东北 500m 以下，华北、

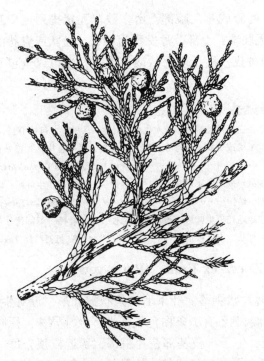
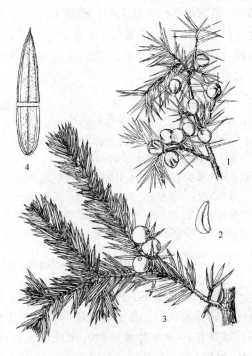

图 7-43　叉子圆柏 *Juniperus sabina*　　　图 7-44　1, 2. 杜松 *Juniperus regida*
　　　　　　　　　　　　　　　　　　　　　　　　　3, 4. 刺柏 *Juniperus formosana*
　　　　　　　　　　　　　　　　　　　　　1, 3. 球果枝　2. 种子　4. 叶

西北 1 400~2 200m。在朝鲜、日本亦产。耐寒区位 4~8。

喜光，耐干旱寒冷气候及干燥山地；根系发达，生长较慢。木材坚韧致密，有光泽和香气，耐腐朽；球果、种子入药。树形塔形，树姿优美，主要用于庭园观赏树。以丛植和小片状群植，并混种松树和观叶阔叶树能形成树冠各异、层次鲜明的林型。在华北太行山（小五台山）可见灌木状天然纯林。

5. 刺柏 *Juniperus formosana* Hayata/Taiwan Juniper　图 7-44: 3, 4

与杜松 *J. regida* 的区别为：刺形叶较宽，为条状或披针状，腹面微凹，背面纵脊不明显，具 2 条较绿色边缘稍宽的白色气孔带，在先端汇合。球果熟时淡红色或红褐色，常被白粉。种子长卵形，具 3 棱。

分布很广，主要分布于华东、华中和西南地区。喜光，喜温暖湿润气候，亦耐干旱瘠薄，水土保持树种。树姿优美，各地常栽为庭园观赏树。耐寒区位 8~10。

8. 红豆杉科 Taxaceae /Yew Family

常绿乔木或灌木。叶条形或披针形，螺旋状互生或对生，常 2 列排列，叶背中脉两侧各有 1 条气孔线。雌雄异株，稀同株；雄球花单生叶腋或 6~9 集生成头状，雄蕊多数，呈盾片状，边缘辐射状排列 3~9 个花药（环孢子囊堆），或雄蕊向下一侧排列（下孢子囊堆）；雌球花具长梗或无梗，单生或成对生于叶腋或苞片腋部，由多数覆瓦状排列或交互对生的苞片组成，基部苞片不育退化，腋内无胚珠，上部苞片发育为杯状、盘状或囊状的珠托，内有胚珠1~2枚，花后珠托发育成假种皮。种子坚果状或核果状，半包或全包于肉质假种皮中。

分属检索表

1. 叶交互对生或对生，叶上面中脉明显或不明显，叶背具2条白色气孔带。小枝对生或近对生。假种皮全包种子。
　2. 条形叶中脉明显。小枝基部具宿存芽鳞。雄球花6~11个聚成头状，雌球花头状，具长梗，每一苞片具2直立胚珠。种子椭圆形，微扁 ·· 1. 三尖杉属 Cephalotaxus
　2. 条形中脉不明显，叶上面中部整体微微隆起，于近叶缘处形成两条不明显侧沟，先端锐尖。雄球花单生叶腋；雌球花无梗，成对生于叶腋，每苞片具1胚珠；种子大型，纺锤形 ·························· 2. 榧树属 Torreya
1. 叶螺旋状互生，叶上面中脉明显隆起。小枝不规则互生。雄球花单生叶腋；雌球花几无梗，单生叶腋，基部苞片覆瓦状排列，顶端苞腋具1直立胚珠；种子成熟时肉质假种杯状，半包种子 ························ 3. 红豆杉属 Taxus

1. 三尖杉属 *Cephalotaxus* Sieb. et Zucc. ex Endl. /Plum-yew

常绿乔木或灌木。树皮褐色或浅红色，薄片状剥落。叶条形或条状披针形，近对生，基部扭转排成2列，上面中脉隆起，叶背中脉两侧各有1条白色气孔带。雌雄异株，稀同株；雄球花6~9集生成头状；雌球花具长梗，生于小枝基部苞片腋部，稀近枝顶，每一苞片的腋部生2个胚珠，胚珠基部具囊状珠托。种子翌年成熟，核果状，全部包于由珠托发育成的肉质假种皮中，常数个生于梗端。

10种，中国10种全有分布，是该属的分布中心，分布秦岭—淮河以南各地区及我国台湾地区。

三尖杉 *Cephalotaxus fortunei* Hook. f. /Fortune Plum-yew　图7-45

小乔木至乔木，高达20m，胸径40cm；树皮紫色，平滑。枝细长，稍下垂。叶条状披针形，微弯，长4~13（多5~10）cm，宽3~5mm，先端渐尖，有长尖头，基部楔形或宽楔形。雄球花总梗长6~8mm；雌球花总梗长1.5~2cm。种子4~8生于总梗上，椭圆形或近球形，长2~2.5cm，假种皮熟时紫色或紫红色。花期4月，种子成熟期8~10月。

中国特有树种。产河南伏牛山、大别山，陕西秦岭以南，甘肃南部，长江以南各地区广泛分布。在东部生于海拔1 000m以下，西南部可达海拔2 700~3 000m。耐寒区位7~10。

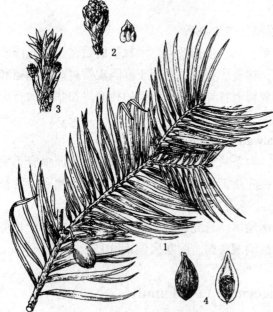

图7-45　三尖杉 *Cephalotaxus fortunei*
1. 具种子的枝　2. 雄球花枝及雄蕊
3. 雌球花枝　4. 种子及纵剖面

耐阴，喜温暖、湿润气候，常见于透光性好的林内和疏林。木材黄褐色，纹理细，质坚实，有弹性。枝、叶、根和种子可提取多种生物碱，对治疗白血病及淋巴肉瘤有一定疗效。常栽作庭园观赏树。

本属常见的种类还有：

粗榧 *Cephalotaxus sinensis* (Rehd. et Wils.) Li /Chinese Plum-yew 与三尖杉 *C. fortunei* 区别为：叶较短，长 2~5cm，宽约 3mm，先端渐尖或微凸尖，基部圆截形或圆形，质地较厚。种子 2~5 生于总梗上端，假种皮熟时红褐色，顶端有尖头。花期 3~4 月，种子 9~11 月成熟。

中国特有树种。分布区与三尖杉略同（秦岭、淮河以南至长江流域），生于海拔 600~2 200m 山地。用途同三尖杉。耐寒区位 7~10。

2. 榧树属 *Torreya* Arn. /Nutmeg-tree

常绿乔木。叶交互对生，基部扭转成 2 列；条形或披针形，坚硬，两面中脉不明显或微明显，下面有 2 条浅褐色或白色气孔带。雄蕊有明显背腹面之分，花药 4，稀 3，向外一边排列；雌球花无梗，成对生于叶腋，胚珠生于漏斗状珠托上。种子核果状，全包于肉质假种皮中。染色体 $2n = 22$。

6 种，分布亚洲东部、北美东南部和西部。中国有 3 种 2 变种。

榧树 *Torreya grandis* Fort. ex Lindl. /Chinese Torreya 图 7-46

高达 25m，胸径 55cm。1 年生小枝绿色。叶条形，直伸，长 1.1~2.5cm，宽 2.5~3.5mm，先端凸尖成刺状短尖头，基部近圆形。种子椭圆形、卵圆形或倒卵形，长 2~4.5cm，熟时假种皮紫褐色，有白粉。花期 4 月，种子成熟期翌年 10 月。

中国特有树种，产河南商城以南至华东，西至湖南、贵州。生于海拔 1 400m 以下山地林中。耐寒区位 8~10。

喜温暖湿润气候。为优良用材和食用油料树种。栽培历史悠久，其中优良品种香榧 'Merrillii' 种子大，炒熟后香酥味美，为著名干果。种子即采即播，萌发时间 2 年。

3. 红豆杉属 *Taxus* Linn. /Yew

叶螺旋状互生，叶条形，背中脉两侧有 2 条灰绿色或淡黄色气孔带。花药辐射状排列于盾状体边缘。种子具杯状红色假种皮。

约 10 种，分布北半球。中国有 3 种 2

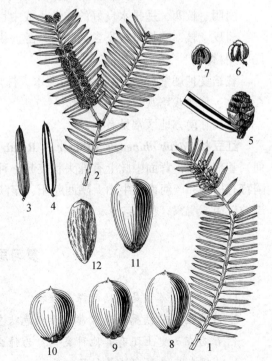

图 7-46 榧树 *Torreya grandis*
1. 雌球花枝 2. 雄球花枝 3, 4. 叶表、背面 5. 雄球花
6, 7. 雄蕊 8~11. 种子 12. 去假种皮的种子

图7-47 东北红豆杉 *Taxus cuspidata*
1. 具种子的枝　2. 叶

变种，除1种分布至东北外其余均产秦岭—淮河以南，多为星散分布。

耐阴，生长较慢。材质优良，供建筑、家具用材。树皮、枝叶和种子含紫杉醇，为抗癌新药。叶翠绿，假种皮肉质红色，颇为美观，可作庭园树。假种皮味甜可食，但种子的其余部分有毒。

东北红豆杉（紫杉） *Taxus cuspidata* **Sieb. et Zucc.** /Japanese Yew　图7-47

高达20m，胸径40cm；树皮红褐色，有浅裂纹。叶较密，排成彼此重叠的不规则2列，斜展；叶条形，直或微弯，长1.5~2cm，宽1.5~2mm，基部近对称，叶背面中脉上无乳头状突起。种子褐色，卵圆形，长约6mm，有明显的横脊，种脐三角形或四方形。

产黑龙江小兴安岭南部、张广才岭、老爷岭、吉林长白山、辽宁宽甸；垂直分布海拔500~1 000m。俄罗斯远东地区、朝鲜、日本亦有分布。耐寒区位4~7。

耐阴、抗寒，适排水良好的酸性土或中性土。种子或扦插繁殖。

树皮、枝、叶均有较高含量的紫杉醇，供医药用；木材有弹性，有香气，耐水湿，为优质用材。

栽培变种矮紫杉 var. *nana*，为灌木，株形低矮，密集，枝条开展。原产朝鲜、日本。在东北、华北栽培观赏。耐寒区位4~7。

本属在南方地区常见有：

红豆杉 *Taxus chinensis* **（Pilger.）Rehd.** /Chinese Yew　该种叶较稀疏，排成羽状2列，基部偏斜，背面中脉上有乳头状突起。种子色淡，无横脊，种脐圆形或椭圆形。为中国特有树种，产河南伏牛山，陕西略阳、宁陕、南郑，甘肃文县、武都、成县，南至长江流域以南。耐寒区位6~10。

复习思考题

1. 为什么说苏铁是原始的裸子植物？
2. 在我国，苏铁属树种常常处于濒危状态，试分析其原因。
3. 银杏在历史上还有其他种类吗？为什么现在仅存银杏一个种？
4. "银杏"是果实还是种子？为什么？
5. 银杏通过哪些特征表现出为原始的类群？
6. 松科和柏科的区别是什么？它们与其他裸子植物的重大区别是什么？

7. 列表教材中涉及的松科各属的区别特征。

8. 为什么云杉属和冷杉属多分布在高山和东北地区？

9. 松属分类几个亚属，主要特征是什么？不同亚属的树种在生态学特性上有什么区别？

10. 青藏高原是我国松科树种极其丰富的地区，通过查找和分析相关研究成果，试分析主要的原因（列举出2~3个原因）。

11. 为什么说水杉的发现解决了柏科和杉科之间的关系？目前的研究合并了柏科和杉科，从形态上如何来支持这种处理？

12. 列表区别教材中涉及的柏科各属的区别特征。总结柏亚科与其他亚科的区别要点。

13. 什么是红豆杉科？你是通过什么关键特征认识红豆杉科的树种？

14. 罗汉松科和红豆杉科的主要区别是什么？

15. 形态分类上一直认为盖子植物类树种是裸子植物中最进化的类群，请根据研究资料找出科学依据。

16. 麻黄科树种主要分布在干旱地区，在我国主要分布华北北部、西北地区，它们的适应机制是什么？

第8章 被子植物 ANGIOSPERMS

被子植物又称为有花植物（flowering plants），是植物界中出现的最晚、最进化、最完善的高等植物，其主要形态特征为：

常绿或落叶，乔木、灌木或草本。木质部具导管，稀无导管。叶宽阔，网状脉或平行脉。具典型的花，胚珠包藏于子房内。种子成熟时，子房发育成果实。在有性繁殖中具有双受精现象，1个精子与卵核融合发育成胚，1个精子与1个极核融合发育成胚乳。种子具1~2枚，3~4枚子叶。

自新生代以来，它们在地球上占着绝对的优势，物种最丰富，现知被子植物约413科10 000余属23.5万种，占植物界的一半，中国分布约有251科3 148属约3万种，其中木本植物约8 000种，乔木树种2 000种（引自《中国树木志》第1卷），保留着许多古老的、在系统发育上具有重大意义的种类，是研究被子植物起源和演化的最好地区。被子植物在全球分布于各个气候带，其中以气温高、雨水多的热带、亚热带最多。被子植物能有如此众多的种类和极其广泛的适应性，与它的结构复杂化、组织器官完善化分不开的，特别是繁殖器官的结构和生殖过程的特点，为它提供了适应和抵御各种环境的内在条件，并在生存竞争、自然选择的矛盾斗争过程中，不断产生新的变异，形成新的物种。

被子植物与裸子植物都是种子植物，靠种子繁殖，但被子植物结构要比裸子植物进化、复杂和完善得多。与裸子植物相比较有以下6个突出的进化特征。

(1) 具有真正的花

围绕繁殖器官出现苞片、花萼、花瓣等的保护结构；雄蕊由花药和花丝组成；大孢子叶发育成具有子房、花柱、柱头的雌蕊；花由花萼、花瓣、雄蕊群和雌蕊群组成。花的性别及各部在数量上和结构上有着多样性，如两性花、单性花、杂性花、无被花、单被花、双被花等。这些变化是在进化过程中以适应虫媒、风媒、鸟媒、水媒、自花、异花等多种传粉方式而发生的形态变化。传粉时，由柱头而不是直接由胚珠授粉。

(2) 具雌蕊，形成果实

心皮是组成雌蕊的基本单位，起到保护胚珠的作用。随着胚珠发育为种子，子房也发育成果实，果皮起到保护种子的作用，而果皮具各种勾刺毛翅等保护种子并为种子传播提供条件。多样化的果实促成了被子植物种子的传播，使得被子植物具有比裸子植物更广的适应能力，利于繁衍。

(3) 具双受精现象，胚乳也是受精产物

这是植物界中最进化、最高级的繁殖方式，是被子植物兴旺发达的主要原因之一。

(4) 孢子体高度发达和多样化，适应性广

组织分化精细，生理机能效率高，如输导组织的木质部中具有导管和薄壁组织，使水分运输畅通和机械支持能力加强，因此能够供应和支持总面积大得多的树冠，增强光合作

用的效能。

（5）雌、雄配子体进一步简化

被子植物的雌配子体进一步简化形成成熟胚囊，雄配子体简化形成 2 或 3 细胞的花粉粒，生于孢子体上。

（6）营养和繁殖方式多样

营养方式除自养外尚有寄生、腐生等其他方式。除种子繁殖外，还具有依靠分蘖、地下茎、鳞茎、块茎、珠芽、块根上的不定芽等进行无性繁殖。

根据花部构造和种子内子叶数目，被子植物门又分为双子叶植物纲 Dicotyledoneae（木兰纲 Magnoliopsida）和单子叶植物纲 Monocotyledoneae（百合纲 Liliopsida）2 个类群。

Ⅰ. 双子叶植物 DICOTYLEDONS

种子的胚通常具 2 枚子叶。胚根伸长成发达的主根，少数为须根状，叶脉多为网状脉。茎内维管束环状排列，具形成层，保持细胞分裂能力，使茎能加粗生长。花部（即萼片、花瓣、雄蕊）常为 4~5 数，少部分为多数。花被辐射对称至两侧对称，子房上位至下位，果实有开裂或不开裂的各种类型。成熟种子有胚乳或无胚乳。

双子叶植物根据花冠特点分为离瓣花类（亦称古生花被类）和合瓣花类（亦称后生花被类）两类。但克朗奎斯特系统中，将双子叶植物纲改称木兰纲，均不称离瓣花类与合瓣花类。

全球约 344 科 20 余万种。中国约 204 科 2 390 余属 2 万余种，其中木本植物约 8 000 种，引进 1 000 多种，乔木树种约 2 000 种。

1. 木兰科 Magnoliaceae / Magnolia Family

常绿或落叶，乔木或灌木，具油细胞。顶芽大，包被于大型托叶内，枝节上留有环形托叶痕。单叶互生，全缘，稀缺裂，羽状脉。花常两性，单生枝顶或叶腋，花托隆起呈柱状；同被花，花被片 2 至数轮，每轮 3 片；雄蕊群具多数雄蕊，螺旋状着生在柱状花托基部，花丝短，花药长条形，纵裂，药隔突起；雌蕊群具多数离心皮雌蕊，螺旋状着生在柱状花托上部，每心皮 1 室，胚珠 2 至多数，花柱短，柱头反曲。聚合蓇葖果，稀为聚合翅果；种子常具红色假种皮，常悬垂于丝状珠柄上，胚小，胚乳富含油脂。

17 属 300 余种，分布于亚洲东部和南部、北美洲东南部、大小安的列斯群岛至巴西东部。中国约 13 属 136 余种，主产于长江以南，华南至西南最多。

为中亚热带至南亚热带常绿阔叶林的重要组成树种，材质优良，供上等家具、建筑等用。花大美丽，叶色浓绿，可供庭园观赏和城市绿化树种。

在 APG 分类系统中，木兰科属于早期被子植物木兰类中的木兰目 Magnoliales，且只承认 2 个属，即木兰属和鹅掌楸属。

根据大量的化石研究资料，东亚植物界，尤其是中国的西南地区是木兰科的多度中心和多样化中心，也可能是其起源中心。该地区一是未受冰川侵扰，二是喜马拉雅山脉隆起所造成气候环境的变迁，促进了木兰科的后期分化，从而形成了本科生物多样性最为丰富的地区。尤其是木兰属 *Magnolia*、木莲属 *Manglietia* 和 含笑属 *Michelia* 丰富程度最高，成为亚热带至热带常绿阔叶林的重要组成成分。

分属检索表

1. 聚合蓇葖果；叶常不分裂，托叶1枚，芽鳞状。
   2. 花顶生，雌蕊群无柄 ··· 1. 木兰属 *Magnolia*
   2. 花腋生，雌蕊群具显著的柄 ··· 2. 含笑属 *Michelia*
1. 聚合翅果，叶常4~6裂，托叶2枚，基部围绕枝条靠合 ············· 3. 鹅掌楸属 *Liriodendron*

1. 木兰属 *Magnolia* Linn. /Magnolia

乔木或灌木，常绿或落叶。叶全缘，稀先端2浅裂。花两性，单生枝顶；花被片9~21枚，近相等，有时外轮花被片较小而带绿色；花丝扁平；雌蕊群和雄蕊群之间无雌蕊群柄，心皮多数或少数，胚珠2。聚合蓇葖果，蓇葖沿背缝线开裂；种子1~2，外种皮鲜红色。

约90种，分布于中国、日本、马来群岛和中北美。中国30余种，主产长江以南及西南各地。

分种检索表

1. 落叶性；聚合蓇葖果全部或部分发育。
   2. 叶片大，长15cm以上，5~9集生枝顶，呈假轮生状；冬芽有1枚芽鳞状托叶；聚合蓇葖果全部发育；花在叶后开放 ··· 1. 厚朴 *M. officinalis*
   2. 冬芽有2枚芽鳞状托叶；聚合蓇葖果部分发育；花先叶开放或花叶同放。
      3. 叶宽倒卵形，先端突尖；花被片白色，大小相等 ·············· 2. 玉兰 *M. denudata*
      3. 叶椭圆状倒卵形，先端渐尖；外轮花被片小，绿色，呈萼片状；内部2轮花被片紫红色
         ··· 3. 紫玉兰 *M. liliflora*
1. 常绿性；叶片厚革质，叶背密被锈褐色毛，叶柄无托叶痕 ············ 4. 广玉兰 *M. grandiflora*

1. 厚朴 *Magnolia officinalis* Rehd. et Wils. /Medicinal Magnolia　　图8-1

落叶乔木，高达20m；树皮厚，不开裂，油润而带辛辣味。小枝粗壮；顶芽发达，长达4~5cm。叶大，7~9集生枝顶，长圆状倒卵形，长23~45cm，宽10~20cm，先端圆或钝尖，下部渐狭为楔形，侧脉20~30对，下面被灰色柔毛和白粉；叶柄粗，长3~4cm，托叶痕长为叶柄的2/3。花大，白色，芳香，径约10~15cm，花被片9~12（17），长8~10cm。聚合果圆柱形，长9~13cm，发育整齐，先端具喙。花期5~6月，果实成熟期9~10月。

产陕西南部、四川、贵州北部、湖北西部、湖南西南部、江西北部，海拔300~1 500m地带，以四川、湖北、贵州、湖南为主要栽培区。耐寒区位6~9。

喜光，幼时耐阴，喜温和湿润气候和肥沃、疏松的酸性至中性土，不耐干旱和水涝。生长速度中等偏快，寿命可长达百余年，一般20年生左右可剥皮制药。种子繁殖。

树皮为著名中药，主治高血压、痢疾、伤寒等症。木材纹理直，质轻软，结构细，供

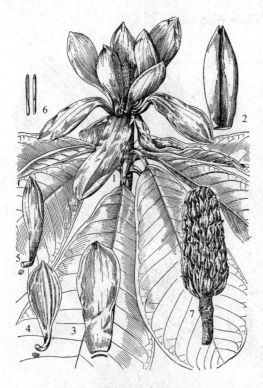

图 8-1 厚朴 *Magnolia officinalis*
1. 花枝　2. 花芽苞片　3~5. 三轮花被片
6. 雄蕊　7. 聚合蓇葖果

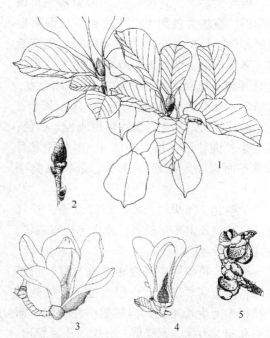

图 8-2 玉兰 *Magnolia denudata*
1. 叶枝　2. 冬芽　3. 花枝　4. 雌雄蕊群　5. 聚合蓇葖果

板料、家具、建筑、细木工等用材。叶大荫浓，花大而洁白，干直枝疏，可用作行道树及园林树。

2. 玉兰（白玉兰） *Magnolia denudata* Desr. ／Yulan, Jade Orchid　图 8-2，彩版 4：6

落叶乔木，高达 20m，胸径 60cm。小枝灰褐色。花芽大而显著，密被毛。叶片宽倒卵形或倒卵状椭圆形，长 10~18cm，宽 6~12cm，先端突尖。先叶开放，白色，芳香，径约 12~15cm，花被片 9 片，肉质。聚合果长圆柱形，长 8~12cm，因蓇葖发育不整齐而弯曲。花期 3~4 月，果实成熟期 9~10 月。

产安徽、浙江、江西、湖南、广东北部等地，多生于海拔 500~1 200m 地带的常绿阔叶树和落叶树混交林中。现广为栽培。耐寒区位 5~9。

喜光，稍耐阴；喜温暖气候，但耐寒性颇强，可耐 -20℃ 低温，在北京及其以南各地均可正常生长；喜肥沃、湿润而排水良好的弱酸性土壤，但也能生长于中性至微碱性土中（pH 7~8）。根肉质，不耐水淹，耐旱性也一般。抗二氧化硫。播种或嫁接繁殖。

材质优良，供家具、图板、细木工等用。花蕾入药，与辛夷功效同，花含芳香油，可提取配制香精或制浸膏；花被片食用或用以熏茶。花大而洁白、芳香，开花时极为醒目，宛若琼岛，有"玉树"之称，是驰名中外的庭园观赏树种。北京长安街故宫一侧，以红墙为背景，配于青翠的圆柏 *Juniperus chinensis*，黄色花的连翘 *Forsythia suspensa*，春天开花时，玉兰尤显洁白如玉，晶莹剔透，为欣赏玉兰最佳地方。

3. 紫玉兰（辛夷）*Magnolia liliflora* Desr. /Lily Magnolia 图 8-3

落叶大灌木，高达 4m。小枝紫褐色。顶芽卵形，被淡黄色绢毛。叶片椭圆状倒卵形或倒卵形，长 8~18cm，宽 3~10cm，先端渐尖，基部楔形，侧脉 8~10 对。花大，花叶同时开放。花被片 9，外轮 3 片，花萼状，黄绿色，长约为花瓣的 1/3，早落。其余 2 轮花被片外面紫色，内面浅紫色或近于白色；聚合果长圆柱形，长 7~10cm，因蓇葖发育不整齐而弯曲。花期 3~4 月，果实成熟期 8~9 月。

产湖北、四川、云南。秦岭以南、长江流域等地以及山东、河南、北京等均有栽培。耐寒区位 5~9。

喜光，稍耐阴；喜温暖湿润气候，也较耐寒；对土壤要求不严，但在过于干燥的黏土和碱土上生长不良；肉质根，忌积水。萌蘖力和萌芽力强，耐修剪。分株或压条繁殖。

花蕾入药，商品名"辛夷"；花的浸膏

图 8-3 紫玉兰 *Magnolia liliflora*
1. 花枝 2. 果枝 3. 雄蕊 4. 雌、雄蕊群
5. 外轮花被片和雌蕊群 6. 花蕾

可供调配香皂和化妆品香精等用。花色紫红，在中国有着悠久的栽培历史，是著名的春季观赏花木。

4. 广玉兰 *Magnolia grandiflora* Linn. / Bull Bay, Southern Magnolia 图 8-4

常绿乔木，高达 16m（原产地达 30m）；树皮暗灰色，不开裂。小枝、叶背、叶柄密被褐色短绒毛。叶片厚革质，椭圆形或长圆状椭圆形，长 10~20cm，宽 6~9cm，先端钝圆，上面深绿色而有光泽，下面锈褐色，叶缘略反卷；叶柄长 2~4cm，无托叶痕。花白色，芳香，径 15~20cm；花被片 12，厚肉质，倒卵形。聚合果发育整齐，短圆柱形，长 7~10cm，密被灰褐色绒毛，蓇葖具喙。花期 5~7 月，果实成熟期 10 月。

原产北美东南部，中国长江流域至珠江流域城市园林中多有栽培，生长良好。苏州有胸径 1m 以上的大树。耐寒区位 7~9。

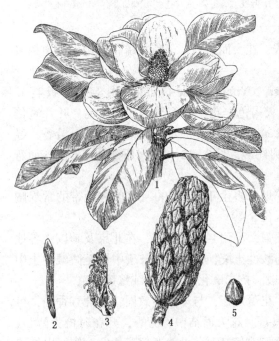

图 8-4 广玉兰 *Magnolia grandiflora*
1. 花枝 2. 雄蕊 3. 雌蕊群一部分
4. 聚合蓇葖果 5. 种子

弱喜光树种，幼苗期耐阴；喜温暖湿润气候，也能耐短期-19℃的低温；对土壤要求不严，但最适于肥沃湿润的酸性土和中性土。根系发达，生长速度中等。对烟尘和二氧化硫有较强的抗性。播种繁殖。

木材黄白色，材质坚重，可供装饰材用。叶、幼枝和花可提取芳香油。树姿雄伟，叶片光亮浓绿，花夏季开花，花朵大如荷花，芳香馥郁，是优美的园林观赏树种。

2. 含笑属 *Michelia* Linn. /Michelia

常绿乔木或灌木。叶全缘；托叶与叶柄贴生或分离。花两性，单生叶腋；花被片6~21，近相等；雌蕊群明显有柄，胚珠2至数枚。聚合果蓇葖疏散，通常部分蓇葖不发育，室背开裂；果瓣具明显的皮孔。种子2至数枚，具红色假种皮。

约60种，产亚洲热带和亚热带。中国约41种，主产西南和东南部，为常绿阔叶林的重要组成成分。本属树种树干通直，尖削度小，为产区木结构房屋重要的柱、梁的原料，多种树种成为天然保护林工程的保护目标。生长快，繁殖容易，树形端直，叶质光亮，花芳香，多为美丽的园林观赏树种。

分种检索表

1. 叶大，长椭圆形，长10~27cm；花被片披针形，各部基本无毛 ·················· 1. 白兰 *M. alba*
1. 叶小，倒卵状椭圆形，长4~10cm；花被片卵圆形，芽、幼枝、叶柄均密被黄褐色绒毛 ·················
·· 2. 含笑 *M. figo*

1. 白兰 *Michelia alba* DC. /White Champaca, White Sandalwood 图8-5

常绿乔木，高17~20m，胸径可达30cm。幼枝和芽绿色，密被淡黄色微柔毛，后脱落。叶薄革质，长圆形或披针状长圆形，长10~27cm，宽5~9.5cm，先端长渐尖，基部楔形，背面疏被柔毛，托叶痕为叶柄长的1/2以下。花白色，后略带黄色，极香；花被片10~14，披针形，长3~4cm，宽3~5mm；雌蕊群有毛。聚合果的蓇葖常不发育或少数发育。花期4~10月，夏季盛开。

为黄兰 *M. champaca* 和蒙大拿含笑 *M. montana* 的杂交种。原产印度尼西亚爪哇，中国华南地区常见栽培，长江流域及其以北各地盆栽，在温室越冬。耐寒区位10~11。

喜日照充足、暖热湿润和通风良好的环境，怕寒冷，冬季温度低于5℃时易发生寒害。根系肉质而肥嫩，既不耐旱也不耐涝。喜富含腐殖质、排水良好、疏松肥沃的酸性沙质壤土。对二氧化硫、氯气等有毒气体比较敏感，抗性

图8-5 白兰 *Michelia alba*
1. 花枝 2. 叶背面，示柔毛 3. 雄蕊
4. 雌蕊群 5. 子房纵切 6. 花被片

差。以嫁接繁殖为主，可用黄兰、含笑 *M. figo*、醉香含笑 *M. macclurei* 或紫玉兰 *Magnolia liliflora* 作砧木，切接、靠接均可，也可用空中压条繁殖。

花色洁白、芳香而清雅，花期长，是华南地区著名的园林树种。花朵可制作胸花、头饰，也可窨制茶叶；花浸膏供药用，叶可提取芳香油。在北方以盆栽，供观赏和室内绿植。

2. 含笑 *Michelia figo* （Lour.） Spreng. ／Banana Shrub, Port-wine Magnolia

常绿灌木，高2~3m。树皮灰褐色。芽、幼枝、叶柄和花梗均密被黄褐色绒毛。叶革质，肥厚，倒卵状椭圆形，长4~9cm，宽1.8~3.5cm，短钝尖，基部楔形，上面亮绿色，下面无毛；托叶痕达叶柄顶端。花梗长1~2cm；花极香，花被片6，卵圆形至卵形，淡黄色或乳白色，边缘略呈紫红色，肉质，长1~2cm；雌蕊群无毛。聚合果长2~3.5cm；蓇葖扁圆。花期4~6月，果实成熟期9月。

产华南各省份，广东北部和中部有野生，生于阴坡杂木林中。现各地广为栽培，长江流域各地可露地越冬。耐寒区位9~11。

喜半阴环境，不耐烈日；喜温暖湿润，不耐寒；不耐干旱瘠薄，要求排水良好、肥沃疏松的酸性壤土。对氯气有较强的抗性。以扦插为主，也可嫁接、播种和压条繁殖。

树形、叶形俱美，花朵香气浓郁，是热带和亚热带园林中重要的花灌木。花、叶可提取香精，供药用和化妆品用；花瓣可拌入茶叶，制成花茶。

3. 鹅掌楸属 *Liriodendron* Linn. ／Tulip Tree

落叶乔木。冬芽包被于2枚合生的芽鳞状托叶中，2枚托叶基部相连，脱落后，在枝条上留下环状托叶痕。叶片先端平截或浅凹缺，两侧各具1~3裂片。花两性，单生枝顶，花杯状，形如郁金香花；花被片9，每轮3片，近相等；药隔延伸成短尖头；雌蕊群无柄，每心皮具2胚珠。聚合果纺锤形，小果木质，顶端延伸成翅，熟时自中轴脱落，中轴宿存。种子具薄而干燥的种皮。

2种，中国产1种，北美产1种。为典型的间断分布。

鹅掌楸（马褂木） *Liriodendron chinense* Sarg. ／Chinese Tulip Tree　图8-6

落叶乔木，高达40m，胸径1m以上。小枝灰色或灰褐色。叶片形似马褂，长（4~）6~12（18）cm，先端截形或微凹，每边1个裂片，向中部缩入，老叶背面有乳头状白粉点。花黄绿色，径约5~6cm；花被片9，外轮3片绿色，萼片状，向外开展，内2轮6片直立，倒卵形，长3~4cm，外面绿色，具黄色纵条纹；花药长1~1.6cm，花丝长约5~6mm。聚合果长7~9cm，

图8-6　鹅掌楸 *Liriodendron chinense*
1. 花枝　2. 雄蕊　3. 聚合果　4. 翅状小坚果

小坚果长约 6mm，翅长 2~3cm。花期 5 月，果实成熟期 8~10 月。

分布于长江以南及西南地区，海拔 900~1 700m 地带。耐寒区位 6~10。

喜光，喜温暖湿润气候，但有一定耐寒性，在短期 −15℃ 低温下不受冻害。喜深厚肥沃、湿润而排水良好的酸性或弱酸性土壤（pH4.5~6.5）。不耐旱，也忌低湿水涝。对二氧化硫有中等抗性。播种繁殖。

木材淡红褐色，纹理直，结构细，供建筑、家具、细木工等用材。树皮入药。树形端庄，叶形奇特，花朵淡黄绿色，美而不艳，秋叶金黄，是世界珍贵的观赏树种。

北美鹅掌楸 Liriodendron tulipifera Linn./Tulip Tree 与鹅掌楸的区别为：叶背无白粉点，侧裂片 2 对，雌蕊群不超出花被之外；翅状小坚果先端急尖。产于北美东南部。中国的青岛、庐山等地引种。耐寒区位 4~10。

知识窗

木兰科的间断分布特点

根据已发现的化石资料推测，木兰科早期分化时间为早白垩纪初期，甚至更早，在中国西南形成后，向外辐射，经白令海峡进入北美后，由于大陆的分离和温度的变化，形成东亚和北美间断分布的种。

木兰科中有 3 个温带间断分布的类群和 1 个热带间断分布的类群。温带间断分布有鹅掌楸属的 2 个种：鹅掌楸 Liriodendron chinense 分布于中国的长江流域以南，北美鹅掌楸 L. tulipifera 分布于美国东南部，该种原产中国，由于长期的地理隔离，在外部形态上产生了较鹅掌楸进化的性状，二者杂交的 F_1 代（L. chinense × L. tutipifera）活力很高。木兰属木兰亚属皱种组的 4 个种分布于北美至墨西哥和西印度群岛，3 个种分布于亚洲的东部。RFLP、ndhF 序列分析结果表明，美洲的 2 个种（Magnolia dealbata 和 M. macrophylla）与木兰亚科的其他类群形成姊妹群，M. fraseri 与单性木兰属为姊妹群，而另一个美洲种 M. tripetala 则与所有的亚洲种形成一单系类群，组是生活在相似环境下趋同演化的一个多系类群；木兰属玉兰亚属的紫玉兰组 2 种，即现广为栽培的紫玉兰 M. liliflora 和分布于北美洲的尖叶木兰 M. acuminata，二者同具紫色或黄绿色的萼片状外轮花被片，花叶同放或后叶先花，但 RFLP、ndhF、matK 序列分析的结果却显示尖叶木兰与玉兰亚属其他种（均为亚洲种）为姊妹群。说明因地理隔离因素所形成染色体水平上的不同远远大于形态上的差异，原来采用的形态分类特征需重新考虑。在形态上，尖叶木兰的花较小，萼片狭窄，黄绿色也区别于其他亚洲种。

热带间断分布的类群为盖裂木属，主要分布于东亚至东南亚和中美洲、南美洲的热带与亚热带地区。产于东南亚的木兰亚属的 Gwillimia 组和 Lirianthe 组与盖裂木属 Blumiana 组在形态上非常相似，没有果实很难区别，而这种相似性也得到了基因序列分析结果的支持。产于美洲的盖裂木种类在序列分支图中或者与同产于美洲的 Theorhodon 组的 2 个种 M. portoricensis 和 M. splendens 成为单系群，或与木兰亚科的其他种类形成姊妹群。

可见，木兰科植物经过迁移形成地理隔离后，在相似的生态环境中进行着独立的演化进程，形成亚洲种群与美洲种群既有隔离又有联系的现状。

2. 蜡梅科 Calycanthaceae /Calycanthus Family

落叶或常绿灌木。有油细胞。单叶对生，无托叶。花两性，单生；花被片多数，同被花，花萼与花瓣难区分；雄蕊 5~30，排成 2 轮，花药纵裂，花丝短；心皮 6~14，离生，生于坛状花托内，子房 1 室，胚珠 1~2 枚。聚合瘦果。种子无胚乳，子叶螺旋状卷曲。

全世界 3 属（美国蜡梅属 *Calycanthus*、蜡梅属 *Chimonanthus* 和夏蜡梅属 *Sinocalycanthus*）12 种，中国有 2 属 7 种，分布亚热带地区。北方常见 1 属 1 种。

在 APG 分类系统中，蜡梅科系统位置与 Cronquist 系统相同，属于早期被子植物木兰类中的樟目（Laurales），与樟科等关系近缘。

蜡梅属 *Chimonanthus* Lindl. /Wintersweet

落叶或常绿灌木。鳞芽，顶芽常缺，芽鳞 3~13 对交互对生，侧芽为近柄芽，花芽倒卵形，较叶芽大，生于去年枝上，先叶开放。花黄色或黄白色；雄蕊 5~6 枚，花托坛形。中国特产。4 种，是北方冬春主要的观花树种。

蜡梅 *Chimonanthus praecox* (Linn.) Link. /Wintersweet 图 8-7

图 8-7 蜡梅 *Chimonanthus praecox*
1. 花枝 2. 果枝 3. 花纵剖面 4. 花图式
5. 去花瓣的花 6. 雄蕊 7. 聚合果 8. 瘦果

落叶灌木，高 4m。幼枝近方柱形，老枝圆柱形；花芽大于叶芽。叶卵状披针形至卵状椭圆形，长 7~15cm，表面具粗糙刚毛。花径 2~4cm，花被片蜡黄色，无毛，内部花被基部具爪，花丝比花药长或等长；果托椭圆形口部收缩成坛状，长 2~4cm；瘦果长椭圆形，紫褐色，有光泽。花期 11 月至翌年 2 月，华北地区花期 2 月中下旬至 3 月上旬。

陕西秦岭、巴山和湖北西部有野生，垂直分布海拔 1 000m 左右。河南鄢陵是传统的蜡梅生产基地，京津地区及华北南部地区广泛栽培，是中国著名的冬季观花树种。耐寒区位 6~10。

喜光，稍耐阴，喜潮湿，忌水淹，较抗寒。忌黏土和盐碱土，宜在土壤深厚肥沃，排水良好的微酸性沙质壤土中生长。对 SO_2 和 Cl_2 抗性强。繁殖以分株或嫁接繁殖为主。

蜡梅是中国传统名贵花木，开花于寒冬或早春，花先叶开放，色黄如蜡，清香四溢，繁花满枝，形神俊逸，令众多诗人留有佳句名篇。在园林中蜡梅是独具特色的冬季花木。北方许多城市举办"蜡梅节"。种植方法一般采用自然式、对称式或丛植式植于厅堂、楼前及入口两侧。也可与竹类、玉兰、松等植物配置。家庭可用蜡梅做盆景，也可用于插花，花期可达半月之久。中国蜡梅花香浓郁，可制作饮料又可药用。花入药有解毒生津、开胃散郁之效。根入药能镇咳平喘。鲜花可提取蜡梅香膏；鲜花浸生油中可制成"蜡梅油"，对热水、火烫伤有疗效。蜡梅干花在国际市场价格极高而且供不应求，标准为"花身干燥、品种纯正、花大色黄、花含苞未放、整齐不散瓣、不含农药、不带花梗"。

主要栽培变种有：

素心蜡梅'Concolor'，花较大，花被内外均为纯黄色。

罄口蜡梅'Grandiflora'，叶较宽大，花瓣圆形，外轮花被淡黄色，内轮花被边缘有红紫色条纹，花期长，香味最浓。

狗蝇蜡梅'Intermedius'，花瓣狭长，暗黄色，带紫纹。

3. 樟科 Lauraceae / Laurel Family

乔木或灌木（仅无根藤属 *Cassytha* Linn. 为缠绕性寄生草本）；具有油细胞，各部有香气。小枝黄绿色。单叶互生，稀对生或轮生，全缘，偶具缺裂；无托叶。花两性，少单性或杂性，黄绿色，组成圆锥、总状或伞形等各式花序，有苞片或聚为总苞。花被基部连合为筒（花被筒），裂片6（稀4），2轮，雄蕊3~4轮，每轮3枚，花丝基部两侧各有1腺体或无，雄蕊4轮者，最内轮雄蕊常退化，花药4或2室，瓣裂，内向或外向；单心皮雌蕊，子房上位，稀下位，1室，1胚珠。浆果或核果，常具宿存花被。种子无胚乳，子叶肥大。

45~52属2 850~3 200（~3 500）种，是较大的科，广布于热带和亚热带，主产东南亚和巴西。中国约25属445种，主产长江流域及其以南地区。在中国分布的属占世界属数约1/2，种占世界种数约1/6，在科属级的区系分析中具有举足轻重的作用，成为中国和东亚区系的特色之一，特别是樟科不仅在中国和东亚的亚热带常绿阔叶林占有优势的地位，而且在暖温带还有常见种。为分布区重要林木之一，多优良用材及芳香油、油脂、药用、调料等特用经济树种。

在APG分类系统中，樟科属于早期被子植物木兰类中的樟目Laurales，与蜡梅科等关系近缘。

分属检索表

1. 花两性，圆锥花序，苞片小，不形成总苞；或为总状花序，具总苞。
 2. 果时花被筒形成果托；果实花被片脱落。
  3. 圆锥花序；常绿性，叶全缘；果托杯状或盘状；花药4室 ················· **1. 樟属** *Cinnamomum*
  3. 总状花序；落叶性，叶常2~3浅裂；果托纺锤形；花药2或4室 ········· **4. 檫木属** *Sassafras*
 2. 果时花被筒不形成果托；果实花被片宿存。
  4. 宿存花被片直立或开展，紧贴果实基部 ·· **2. 楠木属** *Phoebe*

4. 宿存花被片较长，反曲或开展，不紧贴果实基部 ················· 3. 润楠属 *Machilus*
1. 花单性，伞形花序或总状花序；苞片大，形成总苞。
　　5. 总苞具交互对生的苞片，迟落；伞形或总状花序。
　　　　6. 花药 2 室 ································· 5. 山胡椒属 *Lindera*
　　　　6. 花药 4 室 ································· 6. 木姜子属 *Litsea*
　　5. 总苞具覆瓦状排列的苞片，早落；总状花序，花药 2 或 4 室 ········· 4. 檫木属 *Sassafras*

1. 樟属 *Cinnamomum* Trew. /Cinnamon

常绿乔木或灌木。叶互生或对生，有时集生枝顶，三出脉和离基三出脉，少数为羽状脉，脉腋常有腺体。圆锥花序，常生于顶部叶腋；花两性，花被筒杯状，裂片于花后脱落；雄蕊 12，排成 4 轮，每轮 3，能育雄蕊 9，花药 4 室，最外 2 轮雄蕊花药内向，第 3 轮雄蕊花药外向，花丝有腺体，最内轮雄蕊退化成腺体；雌蕊瓶状。核果，基部有萼筒发育形成的盘状或杯状果托。

250 种，分布于亚洲热带、亚热带和太平洋岛屿。中国 46 种，主产长江以南各地。

分种检索表

1. 芽鳞多数；叶互生，脉腋有腺体；果实球形；小枝无毛 ············· 1. 樟树 *C. camphora*
1. 芽鳞少数；叶近对生，脉腋无腺体；果实椭圆形；小枝密被灰黄色短绒毛 ········ 2. 肉桂 *C. cassia*

1. 樟树 *Cinnamomum camphora*（Linn.）Presl. /Camphor Tree　图 8-8

图 8-8　樟树 *Cinnamomum camphora*
1. 花枝　2，3. 花及其纵剖面　4. 第一、二轮雄蕊
5. 第三轮雄蕊　6. 退化雄蕊　7. 果枝

乔木，高达 30m，胸径达 5m；树皮灰黄褐色，纵裂。小枝绿色，无毛。叶近革质，卵形至卵状椭圆形，长 6~12cm，宽 2.5~5.5cm，边缘波状，叶背微有白粉，离基三出脉，脉腋内有腺窝。花序腋生，长 3.5~7cm，花绿色或带黄绿色；花被片椭圆形，外面无毛，内面密被短柔毛。果实近球形，直径 6~8mm，紫黑色，有光泽；果托杯状，长约 5mm。花期 4~5 月，果实成熟期 8~11 月。

分布于中国长江以南各地，主产台湾、福建、江西、广东、广西、湖南、湖北、云南、浙江，尤以台湾和华东地区最多；多生于低山平原，垂直分布一般在海拔 500~600m 以下，湖南和贵州交界处可达海拔 1 000m，越南、日本和朝鲜也产。为中国亚热带常绿阔叶林的重要树种。耐寒区位 9~11。

喜温暖湿润气候和深厚肥沃的酸性或中性砂壤土，稍耐盐碱；较耐水湿，不耐干旱瘠薄。较喜光，孤立木树冠发达，主干较矮。寿命长，可达千年以上，在产区常见古树巨树。生长速度较快，在广东乐昌，5 年生树高约 5m，胸径 12cm。播种繁殖。

为中国珍贵树种之一。木材有香气，纹理致密，美观，耐腐朽，防虫蛀，为造船、箱橱、家具、工艺美术品等优良用材。根、干、枝、叶可提取樟脑和樟油，樟脑供医药、塑料、炸药、防腐、杀虫等用，樟油可作香精、肥皂、选矿、农药等用。种子可榨油，含油率高达 65%。树姿雄伟，枝叶浓荫遍地，幼叶粉红，4~5 月新叶长出，老叶变红脱落。在江南及华中地区等地为常见的园林绿化树种，广泛用作庭荫树和行道树。

2. 肉桂 *Cinnamomum cassia* Presl./Chinese Cinnamon 图 8-9

小乔木，高 5~10m；树皮厚，灰褐色，内皮橙黄色，有芳香甘甜味。幼枝稍四棱形，芽、小枝、叶柄和花序轴密被灰黄色短绒毛。叶厚革质，近对生或枝梢叶互生，长椭圆形至近披针形，长 8~16（34）cm，宽 4~6（9.5）cm，先端钝尖，基部宽楔形或近圆形；边缘内卷；上面光绿，下面疏被黄色柔毛；离基三出脉较粗，在上面凹陷、下面突起，第 2 级侧脉波状横行，极明显；叶柄粗壮，长约 1.2~2.5cm。花序大，长 7~17cm，花白色，长 5mm，花被片两面被毛。果实椭圆形，长 1cm，果托浅杯状。花期 5~6 月，果实成熟期翌年 2~3 月。

原产广西。广东、海南、云南、台湾、福建、江西和湖南南部广为栽培，以广西为栽培中心，多为人工纯林，野生林木分布于海拔 800m 以下常绿阔叶林中。耐寒区位 10~11。

喜南亚热带暖热多雨气候，抗寒性远较樟树弱；苗期喜荫而忌强光，成年树则喜光，稍耐阴；适于酸性基岩发育的肥沃疏松的红黄壤，pH 值以 4.5~5.5 为宜。苗期生长慢，萌芽力强，生产中常实施矮林作业，5 年生以上的人工林每年每公顷可产桂皮 600~750kg。深根性，抗风力强。播种繁殖。种子易丧失发芽力，宜采后即播。

图 8-9 肉桂 *Cinnamomum cassia*

树皮、枝叶、花、果、根均供药用及香料用，统称"桂品"。主要利用树皮，即"桂皮"，为中国传统烹调中的调料；各部可提取桂油。桂皮、桂油为中国特产，占世界总产量的 80%，在国际上享有盛名。木材结构细致，供家具、板料用。也可用于园林绿化。

2. 楠木属 Phoebe Nees /Phoebe

常绿乔木或灌木。叶革质，互生，羽状脉，全缘。花两性，聚伞状圆锥花序；花被片6，排成2轮；雄蕊9，排成3轮，花药4室，最外2轮雄蕊无腺体，花药内向，第3轮基部或近基部有2腺体，花药外向，最内一轮雄蕊退化为腺体；子房卵球形，柱头膨大。果卵形或椭圆形，花被片宿存，包被果实基部，多直立而且紧贴，稀松散。

约94种，分布于东南亚和热带美洲。中国约34种，产长江流域以南地区，主产西南和华南。

分种检索表
1. 叶椭圆形，稀披针形或倒披针形。果椭圆形，宿存花被裂片紧贴 ·················· 1. 楠木 *P. zhennan*
1. 叶倒卵形或倒卵状披针形。果卵形，宿存花被片松散 ·································· 2. 紫楠 *P. sheareri*

1. 楠木（桢楠）*Phoebe zhennan* S. Lee et F. N. Wei/Zhennan　图 8-10

大乔木，高达30m，胸径1.5m；树干通直。小枝被灰黄色或灰褐色柔毛。叶椭圆形，稀披针形至倒披针形，长约7~11cm，宽2.5~4cm，先端渐尖，基部楔形，上面无毛或沿中脉下半部有柔毛，下面密被短柔毛，脉上被长柔毛，侧脉8~13对，网脉不成明显的网格状。花序开展，被毛，长（6）7.5~12cm，中部以上分枝；花被裂片长3~3.5mm，宽2~2.5mm，外轮卵形，内轮卵状长圆形，先端钝，两面被灰黄色柔毛，内面较密；花丝被毛，腺体无柄。果椭圆形，长1.1~1.4cm，径6~7mm；果梗微增粗；宿存花被裂片革质，紧贴。花期4~5月，果实成熟期9~10月。

产湖北西部、湖南西部、贵州西北部及四川，多生于海拔1 500m以下阔叶林中。在成都平原广为栽植，为习见树种。耐寒区位8~9。

中性偏阳，幼时能耐庇荫，深根性，喜温暖湿润气候，喜排水良好、深厚肥沃的酸性土。种子繁殖。土壤深厚肥沃、气候湿润多雾条件适宜种植。

树干通直圆满，为中国珍贵优良用材树种。木材有香气，纹理直，结构细密，不易变形和开裂，供建筑、高级家具等用。树姿优

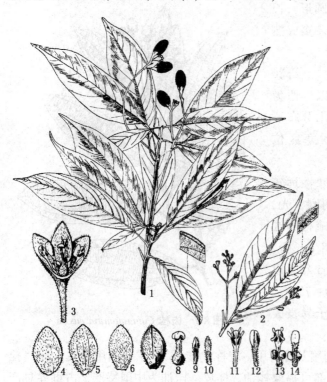

图 8-10　楠木 *Phoebe zhennan*
1. 果枝　2. 花枝　3. 花纵剖面　4~7. 花被片
8. 雌蕊　9, 10. 退化雄蕊　11~14. 各轮雄蕊

美，可栽培观赏。

2. 紫楠 *Phoebe sheareri* (Hemsl.) Gamble / Shearer Phoebe 图 8-11

乔木，高 20m，胸径 60cm；树皮灰褐色，纵裂。幼枝、叶背、叶柄和花序密被黄褐色绒毛。叶倒卵形至倒卵状披针形，长 8~27cm，宽 3.5~9cm，先端突渐尖或短尾尖，下部渐狭为楔形，上面叶脉凹下，下面突起，有时被白粉，侧脉 9~13 对；叶柄长 1~2cm。花序长 7~15 (18) cm，上部分枝；花被片两面被毛。果实卵形，长约 1cm，宿存花被片松散，果梗上部肥大。花期 4~5 月，果实成熟期 9~10 月。

产长江以南的东南各省和华南北部海拔 800m 以下，在湖南和贵州可达海拔 1 200m，多散生于阔叶林中或成小片纯林。中南半岛亦产。耐寒区位 8~10。

中性偏耐阴，喜温暖湿润气候和酸性或中性的湿润、深厚土壤，要求湿润立地条件，在石灰岩山地也可生长。深根性，萌蘖性强。生长较慢。

图 8-11 紫楠 *Phoebe sheareri*
1. 花枝 2. 花展开 3~5. 各轮雄蕊
6. 花 7. 雌蕊 8. 果实

播种繁殖，种子随采随播发芽率高，隔年播种发芽率仅有 10%。

木材纹理直，结构细，供建筑、造船、家具等用。叶片、根、果实含芳香油；种子可榨油，供工业用。树形端正美观，叶大荫浓，是优良的庭园绿化树种。

3. 润楠属 *Machilus* Nees / Machilus

常绿乔木或灌木。叶互生，全缘，羽状脉。花两性，圆锥花序；花被筒短；花被和雄蕊排列同楠属。子房无柄，柱头盘状或头状。果球形，稀椭圆形；花被裂片薄而狭长，宿存，常反曲；果梗不增粗或微增粗。

约 100 种，分布于亚洲热带和亚热带地区。中国 70 种，产长江流域以南各地。

多为优良用材树种，木材供建筑、高级家具及细木工等用。树皮、叶研粉，可作各种熏香的调和剂；枝叶和果可提取芳香油；种子榨油，可供制肥皂和润滑油用。

红润楠 *Machilus thunbergii* Sieb. et Zucc. / Red Nanmu 图 8-12

乔木，高达 20m，胸径 1m；树皮黄褐色。顶芽卵形或长卵形，芽鳞仅边缘有毛。叶倒卵形至倒卵状披针形，长 4.5~13cm，宽 1.7~4.2cm，先端突钝尖，基部窄楔形或楔形，下面粉绿色，侧脉 7~12 对；叶柄较细，长 1~3.5cm。花序近顶生或生于上部叶腋，

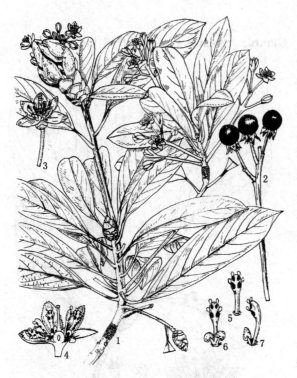

图 8-12 红润楠 *Machilus thunbergii*
1. 花枝　2. 果枝　3. 花　4. 花展开　5~7. 各轮雄蕊

无毛,长5~11.8cm;花被有柔毛。果扁球形,径0.8~1cm,黑紫色;果梗鲜红色。花期2~4月,果实成熟期9~10月。

产山东(青岛)、江苏海拔200m以下,安徽南部海拔800m以下,浙江、江西、福建、台湾、湖南、广东、广西海拔500~1 000m的丘陵低地上。日本、朝鲜也有分布。耐寒区位8~11。

耐阴,喜湿润环境和酸性或微酸性的山地红壤和山地黄壤,多生于湿润阴坡山谷或溪边。生长较快,在适宜环境条件下,10年生树高10m,胸径10cm。种子繁殖。

边材淡黄色,心材灰褐色,纹理细致,硬度适中,供建筑、家具、造船、胶合板、雕刻等用。叶可提取芳香油,种子含油率65%,可榨油供制肥皂和润滑油用。树皮入药,有舒筋活络之效。可为东南沿海低山地区的造林树种;树冠浓密优美,可栽培供观赏。

4. 檫木属 *Sassafras* Trew /Sassafras

落叶乔木。顶芽大。叶互生,集生枝顶,坚纸质,羽状脉或离基三出脉,全缘或2~3浅裂。花单性,雌雄异株,或两性;总状花序顶生,少花,下垂,具梗,基部有脱落性互生的苞片;苞片条形或丝状;花黄色,花被筒短,花被裂片6,排成2轮,近相等,脱落;雄花具发育雄蕊9,排成3轮,最外2轮花丝无腺体,第3轮花丝基部有2具短柄的腺体,单性花花药2室,全部内向或第3轮侧向,两性花花药4室,最外2轮内向,第3轮外向,退化雌蕊有或无;雌花具退化雄蕊6或12,排成2轮或4轮,子房卵形,花柱细,柱头盘状。浆果,卵形;果托浅杯状,果托上端增粗。

3种,分布于东亚和北美,为间断分布属。中国有2种,产长江以南及我国台湾地区。

檫木 *Sassafras tsumu* Hemsl. /Common Sassafras　图8-13

乔木,高达35m,胸径达2.5m;树皮幼时黄绿色,平滑,老时灰褐色,不规则纵裂。小枝无毛。叶卵形至倒卵形,长9~18cm,先端渐尖,基部楔形,叶柄长2~7cm。花黄色,长约4mm;花梗长4.5~6mm,密被棕褐色柔毛;花被裂片披针形,长约3.5mm。果近球形,径8mm,蓝黑色,被白粉;果托浅杯状,红色;果梗长1.5~2cm,上端渐增粗,无毛,红色。花期3~4月,果实成熟期5~9月。

产长江流域以南各地，北起江苏宜兴及溧阳山区海拔200m以下、安徽南部海拔1 000m以下，南至广东北部、广西，西至四川、贵州、云南海拔1 000~1 800m；集中分布在湖南武陵山、雪峰山脉，江西怀玉山、九岭山脉及湖南与江西交界的武功山、罗霄山山脉一带，多散生于天然林中，常与马尾松 *Pinus massoniana*、杉木 *Cunninghamia lanceolata*、毛竹 *Phyllostachys edulis*、苦槠 *Castanopsis sclerophylla*、油茶 *Camellia oleifera* 等混生。耐寒区位8~10。

喜光，喜温暖湿润、雨量充沛的气候条件及土层深厚肥沃、排水良好的酸性土壤，不耐旱，忌水湿。在气温高、阳光直射时，树皮易遭日灼伤害。南京栽培冬季受冻害，有枯梢现象。种子繁殖，也可用萌芽更新及分根繁殖。

速生，云南西畴天然林中，73年生，树高30m，胸径37.5cm；贵州水城杨梅林场，16年生，树高15.4m，胸径

图 8-13 檫木 *Sassafras tsumu*
1. 花枝 2. 果枝 3, 4. 花及其纵剖面
5, 6. 雄蕊 7. 退化雄蕊

31.4cm。人工林生长更快，安徽宣城檫木、杉木混交林中，6年生檫木平均树高9.8m，平均胸径13.5cm。

木材浅黄色，坚硬细致，纹理美观，有香气，材质优良，不翘不裂，易加工，耐腐，耐水湿，可用于造船、水车、建筑及优良家具。种子含油率20%，用于制造油漆。根和树皮入药。果、叶和根含芳香油，根含油率1%以上，油主要成分是黄樟油素。树形挺拔，秋叶红艳，为良好的观赏树和行道树。

5. 山胡椒属 Lindera Thunb. /Spice Bush

常绿或落叶乔灌木。叶互生，全缘，稀3裂，羽状脉、三出脉或离基三出脉。花单性，雌雄异株；伞形花序单生或簇生叶腋，或生于侧芽两侧；苞片4；花被片6；雄花具发育雄蕊9，排成3轮，花药2室，全部内向。果实近球形或椭圆形，有杯状果托或无。

约100种，主产亚洲，少数产北美温带和亚热带地区。中国约50种，主产长江流域以南各地，少数产黄河流域。为南方常绿阔叶林林内常见树种。

果实、枝叶含芳香油，可提制香料，用于食品或化妆品；种子可榨油，供制肥皂或作润滑油。材质优良。

分种检索表

1. 叶全缘，羽状脉。
   2. 叶宽卵形、椭圆形或倒卵形，叶背苍白色；果成熟为黑色 …………………… 1. 山胡椒 L. glauca
   2. 叶卵状披针形至卵状椭圆形，叶背密被柔毛或无毛；核果成熟深红色 …… 3. 香叶树 L. communis
1. 叶近圆形或扁圆形，3 裂或全缘，三出脉，稀五出脉 …………………… 2. 三桠乌药 L. obtusiloba

1. 山胡椒 Lindera glauca (Sieb. et Zucc.) Blume/Grey-blue Spice Bush 图 8-14

图 8-14 山胡椒 Lindera glauca
1. 果枝 2. 芽 3, 4. 雄蕊

落叶小乔木，高 8m；树皮灰色或灰白色，平滑。小枝灰白色，幼时被毛。叶宽卵形、椭圆形至倒卵形，长 4~9cm，宽 2~4cm，先端尖，基部楔形，下面粉绿色，被灰白色柔毛，羽状脉，侧脉（4）5~6 对；叶柄长 3~6mm，幼时被柔毛，后无毛。伞形花序腋生，总梗短或不明显；花被裂片椭圆形或倒卵形。果球形，径约 6mm，黑褐色，果梗长 1~2.5cm。花期 3~4 月，果实成熟期 7~9 月。

产山东、河南南部、陕西南部及秦岭北坡、甘肃南部、山西南部、江苏、安徽、浙江、江西、福建、湖南、湖北、四川、贵州、广西、广东、台湾；东部海拔 700m 以下，西部海拔 1 000~1 700m 以下，生于山坡灌丛、林缘或疏林中。中南半岛、朝鲜、日本也有分布。耐寒区位 7~10。

喜光，耐干旱瘠薄，对土壤适应性广。深根性。

木材坚实致密，可供细木工、小型农具、锄把、铲柄等用。叶、果含芳香油，可制化妆香精。种子含油率 39.2%，可供制肥皂或润滑油。叶、根、果均入药。叶磨粉可供钻探用。

2. 三桠乌药 Lindera obtusiloba Blume/Japanese Spice Bush 图 8-15

落叶乔木，高 10m。小枝黄绿色。叶近圆形至扁圆形，长 5.5~10cm，宽 4.8~10.8cm，先端尖，3 裂或全缘，基部圆形或心形，下面灰绿色，被棕黄色毛或近无毛，三出脉，网脉明显；叶柄长 1.5~2.8cm，被黄白色柔毛。伞形花序 5~6 个生于总苞内，无总梗；花被裂片外面被长柔毛。果近球形，长 8mm，径 5~6mm，暗红色或紫黑色。花期 3~4 月，果实成熟期 8~9 月。

产辽宁南部、山东东南部、安徽南部及大别山、江苏北部（云台山）、河南南部、陕西南部、甘肃南部、浙江、江西、湖南、湖北、四川、西藏，生于海拔 500~3 000m 山谷、坡地密林内或灌丛中。朝鲜、日本也有分布。耐寒区位 6~10。

木材致密，供小器具等用。种子含油率 61%~64%，供制肥皂、润滑油等。枝叶芳香

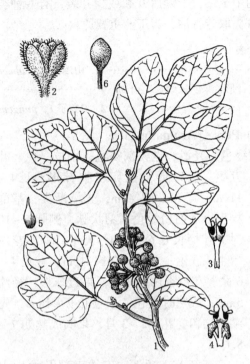

图 8-15 三桠乌药 *Lindera obtusiloba*
1. 果枝 2. 花 3, 4. 雄蕊 5. 雌蕊 6. 果实

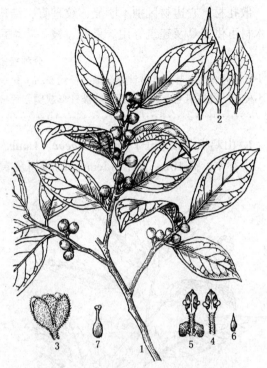

图 8-16 香叶树 *Lindera communis*
1. 果枝 2. 叶 3. 花 4, 5. 雄蕊
6. 退化雄蕊 7. 雌蕊

油含量 0.4%~0.6%。树皮可药用，治跌打损伤、瘀血肿痛等。

3. 香叶树 *Lindera communis* **Hemsl.** /Chinese Spice Bush 图 8-16

小乔木，枝条灰色。叶革质，有光泽，卵状披针形至卵状椭圆形，叶背密被柔毛或无毛。核果近球形，深红色。花期3月，果实成熟期9~10月。

产浙江、江西、福建、广东和广西，海拔 300~1 000m；四川、贵州和云南，海拔 1 000~2 000m 山地。适应性强，喜光，喜湿润的酸性土，散生或混生于亚热带常绿阔叶林中。种子繁殖，随采随播。果实和叶可提取芳香油。种子含油率50%以上，用于制肥皂、栓塞剂（通便）。为重要的潜在生物质能源树种资源。

6. 木姜子属 *Litsea* Lam. /Litsea

常绿或落叶，灌木或乔木。叶互生，稀对生或轮生，羽状脉，稀离基三出脉。花单性，雌雄异株，伞形花序或再组成圆锥花序，苞片4~6，交互对生，开花时宿存；花被筒长或短，裂片通常6，排成2轮，每轮3，稀8或缺，雄花具发育雄蕊9或12，最外2轮通常无腺体，第3轮有2腺体；花药4室，内向。核果球形，果托杯状、盘状或扁平。

约200种，分布于亚洲热带和亚热带、北美洲及南美洲亚热带。中国有72种18变种3变型，是中国樟科中种类较多、分布较广的属之一，自北纬18°的海南岛至北纬33°的河南南部均有分布，但主产南方和西南温暖地区，为该地区森林中习见的小乔木或灌木。

散孔材，心边材区别不明显，纹理直，结构中至细，干燥后开裂或少开裂，有些种类的木材可供家具及建筑等用。果实、枝、叶均可提取芳香油，为工业重要原料。

分种检索表

1. 小枝和叶无毛，叶通常披针形；果实径约5mm ·· 1. 山鸡椒 L. cubeba
1. 小枝和叶背被绢毛，后渐脱落，叶披针形或倒卵状披针形；果实径约0.7~1cm ··················
 ·· 2. 木姜子 L. pungens

1. 山鸡椒（山苍子）Litsea cubeba (Lour.) Pers. /Aromatic Litse 图8-17

小乔木，高10m，胸径15cm；幼树树皮黄绿色，光滑，老树灰褐色。小枝绿色。叶互生，披针形至长卵状披针形，长4~11cm，宽1.1~2.4cm，先端渐尖，基部楔形，下面粉绿色，羽状脉，侧脉6~10对，叶柄长0.6~2cm，无毛。伞形花序单生或簇生，总梗长0.6~1cm，有花4~6朵，花被裂片宽卵形。果近球形，径约5mm，成熟时黑色；果梗长2~4mm，先端稍增粗。花期2~3月，果实成熟期7~8月。

产江苏、浙江、安徽南部及大别山区、江西（庐山海拔1 300m以下习见）、福建、台湾（海拔1 300~2 100m）、广东、广西、湖北、湖南、四川、贵州、云南（海拔2 400m以下）、西藏。耐寒区位8~10。

喜光，稍耐阴，浅根性，常生于荒山、荒地、灌丛中或疏林内、林缘及路边。萌芽性强，用种子繁殖及萌芽更新；种子休眠期长，当年场圃发芽率只有7%~10%，发芽极为迟缓，播种后需50d左右才有个别萌发，发芽持续时间长，可达2年之久。生长快，结实力强。

图8-17 山鸡椒 Litsea cubeba
1. 果枝 2. 花枝 3. 雌花序 4. 雌花
5. 去花被雌花 6. 果实

木材材质中等，耐湿不蛀，易劈裂，可作小器具用材。花、果、叶肉可蒸提山苍子油，用于食品、糖果、香皂、肥皂、化妆品等。种仁含油率38.43%，供工业用。根、茎、果、叶均可入药，有祛风散寒、消肿止痛之效。

2. 木姜子 Litsea pungens Hemsl. /Pungent Litse 图8-18

落叶小乔木，高10m；树皮灰白色。幼枝黄绿色，被柔毛。叶互生，常集生枝顶，披针形至倒卵状披针形，长4~10（15）cm，先端短尖，基部楔形，幼时下面被白色绢毛，后渐脱落，仅中脉疏生毛，侧脉5~7对；叶柄长1~2cm。伞形花序腋生，总梗长5~8mm，无毛，雄花序有花8~12朵；花被裂片倒卵形。果球形，径0.7~1cm，蓝黑色；果梗长1~2.5cm,先端微增粗。花期3~5月,果实成熟期9~10月。

产河南南部、山西南部、陕西、浙江南部、甘肃、广东北部、广西、湖北、湖南、四川、贵州、云南和西藏等地,生于海拔800~2 300m的溪边、阳坡山地或杂木林林缘。耐寒区位8~10。

干果含芳香油2%~6%,鲜果含3%~4%,主要成分为柠檬醛60%~90%,香叶醇5%~19%,可作食用香精或化妆品香精,现已广泛用作高级香料、紫罗兰酮和维生素A的原料;种子含油率48.2%,可供制肥皂和工业用油。

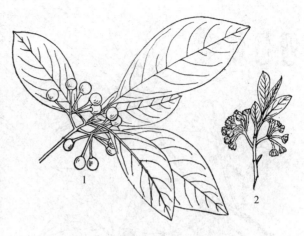

图8-18 木姜子 *Litsea pungens*
1. 果枝 2. 花枝

4. 八角科 Illiciaceae /Anise Tree Family

常绿乔木或灌木;全株无毛,有香气。单叶互生,全缘,革质,常集生枝顶;无托叶。花两性,常单生或2~5簇生叶腋。同被花,花被片7至多数,数轮,薄肉质;雄蕊4~50,离生,1至数轮;心皮5~21,单轮离生,呈辐射状排列,心皮侧扁,每心皮具1胚珠。聚合蓇葖果,单轮辐射状排列。种子卵圆形或椭圆形,侧扁,具光泽;子叶出土。

1属约50种,分布于东亚及北美。

在APG分类系统中,八角科的系统位置变化较大,并入被子植物基部类群木兰藤目Austrobaileyales五味子科的一个属。

八角属 *Illicium* Linn. /Anise Tree

形态特征同科。中国24种,产秦岭—淮河以南(西南、南部至东部)。

分种检索表

1. 心皮和蓇葖果常为8,先端钝或钝尖 ·· **1. 八角** *I. verum*
1. 心皮和蓇葖果常为10~14,先端有长而弯的尖头 ························ **2. 披针叶茴香** *I. lanceolatum*

1. 八角 *Illicium verum* Hook. f. /Chinese Anise, Star Anise 图8-19

乔木,高达25m。叶互生或3~6聚生枝顶,革质或厚革质,倒卵状椭圆形、倒披针形至椭圆形,长5~15cm,宽1~1.5mm,先端短渐尖或稍钝圆,基部楔形,中脉明显,侧脉4~6,不明显;叶柄短。花单生叶腋或近顶生。花蕾球形;花被片7~12枚,红色,稀白色,宽卵形、圆形或宽椭圆形,肉质;雄蕊11~20,1~2轮;心皮7~9。聚合果平展,径3.5~4cm;蓇葖7~8,顶端喙钝圆,无尖头。种子褐色。花期2~5月及8~10月,果实成熟期9~10月及翌年3~4月。

主产广东、广西、云南,以广西南部为栽培中心,垂直分布于海拔60~2 100m,生于山

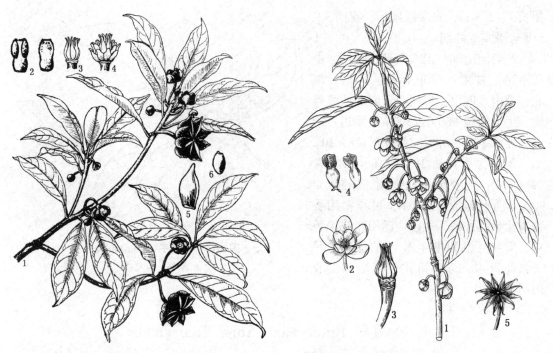

图 8-19　八角 *Illicium verum*
1. 花果枝　2. 雄蕊　3. 雌蕊群
4. 雌、雄蕊群　5. 蓇葖果　6. 种子

图 8-20　披针叶茴香 *Illicium lanceolatum*
1. 花枝　2. 花　3. 雌蕊　4. 雄蕊
5. 聚合蓇葖果

地湿润常绿阔叶林中；产区多栽培。越南有分布。耐寒区位 9～11。

八角 5～6 年开始开花结果，盛花盛果期 20～80 年，寿命达 200～300 年。每年开 2 次花，以 2～5 月开花产量为高，果实也硕大，为总产量的 3/4。

耐阴，尤其幼树需庇荫；要求年均气温 20～30℃，1 月平均气温 8～15℃ 的地区生长良好，极端最低气温需在 0℃ 以上，成年树能忍耐 -4℃ 的低温；喜禁风湿润气候，尤其适生于年降水量 1 200mm 以上、多雾、散射光充足的地区或小地形。喜土层深厚疏松、排水良好、腐殖质丰富的酸性沙质壤土，不适于干燥瘠薄、低洼积水处或石灰岩山地。枝条细，根系浅，抗风力弱。群植时可与枫香 *Liquidambar formosana*、银杏 *Ginkgo biloba*、铁杉 *Tsuga chinensis* 等树种混交。树干皮薄，易受日灼，在选择坡向、配植及栽培管理时应加以注意。

木材为散孔材，淡红褐色至红褐色，结构细，纹理直，质轻软，有香气，不受虫蛀，供细木工、家具等用。叶、果、种子均可提取茴香油（八角油），鲜果皮含油 5%～6%，种子含油 1.7%～2.7%，鲜叶含油 0.75%～1%，是化妆品、甜香酒、啤酒的重要原料；经过氧化作用制成的茴醛是制造香水、化妆品、牙膏、香皂等日用化工产品的珍贵香料；果称八角茴香，又称大料，为著名的调味香料；叶、果入药，有健胃、止咳功能。八角树冠塔形，枝叶浓密，红花点点，颇为美观，可作为园林绿化观赏树种。

2. 披针叶茴香（莽草）*Illicium lanceolatum* A. C. Smith /Lanceolate Leaves Anise 图 8-20

与八角 *I. verum* 的区别：本种叶倒披针形或披针形，长 6～15cm，宽 2～4.5cm，先端渐尖，基部楔形；心皮和蓇葖果常为 10~14，先端有长而弯的尖头。

产河南、安徽、江苏南部、浙江、福建、江西、湖北、湖南及广东，垂直分布于海拔 100~1 600m，生于山地沟谷、溪边、涧旁湿润常绿阔叶林中。耐寒区位 8~11。

叶和果含芳香油，作香料原料。根、根皮、叶可入药，可舒筋活血、散瘀止痛。叶研粉，调油外敷，治外伤出血；种子有剧毒，误食能致命，切忌作八角代用品。树姿优美，树冠枝繁叶茂，花红色，对二氧化硫等有害气体有抗性，可作城市园林绿化树种。

5. 五味子科 Schisandraceae /Schisandra Family

木质藤本。单叶互生，叶柄细长，无托叶。花单性，雌雄同株或异株；花单生叶腋，有时簇生；同被花，花被片 6 至多数，排成 2 至多轮；雄蕊多数，稀 4~5 枚，花丝短或近无；心皮多数，分离，每心皮有胚珠 2~5 个。浆果，排成球状或因花托伸长排成穗状。

2 属（南五味子属 *Kadsura* 和五味子属 *Schisandra*）50 余种，分布亚洲、北美洲。中国 2 属均产，30 余种，产西南至东北，但主产地为西南部和中南部，有些种类入药。

五味子科在恩格勒系统中并入木兰科；在 Cronquist 系统中则独立成科，隶属木兰亚纲的八角目；在 APG 分类系统中，五味子科属于被子植物基部类群木兰藤目 Austrobaileyales（包括八角科），共有 3 属 80 多种。

五味子属 Schisandra Michx. /Magnolia Vine

落叶或常绿木质藤本。枝无顶芽，侧芽单生或并生，芽鳞覆瓦状排列。叶全缘或有细锯齿。雄蕊 5~15；心皮多数，结果时花托伸长。浆果，有种子 2 (~5) 粒。

约 25 种，中国有 20 种，主要分布在西南和华南。北五味子可分布至华北和东北。有些种类供药用；可提取芳香油，茎皮富含纤维。

北五味子 *Schisandra chinensis* (Turcz.) Baill. /Magnolia Vine　图 8-21

落叶木质藤本。嫩枝茎皮红褐色，老枝灰褐色，薄片状剥落。叶椭圆形或倒卵形，叶柄常带红色，叶长 5~9cm，宽 2.5~5cm，边缘有疏齿。花白色或粉红色，雌雄异株；雄花具 5~6 雄蕊，花丝极短；雌花具心皮 17~40，分离。浆果，红色，有光泽。种子肾形。花期 5~6 月，果实成熟期 8~9 月。

产东北、西北及华北，垂直分布海拔 500~1 800m。辽宁丹东及长白山林区为主要分布区。耐寒区位 4~8。

耐阴，喜冬季寒冷、夏季炎热的气候。在阴湿和土壤深厚的环境中生长良好。常生于疏林中。可用播种、扦插或压条的方法繁殖。

园林中可作藤萝，用于花架、假山等攀缘，有很好的观果效果，也可制成盆景观赏。果实是著名中药。可炮制成醋五味子、酒五味子、炙五味子。主治神经衰弱、心肌乏力，有敛肺止咳、滋补之效。果酸多汁，可酿酒；茎可作调味香料。其果实是分布区鸟类重要的食源。

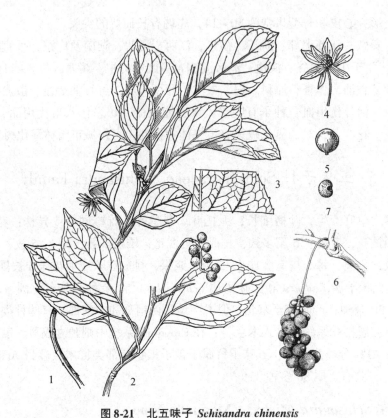

图 8-21 北五味子 *Schisandra chinensis*
1. 花枝 2. 果枝 3. 叶背面放大 4. 雌花 5. 小浆果 6. 果序放大 7. 种子

6. 小檗科 Berberidaceae / Barberry Family

落叶或常绿灌木，稀小乔木。木质部黄色。单叶或复叶，叶互生稀对生；无托叶。花两性，单生或组成总状花序；花萼、花瓣相似，花被片3或排成2至多轮，花被片腹面基部常有2蜜腺；雄蕊6，与花瓣同数对生，花药瓣裂或纵裂；子房上位，心皮1，稀有离生心皮，1室，1至数个胚珠。浆果或蒴果。种子胚乳丰富，胚小。

14属，主要分布温带。中国有11属，北方2属。以药用及观赏为主。

在APG分类系统中，小檗科属于真双子叶植物基部类群中的毛茛目 Ranunculales，与毛茛科等关系近缘。

分属检索表

1. 落叶灌木，小枝具刺；单叶，叶缘有细齿或全缘 ·· 1. 小檗属 *Berberis*
1. 常绿灌木，小枝无刺；一回奇数羽状复叶，叶缘具刺 ·· 2. 十大功劳属 *Mahonia*

1. 小檗属 *Berberis* Linn. / Barberry

落叶灌木。茎节部具叶刺，单刺或分叉。木材及内皮黄色。单叶互生或在短枝上簇生。花黄色，花瓣腹面基部具2腺体；花药瓣裂；雌蕊1心皮，1室，具1至数个胚珠。浆果，红色或黑色。

500余种，分布亚洲、欧洲、美洲和非洲。中国约160种，主产西部和西南部。常生于山坡沟谷、溪边，对环境要求不严。播种或扦插繁殖。

小檗作为药用在中国已有悠久的历史。主要利用其根皮或茎皮，有效成分为小檗碱，有清热燥湿、泻火解毒、健胃等功效。有些种类的种子可榨油，供工业用。有些种类的果可食。常用作观赏栽培。但有些种类是小麦锈病的中间寄主，栽植时应予以注意。

分种检索表

1. 小枝紫红色，刺单一不分叉，枝有棱线；叶全缘或中上部有齿；花单生或数朵簇生，非总状花序 …… …………………………………………………………………………………… **1. 日本小檗 B. thunbergii**
1. 小枝灰褐色、黄色或灰黄色，刺单一或三分叉，花排成总状花序。
   2. 小枝灰褐色或灰黄色，具明显细棱；叶片倒披针形 ………………… **2. 细叶小檗 B. poiretii**
   2. 小枝黄色或灰黄色，具棱，刺三分叉；叶倒卵状椭圆形，叶缘具刺毛状细锯齿 ………………… ……………………………………………………………………………… **3. 大叶小檗 B. amurensis**

1. 日本小檗 *Berberis thunbegii* DC. /Japanese Barberry   图 8-22

灌木，高 2~3m。小枝通常紫红色，有沟槽，刺单一，稀 3 分叉。叶倒卵形或矩圆形，长 1~2.5cm，宽 0.5~1.5cm，全缘。花序伞形或近簇生，有花 2~5（~12）朵，稀单花。果长椭圆形，红色。花期 5 月，果实成熟期 9 月。

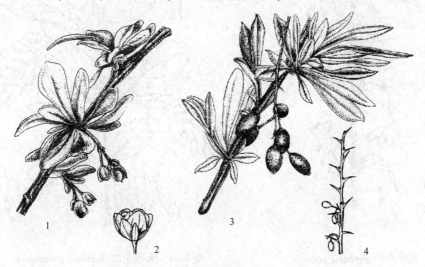

图 8-22　日本小檗 *Berberis thunbegii*
1. 花枝　2. 花　3. 果枝　4. 叶刺

原产日本，中国广泛栽培。耐寒区位 4~9。

喜光照充足、温暖湿润的气候；稍耐阴，耐寒，可耐轻度盐碱，喜土壤肥厚，排水良好的沙质壤土。萌芽力强，耐修剪。以播种或压条繁殖。

春季开出黄色小花，入秋后结出红色果实。因挂果期时间较长是较理想的观花、观果树种。因枝条带刺也可用作绿篱，起到隔挡作用。可丛植于园路转弯处、林缘及池畔。根、茎入药，有杀菌消炎之效。茎皮可作黄色染料。

紫叶小檗 *B. thunbergii* f. *atropurpurea*，北方常见观赏栽培。叶子紫红色，在园林中常用于点缀山石或池畔。绿化用于花坛、花境，与金叶卵叶女贞 *Ligustrum ovalifoliu* 'Aureum'、大叶黄杨 Euonymus japonicus 配植，组成彩色种植带、绿篱或文字图案。用于公路两侧或立交桥下绿化带。

2. 细叶小檗 Berberis poiretii Schneid. /Poiret Barberry 图 8-23

灌木，高 1~2m。小枝灰褐色或灰黄色，枝具明显细棱，刺单一短小，不明显 3 分叉或无刺。叶狭倒披针形，长 1.5~4cm，宽 0.5~1cm，全缘或中上部有锯齿。总状花序，花黄色，长 3~6cm。浆果椭圆形，长约 0.6cm，红色，具 1 粒种子。花期 5~6 月，果实成熟期 8~9 月。

产东北、华北等山区，常生于海拔 200~2 000m 山坡灌丛。耐寒区位 4~8。

喜光、耐干旱、耐寒冷，以排水良好的砂壤土最适生；耐修剪。以播种或压条繁殖。

园林及庭园中常用作秋季观果树种。根皮和茎皮含小檗碱。有清热解毒和抑菌作用，对细菌性痢疾、肠炎有疗效。

图 8-23 细叶小檗 Berberis poiretii
1. 果枝 2. 花 3. 花瓣及雄蕊
4. 雌蕊 5. 果实

图 8-24 大叶小檗 Berberis amurensis
1. 果枝 2. 外萼片 3. 内萼片
4. 花瓣 5. 雄蕊 6. 子房

3. 大叶小檗（黄芦木、三棵针）Berberis amurensis Rupr. /Amur Barberry 图 8-24

落叶灌木，高 2~3m。小枝黄色或灰黄色，刺 3 分叉，长 1~2cm。叶倒卵状椭圆形或椭圆形，长 3~10cm，叶缘具刺毛状细锯齿；叶柄长 0.5~1（~1.5）cm。总状花序长 4~10cm，下垂；花瓣顶端微凹。浆果椭圆形，长 1cm，红色，种子 2 枚。花期 5~6 月，果实成熟期 7~8 月。

产黑龙江、吉林、辽宁、内蒙古、河北、山西、山东、河南、陕西等，生于山地、林缘。分布亚洲温带、欧洲、北美洲。耐寒区位 3~8。

耐寒，喜光，喜土壤肥沃，以排水良好的砂壤土为宜。以播种或压条繁殖。

宜植于园林及庭园，观花观果。或混生栽植为观赏树种。

根含小檗碱，药用价值与细叶小檗近似。

2. 十大功劳属 *Mahonia* Nutt. /Mahonia

常绿灌木或小乔木。羽状复叶，叶缘有刺状锯齿；托叶小。总状花序；花黄色，花被片15枚，每轮3枚，排成5轮，最内2轮花被片腹面基部有腺体；雄蕊6，花药瓣裂；子房具少数胚珠。浆果。

约100种，分布美洲、亚洲。中国有50种，主产南部和西南部地区。主要用于观赏和药用。

阔叶十大功劳 *Mahonia bealei* (Fort.) Carr. /Leather-leaved Mahonia 图8-25

常绿灌木，高3m。奇数羽状复叶；小叶9~15，卵形，长5~12cm，叶缘有刺状锯齿，侧生小叶无叶柄。总状花序直立，6~9枚簇生节上；花黄色，有香味，长5~10cm。浆果，熟时蓝黑色，有白粉。花期11~3月，果实成熟期4~8月。

原产中国秦岭以南，多生于海拔500~1 500m山坡林下阴凉湿润处。现河南伏牛山南部，陕西甘肃东南部，向南至长江流域有栽培；山东济南、青岛可露地栽培。华北北部地区大多盆栽。繁殖以播种、分株或压条均可。耐寒区位6~10。

喜光，畏干热，不耐寒，较耐阴；喜温暖湿润气候；喜排水良好的沙质土壤。

因叶形奇特，树姿典雅、花果秀丽，是观叶树种中的珍品。在园林中常与山石配置或在建筑物前、门口两侧、窗下及树荫前或行道树林下种植。盆栽可用于居室、展厅、会场及道路两侧摆放。阔叶十大功劳中药名为"木黄连、刺黄芩"。全株可入药，具有清热除湿、风湿痛、腰膝腿软、治痢疾之效。根、茎可提取黄色染料。

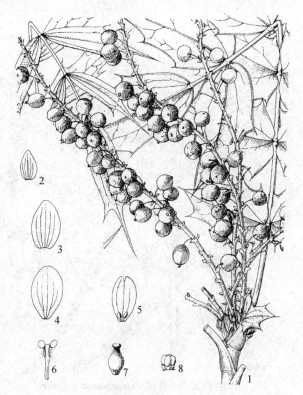

图8-25 阔叶十大功劳 *Mahonia bealei*
1. 果枝 2~5. 各轮花被片 6. 雄蕊 7. 雌蕊 8. 胚珠

7. 水青树科 Tetracentraceae /Tetracentron Family

落叶乔木。具长短枝。单叶，单生于短枝顶端，掌状脉；托叶与叶柄合生。花小，两性，单被花，穗状花序生于短枝顶端，下垂；花多数，苞片小，萼片4，覆瓦状排列；雄蕊4，与萼片对生；心皮4，沿腹缝线合生，子房上位，4室，每室具4~10胚珠，生于腹缝线上，花柱4。蒴果，4深裂，宿存花柱位于果基部，下弯；种子小，条状长圆形，有棱脊，胚小，胚乳丰富，油质。

1属1种，产中国西部及西南部。越南、缅甸也有分布。

在APG分类系统中，水青树科属于真双子叶植物基部类群中的昆栏树目Trochodendrales，被并入昆栏树科Trochodendraceae。

水青树属 *Tetracentron* Oliv. /Tetracentron

属特征同种。

水青树 *Tetracentron sinense* Oliv. /Tetracentron　图8-26

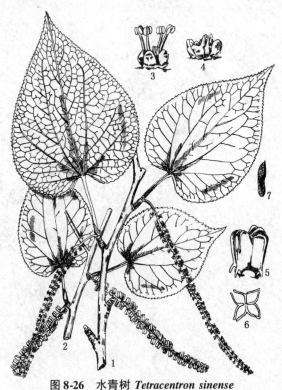

图8-26　水青树 *Tetracentron sinense*
1. 花枝　2. 果枝　3. 雄花　4. 雌花
5. 蒴果　6. 果横切面　7. 种子

大乔木，高达40m，胸径1~1.5m；树皮灰褐色，老时片状剥落。长枝细长，下垂，幼时紫红色；短枝距状，侧生，有叠生环状的叶痕和芽鳞痕。叶纸质，宽卵形或椭圆状卵形，长7~10cm，宽5~8cm，先端渐尖，基部心形，具钝锯齿，无毛，下面微被白粉，掌状脉5~7；叶柄长2~3cm。穗状花序长10~15cm，花4朵簇生，径1~2mm，黄绿色。蒴果长3~5cm，棕色。种子长2~3mm。花期6~7月，果实成熟期8~9月。

产甘肃、陕西、华中至西南，生于海拔1 000~3 000 m山地常绿阔叶林中或林缘。越南、缅甸也有分布。耐寒区位8~11。

喜光，深根性，喜凉润气候，常生于湿润、排水良好的酸性土山地。

8. 连香树科 Cercidiphyllaceae /Cercidiphyllum Family

落叶乔木。假二叉分枝，有长枝和距状短枝；无顶芽，芽鳞2。单叶对生，托叶与叶柄相连，早落。花单性，雌雄异株，每花具1苞片，无花被；雄花常4朵簇生，近无梗，花丝细长，花药2室，纵裂；雌花4~6朵簇生，单心皮，胚珠多数，2列。聚合蓇葖果，小果2~6，沿腹缝线开裂，花柱细长宿存；种子多数，形小具翅，胚乳丰富。

1属1种1变种，产中国和日本。

在APG分类系统中，连香树科属于真双子叶植物，蔷薇类分支中的虎耳草目Saxifragales，与金缕梅科等关系近缘。

连香树属 *Cercidiphyllum* Sieb. et Zucc. /Cercidiphyllum

属特征同种。

连香树 *Cercidiphyllum japonicum* Sieb. et Zucc. /Katsura Tree　图8-27

大乔木，高达25（~40）m，胸径达1m；老树树皮灰褐色，纵裂，呈薄片状剥落；小枝褐色；芽卵圆形，先端尖，暗紫色。叶圆形或卵圆形，长3~7.5cm，下面粉绿色，先端圆或钝尖，基部心形，钝圆腺齿，掌状脉5~7条；叶柄长1~3cm。蓇葖果圆柱形，稍弯曲，熟时呈暗紫褐色，微被白粉，长8~18mm，花柱宿存；种子一端有翅，连翅长5~6mm。花期4~5月，果实成熟期8~9月。

产浙江、安徽、江西、湖北西部海拔200~1 500m山地，陕西、甘肃、四川、贵州可达1 500~2 600m。日本亦产。耐寒区位6~9。

稍耐阴，喜湿，多生于山谷、沟旁、低湿地或山坡杂木林中。种子或压条繁殖，扦插也能生根。

为著名的古老孑遗树种。木材纹理直，结构细，淡褐色，心材与边材区别明显。树姿高大伟岸，叶形奇特，叶色春紫夏绿、秋黄红，可引入庭园栽培，供观赏。

本属常见的种类还有：

毛叶连香树 *C. japonicum* var. *sinense* **Rehd. et Wils.** 　为连香树的变种，叶下面沿叶脉密被毛，有时延至叶柄上端；蓇葖果上部渐尖。产四川西部、湖北、陕西、江西；生于海拔1 000~2 800m阔叶林中。

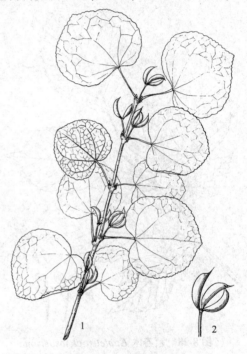

图8-27　连香树 *Cercidiphyllum japonicum*
1. 果枝　2. 聚合蓇葖果

9. 领春木科 Eupteleaceae /Euptelea Family

落叶灌木或乔木。皮孔椭圆形，枝基部具多数叠生环状芽鳞痕；无定芽，侧芽鳞多数，为鞘状叶柄基部包被。单叶互生，圆形或近卵形，具锯齿，羽状脉，叶柄长；无托叶。花小，先叶开放，两性，6~12朵簇生叶腋，每花单生苞片腋部。花具梗；无花被；雄蕊6~18，花药条形，侧缝开裂，药隔延长成附属物，花丝短；花托扁平，心皮8~18，离生，1轮；子房1室，倒生胚珠1~5，下垂。聚合翅果，小果不对称，周围具膜质翅，顶端圆，下端渐细成柄状，具果柄。种子小，1~4，椭圆形；有胚乳。

1属2种1变型。分布中国、日本及印度。

在APG分类系统中，领春木科属于真双子叶植物基部类群中的毛茛目Ranunculales，与毛茛科Ranunculaceae、罂粟科Papaveraceae等关系近缘。

领春木属 *Euptelea* Sieb. et Zucc. /Euptelea

形态特征同科。1种产中国及印度，另1种产日本。

领春木 *Euptelea pleiosperum* Hook. f. et Thoms. /Pleiospermous Euptelea 图8-28

图8-28 领春木 *Euptelea pleiosperum*
1. 果枝 2. 花 3. 雌蕊 4. 果实

乔木或灌木，高达15m；树皮紫黑或褐灰色，小块状开裂。小枝无毛，紫黑色或灰色。芽卵形，芽鳞深褐色，光亮。叶纸质，卵形或近圆形，稀椭圆状卵形或椭圆状披针形，长5~14cm，先端渐尖至尾尖，基部楔形或宽楔形，中上部疏生锯齿，下部或近基部全缘，侧脉6~11对；叶背灰白色，被白粉，下面无毛或脉上被平伏毛，脉腋具簇生毛。雌蕊具心皮6~12，子房偏斜，具长柄。聚合翅果6~12，簇生，果长0.5~2cm，褐色，不规则倒卵形，先端圆，一边凹缺；果柄细长，长0.8~1cm，种子3~4，黑色，卵形。花期4~5月，果实成熟期7~10月。

产河北、河南、陕西、甘肃、安徽、浙江、江西、湖北、湖南、贵州、云南、四川、西藏等地，垂直分布于海拔900~3600m，生于溪边或林缘。印度有分布。耐寒区位6~9。

喜湿润、凉爽气候，喜光照充足，也可在森林内沟谷、溪边生长。为第三纪古老孑遗植物，是东亚成分的特征种，在构造上表现出很多原始性状，例如，雌、雄蕊多数，轮生，对于研究被子植物的系统演化具有十分重要的科研价值，被列为国家2级保护植物。

木材淡黄色，供家具等用。树姿优美清雅，叶形美观，果形奇特，是观赏价值很高的园林绿化树种。在园林中，最适宜于作为上层植物，配置杜鹃花 *Rhododendron* 属植物。

10. 悬铃木科 Platanaceae /Plane-tree Family

落叶乔木。有星状毛。枝无顶芽，侧芽为柄下芽，生于帽状的叶柄基部内，芽鳞1枚。单叶互生，掌状分裂，掌状脉；托叶衣领状，脱落后在枝上留有环状托叶痕。单性花，雌雄同株，头状花序球形，1至数球生于下垂的花序轴上；花被3~8或无，绿色，不明显；雄花有雄蕊3~7，药隔盾形；雌花有3~8个离生心皮，常杂有雄蕊，侧膜胎座，胚珠1，稀2。聚花果球形，小坚果倒圆锥形，具棱，基部围有长毛。

1属10种，分布美洲、欧洲、亚洲南部。中国引入3种，北自辽宁的大连，南至华中、西南广泛栽培,供观赏用和作行道树。

在APG分类系统中,悬铃木科系统位置变化较大,属于真双子叶植物基部类群中的山龙眼目Proteales,与山龙眼科Proteaceae、莲科Nelumbonaceae等关系近缘。

悬铃木属 *Platanus* Linn. /Planetree, Sycamore

形态特征与科同。表8-1为3种特征比较。

表8-1 分种特征比较表

种名	树皮	叶裂片	果序串
二球悬铃木 *P. hispanica*	大片状剥落,白色	中裂片长略大于宽	常2球
一球悬铃木 *P. occidentalis*	小片状开裂,不脱落	中裂片宽大于长	常1球
三球悬铃木 *P. orientalis*	大片状剥落,灰白色	中裂片长大于宽	常3球,稀1或2球

1. 二球悬铃木(英国梧桐) *Platanus hispanica* Mill. ex Muenchh. /Airborne Planetree, London Plane 图8-29

高达35m。树皮大片状剥落,白色。幼枝被淡褐色星状毛。叶掌状3~5裂,长10~24cm,宽12~25cm,顶端渐尖,基部截形至心形,中央裂片长略大于宽,全缘或有粗齿;叶柄长3~10cm。果序球形,常2个串生,花柱宿存,长2~3mm,刺状。花期4~5月,果实成熟期10~11月。果序在树上留存到翌年春季。

为一球悬铃木与三球悬铃木杂交种。中国除东北各地及青海、新疆、西藏外广泛栽培。耐寒区位4~9。

喜光、喜温暖湿润气候,不耐严寒,北京需植于背风向阳处才能生长良好;较耐旱,耐烟尘,适深厚排水良好土壤,耐轻度盐碱;生长快,萌芽力强,耐修剪,寿命长。扦插或播种繁殖。

世界著名的林荫树和行道树。果入药,有发汗作用。由于幼枝叶具有大量星状毛及果实基部的毛,散落时被吸入呼吸道会引起肺疾,栽植时应引起注意。

图8-29 二球悬铃木
Platanus hispanica

2. 一球悬铃木(美国梧桐) *Platanus occidentalis* Linn. /American Sycamore 图8-30

高达50m,胸径达200cm。大树树皮灰褐色,小片状开裂,不剥落;叶片中央裂片宽大于长。果序常单1,稀2个一串,宿存花柱极短。

原产北美,中国各地引栽。耐寒区位4~9。

3. 三球悬铃木(法国梧桐) *Platanus orientalis* Linn. /Oriental Planetree 图8-31

原产地高达35m,树皮灰白色。大片状剥裂。幼枝密被星状毛。叶5~7深裂,裂片狭窄。果序3球一串,稀2~6。果具长3mm宿存花柱。

原产欧洲和亚洲西部。中国栽培历史悠久,据记载晋代已传入中国。各地有栽培。耐寒区位5~9。

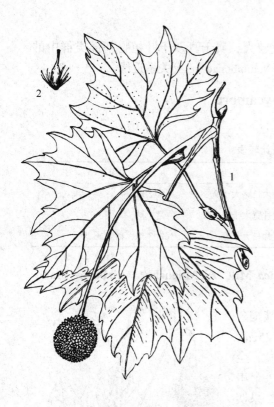

图 8-30　一球悬铃木 *Platanus occidentalis*
1. 果枝　2. 果

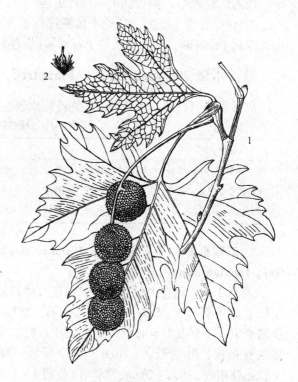

图 8-31　三球悬铃木 *Platanus orientalis*
1. 果枝　2. 果

11. 金缕梅科 Hamamelidaceae / Witchhazel Family

常绿或落叶，乔木或灌木。单叶互生，稀对生，全缘，具锯齿，或掌状分裂；托叶线形或苞片状，稀缺。头状、穗状或总状花序，花两性或单性同株，稀异株，有时杂性；双被花，稀单被或无被花，辐射对称。萼片与子房分离或合生，萼 4~5 裂；花瓣 4~5，线形、匙形或鳞片状；雄蕊 4~5 或更多，花药 2 室，纵裂或瓣裂，具退化雄蕊或缺；子房半下位或下位，稀上位，2 室，胚珠多数或 1 个，花柱 2。蒴果室间或室背 4 瓣裂。种子多数或 1 个，稀具窄翅，具胚乳。

28 属 140 种，主产亚洲，北美洲、中美洲、非洲及大洋洲有少数分布。中国 18 属约 80 种。

在 APG 分类系统中，金缕梅科属于真双子叶植物中的虎耳草目 Saxifragales，并分为两个科：金缕梅科和阿丁枫科（枫香科或覃树科）Altingiaceae。

分属检索表

1. 叶掌状 3~5 裂，掌状脉；花序为密集的头状；无花瓣；胚珠及种子多个 ………… **1. 枫香属** *Liquidambar*
1. 叶不分裂，羽状脉；具总状或穗状花序；花瓣有或无；胚珠及种子 1 个。
　　2. 花有花瓣，两性花；萼筒倒圆锥形；子房半下位。
　　　　3. 花 3~8 簇生或组成短穗状花序；花 4 数，花瓣条形，叶全缘 ………… **2. 檵木属** *Loropetalum*

3. 总状花序；花5数，花瓣倒卵形或退化为鳞片状，叶缘具锯齿 ………… **3. 牛鼻栓属** *Fortunearia*
2. 花无花瓣，单性花，稀两性花；萼筒壶形；子房上位或近于上位 ……… **4. 山白树属** *Sinowilsonia*

1. 枫香属 *Liquidambar* Linn. /Sweetgum

落叶乔木。叶掌状分裂，掌状脉；叶柄长，托叶线形，下部与叶柄连生。花单性，雌雄同株，无花瓣；雄花多数，组成头状或穗状花序，再排成总状，头状花序具4苞片；雄花为无被花，雄蕊多数，花丝与花药等长；雌花多数，组成球形头状花序，苞片1，单被花，萼筒与子房合生，萼齿针状或鳞片状，子房半下位，藏在头状花序内，胚珠多数。头状果序球形，蒴果木质，藏于果序内，室间2瓣裂，宿存有刺状花柱及萼齿。种子多数，具窄翅。

5种，中国有2种1变种。

枫香 *Liquidambar formosana* Hance /Formosan Sweetgum 图8-32

大乔木，高达35m，胸径1.5m。叶宽卵形，掌状3裂，中裂片长，先端尾尖，两侧裂片平展，基部心形，叶缘有锯齿，叶背初被毛，后脱落，掌状脉3～5；叶柄长达11cm，托叶线形，长1～1.4cm，被毛，早落。头状雌花序具花24～43，花序梗长3～6cm，花柱卷曲。头状果序球形，木质，径3～4cm，蒴果具宿存针刺状萼齿及花柱。种子多数，褐色，能育种子具窄翅。花期3～4月，果实成熟期10月。

产秦岭—淮河以南地区，垂直分布于海拔1 500～2 000m，多生于山地森林及平地、低山丘陵。耐火烧，萌蘖性强，可天然更新。越南、日本、老挝及朝鲜有分布。耐寒区位7～9。

喜光，适宜温暖湿润气候及深厚湿润土壤，耐干旱贫瘠，较不耐水湿。常与壳斗科、榆科及樟科树种混生于山谷林地，在山谷、山麓可见形成小片纯林。深根性，主根粗长，抗风力强。播种繁殖。10月当果变青褐色时即采收，过迟种子易散落。

木材灰褐色、轻软、结构细，韧性大，但不耐腐、纹理交错、不易锯解、易曲翘，供民用家具、建筑、胶合板、造纸、食用包装箱用材。树皮可提制栲胶；干燥树脂称白胶香，表面淡黄色、半透明、质松脆、易碎、气味清香、燃烧时香味更强烈，是一种用途很广、经济价值很高的天然树脂。叶可饲养枫蚕（天蚕）。全株均可入药，有祛风湿、行

图8-32 枫香 *Liquidambar formosana*
1. 果枝 2. 花枝 3. 雄蕊 4. 雌蕊
5. 果序一部分 6. 种子

气、解毒的功效。枫香的树干通直，树冠宽阔，深秋叶色红艳或深黄，为南方著名的红叶树种，宜作风景林或庭园绿化树种；具有较强的耐火性，对 SO_2、Cl_2 等有较强抗性，也可用于工厂矿区绿化。

2. 檵木属 *Loropetalum* R. Br. /Loropetalum

常绿或落叶灌木至小乔木。裸芽。叶革质，卵形，全缘；具短柄，托叶膜质。花3~8簇生或组成短穗状花序，花两性，4数；萼筒倒锥形，与子房合生，萼齿卵形；花瓣带状，花芽时内卷；雄蕊周位，花丝短，退化雄蕊鳞片状，药隔突出；子房半下位，2室，被星状毛，每室1胚珠。蒴果木质，卵圆形，被星状毛，上部2瓣裂，果柄短。种子长卵形，亮黑色。

4种1变种。中国有3种1变种。

檵木 *Loropetalum chinense* (R. Br.) Oliv. /Chinese Lorapetalum 图8-33

高达2~8m。小枝被星状毛。叶卵形，长2~5cm，宽1.5~2.5cm，先端尖，基部稍圆，下面被星状毛，稍灰白色，侧脉约5对；叶柄长2~5mm。花3~8簇生，先叶开放，花梗短；萼齿卵形，长2mm，花后脱落；花瓣4，带状，长1~2cm，白色。蒴果长7~8mm。种子长4~5mm。花期3~4月，果实成熟期7~8月。

产江苏、安徽、浙江、福建、江西、湖北、湖南、广东、广西、云南、贵州、四川、河南等地，生于海拔100~1 300m的山地阳坡及林下。日本及印度也有分布。耐寒区位9~11。

喜光，中等耐阴、耐寒、耐旱，适应性强，萌芽力强，耐修剪。为江南各地常见的灌木。

红花檵木 var. *rubrum* Yieh 为檵木的变种。多分枝。嫩枝红褐色，密被星状毛。叶卵圆形或椭圆形，两面均有星状毛，全缘，暗红色。花3~8朵簇生在总梗上，呈顶生头状花序，紫红色。4~5月开花，花期长，30~40d。常年叶色鲜艳，枝盛叶茂，特别是开花时瑰丽奇美，极为夺目，是花、叶俱美的观赏树木。常用于色块布置或修剪成球形，也是制作盆景的好材料。

图8-33 檵木 *Loropetalum chinense*
1. 花枝 2. 果枝 3. 花 4. 雄蕊
5. 雌蕊 6. 花瓣 7. 种子

3. 牛鼻栓属 *Fortunearia* Rehd. et Wils. /Fortunearia

形态特征同种。1种。中国特有。

牛鼻栓 *Fortunearia sinensis* Rehd. et Wils. /Chinese Fortunearia 图 8-34

落叶灌木至小乔木，高达5m。裸芽、小枝及叶被星状毛。叶互生，倒卵形或倒卵状椭圆形，长7~16cm，先端尖，基部圆形或宽楔形，侧脉6~10对，具锯齿；叶柄长4~10mm，托叶细小，早落。叶常有虫瘿。花单性或杂性，顶生总状花序，基部具叶片；两性花萼筒被毛，萼齿5裂；花瓣5，针形或披针形；雄蕊5，花丝极短；子房半下位，2室，每室1胚珠；花柱2，线形。雄花为柔荑花序，基部无叶片，花丝短，花药卵形，具退化雌蕊。蒴果木质，具柄，萼筒与蒴果合生，宿存花柱直伸。种子长卵形，种皮骨质；胚乳薄，胚直伸，子叶扁平。花期3~4月，果实成熟期7~8月。

产河南、陕西、江苏、安徽、浙江、福建、江西、湖北、四川等地。耐寒区位8~10。

图 8-34 牛鼻栓 *Fortunearia sinensis*
1. 果枝 2. 叶背面，示星状毛 3. 花
4. 花瓣 5. 雄蕊 6. 果实

喜光，耐阴。喜温暖湿润气候，对土壤要求不严，较耐寒，耐修剪。主要采用扦插繁殖。

木材坚硬，材质优良，供家具及细木工用材。种子含油量高；枝、叶入药有治疗气虚和刀伤出血等疗效。树形优美，可作用于园林绿化，是良好的绿篱树种，具有较高的开发潜力的树种。

4. 山白树属 *Sinowilsonia* Hemsl. /Wilson Tree

形态特征同种。1种。中国特有，产中部和西部。

山白树 *Sinowilsonia henryi* Hemsl. /Henry Wilson Tree 图 8-35

落叶小乔木或灌木状，高达8m。裸芽，植物体被星状绒毛。叶互生，倒卵形，长10~18cm，先端骤尖，基部圆形或微心形，稍偏斜，侧脉7~9对，密生细齿；叶柄长8~15mm，托叶线形早落。花单性，稀两性花，雌雄同株，排成总状或穗状花序，有苞片及小苞片。雄花萼筒壶形，萼齿5，窄匙形，无花瓣，雄蕊5，与萼齿对生，花丝极短；雌花无梗，萼筒壶形，萼齿5，无花瓣，退化雄蕊5，子房近上位，2室，每室有1个垂生胚珠，花柱2，稍长，突出萼筒外。蒴果木质，下半部被宿存萼筒所包裹，内果皮骨质，与外果皮分离。种子长圆形。花期4~5月，果实成熟期8~9月。

稀有种，为金缕梅科的单种属树种。野生种群多为单性花，经栽培后有变为两性花的倾向。它在金缕梅科中所处的地位对于阐明某些类群的起源和进化具有较重要的科学价值。

产河南、陕西、甘肃、湖北、四川等地，生于海拔 1 100～1 600m 的山坡和谷地河岸杂木中。可引种为园林观赏树种，郑州有引种栽培。耐寒区位 8～9。

宜在夏季气温稍低而干燥、秋季多雨、冬春干冷、最低气温在 0℃ 以下、年平均气温 13℃ 左右、年降水量 690～1 000mm，土壤为棕壤及褐土的地方生长。最适宜生于山谷河岸、土壤湿润而通气良好、具散射光、光斑的稀疏落叶林中，主要伴生植物为象蜡树 Fraxinus platypoda、葛萝槭 Acer grosseri、四照花 Dendrobenthamia japonica var. chinensis、卫矛 Euonymus alatus、桦叶荚蒾 Viburnum betulifolium 等。山白树花单性，授粉率低，结籽少，种子缺乏传播媒介，导致分布范围渐趋狭窄。

图 8-35　山白树 Sinowilsonia henryi
1. 果枝　2. 星状毛　3. 花

12. 杜仲科 Eucommiaceae／Eucommia Family

形态特征见种特征。

1 属 1 种，中国特产。为著名的药用树种。

在 APG 分类系统中，杜仲科系统位置变化较大，属于核心真双子叶植物菊类分支中的菊类丝缨花目 Garryales，与柔荑花序类植物以及榆科和桑科关系疏远。

杜仲属 *Eucommia* Oliv.／Eucommia

为中国特产的单种属，仅杜仲 1 种。

杜仲 *Eucommia ulmoides* Oliv.／Hardy Rubber Tree　图 8-36

落叶乔木，高达 20m，胸径达 1m。植物体各部具白色胶丝。小枝无毛，无顶芽，侧芽具 6～10 芽鳞；髓心隔片状。单叶互生，椭圆形至椭圆状卵形，长 6～18cm，宽 3～7.5cm；羽状脉；先端渐尖，叶缘具锯齿；基部圆形或宽楔形；上面微皱，幼叶下面脉上有毛；叶柄长 1～2cm；无托叶。花单性，雌雄异株，着生于幼枝基部的苞腋，先叶开放或与叶同放；无花被；雄花簇生于苞腋内，具短柄；每花具雄蕊 8（6～10）枚，花丝极短，花药条形；雌花单生于苞腋，子房上位，扁平，2 心皮 1 室，具 2 枚倒生胚珠，柱头 2，羽状。翅果扁平，长椭圆形，长 3～4cm，宽约 1cm，无毛，顶端微凹，果翅位于周围，熟时棕褐色或黄褐色。种子 1 枚。花期 3～4 月，果实成熟期 10～11 月。

华北、西北、华中、西南等地区广泛栽培。垂直分布多在海拔 500~1 500 m，滇东北可达 2 700m，野生分布中心为中国中部地区。北美洲，英国、法国、日本等国有引种栽培。耐寒区位 4~7。

喜光，喜温和湿润气候，酸性、中性、钙质或轻盐土均能生长，以深厚疏松、肥沃湿润、排水良好、pH5~7.5 的土壤最为适宜。种子繁殖或萌芽更新，生长快，1 年生苗高可达 1m。

树皮、叶及果实富含杜仲胶，为硬质橡胶原料，耐酸、耐碱、绝缘性良好，适用于航空工业及制作电工绝缘器材。树皮入药称杜仲，为贵重中药材，治疗高血压，并有强筋骨、补肝肾、益腰膝、除酸痛之功效，可以胶丝银白光亮、富弹性、耐拉伸与市场上常见的白杜、藤杜仲、红杜仲等伪品相区别。杜仲叶亦可入药。近年来杜仲的保健功能已引起世人关注，并被开发出多种保健品。杜仲叶色深绿，树冠浓郁，抗虫性能好，是优良的绿化树种。

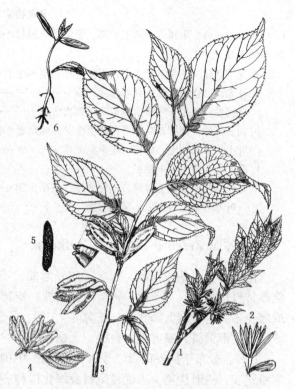

图 8-36　杜仲 *Eucommia ulmoides*
1. 雄花枝　2. 雄花　3. 果枝　4. 果序　5. 种子　6. 幼苗

13. 榆科 Ulmaceae ∕Elm Family

落叶乔木或灌木。小枝细，无顶芽。单叶互生，常于枝上排成 2 列；羽状脉或三出脉；托叶早落；叶缘有锯齿，叶基常歪斜不对称。花小，两性或单性，稀杂性；单被花，花萼 4~8 裂；雄蕊 4~8 枚与萼片对生，花药 2 裂；雌蕊子房上位，2 心皮 1~2 室，具 1 枚倒生或横生胚珠；花柱 2 裂，羽状。翅果、坚果或核心果。

16 属近 230 种，广布于温带与热带地区，主产北温带。中国 8 属约 58 种，东北至华南均有分布。多用于用材、生态环境建设或城市绿化。

在 APG 分类系统中，榆科的系统位置变化较大，属于核心真双子叶植物蔷薇类分支中的蔷薇目 Rosales，与蔷薇科等关系近缘。同时，一些属的系统位置也有所变化，其中朴属、青檀属、糙叶树属、山黄麻属等被移出榆科，并入大麻科 Cannabaceae。

喜光，具有发达根系，耐干旱瘠薄。是中国干旱、水土流失严重以及石漠化严重地区生态建设中的首选树种。一些为喜钙树种，能生于岩石裸露、土层薄的石灰岩山地；为分布区内石灰岩阔叶林的建群种，如青檀 *Pteroceltis tatarinowii* 和黑榆 *Ulmus davidiana*。木材坚重，可供高强度耐磨构件、工艺美术品、体育器械、模型等用材。

分属检索表

1. 小枝具长枝刺，果翅位于果上半部，歪斜呈鸡冠状 ················ 3. 刺榆属 Hemiptelea
1. 小枝无刺。
  2. 叶为羽状脉，侧脉7对以上；侧生冬芽先端不贴近小枝。
    3. 花杂性；坚果；叶缘具单锯齿 ······················ 1. 榉属 Zelkova
    3. 花两性；翅果；叶缘重锯齿或单锯齿 ··················· 2. 榆属 Ulmus
  2. 叶为三出脉，侧脉6对以下；侧生冬芽先端贴近小枝。
    4. 叶上面常被硬毛，粗糙；核果，无翅 ················ 6. 糙叶树属 Aphananthe
    4. 叶上面无硬毛，不粗糙。
      5. 叶缘仅中部以上有锯齿或近全缘；核果无翅 ················ 5. 朴属 Celtis
      5. 叶基部以上有锯齿；坚果有翅 ···················· 4. 青檀属 Pteroceltis

1. 榉属 Zelkova Spach. /Zelkova

落叶乔木。冬芽卵形，先端常向外弯曲，不贴近小枝。叶缘具桃形单锯齿；羽状脉，侧脉常直达叶缘。花单性，稀杂性，同株；雄花簇生于新枝下部叶腋及小苞片内，两性花或雌花多集生新枝上部叶腋；花萼4~5裂；子房卵形，柱头歪生。小坚果呈不规则的扁球形，上部歪斜，果皮皱，有棱，无翅。

6种，分布于欧洲南部、东亚与西亚。中国3种，分布于华南、华北、华中和华东。木材坚实，树形优美，为优良用材及绿化树种。表8-2为榉树与光叶榉特征比较。

表 8-2 分种特征比较表

树 种	小枝颜色	叶背毛被	叶缘锯齿	坚果果径（mm）
榉树 Z. schneideriana	灰色	密生淡灰色柔毛	钝尖	2.5~4
光叶榉 Z. serrata	紫褐色	无或仅脉上有毛	锐尖	4

1. 榉树 Zelkova schneideriana Hand. -Mazz. /Chinese Zelkova 图 8-37

乔木，高达30m，胸径1m。树皮深褐色，光滑，老树基部浅裂，薄片剥落后仍较光滑。树冠倒卵状。1年生枝灰色，密被白色长柔毛。叶长椭圆卵形、窄卵形或卵状披针形，长2~8（10）cm，先端尖，基部楔形或卵形，叶缘齿钝尖，侧脉7~15（18）对，叶上面稍粗糙，下面密生淡灰色柔毛；叶柄长2~7mm。小坚果径2.5~4mm。花期3~4月，果实成熟期10~11月。

中国特有种。产黄河流域以南。多散生平原及丘陵，云南东南部可达海拔1 000m。喜光及温暖湿润气候，适应肥沃的酸性、中性、尤喜石灰性土壤，耐水湿，忌积水。深根性。抗烟尘、抗病虫害和抗风能力强。耐寒区位6~8。

木材坚韧，心材带紫红色，刨削后光泽美丽，为家具、器具、建筑及造船等优良用材。茎皮富含纤维，可供绳索及作人造棉的原料。榉树高大雄伟，树形优美，树冠整齐，枝细叶美，具有较高的观赏价值，可作庭荫树和行道树。在园林应用时可孤植或丛植。因其具有防风、耐烟尘和抗二氧化硫的特性，适于粉尘污染区绿化，可选作工厂区防火林带树种，也可作盆景植物素材。

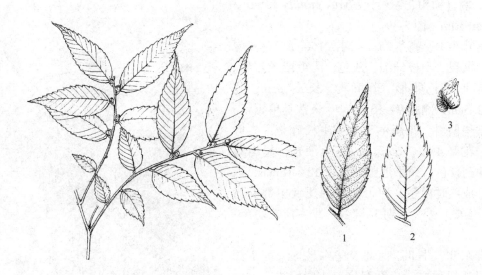

图 8-37　榉树 *Zelkova schneideriana*　　　　图 8-38　光叶榉 *Zelkova serrata*

1, 2. 叶　3. 果实

2. 光叶榉 *Zelkova serrata* (Thunb.) Makino / Japanese Zelkova　图 8-38

与榉树 *Z. schneideriana* 的区别：小枝紫褐色，叶质地略薄，下面常无毛或有时具疏毛，叶缘锯齿尖锐。

产自东北南部起，经华东沿海至台湾，由华中到西南的广大地区；华中地区多散生于海拔 1 000m 以上的石灰岩山地。日本、韩国也有分布。耐寒区位 5~8。

较榉树略耐寒与干瘠；用途相近。

2. 榆属 *Ulmus* Linn. /Elm

落叶稀常绿乔木或灌木。枝条有时具木栓翅。羽状脉，直达叶缘，叶缘多为重锯齿。花两性；簇生或短总状花序；花萼 4~8 裂；花药紫色。翅果扁平，果翅位于果周围，顶端有凹缺。

约 40 种，分布北半球，主产北温带。中国 25 余种，各地均有分布。适应性强，喜光，喜钙，多用于用材与城乡绿化。树皮多含淀粉和纤维，不易折断。由于果皮薄，保水能力差，易失水，导致种子丧失发芽力，故种子要现采现播。

分种检索表

1. 叶缘单锯齿；小枝及萌发枝无木栓翅。
　2. 叶薄革质；小枝无毛；树皮纵裂；春季开花 ·················· **1. 榆** *U. pumila*
　2. 叶厚革质；小枝有毛；树皮不规则片状剥裂；秋季开花 ·········· **2. 榔榆** *U. parvifolia*
1. 叶缘重锯齿；小枝及萌发枝常有木栓翅。
　3. 小枝及萌发枝常具 2 条规则木栓翅；叶背具短硬毛 ·············· **3. 大果榆** *U. macrocarpa*
　3. 小枝及萌发枝常具 4 条不规则木栓翅；叶背仅脉腋有簇生毛 ·········· **4. 春榆** *U. propinqua*

1. 榆（榆树、家榆） *Ulmus pumila* Linn. / **Siberian Elm**　图 8-39

落叶乔木，高达 25m，胸径 150cm。树皮深灰色，纵裂。小枝纤细，灰色，无毛或微被毛。叶椭圆形至长卵形，薄革质，长 2~8cm，宽 1.5~2.5cm，侧脉 9~16 对；叶缘常具单锯齿，叶基常稍偏斜。花簇生于去年生枝叶腋，先叶开放；花萼 4 裂；雄蕊 4，花丝细长，超出萼筒，花药紫色。翅果近圆球，长 12~18mm，近无毛，成熟时白色；种子位于果翅近中部有时略偏上至缺口处。花期 3~4 月，果实成熟期 5~6 月。

产东北、华北、西北及华东地区，为中国北方习见树种之一。垂直分布一般海拔 2 000m 以下；长江流域及四川、西藏均有栽培。耐寒区位 4~9。

榆树寿命长，生长快，萌芽力强，耐修剪，深根性，侧根发达，具有较大的生态位，适应性强。在平原、山地和丘陵均可生长，年降水

图 8-39　榆 *Ulmus pumila*
1. 花枝　2. 果枝　3. 花　4. 翅果

量不足 200mm 的沙地也能生长。喜光，耐寒；对土壤要求不苛，耐干旱瘠薄，在微酸性、中性、石灰岩山地土壤均能生长，较耐盐碱，不耐水涝。以深厚、肥沃、湿润排水良好的砂壤土上生长最好；抗烟尘及有害气体的能力强。

木材边材淡黄褐色，心材灰褐色，纹理直，结构粗，稍硬重，有韧性，耐磨损，耐腐朽，可供建筑、家具等用材。叶含淀粉和蛋白质可作饲料。树皮含黏液细胞，入药有安神、健脾利尿功效；种子含油 25%，可榨油，供医药和工业用。嫩果可食。为严寒、大气污染、轻度盐碱、干旱瘠薄地区水土保持、四旁绿化优良树种；园林应用中常作绿篱或其他具更高观赏价值树种如垂枝榆 *Ulmus pumila* 'Pendula' 等的砧木。榆树易受病虫危害，应注意选择抗性强的品种。

2. 榔榆 *Ulmus parvifolia* Jacq. / **Chinese Elm, Lace Bark Elm**　图 8-40

落叶乔木，高达 25m，胸径 100cm。树皮灰褐色，呈不规则片状剥裂。小枝有毛，侧芽卵形，

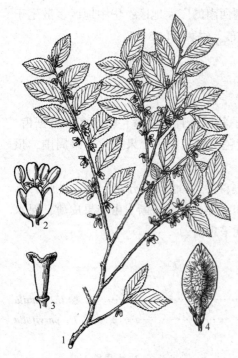

图 8-40　榔榆 *Ulmus parvifolia*
1. 花枝　2. 花　3. 雌蕊　4. 果实

单生或2枚并生。叶椭圆形、卵状椭圆形至倒卵状椭圆形，厚革质，长2~5cm，宽1~2cm，单锯齿缘。花秋季开放，常簇生于当年枝叶腋；翅果椭圆形，长1~1.2cm；种子位于果翅中部。花期8~9月，果实成熟期9~10月。

产华北、华东、华中、西南地区。日本、朝鲜、越南亦有分布。耐寒区位4~10。

树皮含纤维，可制人造棉、造纸。木材坚硬供车辆、农具用材。根皮入药。树皮剥落后常呈斑驳状，有较高观赏价值，可为园林绿化和盆景树种资源。

3. 大果榆 *Ulmus macrocarpa* Hance /Big Seed Elm 图8-41

落叶乔木，高达20m，胸径40cm。树皮深灰色，纵裂。枝尤其萌发枝常具2条规则木栓翅，1年生枝灰色或灰黄色，无毛或微有毛。叶倒卵形，长5~9cm，宽3~5cm，叶缘重锯齿，两面被短硬毛，粗糙，叶基部偏斜。花簇生于去年生枝叶腋。翅果大，倒卵形或近圆形，长2.5~3.5cm，两面均被柔毛；种子位于果翅中部。花期3~4月，果实成熟期5~6月。

产东北、华北、西北、华东等地海拔1 800m以下地区。为东北林区针阔混交林和落叶阔叶林常见组成树种。在华北和西北地区低山阳坡极为常见，多呈灌木状或小乔木。耐寒区位4~10。

喜光，抗寒，耐干旱瘠薄，常生于低山、丘陵阳坡。在干旱平原及轻盐碱地区时有分布，但形态略发生变异，如叶质地增厚、叶片趋小、叶两面毛刚硬等。

木材坚重，韧性强，耐磨损，抗腐，花纹美丽，供车辆、农具用材。皮可制杀虫剂。

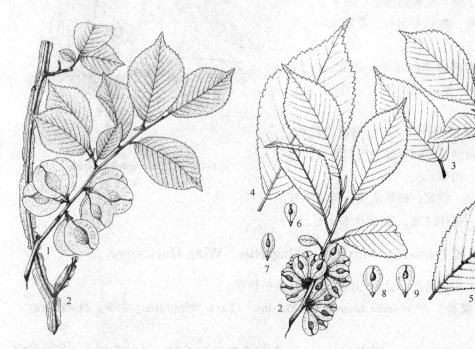

图8-41 大果榆 *Ulmus macrocarpa*
1. 果枝 2. 枝具木栓翅

图8-42 春榆 *Ulmus propinqua*
1, 2. 果枝 3. 叶表面 4, 5. 叶背面 6~9. 果实

4. 春榆 *Ulmus propinqua* Koidz. [*Ulmus davidiana* Planch. var. *japonica* Nakai] /Japanese Elm 图 8-42

与大果榆 *U. macrocarpa* 相似，区别在于：枝常具 4 条不规则木栓翅；叶表面粗糙或光滑，叶背有毛，但非硬毛；翅果小，倒卵形，长 11~14（20）mm，除凹口处有时有毛外均无毛。种子位于果翅上部，与凹口相接。花期 4~5 月，果实成熟期 5~6 月。

产东北、华北、西北、华东等地，为东北林区和华北低山阳坡的常见森林树种。耐寒区位 4~10。生态学特性和用途同大果榆。

3. 刺榆属 *Hemiptelea* Planch. /Hemiptelea

仅 1 种。产中国和朝鲜。

刺榆 *Hemiptelea davidii* (Hance) Planch. /David Hemiptelea 图 8-43

落叶小乔木，高可达 10m；有枝刺。树皮暗灰色，深纵裂。枝刺幼时有毛，长 2~10cm。叶椭圆形至长椭圆形，长 2~6cm，宽 1~3cm，两面无毛，叶缘具单锯齿，羽状脉。花两性或单性同株，1~4 朵簇生于当年生枝叶腋；萼 4~5 裂，雄蕊常 4；子房上位，花柱 2 裂。坚果斜卵形，扁平，上半部有鸡冠状翅，基部有宿萼。花期 4~5 月，果实成熟期 5~6（8）月。

产吉林南部以南的东北、华北、西北、华东、华中等地。朝鲜亦产。耐寒区位 3~8。

喜光、耐寒、耐旱，对土壤适应性强；多见于山麓及沙丘等较干燥的向阳地段。可播种、扦插、萌蘖繁殖。

木材坚硬、致密；树形优美，树冠耐修剪，枝具刺，可作绿篱，适于园林绿化。

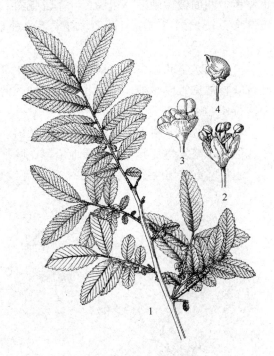

图 8-43 刺榆 *Hemiptelea davidii*
1. 花枝 2, 3. 花 4. 果实

4. 青檀属 *Pteroceltis* Maxim. /Wingceltis, Wing Hackberry

仅 1 种，中国特产。已列为国家级重点保护树种。

青檀（翼朴） *Pteroceltis tatarinowii* Maxim. /Tara Wingceltis, Wing Hackberry 图 8-44

落叶乔木，高达 20m，胸径达 170cm。老树干常凹凸不圆，树皮暗灰色，长片状剥裂，内皮灰绿色。小枝褐色，初有毛，后脱落。叶卵状椭圆形，长 3.5~13cm；三出脉；先端渐尖或长尖，基部以上有单锯齿，基部宽楔形或近圆形。花单性同株；雄花簇生于叶腋，花萼5裂，雄蕊5，花药顶端有长毛；雌花单生。坚果周围具薄木质翅，连翅宽1~1.5cm。无毛，果柄细长，长1.5~2cm。花期4~5月，果实成熟期8~9月。

产东北南部、华北、西北、华东、华中至西南等地，垂直分布海拔360~1 600m，常生于石灰岩山地。耐寒区位5~7。

喜光，不耐严寒，耐干旱瘠薄，在年降水量500~1 600mm的范围内均可生长。生长快，萌芽力强，根系发达，在贫瘠、岩石裸露的石灰岩地区，根系裸露，骑岩石而生长，有较强的固着作用，表现出极强的生命力，是石灰岩石漠化地区重要的环境改良树种。在河南鸡公山、山西中条山、安徽滁州琅琊山、北京上方山等石灰岩山地，均能看到青檀顽强的生命力。种子繁殖或萌芽更新。

图8-44 青檀 *Pteroceltis tatarinowii*
1. 果枝 2. 雌花 3. 雄花

木材纹理直，结构均匀，致密，坚重而具韧性，可做细木工用材和农具把。茎皮纤维为"宣纸"原料。嫩叶、果实无毒，可作饲料。叶可入药，有祛风、止血、止痛之功效。

5. 朴属 *Celtis* Linn. /Hackberry

常绿或落叶乔木，稀灌木。树皮平滑不裂。叶近革质，全缘或中上部有锯齿，基部三出脉，侧脉弧形弯曲，未直达叶缘。花杂性同株；雄花簇生于新枝叶腋，雌花与两性花单生或2~3朵集生于新梢的叶腋；萼片4~5。核果近球形，果核具网状棱。

约80种，产北半球温带至热带。中国21种，产东北南部以南至西南各地。用材、水土保持与园林绿化树种。

分种检索表

1. 叶先端渐尖，不成撕裂状，果实较小。
  2. 小枝无毛；叶网脉平滑；果柄长为叶柄的2~3倍，果实黑色 ················· 1. 黑弹朴 *C. bungeana*
  2. 小枝有毛；叶下面网脉凸起；果柄与叶柄近等长，果实橙红色 ················· 2. 朴树 *C. sinensis*
1. 叶具突出的尾状尖，叶缘有粗锯齿；果实大，暗黄色 ················· 3. 大叶朴 *C. koraiensis*

1. 黑弹朴（小叶朴）*Celtis bungeana* Blume /Bunge's Hackberry　图8-45

落叶乔木，高达20m，胸径80cm。树皮深灰色。小枝无毛或疏毛，幼树萌发枝密被毛。叶常卵形至卵状椭圆形，长3~8cm，宽1.5~3cm，顶端渐尖或尾尖，中部以上有锯

图8-45 黑弹朴 Celtis bungeana
1. 花枝 2. 雌蕊 3. 两性花 4. 雄花
5. 萌条枝叶（变异） 6. 果枝 7. 果核

齿或一侧全缘，无毛或仅幼树与萌发枝叶下面沿脉及脉腋有毛；叶柄长3～10mm。果近球形，径6～7mm，熟时紫黑色；种子白色，平滑，稀有不明显网纹；果梗长6～13mm，为叶柄长的2～3倍。花期4～5月，果实成熟期9～10月。

产东北南部、华北、西北经长江流域各地至西南地区；以华北地区海拔1 000m以下居多。耐寒区位6～10。

黑弹朴的叶形在不同的发育阶段变异较大，幼树和萌条、徒长枝的叶常为三浅裂，中裂片成尾尖状，沿叶脉被毛。成年树枝条上常有木质的虫瘿。

稍耐阴，喜湿润较深厚的中性土壤，常生于深厚黏质土的平地或河流两岸。

木材白色，纹理直，供建筑用材。树皮浸出液经提炼后，可治老年气管炎；韧皮纤维为造纸及人造棉原料。树皮光滑、树形优美，为园林绿化树种，可用于氯化物、硫化物等有毒气体污染区绿化，亦作为盆景素材。

2. 朴树 Celtis sinensis Pers. /Chinese Hackberry 图8-46

落叶乔木，高达20m，胸径达1m。幼枝密被柔毛。叶卵形至椭圆状卵形，长3～9cm，宽1.5～5cm；叶基部近圆形或楔形，先端短渐尖；叶缘中部以上有浅锯齿；叶背沿脉疏生短柔毛；叶柄长6～10mm。果近球形，径4～5mm，熟时橙红色至暗红色；果梗长6～10mm，与叶柄近等长。花期4月，果实成熟期9～10月。

产黄河流域以南、长江流域中下游及以南地区，多见于海拔1 000m以下低山、丘陵的向阳山坡、杂木林缘或路旁。常为产区公园和村旁的绿化树种，常孤植。朝鲜、越南、老挝亦产。耐寒区位8～12。

3. 大叶朴 Celtis koraiensis Nakai /Korean Hackberry 图8-47

与黑弹朴 C. bungeana 的区别是：叶倒卵形至宽倒卵形，长7～16cm，宽4～9cm，先端圆截形，有不整齐裂片，中央具明显尾状尖。果较大，径约7～10mm，熟时暗红色。花期4～5月，果实成熟期9～10月。

产东北南部、华北、西北及华东地区，常生于海拔1 600m以下向阳山地或岩石坡上。朝鲜亦产。耐寒区位6～9。

种子含油率51.2%；嫩叶可食。园林可用作庭荫树、行道树等。

图 8-46 朴树 Celtis sinensis
1. 花枝 2. 果枝 3. 两性花 4. 雄花 5. 果核 6. 幼苗

图 8-47 大叶朴 Celtis koraiensis
1. 果枝 2. 雌花

6. 糙叶树属 Aphananthe Planch. / Aphananthe

乔木或灌木。叶基部三出脉,叶缘除基部外均锯齿;侧脉直伸至锯齿尖端。花单性同株;雄花为总状或伞房花序,生于新枝基部;雌花单生于新枝上部叶腋;花萼5裂,稀4裂,雄蕊5。核果,花萼、花柱宿存。

8种,分布东南亚和澳大利亚。中国2种,产华北以南地区。

糙叶树 Aphananthe aspera (Blume) Planch. / Acabrous Aphananthe 图 8-48

落叶乔木,高达20m,胸径100cm。小枝暗褐色,初被平伏硬毛,后渐脱落。叶卵形至长卵形,长4~13cm,宽2~6cm,两面被平伏硬毛;叶柄长5~17mm。核果近球形,径约5~8mm,熟后黑色,被平伏毛。花期4~5月,果实成熟期9~10月。

产华北、华东、华中、华南、西南地区等。山东崂山有1株千年老树,高15m,胸径124cm,号称"龙头榆"。野生常见于山谷、溪流两岸杂木林。耐寒区位4~9。

略耐阴,喜湿润肥沃土壤,不耐严寒。

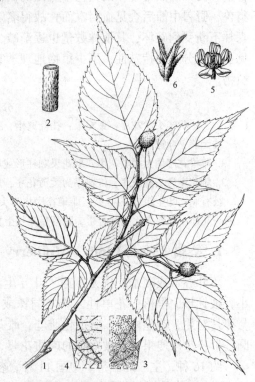

图 8-48 糙叶树 Aphananthe aspera
1. 果枝 2. 幼枝一段,示毛
3, 4. 叶部分放大 5. 雄花 6. 雌花

一般性用材树种，适宜做农具、器具等；叶面粗糙，干后如同细砂纸，十分奇特，可用于擦磨金属器皿等。园林可作庭荫树及谷地、溪边绿化。

14. 桑科 Moraceae / Mulberry Family

常绿或落叶乔木、灌木或藤本，稀草本。植物体常有乳汁。单叶，互生，稀对生；托叶早落。花小，单性，单被，组成柔荑、头状或隐头花序；萼片4（2~6），常宿存，肉质；雄蕊与萼片同数对生，花丝内折或直伸；子房上位至下位，2心皮1~2室，每室有1悬垂胚珠，花柱常2。聚花果或隐花果，小果为瘦果、核果或坚果。种子有胚乳。

约53~75属1 200~1 800种，主产热带、亚热带，少数延伸至温带。中国16属150余种，南北均有分布，主产长江以南地区。

在APG分类系统中，传统的柔荑花序类植物并非单系类群。桑科属于核心真双子叶植物蔷薇分支类中的蔷薇目 Rosales，与蔷薇科、榆科等关系近缘。

桑科中的树种是热带和亚热带森林群落的重要组成部分，如榕属 *Ficus*。其中有些供食用，如桂木属 *Artocarpus* 的波罗蜜 *A. heterophyllus* 是著名的热带水果，榕属的果实——无花果和桑树 *Morus alba* 的果序——桑椹也是家喻户晓的美味野果。见血封喉 *Antiaris toxicaria* 是桑科中的常绿大乔木，高可达40 m，通常具板状根，主要分布于热带雨林和季雨林中，为典型热带种。因其树干流出的白色乳汁有剧毒，西双版纳少数民族用其涂箭头来猎兽，野兽中箭后会见血封喉而亡故得名。它是组成中国热带雨林的主要树种之一，由于森林不断受到破坏，其植株数量也逐渐减少，现已被列为国家保护的珍稀濒危植物。由于见血封喉分布的特殊性，不少植物地理学家，将其作为中国热带和亚热带划分的重要指示植物。

分属检索表

1. 柔荑、穗状或头状花序；聚花果；托叶离生，脱落后留有2个弯月形托叶痕。
  2. 枝无刺；叶锯齿缘。
    3. 雌雄花序均为柔荑花序；聚花果圆柱形或卵形 ………………………………… 1. 桑属 *Morus*
    3. 雌花序为头状花序，雄花序为柔荑花序；聚花果球形 ……………… 3. 构树属 *Broussonetia*
  2. 枝有刺；叶全缘或2~3裂；雌雄花序均为头状花序 ……………………… 2. 柘树属 *Cudrania*
1. 隐头花序；隐花果；托叶合生，脱落后在枝上留有环形托叶痕 ……………………… 4. 榕属 *Ficus*

1. 桑属 *Morus* Linn. / Mulberry

落叶乔木或灌木。枝无顶芽。叶互生，叶缘有锯齿或有缺裂，3~5出掌状脉；托叶小，披针形，早落。花单性，雌雄同株或异株，组成柔荑花序；萼片4；雄花具雄蕊4，与萼片对生，花丝内折，有退化雌蕊；雌花子房1室，花柱极短，柱头2。聚花果卵形或圆柱形；小果瘦果，外被宿存的肉质花萼。

约16种，主产北温带。中国11种，各地均有分布。

表8-3为桑树与蒙桑特征比较。

表8-3 分种特征比较表

树 种	枝 条	叶缘锯齿	叶背毛被	花 柱
桑树 M. alba	灰色	粗锯齿	沿脉疏生	无
蒙桑 M. mongolica	红褐色	刺芒状锯齿	无毛	短

1. 桑树（白桑、家桑） *Morus alba* **Linn.** ／White Mulberry，Silkworm Mulberry 图 8-49：1~8

落叶小乔木，高达10m。树皮灰褐色或黄褐色，浅纵裂。小枝灰白色。叶卵形、卵状椭圆形至阔卵形，长5~15cm，宽4~13cm；先端急尖或钝尖，基部浅心形至圆形；叶缘有粗钝锯齿，不裂或于幼枝和萌发枝叶不规则缺裂；上面无毛，下面沿脉有疏毛；基部三出脉；叶柄长1~2.5cm，稍有毛。花雌雄异株；雄花中央具退化雌蕊；雌花萼片倒卵形，有缘毛；子房无花柱或极短，柱头宿存。聚花果俗称"桑椹"，卵圆形至圆柱形，长1~2.5cm，熟时暗紫色、近黑色或白色。花期4~5月，果实成熟期5~7月。

原产中国中部地区，现各地广泛栽培，遍布东北中部、内蒙古南部、新疆南部连线以南全境，以黄河流域中下游和长江流域各地栽培最多。由平地至云南海拔可达1 900m。耐寒区位4~10。

深根性树种，根系发达，适应性强，耐干旱瘠薄，耐寒，耐轻度盐碱，不耐涝。以土层深厚、湿润、肥沃，pH 4.5~7.5的条件下生长最佳。生长迅速，萌芽性强，耐修剪。

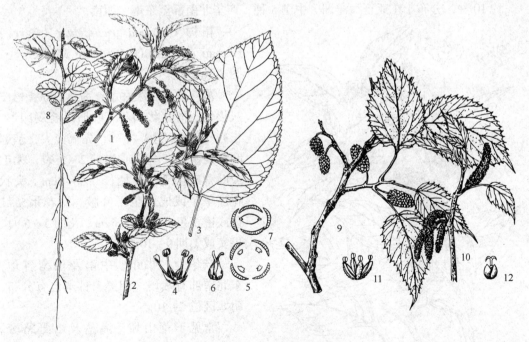

图8-49　1~8. 桑树 *Morus alba*
9~12. 蒙桑 *Morus mongolica*
1, 10. 雄花枝　2. 雌花枝　3. 叶　4, 5. 雄花及花图式　6, 7. 雌花及花图式
8. 幼苗　9. 果枝　11. 雄花　12. 雌花

种子压条、插条、嫁接或分株繁殖。中国栽培历史悠久，目前已培育出数百个优良品种。

边材黄白色，心材黄色，纹理斜，结构中等，有弹性，供乐器及雕刻等用材。桑叶是中国传统养蚕的原料，在低山丘陵山区常种植以养蚕为目的的桑林。茎皮纤维发达，枝条可编织筐篓。桑椹味美可鲜食或深加工为酒类等食品，也是野外和人类居住区鸟类生存重要的食源。根皮、枝、叶、果均可入药。秋叶变黄，可供观赏；抗烟尘及 SO_2 等有毒气体能力强，可用于厂矿区绿化。

2. 蒙桑（崖桑）Morus mongolica Schneid./Mongolian Mulberry 图 8-49：9~12

与桑树 M. alba 的区别为：小枝褐红色。叶先端尾尖，叶缘具刺芒状锯齿，有时有缺裂。雌花子房具短花柱。

产东北南部、华北、华中、西北、西南等地。华北低山阳坡、向阳沟谷习见。其树形美观，可用于公园和城市绿化。果实可食，结果量大，是产区野生鸟类重要的食源树种。耐寒区位 5~9。

2. 柘树属 Cudrania Trec. /Cudrania

灌木或小乔木，有时呈攀缘状；有枝刺；无顶芽。叶互生，全缘或 2~3 裂，羽状脉；托叶小，早落。花单性，雌雄异株；雌雄花序均为头状花序，腋生；雄花苞片 2~4，萼 4 裂，雄蕊 4，花丝在芽内直伸，有或无退化雌蕊；雌花苞片 2~4，萼 4 裂，花柱 1。聚花果球形；瘦果外被肉质苞片及萼片。

约 10 种，分布于东亚至大洋洲。中国 5 种，产华北南部至东南、西南。

柘树 Cudrania tricuspidata (Carr.) Bureau ex Lavall. /Chinese Mulberry 图 8-50

落叶灌木至小乔木，高达 10m。树皮灰褐色，薄片状剥落。叶卵形至倒卵形，长 3~11cm，宽 2~7cm，先端钝尖，基部圆形至楔形，全缘或先端 2~3 裂，无毛或叶背疏生毛；叶柄长 0.5~2cm。头状花序单生或成对生于叶腋。聚花果橘红色或橙黄色，果径 2.5cm。花期 5~6 月，果实成熟期 9~10 月。

产华北、华东、中南及西南各地，东北南部有栽培。朝鲜、日本也有分布。耐寒区位 6~10。

常见于荒山坡、灌丛及山野路旁。适应性强，耐干旱瘠薄，喜生于钙质的石灰岩山地，生长慢。直播、育苗或插条繁殖。

木材黄色坚韧，供建筑、农具、细

图 8-50　柘树 Cudrania tricuspidata
1. 果枝　2. 雄花枝　3. 雄花　4. 雌花

木工等用材。树皮纤维供造纸及制绳索；果可食及酿酒；根入药，可止咳化痰、祛风利湿及散淤止痛。园林可作刺篱、水土保持树种等。

3. 构树属 *Broussonetia* L' Hér. ex Vent. ／Paper Mulbeery

落叶乔木或灌木。单叶，互生，稀对生和轮生，有锯齿，不裂或3~5裂，基生3~5出脉；托叶卵状披针形，早落。花雌雄异株；雄花柔荑花序，花萼4裂，雄蕊4，花丝在芽内内曲，退化雌蕊甚小；雌花头状花序，花萼管状，不裂或3~4裂，子房有柄，花柱丝状，侧生。聚花果球形；瘦果外被肉质宿存的花萼和肉质伸长的子房柄。

4种，分布于亚洲及太平洋岛屿。中国3种，产南北各地。

构树（楮）*Broussonetia papyrifera* L' Hér. ex Vent. ／Paper Mulbeery 图8-51

乔木，高达16m，胸径60cm。树皮平滑，有褐色块状斑；枝皮韧性纤维发达。小枝密被毛。叶互生、对生和轮生，宽卵形至矩状广卵形，长7~20cm，宽6~15cm，先端渐尖或短尖，基部心形或圆形，粗锯齿缘，不裂或不规则3~5深裂，幼树及萌发枝叶尤为明显，上面密被短硬毛，粗糙，下面密被长柔毛；叶柄长约3~10cm；托叶带紫色。雄花序长6~8cm；雌花序径约1cm。聚花果球形，径2~2.5cm，子房柄和宿存花萼肉质，橘红色，稀白色；瘦果小，扁球形，径约1.6mm。花期4~5月，果期6~7月。

产华北、西北至华南、西南，为低山、沟谷、溪边常见树种，东北南部有栽培。越南、印度及日本也有分布。耐寒区位6~12。

喜光，适应性强，耐干冷、湿热气候和干旱瘠薄土壤，适石灰岩山地，生长快，萌芽性强；耐烟尘，对有毒气体抗性强。播种、分根、插条及压条繁殖。

茎皮纤维长、洁白，为优质造纸原料。乳汁、根皮、树皮、叶及果（诸实子）入药，具补肾利尿、强筋骨、明目等功效。园林可作工矿区绿化；其果实鲜艳夺目，是野生鸟类的食源。

因传播能力强、生长快，入侵能力极强，杨根除，对造林地、幼林地、园林绿化产生严重影响，已被列入林业杂草，应谨慎利用。

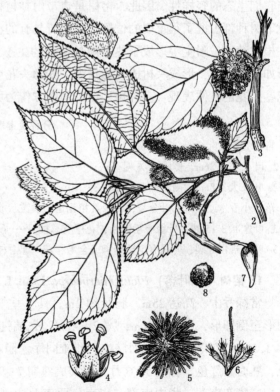

图8-51　构树 *Broussonetia papyrifera*
1. 雄花序枝　2. 雌花序枝　3. 果枝　4. 雄花
5. 雌花序　6. 雌花　7. 肉质子房柄　8. 小瘦果

4. 榕属 *Ficus* Linn. /Fig

常绿或落叶乔木、灌木或藤本。常具气生根。叶互生或对生，全缘，稀有锯齿或分裂；托叶早落，在枝上留有环状托叶痕。花小，单性，生于肉质壶形花序托内壁形成隐头花序，雌雄同序或异序，雄雌同序或异序；花序腋生或生于老枝、树干或气生根上；雄花花萼2~6裂，雄蕊1~2 (3~6)；雌花花萼与雄花相同或缺；子房常偏斜，花柱侧生，花柱长的雌花可产生种子，花柱短的雌花为瘿花。隐花果（榕果）肉质，内含多数小瘦果。

全世界榕属植物种类繁多，约1 000种，主要分布于热带、亚热带地区如亚洲、非洲，特别是澳大利亚、新几内亚是榕属植物多样性的分布中心。中国约120种，主产长江流域以南地区。榕属许多种具有较强的环境适应能力。它们既能生长在森林群落的深层，也能分布于群落的边缘，如城镇、村庄、公园和江河边；部分种类甚至可以依附在别的物体上，如植物的枝干、岩石、石缝。它们具有攀缘、附生、半附生和寄生性。这些特点表现出它们生态的多样性。因此，榕树是热带雨林植物群落的关键种，无论是上层树种，还是林下树种都占据了很重要的位置，它们所具有的特殊的生态现象如老茎生花、板状根、支柱根、绞杀、附生等形成了热带雨林特有的生态景观。当气生根扎入土中形成支柱根后，形如棵棵大树，形成一树成林的景观。其隐头花序多生于树干或气生根上，为热带雨林中老茎生花的具体表现。多种树种在中国南方作为城市绿化和行道树。

分种检索表

1. 常绿乔木；叶全缘，不分裂。
   2. 叶长小于8cm，侧脉5~6对 ·· 1. 榕树 *F. microcarpa*
   2. 叶长大于8cm，侧脉多于6对 ·· 2. 印度橡皮树 *F. elastica*
1. 落叶小乔木或灌木；叶分裂，叶缘具粗锯齿、浅波状或全缘。
   3. 叶掌状3~5裂，叶缘有粗锯齿，花序有总梗 ································· 3. 无花果 *F. carica*
   3. 叶不规则分裂，叶缘有少数锯齿或全缘，花序无总梗 ··················· 4. 异叶榕 *F. heteromorpha*

1. 榕树（小叶榕）*Ficus microcarpa* Linn. f. /Chinese Banyan Tree   图8-52

常绿乔木，高达25m，胸径约2m。具下垂气生根。叶互生，革质，椭圆形、卵状椭圆形至倒卵形，长4~10cm，宽2~4cm，先端钝尖，基部宽楔形或圆形，全缘；叶柄长1~1.5cm。花序单生或成对腋生；雌雄同序。隐花果近球形，径0.6~10cm，黄色或淡红色，熟时紫红色。花期5~6月，果实成熟期7~9月。

产华东南部、华中南部、华南、西南及台湾等低海拔地区，多生于村落附近及山林中，为亚热带季雨林的代表种。印度、缅甸、马来西亚也有分布。耐寒区位10~12。

喜温暖多雨气候及酸性土壤；生长快，寿命长；种子繁殖、大枝扦插均容易成活。

树大荫浓，为产区常见的行道树及庭园绿化树种；习见于楼内、办公室和居室盆栽树种。大树气根常伸入土壤中，形成"独木成林"的奇观。

2. 印度橡皮树 Ficus elastica Roxb. ex Hernem. ／Rubber Tree　图8-53

常绿乔木，高达30m。叶厚革质，有光泽，长椭圆形，长8~30cm，先端钝尖，全缘，基部宽楔形；叶柄粗壮，长2~5cm；托叶膜质，长可达叶片一半，包被幼芽。花序成对腋生，雌花、雄花、瘿花同序；隐花果卵状长椭圆形，径5~10mm，熟时黄色。花期6~9月，果实成熟期9~11月。

原产印度、缅甸、不丹、马来西亚等地。中国仅以云南部分地区海拔800~1500m处有野生，华南南部以南多见露天栽培，可成大树。叶片大，亮绿色，有光泽，芽萌动时托叶淡红，可孤植或群植作风景树、庭荫树和行道树；北方盆栽观赏，室内越冬。耐寒区位10~12。

喜高温多湿气候，以土壤排水良好的沙质壤土为佳，喜光，亦较耐阴、耐旱。

图8-52　榕树 Ficus microcarpa

图8-53　印度橡皮树 Ficus elastica

3. 无花果 Ficus carica Linn. ／Common Fig　图8-54

落叶小乔木，高达10m。有时呈丛生灌木状；小枝粗壮。叶互生，厚纸质，阔卵形至近圆形，长11~24cm，宽9~22cm，掌状3~5裂，先端钝，基部心形，具粗锯齿缘，上面有短硬毛，粗糙，下面有绒毛；叶柄长4~14cm。花序单生叶腋；雄花和瘿花同一花序，而发育雌花生于另一花序。隐花果梨形，长5~8cm，径约3cm，绿黄色至黑紫色。花期5~6月，果实成熟期9~10月。

原产地中海沿岸。中国秦岭以南各地露地栽培，秦岭以北冬季需防寒。耐寒区位

8~12。

喜光，适温暖湿润气候，不耐严寒，-12℃时即发生冻害，宜选肥沃沙质壤土栽培。浅根性，生长快，2~3年生开始结果，6~7年进入盛果期，栽培品种多。分株、压条及插条等法繁殖，易成活。

果实营养丰富，为低糖高纤维食品，适合糖尿病患者食用。果肉清利咽喉，消痰化滞，有助消化、清热、润肺止咳之效。根、叶入药治肠炎、腹泻等病。也常作庭园观赏树。

4. 异叶榕 *Ficus heteromorpha* Hemsl. /Heteromorphic Fig　图 8-55

落叶灌木或小乔木。小枝红褐色。叶形变化大，卵形、倒卵形、提琴形、卵状披针形等，先端尖，全缘或波状至3裂，基部圆或浅心形；叶面疏被刚毛，粗糙。花序成对腋生，球形，无梗，雄花和瘿花同序，雌花另生一花序。果序球形，径6~10mm，熟时红色至紫黑色。花期4~6月，果实成熟期5~8月。

产华北至长江流域直至西南地区。较耐阴，耐水湿。生于山坡、沟谷和溪边。河南鸡公山自然保护区内的茅栗 *Castanea sequinii*、栓皮栎 *Quercus variabilis*、枫香 *Liquidambar formosana* 林中常见为下木。耐寒区位7~10。

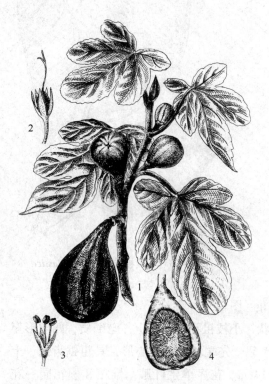

图 8-54　无花果 *Ficus carica*
1. 果枝　2. 雌花　3. 雄花　4. 隐花果纵切面

图 8-55　异叶榕 *Ficus heteromorpha*
1. 果枝　2. 雄花　3. 雌花　4. 琴形叶　5. 披针形叶

> **知识窗**
>
> **榕树—传粉者共生体系的协同进化**
>
> 榕小蜂是榕树（*Ficus* sp.）唯一的传粉昆虫，榕树隐头花序是榕小蜂唯一的寄主。榕属植物和它们的传粉昆虫榕小蜂构成了一个互惠的共生体，二者缺一就面临着两类物种消亡和群落的灭绝。榕树只能靠无性繁殖产生新个体，不利于物种的进化与保存。榕树在与榕小蜂的协同进化中，形成了特定的繁殖系统、雌花的结构和开花行为。榕树的花分布于隐头花序内壁，有3种类型：能产生花粉的雄花，能产生种子的具长花柱、圆柱形柱头的雌花及为传粉小蜂提供栖息场所与营养的喇叭形扁平的短柱头雌花，也称瘿花。雌雄同株种类中，这3种花并存于一个花序内；雌雄异株种类中，雌株花序中只有雌花，而功能上为雄株的花序内有雄花和瘿花。榕树的雌花成熟早于雄花，雄花迟熟，待虫瘿中小蜂羽化之时花药才开裂。雌榕小蜂在雌花成熟时从花序口钻入其中，进行传粉，产卵。雌雄同株榕树长短柱头雌花存在于同一花序内，传粉产卵同时进行；而雌雄异株中，榕小蜂通常只在雌株中传粉，在雄株中产卵。其后代在花序内发育成熟后，雌雄小蜂进行交配，雌蜂携带后熟的雄花的花粉飞出花序，寻找新的传粉和产卵场所。此过程交替进行，稳定地维持着榕树与传粉小蜂之间的利益互惠关系。
>
> 榕属分类与分布的研究多根据榕树的形态学特征如乳汁、花序内的花性以及与繁殖相关的形态特征。Berg（1989）从繁殖生物学的角度，把榕属和榕小蜂放在一起进行分类，不仅依据形态学特征，还考虑到繁殖功能特征。尽管目前榕属至今仍没有一个正式修正的较为完善的分类系统，但全世界1 000多种榕树及其相应的传粉者为协同进化和榕属系统分类研究提供了丰富的材料。根据目前研究的资料，榕属植物各亚属、组间的进化关系与传粉小蜂各属间的关系有相当程度的吻合。因此，在榕树分类工作中，探讨榕树和其共生伙伴的繁殖生态学关系，应用现代分子生物学技术，从系统发育角度，从生理学、繁殖生态学、物候学及繁殖行为学进行研究，其成果将不仅是对榕属进行更合理的分门别类，而且是对动、植物间协同进化的历史和途径做深入的探讨。
>
> **参考文献**
>
> 徐磊，彭艳琼，魏作东，等，2004. 云南省榕小蜂和榕树的物种组成及多样性 [J]. Biodiversity Science, 2004, 12 (6): 611-617.
>
> 甄文全，朱朝东，杨大荣，等，2004. 传粉榕小蜂与榕树的繁衍 [J]. 昆虫学报, 47 (1): 99-105.
>
> 尧金燕，赵南先，陈贻竹，2004. 榕树—传粉者共生体系的协同进化与系统学研究进展及展望 [J]. 植物生态学报, 28 (2): 271-277.
>
> 陈勇，李宏庆，马炜梁，1997. 榕树—传粉者共生体系的研究 [J]. 生物多样性, 5 (1): 31-35.
>
> Berg C C, 1989. Classification and distribution of *Ficus* [J]. Experinetia, 45: 605-611.

15. 胡桃科 Juglandaceae / Walnut Family

乔木，稀灌木。多具芳香树脂。裸芽或鳞芽，芽常叠生。一回奇数羽状复叶，互生，无托叶。花多单性，雌雄同株；雄花为柔荑花序，生于去年枝叶腋或新枝基部，稀生于枝顶而直立，单被花或无被花，具1大苞片及2小苞片，花被1~4裂，或无花被，雄蕊3至多数，花药纵裂；雌花为柔荑花序或穗状，生于枝顶，具1大苞片及2小苞片，花被2~4裂或无花被，雌蕊子房下位，2心皮1室或几部不完全2~4室，胚珠1，单珠被。果实由苞片、花托及子房共同发育形成，为核果状或坚果状；外果皮肉质或革质或膜质，成熟时不开裂、或 4~9 瓣开裂；内果皮（果核）由子房壁形成，坚硬，骨质，一室。种子 1，无胚乳，种皮薄，子叶常 4 裂，肉质，含油脂。子叶出土或不出土。

9 属约 63 种，分布于北半球温带及热带地区。中国 8 属 24 种 2 变种，引入 4 种，主要分布于秦岭—淮河以南，以广西、云南种类最多。

在克朗奎斯特分类系统中，胡桃科与马尾树科以羽状复叶为共衍征，属于胡桃目 Juglandales。在 APGIV 分类系统中，胡桃目归并到壳斗目 Fagales。胡桃科成为单系类群，得到形态学和分子性状的支持，并与杨梅科 Myricaceae 形成姊妹群。将马尾树科合并到胡桃科后，核桃科包括 3 亚科和 10 属。其中，马尾树亚科 Rhoipteleoideae 仅含有马尾树属 1 属 1 种（马尾树 Rhoiptelea chiliantha），特产于我国西南地区和越南北部。黄杞亚科 Engelhardioideae 有 4 属 13 种，间断分布于中美洲地区（雀鹰木属 Alfaroa 和坚黄杞属 Oreomunnea）和东亚地区（黄杞属 Alfaropsis 和烟包树属 Engelhardia）。胡桃亚科 Juglandoideae 为胡桃科物种多样性最高的一支，含 3 族 5 属。其中，化香树族 Tribe Platycaryeae 仅有 1 属 1 种（化香树 Platycarya strobilacea）。山核桃族 Tribe Cayreae 仅有山核桃属 Carya，间断分布于北美洲和东亚地区。胡桃族 Tribe Juglandeae 3 属，包括青钱柳属 Cyclocarya（1 种）、胡桃属 Juglans（22 种）和枫杨属 Pterocarya（6 种），间断分布于北美洲、地中海和东亚地区。

在 APG 分类系统中，胡桃科属于核心真双子叶植物蔷薇类分支中的壳斗目 Fagales，作为单系得到形态学和 DNA 序列的支持。

分属检索表

1. 花序分为雄花序和两性花序，形成顶生直立的伞房状花序束；两性花序上端为雄花序，下端为雌花序；果序球果状；果实小形，坚果状，两侧具狭翅，单生于苞片腋内；枝条髓部实心。小叶稍成镰状弯曲 ·· **1. 化香树属 Platycarya**
1. 花序为单一的雄花序或雌花序。雄花序下垂，雌花序直立或下垂。果序不为球果状。枝条髓心片状。
   2. 坚果核果状，大型，圆球形，无翅，果核具棱；芽无柄，叶芽为鳞芽，雄花序芽为裸芽。雌花序直立，具 2~多数雌花 ·· **2. 胡桃属 Juglans**
   2. 坚果小型，两侧或四周具翅。芽为裸芽，有柄。雌、雄花序均下垂。
      3. 坚果，具 2 革质翅，翅向果实两侧或向斜上方伸展。雄花序单生于小枝上端的叶丛下方。芽为裸芽，稀鳞芽；复叶轴具明显的叶轴翅或无 ········ **3. 枫杨属 Pterocarya**
      3. 坚果由圆形或近圆形的果翅所围绕；雄花序数条成一束，生于叶痕腋内。芽全为裸芽。复叶轴无叶轴翅 ·· **4. 青钱柳属 Cyclocarya**

1. 化香树属 *Platycarya* Sieb. et Zucc. /Dye Tree

落叶乔木。芽具芽鳞。枝条心髓实心。一回奇数羽状复叶，小叶具锯齿。花为无被花，组成直立柔荑花序，集生当年生枝顶，中央为两性花序，雄花序 2~4 生于两性花序下方。两性花序上部为雄花序，下部为雌花序。雌花序呈球果状，具密集覆瓦状排列的苞片，雌花序每苞片具 1 雌花，苞片不裂，与子房离生；小苞片与子房结合，果熟时发育成窄翅。果序球果状，直立，具多数革质宿存苞片（果苞）。小坚果扁，两侧具窄翅。种子子叶皱褶，出土。2种。产秦岭、淮河以南，山东南部有分布。朝鲜、日本有分布。

化香树 *Platycarya strobilacea* Sieb. et Zucc. /Dye Tree 图8-56

小乔木至乔木，高达20m。树皮灰色，浅纵裂。小枝密被短柔毛。奇数羽状复叶，小叶7~9枚，卵状披针形或长圆状披针形，先端渐尖，具细尖重锯齿，叶背沿脉或脉腋被毛。果序球果状，卵状椭圆形或长椭圆状圆柱形，苞片披针形，木质宿存；小坚果连翅近圆形或倒卵状长圆形，长约5mm，两侧有窄翅。花期5~6月，果实成熟期8~10月。

山东南部、河南南部、陕西（秦岭南坡）、甘肃南部，向南至华东、华南及西南各地及台湾北部；生于海拔600~1 300m，西南地区可达海拔2 000m。朝鲜、日本也有分布。耐寒区位7~12。

喜光，耐干旱瘠薄，为荒山荒地先锋树种，在亚热带常绿落叶阔叶林和落叶阔叶林中散生，在森林恢复和生态建设中扮演着重要角色。在酸性土、钙质土均能生长；生长快，萌芽性强。种子繁殖。

木材材质轻软，供制家具、胶合板、农具等用材。树皮含单宁7.5%，果序含单宁18.7%，可提制栲胶。树皮还可药用，具有顺气、祛风、止痛、消肿之效。茎皮纤维可造纸或制人造棉。为产区荒山造林和生态建设用树种。

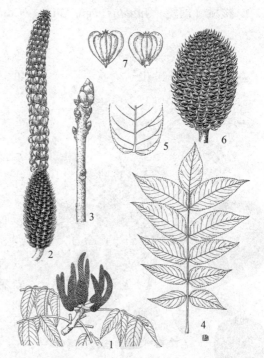

图8-56 化香树 *Platycarya strobilacea*
1. 花序枝 2. 两性花序 3. 枝条冬态 4. 叶
5. 小叶（局部放大） 6. 果序 7. 果苞

2. 胡桃属 *Juglans* Linn. /Walnut

落叶乔木。叶芽为鳞芽，雄花序芽为裸芽。小枝粗壮，具片状髓心；叶痕猴脸状。一回奇数羽状复叶，小叶全缘或具锯齿。雄柔荑花序单生或簇生于去年枝叶腋，花序芽于头一年夏末形成；花序芽于头一年夏末形成；雄花花被片1~4，雄蕊8~40枚；雌花序穗状，生于枝顶，花被4裂，柱头羽状，子房下位，1室1胚珠。核果状坚果，假果皮肉质，成熟时为不规则4瓣裂或不开裂，果皮（果核）硬骨质，具有棱及雕刻状凹坑或花纹。

约18种，分布于亚洲、欧洲、美洲温带及热带地区。中国4~5种1变种，南北均产。胡桃属树种种仁含油量高，为著名的干果、油料树种和优良特种用材树种。

分种检索表

1. 小叶全缘，无毛或叶背脉腋有簇生毛；花药无毛；雌花序具1~3朵花；果皮光滑无毛 ·· **1. 核桃 *J. regia***
1. 小叶具细锯齿，叶背密被柔毛和星状毛；花药具毛；雌花序具5~11朵花；果皮密被毛

2. 小枝叶痕上部有较宽的毛环；叶背被腺毛和柔毛；果核长卵形或长椭圆形，先端锐尖，基部尖或窄圆，有8条纵脊 ·· **2. 核桃楸 J. *mandshurica***
2. 小枝叶痕上部有较窄不明显的毛环；叶两面被星状毛，叶背尤密，中脉及侧脉被腺毛；果核球状卵形、宽卵形或近球形，先端突尖，基部平圆，有6~8条纵脊 ············· **3. 野核桃 J. *cathayensis***

1. 核桃（胡桃）*Juglans regia* Linn. / Common Walnut 图8-57

图 8-57 核桃 *Juglans regia*
1. 雄花枝 2. 雌花枝 3. 雄花 4. 苞片
5, 6. 雌花及纵切面 7. 果实 8. 果核

乔木，高达30m，胸径达2.6m。树皮灰色，幼时不裂，老时浅纵裂。1年生新枝灰绿色，无毛。顶芽近球形。一回奇数羽状复叶互生，小叶5~9，顶生小叶最大，小叶椭圆状卵形至椭圆形，长4.5~12.5cm，先端钝圆或微尖，全缘。雄花序长13~15cm；雌花序具1~3朵花，顶生，子房、总苞和幼果被白色腺毛；柱头面淡黄绿色。果球形，径4~6cm，无毛；果核基部平，具有2纵钝棱及浅刻纹，果皮薄。花期4~5月，果实成熟期9~10月。

为中国重要的干果和油料树种，辽宁南部以南地区广泛栽培，以西北和华北为主要产区。新疆（霍城、新源、额敏）、西藏有野生。伊朗、俄罗斯、吉尔吉斯斯坦南部、阿富汗也有分布。耐寒区位4~10。

喜光，喜温凉气候，不耐湿热。对土壤要求不严。适生于微酸性土、中性土及弱碱性钙质土，在深厚肥沃、疏松、湿润的砂壤土上生长良好，忌黏重和地下水位高、排水不良的强酸性土壤，在土层浅薄多石砾及沙质土壤上易遭旱害，梢端焦枯，发育不良；不耐盐碱，尤以幼苗更甚，土壤含盐超过0.15%不能正常生长。核桃的雌花在北方4~5月叶芽发芽抽枝生长中于枝顶形成，此时如遇晚霜极易被冻死，出现只开花（雄花）不结果（雌花冻死）的现象。因此，栽种时要注意这一问题。

深根性，根际萌芽力强。生长较快，寿命长达300年以上。种子、嫁接及分根繁殖。

种仁含多种维生素、蛋白质和脂肪，以及钙、磷、铁、胡萝卜素、维生素B_1、维生素B_2等多种营养物质，营养丰富，可生食、做糕点或蛋白饮料；种仁含油率60%~80%，其中含有不饱和脂肪酸94.5%，易被人体消化吸收，为优良的食用油。树皮及果肉可提取栲胶。果核可制活性炭。

木材材质优良，心材紫褐色，边材红褐色，纹理直，结构致密，富弹性，耐冲撞，有光泽，纹理美观，不翘不裂，供制枪托、航空器材、车工、旋工、雕刻及珍贵家具等用材。植物体挥发气体有杀菌保健功效。树冠庞大、枝叶茂密，可作为庭荫树和园林绿化树种。

2. 核桃楸（胡桃楸）*Juglans mandshurica* Maxim. / Manshurian Walnut

图8-58

乔木，高达30m，胸径达80cm。树干通直；树皮灰色或暗灰色，纵裂。顶芽大，被黄褐色毛。小枝粗壮，黄褐色，具有腺毛和星状毛。一回羽状复叶互生，小叶9~17（19），近无柄，长圆形至矩圆状椭圆形，先端尖，具细锯齿，老叶下面被星状毛及柔毛。雄花序具4~10朵花；雌花花序轴密被柔毛，具5~10朵花，总苞密被腺毛；柱头暗红色。果卵形或长椭圆形，顶端锐尖，基部尖或窄圆，有8条纵脊及雕刻状凹坑及花纹，果皮厚，种仁小。在天然林内常见裂为两瓣的果瓣。花期5~6月，果实成熟期8~9月。

产黑龙江小兴安岭海拔500m以下，吉林长白山海拔1 000m以下，与白桦 *Betula platyphylla*、山杨 *Populus davidiana*、黄波罗 *Phellodendron amurense*、糠椴 *Tilia mandshurica* 等组成混交林；在辽宁、内蒙古（哲里木盟大青沟）、河北、山西、河南（伏牛山北坡海拔300~1 800m）、陕西、山东等地是天然次生林重要建群树种。俄罗斯远东地区、朝鲜、日本也有分布。耐寒区位4~9。

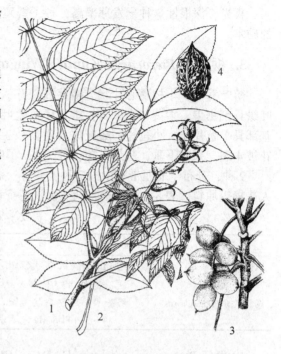

图8-58 核桃楸 *Juglans mandshurica*
1. 花枝，示雌花序 2. 叶 3. 果序 4. 果核

喜光，耐寒性强，能耐-40℃严寒，生长较快，寿命长，天然林20年生左右开始结实。多生于溪边、沟谷，土层深厚、肥沃、排水良好的地方。深根性，抗风。根蘖性和萌芽力强，可进行萌芽更新，也可以进行播种繁殖。

材质坚硬，致密，纹理通直，易加工，有光泽，花纹美观，刨切面光滑，油漆性能良好，为军工、家具、建筑、船舰、木模等优良用材。种仁营养丰富，含蛋白质、糖和脂肪，可鲜食和制糖果糕点；种仁含油率40%~63%，为高级的食用油。果壳可制活性炭。树皮可提制栲胶。叶、果壳和树皮可以制作杀虫的农药。北方用作嫁接核桃的砧木。

3. 野核桃（野胡桃）*Juglans cathayensis* Dode / Chinense Walnut

乔木，高达25m，胸径达100cm。小枝青褐色，密生腺毛或星状毛。芽被黄褐或灰褐色绒毛。羽状复叶，小叶9~17枚，无柄，卵形至卵状长圆形，长8~15cm，叶缘具细锯齿，叶背密被柔毛及星状毛。果序具6~10枚果实，卵形，长3~6cm，密被毛；果核球状卵形或宽卵形或近球形，有6~8纵脊。花期4~5月，果实成熟期9~10月。

产山西（太行山西麓）、河南（伏牛山、鸡公山）海拔700m以下，陕西南部（安康、平利、石泉、秦岭南北坡、太白山）及甘肃南部海拔800~2 000m，湖北西部海拔1 000~2 000m，贵州东部及四川东部和中部海拔800~1 800m，云南东部海拔1 200~2 800m及广西（隆林）；生于山谷或土壤肥沃湿润山区灌丛或杂木林内，在云南常与云南樟 *Cinnamomum glanduliferum*、麻栎 *Quercus acutissima* 等组成次生林。耐寒区位5~10。

喜光，深根性。种子发芽率高，种子繁殖。种仁含油率65.25%。可作南方嫁接核桃的砧木。

3. 枫杨属 Pterocarya Kunth / Wingnut

落叶乔木，小枝髓心片状。鳞芽或裸芽，具长柄。一回奇数稀偶数羽状复叶，互生，叶缘具细锯齿。柔荑花序下垂；雄花序单生叶腋，雄花无柄，花被片1~4，雄蕊66~18，基部具1苞片及2小苞片；雌花序单生新枝上部，雌花无柄，贴生于苞腋，具2小苞片，花被4裂。果序下垂，坚果具翅；种子1，子叶4裂，发芽时出土。

9种，分布于北温带。中国7种1变种。多数种类树皮富含纤维，可代麻，供造纸及人造棉等原料。表8-4为枫杨与湖北枫杨特征比较。

表8-4 分种特征比较表

树种	叶轴	叶	叶形	果实
枫杨 P. stenoptera	具窄翅	偶数羽状复叶，小叶10~28	长圆形至长圆状披针形	果翅条形，斜向上伸展
湖北枫杨 P. hupehensis	无翅	奇数羽状复叶，小叶5~11	长椭圆形或卵状椭圆形	果翅卵状圆形，长宽近相等，平展

1. 枫杨 Pterocarya stenoptera C. DC. / Chinese Wingnut　图8-59

图8-59 枫杨 Pterocarya stenoptera
1. 雄花枝　2. 果枝　3. 枝和芽　4. 雄花
5, 6. 苞片及雌花　7. 果实

乔木，高达30m，胸径1m。幼树皮红褐色，平滑；老树皮灰褐色，深纵裂。裸芽，密被锈褐色腺鳞。小枝灰绿色。奇数羽状复叶（有时为偶数羽状复叶），小叶10~28枚，矩圆形，长4~11cm，先端短尖或钝，具细锯齿，叶表被腺鳞，叶背疏被腺鳞，沿脉被褐色毛，脉腋具簇生毛；叶柄及叶轴被柔毛，叶轴具窄翅。雄花序生于去年生枝叶腋或节间上，长5~10cm；雌花序生于新枝顶端，花序轴密被柔毛。果序长20~40cm；坚果具2斜展之翅，翅长圆形或长椭圆状披针形，无毛。花期4~5月，果实成熟期8~9月。

产陕西南部和秦岭、河南、山东、安徽、江苏、浙江、江西、福建、台湾、广东、广西、湖南、湖北、四川、贵州、云南，生于海拔1000~1500m以下，为溪边及水湿地习见树种；辽宁南部及河北等地栽培。朝鲜也有分布。耐寒区位7~9。

深根性，主根明显，侧根发达。喜光，不耐庇荫。喜温暖湿润气候，耐水湿，在山谷、河滩、溪边、低湿地生长最好，在干旱瘠薄沙地上生长慢，树干弯曲。要求中性及酸性砂壤土，耐轻度盐碱。萌芽力强，萌蘖更新好，也可种子繁殖。

木材灰褐至褐色，心边材区别不明显，无气味，轻软，纹理交错均匀，不耐腐朽，干后易受虫蛀，供家具、农具等用。树皮含纤维，质坚韧，供制绳索、麻袋，也可作造纸、人造棉原料。幼树作核桃砧木。大树可放养紫胶虫。茎皮及树叶可煎水或制成粉剂，可灭钉螺，作杀虫剂，也可除治泥鳅、黄鳝，以防危害堤埂。但不宜在人工水产养殖区域种植。种子可榨油供工业用。

为黄河、长江流域以南各地平原造林、护沟、固堤护岸及行道树优良速生用材树种。

2. 湖北枫杨 *Pterocarya hupehensis* Skan／Hupeh Wingnut

与枫杨 *P. stenoptera* 的区别：叶轴无窄翅；小叶5~11，长椭圆形至卵状椭圆形，长6~12cm，先端渐尖，稀钝圆。果序长20~40cm，果序轴疏被毛或近无毛；果翅半圆形或近圆形，长1~1.5cm，平展。花期5~6月，果实成熟期8~9月。

产河南西南部、陕西南部、湖北西部、四川至贵州东部和北部等地，生于海拔700~2 000m沟谷、河边湿润地带疏林中。耐寒区位8~9。

木材供建筑、家具等用。树皮纤维拉力强，供制绳索、造纸及人造棉原料。种子含油率7%~8%，可制肥皂。为护沟固堤岸及"四旁"绿化树种。

4. 青钱柳属 *Cyclocarya* Iljinsk.／Cyclocarya

1种，中国特有单种属。

青钱柳 *Cyclocarya paliurus*（Batal.）Iljinsk.／Round-wind-Fruited Cyclocarya 图8-60

落叶乔木，高达20m，胸径80cm。幼树树皮灰色，平滑；老树树皮灰褐色，深纵裂。枝具片状髓；幼枝密被褐色毛，后渐脱落。叶芽和雄花序芽均为裸芽，具柄，被褐色腺鳞。一回羽状复叶，小叶7~9，稀5或7。互生，稀近对生，椭圆形至长椭圆状披针形，先端渐尖，具细锯齿，上面中脉密被淡褐色毛及腺鳞，下面被灰色腺鳞，叶脉及脉腋被白色毛；叶轴无翅，被白色弯曲毛及褐色腺鳞。柔荑花序下垂；雄花序下垂，2~4生于一个总梗上，并集生于去年生枝叶腋，花序轴被白色及褐色腺鳞，花具2小苞片及2花被片，雄蕊20~30；雌花序单生枝顶，长21~26cm，具花7~10，每雌花具2小苞片及4个花被片。坚果周围具圆盘状翅，果翅，直径2.5~6cm，坚果位于中央，顶端具宿存花柱及4枚花被片。花期5~6

图8-60 青钱柳 *Cyclocarya paliurus*

1. 果枝 2. 雄花枝 3，4. 雄花月，果实成熟期 8~9 月。

产安徽、江苏、浙江、江西、福建、台湾、广东、广西、陕西南部、湖南、湖北、四川、贵州、云南东南部，常生于海拔 420~2 500m 的山区、溪谷、林缘、林内或石灰岩山地，在浙江西天目山与银杏 Ginkgo biloba、毛竹 Phyllostachys edulis、榧树 Torreya grandis、柳杉 Cryptomeria fortunei、金钱松 Pseudolarix amabilis、枫香 Liquidambar formosana、玉兰 Magnolia denudata 等混生。耐寒区位 8~10。

喜光。在混交林中多为上层林木。要求深厚、肥沃土壤。稍耐旱，抗病虫害，萌芽性强，种子繁殖。

木材细致，可供家具和农具用材。树皮含单宁 6.25%，可制栲胶。茎皮含纤维，可造纸或人造棉。果圆形，似铜钱，也叫摇钱树，可用于园林绿化。

16. 壳斗科 Fagaceae /Beech Family

常绿或落叶乔木，稀灌木。芽鳞覆瓦状排列。单叶互生，全缘、有锯齿或裂片，羽状脉，具托叶。花单性，雌雄同株；单被花，形小，花被 4~8 裂，基部合生；雄花组成柔荑花序，下垂或直立，稀头下垂状花序；雌花 1~3 (~5) 朵生于总苞内，总苞单生、簇生或集生成穗状，稀生于雄花序基部，子房下位，3 心皮，3~6 室，每室 2 胚珠；总苞成熟时木质化发育成壳斗，壳斗外的小苞片鳞形、线形、瘤状或针刺，每壳斗具 1~3 (~5) 坚果，每果具 1 种子。种子无胚乳，子叶 2 枚，肉质，平凸、波状或皱折。种子富含淀粉，少数富含油脂。

8 属 900 多种，分布于温带、亚热带及热带。中国 7 属 300 多种。黑龙江以南广大地区都有栎类纯林或混交林，在长江流域以南壳斗科树种为组成常绿阔叶林的重要成分。

在 APG Ⅳ 分类系统中，壳斗科属于核心真双子叶植物蔷薇分支中的壳斗目 Fagales。壳斗科作为单系类群得到形态学和分子证据的支持。在最新的研究结果中，壳斗科包括三个亚科和 10 属。水青冈亚科 Fagoideae 是壳斗科中早期分化的类群，有水青冈属 Fagus 1 属约 10 种，分布于北半球温带及亚热带高山。三棱栎亚科 Trigonobalanoideae 有 3 属 3 种，为亚洲南美间断分布，其中轮叶三棱栎属 Trigonobalanus 和三棱栎属 Formanodendron 分布于亚洲，美洲三棱栎属 Colombobalanus 分布于南美洲的哥伦比亚。栎亚科 Quercoideae 有 6 属。现代分子生物学研究表明，一直有分类争议的青冈属 Cyclobalanopsis 是栎属 Quercus 中的一个亚属。

壳斗科中的很多树种在林业生产中占有重要地位，木材通称为栎木，材质坚硬，耐腐耐用，为建筑、家具、车辆、矿柱、枕木、农具及薪炭等优良用材。树皮及壳斗富含单宁，可提制栲胶；种仁含淀粉和糖，供食用、酿酒、饲料或生产乙醇燃料。水青冈的坚果含油脂，可榨油供食用或工业用。栓皮栎 Quercus variabilis 的树皮可制各种软木制品，是重要的工业原料。有些栎类树叶可以制茶、饲养柞蚕及作牲畜饲料，树干可培养香菇。为重要的造林或园林绿化树种。松栎林和栎类纯林是森林生态系统中重要的森林群落。因此，栎类是林业生产、森林经营和森林恢复值得关注的树种。

分属检索表

1. 雄花序为头状花序；雌花每2朵生于1总苞内；壳斗熟时4裂；落叶；种子三棱形 ··· **1. 水青冈属** *Fagus*
1. 雄花序为柔荑花序，直立或下垂。
   2. 雄花序直立。
      3. 落叶；枝无顶芽；子房6室，叶2列互生 ·· **2. 栗属** *Castanea*
      3. 常绿；枝具顶芽；子房3室。
         4. 壳斗被刺状或鳞片状苞片，全包坚果，稀半包坚果，每个壳斗内有1~3坚果；叶多为2列互生 ··· **3. 栲属** *Castanopsis*
         4. 壳斗被鳞片状苞片（稀钻形），半包坚果下部，稀全包，通常每个壳斗内1个坚果；叶多为螺旋状互生 ·· **4. 石栎属** *Lithocarpus*
   2. 雄花序下垂，叶为螺旋状互生。
      5. 壳斗外壁小苞片覆瓦状排列，小苞片为鳞片状、刺状或毛状，落叶或常绿 ········ **5. 栎属** *Quercus*
      5. 壳斗小苞片愈合为同心环带；常绿 ·· **6. 青冈属** *Cyclobalanopsis*

1. 水青冈属 *Fagus* Linn. /Beech

落叶乔木，树皮平滑或粗糙。冬芽显著，长椭圆形，先端尖，芽鳞多数。单叶互生，叶缘具锯齿或波状，托叶膜质，线形，早落。花单性，雌雄同株，雄花为下垂的头状花序，总花梗有1~3枚膜质、早落苞片，花被4~7裂，钟状，雄蕊6~12，有退化雌蕊；雌花1~2(3)生于总苞内，总苞单个顶生花序梗，花被5~6裂，子房3室，每室有顶生胚珠2个，花柱3，基部合生。壳斗常4瓣裂，每壳斗具1~2(3)坚果，小苞片为短针刺形、窄匙形、线形、钻形或瘤状突起；坚果三角状卵形，有三棱脊。子叶折扇状，出土。

11种，分布于北半球温带及亚热带高山地区。中国有6种，分布于秦岭—淮河以南至南岭以北的山地。第三纪时曾广泛分布于北半球各大陆，在中国辽宁抚顺和吉林敦化的始新世和中新世地层中均发现水青冈的孢粉。水青冈是组成落叶阔叶林的上层树种之一。欧洲水青冈 *Fagus sylvatica* 是欧洲重要的生态公益林树种，也是主要的商品用材树种。

木材为散孔材，红褐色，质重，富韧性，纹理直，结构细，收缩大，稍耐腐，为坑木、车船、地板、农具、胶合板等用材。种子可榨油，供食用或工业用。

分种检索表

1. 叶全缘或波状，侧脉在近叶缘处向上弓弯与上一侧脉连接；壳斗外边的小苞片两型，基部的叶状，绿色，上部的线形，褐色 ··· **1. 米心水青冈** *F. engleriana*
1. 叶缘具锯齿，侧脉直达锯齿端，壳斗外边的小苞片同型，线形，褐色 ··· **2. 水青冈** *F. longipetiolata*

1. 米心水青冈 *Fagus engleriana* Seem. /Chinense Beech   图8-61

落叶乔木，高达25m。树皮暗灰色，粗糙或近平滑，不开裂。叶菱形至卵状披针形，2列互生，先端渐尖或短渐尖，基部圆或宽楔形，叶全缘或波状，幼叶有毛，老叶近无毛，侧脉10~13对，侧脉在近叶缘处向上弓弯与上一侧脉连接；壳斗的裂片较薄，小苞片稀疏，位于基部的为叶状，绿色，有网状脉，无毛，位于上部的为线形，通常有分枝；每壳斗有坚果2、稀3，坚果脊棱的顶部有狭而稍下延的薄翅。花期4~5月，果实成熟期8~10月。

本种为本属在中国分布最北的一种。产四川、贵州、湖北、云南东北部、陕西秦岭东南部、河南东南部、安徽黄山，生于海拔1 000~2 500m山区。在鄂西、川东等高山地带常形成大面积纯林或混交林，在水土保持、水源涵养和提供优良用材方面起着重要作用。耐寒区位6~8。

较耐阴，喜温凉湿润气候，喜肥沃酸性土或石灰性土。寿命长，可达400年。

木材淡红褐色至淡褐色，纹理直或斜，结构中，均匀，硬度中等，干缩性大，可做高级家具、室内装修、运动器械、文具、乐器、房屋建筑等用材。应作为产区重要的森林培育和优良用材林培育树种。

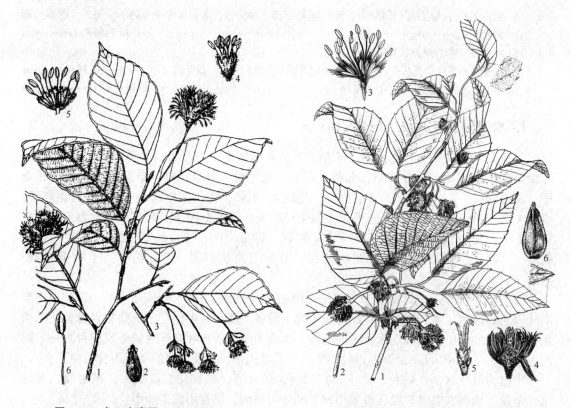

图8-61　米心水青冈 *Fagus engleriana*
1. 果枝　2. 坚果　3. 雄花枝　4. 雄花
5. 雄花展开　6. 雄蕊

图8-62　水青冈 *Fagus longipetiolata*
1. 雄花枝　2. 雌花枝　3. 雄花
4. 雌花序　5. 雌花　6. 坚果

2. 水青冈（山毛榉）*Fagus longipetiolata* Seem. ／Longipetioled Beech　图8-62

乔木，高达25m。树皮光滑。叶卵形至卵状披针形，薄革质，先端短尖或渐尖，基部宽楔形或近圆，略偏斜，叶缘波浪状，有短尖齿，幼叶下面被近平伏短绒毛，老叶几无毛，侧脉9~15对，直达锯齿端。壳斗4瓣裂，密被褐色绒毛，小苞片钻形，长4~7mm，下弯或S形弯曲，稀直伸；总梗稍粗，弯斜或下垂，无毛；坚果三棱形，棱脊顶部有窄而稍下延窄翅。花期4~5月，果实成熟期9~10月。

产陕西、四川、贵州、云南、湖北、湖南、广东、广西、安徽、江西、浙江、福建等地，生于海拔300~1 800m（2 400m）阳坡或平缓山坡常绿或落叶阔叶林中。天然更新良好，也可植树造林。耐寒区位 6~11。

种子含油率40%~46%，供食用或榨油制油漆。木材浅红至红褐色，心边材区别不明显，具光泽，无特殊气味，纹理直或斜，均匀，硬重，干缩易裂，供家具、农具、造船、胶合板、坑木、枕木等用。

2. 栗属 *Castanea* Mill. / Chestnut

落叶乔木，稀灌木。树皮纵裂，枝无顶芽。叶椭圆形或披针形，2列互生，具锯齿，羽状侧脉直达锯齿先端；托叶早落。花单性，雌雄同株或同序，雄柔荑花序直立，腋生，雄花花被5~6裂，有雄蕊10~20，具有退化的雌蕊；雌花1~3（7）朵，生于一总苞内，总苞单生或生于雄花序下部，雌花花被片6，子房6室，每室2胚珠。壳斗全包坚果，成熟时4瓣裂，外密被针刺，具坚果1~3（5）。子叶留土。

约12种，分布于北半球温带及亚热带。中国3种1变种，引入栽培1种。除新疆、青海等地外，各地均有分布。

种仁含淀粉和糖类，供食用。环孔材，黄褐色，强度中等至强，收缩小至中，耐腐，供坑木、桩木、车辆和枕木等用。

分种检索表

1. 每壳斗具2~3果（稀更多），果宽大于高或相等；叶下面被短柔毛或腺鳞。
    2. 叶下面被灰白或灰黄色星状匍匐绒毛；坚果较大，高1.5~3cm ·················· **1. 板栗** *C. mollissima*
    2. 叶下面被腺鳞；坚果较小，高1.5~2cm，宽略大于高 ·················· **2. 茅栗** *C. seguinii*
1. 每壳斗具1果，果高大于宽；叶无毛，先端尾状 ·················· **3. 锥栗** *C. henryi*

1. 板栗 *Castanea mollissima* Blume / Chinese Chestnut 图8-63

乔木，高达20m，胸径达1m。树皮深灰色，不规则深纵裂。1年生枝灰绿色或淡褐色。叶长椭圆形至长椭圆状披针形，先端渐尖或短尖，基部圆或宽楔形，叶缘具有芒状锯齿，叶背被星状匍匐绒毛或短绒毛，有时因毛脱落变为几无，侧脉10~18对。雄花序长9~20cm，被绒毛；雄花每簇具花3~5朵，雌花常生于雄花序下部，2~3（5）朵生于一总苞内，花柱下部被毛。壳斗连刺直径4~6.5cm，密被紧贴星状柔毛，每一总苞内通常有坚果2~3个，形状变化较大，暗褐色，顶端被绒毛。花期4~6月，果实成熟期8~10月。

栽培区域广泛，北自吉林集安、辽宁宽甸、内蒙古赤峰、河北青龙、北京、山西翼城、陕西舒城、甘肃天水、四川平武和康定、云南丽江和福贡一线以南各地区均有栽培。吉林的四平、西藏的林芝也有少量栽培，但

图8-63 板栗 *Castanea mollissima*
1. 果枝 2. 花枝 3. 叶背面局部，示被毛
4, 5. 雄花及花图式 6, 7. 雌花及花图式 8. 坚果

结实不良。垂直分布河北海拔100~400m，河南可达海拔900m，山东常在低山丘陵区，云南维西傈僳族自治县海拔达2 800m。越南北部也有分布。耐寒区位5~9。

喜光，对土壤、气候适应性较广，不耐严寒，较耐旱。对土壤要求不严，以肥沃湿润、排水良好、富含有机质的壤土生长良好，在黏重土、钙质土、盐碱土地方生长不良。深根性，根系发达，一般生长较快，5~7年开始开花结实，实生树80~100年开始衰老。耐修剪，萌芽性较强。用种子、嫁接繁殖。

板栗具有多种经济用途，多作为干果栽培，为著名干果及木本粮食植物，其果实营养丰富，种仁含蛋白质10.7%，脂肪7.4%，糖及淀粉70.1%，粗纤维2.9%，灰分2.4%，各种维生素如维生素A、维生素B_1、维生素B_2、维生素C、胡萝卜素以及Ca、Fe、Zn等矿物元素，味美可口，营养丰富，可鲜食和加工成食品，尤以北方栗子品质最佳。具有补肾、健脾、止血、防癌、治癌的功能，对于高血压、冠心病、动脉硬化等患者也有显著的调养功效，可提高人体免疫力。板栗还可酿制啤酒。树枝、根入药有消肿解毒之效。

木材的边材窄，浅灰褐色，心材淡栗褐色，纹理直，结构粗，抗腐、耐湿，干燥易裂，供建筑、造船、家具等用。树皮、壳斗、嫩枝均含鞣质，可提制栲胶。板栗壳可制作固型炭用作燃料，也可制作饮料。

板栗的栽培历史悠久，达2 500年以上，《诗经》中即有"树之榛栗"之句。栽培品种达300多个，主要的优良品种有红明栗、毛栗，果肉细腻甜糯，产河北迁西、遵化及北京；红光栗、红栗子，产山东；魁栗，产浙江；大红袍，产安徽等。

2. 茅栗 Castanea seguinii Dode /Seguin Chestnut　图8-64

乔木或灌木，高达20m，胸径达50cm。枝被短柔毛。叶长椭圆形至倒卵状长椭圆形，长6~14cm，先端渐尖，基部楔形、圆或近心形，叶缘有锯齿，叶背被黄褐色腺鳞，幼叶沿脉疏被柔毛，侧脉12~17对。壳斗近球形，连刺直径3~5cm，内有坚果2~3，稀5~7，坚果球形或扁球形，宽略大于高，长1.5~2.0cm，宽1~1.5cm。花期5~7月，果实成熟期9~11月。

产山西、河南（伏牛山、桐柏山、大别山）、陕西（秦岭南北坡）、甘肃及长江流域以南，常生于海拔2 000m以下的低山丘陵、灌木丛中。耐寒区位6~8。

喜光，耐干旱、瘠薄，常生于向阳山坡。

种仁含淀粉60%~70%，味甘美，可鲜食或酿酒。木材可做家具及薪炭材。树皮、壳斗含鞣质，可提制栲胶。又可作为嫁接板栗的砧木。

3. 锥栗 Castanea henryi (Skan) Rehd. et Wils. /Henry Chestnut　图8-65

高达30m，胸径1m。叶卵状披针形，先端长渐尖或尾尖，基部宽楔形或圆，向一侧偏斜，有芒状锯齿。雌花序常单生于小枝上部。壳斗近球形，连刺直径2.5~3.5cm；每壳斗具1坚果，坚果卵圆形，长1.5~2cm，宽1.0~1.5cm具尖头，顶部有黄褐色伏毛。花期5~7月，果实成熟期9~10月。

产陕西、湖北、安徽、浙江、江苏、江西、湖南、福建、广东、广西、四川、贵州、云南等地，垂直分布东部地区海拔1 000m以下、西部地区可达海拔2 000m，多与红锥 *Castanopsis hystrix*、栲树 *C. fargesii*、苦槠 *C. sclerophylla*、枫香 *Liquidambar formosana*、马尾松 *Pinus massoniana*、木荷 *Schima superba* 及其他阔叶树混生。耐寒区位6~11。

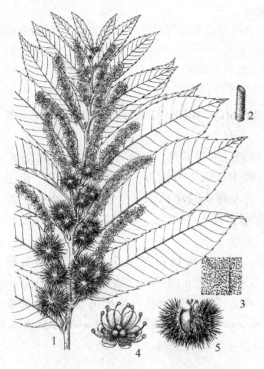

图 8-64　茅栗 *Castanea seguinii*
1. 花枝　2. 一段枝　3. 叶背面，示腺鳞
4. 雄花　5. 壳斗及坚果

图 8-65　锥栗 *Castanea henryi*
1. 花枝　2. 果枝　3. 雄花　4. 雌花　5. 坚果

喜温暖湿润环境，在深厚肥沃、排水良好的酸性土壤生长最好。用种子或嫁接繁殖。

果实食用及制栗粉、罐头食品，营养丰富。壳斗及树皮含鞣质，可提制栲胶。根皮入药洗疮毒，花可治痢疾。木材坚硬，耐水湿，为枕木、建筑、造船、家具优良用材。树干通直，树形美观，生长迅速，为备受人们青睐的珍贵用材树种。

3. 栲属（锥属）*Castanopsis* (D. Don) Spach /Evergreen Chinkapin

常绿乔木。枝具顶芽。叶多为 2 列互生，有锯齿或全缘；叶背常被鳞秕或毛或二者兼有，稀光滑；托叶早落。花单性，柔荑花序呈穗状或圆锥状，雌雄异序稀同序，花序直立；单被花，花被裂片 5~6（~8）；雄花具雄蕊 9~12，花药近球形，不育雄蕊小，密被卷绵毛；雌花 1~（~7）生总苞内，子房 3 室，花柱 3，壳斗球形、卵形、椭圆形，稀环状，开裂稀不裂，全包或部分包果，壳斗外壁密生、或疏生针刺、或肋状突起，稀被鳞片或疣体。每壳斗有坚果 1~3，坚果翌年成熟，稀当年成熟，子叶留土。

约 120 种，分布于亚洲热带和亚热带地区。中国有 63 种 2 变种，产长江流域以南各地，以云南、广西、海南和广东种类最多。许多种类是丘陵与亚高山常绿阔叶林的主要树种。

依据木材的颜色分为红锥类、白锥类和黄锥类。红锥类木材坚重，耐湿，色泽美观，是建筑和家具优良用材；白锥类木材较松软，不耐腐，供建筑、家具用材。坚果富含淀粉和糖，多数种类可以食用、酿酒、制粉丝，壳斗和树皮可以提制栲胶。

分种检索表

1. 壳斗不规则瓣裂，小苞片鳞片状，稀疏，横生突起连成脊肋状圆环，坚果近球形，当年成熟；叶先端渐尖，叶缘中部以上有粗锐齿 ·· **1. 苦槠 C. sclerophylla**
1. 壳斗 2~4 瓣开裂，小苞片刺形，顶部刺较短，密集；坚果圆锥状，翌年成熟；叶先端尾尖，叶全缘或近顶端疏生浅齿 ·· **2. 甜槠 C. eyrei**

1. 苦槠 *Castanopsis sclerophylla* (Lindl.) Schott. / Bitter Evergreen Chinkapin 图 8-66

乔木，高达 20m，胸径 50cm。树皮条状浅纵裂。叶厚革质，长椭圆形至卵状椭圆形，长 7~15cm，基部宽楔形或圆，有时不对称，叶缘中部以上有锐齿，叶背淡银灰色。花序轴无毛。果序长 8~15cm，每壳斗有 1 个坚果，壳斗球形或半球形，全包坚果，小苞片鳞片状，稀疏，横生突起连成脊肋状圆环；果近球形，径 1~1.4cm，果脐径 7~9mm。子叶平凸，有涩味。花期 4~5 月，果实成熟期 10~11 月。

产安徽（霍山）、广东东北部、广西北部、四川、贵州东部，垂直分布东部海拔 1 000m 以下、西部地区达海拔 1 500m。本种是本属分布最北的一种。耐寒区位 9~10。

喜光，幼年耐阴。喜深厚湿润中性土，但干燥瘠薄地也能生长，是低山常绿阔叶林常见树种之一，与马尾松 *Pinus massoniana*、木荷 *Schima superba*、青冈 *Cyclobalanopsis glauca*、毛竹 *Phyllostachys edulis*、甜槠 *Castanopsis eyrei* 等混生，偶见纯林。

图 8-66 苦槠 *Castanopsis sclerophylla*
1. 雌花枝 2. 雄花枝 3. 果枝 4. 雄花 5. 雌花 6. 坚果

图 8-67 甜槠 *Castanopsis eyrei*
1. 果枝 2~4. 叶 5. 壳斗

木材淡黄棕或黄白色，略坚实，结构致密，为家具、农具及机械用材。种仁含淀粉及鞣质，江南各地用以制豆腐，称苦槠豆腐，供食用。

2. 甜槠 Castanopsis eyrei (Champ.) Tutch. /Eyre Evergreen Chinkapin 图 8-67

乔木，高达 20m，胸径 50cm。树皮深纵裂。枝叶无毛。叶革质，卵形、卵状披针形至长椭圆形，长 5~13cm，先端长渐尖或尾状尖，基部不对称，全缘或近顶部疏生浅齿，两面均为绿色或叶背灰绿色，网脉纤细。雌花序长约 10cm，花序轴无毛。壳斗具 1 果，宽卵形，稀近球形，连刺直径 2~3cm，刺长 0.5~1cm，壳斗顶部的刺较密，其余稀疏，常簇生成束或连生成不连接的 5~6 个刺，壳斗壁及刺被灰色短毛。果近球形，径 1~1.4cm，无毛翌年成熟。花期 4~5 月，果实成熟期 9~11 月。

产安徽大别山北坡霍山、江苏南部，南至五岭山脉，西至四川、贵州东部。长江流域各地海拔 300~700m 常见，四川可达海拔 1 700m。耐寒区位 9~10。

木材浅栗褐或浅褐色，有光泽，纹理直，结构细至中，硬度中等，略耐腐，干燥慢，易开裂，易加工，刨切性能较好，供建筑、造船、车辆、坑木、家具等用。种子含淀粉及可溶性糖 61.9%，粗蛋白 4.31%，粗脂肪 1.03%，味甜，可食。制粉丝、酿酒。树皮及壳斗可提取栲胶。

4. 石栎属 Lithocarpus Blume /Tanoak

常绿乔木，稀灌木。嫩枝常有槽棱。树皮粗糙，稀纵裂。枝具顶芽。叶全缘，螺旋状互生，稀有锯齿，叶背具有鳞秕或平滑。雄柔荑花序较粗，直立，花序轴有时分枝，呈圆锥状，雄花 3 或数朵簇生花序轴上，雄蕊 10~12；雌花 1（2）朵生于总苞内，总苞常 3~5 个聚伞状簇生或单个总苞散生组成穗状柔荑花序；子房 3 室，花柱 3，柱头顶生；有时为雌雄同序，雌花位于花序轴下部，或两端为雄花，雌花居于中部。壳斗具 1 坚果，稀 2 个，全包果或为碗状、碟状，仅包住坚果基部；壳斗外壁小苞片鳞形、锥形，覆瓦状排列或同心环状；坚果翌年成熟，顶端有突尖柱座（宿存花柱）；果脐凸起或凹下。子叶出土。

约 300 种，主产亚洲东南部，少数至东部。中国有 122 种 1 亚种 14 变种，主产长江流域以南和西南地区，以云南种类最多，少数种类可分布至秦岭南坡和淮河流域，为组成常绿阔叶林的重要树种。

本属木材常具有沟槽和纵棱，心材的横切面常呈菊花心状，材质坚重致密，供建筑、家具、枕木、农具用材。壳斗、树皮可提取栲胶；种仁富含淀粉，可以作饲料；多穗石栎嫩叶可制甜菜；有些种类树叶可提取食用色素。

分种检索表

1. 小枝、幼叶柄、叶下面及花序轴均密被灰黄色短绒毛。叶倒卵形、倒卵状椭圆形或长椭圆形，中部以上最宽。坚果椭圆形 ·· **1. 石栎 L. glaber**
1. 小枝被灰白色腊鳞层，枝叶无毛，花序轴及果序轴被灰黄色柔毛。叶窄长椭圆形或披针状长椭圆形。坚果圆锥形 ·· **2. 绵石栎 L. henryi**

1. 石栎 Lithocarpus glaber (Thunb.) Nakai /Glabrous Tanoak 图 8-68

乔木，高达 20m，胸径 30~40cm。树皮暗褐黑色，不开裂，内皮红褐色，具脊棱。1 年生枝、叶背、叶柄、花序轴均密被黄色短绒毛。叶革质，长椭圆形、倒卵状椭圆形至倒卵形，长6~14cm，先端急尖，基部楔形，全缘或近顶部有少数浅锯齿，叶背灰白色具有蜡层。花序单生或多个排成圆锥状，常雌雄同序，雌花位于雄花之下。壳斗碟状或碗状，高0.5~2.5cm，直径0.8~1.5cm，小苞片三角形，紧贴，密被灰色绒毛。坚果椭圆形，长1.4~2.1cm，直径1~1.5cm，微被白粉，果脐凹陷，深达2mm。花期9~10月，果实成熟期翌年9~10月。

产河南（新县、商城）、安徽（大别山）、福建、广东、广西。垂直分布在河南海拔1 000m以下山地阔叶林中；福建海拔400~1 000m地带常于交让木 *Daphniphyllum macropodum*、猴欢喜 *Sloanea sinensis*、杜英 *Elaeocarpus decipiens*、石楠 *Photinia serrulata* 及栲类 *Castanopsis* 混生；江西海拔500m以下与苦槠 *Castanopsis sclerophylla*、白栎 *Quercus fabri*、木荷 *Schima superba*、马尾松 *Pinus massoniana*、枫香 *Liquidambar formosana* 等混生。日本也有分布。

喜光，多生于阳坡。耐干燥瘠薄。心材红褐或红褐色带紫，边材灰红褐或浅红褐色，坚硬，有光泽，纹理斜，木材易开裂翘曲，切面光滑，油漆及胶黏性能良好，为家具、交通、建筑及胶合板等用材。种子含淀粉62.01%，双糖4.78%，鞣质0.63%，蛋白质2.67%，脂肪2.28%，纤维素2.23%，灰分4.2%，可以食用，也可制酱，做豆腐粉或酿酒。叶及壳斗可提取栲胶。

图 8-68　石栎 *Lithocarpus glaber*
1. 花枝　2. 雌花及雄花　3. 果枝
4，5. 壳斗　6. 坚果

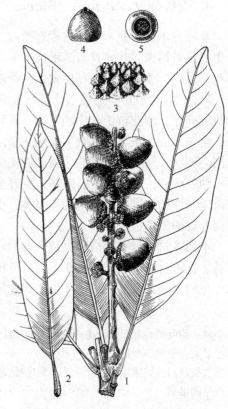

图 8-69　绵石栎 *Lithocarpus henryi*
1. 果枝　2. 叶　3. 壳斗鳞片放大
4，5. 坚果及其底部，示果脐

2. 绵石栎 *Lithocarpus henryi* (Seem.) Reld. et Wils. /Henry Tanoak　图8-69

乔木，高达20m。1年生枝具棱，无毛。叶窄长椭圆形，长6.5~22cm，宽3~6cm，顶端短尖，略钝，有时短渐尖，基部宽楔形，两侧略不对称，全缘，叶背灰绿色，有蜡质鳞层，干后常为灰白色，支脉甚细。雄花序单生，长达7~13cm；雌花序长达20cm，其顶部着生少数雄花，花序轴密被灰黄色毡毛状微柔毛，干后灰白色。果序轴被灰黄色毛。壳斗3个成簇，密集，浅碗状，无柄，高0.6~1.4cm，包着坚果1/2以下，小苞片三角形，紧贴；坚果圆锥状，高1.2~2cm，径1.5~2.4cm，顶端突尖，无毛，有时被白粉，果脐凹陷。花期4~5月，果实成熟期翌年9~10月。

产陕西（镇巴、平利、镇坪）、湖北西部、湖南西北部、贵州东北部、四川东部，生于海拔600~2 100m山林地中，常为栎林的主要树种，与木荷 *Schima superba*、青榨槭 *Acer davidii* 等混生。

喜湿润气候，稍耐阴。在溪边谷地、山坡土层深厚地带常为大树。

种仁可酿酒。树皮及壳斗可提制栲胶。木材坚实，可制家具及造船等用。

5. 栎属 *Quercus* Linn. /Oak

常绿、半常绿或落叶乔木，稀灌木。树皮深裂或片状剥落。枝具顶芽，芽鳞多数，覆瓦状排列，常呈5行。小枝髓心五角状。叶互生，叶缘有锯齿、裂片，稀全缘。花雌雄同株，雄花为柔荑花序，簇生，下垂，花被4~7裂，杯状，雄蕊常与花被裂片同数，花丝细长，退化雌蕊细小或缺；雌花单生总苞内，总苞单生叶腋或数个簇生或形成穗状，直立；花被5~6深裂，有时具细小退化雄蕊，子房多3室，每室具2胚珠，柱头侧生带状，下延或顶生头状。壳斗杯状、碟状、半球形或近钟形，包着坚果下部，稀全包；小苞片为鳞形、钻形、条形，覆瓦状排列，紧贴、开展或反曲；坚果单生于壳斗内，果顶部具柱座；坚果当年或翌年成熟，子叶留土。

约300种，分布于亚洲、非洲、欧洲、美洲。中国约60种，南北各地均有。其中常绿类产于秦岭及秦岭以南，主产西南高山地区，多为阔叶林主要树种及造林树种。木材材质坚硬，供家具、车船、农具和地板用材。有些种类的树皮可制软木；叶可养蚕。种子富含淀粉可作饲料，浸提单宁后可食用或酿酒；树皮、壳斗可提栲胶；枝桠可培养香菇和木耳等。

栎属中的多数树种，其天然分布和适生区域均在人类聚集和频繁活动区域，由于木材坚硬、燃烧值高等特点，成为产区木材和薪材采伐利用的主要树种资源，使现存的天然林锐减。因此，栎属树种是恢复栎树林、营造松栎混交林、改造松树纯林、生态环境改良和能源林建设中重要的树种。

分种检索表

1. 叶缘具芒状锯齿；叶长椭圆状披针形；壳斗小苞片钻形，坚果翌年成熟。
　　2. 成熟叶背密被灰白色星状毛；树皮木栓层发达，小枝无毛……………… **1. 栓皮栎** *Q. variabilis*
　　2. 成熟叶背面无毛；树皮木栓层不发达，小枝微有毛，壳斗小苞片常反曲 …… **2. 麻栎** *Q. acutissima*
1. 叶倒卵形，具尖锐、圆钝、波状锯齿或羽状深裂；壳斗小苞片披针形或鳞片状；坚果当年成熟。
　　3. 壳斗小苞片窄披针形，革质，红棕色；叶背密被星状毛，坚果具宿存花柱 …… **3. 槲树** *Q. dentata*

3. 壳斗小苞片为三角形鳞片状，扁平或瘤状突起；叶背无毛，被单毛或星状毛。
 4. 叶背有毛。
  5. 小枝无毛，叶柄长 10～30mm ·· **4. 槲栎** *Q. aliena*
  5. 冬芽、小枝被灰色绒毛，叶柄长 3～7mm ····················· **7. 白栎** *Q. fabri*
 4. 叶背无毛。
  6. 壳斗小苞片瘤状突起，侧脉 7～11 对 ························ **5. 蒙古栎** *Q. mongolica*
  6. 壳斗小苞片三角形，扁平或基部微突起，侧脉 5～7 对 ········· **6. 辽东栎** *Q. wutaishanica*

1. 栓皮栎 *Quercus variabilis* Blume / Chinese Cork Oak　图 8-70

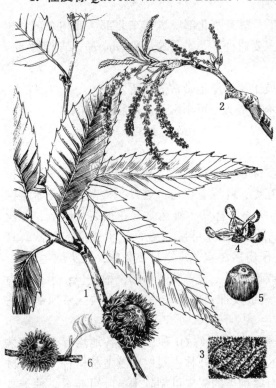

图 8-70　栓皮栎 *Quercus variabilis*
1. 果枝　2. 雄花枝　3. 叶背面，示星状毛　4. 雄花
5. 坚果　6. 壳斗及坚果，示小苞片

落叶乔木，高达 30m，胸径达 1m。树皮暗褐色，深纵裂，木栓层发达。小枝灰棕色，无毛。叶卵状披针形至长椭圆状披针形，长 8～15（20）cm，先端渐尖，基部圆或宽楔形，叶缘具刺芒状锯齿，叶背密被灰白色星状毛，侧脉直达齿端；叶柄无毛。雄花序长达 14cm，花序轴被黄褐色绒毛，花被 2～4 裂，雄蕊通常 5 个；总苞单生于新枝叶腋内，具明显短柄，总苞内具 1 雌花。壳斗杯状，包着坚果约 2/3，连小苞片直径 2.5～4cm，小苞片钻形，反曲，有短毛，坚果近球形或宽卵形，高约 1.5cm，顶端平圆，果脐微突起。花期 3～4 月，果实成熟期翌年 9～10 月。

产区北自辽宁（兴城、丹东）、河北、山西、陕西及甘肃（天水），南至广东、广西、云南，东自台湾、福建，西至云南（德钦、维西）等地；垂直分布辽东半岛、山东半岛海拔 50～500m，华北可达海拔 1 000m，秦岭达海拔 1 600m，云南可达海拔 1 200～2 600m。日本、朝鲜也有分布。耐寒区位 5～8。

喜光，幼苗耐阴，2～3 年后需光量渐增。主根发达。萌芽性强。抗旱、抗火、抗风。适应性广，对土壤要求不严，酸性土、中性土、钙质土都可生长，在向阳山麓、缓坡和土层较深厚、肥沃地方生长旺盛；生长中速。种子繁殖和萌芽更新。

木材淡黄褐色，坚硬，纹理直，花纹美观，结构略粗，强度大，干燥易裂，耐腐、耐水湿，为车船、枕木、地板、家具、体育器械等优良用材。栓皮为不良导体，质轻软，有弹性，相对密度 0.12～0.24，为重要工业原料，供绝缘器、瓶塞、救生器具及填充体等用。树叶含蛋白质 10.56%，果实含淀粉 59.3%；壳斗、种仁做饲料及酿酒。壳斗含单宁 23.69%，可提栲胶或制活性炭。小材与梢头可培养香菇、木耳、银耳和灵芝。

栓皮栎在中国分区范围较广，为重要造林树种，其与马尾松 *Pinus massoniana*、油松 *Pinus tabuliformis*、赤松 *Pinus densiflora* 等可营造针阔混交林，是华北、西北、华东、华中和西南分布区改造松树纯林，恢复松栎林，实现人工林良好生态系统效益和功能的理想树种。由于生态幅大，调拨种子或树苗时，要注意适生区。

2. 麻栎 *Quercus acutissima* Carruth. /Sawtooth Oak 图8-71

与栓皮栎 *Q. variabilis* 特征相近，其区别：树皮坚硬，无木栓层。幼枝被黄色柔毛，后渐脱落。叶片形态多样，通常为长椭圆状披针形，两面同色，幼叶有锈色柔毛，成熟叶无毛或仅叶背脉腋有毛。雄花序被柔毛，花被通常5裂，雄蕊多为4；雌花序有花1~3。壳斗杯状，包着坚果约1/2，小苞片钻形，反曲明显，被灰白色绒毛；坚果卵形或椭圆形。花期3~4月，果实成熟期翌年9~10月。

产辽宁（海城、凌源）、河北、山西、陕西、甘肃以南，东自福建，西至四川西部，南至广东、海南、广西、云南等地，以黄河中下游及长江流域较多；垂直分布华北在海拔1 000m以下，云南达海拔2 200m，河南1 600~1 800m（伏牛山、熊耳山），山东1 000m以下（泰山）。生于山地或丘陵林中。朝鲜、日本、越南、印度也有分布。耐寒区位5~9。

喜光，不耐蔽荫，不耐水湿。深根性。具有较强的抗风、抗火、抗烟能力。对土壤要求不严，能在干旱瘠薄山地生长，在湿润、肥沃、深厚、排水良好的中性至微酸性砂壤土上生长最好。生长较快。种子繁殖或萌芽更新。

种子含淀粉56.4%，可酿酒或做饲料，也可入药，具有止泻、消浮肿等药效。树叶、树皮可治细菌性痢疾。叶含蛋白质43.58%，可饲柞蚕。壳斗及树皮可提取栲胶。朽木可培养香菇、木耳。环孔材，边材淡褐黄色，心材红褐至暗红色，气干易开裂，耐腐、耐水湿，硬重，强度大，色泽、花纹美观，为枕木、车船、家具、农具、军工等优良用材。

图8-71 麻栎 *Quercus acutissima*
1. 果枝 2. 花枝 3. 雄花 4. 雌花序
5. 雌花 6. 壳斗与坚果

麻栎是栎属中分布最广的一种，是改造松树纯林，恢复松栎林，实现人工林良好生态系统效益和功能的理想树种之一。由于生态幅大，调拨种子或树苗时，要注意适生区域。

3. 槲树（波罗栎）*Quercus dentata* Thunb. /Daimyo Oak 图8-72

落叶乔木，高达25m，胸径达100cm。树皮暗褐色，深纵裂。小枝粗，具有5棱，密被黄褐色星状毛。叶倒卵形至长倒卵形，长10~30cm，顶端钝尖，基部耳形或楔形，叶

图 8-72 槲树 Quercus dentata
1. 果枝及叶 2. 壳斗及坚果，示小苞片

缘为波状裂片或粗锯齿，叶背密被褐色星状毛，侧脉 4~10 对；托叶线状披针形；叶柄短，长 2~5mm，密被棕色绒毛。雄花序长约 4cm，轴密被浅黄色绒毛；雌花序长 1~3cm。壳斗杯形，包着坚果 1/2~2/3，连小苞片直径 2~5cm，小苞片革质，窄披针形，长约 1cm，张开或反卷，红棕色，被褐色丝状毛；坚果卵形或圆柱形，径 1.2~1.5cm，高 1.5~2.3cm，无毛，有宿存的花柱。花期 4~5 月，果实成熟期 9~10 月。

产黑龙江东南部（依兰、桦南、密山）、吉林、辽宁东部、河北、山东、山西（太行山、中条山）、河南（伏牛山、桐柏山、大别山）、陕西陕甘宁盆地以南，南至长江流域各地。垂直分布华北海拔 1 000m 以下，西南可达海拔 2 700m。朝鲜、日本也有分布。耐寒区位 6~10。

喜光，耐干旱，常生于向阳的山坡。与其他栎类、榉树 Zelkova schneideriana、小叶朴 Celtis bungeana、马尾松 Pinus massoniana、侧柏 Platycladus orientalis、油松 Pinus tabuliformis 等混生，有时成纯林。深根性，对土壤要求不严，在酸性土、钙质土、轻度石灰性土都能生长，在水肥较好的地方，生长快。抗风、抗烟、抗病虫能力强。

种子含淀粉 58.7%，含单宁 5.0%，即可酿酒，也可入药作收敛剂。叶含蛋白质 14.9%，可饲养柞蚕。壳斗、树皮可提制栲胶。木材坚实耐腐，供枕木、建筑、地板、农具等用。为东北南部、华北荒山荒地造林，改造松树纯林，恢复松栎林，提高人工林生态效益的重要树种之一。

4. 槲栎 Quercus aliena Blume / Oriental White Oak 图 8-73

落叶乔木，高达 20m。树皮暗灰色，深纵裂。小枝粗，近无毛，具圆形淡褐色皮孔。叶长椭圆状倒卵形至倒卵形，长 10~20（30）cm，顶端短渐尖，基部楔形或圆形，叶缘具波状钝齿，叶背密被灰褐色星状毛，侧脉 10~15 对；叶柄长 10~13mm，无毛。雌花单生或 2~3 朵簇生。壳斗杯形，包着坚果约 1/2，小苞片卵状披针形，排列紧

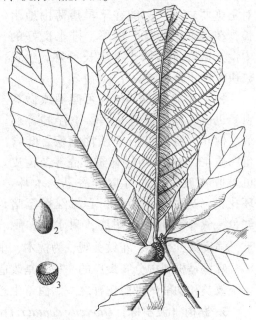

图 8-73 槲栎 Quercus aliena
1. 果枝 2. 坚果 3. 壳斗

密，被灰白色柔毛；坚果椭圆状卵形或卵形，高1.7~2.5cm，径1.3~1.8cm。花期4~5月，果实成熟期9~10月。

产陕西、河南、安徽、湖北、湖南、广东、广西、福建、浙江、江苏、江西、四川、贵州、云南等地，生于海拔100~2 400m的林区。耐寒区位7~11。

喜光，耐干旱瘠薄，多生于阳坡、山谷及荒地。种子繁殖或萌芽更新。

种子可制淀粉及酿酒。木材淡黄褐色，坚韧耐腐，纹理致密，供坑木、枕木、军工、建筑、农具、胶合板、薪材等用。

5. 蒙古栎（柞树、柞栎、橡子树） *Quercus mongolica* Fisch. ex Ledeb. /Mongolian Oak　图8-74

落叶乔木，高达30m，胸径达60cm。树皮暗灰褐色，深纵裂。幼枝紫褐色，具棱，无毛。叶倒卵形至长倒卵形，长7~19cm，先端短钝或短凸尖，基部窄圆或耳形，叶缘具有圆钝齿或粗齿，幼时沿叶脉有毛，后渐脱落，侧脉7~11对；叶柄短，长2~5mm，无毛。雄花序长5~7cm，轴近无毛，下垂；雌花序长约1cm，有花4~5，其中1~2朵花结果。壳斗碗状，包着坚果1/3~1/2，壁厚；小苞片三角状卵形，背部呈瘤状突起，密被灰白色短绒毛；坚果卵形或长卵形，径1.3~1.8cm，高2~2.3cm，无毛。花期4~5月，果实成熟期9月。

本种是中国分布最北的一种栎树。产黑龙江（漠河、呼玛）、吉林、辽宁、内蒙古、河北、山东、山西等地；垂直分布东北多在海拔350~800m，为落叶阔叶林主要树种；华北可达海拔1 600m，常与辽东栎 *Quercus wutaishansea* 混生，在阳坡或山脊与山杨 *Populus davidiana*、白桦 *Betula platyphylla*、黑桦 *Betula dahurica* 等混生，有时成纯林。俄罗斯东西伯利亚、蒙古、朝鲜、日本也有分布。耐寒区位4~7。

喜光，喜温凉气候。深根性。耐干燥瘠薄。耐寒性强，在-40℃低温地带不受冻害。对土壤适应范围广，生长速度较慢。种子或萌芽更新。

图8-74　1，2. 蒙古栎 *Quercus mongolica*
　　　　3. 辽东栎 *Quercus wutaishanica*
1，3. 果枝　2. 壳斗小苞片

种子含淀粉47.4%，可酿酒及制糊料。叶含蛋白质12.4%，可为柞蚕和鹿的饲料。枝干可培养木耳和其他食用蕈类。树皮及壳斗可提制栲胶；树皮入药，具有收敛止泻、止血及治痢疾等功效。木材坚韧，耐腐，供枕木、车船、胶合板等用。

6. 辽东栎（柴树） *Quercus wutaishansea* Mayr /Wutai Mountain Oak　图8-74：3

落叶乔木，高达15m。幼枝绿色，无毛。叶倒卵形至长倒卵形，长5~17cm，先端圆钝或短突尖，基部窄圆或耳形，侧脉5~7对，叶缘具有5~7对波状圆齿，幼时沿脉有毛，老时无毛；叶柄无毛。雄花序长5~7cm；雌花序长0.5~2cm。壳斗浅杯形，包着坚果约1/3，小苞片扁平三角形，或背部微凸起，疏被短绒毛；坚果卵形或卵状椭圆形，径1~1.3cm，高约1.5cm，顶端有短绒毛。花期5~6月，果实成熟期9~10月。

在 Flora of China 中辽东栎被处理为蒙古栎 Quercus mongolica 的同物异名。

产黑龙江（穆陵、东宁、宁安）、吉林、辽宁、内蒙古、河北、山东、山西、陕西、青海、甘肃、宁夏、四川等地；垂直分布华北海拔600~1 900m，在辽东半岛和河北山地，与黑桦 Betula dahurica、山杨 Populus davidiana 等混生；四川达海拔2 200~2 300m。耐寒区位4~7。

喜光，耐干旱瘠薄。萌芽力强。为改造经营次生林时的保留树种。

用材树种，不易裂。叶含蛋白质17.97%，可饲养柞蚕，丝质较好。种子含淀粉51.3%，可酿酒。

7. 白栎 *Quercus fabri* Hance /Faber Oak 图 8-75

落叶乔木，高达20m，或成灌木状。小枝密被灰褐色绒毛或星状毛。叶倒卵形至椭圆状倒卵形，长7~15cm，先端钝或短渐尖，基部窄楔或窄圆，叶缘波状齿或粗钝齿，幼时被灰黄色星状毛；叶柄长3~5mm，被棕黄色绒毛。花序轴被绒毛；雄花序长6~9cm；雌花序长1~4cm，具花2~4。壳斗杯形，包着坚果约1/3，高4~8mm；小苞片卵状披针形，在口缘处伸出；坚果长椭圆形或卵状长椭圆形，高1.7~2cm，径0.7~1.2cm。花期4~5月，果实成熟期9~10月。

产淮河以南、长江流域和华南、西南各地；生于海拔2 000m以下丘陵山区林中，多与麻栎、枫香等混生，有时成次生矮林。耐寒区位8~10。

喜光，幼树稍耐阴。适应性强，红壤岗地、低山丘陵、干燥坡地均能生长。萌芽性强。

图 8-75 白栎 *Quercus fabri*
1. 果枝 2. 叶背面放大，示星状毛
3. 坚果 4. 雌花 5. 雄花

木材坚硬，可制农具、烧木炭及培养香菇。种子含淀粉47.0%，可酿酒、制豆腐或粉丝。果实虫瘿入药，主治疳积、疝气及火眼等症。树皮、壳斗可提制栲胶。为发展薪材的可选造林树种。

6. 青冈属 *Cyclobalanopsis* Oerst. /Cyclobalanopsis Oak

常绿乔木。树皮较薄、多光滑，稀深裂。叶全缘或有锯齿。花雌雄同株，花被5~6深裂；雄花为柔荑花序，多簇生新枝基部，下垂，雄蕊与花被裂片同数，退化雌蕊细小；雌花序穗状，直立，顶生，雌花单生于总苞内，有时具细小退化雄蕊，子房多为3室，柱头侧生带状或顶生头状。壳斗杯状、碟状、钟形，稀全包，鳞片愈合成同心环带，环带全缘或具齿裂；坚果单生壳斗中；果顶部有柱座，当年或翌年成熟。子叶留土。

约150种，主产亚洲热带及亚热带。中国约有77种3变种，产秦岭及淮河流域以南各地，为组成亚热带常绿阔叶林的主要成分。

木材多为散孔材或半散孔材，红褐或黄褐色，材质坚重，强度大，收缩性大，耐腐力强，供建筑、车船、桥梁、农具、木制机械、枕木及运动器械等用。树皮及壳斗含鞣质，可提取栲胶。种子含淀粉，可做饲料及酿酒。

青冈（青冈栎） *Cyclobalanopsis glauca* (Thunb.) Oerst. /Blue Japanese Oak 图8-76

乔木，高达20m，胸径1m。小枝无毛。叶倒卵状椭圆形至长椭圆形，长6~13cm，先端渐尖或短尾尖，基部圆或宽楔形，叶缘中部以上有疏锯齿，叶表无毛，叶背苍白色，被平伏白色单毛及鳞秕，老时渐脱落。果序长1.5~3cm，有果2~3。壳斗碗形，包着坚果1/3~1/2，径0.9~1.4cm；小苞片合生成5~6条环带，环带全缘或有细锯齿。坚果卵形至椭圆形，高1~1.6cm，无毛或被稀毛。花期4~5月，果实成熟期10月。

本种为该属中分布最广的一种，北至青海、陕西（秦巴）、甘肃（康县、文县）、河南（伏牛山）等南部，东至江苏、福建、台湾，西至西藏察隅，南至广东、广西、云南等地；垂直分布为500~2600m的山坡或沟谷，组成常绿阔叶林或常绿阔叶与落叶阔叶混交林，有时成小面积纯林；在湖南、江西等地海拔800m以下山区及丘陵地带，常与杉木 *Cunninghamia*

图 8-76 青冈 *Cyclobalanopsis glauca*
1. 果枝 2. 雄花枝 3. 雌花枝 4. 雌花 5. 雄花及苞片
6. 花被片 7. 雄花 8. 苞片 9. 幼苗

lanceolata、檫木 *Sassafras tsumu*、南酸枣 *Choerospondias axillaris*、响叶杨 *Populus adenopoda*、毛竹 *Phyllostachys edulis*、苦槠 *Castanopsis sclerophylla*、石栎 *Lithocarpus glaber*、木荷 *Schima superba* 等混生。朝鲜、日本、印度也有分布。耐寒区位7~11。

耐阴，常生于阴湿的阔叶林中，喜温暖。深根性。对土壤要求不严，在酸性、弱碱性或石灰岩土壤均能生长，在深厚、肥沃、湿润地方生长旺盛，在土层贫瘠地方生长不良。寿命可达到200年。种子繁殖。

种子含有淀粉60%~70%，去涩味后可制豆腐或酿酒。树皮、壳斗含鞣质10%~15%，可提取栲胶。木材灰黄、灰褐带红色，纹理直，硬重，干缩及强度大，易开裂，耐腐，油漆、胶黏性能好，为枕木、建筑、胶合板、家具、农具等优良用材。

> **知识窗**
>
> 在 APGIV 分类系统中，壳斗目 Fagales 位于真双子叶植物，蔷薇类分支，豆类植物中，与葫芦目 Cucurbitales 和蔷薇目 Rosales 近缘，与金缕梅目 Hamamelidales、荨麻目 Urticales 等没有密切的关系。壳斗目为单系类群，得到叶绿体 DNA 限制性酶切位点、rbcL、atpB、matK 和 18S 序列以及形态形状的支持：全部为木本植物，含单宁，叶互生，典型风媒花，柔荑花序，常与头状腺体（毛）和星状毛。最新的研究将克朗奎斯特系统中的胡桃目 Juglandales、杨梅目 Myricales、壳斗目 Fagales 和木麻黄目 Casuarinales 归并到壳斗目中。因此，新的壳斗目具有 8 科约 1 115 种，包括南山毛榉科 Nothofagaceae（分布于南美洲）、壳斗科 Fagaceae、杨梅科 Myricaceae、胡桃科 Juglandaceae、木麻黄科 Casuarinaceae、桦木科 Betulaceae 和核果桦科 Ticodendraceae。
>
> 壳斗目的目内系统发育关系如下：
>
>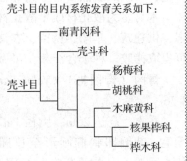

17. 桦木科 Betulaceae / Birch Family

落叶乔木或灌木；小枝及叶有时具树脂腺体或腺点。小枝无顶芽，雄花序芽为裸芽。单叶，互生，叶缘具重锯齿或单齿，羽状脉，侧脉直达叶缘或在近叶缘处相互网结；托叶早落。单被花（桦木属和桤木属）或无被花（榛属、鹅耳枥属和虎榛子属）；单性，雌雄同株，柔荑花序，风媒；雄花序先叶开放，顶生或侧生，下垂，具多数覆瓦状排列苞片，每苞片内着生雄花 3 朵，雄花具苞鳞，具雄蕊 2~20，插生于苞鳞内，花丝短，花药 2 室，药室分离或合生；雌花序直立或下垂，球果状、穗状、总状或头状，具多数覆瓦状排列苞片，每苞片内着生雌花 2~3 朵，直立或下垂，具多数苞片，每苞片内有雌花 2~3 朵，子房下位，不完全 2 室，每室 1~2 倒生胚珠，柱头 2，分离，宿存。果序球果状、穗状、总状或头状；果苞鳞片状、叶状、囊状、钟状或管状，全包或部分包着坚果，坚果具翅或无；胚直立，子叶扁平或肉质，无胚乳。种子萌发时，子叶出土。

6 属 200 余种，主要分布于北温带，中美洲和南美洲亦有桤木属 Alnus 的分布。我国 6 属均有分布，共约 100 多种，其中虎榛子属 Ostryopsis 为我国特产。多为北温带和北亚热带高山森林的重要组成树种，并为造林树种。

树皮含鞣质及油脂，种子也富含油脂。

在 APG 分类系统中，桦木科属于核心真双子叶植物蔷薇类分支中的壳斗目 Fagales。基于雌雄花组成柔荑花序，叶缘具重锯齿以及 DNA 序列，桦木科形成单系类群，并和新世界热带分布的核果桦科 Ticodendraceae 组成姐妹群，共同与木麻黄科 Casuarinaceae 具有密切的亲缘关系。桦木科包含两个大的单系分支，即桦木亚科 Betuloideae（包括桤木属和桦木属）和榛亚科 Coryloideae（包括榛属、虎榛子属、鹅耳枥属、铁木属 Ostrya、千金榆属 Distegocarpus 和杠铁木属 Zugilus，其中千金榆属是从鹅耳枥属中的千金榆组独立出来，因此，桦木科分为 2 亚科 8 属。

分属检索表

1. 果苞鳞片状，3 裂或 5 浅裂，坚果具翅。
    2. 果苞木质，顶端 5 浅裂，宿存，每果苞具 2 个小坚果；雄蕊 4，药室不分离；冬芽有柄，稀无柄；芽鳞 2；叶缘多具单锯齿 ·· **1. 桤木属** *Alnus*
    2. 果苞革质，3 裂，成熟时脱落，每果苞具 3 个小坚果；雄蕊 2，药室分离；冬芽无柄，芽鳞 3~6，叶缘多重锯齿 ·· **2. 桦木属** *Betula*
1. 果苞叶状、钟状、管状或囊状，坚果无翅。
    3. 果序簇生为头状果序；果苞钟状或管状，或果苞裂片硬化成刺状 ············ **3. 榛属** *Corylus*
    3. 果序为穗状；果苞囊状或叶状。
        4. 果苞囊状，厚纸质；坚果生于囊状总苞内，全包坚果 ················ **4. 虎榛子属** *Ostryopsis*
        4. 果苞叶状，扁平，革质或纸质，坚果着生于果苞之基部，不完全包坚果 ·· **5. 鹅耳枥属** *Carpinus*

1. 桤木属 *Alnus* Mill. /Alder

落叶乔木或灌木。树皮平滑或鳞状开裂。冬芽有柄，稀无柄；芽鳞 2，稀 3~6。小枝有棱。叶缘具锯齿，稀全缘。雄柔荑花序圆柱形，下垂，雄花花被 4 裂，雄蕊 4，花丝短，不分叉，花药 2 室，药室不分离，花药顶端无毛；雌柔荑花序短，球果状，单生或 2 至多枚成总、状或圆锥状，每 2 朵生于苞腋。果序球果状，果苞木质，顶端波状 5 浅裂，宿存，每果苞具 2 个小坚果。

40 种，分布于北半球寒温带、温带及亚热带地区，美洲最南达秘鲁。中国 11 种，南北均产。

根系发达，具有根瘤菌或菌根，可增加土壤肥力、固沙保土。多数种类喜水湿，多生于溪沟两岸及低湿地，为河岸护堤及水湿地重要造林树种。材质较轻软，供建筑、乐器、家具等用。本属树种在欧洲常作为半野生状态的绿化树种。

分种检索表

1. 果序总状，果翅宽约为果宽 1/4；叶多为倒卵状椭圆形、窄长椭圆形、卵圆形或近圆形。
    2. 叶倒卵状椭圆形或窄长椭圆形，叶缘具细锯齿，基部楔形 ···················· **1. 赤杨** *A. japonica*
    2. 叶卵圆形或近圆形，叶缘具不规则粗锯齿及缺刻，基部圆形或宽楔形 ········ **2. 辽东桤木** *A. hirsuta*
1. 果序单生，果翅宽约为果宽 1/2；叶倒卵形至倒卵状披针形 ···················· **3. 桤木** *A. cremastogyne*

1. 赤杨（日本桤木） *Alnus japonica* (Thunb.) Steud. /Japanese Alder 图 8-77

乔木，高达 20m，胸径 60cm。树皮灰褐色，不开裂。小枝被油腺点，无毛。叶倒卵状椭圆形、椭圆形至窄长椭圆形，先端突渐尖，基部楔形，中脉在上面凹陷，下面脉腋具簇生毛，侧脉 7~10 对，叶缘具有细锯齿；叶柄被毛。雄花序 2~5 个排成总状，下垂。果序椭圆形，小坚果椭圆形或倒卵形，具窄翅，果翅宽约为果宽 1/4。花期 4 月，果实成熟期 8~9 月。

图 8-77 赤杨 Alnus japonica
1. 果枝 2. 果苞 3. 小坚果 4. 雄花

产辽宁（大连）、吉林、河北、山东（蒙阴及崂山）、安徽南部、江苏（南京东郊北尚庄）、河南（桐柏山、大别山）、台湾。日本、朝鲜也有分布。耐寒区位 6~9。

喜光，喜水湿，常生于低湿滩地、河谷、溪边，不耐干旱和盐碱；速生，萌芽力强，根系发达，具根瘤菌和菌根。种子繁殖或萌芽更新。

木材淡褐色或红褐色，纹理直，质轻，无特殊气味，供建筑、家具、造纸等用。木炭为无烟火药原料。果序、树皮含鞣质，可提制栲胶。树皮、叶、果入药有止血作用。为低湿地、护岸固堤和改良土壤的优良树种。

2. 辽东桤木（水冬瓜、水冬瓜赤杨）*Alnus hirsuta* Turcz. ex Rupr. /Sibirian Alder

图 8-78

乔木或小乔木，高达 20m。树皮灰褐色，有棱。幼枝褐色，密被灰色柔毛。叶近圆形至卵圆形，先端圆，基部圆、宽楔形、平截或近心形，叶缘具不规则粗锯齿及缺刻，叶背浅绿色或粉绿色，有锈色毛或近无毛；叶柄疏被毛或近无毛。果序 3~4 个集生成总状，果序近球形或长圆形；小坚果宽卵形。花期 5 月，果实成熟期 8~9 月。

产黑龙江（小兴安岭、完达山、张广才岭）、吉林、辽宁、内蒙古（大兴安岭）、山东（崂山、泰山、蒙山、昆仑山），生于海拔 700~1500m 落叶松林或阔叶林内、溪边及低湿地。朝鲜，俄罗斯远东地区、西伯利亚，日本也有分布。耐寒区位 4~7。

木材黄白色，供建筑、家具、农具、乐器等用材。果序、树皮可作染料。树皮含鞣质 10%，可提取栲胶。

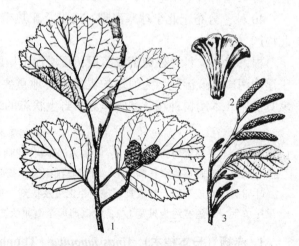

图 8-78 辽东桤木 Alnus sibirica
1. 果枝 2. 果苞 3. 花枝

3. 桤木（水冬瓜木）*Alnus cremastogyne* Burkill /Long Peduncled Alder

图 8-79

树皮鳞状开裂。小枝褐色，无毛。叶椭圆状倒卵形、椭圆状倒披针形至椭圆形。雄花序单生；果序单生于叶腋或小枝近基部，长圆形，果序柄细；小坚果倒卵形，果翅倒卵形，果翅为果宽的 1/2~1/4。花期 3~4 月，果实成熟期 10~11 月。

中国特有种。甘肃东南部、陕西西南部、河南南部、湖北西南部、湖南西北部、四川、贵州及云南。耐寒区位 7~10。

喜温暖气候，喜水湿，多生于溪边及河滩低湿地。常组成纯林，或与马尾松 Pinus massoniana、杉木 Cunninghamia lanceolata、柏木 Cupressus funebris 混生。

对砂岩发育的酸性黄壤，紫色砂、页岩发育的酸性、中性和微碱性紫色土均能适应，在深厚、湿润、肥沃土上生长良好。种子繁殖。

散孔材，淡红褐色，结构细致，材质轻软，纹理通直，耐水湿，可供建筑、家具、农具、胶合板、坑木、矿柱等用。树皮、果序含鞣质，可提制栲胶。叶片、嫩芽药用，可治腹泻及止血。叶片含氮量达2.7%，可施入稻田沤肥。

桤木是中国西南地区速生用材树种，也是护岸固堤、改良土壤、涵养水源的优良树种。还可作薪炭林、肥料林。

图 8-79 桤木 *Alnus cremastogyne*
1. 果枝 2. 果苞 3. 小坚果 4. 雄花枝 5. 雄花

2. 桦木属 *Betula* Linn. /Birch

落叶乔木或灌木。树皮纸片状剥落、纵裂或鳞状开裂。冬芽无柄，芽鳞3~10。单叶互生，羽状脉；托叶早落。雄柔荑花序2~4枚簇生，每苞片腋内具2枚小苞片及3朵雄花，雄花花被4裂，雄蕊2，花丝短，顶端叉分，花药2室，药室分离，顶端有毛或无毛；雌柔荑花序多为圆柱形、长圆形，稀近球形，每苞片具3朵雌花，无花被，子房扁平，2室，每室1胚珠。果苞革质，鳞片状，3裂，果成熟后脱落，每果苞具3个小坚果，柱头宿存。小坚果两侧具膜质翅。

100种，主产北半球寒温带、温带地区，少数种类分布至北极圈及亚热带中山地区。中国30多种，遍布全国各地，以温带、暖温带和亚热带高山地区最多。

喜光或稍耐阴，抗寒性极强，耐冷风。对土壤适应性广，耐干旱瘠薄，生长快，萌芽力强，在伐区、火烧迹地多与松属 *Pinus*、栎属 *Quercus*、落叶松属 *Larix*、杨属 *Populus* 等树种混生成林，为先锋树种。播种或扦插育苗。

木材黄褐色至浅红褐色，纹理直，结构细致，易加工，适于制作高强度胶合板；板材可制家具、地板、铸造模型、造纸、雕刻、农具等；原木可做矿柱、枕木、纸浆。

树皮不透水，在林区常用作盖房屋，又可提取栲胶及蒸制桦皮油。桦木叶也可养柞蚕，效果好。桦属树种的树干中树液丰富，甘甜可作饮料。

分种检索表

1. 小枝有树脂点和绒毛；叶被毛。
    2. 叶卵形或菱状卵形，叶背沿脉有毛；树皮黑褐色，龟裂；果苞无毛，中裂片长圆状三角形；果翅宽为坚果 1/2 ·· **2. 黑桦 B. dahurica**
    2. 叶卵形，叶两面有毛；树皮不裂或纵裂；果苞边缘具毛，中裂片长披针形；小坚果无翅或具窄翅 ··· **3. 坚桦 B. chinensis**
1. 小枝光滑，仅具树脂点；叶无毛或被毛。
    3. 叶三角状卵形，无毛；树皮白色，成层状剥裂；枝条灰绿色；果苞中裂片短三角形，侧裂片平展；果翅宽与小坚果近相等 ·················· **1. 白桦 B. platyphylla**
    3. 叶卵形或长卵形；枝条红褐色；树皮红褐色或黄褐色。叶背沿叶脉被绒毛；果苞中裂片长圆形；果翅宽为小坚果 1/2。
        4. 树皮黄褐色；叶先端尾状渐尖；果序单生 ······················· **4. 枫桦 B. costata**
        4. 树皮紫红褐色；叶先端渐尖；果序单生或 2~4 个排成总状 ········· **5. 红桦 B. albo-sinensis**

1. 白桦 *Betula platyphylla* Suk. /Asian White Birch   图 8-80

乔木，高达 27m，胸径可达 80cm。树皮白色，纸片状，常平滑或开裂。小枝光滑无毛。叶三角状卵形至菱状卵形，先端尾尖或渐尖，基部平截、宽楔形或楔形，无毛，下面密被树脂点，叶缘为钝尖重锯齿，侧脉 5~8 对；叶柄无毛。果序单生，圆柱形，细长，下垂，果苞裂片三角形，较侧裂片稍短，侧裂片卵圆形，平展，先端下弯；小坚果椭圆形或倒卵形，果翅与果等宽或稍宽。花期 4~5 月，果实成熟期 8~9 月。

产黑龙江（大兴安岭、小兴安岭）、吉林（长白山）、辽宁、内蒙古、河北、山西、河南、青海、西藏、四川。垂直分布东北海拔 1 000m 以下，华北海拔 1 000~2 000m，西南达海拔 3 000m 以下，最高可以达到海拔 4 100m。俄罗斯远东、朝鲜北部及日本也有分布。耐寒区位 4~9。

在沼泽地、干燥阳坡及湿润阴坡均能生长。天然更新良好，常成纯林或与其他针阔叶树种成混交林。是采伐迹地和火烧迹地上重要的天然更新的先锋树种。常和山杨 *Populus davidiana*、黑桦 *Betula dahurica*、春榆 *Ulmus propinqua*、紫椴 *Tilia amurensis*、五角枫 *Acer mono* 等树种形成阔叶落叶混交林。在分布地区蓄积量丰富，为主要阔叶树种之一。种子繁殖或萌芽更新。生长快。

木材黄白色，纹理直，结构细，易腐朽，为建筑、工业、造纸原料和矿山等用材。树皮含鞣质 7.28%~11%，可提取

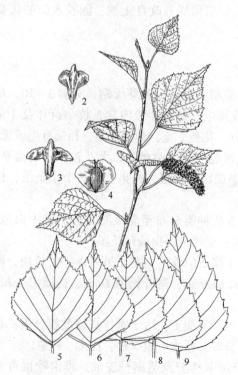

图 8-80 白桦 *Betula platyphylla*

1. 果枝 2, 3. 果苞 4. 坚果 5~9. 叶

栲胶，又可提取桦皮油。种子含油量11.43%。木材和叶可作黄色染料。树皮药用，具有解热、化痰、利湿之功效。树干中的桦汁含有15种氨基酸、17种微量元素、11种脂肪酸及易于被人体吸收的多种营养成分，可制高级饮料和桦汁酒。树皮可以制工艺品。

树皮白色，秋叶黄色，是东北和其他产区优美的绿化树种，群植或孤植均具有独特的美化效果；在森林公园景观布置和森林旅游中，白桦林始终是使游人赏心悦目的树种资源。

2. 黑桦（棘皮桦）*Betula dahurica* Pall./Dahurian Birch 图8-81

乔木，高达20m，胸径50cm。幼树树皮紫褐色或橘红色，纸状开裂，老树树皮暗灰色，龟裂，呈小块状剥落。芽鳞边缘有须毛。幼枝红褐色，被毛及树脂点，后脱落无毛。叶卵圆形至卵状椭圆形，长3~7cm，先端尖或渐尖，基部宽楔形、楔形或近圆，重锯齿钝尖；下面沿叶脉被毛，脉腋被簇生毛，网脉间有树脂点，侧脉6~8对；叶柄疏被丝毛。果序短圆柱状，长2~3cm，果序柄微被毛或树脂点；果苞中裂片三角形，侧裂片卵圆形，与中裂片近等长或稍短，向上伸展；小坚果倒卵形或椭圆形，较果翅约宽1倍。花期4~5月，果实成熟期9月。

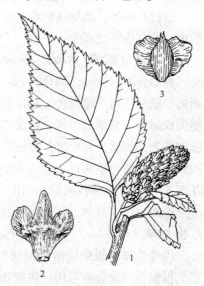

图8-81 黑桦 *Betula dahurica*
1. 果枝 2. 果苞 3. 坚果

产于黑龙江、辽宁北部、吉林东部、河北、山西、内蒙古。多分布于高海拔区域，在大兴安岭东南部海拔200~500m，小兴安岭、长白山海拔400~1 300m，五台山、大海沱、小五台山海拔2 400~3 000m，雾灵山海拔850~1 700m。俄罗斯、朝鲜、日本也有分布。耐寒区位3~9。

耐干旱瘠薄，常生于干燥山坡、山脊、石缝中，在土层深厚、光照充足之处，生长良好。在东北林区常成小面积纯林或与山杨 *Populus davidiana*、蒙古栎 *Quercus mongolica* 混生；在华北高山地带常与白桦 *Betula platyphylla*、山杨组成混交林。

木材淡黄色或棕黄色，坚韧细致，为建筑、工业、造纸原料和矿山等用材。木纤维可造纸。树皮含鞣质5%~10%，可提制栲胶。种子可榨油。

3. 坚桦（杵榆）*Betula chinensis* Maxim./Chinese Birch 图8-82

小乔木或灌木状。树皮不开裂或纵裂。芽、小枝密被长柔毛。叶卵形，叶背沿脉被绒毛，侧脉8~10对。果序单生，短，近球形，不下垂；果苞中裂片条状披针形，具须毛，较侧裂片长2~3倍；小坚

图8-82 坚桦 *Betula chinensis*
1. 果枝 2. 果苞 3. 坚果

果卵圆形，具极狭的翅或几无翅。花期 4~5 月，果实成熟期 8 月。

产吉林、辽宁、河北、河南、山西、陕西、山东、甘肃。垂直分布海拔 150~3 500m。耐寒区位 4~9。

心材红褐色，边材灰白色，质坚重致密，纹理直，为北方优良硬木用材树种，有"南紫檀、北杵榆"之美誉。

4. 枫桦（硕桦）Betula costata Trautv. / Ribbed Birch　图 8-83

乔木，高达 30m，胸径达 50cm。幼树和成年树树冠大枝树皮黄褐色，纸状开裂，易剥离，成年树树干黑褐色，纸片状脱落或不规则开裂。小枝无毛。叶卵形至长卵形，先端尾尖或渐尖，基部近心形，叶缘细重锯齿有小尖头；上面沿叶脉微被毛或无毛，下面沿叶脉被丝毛，侧脉 9~16 对，脉腋有毛；叶柄具毛。果序单生，短圆柱状；果苞中裂片窄长披针形，侧裂片矩圆形，长约为中裂片 1/3；小坚果倒卵形，果翅宽为小坚果 1/2 或等宽。花期 5~6 月，果实成熟期 9~10 月。

产黑龙江、吉林、辽宁、河北。俄罗斯也有分布。在小兴安岭、长白山林区常散生于红松 Pinus koraiensis、鱼鳞云杉 Picea jezoensis 组成的混交林中。耐寒区位 4~9。

枫桦为桦木属中较耐阴的树种，喜冷湿的条件。木材心材黄褐色，边材白色，纹理直，供板料和胶合板等用。树皮和果穗均含有单宁，为栲胶原料。

5. 红桦 Betula albo-sinensis Burk. / Chinese Red Birch　图 8-84

与枫桦 B. costata 的区别为：呈大片的薄层状剥裂，被白粉。叶长卵形，先端渐尖；侧脉 10~14 对，脉腋无毛。果序单生或 2~4 个排成总状，下垂；果苞中裂片条状披针形，

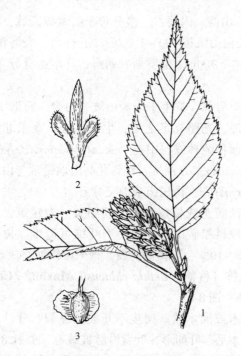

图 8-83　枫桦 Betula costata
1. 果枝　2. 果苞　3. 坚果

图 8-84　红桦 Betula albo-sinensis
1. 果枝　2，3. 叶　4. 坚果　5. 果苞

侧裂片短长圆形；小坚果椭圆形，果翅宽为小坚果1/2。花期6月，果实成熟期10月。

产青海、甘肃、宁夏、陕西、四川、湖北、山西、河北、河南。垂直分布为700~3 400m。耐寒区位6~9。

喜湿润，耐寒性强。常生于高山阴坡、半阴坡。早期生长快，种子繁殖。

木材淡红或淡红褐色，材质坚硬，纹理斜，断面有光泽，加工性能好，为建筑、工业、造纸原料和矿山等优良用材。树皮含鞣质及芳香油，可提制栲胶及蒸制桦皮油。种子含油。

3. 榛属 *Corylus* Linn. /Hazel

落叶灌木或小乔木。雄花芽裸露越冬；雄柔荑花序生于去年生枝上，圆锥状，下垂，每苞片具4~8雄蕊；雌柔荑花序生于当年生枝上，头状，为芽鳞包被，仅红色花柱外露，雌花序头状，雌花成对生于苞片腋部，花被4~8裂。果簇生或单生，坚果球形或卵圆形，果苞钟状或管状，或果苞裂片硬化成针刺状，总苞全包或大部包被坚果。种子1，子叶不出土。早春开花，秋季果熟。

20种，分布于北美、欧洲及亚洲温带地区。中国8种，产东北、华北、华中、华东及西南各地。

材质优良，供细木工、建筑、家具等用。种子富含油脂、蛋白质、淀粉及维生素，味美可食或榨油，为重要油料及干果树种。宜加强野生优良品种的选育、扩繁，并形成栽培基地。表8-5为榛与毛榛特征比较。

表8-5 分种特征比较表

树种	果苞	叶片
榛 *C. heterophylla*	钟状，被柔毛和腺毛；半包坚果	叶先端截形，撕裂状，中央具有尾状尖
毛榛 *C. mandshurica*	囊状，被黄褐色刚毛；全包坚果	叶先端骤尖或尾状尖

1. 榛（平榛） *Corylus heterophylla* Fisch. ex Trautv. /Siberian Hazel 图8-85

灌木，稀为小乔木，高达7m。树皮褐灰色。芽卵形，芽鳞边缘具有白色的须毛。1年生小枝被短柔毛，稀腺毛。叶宽倒卵形至长圆状倒卵形，长4.5~12cm，先端平截、撕裂状，顶端骤尖或中央有突尖，叶基心形或圆形，叶背沿叶脉被毛，侧脉5~8对，叶缘具不规则重锯齿，齿端钝或缺刻；叶柄绒毛及腺毛。雄花序2~7排成总状，腋生，苞片先端尖。果2~6簇生或单生，果苞钟状，密被短柔毛兼有疏生的长柔

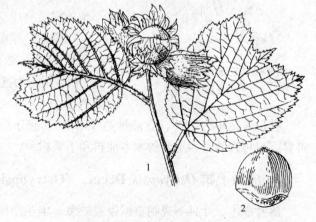

图8-85 榛 *Corylus heterophylla*
1. 果枝 2. 坚果

毛，密生刺状腺体，上部浅裂，裂片三角形，顶端露出坚果；坚果近球形，微扁，密被细绒毛，顶端密被粗毛。花期4~5月，果实成熟期8~9月。

产黑龙江、吉林、辽宁、内蒙古、宁夏、甘肃、陕西、山西、河北、河南、山东，垂直分布400~2 400m。俄罗斯、朝鲜、日本也有分布。耐寒区位3~8。

喜光，耐干旱瘠薄，对土壤和气候的适应性强，天然更新好。常成片生于荒山坡、路旁和林缘。生长快，萌芽力强，3~4年生就可以开花结实。种子或分蘖繁殖。

开花较早，其花粉是早春季节最丰富的蜜源之一。种仁含油量50.6%~54.4%，蛋白质16.2%~23.6%，淀粉16.5%，以及维生素等，味美可食及制糕点；又可榨油，出油量达30%，有香味，为高级的食用油。树皮、茎、叶和果苞可提制栲胶。嫩叶晒干可作猪饲料；枝条可编筐。木材坚硬致密，为主要细木工用材。

重要油料及干果树种，应注意保育及人工栽培基地建设。

2. 毛榛 *Corylus mandshurica* Maxim. et Rupr. /Manchurian Hazel 图8-86

灌木，高达6.5m。芽卵形，先端钝，密被灰白色柔毛。小枝密被灰黄色长柔毛及腺毛。叶卵状长圆形至倒卵状长圆形，长6~12cm，先端短尾尖或骤尖，叶基心形，叶表被毛，叶背沿脉被长柔毛。雄花序2~4排成总状，腋生。果2~4簇生，果苞全包坚果，并在坚果以上缢缩成长管状，较果长2~3倍，外面密被黄褐色刚毛兼有白色短柔毛，果苞先端具不整齐披针状裂片；坚果圆锥状宽卵形，密被白色细毛，顶端具小尖头。花期4~5月，果实成熟期8~9月。

产黑龙江、吉林、辽宁、内蒙古、河北、山西、河南、山东、甘肃、陕西、四川等地。垂直分布为海拔800~2 700m的丘陵山地灌丛、密林内、沟谷低湿地的混交林中。耐寒区位3~9。

喜光，稍耐阴。在湿润肥沃土壤上生长旺盛，在干燥瘠薄土壤上结实不良。萌生树3~4年生结实，5~10年生为盛果期，应及时疏伐、平茬更新以提高产量。

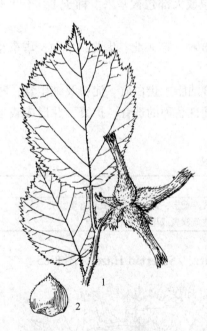

图8-86 毛榛 *Corylus mandshurica*
1. 果枝 2. 坚果

种仁含淀粉约20%，含油量约50%以及糖分、蛋白质、维生素等营养物质，味美可鲜食，也可榨油，为重要的木本油料和干果树种。

4. 虎榛子属 *Ostryopsis* Decne. /Ostryopsis

落叶灌木。叶具不规则重锯齿或缺裂。雄花芽裸露越冬，雄柔荑花序单生、下垂，每苞片具1朵雄花；雄花具雄蕊4~8，药室分离，顶端有毛。雌柔荑花序短，排成总状，每苞片具2朵雌花；雌花花被膜质与子房贴生。花叶同放。果苞革质，果苞成细颈瓶状，顶端3裂，不封闭；小坚果宽卵圆形，微扁。

中国特有属，4种1变种，分布东北南部、华北至西南。

喜光，耐干旱瘠薄，根系发达。萌芽性强。为优良保持水土树种。

虎榛子 *Ostryopsis davidiana* Decne. /David Ostryopsis 图8-87

灌木，高1~4m。芽鳞被毛或仅边缘有毛。小枝灰黄色密被短柔毛或杂有腺毛。叶卵形至椭圆状卵形，长2~8cm，先端尖，基部心形或圆，叶表被毛，叶背被半透明褐黄色树脂点，沿叶脉被毛，近基部脉腋被簇生毛，叶缘具有粗钝重锯齿或缺刻。雄花序单生叶腋，短圆柱形，苞片先端有小尖头，边缘密被毛。果多数集生枝顶；果苞囊状，长圆形，先端成颈状，有纵纹，密被粗毛；小坚果卵形，黑紫色或黄褐色，被直立细毛，花被筒浅黄白色，顶端有须毛。花期4~5月，果实成熟期6~7月。

图8-87 虎榛子 *Ostryopsis davidiana*
1. 果枝 2. 坚果

产辽宁、内蒙古、宁夏（贺兰山）、河北、河南、山西、甘肃、四川，为黄土高原习见灌木。垂直分布多为海拔800~2 800m向阳山坡、林缘、荒山、疏林中。耐寒区位6~9。

喜光，耐旱。种子或根蘖繁殖。

种子可榨油、食用或工业用。树皮、叶可提制栲胶；枝条供编织农具。在华北、西北、黄土高原常形成一定面积的灌丛，水土保持和生态环境改善效果明显，为优良的水土保持树种，也是野生动物重要的隐蔽场所。

5. 鹅耳枥属 *Carpinus* Linn. /Hornbeam

落叶乔木，稀灌木。树皮灰色，平滑，鳞状开裂。芽鳞多数，覆瓦状排列。雌雄花序均为柔荑花序；雄花无花被，每苞片具3~13雄蕊，药室分离，顶端有毛；雌花序生于枝顶，花序轴细长，每苞片具2雌花，萼6~10齿裂，花柱短，柱头2，线形。果苞叶状，有脉，小坚果着生于果苞基部，顶端具有宿存的花被，排成总状果序，果实具有纵肋。春季花叶同放，秋季果熟。

40余种，分布于东亚、欧洲和美洲的北温带和北亚热带。中国有30余种，产东北、华北、西南、华中、华东及华南各地。

喜钙树种，常生于石灰岩山地。

木材坚硬致密，可供细木工、家具、建筑、车辆等用。种子榨油供工业用。树姿秀丽，供观赏。

表8-6为千金榆与鹅耳枥特征比较。

表 8-6 分种特征比较表

树种	果苞	叶片
千金榆 C. cordata	中脉位于果苞中央，两侧对称	叶基心形，侧脉 15~20 对
鹅耳枥 C. turczaninowii	中脉位于果苞偏内侧，两侧不对称	叶基圆形或宽楔形，侧脉 10~12 对

1. 千金榆（穗子榆）Carpinus cordata Blume / Heart-leaved Hornbeam　图 8-88

乔木，高达 15m。树皮灰褐色，纵裂。枝、芽无毛。叶为长卵形、椭圆状卵形至倒卵状椭圆形，长 8~15cm，先端渐尖，基部心形，具不规则刺毛状重锯齿，叶背沿脉疏被柔毛，叶表侧脉凹下；叶柄无毛或被疏毛。果序长 5~12cm，果序轴被毛，果苞卵状长圆形，长 1.5~2.5cm，内侧上部有尖锯齿，下部全缘，基部具内折裂片；外侧具锯齿，全缘，基部内折；基出脉 5 条，中脉位于果苞中央；小坚果矩圆形，无毛，纵肋不明显。花期 5 月，果实成熟期 9~10 月。

产黑龙江、吉林、辽宁、河北、山西、宁夏南部、甘肃、陕西、河南、山东。垂直分布为海拔 500~2 500m。耐寒区位 4~8。

稍耐阴，耐寒，常生于林内湿润肥沃的阴坡、溪边或沟谷杂木林中。

木材黄白色，纹理斜，结构细密，质坚重，气干密度 0.61~0.74g/cm^3，供制农具、家具、玩具等用。种子含油率约 47%，供制肥皂及润滑油。木材可培养黑木耳。

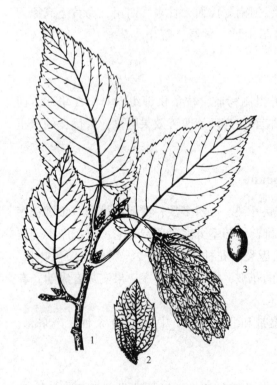

图 8-88 千金榆 Carpinus cordata
1. 果枝　2. 果苞　3. 小坚果

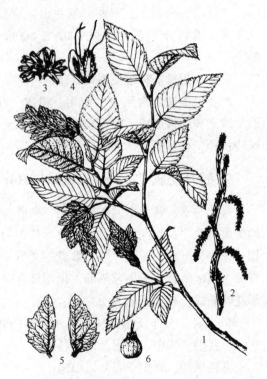

图 8-89 鹅耳枥 Carpinus turczaninowii
1. 果枝　2. 花枝　3. 雄花　4. 雌花
5. 果苞背、腹面　6. 小坚果

2. 鹅耳枥 Carpinus turczaninowii Hance / Turczaninow Hornbeam　图 8-89

乔木，高达 15m。芽鳞背部边缘有须毛。小枝浅褐色或灰色，幼时密被细绒毛，后渐脱落。叶卵形，较小，长仅 2~6cm，基部宽楔形至圆形，锯齿钝尖或具尖头；叶背脉腋具簇毛，无腺点或具平滑白色小斑块，侧脉 10~12 对；叶柄被细柔毛或无毛。果序短，长 3~6cm，果苞半宽卵形，基部具耳突，其边缘多有锯齿，内折；中脉位于果苞偏内侧，两侧不对称；小坚果无毛或疏被树脂点，顶端具萼齿。花期 4~5 月，果实成熟期 8~9 月。

产辽宁、河北、河南、山西、陕西、甘肃、山东、江苏。垂直分布为海拔 400~2 400m。耐寒区位 5~8。

稍耐阴，耐干旱瘠薄，喜肥沃湿润土壤。在干燥阳坡、山顶瘠地、荒坡灌丛、湿润沟谷、林下均能生长。萌芽性强，可萌芽更新，也可用种子繁殖。移栽易成活。在北京西部低山与槲树 Quercus dentata 形成天然混交林。

木材红褐或黄褐色，质坚韧，纹理美，为家具、农具等用材。种子含油量 15%~21%，可榨油供食用及工业用。树皮及叶含鞣质，可提制栲胶。

18. 木麻黄科 Casuarinaceae / Beefwood Family

常绿乔木或灌木。小枝轮生或近轮生，具节及沟槽，绿色或灰绿色。叶退化为鳞形，4 至多枚轮生，基部连成鞘状。花单性，雌雄同株或异株，无花被，风媒传粉；雄花生于叶鞘内，成柔荑花序状，多数集生于枝顶，每花具 2 对小苞片，雄蕊 1；雌花组成头状花序，生于短枝之顶，每花被 2 苞片和 2 小苞片，子房上位，2 心皮 1 室，2 胚珠。果序球形或近球形，苞片木质化，开裂；小坚果扁平，顶端具翅。种子 1，无胚乳。

1 属约 65 种，主产大洋洲。中国引入 9 种，栽培于华南、西南南部和东南沿海。

在 APG 分类系统中，木麻黄属于核心真双子叶植物蔷薇类分支中的壳斗目 Fagales。20 世纪 80 年代，澳大利亚植物学家根据形态上的差别先后从木麻黄属中分出 3 个新属，木麻黄科拥有 4 个属，即方木麻黄属 Gymnostoma、北木麻黄属 Ceuthostoma、木麻黄属 Casuarina 和异木麻黄属 Allocasuarina，研究表明这 4 个属均为单系类群。

木麻黄属 Casuarina Adans. / Beefwood

形态特征与科同。

木麻黄 Casuarina equisetifolia Linn. ex Forst. / Beefwood　图 8-90

高达 30m，胸径 70cm。树皮深褐色，纵裂，内皮鲜红或深红色。小枝灰绿色，径 0.8~0.9mm，纤细下垂，具 6~8 细棱，节间短，长 4~9mm。鳞叶 6~8 轮生，近透明，长 1~3mm，紧贴小枝。雄花序长 1~4cm；雌花序紫红色。果序椭圆形，长 1.5~2.5cm，径 1.2~1.5cm，幼时被灰绿色或黄褐色绒毛，后渐脱落；小苞片宽卵形，被毛，钝尖，无棱脊；小坚果连翅长 4~6mm，宽 2~3mm。花期 4~7 月，果实成熟期 7~11 月。

原产澳大利亚东北部、北部及太平洋岛屿近海沙滩及沙丘上。浙江南部、广西、广东、

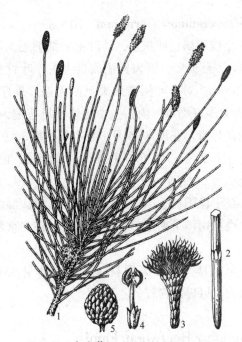

图 8-90 木麻黄 *Casuarina equisetifolia*
1. 花枝 2. 小枝放大 3. 雌花 4. 雄花 5. 果序

福建、台湾沿海地区栽培。耐寒区位 10~12。

喜光，喜暖热湿润气候。耐盐碱、抗沙压及海潮浸渍。耐强风。主根深，侧根发达，具固氮菌根。

木材红褐色，纹理斜，结构中，均匀，可供建筑、电杆、帆船桅杆之用。树皮可提取栲胶。枝叶作家畜饲料，又可药用，治疝气及慢性支气管炎等。株形优美，树冠开展，小枝下垂，在温暖的海滨城镇常作为行道树和海滩树。易孤植或群植，作庭荫树、防护林或防风屏障树种植。是产区高尔夫球场建设中果领、球道及球场周边目标树或防护林理想树种，亦为华南沿海地带优良防风固沙及农田防护林的先锋树种。

19. 藜科 Chenopodiaceae / Goosefoot Family

草本、半灌木、灌木，稀小乔木。单叶互生，稀对生，常肉质，扁平状或圆柱状或退化为鳞片状，常被粉状或皮屑状物；无托叶。花小，单被花，绿色；单生或聚伞花序；两性、单性同株或异株；花萼3~5裂，宿存；雌花花萼在果期常增大，变硬质或在背部生翅状、刺状或瘤状附属物，雄蕊与萼片同数对生或较少；雌蕊子房上位，2~5心皮合生，1室，1胚珠，基生胎座。胞果或瘦果，包于增大的宿存花萼中。胚环形、半环形、螺旋形或盘旋形。

130属1500种，主要分布于两半球的温带和亚热带的荒漠及盐碱地区。我国有45属200种，以西北、东北和华北为主要分布区，尤以新疆最为丰富，东南沿海也有少数种类。为滨湖盐碱地和荒漠地带的生境指示植物。

藜科植物多生活在荒漠及盐碱土地区，呈现旱生的适应现象，有发育迅速的深根系，叶缩小甚至消失，茎或枝常变为绿色，通常被水毛（呈粉粒状），或器官变成肉质，组织液含大量盐分而具很高的渗透压等。形成我国北方，尤其西北荒漠、戈壁和沙漠地区极为常见的荒漠植被。

分子研究表明，经典分类中的苋科和藜科共同构成单系群，因此，在APG分类系统中，藜科合并到核心真双子叶植物超菊类分支中的石竹目 Caryophylales 苋科中，形成广义的苋科。

分属检索表

1. 枝具关节；叶对生，退化为鳞片状；花两性；胞果具膜质翅 ·················· **1. 梭梭属 *Haloxylon***
1. 枝无关节；叶互生，条形、披针形至矩圆状卵形；花单性同株；胞果被毛 ··· **2. 驼绒藜属 *Krascheninnikovia***

1. 梭梭属 *Haloxylon* Bunge /Saxoul

灌木或小乔木。枝对生，具关节。叶对生，退化为鳞片状，基部合生；花两性，单生叶腋；小苞片 2；花萼 5 裂，膜质，基部常具蛛丝状毛，花后增大；雄蕊 2~5，生于杯状花盘上，柱头 2 或 3~4。胞果顶部微凹，果皮与种子贴伏。宿存花萼背部上方生膜质翅，膜质翅平展，具纵脉纹；种子横生，胚螺旋状，绿色，无胚乳。

约 11 种，我国沙漠地区产 2 种。表 8-7 为梭梭与白梭梭特征比较。

表 8-7　分种特征比较表

树　种	树　皮	枝	叶	宿存花萼片翅形状
梭梭 *H. ammodendron*	灰褐色	嫩枝粗短，枝开展	短三角形，先端钝，基部宽	半圆形
白梭梭 *H. persicum*	灰白色	嫩枝细长，枝直立或下垂	长三角形，先端刺状，基部窄	钝圆形

1. 梭梭（梭梭柴）*Haloxylon ammodendron*（C. A. Mey.）Bunge /Saxoul　图 8-91：1~4

灌木或小乔木，高 0.4~2（5）m。树皮灰褐色。分枝对生，具关节，具疣点；同化枝鲜绿色，味咸。叶退化为鳞片状短三角形，先端钝，基部宽，合生。花两性，单生于 2 年生枝条叶腋。胞果黄褐色；宿存花萼片矩圆形，具半圆形膜质翅。种子黑褐色；胚螺旋状。花期 4~6 月，果实成熟期 8~9 月。

产内蒙古、宁夏、青海、甘肃、新疆等地。俄罗斯有分布。耐寒区位 5~6。

生于半荒漠和荒漠地区的沙漠中，其生境多为地下水较高的沙丘间低地、干河床、湖盆边缘、山前平原或石质砾石地，以含有一定量盐分（全盐量 2%）的土壤或沙地生长最好，沙埋后形成沙丘。为西北部荒漠、半荒漠和干旱盐碱地区优良的生态建设树种，也是产区重要的薪材和饲料。为肉苁蓉 *Cistanche deserticola* 的寄主。

2. 白梭梭 *Haloxylon persicum* Bunge /Buhse　图 8-91：5

与梭梭 *H. ammodendron* 的区别为：干弯曲，多疣状突起，树皮灰白色。2 年生枝带白色，常具环状裂痕；嫩枝细长，在幼枝上直立老枝上下垂，淡绿色，味苦。鳞叶长三角状，

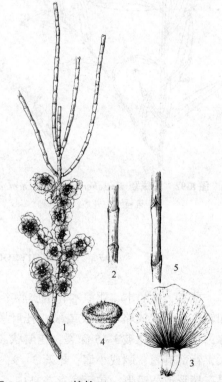

图 8-91　1~4. 梭梭 *Haloxylon ammodendron*
5. 白梭梭 *Haloxylon persicum*
1. 果枝　2. 营养枝　3. 花被片
4. 胞果　5. 营养枝

基部窄，顶端刺状贴茎。胞果宿存的花萼片具钝圆翅。花期4~5月，果实成熟期9~10月。

产新疆古尔班通古特沙漠、甘肃河西走廊，内蒙古西部有引种。生于荒漠地区的流动或半固定沙丘上。耐寒区位5。

抗旱性强，抗盐性不及梭梭。用途同梭梭。

2. 驼绒藜属 *Krascheninnikovia* Gueldenst. /Ceratoides

半灌木或灌木，直立或垫状，全株密被星状毛。叶互生，条形、披针形至矩圆状卵形，全缘；叶柄短，半圆柱状或舟状。花单性同株；雄花序穗状，顶生，花萼4裂，雄蕊4，花丝条形；雌花腋生，无被花，2小苞片合生成管状，顶端2裂，管外具4束长毛。胞果直立，扁平，上部被毛，果皮与种皮膜质分离；胚半环形。

6~7种。我国4种1变种，主要分布于东北、西北、华北和青藏高原。

驼绒藜 *Krascheninnikovia ceratoides* (Linn.) Gueldenst. /Cetatoides 图8-92

灌木，高20~100cm，自中下部分枝，斜展。叶在老枝上常簇生，小枝上单生，条形、条状披针形至披针形，长0.5~4cm，宽1~7mm，1脉，有时基部具2条不明显的侧脉；叶柄短，半圆柱状，等宽或基部微扩大，脱落后扩大部分宿存。雄花序长达4cm，紧密；雌花管椭圆形，长3~4mm，顶端裂片角状，为管长1/3至等长。胞果椭圆形，被毛。花期6~9月，果实成熟期6~9月。

产新疆、西藏、青海、甘肃、内蒙古等地。亚洲西部及欧洲也有。生于草原、半荒漠和荒漠地区戈壁、石质—碎石山坡灌丛间、干河床或草地。耐寒区位5~6。

固定沙丘植被建群种，耐旱、固沙作用良好。优良饲料。

图8-92 驼绒藜 *Krascheninnikovia ceratoides*
1. 果枝　2. 花序　3. 果实

20. 蓼科 Polygonaceae /Buckwheat Family

草本，稀灌木、亚灌木和木质藤本。茎节膨大，通常具黏液细胞。单叶互生，稀对生和轮生，全缘或略有波纹或裂；托叶膜质，成鞘状包茎。花两性，稀单性异株，辐射对称；单被花，花被3~5深裂，花瓣状，覆瓦状或花被片6成2轮，宿存，内花被片有时增大，背部具翅、刺或小瘤；雄蕊3~9；子房上位，3(2~4)心皮合生，1室，1胚珠。瘦果三棱形或凸镜形，包于宿存花被内。种子胚乳丰富。

约40属800种。我国11属约200种，各地均有分布。多生于西北地区的荒漠、半荒漠、沙地、戈壁和低山等地。

在 APG 分类系统中，蓼科并入核心真双子叶植物超菊类分支中的石竹目 Caryophyllales 中。

分属检索表

1. 叶发育正常，不为鳞片状；雄蕊 6~8；花柱 2~3；瘦果无刺毛或翅。
    2. 花被片（4）5，花瓣状，内花被片（2）3，果时增大，草质 ·················· **1. 木蓼属** *Atraphaxis*
    2. 花被（4）5 深裂，宿存，果时不增大 ·· **2. 蓼属** *Polygonum*
1. 叶退化为鳞片状；雄蕊 12~18；花柱 4；瘦果沿棱肋具刺毛或翅 ·············· **3. 沙拐枣属** *Calligonum*

1. 木蓼属 *Atraphaxis* Linn. /Goatwheat

灌木，枝顶端成针刺状或不为针刺状。叶柄近无；叶全缘或有不明显齿。花被片（花萼）4~5，排为两轮，花冠状，开展，内轮花被片 2~3，直立，通常具网脉，果时增大，包被瘦果，外轮花被片 2，较小，果时反折；雄蕊 6 或 8，花丝基部扩大，并结合成环状；雌蕊花柱 2~3，柱头头状。瘦果无刺毛或翅。种子胚弯曲。

20 余种。我国 11 种 1 变种，分布于草原、半荒漠和荒漠地区。表 8-8 为沙木蓼与锐枝木蓼特征比较。

表 8-8　分种特征比较表

树种	小枝	叶形	花萼
沙木蓼 *A. bracteata*	顶端无针刺	圆形至长倒卵形	宿存花萼果实成熟期开展或上弯
锐枝木蓼 *A. pungens*	顶端针刺状	倒披针形至条形	宿存花萼果实成熟期 2 枚反折，3 枚增大

1. 沙木蓼 *Atraphaxis bracteata* A. Los. / Bracteate Goatwheat　图 8-93

直立灌木，高 1~1.5m。小枝褐色，顶端具叶或花。叶长圆形或椭圆形，当年生枝上叶披针形，长 1.5~3.5cm，宽 0.8~2cm，顶端钝，具小尖头，基部圆形或宽形，边缘微波状，无毛，网状脉明显，托叶鞘顶端 2 齿裂；叶柄长 1.5~3mm。总状花序顶生；苞片披针形或钻形，膜质，具 1 条褐色中脉，每苞片内具 2~3 花，关节位于上部；花萼 5，绿白色或粉红色，内轮卵圆形，不等大，直径（5）7~8mm，网脉明显，边缘波状，外轮肾状圆形，长 4mm，宽 6mm。果实平展，具明显网脉，瘦果卵形，具 3 棱，长约 5mm，黑褐色，光亮。花期 6~8 月，果实成熟期 6~8 月。

产甘肃、宁夏、青海、内蒙古、陕西等地。蒙古也有分布。生于流动沙丘低地及半固定沙丘，海拔 1 000~1 500m。耐寒区位 5~6。

固沙树种。

图 8-93　沙木蓼 *Atraphaxis bracteata*
1. 植物体　2. 花枝
3. 果实及宿存花被

2. 锐枝木蓼 Atraphaxis pungens (M. B.) Jaub. et Spach. /Sharp Goatwheat

小灌木，高 30～70cm。树皮条状开裂。老枝顶端成刺针状。叶狭倒卵形至宽披针形，长 1.5～2cm，宽 0.5～1.2cm，先端圆钝或锐尖，背面网脉明显，全缘或具不明显细齿。花两性，花序短总状，侧生于短枝上；花梗中部或稍上具关节；花萼 5 片，淡红色，内轮 3 枚果期增大，外轮 2 枚果期反折。瘦果卵状三棱形，黑褐色，有光泽。花期 5～6 月，果实成熟期 7～8 月。

产甘肃、宁夏、青海、内蒙古、新疆等地。蒙古、俄罗斯、印度也有分布。生于砾质山坡、山前平原、河谷、阶地、戈壁或固定沙地。耐寒区位 5～6。

为优良固沙树种。

2. 蓼属 Polygonum Linn. /Knotweed

草本，直立或藤本，稀半灌木或小灌木。无毛、被毛或具倒生钩刺，通常节部膨大。叶互生，线形、披针形、卵形、椭圆形、箭形或戟形，全缘，稀具裂片；托叶鞘筒状，顶端截形或偏斜，全缘或分裂，有缘毛或无缘毛。花序穗状或总状、稀头状；花两性，稀单性；花萼 4～5 裂，花瓣状，宿存；花盘腺状、环状，有时无花盘；雄蕊 8，稀 4～7；子房卵形，花柱 2～3，离生或中下部合生，柱头头状。瘦果卵形，具 3 棱或双凸镜状，包于宿存花被内或突出花被之外。

约 230 种，广布于全世界，主要分布于北温带。我国有 113 种 26 变种，南北各地均有。

木藤蓼 Polygonum aubertii Linn. /Henry Silvervine Fleeceflower, Silver Lace Vine
图 8-94

木质缠绕藤本。茎长 1～6m。叶互生或簇生，长卵形至卵形，长 2.5～5cm，宽 1.5～3cm，近革质，先端急尖，基部近心形，全缘或边缘波状，两面无毛，叶柄长 1.5～2.5cm；托叶鞘膜质，褐色。花两性，花序圆锥状；花被片 5，淡绿色或白色，外轮 3 片较大，背部具翅，果期增大。瘦果卵形，具 3 棱，黑褐色，微有光泽，包于宿存花被内。花期 7～8 月，果实成熟期 8～9 月。

产陕西、甘肃、内蒙古、山西、河南、青海、宁夏、云南、西藏等地。生于山坡草地、山谷灌丛，海拔 900～3200m。沈阳等地已引栽成功。耐寒区位 5～9。

开花时花繁，犹如一片白雪，有

图 8-94 木藤蓼 Polygonum aubertii
1. 果枝 2. 花 3. 果实

微香。是良好的攀缘和蜜源树种,广泛应用于城市环境绿化。块根入药,具清热解毒、调经止血、行气消积功效,主治痈肿、月经不调、外伤出血、消化不良、痢疾、胃痛。

3. 沙拐枣属 *Calligonum* Linn. /Calligonum

多分枝灌木。枝常弯曲、很少直伸,有关节。叶互生,退化为鳞片状、条形或锥形;托叶鞘短。花两性,单生或2~4朵腋生。花梗细,具关节;花萼5,淡红色,宿存,果期不增大;雄蕊12~18,基部结合;子房四棱,花柱4,柱头头状。瘦果直或弯曲,沿棱肋具刺毛或翅,有时有膜质囊包被刺毛,呈泡果状。胚直,有胚乳。

80余种,产非洲北部、亚洲西部和欧洲南部,分布荒漠、半荒漠地带。我国18种2变种,主要分布于西北和内蒙古的沙漠地区。

分种检索表

1. 果泡果状,外被薄膜;老枝呈"之"字形弯曲,叶条形至披针形 ………… **1. 泡果沙拐枣** *C. junceum*
1. 果具刺或翅。
  2. 果沿肋具翅,果翅较硬;老枝暗红色至紫褐色 ………… **2. 红皮沙拐枣** *C. rubicundum*
  2. 果肋具刺,果刺2~3行;老枝灰白色 ………… **3. 沙拐枣** *C. mongolicum*

1. 泡果沙拐枣 *Calligonum junceum* (Fisch. et Mey) Litv. /Junceus Calligonum 图8-95:1~3

高0.5~1m。老枝淡灰色或淡褐色,呈"之"字形弯曲;同化枝绿色,节间长1~2.5cm。叶条形至披针形,长3~6mm,不与托叶鞘结合;鞘短,膜质。花淡红色或白色,1~4朵生于叶腋;花梗长2~4mm,关节在中上部;花被片5。瘦果球形,径8~10mm,不扭曲,黄色或红色,具4条肋状突起,每条具3行密刺毛,刺毛柔软,外被红色膜,泡状。果实成熟期5~6月。

产新疆。生于固定沙丘或砾质戈壁。耐寒区位5。

固沙树种。内蒙古西部沙区有引栽。

2. 红皮沙拐枣 *Calligonum rubicundum* Bunge/Red-barked Calligonum 图8-95:4,5

高0.5~1m。老枝灰紫褐色或红褐色,有光泽或无;同化枝绿色,节端有短叶鞘。叶条状披针形,长2.5~4mm,与叶鞘合生。花2~3生于叶鞘,花梗长4~6mm,关节位于上部,无毛;花紫红色。瘦果卵形或圆卵形,长10~16mm,微向右扭曲,有棱,翅常带紫红色或红褐色,厚,硬革质,表面具皱纹或稍具刺毛,翅缘具不规则浅重齿和波状钝齿。花期5~6月,果期6~7。

产新疆。生于湿润沙地和流动沙地。内蒙古西部沙区有引栽。耐寒区位5。

3. 沙拐枣(蒙古沙拐枣) *Calligonum mongolicum* Turcz. /Mongolian Calligonum 图8-96

高1~1.5m。老枝灰白色,叶条形,花序梗的关节在下部,花粉红色,果期反折或开展。瘦果宽椭圆形,直或稍扭曲,长8~12mm,两端尖,棱肋和沟不明显,刺毛细而易折落,每棱肋2~3排成毛发状刺毛,分枝纤细。花期5~7月,果期6~8月。

产内蒙古、甘肃、新疆东部等地。蒙古也有分布。广泛生于荒漠地带和荒漠草原地带的流动、半流动沙丘,覆沙戈壁、沙质或砂砾质坡地和干河床上。耐寒区位5~6。

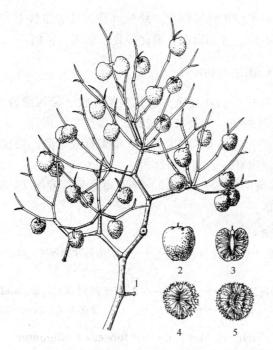 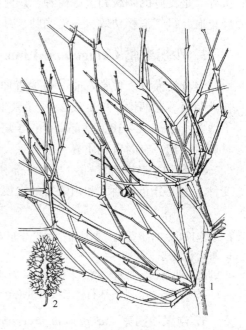

图 8-95　1~3. 泡果沙拐枣 *Calligonum junceum*　　图 8-96　沙拐枣 *Calligonum mongolicum*
4，5. 红皮沙拐枣 *Calligonum rubicundum*　　　　　　1. 枝　2. 果实
1. 果枝　2，4，5. 果实　3. 果实纵切面

可作固沙树种。为优等饲用植物。

21. 芍药科 Paeoniaceae / Poeny Family

多年生草本或灌木。叶互生，通常为二回三出羽状复叶，全缘、掌状或羽状分裂，无托叶。叶柄长。花大单朵或数朵顶生；花萼 5，宿存；花瓣 5 或 10；雄蕊多数，离心发育，部分雄蕊变态形成蜜腺或无变态雄蕊；心皮 1~5，离生。蓇葖果。种子大，具有珠柄发育形成的假种皮，胚小，胚乳丰富。

1 属 40 余种。产欧洲、亚洲和北美洲。

该科在系统分类中，原属于毛茛科 Ranunculaceae 中的芍药属。后经 Worsdell（1908）发现雄蕊离心发育后独立为芍药科，Corner（1940）根据染色体数目，支持独立成科。在系统位置上芍药科因离心雄蕊、花粉纹饰和假种皮等均似五桠果科 Dilleniaceae，因此，Cronquist 将该科归属于五桠果目中，但因其一些特征又似毛茛科，故其系统位置显然与二者均有着一定的联系。在 APG 分类系统中，芍药科归并到核心真双子叶植物超蔷薇类分支中的虎耳草目 Saxifragales。

芍药属 *Paeonia* Linn. / Peony

形态特征同科。中国产 12 种，其中 4 种为灌木和半灌木。多为观赏和药用植物。其中多年生草本植物芍药 *P. lactiflora* 花大而美丽，常和牡丹 *P. suffruticosa* 一起种植观赏，其花早于牡丹开放，栽培历史悠久，宋朝诗人苏东坡有"扬州芍药为天下之冠"的名句，因而有"洛阳牡丹，扬州芍药"之说，其品种繁多。

芍药根含芍药碱、苯甲酸等成分，根入药，有养血、舒肝等作用，为传统的中药材。云南分布的黄牡丹 P. lutea 花橙黄色，常2朵或数朵簇生，为牡丹品质改良和新品种培育的优良种质。

牡丹 Paeonia suffruticosa Andr. /Tree Peony 图 8-97

落叶灌木，高达2m。分枝多而粗壮。二回羽状复叶，小叶宽卵形至长卵形，无光泽，上面叶脉稍下凹使叶面不光滑，长4.5~8cm，顶生小叶3~5裂，侧生小叶常全缘；叶柄长5~10cm。花大，单生枝顶，花径10~30cm；花萼5；花瓣5，常有重瓣，为红、粉红、紫罗兰、黄、白、豆绿等颜色；心皮3~5，密生绒毛，基本具杯状花盘。花期4~5月，果实成熟期9月。

原产我国西部及北部。秦岭、嵩山等地有野生。为著名观赏植物，十大名花之一，栽培历史久远。明代王象晋所著《群芳谱》记载有牡丹约200个品种，现在牡丹品种数千种之多。种植牡丹以河南洛阳和山东菏泽最有名。耐寒区位4~9。

喜光，稍遮阴生长最好，较耐寒。性宜凉爽，畏炎热，忌夏季暴晒，喜燥忌湿，花期适当遮阴可使色彩鲜艳并可延长开花时间。喜深厚肥沃而排水良好之沙质壤土，较耐碱，在土壤pH8时仍可正常生长。根系发达，肉质肥大，在黏重、积水或排水不良处易烂根至死亡。生长缓慢，1~2年生幼苗生长尤慢，第三年开始加快。花期后枝条的延长生长停止。牡丹开花时间较短，约10d。花芽于6~7月开始分化，至8~9月发育完成越冬。寿命长，50~100年以上大株各地均有发现。老株经过更新复壮，仍可开花繁茂。

图 8-97 牡丹 Paeonia suffruticosa

牡丹花丰姿绰约，形大艳美，色香俱佳，仪态万方，色香俱全，观赏价值极高，被誉为"国色天香""花中之王"，在我国传统古典园林广为栽培。在园林中常用作专类园，可植于花台、花池观赏。自然式孤植或丛植于岩坡草地边缘或庭园等处点缀，能获得良好的观赏效果。可盆栽作室内观赏和切花瓶插等用。牡丹除观赏外，根皮称丹皮入药，含有牡丹香醇、安息香酸和葡萄糖等，有清热凉血、活血行瘀功效。花瓣还可食用，其味鲜美。

22. 山茶科 Theaceae /Tea Family

乔木或灌木。单叶互生，无托叶。花两性，稀单性，通常大而整齐，单生、数朵簇生，稀组成总状花序，花（序）腋生或顶生；萼片5，稀4~7，覆瓦状排列；花瓣5，稀4至多数，覆瓦状排列，基本常连生，白色，或红色及黄色；雄蕊多数，排成多列，稀为4~5，花丝分离、基本合生或成束，常贴生花瓣基部；子房上位，稀下位，通常3~5室（2~10室），每室有胚珠2至多数；中轴胎座。蒴果、浆果或核果状，开裂或不开裂。种子有翅或无。

约30属700种，分布于热带和亚热带地区。我国有14属397种，主产长江以南各地，多为著名的饮料、油料、用材和观赏树种，其中茶属 Camellia 和木荷属 Schima 均具有极富经济价值的树种资源。

在APG分类系统中，山茶科属于核心真双子叶植物菊类分支中的杜鹃花目 Ericales。传统的山茶科中的厚皮香亚科 Temstroemioides（包括柃木属 Eurya、厚皮香属 Temstroemia、杨桐属 Adinandra 等）因与五列木属 Pentaphylax 关系更近，已经转入五列木科 Pentaphylacaceae。

分属检索表

1. 花两性，较大，雄蕊多轮，花药背着，蒴果，有或无宿存花萼。
   2. 花萼常多于5（苞片和萼片相似），宿存或脱落；花瓣5~14；种子大，无翅 ………… **1. 山茶属 Camellia**
   2. 花萼5，宿存；花瓣5；种子小，肾形，具翅 …………………………………… **2. 木荷属 Schima**
1. 花单性异株，小；浆果；种子细小，多数 ……………………………………… **3. 柃木属 Eurya**

1. 茶属 Camellia Linn. /Camellia

常绿灌木或小乔木。叶互生，革质，有锯齿。花两性，单生或2~4朵聚生叶腋；花芽具芽鳞和具苞片，苞片2~6片，或更多，苞片与萼片有时逐渐转变，组成苞被；萼片5~6，有时更多，分离或基部连生，脱落或宿存；花瓣5（重瓣花则多数），基部相连；雄蕊多数，2~6轮，外轮花丝常于下半部联合成花丝管，并与花瓣基部合生；子房3~5室，每室有胚珠4~6。蒴果木质，室背从上部开裂，连轴脱落。种子大，球形或有棱角。

约220种，分布于印度至东亚。我国有190余种，主产长江流域以南，以西南部至东南部为多。其中最有经济价值的有茶 C. sinensis，嫩叶焙制后供饮料，油茶 C. oleifera、广宁油茶 C. semiserrata 等的种子榨油供食用，山茶 C. japonica、云南山茶花 C. reticulata 等供观赏。主要分布于广西的金花茶 C. nitidissima（彩版3：7）等以盛开金黄色的花朵成为茶花花色品质改良重要的种质资源，备受世界园艺学家关注，因此，为保护这一珍贵树种资源，金花茶等被列为国家一级保护植物。

分种检索表

1. 花小，径2~3cm，花梗明显，并且下弯，花萼宿存；蒴果扁球形 ……………… **1. 茶树 C. sinensis**
1. 花大，径4~10cm，无花梗，苞片和花萼相似，早落；蒴果卵球形或球形。
   2. 叶背侧脉不明显，枝微有毛；花白色，花瓣倒卵形，子房密被丝状毛 ……… **2. 油茶 C. oleifera**
   2. 叶背侧脉明显，枝无毛；花通常为红色（栽培种除外），花瓣圆形，子房无毛 …………………………………………………………………………………………… **3. 山茶 C. japonica**

1. 茶树 Camellia sinensis（Linn.）O. Kuntze /Tea　图8-98，彩版4：3

小乔木，高达15m，栽培者常修剪为灌木。叶薄革质，长圆形至椭圆形，长4~12cm，宽2~5cm，先端短尖或钝尖，基部楔形，侧脉5~7对，明显；叶柄长2~8mm。花白色，1~3朵腋生，花柄长4~6mm，下弯；苞片1~2，早落；萼片5~7，果期宿存；花瓣5~9，阔卵形；子房密生白毛。蒴果3室，扁球形，径1.1~1.5cm，果皮薄，每室有种子1~2。花期10月至翌年2月，果期翌年10月。

中国秦岭—淮河流域以南各地广泛栽培。已有2 000多年的历史，现茶区辽阔、品种丰富，以浙江、江苏、湖南、台湾、安徽、四川、云南等为重点产茶区。垂直分布东部在海拔1 000m以下，西南部达2 300m，北达山东临沂。日本、印度、斯里兰卡和非洲国家引种栽培。耐寒区位6~9。

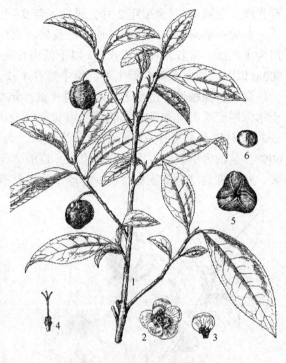

图8-98　茶树 Camellia sinensis
1. 果枝　2. 花萼及花瓣　3. 花瓣及雄蕊
4. 雌蕊　5. 果实　6. 种子

耐阴，喜散射光，在多云雾山区生长的茶叶品质最佳。喜温暖湿润气候，较油茶稍耐寒，最低温度不低于-18~-12℃，最适年均气温20~30℃，年降水量1 000~2 000mm。喜酸性土壤，以pH 4~6最为适宜，盐碱土、钙质土和近中性土壤不能种植，对土壤肥力和质地要求不严。播种、扦插或压条繁殖，寿命可达100多年。

叶含咖啡碱、茶鞣酸，有提神、止渴和利尿功效。嫩叶及幼芽经不同加工方式可制成绿茶、红茶、花茶等茶叶，为世界著名的优良饮料。茶园不仅是种茶采茶的地方，现已开辟成弘扬中国茶文化的观光游憩休闲的乐园。

中国是世界上最早发现茶树和利用茶树的国家，茶叶为传统的出口商品。大量的历史资料和从茶树的分布、地质的变迁、气候的变化等方面的大量研究结果，不仅确认中国是茶树的原产地，而且已经明确中国的云南、贵州、四川是茶树原产地的中心。该中心是世界上最早发现、利用和栽培茶树的地方，也是世界上最早发现野生茶树和现存野生大茶树最多、最集中的地方。

2. 油茶 Camellia oleifera Abel. /Tea-oil Camellia　图8-99

小乔木，高达7m。嫩枝被毛，芽密被金黄色长柔毛。叶厚革质，椭圆形、长圆形至倒卵形，长5~7cm，宽2~4cm，先端尖或渐尖，有浅锯齿，上面深绿色，有光泽，两面侧脉不明显；叶柄长4~8mm，有毛。花白色，1~2朵顶生，无柄，花径3~8cm；苞片与萼片相似，8~12，由外向内逐渐增大，阔卵形，被金黄色丝状绒毛，开花时脱落；花瓣5~7，倒卵形，先端凹缺或2裂；子房密被丝状绒毛，花柱先端3裂。蒴果球形或卵圆形，径2~5cm，果瓣厚，每室有种子1~2；果柄粗短，有环状短节。种子背圆腹扁，褐色，有光泽。花期10月至翌年2月，果期翌年9~10月。

秦岭—淮河流域到华南各地广泛栽培。以广西、福建、湖南、江西、安徽、浙江、四川为主产区。常栽培在海拔800m以下低山丘陵，云南、贵州等地可达2 000m。海南海拔800m以上的原生森林有野生种，呈中等乔木状。印度、越南等地有分布。耐寒区位6~9。

喜光，深根性。适生于温暖湿润气候，年均气温14~21℃，年降水量1 000mm以上，土壤深厚肥沃、排水良好的酸性红壤和黄壤地区。在华东和华中，常见马尾松 Pinus massoniana 林以及杂木林内有野生状态的植株。为优良木本油料树种，种仁含油量达45%~60%，茶油为中国南方重要的食用油。目前研究证明，油茶油的品质和性能可与橄榄油媲美。经长期栽培，多优良品种。叶厚革质，具有防火作用，为优良防火树种。

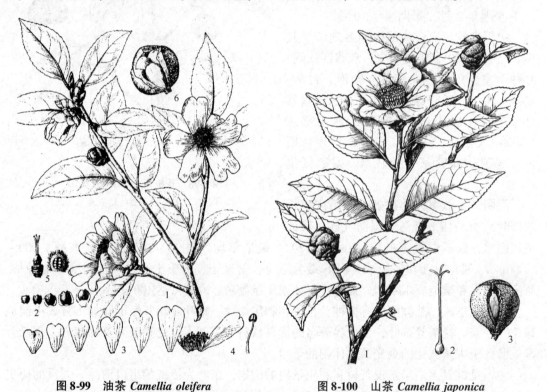

图8-99　油茶 Camellia oleifera
1. 花枝　2. 苞片与萼片　3. 花瓣　4. 花瓣及雄蕊
5. 雌蕊及子房纵切面　6. 果实及种子

图8-100　山茶 Camellia japonica
1. 花枝　2. 雌蕊　3. 果实及种子

3. 山茶 *Camellia japonica* Linn. /Camellia　图8-100

灌木或小乔木，高达13m。叶革质，卵形、椭圆形至倒卵形，长5~10cm，宽2.5~5cm，上面深绿色，干后发亮，侧脉两面明显，边缘有粗齿。花红色，无柄，单生枝顶或对生叶腋；苞片及萼片5~10，组成杯状苞被，花时脱落；花瓣6~7，或为重瓣，外层2片近圆形被毛，其他为倒卵形；雄蕊3轮，外轮花丝基部连生，内轮雄蕊离生，稍短；子房无毛，花柱先端3裂。蒴果圆球形，径2.5~3cm，2~3室，每室有种子1~3。花期1~4月。

产江苏、浙江、湖北、湖南、广东、云南、四川、台湾、山东、江西等地，国内各地广泛栽培。朝鲜、日本有分布。耐寒区位 7~9。

浅根性，有须根，适宜盆栽。稍耐阴，喜温暖气候及肥沃、排水良好的中性至酸性土壤。扦插繁殖。山茶为中国栽培历史悠久的名贵木本花卉，园艺品种繁多，达3 000种以上，花型、花色、花瓣斑点、生长习性、适应性以及抗性均有不同。花多为重瓣，花瓣颜色丰富，有红色、淡红色、玫瑰红色、紫红色和暗红色，亦有白色或红白相间，黄色系的花色仅在外侧花瓣为浅黄色的品种，明显的"黄色"茶花有待开发。花有止血功效，种子含油量45%以上，油食用或供工业用。

2. 木荷属 Schima Reinw. ex Blume / Gugertree

常绿乔木。叶革质，全缘或有疏齿。花美丽，单生枝顶叶腋，或多朵组成总状花序；小苞片2；萼片5，宿存；花瓣5，外侧1片风帽状，余4片卵圆形；雄蕊多数；子房通常5室，每室有胚珠2~6；花柱顶端5裂。蒴果木质，扁球形，室背开裂，中轴宿存；种子扁平，肾形，周围有翅。

约30种，分布于亚洲热带和亚热带。我国有19种，产西南部至东部。为优良阔叶用材树种。

木荷 Schima superba Gardn. et Champ. / Chinese Gugertree　　图 8-101

乔木，高达 25m。树皮纵裂。叶革质，卵状椭圆形至长圆形，长 6~15cm，宽 4~5cm，先端尖，边缘有钝齿，侧脉 7~9 对，在两面明显；叶柄长 1~2cm。花白色，生于枝顶叶腋，常多朵排成总状花序；苞片2，贴近萼片，早落；萼片半圆形，内面有绢毛；花瓣外面的呈风帽状，边缘多少有毛；子房有毛。蒴果扁球形，径 1.5~2cm，5裂。花期 3~8 月，果实成熟期 9~11 月。

产长江以南、四川和云南以东。生于海拔 2 100m 以下的山地灌丛和森林中，常与马尾松 Pinus massomiana、樟属 Cinnamomum、楠木属 Phoebe、栲属 Castanopsis、青冈属 Cyclobalanopsis 等混生或小片纯林。耐寒区位6~9。

喜光，适生于温暖气候和肥沃的酸性土壤，为华南及东南沿海各地常见的种类。在亚热带常绿林里为建群种；在海南海拔 1 000m 上下的山地雨林里，为上层大乔木，胸径达 1m 以上，有突出的板根。树冠浓绿，叶厚，不易着火，是耐火的先锋树种，具有森林防火的作用，在南方人工林种植中用于防火林带造林。木材浅黄

图 8-101　木荷 Schima superba
1. 花枝　2. 花瓣及雄蕊　3. 雌蕊　4. 果实　5. 种子

褐色，坚韧细致，纹理交错，不变形开裂，最适于制纱锭。树皮和树叶可提取栲胶。

3. 柃木属 *Eurya* Thunb. /Eurya

灌木或小乔木。冬芽裸露。叶2列互生，有锯齿。花小，单性异株，腋生，通常成束生于短的花序柄上；苞片2，萼片5，宿存；花瓣5，基部稍合生；雄蕊多数，花药基着生；子房3室，稀2、4或5室，每室有多数胚珠；花柱2~5分离或合生至顶部。核果状浆果。

约130种，分布亚洲热带和亚热带及西太平洋岛屿。我国约81种，产秦岭以南，集中分布长江流域以南，为常绿阔叶林内的下木或灌丛。

细枝柃 *Eurya loquiana* Dunn /Slenderbranch Eurya　图8-102

小乔木，高达5m。嫩枝与顶芽均被短柔毛。叶窄椭圆形至椭圆状披针形，长4~9cm，宽2~3cm，顶端长渐尖，边缘具钝齿，背部常红棕色。花1~4朵腋生，白色；萼片卵形，微被毛；雄花花瓣倒卵形，雄蕊10~15；雌花花瓣椭圆形；子房卵形，3室；花柱顶端3浅裂；花柱宿存。果圆球形，黑色。花期2~3月，果实成熟期9~10月。

产河南大别山区，常见中国长江以南各地。多生于海拔500~1 700m山区。耐寒区位6~9。

喜阴湿，为沟谷阔叶林和杉木 *Cunninghamia lanceolata* 林下常见下木。为酸性土壤的指示性树种。

图8-102　细枝柃 *Eurya loquiana*
1. 花枝　2. 雌花　3. 果实

23. 猕猴桃科 Actinidiaceae /Actinidia Family

乔木、灌木或木质藤本。毛被发达。单叶互生，多具锯齿；无托叶。花两性、杂性或雌雄异株，单生或组成腋生聚伞花序；花萼、花瓣5；雄蕊通常多数，离生或基部合生；子房上位，心皮3~5至多数，子房3~5室或多室，每室胚珠多数；花柱分离或合生。浆果或蒴果；种子多数，细小。

3属约355种，即水冬哥属 *Saurauia*（300种）、猕猴桃属 *Actinidia*（30种）、藤山柳属 *Clematoclethra*（25种）。主产亚洲东部、东南部和南太平洋诸岛以及南美洲太平洋东岸的热带和亚热带地区，少数分布至亚洲温带。中国3属90余种。多为果品树种。

在APG分类系统中，猕猴桃科属于核心真双子叶植物菊类分支中的杜鹃花目 Ericales，与山茶科 Theaceae 和五列木科 Pentaphylacaceae 近缘。

猕猴桃属 *Actinidia* Lindl. /Actinidia

落叶性缠绕木质藤本。茎髓实心或片状。叶缘有细锯齿或全缘，具长柄。花杂性或雌雄异株，单生或成腋生聚伞花序，花白色或带红色；花萼 2~5，花瓣 5~12，稀 4；雄蕊多数，花药黄色或紫黑色；子房心皮多数，每室胚珠多数，花柱分离。浆果。

约 56 种，产亚洲。中国约 52 种，主产黄河流域以南地区，少数种类延伸到东北。果可食，富含维生素和多种氨基酸，为林地资源开发和饮料、果酱等食品加工的重要原料。

分种检索表

1. 植株体被黄褐色或锈褐色硬毛；叶卵圆形，先端圆或凹缺；果径大于 3cm，被黄褐色毛 ……………………………………………………………………………………… **1. 中华猕猴桃 *A. chinensis***
1. 植株体光滑无毛，叶宽卵形、卵状矩圆形至椭圆形，先端渐尖或尾尖；果径大于 3cm 以下，光滑无毛。
　　2. 叶先端渐尖，叶基圆形至宽楔形；髓心实心；果具宿存开展的萼片 …… **2. 葛枣猕猴桃 *A. polygama***
　　2. 叶先端尾尖，叶心形，叶常具白色斑，后变绿；髓心片状；果熟时具反折宿存萼片或脱落 …………………………………………………………………………… **3. 狗枣猕猴桃 *A. kolomikta***

1. 中华猕猴桃 *Actinidia chinensis* Planch. /Chinese Actinidia　　图 8-103

落叶大藤本，长 4~8m 或更长。幼枝密被黄褐色或锈色毛，老时脱落；片状髓，白色至淡褐色。叶近圆形、卵圆形至倒卵形，长 5~17cm，宽 7~15cm，顶端圆或凹缺；叶缘具睫毛状细齿；表面沿脉有疏毛，背面密被淡褐色星状毛；叶柄长 3~6（10）cm。花杂性异株，聚散花序具花 1~3 朵，花初白色，后为淡黄色，花径 2~4cm，花药黄色。果卵圆形、圆柱形至近球形，长 3~5cm 以上，绿褐色，密被棕色柔毛和淡褐色小斑点，后毛脱落。花期 4~5 月，果实成熟期 8~9 月。

中国特有种。主产长江流域，分布北起秦岭、南至南岭、海拔 200~2 300m 的广大区域，现已广泛引种栽培。新西兰于 19 世纪从中国湖北等地引进，经百年培育，中华猕猴桃成为该国的国果，其果实远销欧美等国家。目前，四川、湖北、河南等地已大面积种植，成为农村经济发展的重要树种资源。耐寒区位 8~10。

喜光，略耐阴，喜温暖气候，稍耐

图 8-103　中华猕猴桃 *Actinidia chinensis*
1. 花枝　2. 花萼　3. 花瓣　4. 雄蕊　5. 雌蕊　6. 果实

寒，在年均气温10℃以上地区可生长。天然分布于光照充足、通风良好、水湿条件优良、土壤肥沃的山谷、林间空地。适于背风阴坡、温暖潮湿、排水良好、有机质丰富的微酸性砂壤土地区栽培。气候干旱、寒冷地区不宜栽植。

果实营养丰富，每100g新鲜果肉中含维生素C 100～420mg，比等量的柑橘高5～10倍，含糖、酸、维生素B、维生素P、脂肪、蛋白质水解酶、多种氨基酸及钙、磷、铁、镁等营养物质。除鲜食外，可加工成果酱、果酒、果脯、果干、果汁及罐头等。花大、美丽、芳香，是优良棚架植物。

2. 葛枣猕猴桃 *Actinidia polygama* Maxim. ／Silver-vined Actinidia　　图8-104

落叶藤本，长5～8m。嫩枝稍有柔毛，髓心实心，白色。叶宽卵形至卵状矩圆形，长5～14cm，宽4～8cm，先端渐尖，基部圆形至浅心形，细锯齿缘。花白色，1～3朵腋生；萼5，花瓣5～6，花药黄色；子房瓶状，无毛。浆果卵圆形，长2～3cm，光滑无毛，先端具小尖头，宿存萼片展开，熟时黄色至淡橘红色。花期6～7月，果实成熟期9～10月。

产东北、华北、西北至西南各地。俄罗斯、朝鲜、日本亦产。垂直分布可达海拔3 200m。播种或分根繁殖。耐寒区位4～10。

果未熟时有辣味，霜后酸甜。可植为庭园观赏。

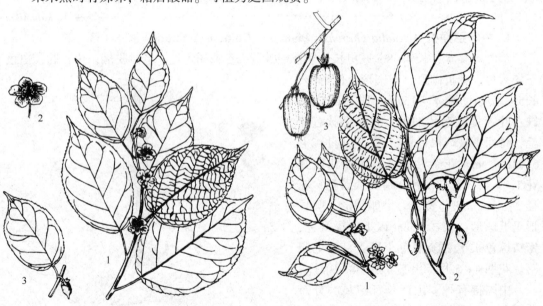

图8-104　葛枣猕猴桃 *Actinidia polygama*
1. 花枝　2. 花　3. 果枝

图8-105　狗枣猕猴桃 *Actinidia kolomikta*
1. 花枝　2. 果枝　3. 果实

3. 狗枣猕猴桃 *Actinidia kolomikta* Maxim. ／Kolomikta-vined Actinidia　　图8-105

落叶藤本，长达15cm。髓心片状，淡褐色。叶卵形至长圆状卵形，先端渐尖至尾状渐尖，基部心形，边缘不规则细锯齿；叶背沿脉疏生短柔毛，叶两面近同色，上部常常变为白色，后渐变为紫红色，后变绿色。花白色，带粉红色；雄花1～3朵叶生，雌花和两性花单生，异株；花瓣5，花药黄色。果长圆形，长1.5～2.5cm，光滑无毛；宿存萼片反折或脱落。花期6～7月，果实成熟期9～10月。

产东北、华北、西北各地区及四川、云南。垂直分布在东北为海拔 800~1 500m，四川可达海拔 2 900m。俄罗斯远东、朝鲜、日本亦产。小兴安岭等常见于枫桦 Betula costata、红松 Pinus koraiensis、红皮云杉 Picea koraiensis、鱼鳞云杉 Picea jezoensis 林内。耐寒区位 4~11。

为林区重要的野生鸟类的食源。可在森林公园等林区开辟狗枣猕猴桃采摘区，以提高森林旅游的功能。

24. 杜英科 Elaeocarpaceae／Elaeocarpus Family

常绿乔木或灌木。单叶互生，有托叶，叶柄先端常微膨大。花两性，排成总状花序或圆锥花序；花萼 4~5，镊合状排列；花瓣 4~5 或缺，顶端常撕裂状，镊合状或覆瓦状排列；雄蕊多数，生于花盘上，花药线形，孔裂，药隔喙状或芒刺状；子房 2 至多室，每室具 2 至多数胚珠；核果（杜英属 Elaeocarpus）、浆果（文丁果属 Muntingia）或蒴果（猴欢喜属 Sloanea）。

在系统分类中，本科由椴树科 Tiliaceae 内分出并被置于锦葵目，其主要依据为花瓣顶端撕裂，或有时缺，镊合状或覆瓦状排列，花药线性，常顶孔开裂。在 APG 分类系统 Oxalidales 中，将本科置于核心真双子叶植物蔷薇类分支中的豆类酢浆草目中，但形态特征难以刻画，总状聚伞圆锥花序（racemisation of thyrso-paniculate inflorescences）可能是共有的特征。

12 属 850 种，分布于热带和亚热带地区。中国有 2 属，杜英属 Elaeocarpus 和猴欢喜属 Sloanea，51 种，产西南至东部。该科叶凋落前呈红色，绿叶中间挂红叶，具有较强的观赏价值，因此，多种杜英树种被引入园林种植。

杜英属 Elaeocarpus Linn.／Elaeocarpus

乔木。叶互生，单叶。花两性，排成腋生总状花序；花瓣先端撕裂状，很少全缘；雄蕊多数，着生于环状花盘内，花盘分裂为 5~10 个腺体；花药药隔芒刺状；子房 2~5 室。核果，3~5 室或有时仅 1 室发育，每室具 1 悬垂种子。种子种皮硬，无假种皮，有肉质的胚乳和薄而平坦的子叶。

约 200 种，分布于亚洲和大洋洲的热带和亚热带地区。我国有 30 种，产西南部至东部，华南和西南集中分布。因其绿叶间红叶、浓绿革质的叶片，并具有流苏状的白色花朵特征，秃瓣杜英、杜英 E. decipiens、水石榕 E. hainanensis、中华杜英 E. chinensis 等在南方各地为习见的城市绿化树种。

秃瓣杜英 Elaeocarpus glabripetalus Merr.／Glabripetaled Elaeocarpus 图 8-106

乔木，高 15m。嫩枝有棱，红褐色；老枝圆柱形，暗褐色，无毛。叶膜质，倒披针形，长 8~12cm，宽 3~4cm，先端钝尖，基部变窄而下延，叶干后上面黄绿色，光亮；边缘有小钝齿；叶柄长 4~7mm。总状花序常生于无叶的去年枝上，长 5~10cm，纤细，花序轴有微毛；花柄长 5~6mm；萼片披针形，外面有微毛；花瓣白色，长 5~6mm，先端较宽，撕裂为 14~18 条，基部窄，外面无毛；雄蕊 20~30，花丝极短，花药顶端有毛丛；

花盘5裂,被毛;子房被毛。核果椭圆形,长1~1.5cm,成熟时暗绿色或紫黑色,内果皮薄骨质,表面有浅沟纹。花期7月。果实成熟期10月下旬至11月上旬。

产浙江、江西、湖南及华南和西南等地。生于海拔800m以下常绿阔叶林中,常与栲属 Castanopsis、楠木属 Phoebe 和青冈属 Cyclobalanopsis 树种混生。耐寒区位6~9。

中等喜光,深根性。生长迅速,适生于气候温暖、湿润、土层深厚肥沃、排水良好的山坡山脚。中性、微酸性的山地红壤、黄壤上均可生长。

木材材质洁白,纹理通直,干燥后易加工,不变形,切面光滑,美观,是家具、胶合板用材。树干端直,分枝整齐,冠形美观,叶光绿,一年四季冠间常挂几片红叶,为优良的绿化树种,成为近年来极其时尚的绿化树种,应用很广,苗木市场需求量大。还是优良的香菇栽培树种,造林面积逐年扩大。

图8-106 秃瓣杜英 *Elaeocarpus glabripetalus*
1. 叶枝 2. 花 3. 花瓣 4. 雄蕊 5. 雌蕊 6. 果核

25. 椴树科 Tiliaceae / Linden Family

乔木或灌木,稀为草本,植物体常被星状毛。树皮富含纤维。单叶互生,稀对生,3~5基出脉,全缘,有锯齿或裂片;托叶小形,早落。花两性,稀单性,辐射对称,排成聚伞花序或圆锥花序,具苞片;萼片5,镊合状排列;花瓣与萼片同数或缺,具腺体或有花瓣状退化雄蕊,与花瓣对生;雄蕊10或多数,分离或基部连合成5~10束;子房上位,2~10室或为多室,每室1至多数胚珠,花柱1。核果、蒴果、浆果或翅果。

约50属450种,主产热带、亚热带,少数产温带。中国约9属80余种,各地均有分布,以长江流域以南及西南部居多。多为用材和纤维原料树种。

在APG分类系统中,根据分支分类学的原理,传统椴树科不是一个单系,但和梧桐科、木棉科和锦葵科一起形成一个单系类群,形成广义的锦葵科,因此,目前椴树科归并到核心真双子叶植物蔷薇类分支中的锦葵目 Malvales 锦葵科中。

产华南南部、西南南部的蚬木 *Excentrodendron hsienmu* 深根性,耐旱,耐瘠薄,喜腐殖质丰富的石灰质土壤,常见于海拔1 000m以下的石灰岩丘陵山地,为石灰岩地区的造林树种。因其边材淡红色,心材暗红色,纹理斜,结构致密,质重坚硬,沉水,为珍贵用材树种。因资源开发过度,已处于濒危状态,被列为国家二级保护植物。

表8-9为椴树属、扁担杆属和蚬木属特征比较。

表 8-9 分属特征比较表

属 名	叶 脉	雌蕊柄	花序	花序基部苞片	果 实
椴树属 Tilia	3~5 出	无	聚伞	有	核果,不裂
扁担杆属 Grewia	3 出	雄蕊和子房生于雌蕊柄上	聚伞	无	核果,开裂
蚬木属 Excentrodendron	3 出	无	圆锥	无	蒴果,具4翅

1. 椴树属 *Tilia* Linn. /Linden, Lime

落叶乔木。枝无顶芽,冬芽钝圆,芽鳞少数。单叶互生,叶缘有锯齿,基部不对称,心形或截形,掌状脉 3~5 出;叶柄较长。花两性,花序梗中部以下与带状总苞片合生;花黄白色,花萼、花瓣各 5;雄蕊多数,离生或合生成 5 束,有时有 5 个花瓣状退化雄蕊与花瓣对生;子房 5 室,每室 2 胚珠。核果,球形或椭圆形,不开裂,密被星状毛。

约 25 种,主产温带。中国约 14 种,南北均产。为高级细木工用材树种。椴树属树种寿命长,树体高大通直,树形优美,叶大,叶柄长,具光泽的叶片在风中摇曳闪动,花芳香,是著名的城市绿化美化树种。适作行道树、庭园绿化树、公共绿地美化树和厂矿区绿化树。椴树是重要的蜜源树种,东北的椴花蜜来源于紫椴 *T. amurensis* 和糠椴 *T. mandshurica* 等树种。

分种检索表

1. 叶背仅脉腋有毛或无毛;小枝初时有毛,后无毛。
   2. 叶缘具粗锯齿或裂片。
      3. 叶不裂或微 3 裂,叶基心形;花无退化雄蕊;果卵形,无棱 ················ **1. 紫椴 *T. amurensis***
      3. 叶常 3 裂,叶基斜截形;花具退化雄蕊;果倒卵形,微有三棱 ·········· **2. 蒙椴 *T. mongolica***
   2. 叶缘具尖锐细锯齿;果无棱 ··· **3. 华东椴 *T. japonica***
1. 叶背密星状毛;小枝常密被星状毛。
   4. 叶缘锯齿不整齐;核果有不明显 5 棱 ·· **4. 糠椴 *T. mandshurica***
   4. 叶缘锯齿整齐;核果无棱或仅基部有 5 棱 ····································· **5. 南京椴 *T. miqueliana***

1. 紫椴 *Tilia amurensis* Rupr. /Amur Linden, Amur Lime   图 8-107

乔木,高达 25~30m,胸径 1m。树皮灰色至暗灰色,老时纵裂,呈小片状剥落。嫩枝初被柔毛,后光滑无毛。叶宽卵形至卵圆形,长 3.5~8cm,宽 3~7.5cm,萌发枝叶更大;先端渐尖至尾状尖,基部心形,边缘具不规则刺芒状锯齿,偶有 3 浅裂;背面沿脉腋生褐色簇毛;叶柄长 3~4cm。聚伞花序,有花 3~6 (20) 朵;总花梗密生绒毛;总苞片倒披针形,长 4~10cm,宽 1~2cm,柄长 1~1.5cm,无毛。花黄白色,萼片被白色星状毛;雄蕊多数。果卵圆形,长 5~8mm,被褐色短柔毛。花期 6~7 月,果实成熟期 8~9 月。

主产东北、华北地区,为针阔混交林、落叶阔叶林重要组成树种之一,常散生。东北地区垂直分布常在海拔 900m 以下,最高可达 1 100m。在小兴安岭伊春与红松 *Pinus koraiensis* 形成紫椴、红松混交林。俄罗斯远东、朝鲜亦产。耐寒区位 4~9。

喜光,略耐阴,耐寒。喜温凉湿润气候,野生多见于山地中下部、土层深厚、肥沃、排水良好的砂壤或壤土区域。

木材轻软，纹理通直，结构略细，有绢丝光泽，富弹性，不翘裂，易加工，供建筑、家具、造纸、细木工等用材和优良胶合板材。树皮富纤维。为产区优良的白蜜品种——椴花蜜的主要蜜源树种。抗烟尘、有毒气体能力强。

2. 蒙椴 *Tilia mongolica* Maxim. /Mongolian Linden 图 8-108

与紫椴的区别为：叶基部斜截形，叶缘常3裂，具不规则刺芒状粗齿。花具5个花瓣状退化雄蕊。果倒卵形，具棱或不明显。花期6~7月，果实成熟期8~9月。

产东北、华北地区。多生于向阳山坡、岩石间隙或沙丘上。耐寒区位3~9。

特性和用途同紫椴 *Tilia amurensis*。

3. 华东椴 *Tilia japonica* Simonk. /Japanese Linden

乔木，树皮灰褐色，纵裂。叶圆形至扁圆形，顶端急锐尖，基部心形或稍偏斜，叶缘具细锯齿，背面脉腋有簇毛；叶柄无毛。聚伞花序总苞片窄倒披针形或窄长圆形，柄长

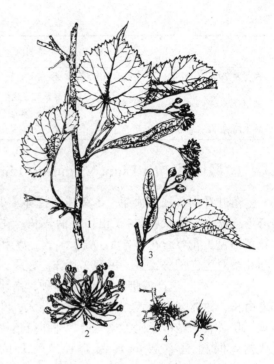

图 8-107 紫椴 *Tilia amurensis*
1. 花枝 2. 花 3. 果枝 4, 5. 叶背面脉腋簇毛

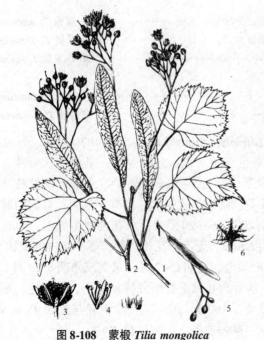

图 8-108 蒙椴 *Tilia mongolica*
1. 花枝 2. 幼果枝 3. 花 4. 一束具有花瓣的雄蕊
5. 果序 6. 叶背部分放大

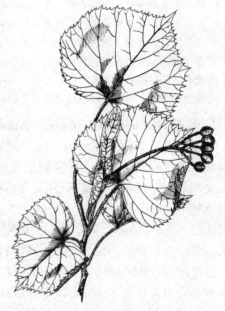

图 8-109 糠椴 *Tilia mandshurica*

1~1.5cm；子房有毛。果卵圆形，被星状毛，无棱。花期7月，果实成熟期8~9月。

产华中、华东等地区。日本亦产。耐寒区位6~10。

4. 糠椴 *Tilia mandshurica* Rupr. et Maxim. ／Manchurian Linden　　图8-109

乔木，高达20m，胸径50cm。树皮灰褐色，光滑或纵裂。枝、芽均被星状绒毛。叶宽卵形，长5~11cm，宽5~10cm或更大，先端短尖，基部心形或截形，叶缘三角形锐锯齿，背面密被灰色星状毛；叶柄长4~8cm，被星状毛。花序有花7~12朵，花序梗被毛；苞片倒披针形，长8~14cm，两面被毛，具短柄或近无柄。果球形，径7~9mm，具不明显5棱，密被黄褐色星状毛。花期7月，果实成熟期9~10月。

产东北、华北及华东北部地区。俄罗斯、朝鲜亦产。耐寒区位4~9。

喜光，较耐寒，喜湿润凉爽气候，多见于平谷疏林或山坡杂木林中。垂直分布东北海拔800~1 200m、华北海拔1 600m以下，散生或成小片纯林。深根性，萌芽力强。播种、分株、压条繁殖。

5. 南京椴 *Tilia miqueliana* Maxim. ／Miquel Linden

乔木，树皮灰白色。叶三角状卵形至卵圆形，顶端短渐尖，基部心形，截形或稍偏斜，叶缘有齐整锐锯齿，背面密被灰黄色星状绒毛。聚伞花序，花序轴被星状绒毛，总苞片窄倒披针形，两面被绒毛，具短柄或近无柄；具花瓣状退化雄蕊。果球形，被星状毛及瘤点。花期6~7月，果实成熟期9~10月。

产华北南部、华东和华南地区。日本亦产。喜温暖湿润气候。耐寒区位7~10。

2. 扁担杆属 *Grewia* Linn. ／Grewia

落叶乔木或灌木，植物体常被星状毛。单叶，互生，在枝上排成2列；叶柄短。花小，两性或单性异株，单生、簇生或成聚伞花序；花萼片、花瓣各5，基部有鳞片状腺体；雄蕊和子房生于雌蕊柄上；雄蕊多数，离生；子房2~4室，每室胚珠2至多数。核果，2~4裂，具1~4核。

90种，分布东半球热带。中国约30种，主产长江流域以南地区。

扁担杆 *Grewia biloba* G. Don ／Bilobed Grewia　　图8-110

灌木，高2~3m。小枝被星状毛。叶卵形至菱状卵形，长4~9cm，宽1~4cm，先端急尖，基部楔形或圆形，叶缘细锯齿，偶具不明显浅裂，两面被稀疏星状毛；叶柄长3~10mm。花淡黄绿色，聚伞花序与叶对生，有花5~8朵，花径近1cm。核果橙黄至橙红色，径约1cm，无毛，2裂，每裂具2核，成熟时橘黄色或红棕色。花期6~7月，果实成熟期8~9月。

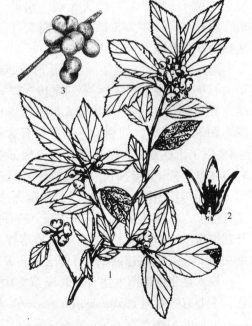

图8-110　扁担杆 *Grewia biloba*
1. 果枝　2. 花纵剖面　3. 果序

产华北至长江流域各地区。耐寒区位7~10。

茎皮纤维可制人造棉；枝、叶入药，可治小儿疳积等症；果实宿存树上时间长，可供观赏，园林常与山石配植成趣。

3. 蚬木属 *Excentrodendron* H. T. Chang et R. H. Miau /Hsienmu

常绿乔木。叶全缘或具钝锯齿，基部对称或略不对称，三出脉。花两性或单性雌雄异株；圆锥花序腋生，花梗具关节。雄花花萼5，被星状毛和光亮的盾状毛；花瓣5，雄蕊多数，合生成5束；子房5室，每室2胚珠。蒴果，长圆形，具5纵翅，室间开裂，每室1种子。

4种，产亚洲热带。中国全有分布，产云南、贵州，尤以广西盛产。

蚬木 *Excentrodendron tonkinense* (A. Chev.) H. T. Chang et R. H. Miau /Hsienmu 图 8-111

常绿大乔木，高达30m以上，胸径可达3m。树皮灰色，平滑，老时呈灰褐色，片状剥落。叶厚革质，椭圆状卵形至宽卵形，长9~18cm，宽8~10cm，先端渐尖，基部圆形；叶柄长4~5cm，先端微膨大。雌雄异株，稀同株，聚伞花序腋生；花通常单性，萼片5，基部无或内轮数片每片有2个球形有腺；花瓣白色；雄蕊25~60，花丝基部合生成5束，具退化子房；雌花退化雄蕊多数，花丝基部合生成5束，花药萎缩无花粉，子房5室，柱头5裂。蒴果，椭圆形，熟时室间开裂为5果瓣。花期3月，果实成熟期6月上旬。

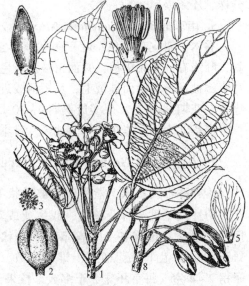

图 8-111 蚬木 *Excentrodendron hsienmu*
1. 花枝 2. 花蕾 3. 星状毛 4. 花萼萼片 5. 花瓣
6. 雄蕊束 7. 雄蕊 8. 果实

产广西、云南东南部，分布于海拔900m以下的石灰岩山地。产区年均气温19~22℃，极端最低温0℃以上，年降水量1 200~1 500mm。蚬木耐寒性较弱，幼树在-1℃左右会枯萎，-4℃以下出现重寒害以至枯死。天然分布区的石山上土壤浅薄，为各类石灰岩土，pH 6.0~7.5。蚬木具有深长广展盘旋于岩面石缝的根系，以适应水肥分散的石隙生境。幼树5~6年生以前耐阴。10年生以上在全光照下才能正常生长发育。生长中速，在中等的立地条件下，45年生的林木高约25m，胸径达30cm。自然林分在25年，栽培孤立木15年开花结实。种子繁殖。果熟开裂后散落种子，应及时采收。种子寿命短，10d内种子发芽率95%以上，贮藏超过2个月即全部丧失发芽力，应随采随播。

蚬木是北热带原生性石灰岩季节性雨林的建群种之一。共建种随立地条件不同而变化，主要有肥牛树 *Cephalomappa sinensis*、网脉核果木 *Drypetes perreticulata*、岩樟 *Cinnamomum saxatile*、金丝李 *Garcinia paucinervis*、黄梨木 *Boniodendron minus*、青冈 *Cyclobalanopsis glauca* 等。

蚬木是热带石灰岩特有植物，有科研价值。木材坚重，具有极为优越的力学特性，为机械、车船、高级家具、特种建筑的珍贵材。已在广西龙州、宁明、隆安等县建立保护区，并在龙州设置蚬木林场，从事造材。其余各地的蚬木林也应适当保护，严格控制采伐数量并促进更新。

26. 梧桐科 Sterculiaceae /Sterculia Family

落叶或常绿乔木或灌木，稀草本或藤本。树皮富含纤维，幼嫩部分被星状毛。单叶，稀掌状复叶，互生；常有托叶。花两性或单性，花序各式，花序腋生，稀顶生；花单性、两性或杂性；常有雌雄蕊柄；萼3~5裂，镊合状排列；花瓣5或无花瓣，分离或基部与雌雄蕊柄合生，排成旋转的覆瓦状排列；雄蕊5至多数，花丝连合成筒状；雌蕊子房上位，2~5心皮或单心皮，每室胚珠2或多数，花柱合生。蒴果或蓇葖果，稀浆果或核果，不开裂或各式开裂。种子有胚乳或无。

68属1 100余种，主产热带地区。中国19属82种，主产南部和西南部。中国引栽的可可树 *Theobroma cacao* 为优良饮料和巧克力糖的原料；胖大海 *Sterculia lychnophona* 为优良中药材。北方种类很少。

在APG分类系统中，梧桐科归并到核心真双子叶植物蔷薇类分支中的锦葵目 Malvales 锦葵科中。

梧桐属 *Firmiana* Mars. / Phoenix Tree

落叶乔木。单叶掌状分裂。花单性同株，单被花，组成顶生圆锥花序；萼5裂，白色，绿色或紫红色；蓇葖果具柄，果皮膜质，熟前由腹缝线开裂成叶状；每蓇葖有1个或多数，种子着生在叶状果皮的内缘。种子球形。

12种，分布东亚。中国3种，主产华南和西南，北方栽培1种。

梧桐（青桐） *Firmiana simplex* (Linn. f.) Wright /Phoenix Tree 图8-112

落叶乔木，高15~20m。树干通直，光滑或稀纵裂，幼年树皮绿色，老时灰绿色或灰色。小枝粗壮，绿色，芽被锈色毛。叶宽卵形，长15~20cm，掌状3~5裂，裂片全缘，基部心形，掌状脉；叶柄与叶片近等长。圆锥花序长

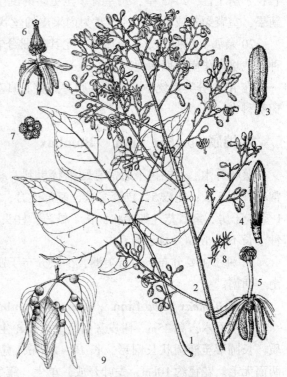

图8-112 梧桐 *Firmiana simplex*
1. 叶 2. 花枝 3. 花蕾 4. 萼片 5. 雄花 6. 雌花
7. 子房横切面 8. 星状毛 9. 蓇葖果及种子

20~50cm，花黄绿色或白色；萼片条形，开展或反曲。蓇葖果5裂，有柄成熟前开裂成叶状。种子球形，棕黄色，表面有皱纹。花期6~7月，果实成熟期9~10月。

产长江以南和西南，北京以南广泛栽培，新疆喀什栽培生长良好，垂直分布海拔1 000m以下。耐寒区位9~10。

喜光、喜温暖气候，不耐寒，喜深厚湿润、排水良好的石灰性土壤。深根性，生长快，寿命长，萌芽力强，对多种有毒气体有较强抗性。种子繁殖。为石灰岩地区重要的生态环境改良和建设树种。在湖北宜昌三峡地区有大面积的野生纯林。

木材轻软，供乐器、箱盒、家具用材。种子炒熟可食或炸油。叶、花、根入药，有清热解毒、去湿健脾之效。可作观赏树种，《群芳谱》云："梧桐皮青如翠，叶缺如花，妍雅华净，赏心悦目，人家斋阁多种之。"古籍中也多有记载，如"梧桐一叶落，天下尽知秋"等句。在气候温暖的地区常见为庭园树和行道树。

27. 木棉科 Bombacaceae /Bombax Family

乔木。掌状复叶或单叶掌状分裂，互生，常有星状毛或鳞片；托叶早落。花两性，大而显著，辐射对称，腋生或近顶生、单生或簇生；花萼杯状，顶端截平或呈不规则的3~5裂；花瓣5或缺；雄蕊5至多数，花药肾形至线形，常1室或2室花丝分离或连合成管状；子房上位，2~5室，每室有2至更多的倒生胚珠，中轴胎座，花柱不裂或2~5浅裂。蒴果，室背裂开或不裂，种子常为内果皮的丝状绵毛所包围。

20余属180种，分布于热带，尤其美洲分布甚多。中国产1属2种，另引入6属10种，栽培于华南至西南地区。

在APG分类系统中，木棉科归并到核心真双子叶植物蔷薇类分支中的锦葵目 Malvales 锦葵科中。

木棉属 *Bombax* Linn. /Bombax

落叶乔木。幼树树干通常有圆锥状粗刺。掌状复叶。花单生，先叶开放；花萼杯状，常不规则5裂；花瓣5，雄蕊多数，基部连合，排成多轮，最外轮雄蕊集生为5束，花药1室；子房5室；花柱细棒状，长于雄蕊，柱头星状5裂。蒴果室背开裂为5片，果片革。种子长不及5mm，藏于绵毛内。

50种，主要分布于热带美洲，少数分布于亚洲热带、非洲和大洋洲。中国2种，产华南、西南。

木棉 *Bombax ceiba* Linn. /Common Bombax, Cotton Tree　　图8-113

落叶乔木，高25m。树皮灰白色。大枝轮生，伸展。叶互生，小叶5~7，具柄，薄革质，长圆形至椭圆状长圆形，长10~20cm，宽4~7cm，先端渐尖，基部近圆形，全缘，两面无毛。花径约10cm，先叶开放，单生，簇生于枝端；花萼杯状，肉质，长3~4.5cm，5浅裂；花瓣5，红色至橙红色，长圆形，肉质，长8~10cm；雄蕊多数，3轮，内轮部分花丝上部分2叉，中间10枚雄蕊较短，不分叉，外轮雄蕊多数，集成5束，子房5室，花柱细棒状，比雄蕊长，柱头星状5裂。蒴果木质，长椭圆形，5爿，果爿内壁具有绢状绵毛。种子多数，长10~15cm，直径4~5cm，黑色，球形，光滑，油质。花期2~3月，果实成熟期6~7月。

产福建、台湾、广东、广西、海南、四川、贵州、云南及江西南部。生于海拔1 700m以下的干热河谷、稀树草原和沟谷雨林中。东南亚、南亚及澳大利亚均产。

性喜光，喜高温，耐旱，宜干热气候。天然分布于沟谷、河边和丘陵。喜稀疏生长，不宜连片栽植；对土壤要求不严，但在土层深厚、土质疏松肥沃湿润的土地上生长良好。在土壤瘠薄、土质黏重的地方则生长不良。速生，天然更新良好。人工多用播种和扦插繁殖。寿命长。广西上林县大丰镇有1株木棉树王，树龄500年，高37.8m，胸径5.16m，冠幅41m×32m。

著名轻木，纹理直，易加工，可做包装箱板、火柴杆、救生设备、隔热层板等。蒴果内绵毛纤维可作救生圈填料和垫褥、枕芯等，但不宜纺纱。花可食用，花、根、皮入药。花朵晒干后，入药，清热利湿、解暑、止血，用于治疗痢疾、血崩、疮毒。在夏天作凉茶饮用，有防肠炎等功效。木棉花红色素应用于饮料和白酒着色。树皮能祛风除湿、活血消肿。根清热利湿、收敛止血，用于治疗慢性胃炎、产后浮肿、跌打损伤。种子可以烤着吃、榨油作润滑油或用于制皂。树姿雄伟挺拔，早春满树红花，艳丽夺目，常栽为庭园及城市行道树。

图 8-113 木棉 *Bombax ceiba*
1. 叶枝　2. 花　3. 雄蕊5束　4. 果实

28. 锦葵科 Malvaceae / Mallow Family

草本、灌木或乔木。茎皮纤维发达，具黏液细胞、盾状鳞被和星状毛。单叶互生，全缘或分裂，掌状脉；有托叶。花两性，整齐，单生或聚伞花序；萼片3~5，常有副萼；花瓣5，分离，基部与雄蕊管的合生；雄蕊多数，花丝合生成筒状称雄蕊柱，花药1室，花粉有刺；子房上位，2至多室，通常以5室较多，由2~5枚或较多的心皮环绕中轴而成，中轴胎座；花柱上部分枝或成棒状。蒴果，室背开裂，常分裂为5或较多果爿。种子有胚乳。

50属1 000多种，广布于温带至热带地区。中国16属80余种，全国各地均产。

在APG分类系统中，根据分支分类学的原理，锦葵科与梧桐科、木棉科和椴树科一起是一个单系类群，形成广义的锦葵科，因此，目前锦葵科属于核心真双子叶植物蔷薇类分支中的锦葵目 Malvales。

茎皮纤维可制造人造棉。苘麻 Abutilon avicennae 和大麻槿 Hibiscus cannabinus 等为工业上重要的纤维作物，棉花 Gossypium sp.（中国栽培有5种）为全世界纺织工业最主要的原料，种子榨出的油供灯用或食用，其糟粕可作肥田料或牲畜饲料。很多种类供观赏用，少数供食用或药用。

木槿属 Hibiscus Linn. ／Rosemallow, Hibiscus

灌木、乔木或草本，有时有刺。叶掌状分裂或不分裂。花两性，大，5数，单生或排成总状花序；萼钟状或碟状，5浅裂或5深裂，宿存；副萼较小，5或多数，分离或于基部合生；花瓣5，基部与雄蕊柱合生；雄蕊柱顶端截平或5齿裂，花药生于柱顶；子房5室，每室3至多胚珠，花柱5裂。蒴果5裂。种子肾形，光滑、被毛或腺状乳突。

200种，主产热带。中国20余种，多为栽培花木，如北方盆栽的扶桑 Hibiscus rosa-sinenses 与吊灯花 H. schizopetalus 等。

木槿 Hibiscus syriacus Linn. ／Shrubby Althea　图8-114

图8-114　木槿 Hibiscus syriacus
1. 花枝　2. 叶背面，示星状毛　3. 茎皮
4. 花纵剖面　5. 果枝　6. 果实裂开　7. 种子

落叶灌木，高3~4m。小叶被星状毛，卵形至菱状卵形，长3~6cm，宽2~4cm，顶端常3裂，基部楔形，叶缘有不整齐钝齿，叶背有疏星状毛或几无毛；叶柄长0.5~2.5cm。花单生叶腋，花钟形，淡紫色，直径5~6cm，花瓣倒卵形，外面疏被纤毛和星状长柔毛。蒴果卵圆形，密被黄色星状绒毛。花期7~10月，果实成熟期9~11月。

原产中国，分布于四川、湖南、湖北、山东、江苏、浙江、福建、广东、云南、陕西、辽宁等广大地区，江西庐山牯岭发现仍有野生种，全国各地栽培。印度、叙利亚有分布。耐寒区位5~9。

喜光亦稍耐阴，喜温暖气候，耐干旱，也颇耐寒，北方寒冷地区宜栽背风向阳处。萌蘖性强，耐修剪，抗 SO_2、Cl_2，抗尘力强。扦插繁殖。花期长，但每一朵花只开一天，故有"朝花夕陨"之说。优良园林树种。花大色艳，品种有单瓣或重瓣，花色有紫色、红色、白色等，花期长，从夏天开至入秋。唐代诗人李商隐的《槿花》诗曰："风露凄凄秋景繁，可怜荣落在朝昏。"说明木槿在风露凄凄的秋天仍在开花。耐修剪，用作绿篱材料时，长至适当高度宜及时修剪；用于观花时则应培养树姿，使着花繁多。一般均用于庭园中地栽观赏。

29. 大风子科 Flacourtiaceae /Flacoutia Family

乔木或灌木。单叶互生，常排成2列，全缘或具腺齿，叶柄常基部和顶部增粗；托叶早落或无。花小，两性或单性异株，有时杂性；花簇生或成聚伞、总状、圆锥花序，稀单生；萼片4~6（2~15），常宿存；花瓣与萼片同数，或无花瓣；有花盘或腺体；雄蕊多数，稀与花瓣同数而对生；子房上位，1室，侧膜胎座，或成不完全2~8室，胚珠2至多数，花柱或柱头常与胎座同数。浆果、核果或蒴果。种子多数，胚乳丰富，子叶宽。

约93属1 300余种，主要分布于热带和亚热带地区。中国13属40余种，主产西南、华南、台湾，部分属种可分布至秦岭、华中及华东地区。

在APG分类系统中，大风子科已经不存在。生物化学和形态特征支持具有水杨苷、不完全无被花和柳型锯齿的类群，包括山桐子属 *Idesia*、栀子皮属 *Itoa*、山拐枣属 *Poliothyrsis* 等，与杨属和柳属近缘，分子证据也支持这些属与杨属和柳属具有特别近的系统发育关系，同时分子证据还支持非生氰类群刺篱木属 *Flacourtia*、天料木属 *Homalium*、柞木属 *Xylosma* 等与杨属和柳属近缘，因此，将这些类群并入了广义的杨柳科中。但大风子科中具有生氰的类群，如马蛋果属 *Gynocardia*、大风子属 *Hydnocarpus* 等与杨属和柳属系统发育关系较远，而与青钟麻科 Achariaceae 较近而并入该科。

山桐子属 *Idesia* Maxim.

形态特征同种。1种。分布于中国、日本和朝鲜。

山桐子 *Idesia polycarpa* Maxim. /Polycarpous Idesia 图8-115

落叶乔木，高达17m，径60cm。树皮淡灰色，平滑。幼枝及芽被毛。叶卵形至心状卵形，长10~25cm，宽6~15cm，先端渐尖或尾尖，基部心形，具粗腺齿，下面灰白色，掌状5~7脉，沿叶脉有毛，脉腋有簇毛；叶柄长6~15cm，下部有2~4紫红色瘤状腺体；托叶小。花黄绿色，芳香，单性异株或杂性，组成顶生圆锥花序，下垂，有长梗；萼片5（3~6）；无花瓣；雄花淡绿色，雄蕊多数，花丝有毛，具退化子房；雌花淡紫色，退化雄蕊多数，子房1室，侧膜胎座5（3~6），花柱5（3~6）。浆果球形，径0.5~1cm，熟时红色或橙褐色；果柄长1~2.5cm；种子多数，红棕色。花期4~5月，果实成熟期10~11月。

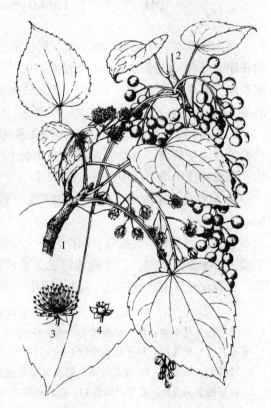

图8-115 山桐子 *Idesia polycarpa*
1. 花枝 2. 果枝 3. 雄花 4. 雌花

产秦岭—淮河流域以南，至广东、广西北部、台湾，西南至四川、贵州、云南。多垂直分布于海拔500~3 500m，生于向阳山坡或林中，多生于疏林地或林缘。日本、朝鲜也有分布。华北低山也可以生长。耐寒区位7~10。

本种另有3变种：毛叶山桐子 var. *vestita* Diels. 叶下面密被毛，分布区与山桐子略同，垂直分布较高；长果山桐子 var. *longicarpa* S. S. Lai 和福建山桐子 var. *fujianensis* (G. S. Fan) S. S. Lai 产中国南方的广东、广西、江西和福建等地区。

喜光，适应性强，抗病虫害。生长中速。高生长在前10年较慢，10~20年为高峰期，40年后渐慢；胸径生长10年后渐快，50~70年仍生长旺盛。用种子育苗，春播，播种量45~90kg/hm^2，1年生苗高60~80cm，可出圃造林。也可埋条、插条繁殖。

木材心材蓝灰色、边材淡黄褐色，光泽美丽、纹理直而结构细，轻软而易干燥，切面光滑，不耐腐，供制作家具、包装箱、板材及造纸原料等用。果肉及种子可制成半干性油（种子含油率约29%），可代桐油用，也是发展生物质柴油的潜在树种资源。树冠开展，枝叶繁茂，树皮光滑、灰白色，树干通直，春有金黄色圆锥花序，入秋红色果实成串下挂似葡萄，红艳夺目，宿存于树上直到翌年春天，是分布区内生态环境林和低山绿化的速生乡土阔叶树种，也是观赏绿化的优良园林树种。

30. 柽柳科 Tamaricaceae / Tamarisk Family

乔木或灌木。叶很小，鳞片状、圆柱形，互生；无托叶。花小，两性，圆锥花序或总状花序；花萼、花瓣均4~5；雄蕊4~10，着生于花盘上；子房上位，2~5心皮1室，侧膜胎座，胚珠2至多数，花柱3~5，分离或基部合生。蒴果。种子小，有束毛或周围有毛。

5属100种，产东亚、非洲、地中海和印度，部分产欧洲的干旱和半干旱区域。大多产撒哈拉戈壁荒漠，为欧亚温带和高山分布，少数种分布到欧亚草原区和与其相邻的沿河、滨海特殊生境上。中国有3属32种，产西北、华北、西南。

在APG分类系统中，柽柳科位于核心真双子叶植物超菊类分支的石竹目 Caryophyllales 中。

喜光、耐干旱、耐盐碱，深根性。大多数种类分布在平原半荒漠及荒漠区，在盐渍化荒漠河谷平原及滨湖，一些种常常成为荒漠河岸林的主要组成成分，可以分布到森林地带。在荒漠地区有广泛用途，对防风固沙、维持生态平衡起着很大的作用。

分属检索表

1. 叶圆柱形；花单生；种子全面被毛 ·· **1. 红砂属** *Reaumuria*
1. 叶扁平；总状花序；种子仅顶端被毛。
　　2. 叶鳞形；雄蕊4~5，花丝分离，雌蕊具短花柱；种子和簇生毛间无柄 ············ **2. 柽柳属** *Tamarix*
　　2. 叶长圆形至线形，扁平；雄蕊10，花丝基部合生成筒，雌蕊无花柱；种子和簇生毛间有柄 ········
　　 ··· **3. 水柏枝属** *Myricaria*

1. 红砂属 *Reaumuria* Linn. /Reaumuria

小灌木或半灌木。叶细小，常肉质，圆柱形稀扁平，全缘，几无柄。花单生，两性；萼片5，宿存；花瓣5，内侧下半部具2附属物；雄蕊5至多数，分离或花丝基部连合成5束；雌蕊1，花柱3~5。蒴果3~5瓣裂。种子全面被毛，顶端无芒。

约12种，主产非洲大陆、南欧和北非。中国有4种。

红砂（枇杷柴） *Reaumuria soongorica* (Pall.) Maxim. /Songory Reaumuria 图 8-116

小灌木，高15~25cm。老枝灰棕色或淡棕色。叶互生，常3~6簇生，肉质，短圆柱形，顶端稍粗，圆钝，密生泌盐腺体。花小，两性，5数，单生于叶腋，遍布全枝，成稀疏穗状花序，近无梗；花瓣粉红色，张开；雄蕊7~12；花柱3。蒴果纺锤形，3瓣裂。种子多数，细小，无芒，全部被淡褐色长柔毛。花期6~8月，果实成熟期7~9月。

图 8-116 红砂 *Reaumuria soongorica*
1. 花枝 2. 花 3. 花萼展开 4. 花瓣 5. 雌蕊
6. 雄蕊 7. 果实 8. 种子

产宁夏、陕西、新疆、青海、甘肃、内蒙古。蒙古、俄罗斯有分布。生于荒漠、半荒漠的山前平原、河流阶地、戈壁。耐寒区位5~6。

泌盐超旱生植物。耐寒，耐旱，耐盐碱，耐瘠薄。生于荒漠草原的盐湖畔、砂砾质河滩、沙丘上。其枝叶带咸味，适口性好，花期含胡萝卜素22.25~79.13mg/kg，有增肥保膘作用。骆驼一年四季采食，山羊、绵羊早春和冬季采食。干枯后，为马的饲料。

2. 柽柳属 *Tamarix* Linn. /Tamarisk

灌木或小乔木。枝2型，木质化生长枝经冬不落，绿色营养枝冬季脱落。叶鳞片状，互生，无柄，无托叶。总状或圆锥花序，两性；苞片1；花萼4~5裂，宿存；花瓣与萼片同数，脱落或宿存；花盘多为4~5裂；雄蕊4~5，与萼片对生；雌蕊圆锥形，子房上位，3~4心皮，1室，胚珠多数，花柱3~4。圆锥形，室背3瓣裂。种子多数，细小，顶端具短芒柱，从芒柱基部生长白色单细胞长柔毛，呈无柄束毛。

约90种，分布亚洲大陆、北美及南非西海岸。中国18种，全产西北、内蒙古和华北干旱地区。

喜光，耐旱，耐盐碱。水土保持树种，有些种类枝条可编筐，有些种类栽作观赏。

柽柳（中国柽柳）*Tamarix chinensis* Lour. /Chinese Tamarisk　图 8-117

灌木或小乔木，高达 8m，枝细弱，常开展下垂。幼枝叶深绿色，钻形至卵状披针形，长 1~3mm，半贴生，背面有龙骨状突起。每年开花 2~3 次；总状花序生于当年生枝上，组成顶生圆锥花序；花 5 基数，花瓣紫红色，肉质，长 2mm，果时宿存；雄蕊 5，花丝着生于花盘裂片间；花柱 3，棍棒状。蒴果圆锥形，长 3.5mm。花期 4~9 月。

中国特有树种，产辽宁、河北、山西、山东、河南、安徽、江苏等地，东部及西南各地多栽培。花粉红，花期长，可供观赏。柽柳还广泛用作房建、小工具材、放牧、编织、药用、蜜源和燃料等。耐寒区位 6~8。

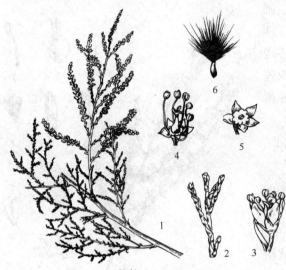

图 8-117　柽柳 *Tamarix chinensis*
1. 花枝　2. 枝条放大　3. 花　4. 去花瓣，示雄蕊和雌蕊　5. 花盘及花萼　6. 种子

柽柳是最能适应干旱沙漠生境的树种之一，是防风固沙的优良树种。根系长，能吸收深层的地下水；不怕沙埋，被流沙埋住后，枝条能顽强地从沙包中萌出，继续生长。抗盐碱能力很强，能在含盐碱 0.5%~1% 的盐碱地上生长，是改造盐碱地的优良树种。

容易繁殖和栽培，可用于绿化。枝条细柔，姿态婆娑，开花如红蓼，颇为美观。在庭园中可作绿篱用，适于就水滨、池畔、桥头、河岸、堤防种植。沿街道公路、河流两岸其列种植柽柳，则淡烟疏树，绿荫垂条，别具风格。

3. 水柏枝属 *Myricaria* Desv. /False Tamarisk

落叶灌木或半灌木，直立或匍匐。单叶，互生，无柄，无托叶。总状花序稀排成圆锥花序，顶生或侧生；花两性，苞片具宽的膜质边缘；萼 5 深裂；花瓣 5，倒卵形，常内弯，粉红色、粉白色或淡紫色，常宿存；雄蕊 10，花丝下部联合，稀分离；雌蕊由 3 心皮组成，1 室，胚珠无数。蒴果 3 瓣裂。种子无数，顶端具芒柱，芒柱全部或 1/2 以上被白色长柔毛，呈有柄束毛，无胚乳。

约 13 种，分布于欧洲和亚洲，是欧亚温带高山属。主要分布在中国西藏及其邻近地区，以喜马拉雅山为发生中心和分布中心。中国 10 种 1 变种，主产西北、西南。

可固堤护岸，有些种类可提供染料，有些种类叶含维生素 C，作染料等用。

1. 宽苞水柏枝 *Myricaria bracteata* Royle. /Broad Bracted False Tamarisk　图 8-118：1~6

灌木，高 1~3m。分枝多，老枝灰褐色。叶卵形、卵状披针形，长 2~4mm，宽 0.5~2mm。总状花序顶生，密集穗状；苞片宽卵形或椭圆形，长 7~8mm，宽 4~5mm；花瓣倒卵形，长5~6mm，粉红色或淡紫色。蒴果长8~10mm。花期6~7月，果实成熟期8~9月。

产新疆、西藏、青海、甘肃、宁夏、陕西、内蒙古、山西、河北等地。生于河谷沿岸，海拔达1 100~3 300m。中亚和蒙古、俄罗斯、印度有分布。耐寒区位6~7。

2. 匍匐水柏枝 *Myricaria prostrata* Hook. f. et Thoms. ex Benth. et Hook. / Creeping False Tamarisk 图8-118：7，8

本种与宽苞水柏枝 *M. bracteata* 的区别为：茎匍匐；叶长圆形至卵形；总状花序圆球形，侧生于去年生枝，由2~4花组成。

产甘肃、青海、新疆（昆仑山）、西藏，生于高山河谷沙地、海拔3 000~4 500m的河谷沙地。印度、巴基斯坦和中亚亦产。耐寒区位6~7。

图8-118 1~6. 宽苞水柏枝 *Myricaria bracteata*
7，8. 匍匐水柏枝 *Myricaria prostrata*
1. 花枝 2. 苞片 3. 花 4. 雄蕊 5. 果实
6. 种子 7. 叶枝 8. 花

31. 杨柳科 Salicaceae / Willow Family

落叶灌木或乔木。有顶芽或无顶芽，芽鳞1至多数。单叶互生，稀对生，有锯齿或裂片；有托叶，早落或宿存。柔荑花序，直立或下垂；花单性，雌雄异株；先叶开花，或花叶同放，稀后叶开花；无花被；花着生于苞片与花序轴间；苞片全缘或分裂；花有杯状花盘或腺体，稀缺；雄蕊2或多数，花药2室，纵裂，黄色或紫色，花丝分离或合生；子房上位，2~4（5）心皮1室，基底侧膜胎座，胚珠多数，柱头2~4裂。蒴果2~4瓣裂。种子细小，种皮薄，胚直立，无胚乳或有少量胚乳，基部围有多数白色丝状长毛。

3属620余种，分布于寒温带、温带和亚热带。中国3属320余种，各地均有分布，以东北、华北、西北、西南种类较多。

在APG分类系统中，杨柳科位于核心真双子叶植物蔷薇类分支中的金虎尾目 Malpighiales 中。基于大范围取样，选取质体片段 rbcL 进行分子系统学研究，原大风子科 Flacourtiaceae 中的刺篱木族 Flacourtieae、箣柊族 Scolopieae、榴冠树族 Samydeae、天料木族 Homalieae、鸡骨柞族 Prockieae、对叶柞族 Abatieae、百比木族 Bembicieae、鼻烟盒树族 Oncoba 和杯盖花族 Scyphostegieae（原杯盖花科 Scryphostegiaceae），与杨柳族 Saliceae（原杨柳科 Salicaceae）聚成一个分支，构成广义杨柳科，使杨柳科从原有的3个属增加到了58个属1 350余种，钻天柳属 *Chosenia* 合并到柳属中。

喜光，适应性强，具有较强的萌芽能力，因此，常用无性繁殖或萌芽更新，也可用种子繁殖，但种子易丧失发芽力，应及时播种。根系发达，速生。

杨柳科树种因其生长快、适应性强、易繁殖和栽种，是世界性重要的林业生产树种资源，在维护生态环境、森林更新、防风治沙、湿地保护、城镇绿化和农村经济发展中扮演着重要的角色。在中国防护林、工业用材林、薪炭林和庭园城市绿化建设中发挥着积极的作用。

分属检索表

1. 无顶芽，芽鳞1枚；雌花序直立或斜展，苞片全缘，无杯状花盘；叶常窄长，叶柄较短。
　　2. 雄花序下垂；花无腺体，花丝下部与苞片合生 ·· **1. 钻天柳属** *Chosenia*
　　2. 雄花序直立；花有腺体，花丝与苞片离生 ·· **3. 柳属** *Salix*
1. 有顶芽，芽鳞多数；雌雄花序均下垂，苞片先端分裂，花盘杯状；叶常宽大，叶柄较长 ·· **2. 杨属** *Populus*

1. 钻天柳属 *Chosenia* Nakai /Chosenia

仅1种，产亚洲东北部。属特征同种。

钻天柳 *Chosenia arbutifolia* (Pall.) A. Skv. /Arbute-leaved Chosenia　图8-119

图8-119　钻天柳 *Chosenia arbutifolia*
1. 果枝　2. 雄花序枝　3. 雌花　4. 雄花　5. 蒴果

乔木，高30m。树皮灰褐色。小枝无毛，有白粉。无顶芽，芽扁卵形，具1枚芽鳞。叶长圆状披针形至披针形，长5~8cm，宽1~2.5cm，先端渐尖，基部楔形，无毛，表面灰绿色，背面苍白色，常有白粉，边缘有细锯齿或全缘；叶柄长0.5~0.7cm。柔荑花序先叶开放，雄花序下垂；雌花序直立或斜展。雄花序长1~3cm，雄蕊5，着生于苞片基部，即花丝下部与苞片合生；无腺体；雌花序长1~2.5cm，子房无毛。蒴果2瓣裂，无毛。花期5月，果实成熟期6月。

产黑龙江、吉林、辽宁和内蒙古，生于海拔300~1 500m河流两岸。俄罗斯远东及东西伯利亚、朝鲜、日本也有分布。多为零星分布，少见纯林，由于多年的河滩开垦，钻天柳人为破坏严重，已被列为国家二级保护植物。

抗寒，喜生长在河流两岸排水良好的砂砾、碎石土壤上。

木材质软、白色，心材带红色，纤维长、少反翘，适用于纤维工业、造纸箱板、农具等。为主要的速生护岸林树种之一。树姿优美，新枝秋季逐渐变红，尤其在严冬季节，在白雪映衬下红白相间，白里透红，十分优美，是优良的观赏树种。

2. 杨属 *Populus* Linn. /Poplar

乔木，树干常端直。树皮平滑或纵裂，常灰白色。具顶芽，芽鳞数枚，被毛或有黏质。

有长短枝之分，萌枝髓心近五角状。叶互生，卵形、菱形至三角形；萌枝叶与成年叶，长枝叶与短枝叶同型或异型，齿状缘；叶柄较长，圆柱形或侧扁，有时顶端有腺点。柔荑花序下垂，常先叶开放；雄花序较雌花序稍早开放；苞片顶端锐裂或条裂，膜质，早落；雄蕊4至多数，着生于花盘内；花药暗红色，花丝较短，离生；雌花花盘杯状、盘状或斜卵形；花柱短，柱头2~4裂。蒴果2~4瓣裂。种子细小，多数，基部有丝状毛。

约100种，分布于欧洲、亚洲、北美洲。中国60余种（包括6杂交种），其中分布中国的有57种，引入栽培的约4种，还有很多变种、变型和引种的品系。分布西北、东北、华北、西南。

根据形态特征一般分为5个派（组）：胡杨派、白杨派、黑杨派、青杨派和大叶杨派。杨属树种为风媒花，易进行天然杂交，因此，在天然条件下易发生形态变异，甚至出现染色体变异，产生变种、变型或多倍体植株，在世界范围内，培养了大量派间、种间的杂交无性系。各派的杨树树种在无性繁殖、生长、适生环境和条件、木材特性等方面有着差别。胡杨派树种具有耐旱耐盐碱的特点，适生于中国西北、中亚、西亚和俄罗斯高加索等干旱地区。黑杨派树种在中国仅发现于新疆阿尔泰地区，主要分布于西亚和欧洲各国。黑杨派树种易无性繁殖，生长迅速，成材早，在中国华北、西北、黄河流域及长江流域部分地区大面积种植，成为中国工业原料速生丰产林的重要树种。由于人工杂交容易，培育出大量的无性系。白杨派在中国分布较广，利用毛白杨、山杨、新疆杨和银白杨等培育出一系列新品系和无性系，在华北、西北和西南广泛种植，但白杨派的一些树种不易进行无性繁殖。青杨派树种喜凉爽、湿润环境，天然分布于东北、华北的中到高山、西南高海拔地区，人工培育的无性系和品系，已种植在华北、西北山区、西南和东北地区。大叶杨派分布于华中和西南地区，目前，利用和人工培育的较少。

喜光、耐寒，有些种喜温暖、湿润深厚肥沃土壤。生长快，萌芽力强，寿命稍短。播种、插条、嫁接繁殖。

木材轻软、生长迅速、纤维长，是理想的工业原料林树种资源，供造纸、火柴杆、家具用材。叶可作为牛羊的饲料。为营造防护林、水土保持林或四旁绿化树种。白杨派、黑杨派和青杨派的人工无性系和品系，在华北、西北和东北地区成为林业生产、城镇环境改良和美化、道路绿化、防风固沙和森林更新的主导树种。

分派分种检索表

1. 叶两面同为灰蓝色；花盘膜质早落 ················· Ⅰ. 胡杨派 Sect. Turanga
   叶形多变，上缘有齿牙；萌条叶披针形，几全缘 ················· **1. 胡杨 P. euphratica**
1. 叶两面异色，表面绿色，背面淡绿色；花盘宿存。
  2. 芽无黏液，常有白色绒毛；叶缘具裂片、缺刻或波状齿；苞片边缘具长毛；蒴果细小，长椭圆形，果皮质薄 ················· Ⅱ. 白杨派 Sect. Leuce
    3. 长枝与萌发枝叶常为3~5掌状裂；叶两面、叶柄与短枝下面被灰色绒毛或后脱落无毛。
      4. 树冠宽卵形；树皮白或灰白色；长枝叶浅裂，裂片不对称，裂片钝 ········· **2. 银白杨 P. alba**
      4. 树冠尖塔形或圆柱形；树皮灰绿色；长枝叶深裂，裂片几对称 ················· **3. 新疆杨 P. alba var. pyramidalis**
    3. 叶不裂，边缘有波状锯齿。
      5. 叶较大，卵形或三角状卵形；叶缘缺刻状或深波状齿；芽被毛，幼叶、叶柄与短枝密被白色绒毛，后脱落 ················· **4. 毛白杨 P. tomentosa**

5. 叶较小，光滑，近圆形或三角状宽卵形；叶缘密波状浅齿；芽常无毛或仅芽鳞边缘或基部具毛 ·· 5. 山杨 P. davidiana
2. 芽具黏液；叶缘具锯齿；苞片边缘无毛；蒴果卵圆形。
　6. 叶柄圆柱形，果实常（2~）3~4 瓣裂。
　　7. 叶大型；花盘深裂；叶基深心形；叶柄上部常侧偏，顶端常有 2 腺点；蒴果被毛，2~3(~4)瓣裂 ·· III. 大叶杨派 Sect. Leucoides
　　　芽、叶柄、小枝被毛，叶宽卵状矩圆形，叶深绿色 ······················ 6. 大叶杨 P. lasiocarpa
　　7. 叶柄顶端无腺点；花盘全缘 ·· IV. 青杨派 Sect. Tacamachacae
　　　8. 叶最宽处在中下部；果 3~4 瓣裂。
　　　　9. 小枝无毛；叶卵形、椭圆状卵形或椭圆形，两面无毛。
　　　　　10. 叶卵形；叶缘锯齿不上下交错，在一平面上 ························ 7. 青杨 P. cathayana
　　　　　10. 叶菱状椭圆形或菱状卵形；叶缘锯齿上下交错 ················ 8. 小青杨 P. pseudo-simonii
　　　　9. 小枝密被短柔毛；叶宽椭圆形，两面沿脉被短柔毛 ··············· 9. 辽杨 P. maximowiczii
　　　8. 叶最宽处在中上部，叶菱状卵形或菱状倒卵形；果 2 瓣裂 ············ 10. 小叶杨 P. simonii
　6. 叶柄侧扁，叶缘半透明，叶三角形或菱形，果实卵圆形或圆形，2 瓣裂；花盘杯状，苞片无毛 ·· V. 黑杨派 Sect. Aigeiros
　　11. 叶三角形或三角状宽卵形，叶缘有睫毛，叶柄顶端常有腺点 ··············· 11. 加杨 P. canadensis
　　11. 叶菱状卵形、菱状三角形，叶缘无睫毛，叶柄顶端无腺点。
　　　12. 树皮暗灰色，粗糙；叶宽大于长或等于长；多为雄株 ········ 12. 钻天杨 P. nigra var. italica
　　　12. 树皮灰白色，平滑；叶长大于宽；多为雌株 ··············· 13. 箭杆杨 P. nigra var. thevestina

1. 胡杨 Populus euphratica Oliv. /Euphrates Poplar　图 8-120

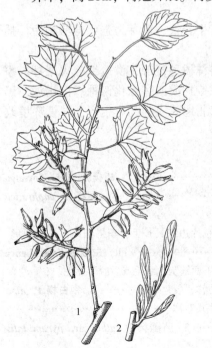

图 8-120　胡杨 Populus euphratica
1. 果枝　2. 萌条生枝

乔木，高 20m，树冠开展。树皮灰褐色，深条裂。叶形多变化，苗期和萌发枝叶披针形至线状披针形，全缘或疏波状齿；短枝叶宽卵形、三角状卵形至肾形，先端具粗齿牙，长 2.5~4.5cm，宽 3~7cm，两面同为灰蓝色；叶柄微扁，约与叶片等长。雄花序细圆柱形，长 2~3cm，轴有绒毛，有花 25~28 朵，花药紫红色；花盘膜质，边缘有不规则牙齿，早落；雌花序长 2~3cm，花序轴有绒毛或无毛，有花 20~30 朵，柱头 3 或 2 浅裂，鲜红或黄绿色。果序长达 9cm；蒴果长卵圆形，长 1~1.2cm，2~3 瓣裂，无毛。种子长 7~8mm。花期 5 月，果实成熟期 7~8 月。

产内蒙古西部、甘肃西北部、青海、新疆，生于海拔 800~2 400m 的荒漠、河流沿岸。蒙古、俄罗斯、埃及、叙利亚、印度、伊朗、阿富汗、巴基斯坦、土耳其和中亚等地亦有分布。耐寒区位 5~6。

喜光、耐热、耐大气干旱、抗盐碱、抗风沙、抗寒，是中国西北荒漠、沙漠盐碱地区分布最广的落叶阔叶树种，是西部林业生态建设的先锋树种。针对胡杨耐盐碱的特性和机理，国内外均开展了深入的研究。

木材柔软，富韧性，供建筑、桥梁、农具、家具等用；木纤维长，为优良造纸原料。为西北干旱盐碱地带的优良造林树种。胡杨能分泌大量胡杨碱，可供食用或工业原料。最新研究表明，胡杨碱还具有极高的平压降压药用价值。

胡杨是世界上最古老的一种杨树，以强大的生命力闻名，素有"大漠英雄树"的美称。近年来，因干旱缺水和人为破坏等因素，胡杨林面积锐减，目前仅存逾 20 000hm²。为了抢救濒危的胡杨林，建立了内蒙古额济纳胡杨林、新疆塔里木河、甘肃敦煌西湖等国家级自然保护区，使胡杨林得到了有效的保护。

2. 银白杨 *Populus alba* Linn. /Bolleana Poplar, White Poplar, Silver Poplar 图 8-121

乔木，高 15～30m，树冠宽阔。树皮白或灰白色。幼枝被白色绒毛，萌条密被绒毛。芽密被白绒毛，后脱落。萌枝和长枝叶宽卵形，掌状 3～5 浅裂，裂片不对称，长 5～10cm，宽 3～8cm，先端渐尖，基宽楔形、圆形或近心形，幼时两面被毛，后仅背面被毛；短枝叶卵圆形至椭圆形，长 4～8cm，宽 2～5cm，叶缘具不规则齿牙；叶柄与叶片等长或较短，被白绒毛。雄花序长 3～6cm，苞片长约 0.3cm，雄蕊 8～10，花药紫红色；雌花序长 5～10cm，雌蕊具短柄，柱头 2 裂。蒴果圆锥形，长约 0.5cm，无毛，2 瓣裂。花期 4～5 月，果实成熟期 5～6 月。

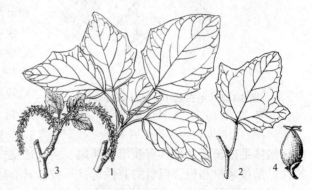

图 8-121　银白杨 *Populus alba*
1. 枝叶　2. 萌生枝叶　3. 雌花序枝　4. 子房

产新疆北部（额尔齐斯河），生于海拔 440～580m。各地栽培，常雄株多，雌雄株各自形成片林。欧洲、北非、亚洲西部及北部也有分布。耐寒区位 3～7。

抗旱、抗风、耐寒，喜光、喜温凉气候，生长快，寿命长，为西北地区平原沙荒造林树种。木材纹理直，结构细，力学强度居杨树木材前列，供建筑、家具、造纸等用；亦为杨树育种珍贵材料。由于夏季高温，银白杨在华北平原地区生长不良。

3. 新疆杨 *Populus alba* Linn. var. *pyramidalis* Bunge

与银白杨 *P. alba* 的主要区别为：树冠尖塔形或圆柱形。树皮灰绿色。长枝叶深裂，裂片几对称。

产新疆，南疆较多；中国北方各地区有栽培。巴基斯坦北部、俄罗斯南部有分布。适应性较银白杨广。耐寒区位 3～8。

4. 毛白杨 *Populus tomentosa* Carr. /Chinese White Poplar 图 8-122

乔木，高 30m，树冠卵形。树皮灰绿色至灰白色，老树灰褐色，深纵裂。芽卵形，微被毛。嫩枝初被柔毛，后光滑无毛。长枝叶宽卵形至三角状卵形，长 10～15cm，宽 7～13cm，先端短渐尖，基部截形或微心形，叶缘缺刻状或深波状齿；幼叶背面密生绒毛，后渐脱落；短枝叶较小，卵形至三角状卵形；叶柄侧扁。雄花序长 10～15cm，雄蕊 6～12，花药红色；雌花序长 5～7cm，苞片褐色，边缘有长睫毛，柱头 2 裂，粉红色。蒴果圆锥

图 8-122 毛白杨 *Populus tomentosa*
1. 叶 2. 萌生枝叶 3. 叶背部放大，示绒毛
4. 雌花序枝 5. 苞片 6. 子房

形，2 瓣裂。花期 3 月，果实成熟期 4 ~ 5 月。

中国特有树种，产辽宁南部、河北、山东、山西、河南、安徽、江苏、浙江、江西北部、湖北、陕西、甘肃、宁夏、新疆及青海，黄河流域中、下游为中心分布区，生于海拔 2 000m 以下平原地区。耐寒区位 7 ~ 9。

喜光，喜深厚肥沃、透水性好的壤土和砂壤土，不耐积水和严寒。寿命长、生长快，是杨树中难得的培育大径材的树种。较耐盐碱和干旱，北方常作行道树和农田防护林树种。材质较好，供建筑、家具、箱板及火柴杆、造纸等用，是人造纤维的原料。

由北京林业大学毛白杨研究所培育出的三倍体毛白杨新品种具有栽培周期短、生长速度快、生长量大、不空心、不黑心等优良特性，是纸浆材和胶合板材的兼性优良品种，具有广阔的开发前景。是黄河流域防护林建设、速生丰产林建设、平原绿化、胶合板工业、造纸工业、木材工业等森工领域的好品种。毛白杨树干青绿，枝迹形如眼睛，长叶柄上的叶片叶色浓绿，在微风中摇曳，是华北平原各城镇环境美化和绿化的重要树种。北京首都机场高速公路两侧的毛白杨林是北京市一道美丽的林带。

5. 山杨 *Populus davidiana* Dode / David Poplar 图 8-123

乔木，高 25m。树皮灰绿色或灰白色。芽无毛或仅芽鳞边缘或基部具毛，微有黏质。小枝无毛，萌发枝被灰色绒毛。叶近圆形至三角状卵形，长、宽 3 ~ 6cm，顶端钝尖或短渐尖，基部圆形，叶缘具密波状浅齿；萌枝叶大，三角状卵形，背面被柔毛；叶柄长 2 ~ 6cm，侧扁。雄花序长 5 ~ 9cm，雄蕊 5 ~ 12，花药紫红色；雌花序长 4 ~ 7cm，柱头带红色；花序轴被白绒毛。蒴果长约 0.5cm，2 瓣裂。花期 3 ~ 4 月，果实成熟期 4 ~ 5 月。

产东北、华北、西北及西南高山地区。垂直分布东北达海拔 1 200m，西南达海拔 2 000 ~ 4 000m，生于山坡、山谷，常形成小面积纯林或与其他树种形成混交林。朝鲜及俄罗斯亦有分布。耐寒区位 3 ~ 7。

图 8-123 山杨 *Populus davidiana*
1. 叶枝 2. 雄花序 3. 雌花序 4. 雌花

喜光，耐寒，耐干旱瘠薄，对土壤条件要求不严，根萌、分蘖能力和天然更新能力均较强。

木材富弹性，供造纸、火柴杆及民房建筑等用。树皮可作药用或提取栲胶；萌枝条可编筐；幼枝及叶为饲料。为森林更新的先锋树种和荒山绿化、水土保持树种。

6. 大叶杨 Populus lasiocarpa Oliv. / Chinese Necklace Poplar　图 8-124，彩版 4: 1

乔木，高 20m。树皮暗灰色。枝粗壮，黄褐色，有棱，幼时被毛。叶卵形，长 15~30cm，宽 10~15cm，先端渐尖，基部深心形，叶缘有钝圆锯齿，叶表面亮深绿色，近基部密被柔毛，叶背面淡绿色，被柔毛，沿脉尤密；叶柄圆，被柔毛，顶端常有 2 腺点。雄花序长 9~12cm，花序轴被柔毛。蒴果卵形，长 1~1.7cm，密被绒毛，3 瓣裂。种子棒状，暗褐色，长 0.3~0.35cm。花期 4~5 月，果实成熟期 5~6 月。

中国特有树种，产陕西南部、湖北西南部、湖南西北部、四川、贵州、云南及广西北部，生于海拔 1 200~4 400m 山坡或沿溪林或疏林中。耐寒区位 5~10。

木材供家具、板料等用。

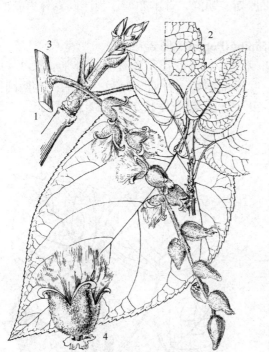

图 8-124　大叶杨 *Populus lasiocarpa*
1. 叶枝　2. 叶背部分放大　3. 果序　4. 果实

图 8-125　青杨 *Populus cathayana*
1. 叶　2. 雌花序枝　3. 子房　4. 蒴果

7. 青杨 Populus cathayana Rehd. / Cathay Poplar　图 8-125

乔木，高 30m。树皮灰绿色。小枝圆柱形，橄榄绿色至灰黄色，无毛。芽长圆锥形，无毛，多黏质。叶卵形、椭圆状卵形至椭圆形，长 5~10cm，无毛，先端渐尖或骤宽楔形，基部圆形或浅心形，背面绿白色；叶柄圆柱形，长 1~3cm，无毛。雄花序长 5~6cm，雄蕊 30~35；雌花序长 4~5cm，柱头 2~4 裂；花序轴被毛。果序长 10~15 (20) cm，蒴果卵圆形，长约 0.5cm，(2) 3~4 瓣裂。花期 3~5 月，果实成熟期 5~7 月。

产东北（黑龙江、吉林西南部、辽宁）、华北、西北、西南（四川）等地区，生于海拔450～3 980m沟谷、河岸或阳坡山麓。为北方常见树种。耐寒区位4～9。

木材结构细，供家具、箱板及建筑用材。青杨也是营造防护林及四旁绿化的主要树种之一，还是很好的杨树育种的亲本材料。青杨及其人工培育的无性系和品系适合华北山区、西北、东北和西南地区种植。

8. 小青杨 *Populus pseudo-simonii* Kitag./False Simon Poplar

与青杨*P. cathayana*的主要区别为：树皮灰白色。叶菱状椭圆形或菱状卵形，叶缘锯齿上下交错，不在同一平面上。

分布及用途几同青杨。

9. 辽杨 *Populus maximowiczii* Henry /Japanese Poplar

与青杨*P. cathayana*的主要区别为：小枝赤褐色，密被短柔毛。叶通常宽椭圆形，基部心形或近圆形，叶缘钝圆腺齿，叶表面微有皱纹，背面苍白色，两面沿脉被短柔毛。

产黑龙江东南部、吉林东部、辽宁辽东半岛、内蒙古东南部、河北、陕西及甘肃南部，生于海拔500～2 000m溪谷林内。俄罗斯、朝鲜、日本亦产。为产区森林更新的主要树种。耐寒区位4～9。

10. 小叶杨 *Populus simonii* Carr. /Simon Poplar 图8-126

乔木，高20m。萌发枝及小枝有棱，无毛。叶菱状卵形至菱状倒卵形，长3～10cm，宽2～8cm，中部以上最宽，基部楔形，叶缘细锯齿，背面灰绿色，无毛；叶柄圆筒形，长0.5～3cm。雄花序长2～7cm，雄蕊8～9（25）；雌花序长2～6cm。蒴果无毛，2瓣裂。花期3～5月，果实成熟期4～6月。

图8-126 小叶杨 *Populus simonii*
1. 雌花序枝 2. 萌生叶 3. 蒴果

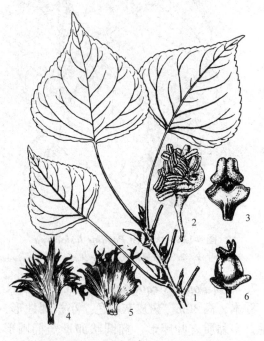

图8-127 加杨 *Populus × canadensis*
1. 叶枝 2. 雄花 3. 雌花 4，5. 苞片 6. 幼果

产东北、华北、华中、西北及西南，多生于海拔 2 000～3 800m。欧洲及朝鲜也有分布。耐寒区位 4～9。

木材轻软细致，供民用建筑、家具、火柴杆、造纸等用。为防风固沙、护堤固土、绿化观赏树种，也是东北和西北防护林和用材林主要树种。

小叶杨是中国主要乡土树种和栽培树种。具有抗旱、耐瘠薄、适应性广、生长优良、寿命长、抗逆性强等特性。目前，国内外对发展和保护小叶杨十分重视，对其遗传特性研究更加重视，已成为世界性重要的基因资源。

11. 加杨 Populus × canadensis Moench / Canadian Poplar 图 8-127

乔木，高 30m，树冠宽阔。树皮灰褐至暗灰色，纵裂。萌发枝及苗茎有棱角，小枝稍有棱角，无毛，稀微被柔毛。芽大，先端反曲，富黏质。叶三角形至三角状宽卵形，长 7～10cm，先端渐尖，基部截形或宽楔形，有时具 1～2 腺点，叶缘半透明，具圆钝齿和睫毛；叶柄侧扁而长。雄花序长 7～15cm，花序轴光滑，雄蕊 15～25（40）；花盘淡黄绿色，全缘；雌花序有 45～50 花，柱头 4 裂。果序长达 27cm；蒴果长圆形，长约 0.8cm，先端尖，2～3 瓣裂；雄株多，雌株少。花期 4 月，果实成熟期 5～6 月。

据 1785 年记载，加杨为美洲黑杨 P. deltoids 和黑杨 P. nigra 的天然杂交种，在欧洲、美洲和亚洲广泛种植。于 19 世纪引入中国。该种生长迅速，年高生长达 2～3m，无性繁殖容易，扦插繁殖技术简单易行，品系和无性系培育容易，适生南北方的不同品系和无性系丰富，在中国北至哈尔滨以南，南达长江中下游，西见于西南地区广泛栽培。耐寒区位 4～9。

喜光，较耐寒，瘠薄土壤上生长不良。

木材质软而轻，是优良的纤维板制造业、造纸业、胶合板工业和木材工业原料。在北方该种是常见的绿化树种，是生态环境建设、城镇绿化美化的优良树种，小片种植可构成城中森林景观。最新研究表明，加杨芽鳞提取物（PBE）对多种肿瘤细胞有显著抑制和杀伤作用。

12. 钻天杨 Populus nigra Linn. var. italica（Muench.）Koehne

与加杨 P. canadensis 的主要区别是树冠圆柱形，树皮暗灰色，粗糙。叶菱状卵形至菱状三角形，叶缘无睫毛；叶柄顶端无腺点。多为雄株。中国各地常见栽培。是行道树或防护林树种。耐寒区位 4～8。

13. 箭杆杨 Populus nigra Linn. var. thevestina（Dode）Bean

与钻天杨 P. nigra var. italica 近似，主要区别是树皮灰白色，平滑。叶长大于宽。多为雌株。中国北方普遍栽培。用途同钻天杨。

3. 柳属 Salix Linn. /Willow

乔木或灌木，直立或匍匐状。无顶芽，侧芽具 1 芽鳞。叶互生或对生，通常狭长，呈披针形，叶缘具锯齿或全缘。柔荑花序直立或斜展，先叶或与叶同时开放；苞片全缘，宿存，稀脱落；雄蕊 2 至多数，花药黄色；无花盘，具 1～2 腺体；雌蕊由 2 心皮组成，花柱

1，全缘或 2 裂。蒴果 2 瓣裂。种子细小，多深绿色，基部有气垫状附属物及白色长毛。暗褐色，基部有簇毛。

约 520 种，主产北温带和寒带。中国约 275 种，遍及全国各地。垂直分布从平原至海拔 4 900m。

喜光，生态幅宽，多喜湿润，能生于水边和浅水中。有些种类耐干旱，喜温凉气候；有些种类耐严寒，对土壤适应性强。生长快，萌芽力强，扦插极易成活，也可播种繁殖。

木材轻软，纹理直，韧性强，供建筑、家具、农具、包装箱、造纸等用材，多为小板料和小型用具。灌木柳的柳枝可供编织；花为蜜源。为优良的水土保持树种，可固堤护岸、防风固沙，也是环境美化、四旁绿化树种。

分种检索表

1. 雄蕊花丝分离。
   2. 叶披针形或线状披针形；子房无毛，无柄或近无柄。
      3. 乔木；叶缘为细齿，叶背面无毛或微有毛；苞片卵形或卵状披针形，黄绿色或淡黄色。
         4. 枝下垂；苞片披针形，内面无毛 ………………………………………… 1. 垂柳 S. babylonica
         4. 枝不下垂；苞片卵形，两面有短柔毛 ……………………………………… 2. 旱柳 S. matsudana
      3. 灌木或小乔木；叶全缘，边缘反卷；背面密被白色绢毛；苞片椭圆状卵形或微倒披针形，深褐色或近黑色 ………………………………………………………………………… 3. 蒿柳 S. viminalis
   2. 叶椭圆形或倒卵状椭圆形；子房有毛，具长柄 ………………………………… 4. 中国黄花柳 S. sinica
1. 雄蕊花丝合生。
   5. 幼枝、叶无毛或近无毛；叶近对生或对生，披针形或条状长圆形 ……………… 5. 杞柳 S. integra
   5. 幼枝、叶背被白绒毛；叶互生，线形或线状倒披针状条形 ……………………… 6. 沙柳 S. cheilophila

1. 垂柳 *Salix babylonica* Linn. /Weeping Willow 图 8-128

乔木，高 20m。枝细长下垂，无毛，淡褐色。叶窄披针形至线状披针形，长 9~16cm，宽 0.5~1.5cm，叶背面淡绿色，边缘有细腺齿；叶柄长 0.5~1.0cm，有柔毛。花先叶或与叶同时开放；雄花花序长 1.5~3cm，雄蕊 2，苞片披针形，内面无毛，外面有毛，腺体 2；雌花花序长 2~5cm，子房无柄或近无柄，无毛或下部稍有毛，花柱短，柱头 2~4 深裂，苞片同雄花，腺体 1。蒴果长 0.3~0.4cm。花期 3~4 月，果实成熟期 4~5 月。

产长江流域和黄河流域，全国各地栽培。亚洲、欧洲、美洲各国均有引种。气候适应性强，从东北至云南西双版纳均能生长。生态幅较宽，适生于低湿立地，如沟边、湖边。根系发达，可固岸护堤。速生，萌芽力强，耐修剪，可对树冠进行造型。枝条细柔下垂，在风中轻摆摇曳；滨水种植，婆娑的树冠倒映水中，是中国园林重要的景致，是优美园林的美化树种和造影树种，可孤植或成排种植。耐寒区位 5~10。

2. 旱柳 *Salix matsudana* Koidz. /Hankow Willow, Pekin Willow 图 8-129

乔木，高 20m，胸径 80cm。树皮灰褐色，纵裂。枝淡黄色，细长，直立或斜展，无毛。叶披针形，长 5~10cm，宽 1~2cm，基部窄圆或楔形，背面苍白或带白色，边缘具细腺齿，幼叶有丝状柔毛；叶柄长 0.5~0.8cm，上面有长柔毛。花苞片卵形，黄绿色，两面

图8-128 垂柳 *Salix babylonica*
1. 雌花序枝 2. 叶 3. 雄花 4, 5. 蒴果

图8-129 旱柳 *Salix matsudana*
1. 雌花序枝 2. 雄花序枝 3. 雄花 4. 雌花 5. 蒴果

有短柔毛;雄花雄蕊2,腺体2;雌花子房近无柄,无毛,无花柱或很短,柱头卵形,腺体2。蒴果圆锥形。花期4月,果实成熟期4~5月。

产黑龙江、吉林、辽宁、内蒙古、河北、山东、江苏南部、浙江西北部、湖北西北部、河南、陕西及新疆,为平原常见栽培树种,天然分布可达海拔2 900m以下林区,多沿河生长。欧洲巴尔干半岛、俄罗斯、蒙古及日本亦有分布。生态幅较宽,既能在低湿立地生长,也能在西北、华北干旱地下水位高的立地生长。根系发达,为西北固堤护岸、固沙保土的优良树种。萌蘖能力强,耐修剪,可进行头木作业,对树冠进行造型,或砍伐为薪材、小工具用材。为产区常见的园林、四旁绿化及风景树。耐寒区位4~10。

3. 蒿柳 *Salix viminalis* E. L. Wolf/Basket Willow 图8-130

灌木或小乔木。叶全缘,边缘反卷,背面密被白色绢毛;雄蕊2,花丝离生,无毛;苞片长圆状卵形或微倒卵状披针形,钝头或急尖,浅褐色,先端黑色,两面有疏长毛或疏短柔毛;腺体1,腹生;雌花序圆柱形,子房卵形或卵状圆锥形,有密丝状毛。

产黑龙江、吉林、辽宁、内蒙古东部、河北、河南、山西西部、陕西东南部及新疆北部,生于海拔80~2 740m的河边、溪边,常形成小片林。朝鲜、日本、俄罗斯西伯利亚及欧洲亦有分布。耐寒区位3~7。

枝条可编筐;叶可饲蚕。为护岸树种。叶背银白,叶形细长,在阳光照射下,银光闪闪,可用于城镇绿化美化。

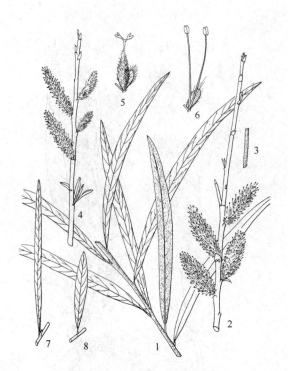

图8-130 蒿柳 *Salix viminalis*
1. 叶枝, 示叶表、背面 2. 雄花序枝 3. 枝的一段, 示毛 4. 雌花序枝 5. 雌花 6. 雄花 7, 8. 叶

图8-131 中国黄花柳 *Salix sinica*
1. 叶枝 2. 枝芽 3. 雄花序枝和雌花序枝 4. 雌花 5. 雄花 6. 果实 7. 种子

4. 中国黄花柳 *Salix sinica*（Hao）C. Wang et C. F. Fang／Chinese Goat Willow 图8-131

灌木或小乔木。小枝红褐色。叶椭圆形至倒卵状椭圆形, 幼叶有毛, 后脱落, 背面发白, 具疏齿, 或全缘; 叶柄有毛。柔荑花序无柄, 密被绒毛, 花序苞片椭圆形; 雌花子房窄圆锥形, 有毛, 具柄。蒴果卵状圆锥形, 果柄与苞片几等长。花期4月, 果实成熟期5月。

中国特有树种, 产内蒙古、河北、山西、河南、山东、江苏西北部、安徽东南部、湖北、贵州北部、广西西北部、云南、四川、陕西、宁夏、甘肃及青海。耐阴, 喜水湿环境, 散生于次生林林内、溪边或沟谷。耐寒区位4~10。

5. 杞柳 *Salix integra* Thunb.／Entire Willow 图8-132

灌木, 高1~3m。小枝黄绿色, 无毛。芽卵形, 黄褐色, 无毛。叶近对生或对生, 披针形至条状长圆形, 长2~5cm, 宽1~2cm, 先端短渐尖, 基部圆或微凹, 背面苍白色, 全缘或上部有尖齿, 两面无毛; 萌枝叶常3枚轮生。花序对生, 稀互生。蒴果长0.2~0.3cm, 被柔毛。花期5月, 果实成熟期6月。

产黑龙江、吉林、辽宁、内蒙古（科尔沁左旗后旗）、河北、河南东南部、山东（泰安）、浙江及安徽南部, 生于海拔80~2 100m山地河边、湿草地。俄罗斯东部、朝鲜及日本亦有分布。耐寒区位3~9。

枝条柔软, 是编筐的优良材料。

图8-132 杞柳 *Salix integra*
1. 叶枝 2. 叶 3. 雌花序枝 4. 雌花

图8-133 沙柳 *Salix cheilophila*
1. 果序枝 2. 叶 3. 雌花 4. 雄花

6. 沙柳 *Salix cheilophila* Schneid. /Sand Willow　图8-133

与杞柳 *S. integra* 的主要区别：幼枝被毛，后无毛。叶互生，线形或线状倒披针状条形，叶缘外卷，上部具腺齿，下部全缘，叶背密被短绒毛。

产吉林东北部、辽宁、内蒙古、河北、山西、陕西、宁夏、甘肃、青海、新疆、河南、湖北东部、湖南、广东东部、香港、广西、四川、云南及西藏，生于海拔700～3 000m山地沟边。耐寒区位5～10。

32. 杜鹃花科 Ericaceae /Heath Family

常绿或落叶灌木，稀乔木。单叶互生，稀对生或轮生；无托叶。花组成花序或单生，两性，整齐稀不整齐；萼片5，稀4 (3～7)，合生或稀离生；雄蕊为花冠裂片2倍，2轮，花丝与花冠分离或从花盘基部生出，花药2室，孔裂或短纵裂，有时具芒；子房上位或下位，心皮5稀4，中轴胎座，每胎座具1至多数胚珠。蒴果、浆果。种子有胚乳。

126属约3 500种，分布于温带、亚热带和热带山区，主产地为南非和中国西南部。我国有14属718种，全国均产，其中杜鹃花属 *Rhododendron* 为世界有名的观赏植物。

杜鹃花科在系统分类上存在广义和狭义的杜鹃花科。在狭义的杜鹃花科中，将越橘亚科 Vaccinioideae 等独立成科。在 APG 分类系统中，杜鹃花科合并了鹿蹄草科 Pyrolaceae、岩高兰科 Empetraceae 及某些分类系统承认的澳石南科 Epacridaceae 和越橘科 Vacciniaceae，置于核心真双子叶植物菊类分支中的杜鹃花目 Ericales。

表8-10为杜鹃花属与越橘属特征比较。

表 8-10 分属特征比较表

属 名	叶 缘	花 冠	花 药	果 实	子房位置
杜鹃花属 *Rhododendron*	全缘	大，漏斗状、钟状、筒状	无芒状附属物	蒴果 5 裂，花柱宿存	上位
越橘属 *Vaccinium*	全缘或具锯齿	小，坛状	具芒状附属物或无	浆果，有宿存花萼	下位

1. 杜鹃花属 *Rhododendron* Linn. /Rhododendron

常绿或落叶灌木，稀小乔木。叶互生，全缘，稀有细齿。花常为顶生伞形总状花序，稀单生或簇生；萼 5，稀 6~10 裂，花后增大；花冠钟形、漏斗形或管形，常稍不整齐；雄蕊 5~10，稀更少，花药顶孔开裂；花盘厚，子房上位，5~10 室，每室胚珠多数。蒴果。种子小，多数。

约 800 种，广布北温带地区。中国约 600 种，产全国，以西南地区种类最多。

生活型多样，以灌木为多，但分布于横断山脉高黎贡山海拔 2 100~2 400m 的大树杜鹃 *Rh. protistum* var. *giganteum* 年龄超过 280 岁，树高达 25m。对生态环境适应性强，高山、低谷、悬崖、森林、灌丛和沼泽地均有适生种类，但以湿润、酸性土壤为宜。许多种类是著名观赏花木，有些种类叶、花可提取芳香油，大部分种类有毒，花不能食用，有些种类入药有治哮喘、咳血等功效。木材坚韧可供农具及细木工用材。

分种检索表

1. 叶和幼枝被腺鳞。
    2. 常绿或半常绿。
        3. 叶窄长圆形至窄倒披针形；花白色，多数组成顶生总状花序 ············ 1. 照山白 *Rh. micranthum*
        3. 叶长圆形至卵状长圆形；花紫红色，1~4 朵生于枝顶 ············ 2. 兴安杜鹃 *Rh. dauricum*
    2. 落叶；叶椭圆形，先端渐尖；花淡红紫色 ············ 3. 迎红杜鹃 *Rh. mucronulatum*
1. 叶和枝条被糙伏毛；花玫瑰红色至深红色，裂片内有暗红色斑点 ············ 4. 杜鹃花 *Rh. simsii*

1. 照山白 *Rhododendron micranthum* Turcz. /Manchurian Rhododendron 图 8-134

常绿灌木，高 1~2m。小枝被柔毛和腺鳞。叶长圆形至倒披针形，长 2~4cm，宽 1~1.5cm，全缘，边缘略反卷，背面密被褐色腺体。花白色，总状花序有多花，花直径约 1cm。蒴果长 5~8mm，疏生腺鳞。花期 5~7 月，果实成熟期 8~9 月。

中国特有树种，产东北、华北、华中、西北。耐寒区位 5~8。

喜光，稍耐阴，耐瘠薄，适应性强，在华北地区分布海拔 800~1 600m 的林缘、疏林内或在山脊形成灌丛，常和山杨 *Populus davidiana*、坚桦 *Betula chinensis*、蒙古栎 *Quercus mongolica* 等混生。枝叶有毒，入药治慢性气管炎。

2. 兴安杜鹃 *Rhododendron dauricum* Linn. /Dahurian Rhododendron 图 8-135

半常绿灌木，高 1~2m。小枝细而弯曲幼枝被毛和腺鳞。叶长圆形至卵状长圆形，长 1~5cm，宽 1~1.5cm，薄革质，背面淡绿色，两面有腺鳞。花 1~4 朵生于枝顶，先叶开放；花冠紫红色；雄蕊 10，花丝下部有毛，花药紫红色；花柱长于花冠。蒴果长 1~

图 8-134　照山白 *Rhododendron micranthum*
1. 花枝　2. 花　3. 果实

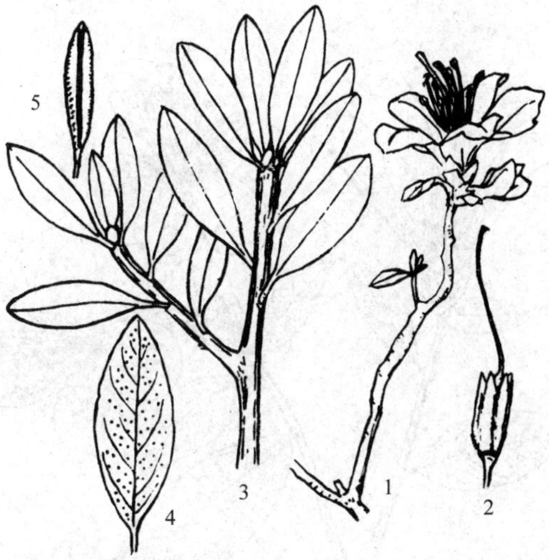

图 8-135　兴安杜鹃 *Rhododendron dauricum*
1. 花枝　2. 果实　3. 枝叶　4. 叶　5. 卷折叶

1.5cm。花期 4~6 月初，果实成熟期 7 月。

产黑龙江大小兴安岭、完达山、张广才岭，吉林和内蒙古。俄罗斯远东、蒙古、朝鲜、日本亦产。耐寒区位 4~6。

耐干旱瘠薄土壤，生于山顶石砬子或陡坡蒙古栎 *Quercus mongolica* 林下。酸性土指示植物。叶入药主治慢性支气管炎，叶还可提取芳香油。

3. 迎红杜鹃 *Rhododendron mucronulatum* Turcz. /Korean Rhododendron　图 8-136

落叶灌木，高达 2m。枝叶被腺鳞。叶椭圆形至长圆形，长 3~8cm。每芽出 1 花，2~5

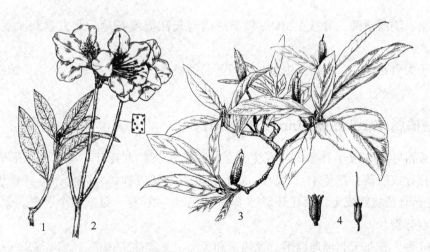

图 8-136　迎红杜鹃 *Rhododendron mucronulatum*
1. 叶枝　2. 花枝　3. 果枝　4. 果实

朵生于枝顶，先叶开放，花淡紫红色；雄蕊10。蒴果长约1cm，被腺鳞。花期4~5月，果实成熟期6月。

产黑龙江、辽宁、内蒙古、河北、山西、山东、陕西、甘肃、四川、湖北等地。俄罗斯、朝鲜、日本亦产。耐寒区位5~8。

耐阴，喜深厚肥沃土壤。在华北地区分布海拔1 000~1 600m的林缘和林内，常为山杨 *Populus davidiana*、白桦 *Betula platyphylla*、黑桦 *B. dahurica*、蒙古栎 *Quercus mongolica* 等森林的下木。花色美丽，早春开花，先叶开放，可作城市绿化树种，目前北京已引入用于园林绿化。

4. 杜鹃花 *Rhododendron simsii* Planch. ／Sims' Rhododendron 图 8-137

落叶灌木，高达3m。小枝被褐色、扁平糙伏毛。叶椭圆状卵形至

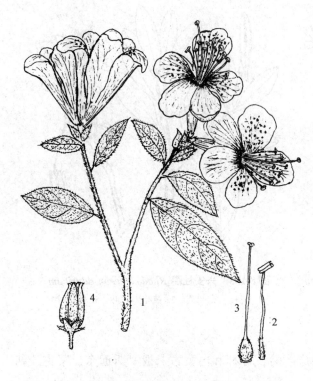

图 8-137 杜鹃花 *Rhododendron simsii*
1. 花枝 2. 雄蕊 3. 雌蕊 4. 果实

椭圆状披针形，长2~5cm，两面被糙伏毛。花2~6朵，簇生枝顶，先叶开放；花冠玫瑰红色或深红色；雄蕊10，花药紫色。蒴果密被硬伏毛。花期5月，果实成熟期9~10月。

产河南、陕西南部，海拔1 500m以下，南至长江流域各地。北方盆栽，室内越冬。耐寒区位8~10。

我国十大名花之一，栽培历史悠久，园艺品种极多。扦插、播种、分株、嫁接及压条繁殖。

2. 越橘属 *Vaccinium* Linn. ／Blueberry

常绿或落叶灌木或小乔木。叶互生，全缘或有锯齿，无托叶。花单生或形成总状花序；苞片宿存或脱落；花萼4~5浅裂，宿存；花冠坛状或钟状、筒状，4~5浅裂；雄蕊8~10，花药有芒状距或无，顶孔开裂；子房下位，4~10室，每室数个胚珠。浆果球形，顶端有宿存萼裂片。

约450种，分布于北半球温带、亚热带和美洲、亚洲热带山区，而以马来西亚地区最为集中，有几种环北极分布。中国有47种。有些种类果可食，有些种类供观赏。

越橘 *Vaccinium vitis-idaea* **Linn.** /Cowberry 图 8-138

常绿矮灌木或匍匐，高 7~30cm。叶椭圆形至倒卵形，长 1~2cm，宽 0.8~1cm，叶缘反卷，具波状浅钝齿。总状花序有花 2~8 朵，生当年生顶枝。花萼、花冠 4 裂，花冠白色或浅红色；雄蕊 8，花药背部无距，药管与药室近等长。果球形，径 5~10mm，红色。花期 6~7 月，果实成熟期 8~9 月。

产黑龙江、吉林、内蒙古、陕西、新疆，生于海拔 900~3 200m 落叶松、云杉林下或高山草原水湿台地。欧洲、北美洲、俄罗斯远东、朝鲜、日本亦产。耐寒区位 4~6。

耐寒、耐阴。喜湿润肥沃酸性土壤。播种、插条、压条繁殖。叶可代茶饮用，入药作尿道消毒剂；果酸甜可食或制饮料。

图 8-138　越橘 *Vaccinium vitis-idaea*
1. 全株　2. 花纵剖面　3. 花枝　4. 种子

33. 柿树科 Ebenaceae /Ebony Family

乔木或灌木。含单宁，心材坚重，黑色、绿色或红色。单叶互生，稀对生，全缘；无托叶，具羽状脉。花单性，辐射对称；雌雄异株或杂性，腋生；雌花单生，雄花数朵形成聚伞花序、簇生或单生；花萼 3~7 裂，果时宿存，增大；花冠合生，裂片与萼片同数，旋状排列；雄花具退化雌蕊，雄蕊着生于花冠筒上，与花冠裂片同数或为其倍数；雌花具退化雄蕊 4~8 或无，子房上位，中轴胎座，心皮 2~16，2~16 室，每室 1~2 胚珠。浆果肉质。种子有胚乳，胚小，子叶大，叶状。

5 属 500 余种，主要分布于两半球热带地区，在亚洲温带和美洲北部种类少。中国 1 属约 57 种。

柿树科在 Cronquist 系统中隶属于柿树目，在 APG 分类系统中则置于核心真双子叶植物菊类分支中的杜鹃花目 Ericales，并合并了棠柿科 Lissocarpaceae。

柿属 *Diospyros* **Linn.** /Ebony, Persimmon

落叶或常绿，乔木或灌木。枝无顶芽，侧芽芽鳞 2 枚。花单性，雌雄异株或杂性，雄花常较雌花小，组成腋生聚伞花序，生当年枝上，雄蕊 4~16，两轮，着生于花冠基部，具退化雌蕊；雌花单生叶腋，花萼 4 深裂，花后增大，宿存；花冠坛状，4~5 裂，稀 3~7 裂，具退化雄蕊；子房 2~16 室，常 4 室。浆果，基部有增大宿萼。种子较大，长椭圆形，扁平。

约 500 种，主产全世界热带地区。中国 57 种。喜钙质土壤，可为石灰岩的指示树种。

果实可食，未熟时较涩，存放一段时间后，涩味消失。果实也是鸟类的食源。

分种检索表

1. 小枝被毛；芽三角状卵形；叶表面有光泽；果大，径3cm以上，成熟果实黄或橙黄色 ·· **1. 柿 *D. kaki***
1. 小枝无毛；芽卵形；叶表面无光泽；果小，径2cm以下，成熟果实蓝黑色 ········ **2. 君迁子 *D. lotus***

1. 柿 *Diospyros kaki* Linn. f. /Persimmon 图8-139

图8-139 柿 *Diospyros kaki*
1. 雌花枝 2. 雌花纵剖面 3. 雄花 4. 果实 5. 种子

落叶乔木，高达20m；树皮暗灰色，小方块状开裂。冬芽三角状卵形，先端钝。枝较粗，被黄褐色绒毛。叶椭圆状卵形至宽椭圆形，长6~18cm，宽4~10cm。新叶疏被绒毛，老叶表面深绿色，有光泽，无毛，背面绿色，有绒毛或无毛，枝基部的常具红色小叶片。花萼钟状，两面有毛，4深裂，有睫毛；花冠钟形，黄白色，被毛，4裂。果球形、扁球形、方球形或卵圆形，径3.5~10cm，基部常有棱，成熟后黄或橙黄色，果肉柔软多汁，橙红或大红色，有数粒发育或败育种子；宿萼木质，肥厚。种子褐色。花期5~6月，果实成熟期9~10月。

为中国特有树种。北自长城，南至长江流域以南各地均有栽培。朝鲜半岛、日本、东南亚、大洋洲、阿尔及利亚、法国、俄罗斯、美国均有栽培。耐寒区位8~10。

中国栽培柿的历史有3 000多年，栽培变种有数百个，其中优良品种有：河北、河南、山东、山西的大磨盘柿，陕西临潼的火晶柿，三原的鸡心柿，浙江的石荡柿，广东的大红柿，广西阳朔、临桂的牛心柿等。主要采用嫁接法繁殖，在华北、西北通常用栽培的君迁子 *Diospyros lotus* 作砧木。

喜光、喜温暖湿润气候，凡年平均气温在9℃，极端最低气温在-20℃以上，年降水量500mm以上地区均能生长；以深厚、肥沃、排水良好壤土为宜，抗HF力强。深根性，寿命长。嫁接后4~6年开始结果，15年后进入盛果期。

木材坚韧，不翘不裂，供家具及细木工用材；果实可食用或加工成柿饼、柿面、酿酒、制醋；可药用，能止血通便、缓和痔疾肿痛、降血压；柿饼可润脾补胃、润肺止血；柿蒂下气止呃，止呃逆和夜尿症；可提取柿漆，用于涂鱼网、雨具、填补船缝和作建筑材料的防腐剂等；柿树寿命长，叶大荫浓，秋叶变红，果实色艳极富观赏价值，可作园林绿化树种。

2. 君迁子（黑枣） *Diospyros lotus* **Linn.** /Date Plum 图 8-140

落叶乔木，高达 30m；树皮灰黑色。小枝无毛，或嫩枝微有毛。芽卵形。叶长椭圆形，长 6~12cm，宽 3~6cm；表面无光泽。花淡黄色或带红色。果近球形或椭圆形，径 1~2cm，成熟时黄褐色，后变蓝黑色，有白粉。花期 4~5 月，果实成熟期 9~10 月。

为中国特有树种。产华北、华中、西北、华南及西南，栽培或野生，生于海拔 500~2 300m 山坡、山谷灌丛中或林缘。亚洲西部、小亚细亚、欧洲南部均已驯化。耐寒区位 5~9。

深根性喜光树种，耐瘠薄，抗干旱，耐盐碱，怕水湿，对土壤适应性强，喜钙质土壤，对 SO_2 有较强的耐性。

果供食用，也可制成小柿饼，入药可消渴，去烦热；又供制糖、酿酒、制醋；果、嫩叶均可供提取维生素 C；未熟果实可提取柿漆，供医药或涂料用；木材质地坚硬，耐磨损，可作纺织木梭、雕刻、家具和文具；树皮可供提取单宁和制人造棉；实生苗常用作柿树砧木；也是城市优良的抗污染树种。

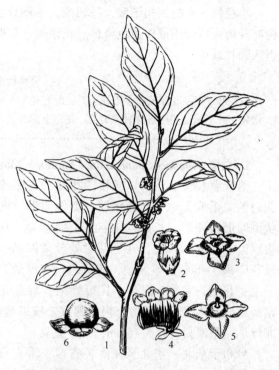

图 8-140　君迁子 *Diospyros lotus*
1. 花枝　2. 雄花　3. 雌花　4. 雄花展开；示花萼、花冠及退化雄蕊　5. 幼果　6. 果实

34. 山矾科 Symplocaceae /Symplocos Family

常绿或落叶灌木或乔木。单叶互生，具锯齿、腺齿或全缘；无托叶。花辐射对称，两性，稀杂性，具穗状、总状、圆锥或团伞花序，稀单生；萼杯状，3~5 裂，常宿存；花冠白色，裂片 5（3~11），裂至近基部或中部；雄蕊多数，少为 4~5，花丝合生、5 体或分离，着生于花冠上；子房下位或半下位，3（2~5）室，花柱 1。核果，顶端具宿存花萼裂片，果核木质。种子胚乳丰富；胚直或弯曲。

1 属。

山矾科在 Cronquist 系统中隶属于柿树目，在 APG 分类系统中则置于核心真双子叶植物菊类分支中的杜鹃花目 Ericales，并从山矾属 *Symplocos* 分出革瓣山矾属 *Cordyloblaste*。

山矾属 *Symplocos* Jacp. /Symplocos

形态特征与科同。

约 300 种，广布于亚洲、大洋洲和美洲热带及亚热带地区。中国约 77 种，主产西南部至东南部，以西南部的种类较多，北方仅有1种。

小径材，木材结构细致，易切削，不耐腐；材质优良，可制木模型、镜框、胶合板。树叶及树皮可药用或作黄色染料。花繁茂，花期长，为优良蜜源树种。一部分种类已逐步引入园林栽培。

分种检索表

1. 嫩枝、叶下面及花序疏被柔毛或无毛；所有花均有梗，核果无毛，蓝色 ………… **1. 白檀 S. paniculata**
1. 嫩枝、叶下面及花序密被皱曲柔毛；花序上部花几无梗；核果具紧贴柔毛，黑色 ………………………………………………………………………………… **2. 华山矾 S. chinensis**

1. 白檀 *Symplocos paniculata*（Thunb.）Miq. /Asiatic Sweetleaf   图8-141

落叶灌木或小乔木。嫩枝、叶背、花序疏被灰白色柔毛或无毛。叶薄纸质，宽倒卵形、椭圆状倒卵形至卵形，长3~11cm，先端急尖，具细尖锯齿；侧脉4~8对，在近叶缘处分叉网结。圆锥花序长5~8cm；萼5裂，淡黄色，有纵纹，具缘毛；花冠白色，5深裂，具短缘毛；雄蕊花丝基部连成五体雄蕊；子房有褐色腺点。核果蓝色，卵球形，稍偏斜，长5~8mm，宿萼直立。

分布于东北、华北至江南各省区；垂直分布于海拔760~2 500m，生于山坡、路边、疏林或密林中，在阳坡和近溪边湿润处生长最好。朝鲜、日本、印度也有分布，北美有栽培。耐寒区位7~9。

喜光，适应性强，耐干旱瘠薄，根系发达，固土能力强，是水土流失地区的先锋树种；繁殖能力强，耐刈割，热值高，可作为薪炭林树种。

材质致密，供细木工等用；种子含油率30%左右，供制油漆、肥皂用，作润滑油。白檀油内

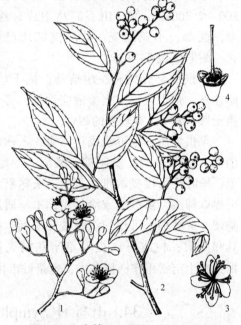

图8-141　白檀 *Symplocos paniculata*
1. 花枝　2. 果枝　3. 花　4. 子房

含有人体必备的两种不饱和脂肪酸，即油酸和亚油酸，含量高达85%左右，是理想的、有益于健康的食用植物油；种子榨油后的残渣和叶含有17种氨基酸，包括动物所必需的7种氨基酸，可提取蛋白质、作饲料或饲料添加剂；花有蜜腺，芳香，为蜜源植物；根、茎、叶均可药用；根、茎、叶均可制农药；树姿美观，春季白花繁茂，秋结蓝果，观赏效果好，可引种栽植为园林观赏树种，但目前园林中少见应用。

2. 华山矾 *Symplocos chinensis*（Lour.）Druce /Chinese Sweetleaf

常绿灌木。嫩枝、叶柄、叶背、花序轴、苞片、萼片被灰黄色皱曲柔毛。叶纸质，椭圆形至倒卵形，长4~7（10）cm，先端急尖，基部圆形，边缘具细尖锯齿，上面被柔毛，侧脉4~7对，在离叶缘1~2mm处分叉网结。圆锥花序长4~7cm；花芳香，花冠5深裂几达基部；雄蕊花丝基部连成五体雄蕊。核果卵形，歪斜，长5~7mm，被贴伏柔毛，蓝色，宿萼内弯。花期4~5月，果实成熟期8~9月。

产广东、江苏、浙江、福建、台湾、安徽、江西、湖南、广西、云南、贵州、四川等地;生于海拔1 000m以下丘陵、山坡、杂木林中。耐寒区位8~10。

木材为河南南阳烙花筷原料;种子榨油可制肥皂;根、叶药用,根入药治急性肾炎、疟疾;叶捣烂外敷治疮疡、跌打损伤,叶研末治烧伤、烫伤、疮伤及外伤出血;鲜叶汁冲酒内服治蛇伤。

35. 海桐科 Pittosporaceae/Pittosporum Family

常绿乔木或灌木,有时具刺。单叶互生,稀对生或轮生,无托叶。花两性,稀单性或杂性,辐射对称,成圆锥、总状或伞房花序;萼片、花瓣、雄蕊均为5,雌蕊由2~3心皮合生而成,有时5心皮;子房上位,花柱单一。蒴果或浆果状。种子多数,生于黏质的果肉中。

9属约360种,广布于东半球的热带和亚热带地区,以及西南太平洋岛屿,主产大洋洲。中国1属约40种。

海桐科在Cronquist系统中隶属于蔷薇目,在APG分类系统中则置于菊类分支中的伞形目Apiales。

海桐属 *Pittosporum* Banks ex Soland. /Pittosporum

常绿乔木或灌木。叶互生,常簇生于枝顶,革质,全缘或具波状齿。花单生或排成顶生的圆锥或伞房、伞形花序;花瓣先端常向外反卷,心皮2~3个,1室或为不完全的2~5室,胚珠多数。蒴果,球形至倒卵形,具2~5果瓣,果瓣木质或革质,种子藏于红色黏质瓤内。

约300种,分布于东半球热带和亚热带地区,主产大洋洲。中国44种。多数种类为绿化树种,宜作树篱、庭荫树,带状种植或容器栽培,耐修剪整形。

海桐 *Pittosporum tobira* (Thunb.) Ait. / Japanese Pittosporum 图8-142

灌木或小乔木,高2~6m。树冠圆球形,枝条近轮生;嫩枝有褐色柔毛。叶革质,簇生枝顶;倒卵状椭圆形,长5~12cm,边缘反卷,全缘,无毛;上面浓绿而有光泽,嫩时两面有柔毛。顶生伞房花序,花白色或淡黄绿色,芳香。蒴果卵球形或圆球形,长0.7~1.5cm,有棱,熟时3瓣裂,种子鲜红色。花期5月,果实成熟期10月。

产长江流域以南各地。朝鲜和日本也有分布。各地常栽培观赏。耐寒区位9~11。

图8-142 海桐 *Pittosporum tobira*
1. 果枝 2. 花 3. 雄蕊 4. 雌蕊

喜光，略耐阴，耐寒性不强，对土壤要求不严。萌芽力强，耐修剪，抗海潮风，抗SO_2等有毒气体能力较强。播种或扦插繁殖。

枝叶繁茂，花淡雅而芳香，是南方城市及庭园常见的绿化观赏树种。

36. 虎耳草科 Saxifragaceae/Saxifrage Family

草本、灌木或小乔木，稀常绿。有时小枝具刺。单叶对生或互生，稀轮生；无托叶。花小，两性、杂性或单性异株；伞房状或圆锥状聚伞花序，或总状花序，稀簇生或单生。花序周边具由花萼扩大呈花瓣状的不孕性花或无；花萼4~10，花瓣4~10；雄蕊5至多数；子房半下位至下位，2~5(10)心皮，1~5(10)室。蒴果，顶部开裂，或浆果，萼宿存。种子具胚乳，胚小。

约17属350种以上，分布北温带至亚热带及南美洲。中国12属169种，南北方均有。该科的许多树种具有一定的耐阴性，在中国北方的森林中常见，是重要的下木，为野生动物和鸟类提供良好的栖息环境和食源。许多种类用于园林观赏和城市绿化。

虎耳草科在Cronquist系统中隶属于蔷薇目，在APG分类系统中置于核心真双子叶植物超蔷薇类分支中的虎耳草目Saxifragales。在Cronquist系统中，虎耳草科分为虎耳草科Saxifragaceae、茶藨子科Grossulariaceae(Ribesiaceae)和绣球花科(八仙花科)Hydrangeaceae等科。APG分类系统中，虎耳草科也排除了鼠刺科Iteaceae、茶藨子科、绣球花科等大部分木本植物科。在以下四个属中，溲疏属、山梅花属和绣球属均属于绣球花科，茶藨子属属于茶藨子科。根据树木学教学和学习的特点，仍按广义的虎耳草科描述。

分属检索表

1. 花为异被花，具明显的花萼花瓣；聚伞或圆锥花序；蒴果；枝无刺。
 2. 小枝中空，幼枝及叶有星状毛；花丝扁平，先端具2齿状距 ············· 1. 溲疏属 *Deutzia*
 2. 植物体无星状毛，小枝具白色或黄色海绵质髓心。
  3. 小枝具白色海绵质髓，无顶芽；花序边缘无不孕花；四数花 ········ 2. 山梅花属 *Philadelphus*
  3. 小枝具白色或黄色海绵质髓，有顶芽；花序边缘具不孕花；五数花 ············ 3. 绣球属 *Hydrangea*
1. 花萼花瓣状，花瓣小或无；总状花序；浆果；小枝具刺或无 ················ 4. 茶藨子属 *Ribes*

1. 溲疏属 *Deutzia* Thunb. /Deutzia

落叶灌木，稀常绿；通常有星状毛。小枝中空。单叶对生，叶缘有细锯齿。花两性，5数，组成圆锥或聚伞花序；花瓣白色至紫蓝色，雄蕊10，排成两轮，每轮5，花丝顶端常有2齿；子房半下位，花柱3~5，离生。蒴果3~5瓣裂，具多数细小种子。

约60种，分布北温带。中国约50种，各地均有分布，西部最多。该属树种生态幅宽，适应性强，花美丽，多数夏季开花，已成为城市绿化中难得的适生于城市绿地林内种植的观花树种。

分种检索表

1. 叶两面具疏星状毛；花小，组成顶生的圆锥花序 ······················ 1. 小花溲疏 *D. parviflora*
1. 叶面粗糙，叶背密生灰白星状毛；花大，1~3朵生于枝顶 ············ 2. 大花溲疏 *D. grandiflora*

1. 小花溲疏 *Deutzia parviflora* Bunge /Small-flowered Deutzia 图 8-143

灌木，高达2m。树皮片状剥落，小枝褐色，疏被星状毛。叶卵形至窄卵形，长3~6cm，顶端渐尖，基部圆或宽楔形，具细齿，两面疏被星状毛，背面灰绿色，叶柄长3~5mm。伞房花序，直径4~7cm。小花白色，径1~1.2cm，花丝顶端有2齿。蒴果径2~2.5mm，种子纺锤形，褐色。花期6月，果实成熟期8月。

吉林、辽宁、内蒙古、河北、山西、山东、河南、陕西、甘肃等地均有分布。生于林缘、林内和灌丛中。耐寒区位5~7。

生态幅宽，既能在全光照下生长，也能在林内正常发育开花结果。耐干旱、耐寒、耐土壤瘠薄。播种或分蘖繁殖。

花繁雪白，落花如雪，花蕾球形，形如珍珠，十分美观；花开于夏天，弥补北方夏天开花树种稀少的不足，是难得的野生花木资源，现已广泛在城镇绿化中运用，多植于绿地、林带内。该树种是丛生灌木，在城市中种植不仅起到美化作用，而且还是城镇动物的藏身之地。可用于护坡，为水土保持树种。

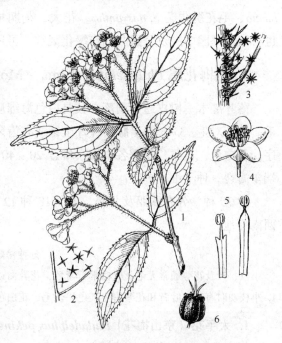

图 8-143　小花溲疏 *Deutzia parvifiora*
1. 花枝　2. 叶片表面，示毛　3. 叶片背面，示毛　4. 花　5. 雄蕊　6. 果实

2. 大花溲疏 *Deutzia grandiflora* Bunge /Large-flowered Deutzia 图 8-144

与小花溲疏 *D. parviflora* 的区别：叶卵形至卵状椭圆形，长2~5cm，叶面灰白色，稍粗糙，疏被星状毛，叶背面白色，密被灰白色星状毛。花1~3朵生于侧枝顶端，白色，直径2.5~3cm，花丝先端无齿。花期4~5月，果实成熟期6~7月。

产河南、陕西、甘肃、山西、河北、内蒙古、辽宁等地。多见于山谷、路旁岩缝及丘陵低山灌丛中。朝鲜亦产。耐寒区位5~8。

喜光、耐干旱、耐寒。在华北地

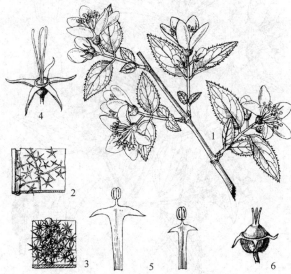

图 8-144　大花溲疏 *Deutzia grandiflora*
1. 花枝　2. 叶片表面，示星状毛　3. 叶片背面，示星状毛
4. 花，去花瓣和雄蕊　5. 雄蕊　6. 果实

区天然生长于海拔1 000m以下的石质山地阳坡灌丛中，伴生灌木有三裂绣线菊 *Spiraea trilobata*、毛花绣线菊 *S. dasyantha*。花大，花期早，为野生花卉资源。可种植作为观花树，也可植于庭园中央及公路两侧作绿化观赏。可用播种、分株繁殖。

2. 山梅花属 *Philadelphus* Linn. / Mockorange

落叶灌木。树皮通常剥落，枝具白色海绵质髓，无顶芽，侧芽为柄下芽。植株无星状毛。单叶对生，3~5基出脉，叶片全缘或有齿牙。顶生或侧生总状或聚伞花序，稀圆锥花序。花白色，花萼、花瓣各4枚，雄蕊20~40，子房半下位，3~4(~5)室。蒴果，顶端4瓣裂。种子细小多数。

约75种，分布欧亚及北美。中国18种12变种及变型，产东北、华北、西北、华东、西南等地。

分种检索表

1. 小枝、叶及花萼通常无毛，叶柄常带紫色，花乳白或淡黄色 ·············· 1. 太平花 *Ph. pekinensis*
1. 小枝幼时有毛，叶背和花萼密生灰色平伏毛，花白色 ·············· 2. 山梅花 *Ph. incanus*

1. 太平花（京山梅花）*Philadelphus pekinensis* Rupr. / Peking Mockorange　　图8-145

树高达3m。1年生枝紫褐色，无毛，2~3年生枝皮剥裂。叶卵形至椭圆状卵形，长3~6cm，光滑无毛，有时背面脉腋具簇生毛；顶端渐尖，基部广楔形或近圆形，三出脉，叶缘疏生小齿牙；叶柄带紫色。花5~9，组成总状花序，乳白色，直径2~3cm，微香；萼无毛。蒴果陀螺形。花期6月，果实成熟期9~10月。

产华北、西北、东北等地。北方各地庭园常有栽培。耐寒区位4~8。

喜光，也耐上方庇荫；耐寒、耐旱、喜湿润，稍耐阴怕水湿。多生长于土壤肥厚湿润的山谷、沟溪排水良好处。用播种、扦插、分株、压条的方法均可繁殖。

太平花枝叶稠密，花乳白清香，是优良的园林观赏树种。在园林绿化中常用于林缘、草坪一隅、山石边、园路旁及园路转弯处。因花开乳白色而清香，宋代赐名"太平瑞圣花"植于宫廷。

图8-145 太平花 *Philadelphus pekinensis*
1. 花枝　2. 雌蕊　3. 花萼腹面　4. 花萼背面

2. 山梅花 *Philadelphus incanus* Koehne / Mockorange

树高 3~5m。当年生小枝密生柔毛，后渐脱落。叶卵形至卵状长椭圆形，长 3~6 (~10) cm，3~5 基出脉，叶缘细尖齿，表面疏生短毛，背面密生柔毛，脉上尤多。花白色，直径 2.5~3.5cm，无香味；花萼被平伏毛。花期 6~7 月，果实成熟期 8~9 月。

产陕西南部、甘肃南部、河南、四川东部、湖北西部等地；生于海拔 1 000~1 700m 山地灌丛中。耐寒区位 7~9。

喜光，较耐寒。耐旱，忌水湿，对土壤要求不严，生长快。10 月可采种，晒干后储藏至翌年 3 月播种。也可分株、扦插繁殖。3~4 年可开花。

山梅花适应性较强，花期较长，可用于园林绿化或护坡。也是花坛、绿篱及插花的工艺用材。

3. 绣球属 *Hydrangea* Linn. / Hydrangeas

落叶灌木，稀攀缘状。树皮片状剥落，枝髓心白色或黄棕色。有顶芽，芽鳞 2~3 对。单叶对生，多有齿。花两性，成顶生聚伞或圆锥花序，花序边缘具大型不育花；不育花花萼增大，3~5，花瓣状，色彩多样，白色、粉色、蓝色等；可育花萼片、花瓣各 4~5，雄蕊 8~20，常为 10；子房下位或半下位，2~5 室，花柱 2~5，较短。蒴果顶端开裂。种子多数，细小。

约 85 种，产东亚及南北美洲。中国 45 种，分布西部至西南部。多数为观赏树种。花期长，从早春到晚秋均能看到蓝色、红色、粉色、紫色和白色的花簇。花色不仅和绣球的物种、品种有关，也取决于土壤的酸碱度。在栽培中，可以施加石灰或碳酸钾等改变植物周边土壤的酸碱度。一般情况下，土壤酸性时，花色以蓝色为多，土壤中性时，花色呈现白色，而土壤为碱性时，花色多为粉色和紫色。少数树种能沉积酸性土壤中的铝，铝在花瓣中形成化合物，使花呈现蓝色。

分种检索表

1. 小枝较细；叶背密生柔毛；花序伞房状，花白色，后变淡紫色 ……… 1. 东陵绣球 *H. bretschneideri*
1. 小枝粗壮；叶背近无毛；花序球形，均为不孕花，花粉红色或浅蓝色 ……… 2. 绣球 *H. macrophylla*

1. 东陵绣球（东陵八仙花）*Hydrangea bretschneideri* Dipp. / Shaggy Hydrangeas 图 8-146

小乔木或灌木，高达 3m。树皮薄片状剥裂。小枝较细，紫褐色，幼时有毛。叶椭圆形至倒卵状椭圆形，长 8~12cm，背面密生灰色卷曲柔毛，顶端渐尖，基部楔形；叶柄常带红色。伞房花序顶生，直径 10~15cm，不育花白色，花后为浅粉紫色或淡紫色；可育花白色，子房半下位。蒴果近球形，萼宿存。花期 6~7 月，果实成熟期 8~9 月。

产辽宁、内蒙古、河北、山西、河南、陕西、甘肃等地；生于海拔 1 000~2 000m 山坡、山地林缘、林内和灌丛中。耐寒区位 5~8。

喜光、耐阴、耐寒，喜排水良好湿润土壤。扦插、压条、分株、播种均可繁殖。

花开时节满树花团锦簇，令人赏心悦目，是良好的夏季观花树种。在园林中宜丛植于风景区、公园及庭园，亦可在透光性好的林下种植。

2. 绣球（八仙花）*Hydrangea macrophylla* (Thunb.) Ser. /Mophead hydrangeas

灌木，高 3~4m。小枝粗壮，无毛，皮孔明显。叶大而有光泽，倒卵形至椭圆形，长 7~15 (~20) cm，无毛或仅背面脉上有毛。伞房花序顶生，近球形，直径达 20cm，几乎均为不育花，扩大之萼片卵圆形，全缘，粉红色、浅蓝色或白色。花期 6~7 月。

产中国江南各地，北方大部分地区多盆栽观赏，或冬季移入室内。日本有分布。耐寒区位 5~11。

喜荫，忌阳光直射。喜温暖湿润的气候，不耐寒，喜含腐殖质丰富而排水良好的轻壤土。山东青岛、河南郑州可露地栽培。用嫩枝扦插、压条、分株法繁殖。

花序球型，是极好的观花植物，可盆栽摆放室内、走廊两侧或花坛。花可着色并制成干花装饰客厅。露地宜植于林荫路及棚架旁。根可药用，有清热抗疟之效。

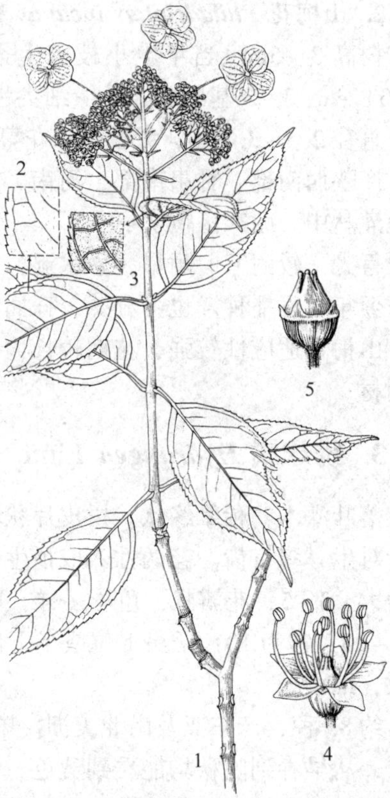

4. 茶藨子属 *Ribes* Linn. /Gooseberry

落叶灌木，稀常绿。有时小枝具刺。单叶互生或簇生，常掌状分裂。花两性或单性异株；总状花序，稀簇生或单生；花被 4~5；花萼花瓣状；花瓣小或鳞状，位于花萼筒喉部；雄蕊 4~5；子房下位，1 室，侧膜胎座 2，花柱 2。浆果，萼宿存。种子具胚乳，胚小。

1 属约 150 种，主产北温带及南美。中国约 50 种。

本属树种的果实可食，为野生果树资源，亦为野生动物和鸟类的食源。果富含维生素 C、糖及有机酸，鲜食或制果酱或果酒。在东北种植的黑果茶藨子（黑加仑）*R. nigrum* 可鲜食、加工饮料和酸奶的配料。开花时，具有香气，为蜜源树种。香茶藨子（黄丁香）*R. odoratum* 适宜在耐寒区位 4~8 的地区种植，为北方常见的美化灌丛。

分种检索表

1. 小枝及果实具皮刺；叶小，近圆形，掌状 3~5 裂，叶背淡绿色无毛 ………… **1. 刺果茶藨子 *R. burejense***
1. 小枝及果实无刺；叶较大，常掌状 3 裂，叶背面被绒毛 ………… **2. 东北茶藨子 *R. mandshuricum***

1. 刺果茶藨子 *Ribes burejense* Fr. Schmidt /Bureja Gooseberry　图 8-147

高达 1.5m，在石滩则常匍匐生长。小枝密生长短不等的细皮刺及刺毛，节具皮刺 3~7，刺长 0.5~1cm。叶互生近圆形，长 1~5cm，3~5 深裂，两面及边缘疏被柔毛，基部心形，裂片顶端尖，具圆齿；叶柄长 1~3.5cm，疏被腺毛。花淡红色，1~2 朵腋生。浆果球形，径约 1cm，由黄绿色转为紫黑色，被黄褐色长皮刺。花期 5~6 月，果实成熟期

图 8-146　东陵绣球 *Hydrangea bretschneideri*
1. 花枝　2. 叶片表面　3. 叶片背面
4. 花　5. 果实

7~8月。

产东北小兴安岭、长白山、河北、山西和陕西等地；生于山坡林缘、溪边和石滩地。朝鲜、俄罗斯远东地区亦产。耐寒区位4~8。

喜光，耐侧方庇荫，耐寒，喜排水良好湿润肥沃土壤。可播种、分株繁殖。

野生果树资源。初夏花开淡红色，夏秋果实黄绿色，可作为园林观赏树种，也可配置在假山、岩石园。

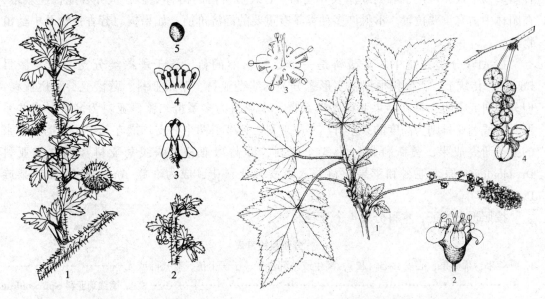

图8-147 刺果茶藨子 *Ribes burejense*
1. 果枝 2. 花枝 3. 花 4. 花瓣与雄蕊 5. 种子

图8-148 东北茶藨子 *Ribes mandshuricum*
1. 花枝 2. 花 3. 花顶面观 4. 果序

2. 东北茶藨子 *Ribes mandshuricum*（Maxim.）Kom./Manchurian Currant 图8-148

树高2m。小枝褐色无毛。叶互生，常掌状3裂，稀5裂，长5~10cm，中裂片长，侧裂片开展，具尖齿，正面疏被细毛，背面密被白绒毛；叶柄长2~8 cm，被柔毛。花两性，黄绿色。花序轴密被绒毛。浆果球形，径7~9mm，红色。花期5~6月，果实成熟期7~8月。

产东北、西北及华北北部地区；生于山坡、林下。朝鲜、俄罗斯远东地区亦有分布。耐寒区位3~7。

耐阴、耐寒、稍耐旱、不耐热，可耐轻度盐碱，喜沙质壤土。播种、分株、压条法繁殖。

果可鲜食或加工果酱，药有解毒作用。还可作园林绿化树种在公园及风景区配植。

37. 蔷薇科 Rosaceae/Rose Family

落叶或常绿，乔木、灌木或草本。具刺或无刺。单叶或复叶，互生，稀对生；具托叶，稀无托叶。花序类型多样，单生、簇生、伞房、总状或圆锥花序；花两性，辐射对称，离瓣花；花萼、花瓣 4~5，偶具副萼；雄蕊常 5 至多数，花丝分离；子房上位至下位，心皮 1 至多数，分离或合生。果实为核果、梨果、瘦果、蓇葖果，稀为蒴果。种子常无胚乳。

本科约有 124 余属 3 400 多种，世界广布，尤其以北温带至亚热带为主。中国有 4 亚科 55 属 900 余种，全国各地均产，是世界上蔷薇科植物的分布中心之一。蔷薇科乔木树种多坚韧细致，可用于雕刻或作农具用材。有观赏价值的树种更多，世界各地普遍栽培，在园林中占有重要位置。本科许多种类具有重要的经济价值，如果树、芳香植物及中药植物等。

在 APG 分类系统中，蔷薇科是一个比较自然的科，属于蔷薇类分支中的蔷薇目 Rosales。传统上，蔷薇科根据果实形态分为绣线菊亚科、苹果亚科、蔷薇亚科和桃亚科。但分子研究表明，只有苹果亚科是单系群。李亚科为多系群。蔷薇亚科为多系群或并系群。绣线菊亚科则为高度的并系群，苹果亚科、桃亚科两个分支均嵌在其中。根据多年来的分子研究成果，蔷薇科划分为 3 个亚科，即蔷薇亚科、绣线菊亚科和仙女木亚科 Dryadoideae。原李亚科和苹果亚科并入绣线菊亚科中，成为李族 Amygdaleae 和超梨族 Pyrodae。

按照形态特征，本科分为 4 个亚科。

分亚科检索表

1. 蓇葖果，稀蒴果；心皮 1~5（12）离生或基部合生，子房上位，有托叶或无 ················· **A. 绣线菊亚科 Spiraeoideae**
1. 梨果、瘦果或核果；有托叶。
　2. 子房下位或半下位，稀上位，心皮（1）2~5；梨果或浆果状，稀小核果状 ················· **B. 苹果亚科 Maloideae**
　2. 子房上位，稀下位。
　　3. 心皮多数；瘦果，萼宿存；具复叶，极稀单叶 ················· **C. 蔷薇亚科 Rosoideae**
　　3. 心皮常为 1，稀 2 或 5；核果，萼常脱落 ················· **D. 李亚科 Prunoideae**

A. 绣线菊亚科 Spiraeoideae

灌木，稀草本。单叶，稀复叶；叶片全缘或有锯齿；常无托叶，稀具托叶。心皮 1~5（12），离生或基部合生；子房上位，具 2 至多数悬垂的胚珠。蓇葖果，稀蒴果。

22 属，中国 8 属。

分属检索表

1. 蒴果；种子有翅；花较大，直径 2cm 以上；单叶，无托叶 ················· **1. 白鹃梅属 *Exochorda***
1. 蓇葖果；种子无翅；花较小，直径不及 2cm。
　2. 奇数羽状复叶；有托叶；大型圆锥花序；心皮基部合生 ················· **2. 珍珠梅属 *Sorbaria***
　2. 单叶；无托叶；伞形、伞房或圆锥花序；心皮离生 ················· **3. 绣线菊属 *Spiraea***

1. 白鹃梅属 *Exochorda* Lindl. /Pearl Bush

落叶灌木。芽卵形，芽鳞数枚。单叶，互生，全缘或有锯齿；具叶柄；无托叶或托叶早落。花两性，多大型；总状花序顶生；萼片5，宽短；花瓣5，白色，宽倒卵形，具爪，覆瓦状排列；雄蕊15~20，花丝较短，着生花盘边缘；心皮5，合生，花柱分离，子房上位。蒴果倒圆锥形，具5棱，5室，沿背腹两缝线开裂，每室种子1~2。种子扁平，有翅。

4种，产亚洲中部到东北部。中国有3种。

花于春季与叶同放，纯白色，蜡质，大而美丽，观赏性强，是产区和适生区理想的观赏树种。

白鹃梅 *Exochorda racemosa* (Lindl.) Rehd. / Common Pearl Bush 图 8-149

高达5m。枝条细，开展；小枝微有棱，无毛。冬芽三角状卵形，先端钝。叶片椭圆形、长椭圆形至矩状倒卵形，长3.5~6.5cm，宽1.5~3.5cm，先端圆钝或急尖，稀有突尖，基部楔形或宽楔形，全缘，稀上部有钝齿，两面无毛；叶柄短。总状花序，有花6~10；花直径2.5~3.5cm；花瓣倒卵形，基部缢缩成短爪，白色。蒴果，倒圆锥形，长约1cm，棕红色，5棱；种子有翅。花期3~5月，果实成熟期6~8月。

图 8-149　白鹃梅 *Exochorda racemosa*
1. 花枝　2. 花纵剖面　3. 果枝

产江苏南部、安徽、浙江、江西东北部、河南及湖北，生于海拔250~500m的山地阳坡或杂木林中。在北京能开花结实，正常生长。耐寒区位6~9。

喜光、耐寒、耐干旱瘠薄土壤，适应性强。

花洁白，枝叶秀丽，花芽球形，微小，似珍珠般玲珑可爱，为优美观赏树种；根皮、树皮入药，治腰痛；种子可榨油；其花芽和幼叶营养丰富，可作山野菜食用。

2. 珍珠梅属 *Sorbaria* (Ser.) A. Br. ex Aschers. /False Spiraea

落叶灌木。冬芽卵形，芽鳞数枚。奇数羽状复叶，互生，小叶对生，有锯齿；具托叶。大型圆锥花序顶生，花两性，小型；萼筒钟状，萼片5，反曲；花瓣5，白色，覆瓦状排列；雄蕊20~50；心皮5，基部合生，与萼片对生。蓇葖果沿腹缝线开裂。种子数枚。

约有9种，分布于亚洲。中国有4种，产于东北、华北至西南。

多数种类可栽培观赏。

分种检索表

1. 圆锥花序密集；雄蕊长于花瓣；花柱顶生 ··· 1. 珍珠梅 S. sorbifolia
1. 圆锥花序疏散；雄蕊与花瓣等长或稍短；花柱稍侧生 ···································· 2. 华北珍珠梅 S. kirilowii

1. 珍珠梅 Sorbaria sorbifolia (Linn.) A. Br. /Ural False Spiraea 图 8-150

高 2m。小枝圆柱形，无毛或微被短柔毛。冬芽卵形，紫褐色，被毛。奇数羽状复叶，小叶 11~17，披针形至卵状披针形，长 5~7cm，宽 1.8~2.5cm，先端渐尖，基部近圆或宽楔形，叶缘有尖锐重锯齿，两面无毛或近无毛，侧脉 12~16 对；托叶膜质，卵状披针形或三角状披针形。顶生大型密集圆锥花序，分枝近直立；萼筒钟状，萼片三角状卵形；花瓣矩圆形或倒卵形，长 0.5~0.7cm，白色；雄蕊 40~50，长于花瓣 1.5~2 倍；心皮 5，无毛或稍具柔毛。蓇葖果短圆形，花柱顶生，萼片宿存，反曲，稀开展；果梗直立。花期 7~8 月，果实成熟期 9 月。

产黑龙江、吉林、辽宁、内蒙古东部，生于海拔 250~1 500m 的山坡疏林中。俄罗斯、朝鲜、日本、蒙古也有分布。耐寒区位 2~9。

图 8-150 珍珠梅 Sorbaria sorbifolia
1. 花枝 2. 花纵剖面 3. 果序 4. 聚合蓇葖果

喜光、耐阴、耐寒，对土壤要求不严。萌蘖力强，耐修剪，生长快。

花、叶秀丽，花期长，为良好的园林观赏树种；茎皮、枝条和果穗入药，能活血散瘀、消肿止痛，主治跌打损伤；有报道认为其花序散发一种有杀菌作用的气体，有益于人体健康；其提取物具有抗炎、镇痛、耐缺氧及抗疲劳、抗衰老等作用。

2. 华北珍珠梅 Sorbaria kirilowii (Regel) Maxim. /Kirilowii False Spirea

与珍珠梅的主要区别为：圆锥花序疏散，分枝斜出或稍直立；雄蕊 20，与花瓣等长或稍短；花柱稍侧生。产辽宁、内蒙古中南部、河北、山东、安徽北部、河南、山西、陕西南部、宁夏、新疆中北部及青海东部，生于海拔 200~1 300m 林中。常见栽培，供观赏。耐寒区位 3~9。

3. 绣线菊属 *Spiraea* Linn. /Spiraea

落叶灌木。芽小，芽鳞 2~8。单叶，互生，具锯齿或缺刻，有时分裂，稀全缘；无托叶。伞形、伞房或圆锥花序；花小，两性；萼片 5，萼筒钟状或杯形；花瓣 5，常覆瓦状或内卷；雄蕊 15~60，着生于花盘外缘；心皮 5（3~8），离生。蓇葖果 5，常沿腹缝线开裂，具数枚细小种子。种子线形或长圆形，种皮膜质；胚乳少或无。

约100种，广布北半球温带和亚热带山地。中国约70种，各地均产。多数种耐寒、耐旱，为优良的蜜源树种和观赏灌木。

分种检索表

1. 伞房花序、伞形花序或伞形总状花序。
　2. 叶背无毛；叶片近圆形，先端常3裂；有明显3~5出脉 ·················· **1. 三裂绣线菊** S. *trilobata*
　2. 叶背有毛；叶片菱状卵形或椭圆形；羽状脉。
　　3. 叶背面疏被短柔毛，花序无毛；蓇葖果仅沿腹缝线具毛 ············· **2. 土庄绣线菊** S. *pubescens*
　　3. 叶背面、叶柄、花序及蓇葖果密被绒毛 ·························· **3. 毛花绣线菊** S. *dasyantha*
1. 圆锥花序或复伞房花序。
　4. 圆锥花序，成金字塔形或矩圆形；花粉红色；叶矩圆状披针形或披针形 ········ **绣线菊** S. *salicifolia*
　4. 复伞房花序，花序顶端宽广而平；花白色；叶卵形、椭圆状卵形或椭圆状短圆形 ···················
　　·· **华北绣线菊** S. *frischiana*

1. 三裂绣线菊 *Spiraea trilobata* **Linn.** ／Three-lobed Spiraea　　图8-151

高2m。小枝细弱，稍呈"之"字形弯曲。芽宽卵形。叶近圆形，长1.7~3cm，宽1.5~3cm，先端钝，常3裂，基部圆或近心形，稀楔形，中部以上具少数圆钝锯齿，两面无毛，基部具明显3~5脉。伞形花序，无毛，花白色，直径0.6~0.8cm。蓇葖果开张，仅沿腹缝线具短柔毛或无毛。花期5~6月，果实成熟期7~8月。

产黑龙江南部、吉林北部、辽宁、内蒙古、河北、山东、江苏西南部、安徽南部、河南、山西、陕西、甘肃及新疆等地。海拔达2 400m，生于多石砾阳坡灌丛中、河边。朝鲜及俄罗斯也有分布。耐寒区位6~9。

庭园栽培，可供观赏，又为鞣料植物。

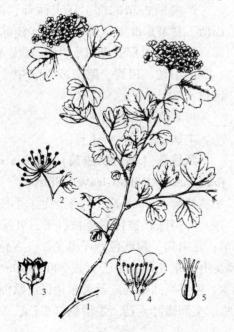

图8-151　三裂绣线菊 *Spiraea trilobata*
1. 花枝　2. 果枝　3. 果实　4. 花纵剖面　5. 雌蕊

图8-152　土庄绣线菊 *Spiraea pubescens*
1. 花枝　2. 叶　3. 花纵剖面　4. 果实

2. 土庄绣线菊 *Spiraea pubescens* Turcz. /Pubescent Spiraea 图8-152

高2m。小枝开展，稍弯曲。芽卵形。叶菱状卵形至椭圆形，长2~4.5cm，宽1.3~2.5cm，先端急尖，基部宽楔形，中部以上有粗齿或缺刻状锯齿，有时3裂，叶表面具稀疏柔毛，背面被短柔毛，沿叶脉较密；羽状脉。伞形花序有花15~20；花直径0.5~0.8cm；雄蕊25~30。蓇葖果开张，仅沿腹缝线具短柔毛，宿存花柱顶生，宿存萼片直立。花期5~6月，果实成熟期7~8月。

产黑龙江、吉林、辽宁、内蒙古、河北、山东、河南、山西、陕西、甘肃、四川及安徽等地，生于海拔200~2 500m向阳或半阳处、林内或干旱岩坡灌丛中。蒙古、朝鲜及俄罗斯也有分布。耐寒区位6~9。

为良好的庭园绿化树种，亦可作绿篱。

3. 毛花绣线菊 *Spiraea dasyantha* Bunge /Hairy-flowered Spiraea 图8-153

图8-153 毛花绣线菊 *Spiraea dasyantha*
1. 果枝 2. 聚合蓇葖果

高2m。小枝幼时密被绒毛，后脱落。叶菱状卵形，长2~4.5cm，宽1.5~3cm，先端急尖或圆钝，基部楔形，边缘具深钝齿或小裂片，表面绿色，有皱脉纹，疏生短柔毛；羽状脉。叶背面、叶柄、伞形花序之花序梗、花梗、萼外等均密被灰白色绒毛。蓇葖果开张，被绒毛，宿存花柱斜展，宿存萼片直立，稀反折。花期5~6月，果实成熟期7~8月。

产内蒙古东北部、辽宁西部、河北、山西、甘肃东北部、湖北西部、江苏西南部、江西西南部及浙江，生于海拔400~1 150m山坡、田野、路边或灌丛中。耐寒区位6~9。

可栽培于庭园供观赏。

本属常见的种类还有：

绣线菊（柳叶绣线菊） *Spiraea salicifolia* Linn. /Willow-leaved Spiraea 与三裂绣线菊 *S. trilobata* 的主要区别：小枝稍有棱。叶矩圆状披针形至披针形，叶缘有锐锯齿或重锯齿。圆锥花序，成金字塔形或矩圆形；花密集，粉红色。产黑龙江、吉林、辽宁、内蒙古东部、河北北部及西部、山西西部及山东东北部，生于海拔200~900m的河岸、湿草地、沼泽地，形成密集灌丛或林下灌木。俄罗斯西伯利亚及远东地区、欧洲东南部、蒙古、日本也有分布。是优良观赏树种；根、皮和嫩叶入药，主治跌打损伤、关节疼痛。耐寒区位3~10。

华北绣线菊 *Spiraea frischiana* Schneid. /Fritsch Spiraea　与三裂绣线菊 *S. trilobata* 的主要区别：小枝具明显棱角。叶卵形、椭圆状卵形至椭圆状短圆形，叶缘具不整齐重锯齿或单锯齿；复伞房花序，花序顶端宽广而平。产于辽宁（西部山区）、河北北部、山西南部、陕西南部、甘肃东南部、四川东北部、湖北西部、河南西部、山东、江苏西南部及浙江东北部，华东也有分布，生于海拔 1 000~2 000m 的岩石坡地、山谷林中。朝鲜也有分布。优良观赏树种；也是很好的蜜源植物。耐寒区位 4~9。

B. 苹果亚科 Maloideae

乔木或灌木。单叶或复叶；有托叶。心皮（1）2~5，多数与杯状花托内壁连合；子房下位、半下位，稀上位，（1）2~5 室，各具 2，稀 1 至多数直立的胚珠。梨果，稀浆果状或小核果状。

20 属，中国 16 属。该亚科的果实是传统的水果，或为野生动物和鸟类重要的食源。

分属检索表

1. 心皮在成熟时变为坚硬骨质，果实内含 1~5 小核。
   2. 叶全缘；枝条无刺 ·· 4. 栒子属 *Cotoneaster*
   2. 叶缘有锯齿或裂片，稀全缘；枝条常有刺。
      3. 常绿；托叶细小；心皮 5，每心皮 2 胚珠 ····················· 5. 火棘属 *Pyracantha*
      3. 落叶；托叶大型；心皮 5，每心皮 1 胚珠 ····················· 6. 山楂属 *Crataegus*
1. 心皮成熟时革质或纸质，梨果 1~5 室，各室有 1 或多粒种子。
   4. 复伞房花序或圆锥花序，有花多朵。
      5. 常绿；单叶，羽状侧脉直伸至齿尖；嫩枝及花序轴被绒毛；心皮全部合生；果形大，种子较大··· 7. 枇杷属 *Eriobotrya*
      5. 常绿或落叶；心皮一部分离生；果形小，种子较小。
         6. 单叶；常绿或落叶，羽状侧脉不直伸 ····················· 8. 石楠属 *Photinia*
         6. 单叶或复叶；落叶，羽状侧脉多直伸齿缘 ··············· 9. 花楸属 *Sorbus*
   4. 伞形或总状花序，有时花单生。
      7. 花柱基部合生；枝条有时具刺，萼片脱落；叶具齿或全缘；花单生或簇生 ·· 10. 木瓜属 *Chaenomeles*
      7. 花柱离生或基部连合；枝条多无刺，果期萼片宿存；叶全缘；花形成花序。
         8. 花柱离生；花药深红色或紫色；同一花序由外向内开花；果肉具石细胞 ········· 11. 梨属 *Pyrus*
         8. 花柱基部连合；花药黄色；同一花序由内向外开花；果肉无石细胞 ············ 12. 苹果属 *Malus*

4. 栒子属 *Cotoneaster* B. Ehrh. /Cotoneaster

落叶、半常绿或常绿灌木，稀小乔木状。单叶，互生，全缘；托叶细小，钻形，早落。聚伞或伞房花序或单生；萼筒钟状、筒状或陀螺状；花瓣白色、粉红色或红色；雄蕊常 20（5~25）；花柱 2~5，离生，子房下位或半下位，2~5 室。梨果小形，浆果状，红色、褐红或紫黑色，萼片宿存，内有 1~5 骨质小核。种子扁平。

90 余种，广布亚洲、欧洲、中美洲和北非温带地区。中国 58 种，主产西南和西部。

多为丛生灌木，夏季盛开白色或红色花朵，密集，秋季结红色或黑色果实，可作观赏灌木或作绿篱栽植；木材坚硬，可作器具或手杖。其果实是野生动物和鸟类的重要食源。

分种检索表

1. 果实成熟时红色。
   2. 落叶灌木，直立；叶椭圆形，卵形至宽卵形；花 3 朵以上 ·················· **1. 水栒子** *C. multiflorus*
   2. 落叶或半常绿匍匐灌木；叶近圆形或宽椭圆形，稀倒卵形；花 1~2 朵 ··· **3. 平枝栒子** *C. horizontalis*
1. 果实成熟时黑色；叶片椭圆状卵形至长圆状卵形；花白色；萼筒外具柔毛 ······ **2. 灰栒子** *C. acutifolius*

1. 水栒子 *Cotoneaster multiflorus* Bunge /Multiflorous Cotoneaster 图 8-154：1~3

落叶灌木，高 4m。枝条弓形弯曲。叶卵形至宽卵形，长 2~4cm，宽 1.5~3cm，先端急尖或圆钝，基部圆或宽楔形，表面无毛，背面幼时稍被绒毛，后渐脱落。疏散聚伞状伞房花序具 5~20 朵花，花萼常无毛，萼筒钟形，萼片三角形；花瓣白色，平展，近圆形；总花梗及花梗无毛。果近球形或倒卵形，径 0.8cm，成熟时红色；由 2 心皮合成 1 小核。花期 5~6 月，果实成熟期 8~9 月。

产辽宁、内蒙古、河北、河南西部、山西、陕西、甘肃、宁夏、新疆北部、青海、西藏、云南西北部、四川及湖北西部，生于海拔 1 200~3 500m 的沟谷、山坡林内或林缘。亚洲中部及西部、俄罗斯也有分布。耐寒区位 5~9。

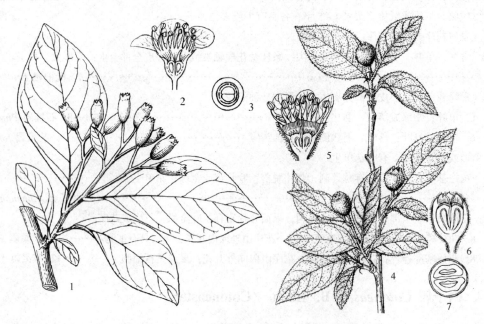

图 8-154　1~3. 水栒子 *Cotoneaster multiflorus*
4~7. 灰栒子 *Cotoneaster acutifolius*
1. 果枝　2, 5. 花纵剖面　3. 子房横切面　4. 果枝　6. 果实纵切面　7. 果实横切面

耐寒、喜光、耐阴，对土壤要求不严，极耐干旱和瘠薄；耐修剪。

花期盛开白色花，秋季红果累累，经久不凋，为优美的观赏树，又是良好的岩石园种植材料；用作苹果砧木，有矮化之效；枝条可作编织材料；亦可作水土保持树种。

2. 灰栒子 *Cotoneaster acutifolius* Turcz. /Peking Cotoneaster　　图 8-154：4~7

与水栒子 *C. multiflorus* 的主要区别为：叶片椭圆状卵形或菱状卵形，幼叶被灰色毛；花萼筒外具柔毛。果实成熟时黑色，小核 2~3 个。

产内蒙古、河北、河南、山西、陕西、甘肃、青海、宁夏、湖北西部、湖南西北部、四川、云南西北部及西藏。生于海拔 1 400~3 700m 山坡、山麓、沟谷或林中，较耐阴。蒙古也有分布。可栽培供观赏。耐寒区位 6~10。

3. 平枝栒子 *Cotoneaster horizontalis* Decne. /Rock Cotoneaster　　图 8-155

落叶或半常绿匍匐灌木，高不及 50cm。枝水平开展成整齐两列状。叶近圆形至宽椭圆形，稀倒卵形，长 0.5~1.4cm，宽 0.4~0.9cm，先端急尖，基部楔形，全缘，表面无毛，背面有稀疏平贴柔毛。花 1~2 朵，近无梗；花萼具疏柔毛，萼筒钟状，萼片三角形；花瓣直立，倒卵形，长约 0.4cm，粉红色。果近球形，径 0.4~0.7cm，成熟时鲜红色，小核 3（稀 2）。花期 5~6 月，果实成熟期 9~10 月。

产江苏南部、安徽南部及西部、浙江西北部、江西北部、陕西南部、甘肃南部及青海，生于海拔 2 000~3 500m 岩石坡地灌丛中、河边林中或荒野。尼泊尔也有分布。耐寒区位 4~9。

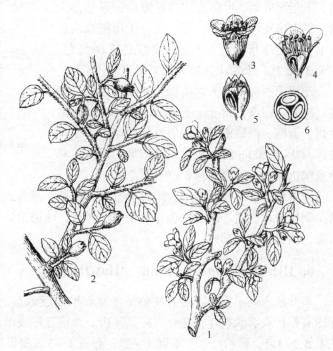

图 8-155　平枝栒子 *Cotoneaster horizontalis*
1. 花枝　2. 果枝　3. 花　4. 花纵剖面
5. 果实　6. 果实横切面

为观花、观叶、观枝、观果的优良地被植物，可应用于城市园林绿化中。

5. 火棘属 *Pyracantha* Roem. /Firethorn

常绿灌木或小乔木。常具枝刺。芽细小，被短柔毛。单叶，互生，叶缘有圆钝锯齿、细齿或全缘；托叶细小，早落。复伞房花序；花萼 5，花瓣 5，白色；雄蕊 15~20，花药黄色；心皮 5，每心皮 2 胚珠，子房半下位。梨果小，球形，小核 5；萼片宿存。

约10种，产亚洲东部至欧洲南部。中国7种。

枝叶茂盛，结果累累，宜作绿篱栽培，颇美观；果实磨粉可代粮食用；嫩叶可代茶；茎皮、根皮含鞣质，可提取栲胶。

火棘（火把果） *Pyracantha fortuneana* (Maxim.) Li / Yunnan Firethorn 图 8-156

灌木，高3m。幼枝被锈色短柔毛，后无毛。叶倒卵形至倒卵状短圆形，长1.5~6cm，宽0.5~2cm，有光泽，先端圆钝或微凹，基部楔形，下延至叶柄，叶缘有内弯钝锯齿，近基部全缘。复伞房花序微被毛；花白色；子房密被白色柔毛。果近球形，径0.5cm，橘红色或深红色。花期3~5月，果实成熟期8~11月。

产河南西部、江苏西南部、浙江西北部、福建、湖北、湖南西北部、广西东北部及西北部、贵州、云南、西藏南部、四川及陕西南部，生于海拔500~2 800m的山地、丘陵阳坡、灌丛、草地及沟边路旁。耐寒区位5~9。

图8-156 火棘 *Pyracantha fortuneana*

为重要的观果观叶灌木，耐修剪整形、孤植、绿篱或盆景栽培观赏。果实可鲜食、酿酒及制作果汁饮料，或舂烂掺在面粉中作糕点，味道很好；有健脾消食，生津止渴、清热解毒，活血止血的功效。

6. 山楂属 *Crataegus* Linn. / Hawthorn

落叶灌木或小乔木。常有枝刺。冬芽卵形或近球形。单叶，互生，深绿色，有光泽，叶缘有锯齿或羽状裂片；托叶大，具锯齿。伞房花序或伞形花序顶生，花萼5，萼筒钟状，花瓣5，白色，稀粉红色；雄蕊5~25；心皮1~5。梨果熟时深红色或黄色，表面常具褐色皮孔，内含1~5骨质小核。

约1 000种，广泛分布于北半球，尤以北美洲居多。中国18种，各地均产。多散生于山坡、沟谷和林缘。

多数种类果肉含维生素、有机酸等营养物质，可食用或药用，消积化滞、舒气散瘀，对心血管疾病有一定疗效；栽培供观赏。

分种检索表

1. 叶3~5羽状深裂；花序梗及花梗均被柔毛；果深红色，小核3~5，内面两侧平滑 ················· **1. 山楂** *C. pinnatifida*
1. 叶5~7对浅裂；花序梗和花梗均无毛；果红或橘黄色；小核2~3，内面两侧有凹痕 ················· **2. 甘肃山楂** *C. kansuensis*

1. 山楂 *Crataegus pinnatifida* Bunge / Chinese Hawthorn　图 8-157

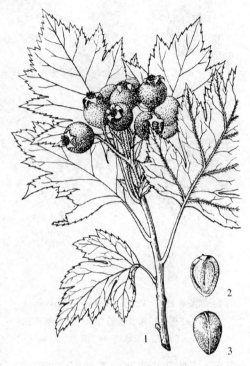

小乔木，高达5m。通常有刺。叶宽卵形或三角状卵形，稀菱状卵形，长5~10cm，宽4~7.5cm，先端短渐尖，基部截形或宽楔形，通常两侧各有3~5对羽状深裂片，叶缘有尖锐重锯齿，表面深绿色，有光泽，无毛，背面沿叶脉有疏柔毛；托叶镰形，有锯齿。花序梗及花梗均被柔毛。花白色；果近球形或梨形，径1~1.5cm，深红色；小核3~5，外面稍具棱，内面两侧平滑。花期4~5月，果实成熟期9~10月。

产黑龙江、吉林、辽宁、内蒙古东部、宁夏南部、陕西、山西、河北、河南、山东、江苏及安徽西南部，生于海拔100~1 500m的山坡林缘及灌丛中。耐寒区位3~9。

喜光、耐寒、耐旱，在湿润而排水良好的沙质壤土上生长较好。根系发达，萌蘗力强。

树冠整齐，叶茂花繁，果实鲜红可爱，是观花、观果的良好绿化树种，可作庭荫树、绿篱；亦可作嫁接山里红的砧木；果实酸甜可口，可生食，还可制果酱、果糕；药用有健胃、消积化滞、舒气散瘀之效；还可治痛经及轻度高血压。

图 8-157　山楂 *Crataegus pinnatifida*
1. 果枝　2, 3. 种子

变种山里红 var. *major* N. E. Br. 果实较大，直径达2.5cm，深红色；叶浅裂。在东北南部、华北和华东北部作为水果普遍栽培，著名的糖葫芦所用果实主要为山里红。

2. 甘肃山楂 *Crataegus kansuensis* Wils. / Kansu Hawthorn

与山楂 *C. pinnatifida* 的主要区别：叶缘5~7对羽状浅裂；叶表面疏被柔毛，叶背中脉及脉腋有簇生毛；托叶膜质，卵状披针形，早落。花序梗和花梗均无毛。果近球形，红或橘黄色；小核2~3，内面两侧有凹痕。花期5月，果实成熟期7~9月。

产内蒙古、河北、山西、陕西、河南、宁夏、甘肃、青海、四川及贵州东北部，生于海拔1 000~3 000m林中、山坡阴处或沟边。耐寒区位4~10。

果实可生食或酿酒。

7. 枇杷属 *Eriobotrya* Lindl. / Loquat

常绿乔木或灌木。单叶，互生，有锯齿或近全缘，羽状侧脉直伸至齿尖；托叶早落。顶生圆锥花序，常密生绒毛；花白色；子房下位，2~5心皮，2~5室，每室2胚珠，花柱2~5。梨果，具宿存萼片，肉质或干燥，内果皮膜质，具种子1~2粒，种子大，褐色。

约30种，分布亚洲温带及亚热带。中国13种。

多数木材硬重坚韧，可供农具柄及器物用；有些种类果可生食或加工；叶、皮、花、果可入药。

枇杷 *Eriobotrya japonica* (Thunb.) Lindl./Japanese Loquat 图 8-158

常绿小乔木，高 10m。小枝粗壮；枝、叶、花序密被锈色或灰棕色绒毛。叶革质，披针形、倒披针形、倒卵形至椭圆状长圆形，长 12～30cm，宽 3～9cm，先端急尖或渐尖，基部楔形或渐窄成叶柄，上部边缘有疏锯齿，基部全缘，叶脉突出，表面多皱。顶生圆锥花序；萼片三角状卵形，外面被锈色绒毛；花瓣白色，长圆形或卵形，基部有爪，被锈色绒毛。梨果球形或矩圆形，径 2～5cm，黄色或橘黄色；种子褐色至深褐色，球形或半圆形。花期 10～12 月，果实成熟期翌年 5～6 月。

图 8-158 枇杷 *Eriobotrya japonica*
1. 花枝 2. 叶片断的背面 3. 花纵剖面
4. 花纵剖，示雌蕊 5. 果实 6. 种子

湖北、四川有野生；安徽、江苏、浙江、福建、台湾、江西、河南、湖北、湖南、广东、广西、贵州、云南、四川、山东（青岛）、甘肃及陕西（秦岭南坡、巴山）多有栽培。日本、印度、越南、缅甸、泰国及印度尼西亚也有分布。耐寒区位 9～11。

喜光，喜温暖，生长发育要求较高的温度，一般年平均气温 12℃ 以上即能生长，而在 15℃ 以上更为适宜；需充沛雨量和湿润空气；对土壤的适应性很强。

枇杷果实可鲜食，为江南特产果品之一。在中国栽培历史悠久，区域广泛，优良品种多，可制成罐头、果酱、果酒、果汁等。树形优美，枝叶茂密，为优良的蜜源植物和园林绿化树种。在中华文化和园林应用中，枇杷具有深邃的内涵。果实和花可止渴、润肺、清热、止咳、健胃；核有治疝气、消水肿、利关节等功效；根可治虚劳久咳、关节疼痛；叶去毛可化痰止咳、和胃降逆。近年发现枇杷叶还可以治疗各种疼痛、肩周炎、乳房肿块、前列腺肥大，对神经系统疾病也有辅助治疗作用。

8. 石楠属 *Photinia* Lindl./Photinia

常绿或落叶，乔木或灌木。单叶，互生，常有锐尖腺齿；具托叶。伞形、顶生伞房或复伞房花序，稀成聚伞花序；花两性；萼片、花瓣各 5，雄蕊约 20，子房半下位，2～5 室；花柱离生或基部合生。梨果，小而微肉质，有宿萼。

约 60 余种，分布亚洲东部及南部。中国约 40 余种，以秦岭、黄河以南居多。

为园林绿化及用材树种。在园林中常作绿篱。常绿种以观叶为主，落叶者则以果实和秋叶取胜。

石楠 *Photinia serrulata* Lindl./Chinese Photinia 图 8-159

常绿灌木或小乔木，高 4～10m。小枝无毛。叶革质，长椭圆形、长倒卵形至倒卵状椭圆形，长9~22cm，宽3~6.5cm，先端渐尖至尾尖，基部楔形、宽楔形或圆形，叶缘疏生细腺齿，近基部全缘或幼叶则具刺状锯齿，表面光亮，幼时有绒毛，老时无毛。复伞房花序顶生，花白色；雄蕊20，花药带紫色；花柱2（3），基部合生，柱头头状。果近球形，径0.5~0.6cm，成熟时红色，后褐紫色。种子1，卵圆形。花期4~5月，果实成熟期10月。

产河南南部、安徽南部、江苏南部、浙江、福建、台湾、江西、湖北、湖南、广东南部、广西、云南、贵州、四川、甘肃南部及陕西南部，生于海拔1 000~2 500m林中。日本、印度尼西亚也有分布。耐寒区位7~10。

为优美观赏树种，火红的幼叶、雪白的花序、深红的果实和秋天夹杂红叶的树冠，红绿相映，极具观赏性；木材坚韧，可制车轮及工具柄；叶和根药用，为强壮剂、利尿剂，有报道石楠叶茶有祛风、通络、镇痛的功效，可治疗偏头痛或高血压性头痛等；用石楠嫁接的枇杷寿命长，耐瘠薄，生长健旺。

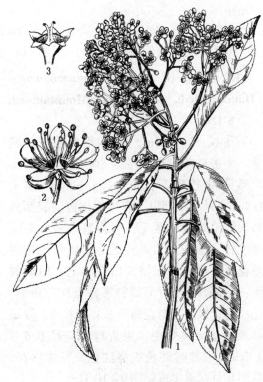

图8-159 石楠 *Photinia serrulata*
1. 花枝 2. 花 3. 花去雄蕊，示雌蕊

9. 花楸属 *Sorbus* Linn. /Mountain Ash

落叶乔木或灌木。冬芽大，卵形、圆锥形或纺锤形。奇数羽状复叶或单叶，互生，侧脉直达叶缘。顶生复伞房花序；花白色，稀粉红色；萼筒钟状或杯状，雄蕊15~20；子房下位、半下位，2~5心皮，合生或部分离生，2~5室，每室2胚珠。梨果小形，常具斑状皮孔，内果皮软革质。

约100种，分布于亚洲、欧洲及北美洲温带。中国约66种。通常喜湿，耐阴。

许多种类为观赏树木；木材坚硬，可作各种器具；果富含维生素和糖分，可加工成果汁、果酒、果酱及果糕等；有研究表明，花楸属植物中含有三萜类、黄酮类等多种化学成分，具有抗氧化、抗癌、抗辐射、止咳平喘等药理作用。

分种检索表

1. 奇数羽状复叶。
  2. 冬芽密被白色绒毛；果实红色；花序和叶片多少被绒毛，花序较密 ·· **1. 花楸树 *S. pohuashanensis***
  2. 冬芽无毛或仅先端微具柔毛；果实白色或黄色；花序和叶片无毛，花序较稀疏 ·· **2. 北京花楸 *S. discolor***

1. 单叶。
    3. 叶背面无毛或仅沿叶脉有毛,叶缘有不规则重锯齿或浅裂 ·················· 3. 水榆花楸 S. *alnifolia*
    3. 叶背面密被灰白色绒毛,叶缘有细锐单锯齿 ························ 4. 石灰花楸 S. *folgneri*

1. 花楸树 Sorbus pohuashanensis (Hance) Hedl. /Pohuashan Mountain-ash

图 8-160

乔木,高达 8m。嫩枝具柔毛,后脱落。芽密被灰白色绒毛。小叶卵状披针形至椭圆状披针形,长 3~5cm,宽 1.4~1.8cm,叶缘中部以上有细锐锯齿,表面具稀疏绒毛或近于无毛,背面苍白色,有稀疏或较密集绒毛,间或无毛。复伞房花序总花梗及花梗均密被灰白色绒毛,后渐脱落;花萼具绒毛,萼筒钟形,萼片三角形;花白色;雄蕊几与花瓣等长;花柱 3,较雄蕊短,基部具柔毛。果近球形,径 0.6~0.8cm,成熟时红色或橘红色;萼片宿存。花期 6 月,果实成熟期 9~10 月。

图 8-160 花楸树 Sorbus pohuashanensis
1. 果枝 2. 花 3. 雌蕊

产黑龙江、吉林、辽宁、内蒙古、甘肃中南部、陕西中西部、山西北部、河北、山东中西部及安徽东南部,常生于海拔 900~2 500m 坡地或山谷林中。耐寒区位 5~9。

木材可作家具,花叶美丽,入秋红果累累,可供观赏;果可制果酱、酿酒;果实和叶片可治疗慢性气管炎、哮喘、肺结核、胃炎及维生素 A、维生素 C 缺乏症、水肿等。

图 8-161 北京花楸 Sorbus discolor

2. 北京花楸 Sorbus discolor (Maxim.) Maxim. /Snowberry Mountain-ash 图 8-161

乔木,高达 10m。芽、枝、叶或花序均无毛。小叶矩圆形、矩圆状椭圆形至矩圆状披针形,先端急尖或短渐尖,基部圆,叶缘有细锐锯齿。复伞房花序较疏散,无毛;花萼无毛,萼片三角形,花白色;雄蕊约短于花瓣 1 倍;花柱 3~4,几与雄蕊等长,基部具疏柔毛。果卵圆形,径 0.6~0.8cm,白色或黄色。花期 5 月,果实成熟期 8~9 月。

产内蒙古东北部、甘肃、陕西、河南、河北、山东中西部及安徽南部,生于海拔 1 500~2 500m 阔叶混交林或阳坡疏林中。耐寒区位 5~9。

木材可作家具;亦可作园林绿化树种。

3. 水榆花楸 Sorbus alnifolia（Sieb. et Zucc.）K. Koch /Dense-headed Mountain-ash
图 8-162

乔木，高达20m。单叶，卵形至椭圆状卵形，叶缘有不规则重锯齿或浅裂。果实椭圆形或卵形，红色或黄色；萼片脱落。花期5月，果实成熟期8~9月。

产黑龙江南部、吉林、辽宁、河北西部、山西南部、河南、山东东部、安徽、浙江、福建西北部、江西北部、湖北西部、湖南、贵州西部、四川东北部、陕西南部、甘肃东南部及宁夏南部，生于海拔500~2 300m山坡、山沟或山顶林内或灌丛中。朝鲜和日本也有分布。耐寒区位5~9。木材供作器具、车辆及模型用；树皮可作染料；纤维可造纸；果和叶在秋季变红，为优良观赏树种。

4. 石灰花楸 Sorbus folgneri（Schneid.）Rehd. /Folgner Mountain-ash

单叶，卵形至椭圆状卵形，叶背面、花梗及萼筒外均密被白色绒毛；叶缘有细锐单锯齿。果椭圆形，红色。

产陕西（秦岭）、甘肃、河南（大别山、伏牛山、桐柏山），以及华中、华南地区，生于海拔800~2 000m的山坡杂木林中。耐寒区位6~10。木材供建筑、家具之用；也可作园林绿化树种。

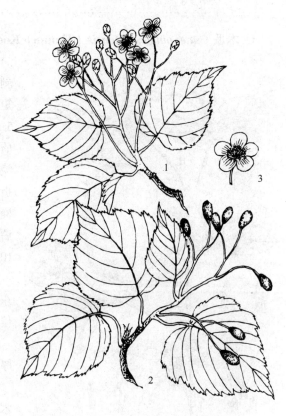

图 8-162　水榆花楸 Sorbus alnifolia
1. 花枝　2. 果枝　3. 花

10. 木瓜属 Chaenomeles Lindl. /Flowering Quince

落叶或半常绿小乔木或灌木，有刺或无刺。冬芽小，具2轮外露鳞片。单叶，互生；有短柄；托叶宽大，有锯齿。花单生或簇生；先叶开放或后叶开放；萼片、花瓣5；花萼筒杯状；花瓣红色、粉色或白色；雄蕊20或多数；子房下位，5室，每室有多数胚珠；花柱5，基部合生。梨果大，绿色，成熟时黄色，萼片脱落，内含多数褐色的种子。种皮革质，无胚乳。

约5种，分布于亚洲东部。中国均产。

为重要观赏树种和果树，世界各地均有栽培。果芳香，可制果酱，置于室内或车内，空气中充满果香，有净化空气的作用。

分种检索表

1. 枝无刺；叶缘有刺芒状尖锐腺锯齿；花单生，淡粉红色；果大，长椭圆形，暗黄色 ……………………

.... 1. 木瓜 C. sinensis
1. 枝有刺；叶具尖锐锯齿；花簇生，猩红色，稀淡红色或白色；果小，球形或卵球形，黄色或带黄绿色
.... 2. 皱皮木瓜 C. speciosa

1. 木瓜 *Chaenomeles sinensis*（Thouin）Koehne /Chinese Flowering Quince 图 8-163

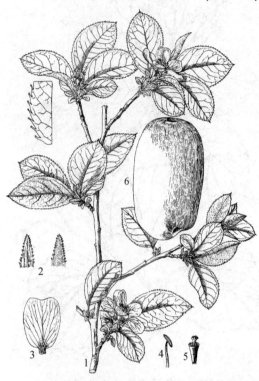

图 8-163　木瓜 *Chaenomeles sinensis*
1. 花枝　2. 萼片　3. 花瓣
4. 雄蕊　5. 雌蕊　6. 果实

小乔木或灌木，高 5~10m。树皮片状剥落。小枝常无刺。叶椭圆状卵形至椭圆状矩圆形，稀倒卵形，长 5~8cm，宽 1.5~5.5cm，叶缘有刺芒状尖锐腺锯齿；托叶膜质，卵状披针形，具腺齿。花单生于叶腋，淡粉红色；后叶开放；花萼片具腺齿，反折；雄蕊多数；花柱 3~5，基部合生。果长椭圆形，长 10~15cm，暗黄色，味芳香，熟后果皮木质。花期 4 月，果实成熟期 9~10 月。

产山东、安徽、江苏、浙江、江西、广东、广西、湖北及陕西，习见栽培。耐寒区位 6~10。

喜光、喜温暖湿润气候，不耐寒，喜深厚肥沃、排水良好的土壤，不耐水湿。

木瓜鲜果酸涩，可生食，煮后制蜜饯；木材坚硬致密，纹理美观，可制家具及工艺品；可作园林绿化树种；果实泡酒药用，可治风湿关节痛，又治肺炎、支气管炎等症；最新研究表明木瓜乳汁中提取、分离出的植物蛋白酶木瓜凝乳蛋白酶（chymopapain, CP）治疗腰椎间盘突出症疗效确切，并发症低，风险小，已成为治疗腰椎间盘突出症的新方法。在西南等地品种品系较多。

2. 皱皮木瓜（贴梗海棠）*Chaenomeles speciosa*（Sweet）Nakai /Beautiful Flowering Quince

灌木，高 2m。枝有刺。冬芽三角状卵形。叶卵形至椭圆形，稀长椭圆形，先端急尖，稀圆钝，基部楔形或宽楔形，叶缘具尖锐锯齿；托叶肾形。花猩红色，稀淡红色或白色，3~5 簇生，先叶开放。花萼片全缘或近全缘，直立；果球形或卵球形，径 4~6cm，黄色或带黄绿色。花期 3~5 月，果实成熟期 9~10 月。

产甘肃、陕西、四川、贵州、云南及广东。各地习见栽培。缅甸也有分布。耐寒区位 6~9。

其栽培品种有单瓣和重瓣之分，花色有白色、橙红色、粉红色或红色。树姿刚劲，花色艳丽，果实金黄、芳香，可供多季节观赏，具有很高的园林应用价值，现广泛应用于庭

园、道路的绿化美化和绿篱、绿墙的栽植，也可制作高档艺术盆景；果实可入药，主治风湿痹痛、脚气肿痛、菌痢、吐泻、腓肠肌痉挛等症。

11. 梨属 *Pyrus* Linn. ／Pear

落叶乔木，稀半常绿。有些种具枝刺。单叶，互生；有托叶。花先叶开放或与叶同时开放，伞形总状花序；萼片5，反折或开展，花瓣5，白色，稀粉红色，基部具爪；雄蕊15~30，花药深红色或紫色；花柱2~5，离生，子房2~5室，每室有2胚珠。梨果，果肉多汁，富含石细胞，内果皮软骨质。种子黑或黑褐色。

约25种，分布亚洲、欧洲至北非。中国14种，遍及南北各地。

多为果树，或用作砧木；城乡绿化树种；木材坚硬细致，为优质雕刻材料。

分种检索表

1. 果实上萼片多数脱落或少数部分宿存。
　　2. 叶缘有刺芒状尖锐锯齿；果实黄色，有细密斑点 ·················· 1. 白梨 *P. bretschneideri*
　　2. 叶缘有不带刺芒的尖锐锯齿或圆钝锯齿；果实褐色，有淡色斑点 ·········· 2. 杜梨 *P. betulaefolia*
1. 果实上有宿存萼片。
　　3. 叶缘有刺芒状锐齿；果近球形，黄色 ···························· 秋子梨 *P. ussuriensis*
　　3. 叶缘有圆钝锯齿。
　　　　4. 果实倒卵形或近球形，绿色、黄色或带红晕 ··················· 西洋梨 *P. communis*
　　　　4. 果实卵球形或椭圆形，褐色，有稀疏斑点 ····················· 木梨 *P. xerophylla*

1. 白梨 *Pyrus bretschneideri* **Rehd.** ／Bretschneider Pear　图8-164

乔木，高5~8m。树冠开展，小枝粗壮，冬芽卵形。叶卵形至椭圆状卵形，长5~11cm，宽3.5~6cm，先端渐尖，稀急尖，基部宽楔形，稀近圆形，叶缘具刺芒状尖锐锯齿；幼叶两面被绒毛，后脱落。伞形总状花序，有花7~10朵，花序梗和花梗被绒毛；萼片三角状卵形，边缘有腺齿；花瓣白色，卵形，先端啮齿状；雄蕊20，花药浅紫红色；花柱5或4，与雄蕊近等长。果卵形、倒卵形或球形，径2~2.5cm，黄色，有细密斑点。花期4月，果实成熟期8~9月。

产河北北部、山东东南部、河南西北部、山西、陕西西南部、甘肃及青海西部，生于海拔100~2000m山坡向阳处。野生原始类型已少见。耐寒区位7~9。

喜光，对土壤要求不严。一般嫁接苗3~4年即可结果，约20年进入盛果期。

图8-164　白梨 *Pyrus bretschneideri*
1. 花枝　2. 花纵剖面，去花瓣　3. 果枝

果实品质良好，在国内外享有盛誉。重要的栽培品种有河北的鸭梨、雪花梨、秋白梨，山东的鹅梨、坠子梨、长把梨，山西的黄梨、油梨、夏梨等。

果除鲜食外，还可制梨酒、梨干、梨膏、罐头等；春天开花，满树雪白，树姿亦美，故又是观赏结合生产的好树种；木材质细，为良好的雕刻用材。

2. 杜梨（棠梨） *Pyrus betulaefolia* Bunge /Birch-leaved Pear　图8-165

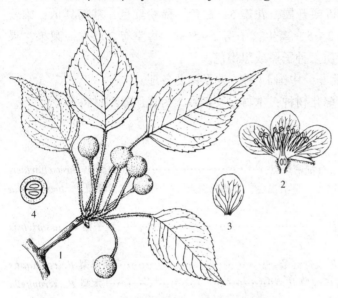

图8-165　杜梨 *Pyrus betulaefolia*
1. 果枝　2. 花纵剖面　3. 花瓣　4. 果实横切面

乔木，高达10m。树冠开展。常具枝刺。幼枝及幼叶密被灰色绒毛，后脱落。叶菱状卵形或椭圆形，长4~8cm，宽2.5~3.5cm，叶缘有尖锐锯齿或圆钝锯齿。花白色，伞形总状花序，有花10~15朵，花序梗和花梗均被灰白色绒毛；萼片三角形，两面被绒毛；花瓣白色，宽卵形，先端圆钝；雄蕊20；花柱2~3。果近球形，径0.5~1.0cm，褐色，有淡色斑点。花期4月，果实成熟期8~9月。

产辽宁南部、河北、山西、河南、安徽、江苏西南部、浙江东北部、江西北部及东北部、湖北西南部、贵州、四川西北部、陕西北部、甘肃东南部、青海东部及西藏南部，生于海拔50~1 800m平原或山坡。耐寒区位5~9。

喜光，稍耐阴，耐寒，极耐干旱，耐贫瘠及碱性土壤。深根性，抗病虫害力强，生长慢。本种为北方栽培梨的优良砧木，结果期早，寿命很长，干旱、盐碱地区更为适宜。

木材致密，可作细木工雕刻、家具箱柜等各种器物；树皮可提取栲胶及做黄色染料，供纸、绢、棉的染色及食品着色用；果实可食用、酿酒；又可入药，作收敛剂；为华北及西北地区防护林及沙荒地造林树种；又为庭园观赏树种。

本属常见的种类还有：

秋子梨 *Pyrus ussuriensis* Maxim. /Ussurian Pear　图8-166　与杜梨的主要区别：叶宽卵形至椭圆状卵形，叶缘有刺芒状锐齿。果黄色，萼片宿存。产黑龙江、吉林、辽宁、内蒙古、河北、山东、山西北部、陕西南部、甘肃、新疆及浙江西北部，生于海拔100~2 000m山区。亚洲东北部也有分布。耐寒区位4~9。本种抗寒性很强，喜湿润，耐阴。中国北方各地均有栽培，品种很多，常见的香水梨、安梨、酸梨、沙果梨、京白梨、野广梨等均属于本种。

西洋梨（洋梨） *Pyrus communis* Linn. /Common Pear　与杜梨的主要区别：叶卵形、近圆形或椭圆形，叶缘有圆钝锯齿。果倒卵形或近球形，绿色、黄色或带红晕；萼片宿存。原产欧洲及亚洲西部，中国各地栽培。常见品种有巴梨、茄梨等。耐寒区位2~9。性喜湿润，不耐干旱瘠薄，抗寒力弱，常以野生的秋子梨和杜梨作砧木培育嫁接苗，能增强其抗性。初熟果肉多木质坚硬，经后熟变软。各优良品种为生食梨中之上品，细软多汁，味香甜可口，但不耐贮运。

木梨（酸梨） *Pyrus xerophylla* Yü/ **Woody Pear** 与杜梨的主要区别：叶卵形、长卵形或长椭卵形，叶缘有圆钝锯齿。果卵球形或椭圆形，褐色，有稀疏斑点；萼片宿存。产河南西北部、山西、陕西西南部、甘肃及青海东部，生于海拔500~2 000m山坡灌丛中。耐寒区位6~9。中国西部地区常用作栽培梨的砧木。深根、抗旱，寿命很长，抗赤星病力强。

图 8-166　秋子梨 *Pyrus ussuriensis*
1. 果枝　2. 果实横切面

12. 苹果属 *Malus* Mill. /Apple

落叶乔木或灌木。常无刺。冬芽卵形或倒卵形。单叶互生，叶缘有锯齿或缺裂；具托叶。伞形或伞房花序；花白、浅红或艳红色；雄蕊15~50，花药通常黄色；子房下位，3~5心皮，3~5室，花柱3~5，基部合生。梨果外皮多光滑，无皮孔，果肉无或有少数石细胞，内果皮软骨质，3~5室，每室有种子2粒，种子褐色或黑褐色。

约40种，广布北温带，亚洲、欧洲及北美洲均有。中国约25种。

多为重要果树、砧木或观赏树种，世界各地普遍栽培。

分种检索表

1. 萼片宿存；果径常在2cm以上。
  2. 萼片先端渐尖，长于萼筒。
    3. 叶缘锯齿较钝；果实球形、扁球形，花柱5 ················· **1. 苹果** *M. pumila*
    3. 叶缘锯齿尖锐；花柱4~5；果实卵形、近球形。
      4. 果径4~5cm，果梗短；叶背密被短柔毛；花柱4~5 ············· **2. 花红** *M. asiatica*
      4. 果径2~2.5cm，果梗细长；叶背仅沿叶脉具柔毛或近无毛；花柱4 ········· **楸子** *M. prunifolia*
  2. 萼片先端急尖，短于萼筒或等长。
    5. 叶基部宽楔形或近圆形；叶柄长1.5~2cm；果黄色 ············· **海棠花** *M. spectabilis*
    5. 叶基部渐狭成楔形，叶柄长2~3.5cm；果红色 ············· **西府海棠** *M. micromalus*
1. 萼片脱落；果径0.8~1cm ························· **3. 山荆子** *M. baccata*

1. 苹果 *Malus pumila* Mill. /Apple　图 8-167

乔木，高可达15m，但栽培条件下一般3~5m，树冠球形。芽、小枝、幼叶、萼片和

图8-167 苹果 Malus pumila
1. 花枝　2. 果枝　3. 花纵剖面,去花瓣
4. 果实横切面　5. 种子,示纵切面和横切面

花梗被绒毛。小枝紫褐色。叶椭圆形、卵形或宽椭圆形,长4~10cm,宽3~5.5cm,先端急尖,基部宽楔形或圆形,叶缘具圆钝锯齿。伞形花序有花3~7朵,集生枝顶;萼片长于萼筒;花瓣白色,含苞时带粉红色,倒卵形;雄蕊20;花柱5,下半部密被灰白色绒毛。果球形、扁球形,径在3cm以上,萼下陷;萼片宿存。花期5月,果实成熟期7~10月。

原产欧洲及亚洲中部,栽培历史悠久,现全世界温带地区均有栽植。中国渤海湾沿岸、黄河中下游地区常见栽培,以山东、辽宁、河北、河南4省最多,其次为山西、陕西、甘肃、新疆及江苏等。适生于海拔50~2 500m的山坡梯田、平原旷野及黄土丘陵等处。耐寒区位2~10。

苹果是中国产量最多的水果,品种很多,主要有国光、红玉、元帅、香蕉、鸡冠等。烟台的青香蕉,青岛的红星,大连的鸡冠,瓦房店的红国光,冀东和辽南的红星,晋陕高原的国光和元帅,甘肃天水的花牛,陕西凤县的元帅,贵州的富丽,四川的青苹等都是较为有名的品种。

适较干冷的气候,耐寒而不耐湿热,适应各种土壤条件,以深厚肥沃、排水良好的砂壤土为好。

为中国北方最主要的经济树种之一。因果形大而色美,且含多种营养成分和维生素,宜生食及加工,有"果中之王"美称。

2. 花红 Malus asiatica Nakai / Chinese Pear-leaved Apple 图8-168

小乔木,高达6m。叶卵形至椭圆形,长5~11cm,宽4~5.5cm,先端急尖或渐尖,基部圆形或宽楔形,叶缘有细锐锯齿,背面密被短柔毛。伞形花序,有花4~7朵;花淡粉色;花柱4(~5)。果卵形或近球形,径4~5cm,黄色或红色。花期4~5月,果实成熟期8~9月。

产黑龙江南部、吉林北部、辽宁西南部、内蒙古中部、河北、山东东部、河南西部、山西、陕西中南部、湖北西南部、贵州北部、云南、四川、甘肃南部及新疆西北部,生于海拔50~2 800m的山坡向阳处或平原沙地。以华北、西北栽培品种为多。耐寒区位4~9。

果实供鲜食用,但不耐储运;还可加工制果干及酿果酒。

楸子 *Malus prunifolia* (Willd.) Borkh. / Pear-leaved Crabapple 与苹果 *M. pumila* 的主要区别：叶背仅沿叶脉具柔毛或近无毛，叶缘锯齿尖锐；花柱4；果实卵形、近球形，红色，径 2～2.5cm，果梗细长。产辽宁、内蒙古、河北、山东、山西、河南、陕西、甘肃及宁夏等省区，野生或栽培。生于海拔 50～1 300m 的山坡、平地或山谷梯田边。耐寒区位3～9。果可食及加工；为苹果的优良砧木。

海棠花 *Malus spectabilis* (Ait.) Borkh. / Chinese Flowering Crabapple 萼片先端急尖，短于萼筒或等长；叶基部宽楔形或近圆形，叶柄长 1.5～2cm；花白色，蕾期粉红色；果黄色。为著名的庭园观花、观果树种。分布于河北、山东、山西、甘肃、江苏、江西和云南。耐寒区位4～9。

西府海棠 *Malus micromalus* Makino/Midget Crabapple 萼片先端急尖，短于萼筒或等长。叶基部渐狭成楔形，叶柄长 2～3.5cm；花粉红色，花柱5；果红色。分布于辽宁、内蒙古、河北、山东、河南、山西、陕西、甘肃和云南。耐寒区位4～9。果可鲜食及加工用；可作苹果砧木；为著名的庭园观赏树种。

图 8-168 花红 *Malus asiatica*
1. 花枝 2. 果枝 3. 果实纵切面

3. 山荆子 *Malus baccata* (L.) Borkh. /Siberian Crabapple 图 8-169

乔木，高达 14m，树冠阔圆形。小枝细弱，无毛。冬芽卵形。叶椭圆形至卵形，长 3～8cm，宽 2～15cm，先端渐尖，稀尾状渐尖，基部楔形或圆形，叶缘有细锐锯齿。伞形花序，有花4～6朵集生枝顶；萼片披针形，先端渐尖，脱落；花瓣倒卵形，白色，基部有短爪；雄蕊 15～20；花柱4～5，基部有长柔毛。果小，近球形，径 0.8～1.0cm，红色或黄色。花期4～6月，果实成熟期9～10月。

产黑龙江、吉林、辽宁、内蒙古、河北、山东、山西、陕西、河南、甘肃、宁夏、青海、西藏、云南、贵州及广东北部，生于海拔 50～1 500m 的山坡杂木林、山谷、溪边。蒙古、朝鲜及俄罗斯也有分布。耐寒区位4～9。

生态幅度适中，适应性强，耐寒、耐旱力均强。全光照、侧方庇荫和林内均可生长。

春天白花满树，秋季红果累累，经久不凋，

图 8-169 山荆子 *Malus baccata*
1. 花枝 2. 果实纵切面 3. 果实横切面

甚为美观，可栽作庭园观赏树；果可酿酒及果汁；嫩叶可代茶；叶含鞣质，可提制栲胶；也可作饲料；又可作苹果、花红的砧木。其果实为野生鸟类的重要食源。

C. 蔷薇亚科 Rosoideae

灌木或草本。复叶，稀单叶；有托叶。心皮常多数，离生，各有 1~2 悬垂或直立的胚珠，子房上位，稀下位；花托扁平、隆起、凹下至坛状。瘦果，稀小核果，着生于花托上或在膨大肉质的花托内。

本亚科共 35 属。中国产 21 属，其中具有木本植物的 6 属。

许多种类具重要经济价值，如药用、观赏和水果。

分属检索表

1. 羽状复叶，稀单叶，托叶常与叶柄连合。花托杯状、坛状或隆起。
   2. 植株体具皮刺。
      3. 聚合瘦果，生于杯状或坛状花托内；花大，雌蕊多数 ·············· 13. 蔷薇属 *Rosa*
      3. 聚合核果，生于球形或圆锥形的花托上；花小，雌蕊数枚至多数 ·············· 16. 悬钩子属 *Rubus*
   2. 植株体无刺。瘦果，分离，生于扁平的花托上，果熟时花托干燥 ·············· 17. 委陵菜属 *Potentilla*
1. 单叶，托叶与叶柄分离；花托扁平或微凹。
   4. 叶互生；花 5 基数，黄色，雌蕊 5~8；花无副萼；瘦果侧扁 ·············· 14. 棣棠花属 *Kerria*
   4. 叶对生；花 4 基数；有副萼；核果椭圆形 ·············· 15. 鸡麻属 *Rhodotypos*

13. 蔷薇属 *Rosa* Linn. / Rose

落叶或常绿，直立、蔓延或攀缘灌木；被皮刺、针刺或刺毛。奇数羽状复叶互生，稀单叶；托叶常与叶柄连合。花两性，单生或成伞房状花序，稀复伞房状或圆锥状花序；花托壶状，稀杯状；萼筒球形、坛形或杯形，颈部缢缩，萼片 (4)~5，花瓣 (4)~5 或重瓣，白色、黄色、粉红色或红色；雄蕊多数，着生萼筒内部；离生心皮雌蕊多数，每室具 1 胚珠。聚合瘦果生于杯状或坛状花托内，称为"蔷薇果"，花托内有毛。

200 余种，广布北半球的温带和亚热带，南半球不产。中国 90 余种。

该属树种其花美丽、芳香，为世界上栽培最广泛、最受人类喜爱的植物类群之一；有些种类果为维生素食品；含单宁，可提制栲胶。

分种检索表

1. 直立灌木；托叶全缘或有腺齿；花单生或簇生；花柱离生。
   2. 小叶较大，椭圆形至长卵形；花瓣紫红色、红色、粉红色或白色。
      3. 小叶 5~11，花柱短于雄蕊；萼片宿存；果扁球形、近球形或卵圆形。
         4. 小枝被绒毛和刺毛；皮刺直立或弯曲；小叶 5~9，质较厚，表面有皱褶，背面密被柔毛和腺体；花重瓣或半重瓣，紫红或白色；果扁球形，砖红色 ·············· 1. 玫瑰 *R. rugosa*
         4. 小枝无毛；皮刺基部膨大，稍弯曲；小叶 7~9 (~11)，质较薄，背面有腺点和稀疏短柔毛；花单瓣，粉红色；果近圆形或卵圆形，红色 ·············· 刺玫蔷薇 *R. davurica*
      3. 小叶 3~5 (~7)，花柱与雄蕊等长；萼片羽状开裂，脱落；果卵圆形或梨形，红色 ·············· 2. 月季 *R. chinensis*

2. 小叶较小，宽卵形至圆形；花单生，黄色，重瓣或半重瓣；果近球形或倒卵圆形，紫褐或红褐色 ·· **3. 黄刺玫 R. xanthina**
1. 攀缘灌木；托叶栉齿状；花多数，排成圆锥状花序；花柱合生 ············ **多花蔷薇 R. multiflora**

1. 玫瑰 Rosa rugosa Thunb. /Rugose Rose　图 8-170

　　灌木，高达 2m。小枝密生绒毛并有针刺或腺毛，有皮刺，皮刺直立或弯曲，淡黄色，被绒毛。奇数羽状复叶；小叶 5~9，宽椭圆形至倒卵状宽椭圆形，长 2~4 (~5) cm，宽 1~2.5 (~3) cm，先端急尖或圆钝，基部圆形或宽楔形，叶缘具微钝的单锯齿，表面无毛，有明显皱褶，背面密被柔毛和腺体。花单生或 3~6 簇生，花梗密被绒毛、腺毛和刺毛；花萼片卵状披针形，常有羽状裂片；花瓣倒卵形，紫红色或白色，多为重瓣或半重瓣，直径 6~8cm，芳香；花柱离生，被毛，稍伸出花萼，短于雄蕊。蔷薇果扁球形，径约 2cm，熟时砖红色，肉质，平滑；萼片宿存。花期 6 月，果实成熟期 9~10 月。

图 8-170　玫瑰 Rosa rugosa
1. 花枝　2. 花纵剖面, 去花瓣
3. 蔷薇果　4. 果实纵切面

　　主产辽宁南部沿海及海岛。见于辽宁东沟大鹿岛、庄河、长海、普兰店、大连、北镇、建平、吉林珲春、山东烟台等地，呈斑块状小面积散生于海拔 100m 以下海边沙地及滨海山麓。北京妙峰山等地有栽培。日本、朝鲜、俄罗斯远东地区也有分布。国内沈阳、承德、佛山等市作为市花栽培。耐寒区位 2~10。

　　喜光，对土壤要求不甚严格，在通风，排水良好，肥力较高的壤土、砂壤土上均长势旺盛。具有一定的抗风、固沙能力和较强的根蘖性。

　　园艺品种较多，有粉红单瓣、白花单瓣、紫花重瓣、白花重瓣等，栽培供观赏；鲜花可蒸制芳香油，供食用和化妆品用；花瓣可制饼馅、玫瑰酒、玫瑰糖浆，干后可泡茶；花蕾入药，治肝胃气痛、胸腹胀满和月经不调；果实富含维生素 C，供食品及医药用；野生玫瑰为培育新品种的种质资源，在中国十分有限。该种已进入濒危种之列，需加强保护。

　　刺玫蔷薇 Rosa davurica Pall. /Dahurian Rose　与玫瑰 R. rugosa 的主要区别：小枝和皮刺无毛；小枝有基部膨大的皮刺，稍弯曲，常成对生于小枝或叶柄基部。小叶 7~9，质较薄，短圆形至宽披针形，叶缘有单锯齿或重锯齿，表面无皱褶，背面有腺点和稀疏短柔毛。花单瓣，粉红色；果近圆形或卵圆形，红色。产黑龙江、吉林、辽宁、内蒙古、河北、山西等，生于海拔 430~2 500m 的山坡向阳处或杂木林缘、丘陵草地。俄罗斯西伯利亚东部、蒙古南部及朝鲜也有分布。耐寒区位 3~9。花可提芳香油或制玫瑰酱；果实富含维生素 C，可治维生素 C 缺乏症并利于消化；又可酿酒；根有止咳祛痰、止痢、止血的功能。

2. 月季 *Rosa chinensis* Jacq. /Chinese Rose 图 8-171

灌木，高达 2m。小枝近无毛，有短粗钩状皮刺或无刺。小叶 3～5（～7），宽卵形至卵状长圆形，长 2.5～6cm，宽 1～3cm，有锐锯齿，两面近无毛，表面暗绿色，常带光泽，背面颜色较浅，顶生小叶有柄，侧生小叶近无柄，总叶柄较长，有散生皮刺和腺毛。托叶大部贴生叶柄，顶端分离部分耳状，边缘常有腺毛。花数朵集生，稀单生，径 4～5cm；萼片卵形，先端尾尖，常有羽状裂片，稀全缘，外面无毛，内面密被长柔毛；花重瓣或半重瓣，红色、粉红色或白色，倒卵形，先端有凹缺；花柱离生，伸出花萼，约与雄蕊等长。蔷薇果卵圆形或梨形，长 1～2cm，熟时红色；萼片脱落。花期 4～9 月，果实成熟期 6～11 月。

中国各地普遍栽培。园艺品种很多。耐寒区位 7～11。

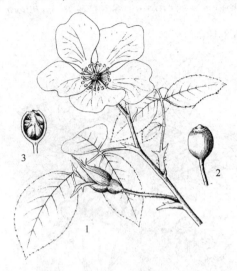

图 8-171 月季 *Rosa chinensis*
1. 花枝 2. 果实 3. 果实纵切面

月季对环境适应性强，对土壤要求不严，但以富含有机质、排水良好而微带酸性土壤为好。喜光，但光线不宜太强，否则花瓣易焦枯。喜温暖，一般气温在 22～25℃最为适宜，夏季的高温对开花不利。因此，月季虽能在生长季内开花不绝，但以春、秋两季开花最多最好。

为著名的园林绿化树种，园艺品种近 1 000 个，颜色有红、黄、粉、紫、橙、白等几十种，丰富多彩；国内许多城市，如北京、天津、石家庄、南昌、大连作为市花栽培，国外如英国作为国花栽培；花及根、叶药用，有活血祛瘀，拔毒消肿之效。

多花蔷薇（野蔷薇） *Rosa multiflora* Thunb. /Japanese Rose 与月季 *R. chinensis* 的主要区别：攀缘灌木。茎细长，有刺。小叶 5～9，倒卵形或椭圆形，叶缘具尖锐单锯齿，背面有柔毛，托叶栉齿状。花白色，多数，排成圆锥花序；花柱合生成束。果近球形，红褐色或紫褐色，有光泽。产山东、河南、江苏等。日本、朝鲜也有分布。常作嫁接月季的砧木。耐寒区位 5～10。

3. 黄刺玫 *Rosa xanthina* Lindl. /Manchurian Rose 图 8-172

灌木，高达 3m。枝粗壮，常拱曲。小枝常红棕色，无毛，有散生扁平皮刺。小叶 7～13，椭圆形、宽卵形至近圆形，长 0.8～2.0cm，先端圆钝，基部宽楔形或近圆，有圆钝锯齿，表面无毛，背面幼时被稀疏柔毛，渐脱落；叶柄和叶轴有稀疏柔毛和小皮刺；托叶大部贴生叶柄，离生部分耳状，边缘有锯齿状腺。花单生

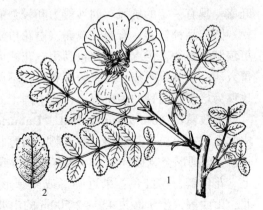

图 8-172 黄刺玫 *Rosa xanthina*
1. 花枝 2. 小叶

叶腋，重瓣或半重瓣，黄色，径 3~4cm；萼片披针形，全缘，内面有稀疏柔毛；花瓣宽倒卵形，先端微凹；花柱离生，被长柔毛微伸出萼筒，比雄蕊短。蔷薇果近球形或倒卵圆形，径 1.2~1.5cm，熟时紫褐色或黑褐色。花期5~6月，果实成熟期7~8月。

东北、华北各地庭园栽培。耐寒区位5~10。

早春繁花满枝，供观赏；果实可酿酒。

14. 棣棠花属 *Kerria* DC. /Kerria

仅有1种，产中国和日本。欧美有引栽。属特征同种。

棣棠花 *Kerria japonica* (L.) DC. /Japanese Kerria 图 8-173

落叶灌木，高达3m。小枝绿色，常拱垂。单叶互生，三角状卵形至卵圆形，先端长渐尖，基部平截或近心形，有尖锐重锯齿，表面无毛或有稀疏柔毛，背面沿脉和脉腋有柔毛。花两性，单生于当年生侧枝先端，花径3~4.5cm，萼片5，卵状椭圆形，宿存；花瓣5，黄色，宽椭圆形或近圆形，先端凹下，具短爪；雄蕊多数，成数束；花盘环状，被疏柔毛；心皮5~8，分离，花柱顶生，直立，细长，每室1胚珠。瘦果侧扁，倒卵形或半球形，成熟时褐色或黑褐色，有皱褶；萼片宿存。花期4月，果实成熟期6~8月。

产山东、河南、安徽、江苏南部、浙江、福建、江西、湖南、湖北、贵州、云南、四川、甘肃及陕西南部，生于海拔200~3000m山坡灌木丛中、山涧或岩缝中。日本也有分布。耐寒区位5~10。

喜光，稍耐阴，较耐湿，不很耐寒，对土壤要求不严，喜湿润肥沃的沙质壤土。

图 8-173 棣棠花 *Kerria japonica*
1. 花枝 2. 果实

茎髓民间作为通草代用品入药，有催乳利尿之效；花能消肿止痛、止咳、助消化。

15. 鸡麻属 *Rhodotypos* Sieb. et Zucc. /Jetbead

仅1种，产中国、日本和朝鲜。属特征同种。

鸡麻 *Rhodotypos scandens* (Thunb.) Makino /Jetbead 图 8-174

落叶灌木，高达2m。幼枝绿色、无毛，小枝紫褐色，光滑。单叶对生，卵形，长4~11cm，宽3~6cm，先端渐尖，基部圆形或微心形，有尖锐重锯齿。花单生，花径3~5cm；花萼4，卵状椭圆形，有锐锯齿，宿存，疏生绢状柔毛，副萼片4，窄带形，与萼片互生，比萼片短4~5倍；花瓣4，白色，倒卵形，有短爪；雄蕊多数；心皮4，离生；花柱细长，柱头头状，每室2胚珠。核果1~4，黑色或褐色，斜椭圆形，长约0.8cm，光滑。花期4~5月，果实成熟期6~9月。

产辽宁南部、山东东部、河南东南部、江苏西南部、浙江、安徽、湖北东北部、广西东北部、陕西南部及甘肃南部，生于海拔100~800m山坡疏林中及山谷林下阴处。日本、朝鲜也有分布。耐寒区位5~9。

中国南北各地栽培，供庭园绿化用；根和果入药，治血虚肾亏。

图8-174 鸡麻 *Rhodotypos scandens*
1. 花枝　2. 果实

16. 悬钩子属 *Rubus* Linn./Raspberry

落叶，稀常绿，灌木、半灌木或多年生草本。茎直立、攀缘、拱曲、半铺或匍匐，常具皮刺、针刺或刺毛及腺毛。单叶、掌状复叶或羽状复叶，互生，常具锯齿或裂片；具叶柄，托叶和叶柄合生或分离。聚伞状圆锥花序、总状花序、伞房花序或数朵簇生或单生；花两性，稀单性而雌雄异株；花萼5裂，萼筒宽短，果期宿存；花瓣5，白色或红色，全缘，稀啮齿状；雄蕊多数，宿生于花萼口部；心皮多数，分离，子房1室，每室2胚珠。果实由小核果集生于球形或圆锥形花托上而成聚合果，红色、黄色、紫色或黑色。种子下垂，种皮膜质。

700余种，世界各地均有分布，以北温带最多，从高山到沿海地区均有生长。中国约210种。

本属有许多种类的果实多浆，味甜酸，可供生食及加工制作果酱、果汁、果酒等，欧美各国已栽培出优良品种作为重要水果；有些种的叶片富含甜味素，可作甜茶饮用；有些种类的果实、种子、根及叶可入药；茎皮、根皮可提制栲胶；少数种类庭园栽培，用于观赏。

分种检索表

1. 单叶，叶缘3~5裂或叶缘波状。
  2. 叶缘3~5掌状分裂，具不规则缺刻状锯齿；托叶合生；花数朵簇生或形成短总状花序 ················· **1. 牛叠肚 *R. crataegifolius***
  2. 叶缘3~5浅裂或叶缘波状，具细锯齿。托叶离生；圆锥花序 ·············· **2. 高粱泡 *R. lambertianus***
1. 复叶，叶背密被灰白色绒毛。
  3. 小叶3~7，叶缘具不规则粗锯齿或重锯齿；花白色；果实密被短绒毛 ········ **3. 覆盆子 *R. idaeus***

3. 小叶3（5），叶缘具不整齐锯齿，常浅裂片；花粉红或紫红色；果实无毛或具疏柔毛……………
……………………………………………………………………………… 茅莓 R. parvifolius

1. 牛叠肚（山楂叶悬钩子）*Rubus crataegifolius* Bunge / Hawthorn-leaved Raspberry
图 8-175

灌木。枝具弯曲皮刺。单叶，卵形至长卵形，长 5～12cm，宽 5～8cm，先端渐尖，稀急尖，基部心形或近截形，表面近无毛，背面脉上有柔毛和小皮刺，叶 3～5 掌状开裂，具不规则缺刻状锯齿；基部具掌状 3～5 脉；托叶合生，线形。花数朵簇生或成短总状花序，常顶生。花径 1～1.5cm；萼片卵状三角形或卵形，先端渐尖；花瓣白色，椭圆形或长圆形；雄蕊直立，花丝宽扁。果实近球形，径约 1cm，熟时暗红色，无毛，有光泽；核具皱纹。花期 5～6 月，果实成熟期 7～9 月。

产黑龙江南部、吉林东南部、辽宁、河北、山东、河南及山西，生于海拔 300～2 500m 阳坡灌丛中或林缘，常成群落生长。朝鲜、日本、俄罗斯远东地区也有分布。耐寒区位 5～9。

果实可鲜食，或制果汁、果酒。

图 8-175 牛叠肚 *Rubus crataegifolius*
1. 花枝 2. 花纵剖面，去花瓣

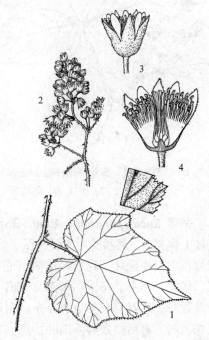

图 8-176 高粱泡 *Rubus lambertianus*
1. 叶 2. 花序 3. 花 4. 花纵剖面

2. 高粱泡 *Rubus lambertianus* Ser. / Lambert Raspberry 图 8-176

半落叶藤状灌木，高达 3m。枝具微弯小皮刺。单叶，宽卵形，稀长圆状卵形，长 5～10（12）cm，宽 4～8cm，先端渐尖，基部心形，两面有柔毛，中脉疏生小皮刺，3～5 浅裂或呈波状，有细锯齿；托叶离生。顶生圆锥花序，而生于枝上部叶腋内的花序常近总状；花序轴、花梗和花萼均被柔毛；萼片卵状披针形，全缘，边缘被白色柔毛，内萼片边缘具灰白色绒毛；花瓣白色，倒卵形。果实小，近球形，径约 0.6～0.8cm，熟时红色。

花期7~8月，果实成熟期9~11月。

产河南、陕西，以及华中、华东、华南、西南，生于低海拔山沟路旁、溪边和林缘。日本也有分布。耐寒区位8~10。

果可鲜食，也可加工成果汁、果酒等，或提取色素用于果汁饮料的添加剂；根叶供药用，有清热散瘀，止血之效。

3. 覆盆子 *Rubus idaeus* Linn. ／Red Raspberry 图8-177

灌木，高达2m。小叶3~7，长卵形成椭圆形，顶生小叶常卵形，偶浅裂，长3~8cm，宽1.5~4.5cm，表面无毛或疏生柔毛，背面密被灰白色绒毛，有不规则粗锯齿或重锯齿。短总状花序，总花梗、花梗、花萼和子房均密被绒毛状柔毛和疏密不等的针刺；花瓣白色，匙形；花丝长于花柱。果近球形，径1~1.4cm；多汁液，成熟时红或橙黄色，密被短绒毛。花期5~6月，果实成熟期8~9月。

产吉林南部、辽宁南部、河北西北部、山西北部及新疆北部，生于海拔500~2 000m山地林缘、灌丛或荒野。日本、俄罗斯（西伯利亚）、北美洲、欧洲也有分布。耐寒区位5~9。

果供食用，在欧洲久经栽培，有多数栽培品种作水果用；也可酿酒，又可入药，有补肾明目之效。

图8-177 覆盆子 *Rubus idaeus*
1. 果枝 2. 花 3. 花瓣 4. 果实

茅莓 *Rubus parvifolius* Linn. ／Japanese Raspberry 与覆盆子的主要区别：小叶3，在新枝上偶见5，菱状圆形或倒卵形，先端圆钝或急尖，叶缘有不整齐粗锯齿或缺刻状粗重锯齿，常具浅裂片。花粉红或紫红色。聚合果卵球形，无毛或具稀疏柔毛，红色。产东北、华北、华中、华东、华南及西南，生于海拔400~2 600m的山坡杂木林下、山谷、路旁及荒野。朝鲜、日本也有分布。耐寒区位3~9。果可食。叶及根含鞣质，可提制栲胶；全株入药，有活血散瘀、消肿止痛、祛风除湿之效。

17. 委陵菜属 *Potentilla* Linn. ／Cinquefoil

草本，稀灌木或亚灌木。奇数羽状复叶或掌状复叶；有叶柄和托叶，托叶膜质，与叶柄多少合生。花两性，单生、聚伞状或聚伞圆锥花序；花5基数，花瓣黄色，稀白或紫红色；雄蕊多数；心皮多数，1室，1胚珠。瘦果，花托成熟时干燥；萼片宿存。种子1，种皮膜质。

200余种，大多分布于北半球温带、寒带及高山地区。中国80余种。木本植物有9种。

分种检索表

1. 花黄色；小枝红褐色 ·· 金露梅 *P. fruticosa*
1. 花白色；小枝灰褐色或紫褐色 ·· 银露梅 *P. glabra*

金露梅 *Potentilla fruticosa* Linn. /Bush Cinquefoil　图 8-178

灌木，高达 2m。多分枝，小枝红褐色，幼时被长柔毛。羽状复叶，有 5（3）小叶，上部 1 对小叶基部下延，与叶轴汇合；小叶矩圆形至卵状披针形，长 0.7~2cm，宽 0.4~1cm，全缘，两面绿色，疏被绢毛或柔毛，或脱落近于无毛。托叶薄膜质，外面被长柔毛或脱落。花单生或数朵生于枝顶，花梗密被长柔毛或绢毛；花径 2.2~3cm；萼片卵形，具副萼，披针形或倒卵状披针形与萼片近等长；花瓣黄色，宽倒卵形。瘦果近卵形，长 0.15cm，褐棕色，外被长柔毛。花期、果实成熟期 6~9 月。

产黑龙江、吉林、辽宁、内蒙古、河北、山西、河南、陕西、甘肃、新疆、四川、云南、西藏等，生于海拔 1 000~4 000m 的山坡草地、砾石坡、灌丛及林缘。欧洲、俄罗斯、北美也有分布。耐寒区位 3~9。

枝叶茂密，黄花鲜艳，姿态优美，为庭园理想的观赏灌木，或作矮篱。已选出大量观赏性强的栽培变种：黎明'Daydawn'花黄色，略带粉红；橘红'Tangerine'花橙色等。

图 8-178　金露梅 *Potentilla fruticosa*
1. 花枝　2. 雌蕊

叶和果含鞣质，可提制栲胶；嫩叶可代茶；花、叶入药，有健脾、消暑、化湿和调经之效；内蒙古山区为饲用植物；藏民广泛用作建筑材料，填充在屋檐下或门窗上下。

银露梅 *Potentilla glabra* Lodd. /Glabrous Cinquefoil　与金露梅 *P. fruticosa* 的区别：小枝灰褐或紫褐色。花白色。分布、用途大致同金露梅。耐寒区位 3~9。

D. 李亚科 Prunoideae

乔木或灌木。单叶，有托叶。花单生或并生，萼筒杯形，雄蕊多数，生于萼筒边缘；子房上位，单心皮雌蕊，1 心皮 1 室 2 胚珠，稀 2~5。核果，含 1、稀 2 种子，外果皮和中果皮肉质，内果皮骨质。

按 Cronquist 系统本亚科共 10 属，主产北半球。中国产 9 属。其中大属概念的李属分为 5 个属。本教材仍按大属李属介绍。

许多种类为重要的水果、干果和油料树种，许多种类具有观赏价值。

分属检索表

1. 灌木,常有刺;髓心片状;叶多全缘;花柱侧生 ……………………………………… 18. 扁核木属 *Prinsepia*
1. 乔木或灌木,常无刺;髓心实心;叶缘具锯齿;花柱顶生 …………………………… 19. 李属 *Prunus*

18. 扁核木属 *Prinsepia* Royle /Prinsepia

落叶灌木,具枝刺。枝具片状髓。单叶互生,在短枝簇生,全缘或有锯齿,具短柄。总状花序或簇生或单生于2年生枝的叶腋;花两性;萼筒杯状,宿存,具5个不等裂片;花瓣5;白或黄色,近圆形,有短爪;雄蕊10或多数,花丝短;花柱侧生,子房1室,2胚珠。核果椭圆形或圆筒形;核平滑或稍有纹饰。

约5种,产喜马拉雅山区、不丹、印度,中国4种。

供观赏用;果可食。

分种检索表

1. 总状花序;花白色;雄蕊多数,排成2~3轮;枝刺有叶 …………………………… 扁核木 *P. uniflora*
1. 花单生或簇生;花黄色;雄蕊10,排成2轮;枝刺无叶 ……………………… 东北扁核木 *P. sinensis*

扁核木 *Prinsepia uniflora* Batal. /Himalayan Prinsepia   图8-179

灌木,高达5m,或匍匐状。枝刺钻形,上面有叶;枝条灰白色,小枝拱形。叶互生或簇生,矩圆状披针形至狭矩圆形,长2~5cm,宽0.6~0.8cm,先端圆钝或急尖,基部楔形或宽楔形,全缘,有时有不明显锯齿。总状花序生于叶腋或枝刺顶端。花白色,有紫色脉纹;雄蕊多数;排成2~3轮着生于花盘;花柱短,侧生。核果球形,径0.8~1.2cm,红褐色或黑褐色。果核扁平,有雕纹;萼片宿存。花期4~5月,果期8~9月。

产甘肃、陕西、山西、河南、宁夏、云南、贵州、四川和西藏,生于海拔1 000~2 560m山坡荒地、山谷或路边。巴基斯坦、尼泊尔、不丹及印度北部也有分布。耐寒区位6~9。

生态幅广,适应性强,喜光,耐干旱瘠薄。

图8-179 扁核木 *Prinsepia uniflora*
1. 花枝 2. 叶 3. 果枝 4. 果核 5. 果核横切面

果实可酿酒、制醋或食用;种子富含油脂,供食用或制皂;嫩芽可作蔬菜食用;俗名青刺尖;茎、叶、果、根药用,可治痈疽毒疮、风火牙痛、蛇咬伤;种子入药,有养肝明目的作用。在西北地区具有一定的水土保持作用。

东北扁核木 *Prinsepia sinensis* (Oliv.) Kom. /Cherry Prinsepia   其与扁核木的区别:枝刺无叶;花单生或簇生;花黄色;雄蕊10,排成2轮。花期3~4月,果实成熟期8月。

产黑龙江、吉林、辽宁,生于杂木林中。耐寒区位4~8。果肉质有浆汁和香味,可食;木材材质细腻,色泽红褐,是雕刻、研磨等工艺的理想用材;核仁有清肝明目功效,还可用于观赏。

19. 李属 *Prunus* Linn. /Plum

乔木或灌木。枝条无刺或有刺。单叶互生,有时沿叶柄或叶基有腺体;托叶小,脱落。花两性,单生、簇生或聚成总状花序或伞房状花序;先叶开放或与叶同时开放;萼合生,5裂;花瓣5,覆瓦状排列;雄蕊多数,与花瓣同着生于萼筒边缘;雌蕊1,子房上位,具2胚珠,下垂,花柱顶生柱头头状或扁平。核果,通常具1个成熟种子。

200余种,主产北半球温带,多栽培品种。我国约80种,南北各地均产。

多为重要果树;亦可作庭园观赏和绿化树种;也是优良的蜜源植物;木材可作家具;有的种可入药。

分种检索表

1. 果实有沟,外面被毛或被蜡粉。
  2. 具顶芽,腋芽3,两侧为花芽;花1~2,常无梗;果实常被短柔毛;核常有孔穴;先叶开放。
    3. 果熟时干燥,开裂。
      4. 小枝褐色;叶披针形或椭圆状披针形;萼筒圆筒形;果核卵形或椭圆形,先端尖 ·· **1. 扁桃 *P. communis***
      4. 小枝紫色;叶宽椭圆形或倒卵形,先端常3裂;萼筒宽钟形;果核球形,先端圆钝 ·· **2. 榆叶梅 *P. triloba***
    3. 果熟时肉质或干燥,不裂。
      5. 小枝背光面绿色,迎光面紫红色;萼筒被柔毛;果肉厚而多汁;核两侧扁平,先端渐尖 ·· **3. 桃 *P. persica***
      5. 小枝红褐色;萼筒无毛;果肉薄而干燥;核两侧常不扁,先端钝圆 ········· **4. 山桃 *P. davidiana***
  2. 无顶芽,腋芽单生或与花芽并生;核常光滑或有不明显孔穴。
    6. 子房和果实均光滑无毛,常被蜡粉;花常有梗,先叶开放或与叶同放。叶倒卵形,先端渐尖或短尾尖 ·· **9. 李 *P. salicina***
    6. 子房和果实常被短柔毛;花常无梗或有短梗,先叶开放。
      7. 1年生枝灰褐色或红褐色;核常无蜂窝状孔穴。
        8. 果肉质,具汁液,成熟时不裂;核基部常对称。
          9. 叶基部圆形或近心形;花单生,白色或带红色;果球形,稀倒卵形,白色、黄色或黄红色;核表面粗糙或平滑,腹棱较圆钝 ··············· **5. 杏 *P. armeniaca***
          9. 叶基部楔形或宽卵形;花常2朵,粉红色;果实近球形,红色;核表面粗糙而有网纹,腹棱较尖锐 ··············· **6. 山杏 *P. armeniaca* var. *ansu***
        8. 果干燥,成熟时开裂;核基部常不对称 ··············· **7. 西伯利亚杏 *P. sibirica***
      7. 1年生枝绿色;核具蜂窝状孔穴;叶卵形或椭圆形,先端尾尖,叶缘常具细密锐锯齿;花单生或2~3朵集生,白色或粉红色;果熟时黄色或绿白色 ··············· **8. 梅 *P. mume***
1. 果实无沟,无毛,不被蜡粉。
  12. 花单生或数朵组成短总状或伞房状花序,基部常有苞片;果近球形,红或紫红色。

13. 腋芽单生。
    14. 萼片反折；花序上有褐色苞片，果期脱落；伞房状或近伞形花序，有花3~6朵；萼筒钟形 ·················· **10. 樱桃 P. pseudocerasus**
    14. 萼片直立或开展。
        15. 花梗及萼筒被柔毛；伞形总状花序，有花3~4，先叶开放 ·········· **11. 东京樱花 P. yedoensis**
        15. 花梗及萼筒无毛；近伞形或伞房总状花序，有花2~3，花叶同时开放 ·················· **12. 山樱花 P. serrulata**
13. 腋芽3个并生，两侧为花芽，中间为叶芽。
    16. 叶和果实密被绒毛，萼筒管状，萼片直立或开展；花梗较短 ·········· **13. 毛樱桃 P. tomentosa**
    16. 萼片反折；萼筒杯状或陀螺状，长宽近相等，花梗明显。
        17. 叶倒卵状矩圆形或倒卵状披针形，中部以上最宽，叶基楔形 ·········· **14. 欧李 P. humilis**
        17. 叶卵形或卵状披针形，中部以下最宽，叶基圆形 ·········· **15. 郁李 P. japonica**
12. 花多数组成总状花序，苞片小形；果卵球形，红褐色或黑色 ·········· **16. 稠李 P. padus**

1. 扁桃 *Prunus communis* Fritsch / Commom Almond   图8-180

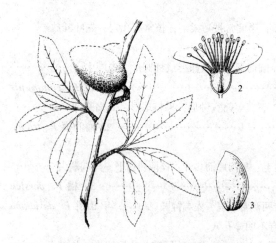

图8-180 扁桃 *Prunus communis*
1. 果枝 2. 花纵剖面 3. 果核

乔木或灌木，高达8m。小枝褐色。1年生枝叶互生，短枝叶常簇生；叶披针形至椭圆状披针形，长3~6（9）cm，宽1~2.5cm，先端急尖或短渐尖，基部宽楔形或圆形，叶缘具浅锯齿。花单生，先叶开放；萼筒圆筒形，花瓣长圆形，白或粉红色；子房密被绒毛状毛。核果斜卵形或矩圆卵形，扁平，径2~3cm，密被短柔毛；果肉薄，成熟时干燥开裂，果核卵形或椭圆形，先端尖，黄白色或褐色，具蜂窝状孔穴。花期3~4月，果实成熟期7~8月。

原产亚洲西部，生于海拔600~1 300m平地和丘陵山地，生于多石砾干旱坡地。新疆南部、陕西、甘肃等地区有栽培。

扁桃适应性很强，根系发达，能耐干旱、高温，有一定的抗寒性，对土壤要求不严，有一定的抗盐碱能力。比较适生空气干燥的气候条件，在新疆生长良好。

木材纹理细致，可作为细木工用材；种子可食，为著名的干果；种子可榨油，入药有补气强壮、润肺、止咳、平喘、化痰、下气之功效；开花较早，花色艳丽，且抗旱性较强，是很好的园林绿化树种、蜜源植物兼造林树种；还可作桃和杏的砧木。为西北地区生态环境建设和农村、林区经济发展的理想树种。

2. 榆叶梅 *Prunus triloba* Lindl. / Flowering Almond   图8-181

灌木，稀小乔木，高达3m。小枝紫色；1年生枝叶互生，短枝叶常簇生；叶宽椭圆形至倒卵形，长2~6cm，宽1.5~3（4）cm，先端短渐尖，常3裂，基部宽楔形，两面具短柔毛，具粗锯齿或重锯齿。花1~2朵，先叶开放；花径2~3cm；萼筒宽钟形，萼片卵形或卵状披针形，无毛，近先端疏生小齿；花瓣近圆形或宽倒卵形，粉红色。核果近球形，径1~1.8cm，先端具小尖头，熟时红色，外被短柔毛；核球形，先端圆钝，表面具不整齐的网状浅沟。花期4~5月，果实成熟期5~7月。

产黑龙江、吉林、辽宁、内蒙古、河北、山西、陕西、甘肃、宁夏、新疆、青海、山东、江苏、安徽、浙江、湖北及湖南，生于海拔600~2 500m山坡、沟旁林下或林缘。俄罗斯也有分布。耐寒区位5~9。

花粉红色，单瓣或重瓣，花时繁茂，挂满枝条，是北方春天极具观赏性的早春开花树种。萌蘖能力强。孤植，或作行道树与裸子植物等间种。

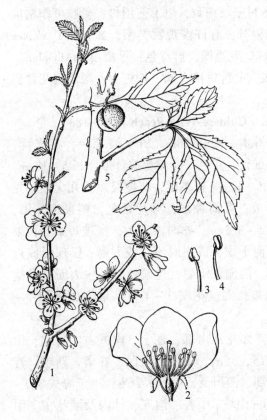

图8-181 榆叶梅 *Prunus triloba*
1. 花枝 2. 花纵剖面 3, 4. 雄蕊 5. 果枝

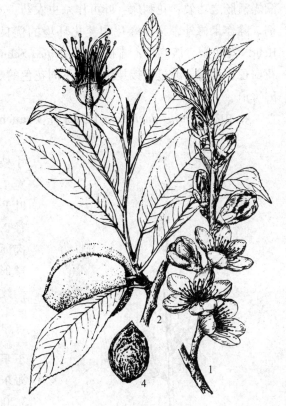

图8-182 桃 *Prunus persica*
1. 花枝 2. 果枝 3. 叶，示托叶 4. 果核
5. 花纵剖面，去花瓣

3. 桃 *Prunus persica* (Linn.) Batsch /Peach　图8-182

乔木，高达8m；树冠宽广而平展。小枝背光面绿色，迎光面紫红色。叶短圆状披针形至倒卵状披针形，长7~15cm，宽2~3.5cm，先端渐尖，基部宽楔形，有锯齿。花单生，花梗极短；先叶开放；萼筒钟形，被柔毛，萼片卵形或长圆形，被柔毛；花瓣长圆状椭圆形或宽倒卵形，粉红色，稀白色，花药绯红色。核果卵圆形、宽椭圆形或扁圆形，径（3）5~7（12）cm，成熟时淡绿白色至橙黄色，阳面有红晕，密被短柔毛；果肉厚而多汁，有香味，甜或酸甜；核扁椭圆形或扁球形，两侧扁平，先端渐尖，表面具纵横沟纹和

孔穴。花期3~4月，果实成熟期8~9月。

原产中国，各地区广泛栽培。世界许多地区有栽植。耐寒区位5~10。

喜光，适应性很强，喜温暖气候，能耐-20℃低温，有一定的抗盐碱能力。喜生于地势平坦、山麓坡地及排水良好的沙质土壤，不耐水湿。若土壤过分肥沃，枝梢易徒长，不适重黏土。

桃是中国原产著名果树，已有3 000多年的栽培历史，栽培品种多根据果实和结果习性等可将中国桃的品种划分为北方桃、南方桃、黄肉桃、蟠桃、油桃 P. persica var. nactarina 5 个品种群，除生食外可制罐头、桃脯、桃干及桃酱等；桃仁入药，有活血化瘀、润燥滑肠之功效；花利尿；叶可作杀虫农药；木材坚硬细致，供工艺用材；桃胶可作粘接剂。除作果树外，又是绿化和美化环境的优良树种，有许多观赏类型，如碧桃 f. *duplex* Rehd. 花重瓣，淡红色；绯桃 f. *magnifica* Schneid. 花重瓣，鲜红色；重瓣白 'Alboplena' 花白色，重瓣。通过嫁接技术，将不同花色的观赏品种嫁接在同一株树上，增添观花赏姿的价值。

4. 山桃 Prunus davidiana (Carr.) Franch. / Chinese Wild Peach 图8-183

乔木，高达10m。树干红棕色，有光泽；小枝细长，灰色。叶卵状披针形，长5~13cm，宽1.5~4cm。花单生，花梗极短或几无梗；先叶开放；萼筒钟形，萼片紫色。核果近球形，径2.5~3.5cm，熟时淡黄色，密被短柔毛；果肉薄而干燥，成熟时不裂或开裂；核球形或近球形，两侧常不扁，先端钝圆；核表面具纵横沟纹和孔穴。花期3~4月，果实成熟期7~8月。

产黑龙江南部、辽宁、内蒙古、河北、山东东部、河南、山西、陕西、甘肃、新疆、青海东部、四川及云南，多野生，生于海拔800~3 200m山坡、山谷、沟底、林内及灌丛中。耐寒区位4~9。

抗旱、耐寒，抗盐碱能力很强。以光照较强，通风和排水良好的沙质土壤为最适宜。

在华北地区主要作桃、梅、李等果树的砧

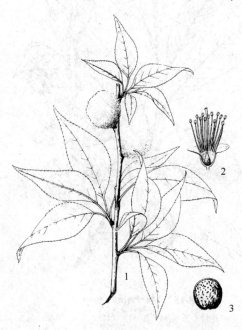

图8-183 山桃 Prunus davidiana
1. 果枝 2. 花纵剖面 3. 果核

木；还是造林树种之一；木材质硬而重，可作各种细工用材；果核可作玩具或念珠；果实可以生食、酿酒及制果酱、果脯等；种仁可榨油供食用，亦可入药；也可栽培供观赏，主要观赏品种有：白山桃 f. *alba* (Carr.) Rehd. 花白色；红山桃 f. *rubra* (Bean) Rehd. 花玫瑰红色。

5. 杏 Prunus armeniaca Linn. / Common Apricot 图8-184

乔木，高达8m。树冠球形或扁球形；树皮灰褐色，纵裂。1年生枝粗壮，节部膨大，浅红褐色。叶宽卵形至圆卵形，长5～9cm，宽4～8cm，先端急尖或短渐尖，基部圆形或近心形，叶缘有圆钝单锯齿。花粉红色，径2～3cm；花萼紫绿色，基部被柔毛，花后反折；花瓣圆形或倒卵形。核果球形，稀倒卵形，径约2.5cm以上，熟时白色、黄色或黄红色；核卵形，表面稍粗糙或平滑，具龙骨状棱；种仁味苦或甜。花期3～4月，果实成熟期6～7月。

产新疆天山东部和西部，生于海拔600～1 200m地带，在伊犁成纯林或与新疆野苹果混生，海拔可达3 000m。全国各地多为栽培，尤以华北、西北和华东地区种植较多，少数地区已野化。世界各地多有栽培。耐寒区位5～10。

喜光树种，在光照充足条件下生长良好，果含糖量高。能耐低温，在－30℃或更低的温度下仍能安全越冬，但在花芽萌动或开花期，抗低温能力大减；也耐高温，如在新疆哈密，平均最高气温36.3℃，极端最高气温达43.9℃仍能正常生长。对土壤的适应性强，在黏土、沙土、砂砾土、较轻的盐碱土甚至岩石缝中均能生长。根系发达，耐干旱，但不耐水涝。

图8-184　杏 *Prunus armeniaca*
1. 花枝　2. 果枝　3. 花纵剖面，去花瓣　4. 果核

果供生食或加工成杏干、杏脯、杏酱等，如北京的杏脯、新疆的杏干，都是驰名中外的特产，又是制糕点和杏仁粉的原料；种仁供食用或药用，可止咳、祛痰、平喘、润肠；还是外贸的重要商品，中国苦杏仁产量多，品质好，在国际市场上享有盛誉；核壳是制造活性炭的原料；还是庭园绿化的优良树种。

6. 山杏 *Prunus armeniaca* Linn. var. *ansu* Maxim. ／Common Apricot

与杏 *P. armeniaca* 的区别：叶基部楔形至宽卵形；花常2朵，粉红色；果实近球形，红色；核卵圆形，表面粗糙而有网纹。栽培或野生。产河北、山西、山东等地，海拔1 000～1 500m，山沟或山坡，多野生。朝鲜北部、日本也有分布。耐寒区位4～9。

7. 西伯利亚杏 *Prunus sibirica* Linn. ／Siberian Apricot

与杏 *P. armeniaca* 的区别：小枝灰褐色或红褐色，果干燥，成熟时开裂；核基部常不对称。产黑龙江、吉林、辽宁、内蒙古、河北、山西、新疆及青海，生于海拔400～2 000m干旱阳坡、山沟石崖、丘陵草原、林下或灌丛中。蒙古东部及东南部、俄罗斯远东及西伯利亚也有分布。耐寒区位4～9。抗旱、耐寒，为选育耐寒杏品种的优良原始材料；又可作山地造林树种和观赏树木；杏仁含油，可制杏仁油、杏仁霜，入药有止咳平喘之功效；叶可提制栲胶。

8. 梅 *Prunus mume* Sieb. et Zucc. ／Mei, Japanese Apricot　图8-185

小乔木，稀灌木，高4～10m。树皮浅灰色或带绿色，平滑。小枝绿色。叶卵形至椭圆形，长4~8cm，宽1.5~5cm，先端尾尖。成熟叶无毛，叶柄常有腺体。花单生或2~3朵集生，径2~2.5cm，香味浓；花萼常红褐色；花瓣白色或粉红色。核果近球形，径2~3cm，熟时黄色或绿白色，被柔毛，味酸；核椭圆形，表面有明显纵沟，具蜂窝状孔穴。花期1~3月，果实成熟期5~6月（华北7~8月）。

原产中国华中至西南山区，中国北京以南各地均有栽培，但以长江流域以南为多，某些品种已在华北地区引栽成功。已有3 000多年的栽培历史。朝鲜、日本也有分布。耐寒区位6~10。

梅较耐寒，喜温暖湿润气候，在土层深厚、排水良好的土壤上生长为宜。

梅是中国传统的果树和名花，花有时芳香，花色多样：白色、绿白、粉红、浅玫瑰等，栽培品种较多，经北京林业大学陈俊愉院士多年的南梅北移实验研究，一些品种已在华北地区栽培观赏。梅的品种分为果梅和花梅两大类，许多类型不仅露地栽培观赏，还可以盆栽作梅桩；鲜花可提取香精；乌梅干、梅花入药；果仁也可入药；果实可食；梅又可作核果类果树的砧木。中国人民将梅、松、竹誉为"岁寒三友"。

图8-185　梅 *Prunus mume*

1. 花枝　2. 花纵剖面　3. 果枝　4. 果实纵切面

9. 李 *Prunus salicina* Lindl./Japanese Plum　图8-186

乔木，高达12m；具枝刺。叶矩圆形、倒卵形至菱状卵形，长6~8（~12）cm，宽3~5cm，先端渐尖、急尖或短尾尖，有圆钝重锯齿，背面脉腋有簇生毛。花常3朵并生；花径1.5~2.2cm，花瓣白色，有明显带紫色脉纹。核果球形、卵球形或近圆锥形，径1.5~5（7）cm，黄色或红色，有时为绿色或紫色，外被蜡粉；核表面有皱纹。花期4月，果实成熟期7~8月。

中国华北、东北、华中、华南和西南等地有栽培，野生种分布于海拔400~2 000m山坡灌丛内、山谷疏林中和沟谷溪边。优良品种有大黄李、牛山李、红美人、杏黄李

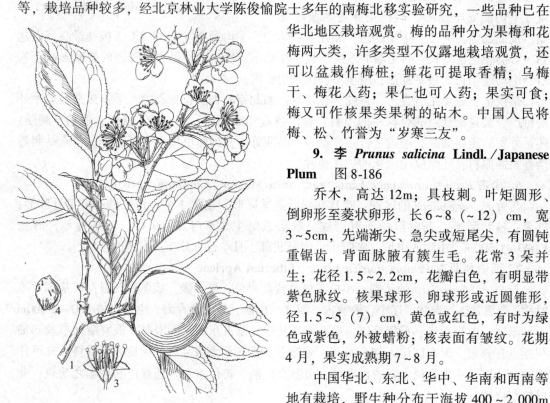

图8-186　李 *Prunus salicina*

1. 果枝　2. 花枝　3. 花纵剖面　4. 果核

等。耐寒区位4~10。

喜光树种，生长快，寿命短，对酸性土、钙质土均能适应，以湿润黏壤土为宜，也能生长在较潮润且不长期积水的低地，但在干燥瘠薄土壤中生长不良、结实少，且易遭病虫害。

果供鲜食；核仁含油，入药有活血祛痰、润肠利水之效；根、叶、树胶均可入药；为中国普遍栽培的果树之一；亦为良好的观赏树种，兼辅蜜源植物。

10. 樱桃 *Prunus pseudocerasus* Lindl. /Falsesour Cherry　图8-187

乔木，高6~8m。树皮灰褐色，光滑，皮孔横展，导致树皮横裂；腋芽单生。叶卵形至矩圆状卵形，长5~12cm，宽3~5cm，先端渐尖或尾状渐尖，基部圆形，有尖锐重锯齿，齿端有小腺体，背面有稀疏柔毛；叶柄顶端有1~2腺体；托叶披针形，羽裂，具腺齿。伞房状或近伞形花序，有3~6朵花，先叶开放；花梗被疏柔毛；花序分枝处有苞片，苞片边缘有腺齿；萼筒钟形，外面被疏柔毛；萼片三角状卵形，全缘，反卷；花瓣白色，卵形。果近球形，径0.9~1.3cm，红色，光滑有光泽。花期3~4月，果实成熟期5~6月。

产辽宁西部、河北、山东东部、河南、安徽、江苏、浙江、江西、湖北、广西东北部、贵州北部、四川、甘肃南部及陕西南部，生于海拔300~600m阳坡或沟边。耐寒区位6~10。

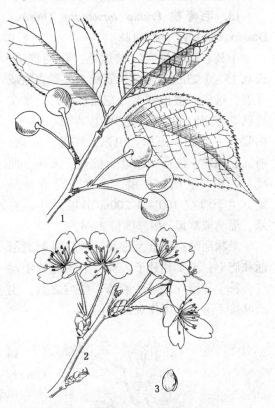

图8-187　樱桃 *Prunus pseudocerasus*
1. 果枝　2. 花枝　3. 果核

中国栽培历史悠久，品种很多，果实成熟较早，富含营养，除鲜食外，还可加工制作成果汁、果酱等；花果美丽，宜作观花、观果树种；根、叶入药有杀虫治蛇伤之效。为城镇近郊果园观光采摘的理想树种。木材坚实，花纹美丽，为上等家具、木地板等木材。

11. 东京樱花（日本樱花） *Prunus yedoensis* Matsum. /Tokyo Cherry

与樱桃 *P. pseudocerasus* 的区别：花白色或粉红色，伞形总状花序有花3~4，花序梗极短，花梗及萼筒被柔毛；花萼片直立或开展。果黑色。花期4月，果实成熟期5月。原产日本，栽培品种多。我国南方各大城市公园、街心花园、绿地和风景区等有栽培。耐寒区位5~9。花朵艳丽，为著名的观赏花木。

12. 山樱花（樱花） *Prunus serrulata* Lindl. /Japanese Flowering Cherry

与樱桃 *P. pseudocerasus* 的区别：伞房总状花序有花2~3，花叶同时开放；花白色，稀粉红色，多重瓣。花梗及萼筒无毛；萼片直立或开展。果紫黑色。花期4~5月，果实成熟期6~7月。产黑龙江、河北、山东、河南、江苏、浙江、安徽、江西、湖南、贵州等，生于海拔500~1 500m山谷林中或栽培。日本、朝鲜也有分布。耐寒区位5~9。木材可作家具，也为庭园观赏树种。

樱花在日本久经栽培；园艺品种很多，有日本国花之美誉的樱花主要是由本种及其变种与其他种类杂交培育而成。

13. 毛樱桃 Prunus tomentosa Thunb./Dawny Cherry 图8-188

小枝、叶、果实密被绒毛；花梗较短，长0.15~0.25cm；萼筒长管状，萼片直立或开展；果实密被白绒毛。花期4~5月，果实成熟期6~9月。产黑龙江、吉林、辽宁、内蒙古、河北、山西、山东、江苏、安徽、浙江、福建、江西、湖北、贵州、云南、西藏、四川、陕西、甘肃、宁夏、青海及新疆，生于海拔100~3 200m山坡林中、林缘、灌丛或草地。耐寒区位2~8。

果味甜酸，可食及酿酒；种仁可制润滑油和肥皂；果实和种子入药，果实能调中益气，种子有治疗斑疹、麻疹、牛痘之效，主治麻疹不透；也可作观赏树种。

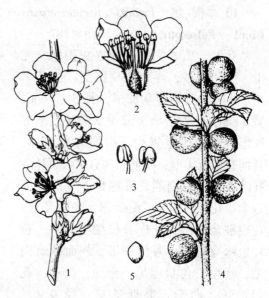

图8-188 毛樱桃 Prunus tomentosa
1. 花枝 2. 花纵剖面 3. 雄蕊 4. 果枝 5. 果核

14. 欧李 Prunus humilis Bunge/Chinese Dwarf Cherry 图8-189

小灌木，高达1.5m。小枝被柔毛。腋芽3个并生。叶中部以上最宽，呈倒卵状矩圆形至倒卵状披针形，长2.5~5cm，宽1~2cm，有锯齿，两面无毛或背面被稀疏短柔毛。花单生或2~3并生，与叶同时开放；花梗明显，长0.5~1.0cm，无毛或被稀疏短柔毛；萼筒杯状，萼片反卷；花瓣长圆形或倒卵形，白或粉红色。果近球形，径1.5~1.8cm，红色或紫红色。花期4~5月，果实成熟期6~10月。

产黑龙江、吉林、辽宁、内蒙古、河北、河南、山东及江苏，生于海拔100~1 800m阳坡沙地或山地灌丛中，庭园有栽培。欧洲及俄罗斯有分布。耐寒区位3~9。

喜光，耐寒，在湿润肥沃土壤上生长良好。

果味酸可食，因富含钙素，誉称钙果；种仁入

图8-189 欧李 Prunus humilis
1. 果枝 2. 花枝 3. 花纵剖面

药,有润肠利尿之效;也可作水土保持和城市绿化树种。

15. 郁李 *Prunus japonica* Thunb. /Dwarf Flowering Cherry 图 8-190

灌木,高达 1.5m。小枝细,灰褐色。腋芽 3 个并生。叶中部以下最宽,呈卵形至卵状披针形,长 3~7cm,宽 1~2cm,有缺刻状尖锐重锯齿,两面无毛或背面沿脉有稀疏柔毛。花单生或 2~3 并生,先叶开放或与叶同时开放;花梗明显,长 0.5~1.0cm,被稀疏短柔毛;萼筒杯状,长宽近相等,萼片反卷;花瓣倒卵状椭圆形,白色或粉红色。果近球形,径约 1cm,深红色。花期 5 月,果实成熟期 7~8 月。

产黑龙江、吉林、辽宁、河北、山西、山东、江苏、安徽、浙江、福建、江西及广东北部,生于海拔 100~200m 山坡林下、灌丛中或栽培。日本及朝鲜也有分布。耐寒区位 3~10。

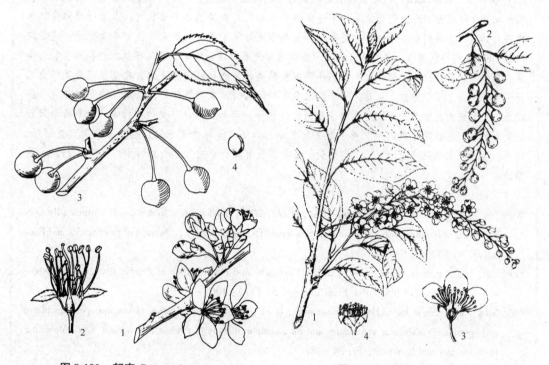

图 8-190 郁李 *Prunus japonica*
1. 花枝 2. 花纵剖面,去花瓣 3. 果枝 4. 果实

图 8-191 稠李 *Prunus padus*
1. 花枝 2. 果枝 3. 花纵剖面 4. 去花瓣的花

16. 稠李 *Prunus padus* Linn. /Bird Cherry 图 8-191

乔木,高达 15m。幼枝被绒毛,后脱落无毛。冬芽无毛或鳞片边缘有睫毛。叶椭圆形、短圆形至矩圆状倒卵形,长 4~10cm,宽 2~4.5cm,先端尾尖,基部圆形或宽楔形,叶缘有不规则锐锯齿,或间有重锯齿,两面无毛;叶柄先端两侧各具 1 腺体。总状花序,基部有 2~3 叶,花序梗和花梗无毛;花径 1~1.6cm;萼筒钟状,萼片三角状卵形,有带腺细锯齿;花瓣白色,长圆形;雄蕊多数;花柱比雄蕊短近 1 倍。核果卵球形,径 0.8~1.0cm,红褐色或黑色;果柄无毛;萼片脱落。

产黑龙江、吉林、辽宁、内蒙古、河北、山西、山东、河南及新疆,生于海拔 880~

2 500m山坡、山谷或林中。欧洲及西亚也有分布。耐寒区位3~9。

幼树耐阴，较耐寒，喜肥沃湿润排水良好中性砂壤土。

种仁含油；叶入药，有镇咳之效；果可治腹泻；树皮可提取栲胶；木材细致，可供家具、细木工用；花序长而美丽，秋叶变为黄红色，是一种良好的观赏树种；又是较好的蜜源树种。

知识窗

李属历来有两种处理方式，一种是保持一个广义的李属（*Prunus*）；另一种是把广义李属拆分为多个较小的属，即桃属（*Amygdalus*）、樱属（*Cerasus*）、稠李属（*Padus*）、桂樱属（*Laurocerasus*）和杏属（*Armeniaca*），《中国植物志》是后一种处理的代表。早期的分子研究通常只选取单段序列构建系统发育关系，研究结果并不能很好地区分广义李属的各个演化支；加上叶绿体序列和核序列构建的发育树存在不一致，使蔷薇科分类学家倾向于维持一个最广义的李属概念。随着使用的DNA序列不断增多，采样逐渐充分，系统发育关系也逐渐清晰，表明李属内存在单生花、伞房花序和总状花序三大类群，对总状花序类以外种类的解析已经趋于一致，在总状花序类中也已经初步识别出了几个分支。但是，除伞房花序类与樱属的对应关系较好外，单生花类内与《中国植物志》传统对应的几个分支并非都有较高的支持率，而如果保证分支的支持率，就要将李属拆出更多的属；总状花序类的演化关系就更为复杂，如要严格保持单系性，也要拆分出大量新属。因此，鉴于广义李属在国际上已广为接受，在中国也有较大影响，本教材用广义李属*Prunus*的概念。

参考文献

Wen Jun, Berggren Scott T, Lee Chung–Hee, *et al.*, 2008. Phylogenetic inferences in Prunus (Rosaceae) using chloroplast ndhF and nuclear ribosomal ITS sequences [J]. Journal of Systematics and Evolution, 46 (3)：322–332.

Shi Shuo, Li Jinlu, Sun Jiahui, *et al.*, 2013. Phylogeny and classification of *Prunus sensu lato* (Rosaceae) [J]. Journal of Integrative Plant Biology, 55 (11)：1069–1079.

Chin Siew–Wai, Shaw Joey, Haberle Rosemarie, *et al.*, 2014. Diversification of almonds peaches plums and cherries — Molecular systematics and biogeographic history of *Prunus* (Rosaceae) [J]. Molecular Phylogenetics and Evolution, 76：34–48.

---

38. 含羞草科 Mimosaceae/Mimosa Family

乔木或灌木，稀草本。二回（稀一回）羽状复叶，或退化为叶状柄；叶柄及叶轴上常具腺体。花辐射对称，两性；穗状或头状花序。花萼管状，5齿裂，花瓣5，镊合状排列，分离或合生成短筒状；雄蕊通常多数，花丝分离或合生成束；子房上位，1心皮1室，边缘胎座。荚果。

约56属2 800种，主产热带和亚热带，少数至温带地区。我国9属约63种，主产华南及西南，北方仅1属；引入10属约20种。耐干旱瘠薄，多为荒山造林和水土保持树种；

有些树种树皮含鞣质，可提取栲胶；亦为绿化、观赏树种。

在 Cronquist 系统中，含羞草科独立成科；在 APG 分类系统中，该科归入蔷薇类分支中的豆科 Fabaceae/ Leguminosae。表 8-11 为合欢属与金合欢属特征比较。

表 8-11　合欢属和金合欢属特征比较表

属　名	叶	雄　蕊
合欢属 Albizia	二回羽状复叶，小叶两侧不对称，中脉偏生	花丝分离
金合欢属 Acacia	二回羽状复叶或羽片小叶退化而叶柄成叶状	花丝基部合生成管状

1. 合欢属 Albizia Durazz./Silk Tree，Albizia

落叶乔木或灌木；顶芽缺。二回羽状复叶，总柄下部具腺体；羽片和小叶对生，小叶两侧不对称，中脉偏生叶片一侧。花小，头状或穗状花序。花萼钟状或管状；花瓣在中部以下合生。雄蕊多数，花丝细长。荚果带状。

约 150 种，产亚洲、非洲及美洲热带和亚热带地区。我国 15 种，主产长江流域以南地区，另引入栽培 2 种。

合欢 *Albizia julibrissin* Durazz./Silk Tree, Pink Siris　图 8-192

乔木，高达 16m。树皮灰褐色，小枝具棱，皮孔黄灰色，明显。羽片 4~12 对，小叶 10~30 对，镰状矩圆形，叶柄及叶轴顶端各具 1 腺体。头状花序呈伞房状排列。雄蕊多数，花丝长 2~3cm（合欢花粉红色是花丝的颜色）。荚果扁平带状，长 8~10cm，黄褐色。种子扁平，椭圆形。花期 6~7 月，果实成熟期 8~10 月。

产我国黄河、长江及珠江流域各地区，生于海拔 1 500m 以下的山坡或疏林中，现各地普遍栽培。清代诗人乔茂才《夜合花》诗曰："朝看无情暮有情，送行不合合留行，长亭诗句河桥酒，一树红绒落马缨。"合欢故又名"马缨花、绒花树、夜合花"。耐寒区位 8~12。

分布广，能适应多种气候条件，为合欢属中最耐寒的树种。对土壤适应性强，喜生于湿润、肥沃和排水良好的土壤，也耐瘠薄和沙质、盐碱土壤。喜光，速生。具根瘤菌，有改良土壤之效。对 HCl、NO_2 抗性强。树皮及花蕾入药，嫩叶可食。木材纹理通直，质地细密，经久耐用。树形如伞，红花如缨，为优美的庭荫树、行道树及观赏树。

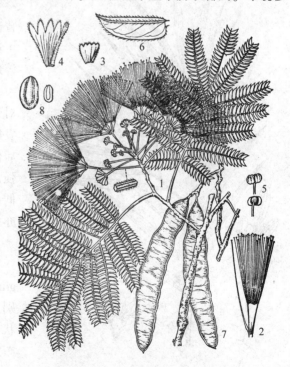

图 8-192　合欢 *Albizia julibrissin*
1. 花枝　2. 雄蕊及雌蕊　3. 花萼　4. 花冠
5. 雄蕊　6. 小叶　7. 果枝　8. 种子

山合欢（山槐） *Albizia kalkora* Prain/Lebbek Albizia　　其与合欢 *A. julibrissin* 的区别：羽片 2~3 对，小叶 5~14 对。花白色。荚果深褐色。产华北、西北、华东、华南及西南。多生于低山丘陵，极喜光，速生，萌芽力强，耐干旱瘠薄生境。可作为用材、鞣料及观赏树种。

2. 金合欢属 *Acacia* Willd. /Acacia

乔木、灌木或藤本。具皮刺或托叶刺，或无刺。二回羽状复叶，或小叶退化而叶柄成叶状。花小，黄色（稀白色），头状。花萼钟状或漏斗状；花冠显著，分离或连合。雄蕊多数，花丝分离，细长伸出。荚果扁平，带状。

900 余种，广布于热带和亚热带地区，以大洋洲和非洲为多。我国约 10 种，产西南至东南，另引入栽培多种。

台湾相思 *Acacia confusa* Merr. /Taiwan Acacia　　图 8-193

常绿乔木，高达 16m。树皮灰褐色。幼苗具羽状复叶，后小叶退化，叶柄成叶状，镰状披针形，革质，长 6~11 cm，宽 0.5~1.3 cm，具 3~5（8）条纵向平行脉。头状花序 1~3 腋生，花黄色。荚果长 4~11cm，宽 0.7~1cm，深褐色，有光泽。种子 2~9，扁平，椭圆形。花期 3~10 月，果实成熟期 8~12 月。

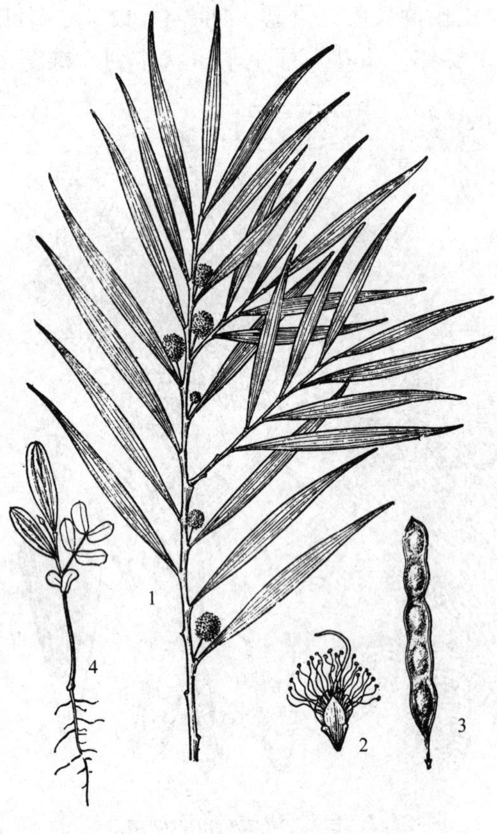

原产台湾南部，现华南南部至西南南部普遍栽植，生于海拔 200~300m 以下，海南可达海拔 800m 以上。菲律宾、印度尼西亚等地也有分布。耐寒区位 11~12。

喜光、喜温暖，不耐寒，耐干旱瘠薄，对土壤要求不严。深根性，抗风力强，根系发达，具根瘤。速生，萌芽性强，多次砍伐后仍能萌生。材质坚韧致密，富弹性。活力强，为优良薪炭材。我国东南及华南沿海及低山丘陵地区良好防护林树种和绿化树种，亦为水土保持优良树种。

本属常见的种类还有：

马占相思 *Acacia mangium* Willd. /Mangium Wattle　　与台湾相思 *A. confusa* 的区别：叶状叶柄长 10~20 cm，宽 4~9 cm；穗状花序；果旋转。原产澳大利亚东北部、巴布亚新几内亚和印度尼西亚等湿润热带地区，分布在南纬 1°~18°（集中在 8°~18°），海拔 300 m 以下，喜高温（年平均气温 >21 ℃）及年降水量 1 500~2 000 mm 以上

图 8-193　台湾相思 *Acacia confusa*
1. 花枝　2. 花　3. 果实　4. 幼苗

的气候；喜深厚、湿润、排水良好的酸性土，贫瘠的立地也生长良好；不耐低温霜害，不抗风，易发生风折，不宜在受风影响大的地方种植。马占相思为世界上速生丰产的树种之一，自 1979 年中国从澳大利亚引种以来，已成为我国热带及亚热带地区的重要栽培树种，覆盖范围包括海南、广东、广西、福建、云南。耐寒区位 11 ~ 12。

木材用途广、生物产量高、枯枝落叶多，且根系有根瘤菌，对增加土壤肥力有显著效果，是荒山造林的优良树种。马占相思木纤维长度随着树龄的增加而增加，心材木纤维长度为 700 ~ 860 μm。边材木纤维长度在 1 000 ~ 1 090 μm，为理想的纸浆原料，因此，是近年来新兴的热带人工速生丰产优质的纸浆用材树种。该种在幼苗期生长较为缓慢，3 年后生长迅速。在现行造林密度条件下，以纸浆材为培育目标，轮伐期为 8 ~ 9 年，且不需要间伐。

39. 苏木科 Caesalpiniaceae / Caesalpinia Family

乔木或灌木，稀草本。一回或二回羽状复叶，稀单叶，互生；托叶早落或无。花两性，稀杂性或单性异株，组成总状、穗状、圆锥花序或簇生；花两侧对称（假蝶形花冠）或近不整齐；萼片花瓣各 5，雄蕊通常 10 或较少，子房上位，1 心皮 1 室，边缘胎座。荚果。

180 属约 3 000 种，主产热带和亚热带地区，少数至温带。我国 18 属约 120 种，主产华南及西南。

在 Cronquist 系统中，苏木科独立成科；在 APG 系统中，该科归入蔷薇类分支中的豆科 Fabaceae/ Leguminosae。

分属检索表

1. 单叶或分裂成 2 小叶。
   2. 单叶全缘；花簇生，假蝶形花冠（旗瓣位于最内方）·················· **1. 紫荆属 *Cercis***
   2. 单叶 2 裂或沿中脉分成 2 小叶；伞房总状花序或圆锥花序；花瓣近不整齐，但不为假蝶形花冠 ················· **2. 羊蹄甲属 *Bauhinia***
1. 羽状复叶。
   3. 小叶全缘。
      4. 花两性；植株具皮刺；荚果木质，扁平或膨胀 ·················· **3. 云实属 *Caesalpinia***
      4. 花杂性或单性异株；植株无刺；荚果肥厚，肉质 ·················· **5. 肥皂荚属 *Gymnocladus***
   3. 小叶有锯齿；植株具分枝枝刺；荚果扁平带状；花杂性或单性异株 ·················· **4. 皂荚属 *Gleditsia***

1. 紫荆属 *Cercis* Linn. / Redbud

落叶灌木或乔木，芽簇生。单叶互生，全缘，掌状脉。花两性，簇生或成总状花序；花萼钟状，5 齿裂；花瓣 5，排成假蝶形花冠；雄蕊 10，花丝分离；子房具短柄。荚果扁平带状，沿腹缝线有窄翅或无。种子近圆形，微扁。

约 9 种，产北美、东亚和南欧。我国 6 种，皆为观赏植物。

紫荆 *Cercis chinensis* Bunge /Chinese Redbud　图 8-194

乔木，高达 15m，栽培者常呈灌木状。枝条"之"字形弯曲；叶近圆形，长 6~13cm，宽 5~14cm，顶端渐尖或急尖，基部心形或近圆形，掌状 5 出脉。花先叶开放，5~9 朵簇生，紫红色。荚果扁平，长条带状，长 3~10cm，沿腹缝线有窄翅。种子 2~8，近圆形。

分布广，产华北、西北至华南、西南各地，多栽培，供观赏。耐寒区位 6~9。

喜光，有一定耐寒性，不耐涝。一般土壤均能适应，以肥沃的微酸性砂壤土上长势最盛。萌蘖性强，耐修剪。树皮、根入药；紫荆花期早，早春繁花簇生枝间和老干，花小而密，满树紫红，俗称"满条红"，为著名的观赏植物。在园林配置中常孤植。

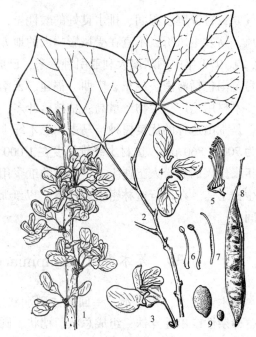

图 8-194　紫荆 *Cercis chinensis*
1. 花枝　2. 叶枝　3. 花　4. 花瓣　5. 雄蕊群及雌蕊　6. 雄蕊　7. 雌蕊　8. 果实　9. 种子

2. 羊蹄甲属 *Bauhinia* Linn. /Orchid Tree

乔木、灌木或藤本。有卷须（稀无），腋生或与叶对生。单叶互生，掌状脉，先端凹缺或沿中脉 2 浅裂、2 深裂或全裂为 2 小叶。花两性，花冠稍不整齐，花的大小、色泽变异大；伞房总状花序或圆锥花序；萼片佛焰苞状，匙形或齿裂；花瓣 5，常具爪；雄蕊 10 或退化为 5~3，稀 1。荚果扁平；种子圆形至卵形，有胚乳。

约 600 种，分布于热带、亚热带地区。我国 40 余种，产于长江以南各地，主产西南和华南；长江流域为藤本植物种类。多散生杂木林、疏林或石质山地。

羊蹄甲 *Bauhinia purpurea* Linn. /Purple Bauhinia, Butterfly Tree　图 8-195

常绿小乔木。叶近心形，长 11~14cm，宽 9~13cm，顶端 2 裂至叶片的 1/3~1/2，具掌状脉 9~11 条。花大，淡红色，芳香；萼筒长 7~13mm，一侧开裂达基部，成 2 反卷的裂片，裂片长 2~2.5cm；花瓣倒披针形，长 4~5cm；发育雄蕊 3~4；子房具长柄。果带状镰形，长

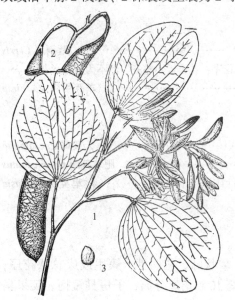

图 8-195　羊蹄甲 *Bauhinia purpurea*
1. 花枝　2. 果实　3. 种子

13~24cm，宽2~3cm，熟时褐色；种子12~15，扁平，近圆形。花期9~11月。

产西南和华南地区，台湾地区有栽培。越南、缅甸、印度等地亦产。耐旱，生长迅速，2年生即可开花。木材红褐色，坚重，有光泽。树皮含单宁，可作染料；树皮、嫩叶入药；根皮有毒。花大，色彩艳丽，叶形奇特，为观花和观叶树种，亚热带地区广泛栽培为行道树和庭园绿化树。耐寒区位11~12。

红花羊蹄甲 *Bauhinia blakeana* Dunn /Hong Kong Orchid Tree 又名洋紫荆，花瓣紫红色，子房通常不结果。秋冬季开花，花艳丽而繁茂，开花期长，于20世纪初发现于中国，为香港特区区旗图案和市花，世界暖热地区普遍栽培观赏。耐寒区位10~12。

3. 云实属（苏木属）*Caesalpinia* Linn. /Caesalpinia

乔木、灌木或藤本；常具皮刺。芽叠生。二回偶数羽状复叶，小叶全缘。总状或圆锥花序；花冠不整齐，花黄色或橙黄色；萼筒短，裂片5，覆瓦状排列；花瓣5，具爪；雄蕊10，分离；子房无柄或具短柄。果扁平或膨胀，平滑或被刺，革质或木质。种子卵圆形至球形，无胚乳。

约100种，分布于热带、亚热带地区。我国17种，主产西南和华南；另引入栽培5种。

云实 *Caesalpinia decapetala*（Roth）Alston /Decapetalous Caesalpinia 图8-196

攀缘灌木；枝、叶轴和花序密被灰褐色柔毛和钩刺。小叶长椭圆形，两端钝圆。总状花序顶生，长15~35cm；花梗长2~4cm，顶端具关节，花易落；花瓣黄色，基部具橙色斑；雄蕊花丝下部密生绵毛。果实长椭圆形，长6~12cm，沿腹缝线膨胀成窄翅，顶端具尖头；种子黑色，椭圆形，长约1cm。花期4~5月。

亚洲热带和温带地区多有分布。我国产于甘肃、陕西、河南、江苏以南至海南，生于海拔1 200m以下疏林、林缘或林区道路两侧。喜光，适应性强。耐寒区位7~12。

种子含油，可制肥皂及润滑油；根、叶、种子均可入药，有舒经活血、解毒杀虫之功效。

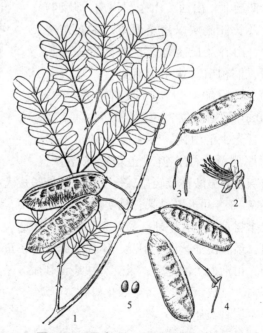

图8-196 云实 *Caesalpinia decapetala*
1. 果枝 2. 花 3. 雄蕊 4. 雌蕊 5. 种子

4. 皂荚属 *Gleditsia* Linn. /Honeylocust, Locust

落叶乔木；树干或大枝常具分枝粗刺。无顶芽，侧芽叠生。一回或兼有二回羽状复叶，常簇生；小叶近对生，常具锯齿。花杂性或单性异株，总状花序，稀圆锥花序，腋生。萼片、花瓣各3~5；雄蕊6~10；花柱短，柱头大。果带状扁平，不开裂，果皮厚革质。种子1至多数，有胚乳。

约16种，产亚洲、美洲及热带非洲。我国约9种，南北各地均产。另引入栽培1种。

皂荚（皂角） *Gleditsia sinensis* **Lam.** /Chinese Honeylocust 图8-197

乔木，高达30m，胸径达1.2m。树皮黑褐色，粗糙不裂；分枝刺圆柱形，长达16cm。一回羽状复叶常簇生，幼枝或萌条叶具二回羽状复叶；小叶3~9对，卵形至长圆状卵形，长2~10cm，先端钝，具短尖头，叶缘具细钝或较粗锯齿，叶基偏斜，叶背网脉明显。总状花序细长；花黄白色，4数，杂性，雄花较两性花稍小。果长12~35cm，直而扁平，微肥厚，成熟时暗棕色，有光泽。种子长卵圆形，长10~13mm，红棕色，有光泽。花期4~5月，果实成熟期10月。

产河北、山西、山东、河南、陕西、甘肃及长江流域以南至西南。多栽培于平原、山谷及丘陵地区，在太行山、大别山、桐柏山及伏牛山有野生。垂直分布海拔1 000m以下，四川中部可达1 600m。耐寒区位7~9。

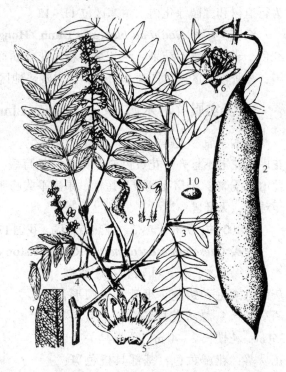

图8-197 皂荚 *Gleditsia sinensis*
1. 花枝 2. 果实 3. 叶枝 4. 枝刺 5. 花展开
6. 花 7. 雄蕊 8. 雌蕊 9. 小叶局部 10. 种子

喜光，稍耐阴，喜温暖、湿润气候及深厚肥沃土壤，但对土壤要求不严，在石灰质、微酸性及轻盐碱性土壤上均能长成大树。深根性，耐旱。生长速度较慢，播种后经7~8年可开花结果，结实期长达数百年。寿命长，可达600~700年。

木材黄褐色，坚硬，易开裂，耐腐、耐磨，难加工。果荚富含胰皂质（皂素），可代肥皂，最宜洗涤丝绸毛织品，不损光泽。种子可榨油，为高级工业用油，种仁可食。皂刺入药，可活血，治疮癣；果荚有祛痰、利尿、杀虫等之效；种子可治癣、通便秘。对HF、SO_2等抗性强，可作抗污染绿化树种。

本属种类还有：

野皂荚 *Gleditsia microphylla* **Gordon ex Y. T. Lee** /Small-leaved Honeylocust 荚果长3~6cm，果皮薄，种子1~3。产于华北和华东。耐寒区位7~12。

日本皂荚 *Gleditsia japonica* **Miq.** /Japanese Honeylocust 枝刺扁平；荚果长20~35cm，果皮薄，扭曲。产东北、华北。耐寒区位4~7。

5. 肥皂荚属 *Gymnocladus* Linn. /Coffee Tree

落叶乔木；枝粗壮。无顶芽，柄下芽或近柄芽。二回偶数羽状复叶，小叶互生，全缘。花杂性或单性异株，近不整齐，顶生总状或圆锥花序。花萼管状，5裂，花瓣4~5；雄蕊10，5长5短。荚果矩圆形，肥厚肉质。种子大而扁平，具胚乳。

约5种，分布于美洲东北部和亚洲东至东南部。我国3种，引入1种。

美国肥皂荚 *Gymnocladus dioicus* (L.) K. Koch. /Kentucky Coffe Tree

乔木，高达30m。树皮厚，粗糙。小叶卵形，长5~8cm，先端尖，基部斜圆或宽楔形。花单性异株，雌花成圆锥花序，雄花成簇生状；花绿白色。果矩圆状镰形，肥厚，长15~26cm，褐色，冬季在树上宿存。花期5~6月，果实成熟期10月。

原产北美。我国北京、青岛、南京、杭州等地有栽培，长势旺盛。耐寒区位4~8。

种子炒食，可代咖啡，在美国有"肯塔基咖啡树"之称。树形开阔，树冠浓绿，为华北平原和适生区理想的观赏树种，可为行道树、群植或孤植配置。

40. 蝶形花科 Papilionaceae /Pea Family

乔木、灌木或草本，直立或藤本。复叶稀单叶；具托叶，偶成刺状。花多两性，两侧对称；花萼5，多少合生成管状，先端具5齿；蝶形花冠，花瓣5，覆瓦状排列，上部1枚在外，为旗瓣，两侧各1枚，覆盖于旗瓣之下，为翼瓣，2翼瓣覆盖的2枚称为龙骨瓣，在一些属中，如紫穗槐属，仅具旗瓣；雄蕊10，二体或单体，或全部分离；子房上位，单心皮，1室，边缘胎座。荚果。种子无胚乳或仅具有少量的胚乳。

约480属12 000种，世界各地均产，主产北温带。我国约110属1 100种，木本约57属450种，全国各地均产。

本科树种多具重要的经济价值，或为优良速生用材树种及水土保持树种，或根部常有根瘤菌共生，可改良土壤并用作绿肥，或供生产纤维、树脂、树胶、染料等工业原料，或可供药用。

在Cronquist系统中，蝶形花科独立成科；但在APG分类系统中，该科归入蔷薇类分支中的豆科Fabaceae/ Leguminosae。在其他传统的分类系统中，豆科通常被分为含羞草亚科Mimosoideae、苏木亚科Caesalpinioideae和蝶形花亚科Papilionoideae三个亚科。

分属检索表

1. 叶为羽状复叶。
  2. 雄蕊分离或基部合生。
    3. 荚果圆筒形，在种子间缢缩成念珠状，不开裂；圆锥或总状花序 ·············· **1. 槐属** *Sophora*
    3. 荚果扁平，开裂。
      4. 小叶互生；荚果无翅或两侧具窄翅，开裂；雄蕊完全分离；芽为叶柄下芽，裸芽 ·············· **3. 香槐属** *Cladrastis*
      4. 小叶对生；荚果腹缝一侧具窄翅；雄蕊花丝基部合生；芽为叶腋生芽，鳞芽 ·············· **9. 马鞍树属** *Maacki*
  2. 二体雄蕊，(9)+1、(5)+(5)或单体。

5. 枝条具托叶刺或叶轴刺。
　　　　6. 枝具托叶刺；荚果扁平，腹缝具窄翅，开裂 ………………………………… 5. 刺槐属 *Robinia*
　　　　6. 花单生，具叶轴刺，荚果圆柱形，开裂 ……………………………… 10. 锦鸡儿属 *Caragana*
　　5. 枝无刺。
　　　　7. 树干直立。
　　　　　　8. 荚果扁平。
　　　　　　　　9. 小叶对生，稀单叶；二体雄蕊(9)+1；果为节荚果，具1~6荚节 ……………………
　　　　　　　　　………………………………………………………………… 2. 岩黄芪属 *Hedysarum*
　　　　　　　　9. 小叶互生；二体雄蕊常为(5)+(5)；荚果薄，种子轮廓明显 ………… 4. 黄檀属 *Dalbergia*
　　　　　　8. 荚果圆柱形。
　　　　　　　　10. 叶具透明油点；总状花序花密集，呈穗状，花冠仅具旗瓣；单体雄蕊；荚果短，果皮具瘤
　　　　　　　　　　状油腺点 ………………………………………………………… 6. 紫穗槐属 *Amorpha*
　　　　　　　　10. 枝、叶被丁字毛；总状花序松散；果皮平滑 ……………………… 7. 木蓝属 *Indigofera*
　　　　7. 藤本；总状花序腋生；花紫色，荚果近扁平，密被灰色绢毛 ……………… 8. 紫藤属 *Wisteria*
1. 单叶、2小叶或三出复叶。
　　11. 单叶或掌状三出复叶，托叶小，与叶柄连合柄抱茎；总状花序顶生，花冠黄色；荚果扁平，具种
　　　　子2~5 ……………………………………………………………… 11. 沙冬青属 *Ammopiptanthus*
　　11. 羽状三出复叶。
　　　　12. 藤本；腋生总状花序，荚果薄，扁平，多籽 ………………………………… 12. 葛属 *Pueraria*
　　　　12. 树干直立；荚果扁圆形，单籽。
　　　　　　13. 花序每节具2朵花，花梗无关节，花紫红色或黄白色 ………………… 13. 胡枝子属 *Lespedeza*
　　　　　　13. 花序每节具1朵花，花梗有关节，花淡紫色或粉紫色 …………………… 14. 蔎子梢属 *Campylotropis*

1. 槐属 *Sophora* Linn. /Pagoda Tree, Sorphora

乔木或灌木。奇数羽状复叶；托叶小。总状或圆锥花序，萼宽钟状，旗瓣圆形至矩圆状倒卵形，雄蕊10，分离或基部稍合生；子房具柄，胚珠多数。荚果圆筒形，在种子间缢缩成念珠状。

约80种，主产北美和东亚。我国23种。

分种检索表

1. 具枝刺；小叶被白色绢毛；总状花序，花蓝白色；荚果开裂 ……………………………… 1. 白刺花 *S. davidii*
1. 枝无刺，黄绿色；叶背被白色平伏毛；圆锥花序，花黄白色；荚果不开裂 …… 2. 槐树 *S. japonica*

1. 白刺花（狼牙刺）*Sophora davidii* (Franch.) Skeels (*S. viciifolia* Hance.) / White-flowered Sophora　图8-198

落叶灌木，高2.5m，多分枝。具枝刺。羽状复叶互生，小叶11~21枚，椭圆形至长倒卵形，全缘，背面疏被白色绢毛；托叶针刺状，宿存。蝶形花冠白色；总状花序顶生。荚果串珠状，近革质，熟后开裂。花期5月，果实成熟期8~10月。

产河北、河南、山西、陕西、甘肃、湖南、四川、贵州和云南，生于海拔2 500m下的山地，在阳坡常形成群落，在砂壤土上生长良好。具有良好的水土保持能力。可用于观赏、蜜源、药用、绿肥和饲料。

图8-198 白刺花 *Sophora davidii*
1. 花枝 2. 枝,示托叶刺 3. 花 4. 果实

图8-199 槐树 *Sophora japonica*
1. 花枝 2. 果序 3. 花瓣 4. 花
5. 去花瓣的花 6. 种子

2. 槐树（国槐）*Sophora japonica* Linn. ／Chinese Scholar Tree 图8-199

落叶乔木，高达25m；树冠近圆形。小枝深绿色，皮孔明显；冬芽小，呈柄下芽。羽状复叶互生，小叶7～17，卵形至卵状披针形，长2.5～5cm，先端尖，全缘，背面有白粉及柔毛。花浅黄绿色，排成顶生下垂的圆锥花序。荚果串珠状，长2～8cm，肉质，熟后不开裂，不脱落。花期7～8月，果实成熟期9～10月。

产陕西、甘肃、青海、宁夏、内蒙古；全国各地栽培。喜深厚、湿润、肥沃及排水良好的砂壤土，对各种类型土壤的适应性较强。耐寒区位5～9。

用于绿化、观赏、用材、药用、染料和蜜源。在华北为重要的城市绿化树种，在欧洲等地也常见种植。

2. 岩黄芪属 *Hedysarum* Linn. ／Sweetvech，Hedysarum

灌木、半灌木或多年生草本。奇数羽状复叶，稀单小叶；有托叶。总状花序腋生，旗瓣比龙骨瓣稍长或稍短，龙骨瓣较翼瓣长2～4倍，稀有较短者。总花梗长；二体雄蕊（9）+1。荚果具1～6荚节，不裂。

100余种，产北温带。我国约20种，其中灌木5种，多为优良饲用树种或固沙树种。

分种检索表

1. 小枝全部具小叶；荚果扁平
  2. 羽状复叶具小叶7～23，荚果光滑无毛 ……………………………… **1. 踏郎 *H. leave***
  2. 羽状复叶具小叶7～19，荚果被毛 ………………………… **3. 蒙古岩黄芪 *H. mongolicum***
1. 上部小枝的叶退化，仅具绿色小枝，荚果球形，被毛 ……………… **2. 细枝岩黄芪 *H. scoparium***

1. 踏郎（杨柴）Hedysarum leave Maxim. /Smooth Sweetvech

半灌木，高达3m。小枝绿色。小叶7~23，条形至条状矩圆形，长1~3cm，表面密被红褐色腺点及疏柔毛，背面密被短伏毛，托叶卵形，连合。花冠紫红色。节荚果具1~2荚节，节荚矩圆状椭圆形，无毛。花期6~8月，果实成熟期9~10月。

产内蒙古库布齐沙地、毛乌素沙地、小腾格里沙地，陕西北部沙区，宁夏河东沙地。生于干旱荒漠草原、流沙或半固定沙地，多成片状群落。耐寒区位5~6。

为优良的防风固沙、水土保持灌木。可作为饲料和观赏树种。

2. 细枝岩黄芪（花棒）Hedysarum scoparium Fisch. et Mey /Slender-Branched Sweetvech　图8-200：1~4

灌木，高0.8~3m。茎和下部枝紫红色或黄褐色，皮剥落，多分枝。羽状复叶；小叶3~5对，矩圆状椭圆形至条形，有时叶轴完全无小叶。蝶形花，紫色；总状花序腋生，花稀疏。节荚果具2~4节荚；荚节凸胀，近球形，密被白色毡状柔毛。花期6~7月，果实成熟期8~9月。

产陕西、甘肃、青海、新疆、宁夏、内蒙古。生于流动沙丘、戈壁水蚀沟。俄罗斯、蒙古也有分布，耐寒区位5~6。

为优良的防风固沙、水土保持灌木。可作为饲料和观赏树种。

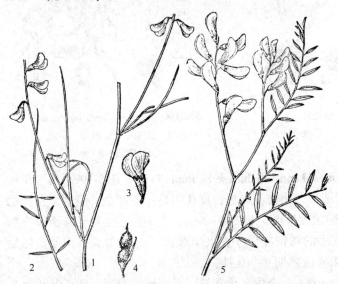

图8-200　1~4. 细枝岩黄芪 Hedysarum scoparium
5. 蒙古岩黄芪 Hedysarum mongolicum
1, 5. 花枝　2. 叶　3. 花　4. 果实

3. 蒙古岩黄芪 Hedysarum mongolicum Turcz. /Mongolian Sweetvech　图8-200：5

半灌木，高达1.5m。多分枝，小枝、叶轴被短柔毛。小叶（3）7~19，倒卵状矩圆形、条状矩圆形至椭圆形，长1~2.5cm，表面密被红色腺点及疏毛，背面被柔毛；托叶小，连生。花冠淡紫色。荚果具荚节1~2，具隆起的网状脉，幼时密被毛，后渐少。花期5~9月，果实成熟期9~10月。

产黑龙江、吉林、辽宁、内蒙古、河北、陕西等；生于沙丘。俄罗斯、蒙古及中亚各国亦产。耐寒区位5~6。

喜光，耐旱，并能耐热。种子或分根、萌蘖繁殖，种子发芽率高达90%左右。

为干旱沙荒地区生长较快，防风作用很大的树种。树干含油脂，是很好的薪材，也可用于编织。风干嫩枝含粗蛋白16.5%，粗脂肪6.3%，粗纤维23%。种子含油量为20.3%，榨油可供食用。亦是蜜源树种。

3. 香槐属 *Cladrastis* Raf. /Yellowwood

乔木。无顶芽，侧芽为柄下芽，常数个叠生。奇数羽状复叶；小叶互生、全缘。圆锥花序，常下垂；花萼筒状或钟状，5 裂；花冠白色，稀淡红色；雄蕊 10，分离。荚果扁平，无翅或两侧具狭翅，果皮薄，开裂。

约 12 种，产于北美洲及亚洲。中国产 4 种。

小花香槐 *Cladrastis sinensis* Hemsl. /Small-leaved Yellowwood　图 8-201

乔木，高 5~20m。小叶 9~13，长椭圆状披针形，长 4~9cm，顶端渐尖，基部圆形，无毛或背面沿脉有柔毛。花冠白色或粉红色；子房线形。荚果长椭圆形至线形，扁平，长 3~8cm，无翅，有疏毛。花期 6~8 月，果实成熟期 10~11 月。

产河南伏牛山南部、大别山及桐柏山区、陕西、甘肃南部，以及湖北、四川、云南、贵州等地，生于海拔 700~2 500m 的山谷杂木林中。耐寒区位 7~9。

喜光，在酸性、中性及石灰岩山地均能生长。种子繁殖。

图 8-201　小花香槐 *Cladrastis sinensis*
1. 花枝　2. 果枝　3. 花　4. 种子

木材可提取黄色染料，兼供建筑用。可作为石灰岩山地的造林树种。

4. 黄檀属 *Dalbergia* Linn. f. /Rosewood

乔木或攀缘灌木。无顶芽。奇数羽状复叶，稀单叶，小叶互生，全缘；托叶早落。聚伞或圆锥花序；萼钟状，5 齿裂。雄蕊 10 或 9，单体或二体，常为 (5) + (5)。荚果椭圆形或带状，薄而扁平，不开裂。

约 130 种，产热带和亚热带。我国约 25 种，产淮河以南。

黄檀 *Dalbergia hupeana* Hance /Hupeh Rosewood　图 8-202

乔木，高达 20m。树皮条状纵裂。小枝无毛。小叶 7~11，矩圆形至宽椭圆形，长 3~5.5cm，先端钝圆或微凹，基部圆形，背面被平贴短柔毛。圆锥花序顶生或生于近枝顶外叶腋，花梗及花萼被锈色柔毛。花黄白色。果矩圆形或条形，扁平，长 3~7cm，褐色。种子 1~3。花期 5~6 月，果实成熟期 9~10 月。

产河南伏牛山、大别山及桐柏山区，陕西秦岭南北坡及巴山，甘肃东南部以及华中、华南、西南等。耐寒区位 6~9。

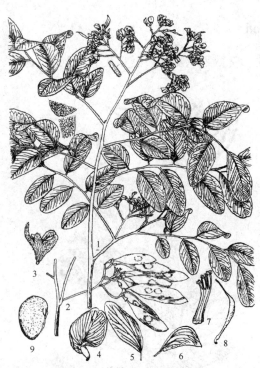

图 8-202 黄檀 *Dalbergia hupeana*
1. 花枝　2. 果序　3. 花萼　4~6. 花瓣
7. 雄蕊　8. 雌蕊　9. 种子

喜光，耐干旱瘠薄，在酸性、中性或石灰性土壤均能生长。种子繁殖。

材质坚重，纹理中等，可作各种贵重或拉力强的用具及器材，亦可作为培养紫胶虫的寄主树。

5. 刺槐属 *Robinia* Linn. / Locust

灌木或乔木。柄下芽。奇数羽状复叶，小叶对生；托叶刺状。总状花序下垂；萼钟状，5齿裂，稍2唇；花冠白色、粉红色或淡紫色；雄蕊（9）+1二体。荚果扁平，开裂。

约20种，产北美。我国引栽2种。

刺槐（洋槐）*Robinia pseudoacacia* Linn. / Black Locust　图 8-203

乔木，高15~25m；树皮黑色，深纵裂。枝无毛，褐色，具对生托叶刺。奇数羽状复叶，小叶椭圆形或卵形，先端圆钝，全缘，近无毛。蝶形花冠白色；总状花序腋生，下垂。荚果条状矩圆形，扁平，开裂。花期4~5月，果实成熟期8~9月。

原产美国东部的阿巴拉契亚山脉和奥萨克山脉一带，18世纪末19世纪初由欧洲引入我国青岛等。后扩大到黄河中下游及黄土高原、华北、东北等地，现在中国各地广为栽培。垂直分布可从渤海、黄海之滨到海拔2 100m的黄土高原。耐寒区位3~11。

匈牙利等国重视刺槐的繁育，培育出用材、水土保持、蜜源等用途的刺槐品种和无性系；韩国培育出可做饲料的叶用刺槐。北京林业大学通过开展国际合作研究，分别从两国引入用材、蜜源无性系以及饲用的四倍体刺槐等品种，已在包括云南在内的广大地区种植。

喜光，不耐庇荫，适生多种土壤：沙质壤土、壤土、黏土；在中性土、酸性土和含盐量在0.3%以下的轻盐碱地均能生长。但在良好的环境中，刺槐能实现速生的目的。刺槐对水分很敏感，又有较强的抗旱性，在中国西北和华北的生态环境建设中，具有不可替代的作用，但如遭遇特大干旱，如2006年北京春季的干旱，在阳坡种植的刺槐大面积死亡。

萌蘖能力强，木材易燃烧，热量大，成为华北和西北地区优良的薪炭树种。树冠耐修剪，采用头木作业，经多次修理侧枝，萌发细枝，形成密集伞形的树冠，极具观赏性。春天开花，花洁白芳香，分泌花蜜，是优良的蜜源植物。在河南的黄河故道沙地种植不但改善了环境，更重要的是为当地养蜂业提供了优良的蜜源。

毛刺槐 *Robinia hispida* Linn. / Rose Acacia, Moss Locust　图 8-204

与刺槐的区别：灌木或乔木。小枝、总花梗及叶柄密生棕色细刺毛。小叶7~13，近圆形至宽矩圆形，两面无毛。花瓣玫瑰紫色或淡紫色。荚果长5~8cm，具腺状刚毛。花期5~7月。

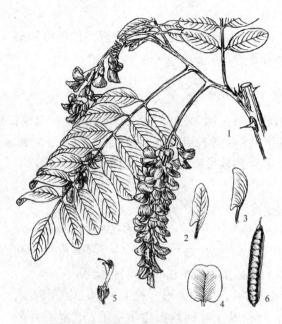

图8-203 刺槐 Robinia pseudoacacia
1. 花枝 2. 翼瓣 3. 龙骨瓣 4. 旗瓣
5. 雄蕊及雌蕊 6. 果实

图8-204 毛刺槐 Robinia hispida

原产美国东南部。我国北京、河北、河南、山东均有栽培。种子或嫁接繁殖。为庭园观花树种。耐寒区位5~9。

6. 紫穗槐属 Amorpha Linn. /Amorpha, False Indigo

灌木，稀草本。奇数羽状复叶；小叶全缘，有油腺点；托叶早落。密集穗形总状花序，萼钟形，萼齿5；花冠仅具一旗瓣，蓝紫色或带白色或紫色；雄蕊10，为(9)+1二体或基部连合成1束；子房无柄，有2胚珠，荚果短，不开裂。具1种子。

约25种，原产北美洲。我国引栽1种。

紫穗槐 Amorpha fruticosa Linn. /Bastark Indigo 图8-205

灌木，高1~4m，多分枝。枝条细长。羽状复叶；小叶5~12对，矩圆形至椭圆形，先端圆或钝，全缘，有腺点，近无毛。蝶形花仅具旗瓣，暗紫色；多花密集成穗形总状花序，生于枝顶，长7~17cm。荚果矩圆形，稍弯，下垂，不开裂，表面有瘤状腺体，常含1种子。花期5~6月，果实成熟期7~8月。

原产美国，我国自东北南部至长江流域广为栽

图8-205 紫穗槐 Amorpha fruticosa
1. 花枝 2. 花 3. 去花瓣的花 4. 雌蕊
5. 花瓣 6. 花萼 7. 果实

培。生于河岸、沟边、湿润沙区。耐寒区位 4~9。

为优良的固沙、水土保持、编织、造纸、饲草、绿肥和蜜源灌木。在河北的唐山和秦皇岛地区的沟渠、田埂边种植，固岸护坡效果明显。

7. 木蓝属（槐蓝属）*Indigofera* Linn. /Indigo

灌木或草本。植株常被丁字形毛。奇数羽状复叶，稀为三出复叶或单叶，小叶全缘；托叶小，常针状。总状花序腋生；萼钟状，斜形，5 齿等长或最下 1 齿较长；花冠常淡红色至紫色，稀白色或蓝色；雄蕊二体(9)+1。荚果圆柱形或有棱角，中间有隔膜，开裂。

约 800 种，产热带至温带。我国约 70 种。

分种检索表

1. 小叶倒卵形；花序短于叶轴；荚果窄线形 ················· 1. 多花木蓝 *I. amblyantha*
1. 小叶宽卵形至椭圆形；花序与叶轴近等长；荚果圆柱形 ··········· 2. 花木蓝 *I. kirilowii*

1. 多花木蓝 *Indigofera amblyantha* Craib /Pink-flowered Indigo　图 8-206

灌木，高达 2m。小枝密生白色丁字毛。小叶 7~11，倒卵形，长 1.5~4cm，顶端圆，基部宽楔形，表面疏生丁字毛，背面毛较密；叶柄及小叶柄均密生丁字毛。总状花序腋生，较叶短；花密生；花冠淡红色。荚果窄线形，长 3.5~6cm，棕褐色。

产河北、河南、山西、湖北、浙江、广东及四川；生于山坡灌丛或疏林中。耐寒区位 5~9。根入药，可治咽喉肿痛。亦可作观赏花灌木。

图 8-206 多花木蓝 *Indigofera amblyantha*
　1. 花枝　2. 果实　3~5. 花瓣
　6. 花萼　7. 雄蕊　8. 雌蕊

图 8-207 花木蓝 *Indigofera kirilowii*
　1. 花枝　2. 果枝　3~5. 花瓣　6. 雄蕊及
　花萼　7. 小叶局部　8. 丁字毛

2. 花木蓝（吉氏木蓝） *Indigofera kirilowii* Maxim. ex Palibin /Kirilow Indigo 图 8-207

灌木。小叶7~11，宽卵形至椭圆形，长1.5~3cm，顶端圆或钝，基部圆或宽楔形，两面疏生白色丁字毛。总状花序腋生，与叶近等长；花冠紫红色。荚果圆柱形，长3.5~7cm，棕褐色。无毛，有多数种子。花期6~7月，果实成熟期8~9月。

产东北、华北及华东；生于山坡灌丛、疏林中。朝鲜、日本亦产。耐寒区位5~10。

种子繁殖。根入药，治咽喉肿痛。茎皮纤维可制人造棉、纤维板。枝条用于编织。种子含油脂和淀粉，供酿酒。叶含鞣质，可提制栲胶。

8. 紫藤属 *Wisteria* Nutt. /Wisteria

藤本。奇数羽状复叶；托叶小，早落。总状花序，下垂；萼钟状，萼齿5；花冠白色、淡紫色或青紫色；二体雄蕊(9)+1。荚果扁平。

约10种，产于东亚及北美洲。我国有5种。

紫藤 *Wisteria sinensis* (Sims) Sweet /Chinese Wisteria 图 8-208

藤本。小叶7~13，卵形至卵状披针形，长4.5~11cm，顶端渐尖，基部圆形或宽楔形。总状花序侧生，长15~30cm，下垂；萼钟状；花冠紫色或紫红色。荚果扁，长10~20cm，密被灰黄色、丝绢光亮的绒毛。荚果长条状纺锤形，多顶部的种子发育，近果柄端的种子败育，种子扁圆形。花期4~5月，果实成熟期9~10月。

产河北、山西、山东、河南、陕西、江苏、浙江、安徽、江西等地。各地有栽培。耐寒区位7~10。

为中国园林设计中典型的庭园花架、花廊绿化树种，用于庭荫、观花和观果。茎皮、花及种子均入药，有解毒驱虫、止吐泻之效。

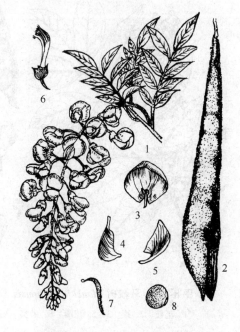

图 8-208 紫藤 *Wisteria sinensis*
1. 花枝 2. 果实 3~5. 花瓣 6. 雄蕊及花萼 7. 雌蕊 8. 种子

9. 马鞍树属 *Maackia* Rupr. et Maxim. /Maackia

乔木或灌木。无顶芽，侧芽单生。奇数羽状复叶；小叶对生。圆锥或总状花序顶生；萼钟状，4~5齿裂；花冠白色或绿白色；雄蕊10，基部合生；子房具柄，常被毛。荚果扁平，腹缝线有翅或无翅，开裂。种子1~5。

约12种，产东亚。我国7种，产东北、华北、华南至西南。

分种检索表

1. 小叶9~13，椭圆形至卵状椭圆形；荚果腹缝线具约2~4mm宽的翅 ………… **1. 马鞍树 M. chinensis**
1. 小叶7~11，卵形至卵状矩圆形；荚果腹缝线具约1mm宽的窄翅 ……………… **2. 怀槐 M. amurensis**

1. 马鞍树 Maackia chinensis Takeda / Chinese Maackia   图8-209

乔木，高达23m，胸径达80cm。小叶9~13，卵形、椭圆形至卵状椭圆形，长2.5~6.5cm，宽1.5~3cm，顶端急尖或钝，基部宽楔形，背面沿脉疏生柔毛。圆锥花序；花密生，白色；萼钟状，密生绒毛。荚果长椭圆形，长4~10cm，扁平，疏生短柔毛，沿腹缝线具宽2~4mm的翅，种子1~6。花期6~7月，果实成熟期8~9月。

产河南大别山、桐柏山和伏牛山的南部，陕西眉县（太白山）、宁陕、南郑等，以及安徽、浙江、江西、四川、湖北等地；生于山坡杂木林中。种子繁殖。耐寒区位7~9。

木材供建筑、家具等用。亦可作观赏树种。

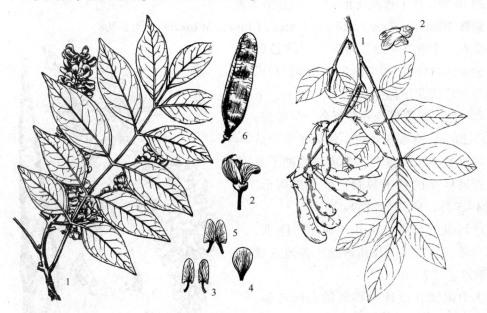

图8-209 马鞍树 Maackia chinensis
1. 花枝 2. 花 3~5. 花瓣 6. 果实

图8-210 怀槐 Maackia amurensis
1. 果枝 2. 花

2. 怀槐（朝鲜槐） Maackia amurensis Rupr. et Maxim. / Amur Maackia   图8-210

乔木，高达13m。小叶7~11，卵形至卵状矩圆形，长3.5~8cm，宽2~5cm，顶端急尖或钝，基部圆或宽楔形。圆锥花序，花密生；萼钟状，密生红棕色绒毛；花冠白色，长约8mm。荚果扁平，长椭圆形或线形，长3~7cm，疏生短柔毛，沿腹缝线有宽约1mm的狭翅。花期6~7月，果实成熟期8~9月。

产黑龙江、吉林、辽宁、河北、河南、山东等地，生于山坡、疏林或林缘。种子、分根或嫁接繁殖。耐寒区位 4~10。

树皮及叶含单宁。种子可榨油。木材供建筑及家具用。

10. 锦鸡儿属 *Caragana* Fabr. /Peashrub

灌木，稀小乔木。偶数羽状复叶，叶轴先端刺状；托叶小，脱落或成刺状。花黄色，稀白色或粉红色。荚果线形、圆筒形或扁平，开裂。

60 余种，产欧洲和亚洲。我国约 50 种。主产黄河流域以北干燥地区及西北、西南等地，为中亚—蒙古植物区系的典型树种。多数用于干旱、半干旱、沙漠化地区的生态环境改良用灌木。冬季的芽和小枝成为羊、牛等家畜及野生食草动物重要的越冬食源。

分种检索表

1. 小叶 2 对，为假掌状；叶、子房、花萼及荚果均无毛；花橘黄色 ················ **1. 红花锦鸡儿** *C. rosea*
1. 羽状复叶具多对小叶；叶被毛。
  2. 叶轴木质硬化成叶轴刺；花黄白色，有淡紫色条纹；荚果密被白色柔毛 ·· **2. 鬼箭锦鸡儿** *C. jubata*
  2. 叶轴不硬化成叶轴刺，脱落，托叶宿存并硬化成托叶刺；花黄色；荚果光滑无毛。
    3. 小叶顶端急尖，密被白色伏贴毛；子房被毛 ················ **3. 柠条锦鸡儿** *C. korshinskii*
    3. 小叶顶端钝或凹，叶疏生短柔毛；子房无毛 ················ **4. 小叶锦鸡儿** *C. microphylla*

1. 红花锦鸡儿（金雀儿花）*Caragana rosea* Turcz. /Dwarf Peashurb 图 8-211

灌木，高约 1m。小枝灰黄色或灰褐色；托叶硬化成细刺状。小叶 4，假掌状排列，长椭圆状倒卵形，长 1~2.5（4）cm，顶端圆或微凹有刺尖，基部楔形，叶缘略反卷。花冠黄色，龙骨瓣白色，或全为浅红色，凋谢时变为红紫色。荚果圆筒形，具渐尖头，长 6cm，红褐色。花期 5~6 月，果实成熟期 7~8 月。

产辽宁、河北、山西、山东、河南、陕西、甘肃、江苏、浙江、四川等地，生于山坡、沟旁或灌丛中。耐寒区位 4~10。

可作为黄土丘陵水土保持树种。根入药，有祛风除湿、通经活络、止咳化痰之效。春天黄花满枝，形如飞翔的小鸟，为庭园观赏花灌木。

2. 鬼箭锦鸡儿（鬼见愁）*Caragana jubata*（Pall.）Poir. /Sharp-spined Peashrub 图 8-212

多刺灌木，高约 1m。基部分枝。小叶 8~12，长椭圆形至条状长椭圆形，长 5~15mm，花单生，花梗极短；花冠淡红色或黄白色。荚果，长椭圆形，长约 3cm，密生丝状长柔毛。花期 7~8 月，果实成熟期 8~9 月。

产北京、河北、山西、陕西、四川等地，生于高山山坡或山顶，常形成高山灌丛。蒙古、俄罗斯、西伯利亚亦产。种子繁殖。耐寒区位 3~9。

可作沙区造林树种。种子含油量 10%~14%，供制肥皂及油漆用。

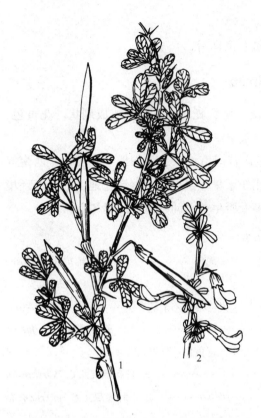

图8-211 红花锦鸡儿 *Caragana rosea*
1. 果枝 2. 花枝

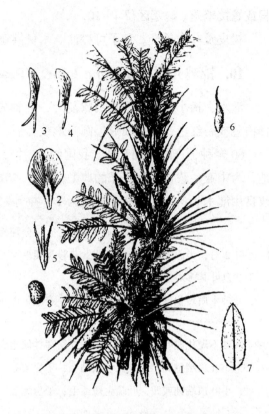

图8-212 鬼箭锦鸡儿 *Caragana jubata*
1. 果枝 2~4. 花瓣 5. 花萼
6. 雌蕊 7. 小叶 8. 种子

3. 柠条锦鸡儿（柠条）*Caragana korshinskii* Kom. /Korshinskii Peashrub 图8-213

灌木，稀小乔木，高1~4m。老枝金黄色，有光泽；嫩枝被白色柔毛。偶数羽状复叶；小叶6~8对，倒披针形至矩圆状倒披针形，先端急尖，具短刺尖，两面密被伏生绢毛；叶轴脱落；托叶常硬化成针刺，宿存。花冠黄色，单生或簇生；花梗中上部具关节。荚果扁披针形，长1.5~3.5cm。花期5~6月，果实成熟期6~7月。

产宁夏、陕西、甘肃、内蒙古，生于半荒漠或荒漠地区。耐寒区位3~9。

为优良固沙、水土保持灌木。在草原牧区和黄土高原地区是羊等家畜重要的越冬饲料。根系具固氮根瘤菌，对贫瘠的黄土和沙地具有良好的改土作用。

4. 小叶锦鸡儿（黑柠条）*Caragana microphylla* Laxm. /Small Leaf Peashrub 图8-214

灌木，高1~2m。老枝黄灰色或灰绿色；嫩枝被毛。偶数羽状复叶；小叶5~10对，倒卵形至倒卵状矩圆形，先端圆形、钝或微凹，具短刺尖，幼时被短柔毛；叶轴脱落；托叶常硬化成针刺，宿存。花冠黄色，单生或簇生；花梗近中部具关节。荚果圆筒形，长3~5cm。花期5~6月，果实成熟期7~8月。

产东北、华北和西北；蒙古、俄罗斯亦有分布。生于草原地区的固定、半固定沙丘或平坦沙地、山坡灌丛。耐寒区位3~9。

图 8-213 柠条锦鸡儿 *Caragana korshinskii*
1. 花枝 2. 小叶 3~5. 花瓣 6. 果实 7. 种子

8-214 小叶锦鸡儿 *Caragana microphylla*
1. 花枝 2. 花瓣 3. 果实 4. 小叶

用途同柠条锦鸡儿。

11. 沙冬青属 *Ammopiptanthus* Cheng f. /Ammopiptanthus

常绿灌木。单叶或掌状三出复叶；托叶小，与叶柄连合而抱茎，总状花序顶生；花萼筒状，疏生柔毛；花冠黄色。荚果扁平，种子2~5。

2种，我国均产。

沙冬青 *Ammopiptanthus mongolicus* (Maxim. et Kom.) Cheng. f. /Monglian Ammopiptan thus 图 8-215

常绿灌木，高 1~2m，多分枝。小枝粗壮，黄绿色。掌状三出复叶，少单叶；小叶革质，菱状椭圆形至宽披针形，全缘，两面密被灰白色绒毛，先端钝或锐尖。花冠黄色；总状花序顶生或侧生。荚果长矩圆形，扁平。花期4~5月，果实成熟期5~6月。

产宁夏、青海、甘肃、内蒙古，生于固定沙地、沙质石质山坡。蒙古也有分布。耐寒区位5~6。

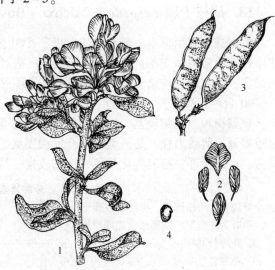

图 8-215 沙冬青 *Ammopiptanthus mongolicus*
1. 花枝 2. 花瓣 3. 果实 4. 种子

为薪炭、固沙和观赏灌木。

12. 葛属 *Pueraria* DC. /Kudzu Vine

藤本。常有块根。羽状小叶3；有托叶及小托叶。为腋生具节的总状花序；花冠蓝紫色；二体雄蕊成(9)+1。荚果线形，扁平。

约25种，产于亚洲。我国12种。

葛(葛藤) *Pueraria lobata* (Willd.) Ohwi /Kudzu Vine, Ge Gen   图8-216

藤本。全株被黄色粗长毛。顶生小叶菱状卵形，长5.5~19cm，顶端渐尖，基部圆形，有时浅裂，背面有粉霜，侧生小叶宽卵形，有时具裂片，基部倾斜。总状花序腋生，偶有分枝，花密集；花冠紫红色，具黄色斑。荚果线形，扁平，长5~10cm，密生黄褐色长硬毛。花期8~9月，果实成熟期9~10月。

我国除黑龙江、新疆、西藏外几乎各地均产，生于山坡路旁及疏林中。朝鲜、日本亦产。耐寒区位6~12。

茎皮纤维为纺织、造纸原料。块根可提制淀粉，供食用。根与花可药用，根入药有解热透疹、生津止渴、

图8-216 葛 *Pueraria lobata*
1. 花枝 2. 小叶片局部 3. 花瓣 4. 去花瓣的花 5. 果序

解毒、止泻之效；花能解酒、化湿热。全株匍匐蔓延，覆盖地面，是一种良好的水土保持造林树种，亦也用于高速公路两侧绿化。

13. 胡枝子属 *Lespedeza* Michx. /Bush Clover, Lespedeza

灌木或多年生草本。羽状三出复叶，小叶全缘。总状花序或簇生叶腋；花梗无关节；花序每节苞腋内生2花；萼钟状，萼齿5；花冠紫色、红色或白至黄色，有花冠者结实或不结实，无花冠者均结实；二体雄蕊(9)+1。荚果扁平，常包于宿存萼内，具1种子。

90余种，产北美洲、亚洲、欧洲及大洋洲。我国有65种。

该属树种生态幅较宽，生命力强，根具根瘤，植物体富含蛋白质、纤维等营养物质，繁殖容易，萌蘖力强，是一类值得开发和发展的灌木。适合作饲草动物饲料、固坡、水土保持、矿山治理、庭园美化绿色、土壤改良、沙漠化防治等。

分种检索表

1. 小叶较宽，为矩圆形、椭圆形或卵形。
   2. 小叶为椭圆形、矩圆形，先端圆钝。
      3. 花序较复叶长 ·· **1. 胡枝子 *L. bicolor***
      3. 花序较复叶短··· **2. 短梗胡枝子 *L. cyrtobotrya***
   2. 小叶为卵形至卵状椭圆形，先端急尖；花序较复叶轴长 ·················· **3. 美丽胡枝子 *L. formosa***
1. 小叶较窄，为倒披针形至披针状长圆形，叶先端截形，花黄白色，纤细状灌木 ·················

4. 截叶胡枝子 *L. cuneata*

1. 胡枝子 *Lespedeza bicolor* Turcz. / Shrub Lespedeza 图 8-217

灌木，高达 2m。顶生小叶椭圆形或卵状椭圆形，长 3~6cm，宽 1.5~4cm，顶端钝或凹，有小尖，基部圆形，两面疏生短毛。总状花序腋生，较叶长；萼杯状，萼齿 4，较萼筒短；花冠紫红色。荚果斜卵形，长约 10mm。花期 6~9 月，果实成熟期 9~10 月。

产黑龙江、吉林、辽宁、内蒙古、河北、山西、山东、陕西、甘肃等地，生于山坡灌丛或林缘。俄罗斯、朝鲜和日本亦产。耐寒区位 4~8。

喜光，耐寒，耐干瘠，适应能力强。

枝叶可作绿肥及饲料；嫩叶可代茶；枝条可编筐；根可清热、解毒；花为蜜源；种子可食。根系发达，萌蘖力强，为良好的水土保持树种。美国和日本较早开展良种培育工作，培养出适合作饲料和可作观赏的品种。

图 8-217 胡枝子 *Lespedeza bicolor*
1. 花枝 2. 花 3. 花瓣 4. 雄蕊
5. 雌蕊 6. 果实

灌木，高达 2m。幼枝被白色柔毛，老枝无毛。顶生小叶较侧生小叶大，小叶卵圆形、卵状披针形至宽披针形，长 1.5~3.5cm，宽 1~1.7cm，先端钝圆或微凹，具短芒尖，基部圆形或有时微楔形，上面初被伏贴短毛，后脱落，下面密被伏贴短毛；叶柄长 1~2cm，被短毛；托叶钻状，宿存。总状花序腋生而密集，较叶短，单生或排成圆锥状；花冠紫色。荚果倒卵状长圆形，长 6mm，宽约 5mm，被伏贴柔毛，网脉明显。花期 7~8 月，果实成熟期 9 月。

产我国东北以及内蒙古、河北、山西、陕北、河南等地。生于海拔 2 000m 以下的山坡林中及山谷沟岸灌丛中。俄罗斯（远东地区）、朝鲜、日本也有分布。耐寒区位

2. 短梗胡枝子 *Lespedeza cyrtobotrya* Miq. /Leafy Lespedeza 图 8-218

图 8-218 短梗胡枝子 *Lespedeza cyrtobotrya*

5～8。

茎皮纤维可制造人造棉或造纸；枝条供编织；叶可作饲料及绿肥。

3. 美丽胡枝子 *Lespedeza formosa* (Vog.) Koehne. /Beautiful Lespedeza　　图8-219

灌木，高1～3m。幼枝密被白色柔毛。顶生小叶较侧生小叶大，小叶卵形至卵状椭圆形，长2.5～7cm，宽1～3.5cm，先端急尖或短渐尖，具短芒，基部圆形，下面被伏贴毛。总状花序腋生，或集生于枝端呈圆锥花序较叶为长；萼钟状，4裂；花冠黄色或白色，基部常紫色。荚果长圆状卵形，被短柔毛。花期6～9月，果实成熟期9～10月。

分布于我国山西、陕西(巴山地区)、甘肃、江苏、安徽、浙江、江西、台湾、河南、湖北、四川等地，生于海拔1 800m以下的山坡林下和路旁灌丛中。日本、朝鲜也有分布。耐寒区位6～9。

为水土保持树种；种子含油；根叶入药。

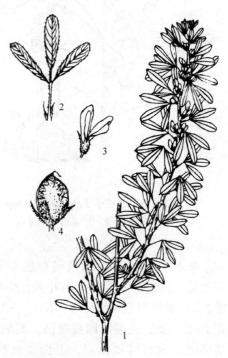

图8-219　美丽胡枝子 *Lespedeza formosa*
1. 花枝　2. 花　3. 花萼　4. 雄蕊及雌蕊　5～7. 花瓣

图8-220　截叶胡枝子 *Lespedeza cuneata*
1. 花枝　2. 叶　3. 花　4. 果实

4. 截叶胡枝子(铁扫帚) *Lespedeza cuneata* (Dum. – Cours.) G. Don /Sericea Lespedeza　　图8-220

小灌木，高可达1m。小枝被柔毛，小叶倒披针形，长1～3cm，宽2～5mm，背面密被柔毛，先端截形或微凹，具小突尖头。花序具花2～4朵，无瓣花簇生叶腋；花萼密被毛；花冠黄白色或淡红色。荚果卵圆形。花期6～9月，果实成熟期10月。

产东北、华北及陕西、甘肃、江苏、浙江、安徽、江西、湖南、湖北、云南、贵州、四川、西藏等地。朝鲜半岛、日本、印度也有分布。耐寒区位4～9。

生态幅较宽，喜光，也耐一定庇荫，常生于稀疏灌草地、林缘、路边和旷地。最适于黏土和壤土，极耐铝含量高的酸性土，不适应钙质或水分过多的土壤。在其他大多数蝶形花科牧草不能茂盛生长的低肥力土壤上能够生长良好。可打干草作牛羊马等饲草动物饲料；因植株低矮，可直接放牧。为优良的水土保持灌木，也是矿区环境改造灌木。美国和日本最早开始进行良种选育，具有多种优良品种。

14. 蕕子梢属 *Campylotropis* Bunge/Clovershrub

灌木。羽状三出复叶。花序每节苞片腋内生1花；花梗在萼下有关节；萼钟形，5齿裂；花冠紫色。荚果椭圆形，不开裂。种子1。

约65种，产于亚洲。我国40多种。

蕕子梢 *Campylotropis macrocarpa* (Bunge) Rehd./Chinese Clovershrub

图 8-221

灌木，高1~2m。顶生小叶矩圆形至椭圆形，长3~6.5cm，顶端圆或微凹，有短尖，基部圆形，背部有淡黄色柔毛。总状花序腋生；花冠紫色。荚果斜椭圆形，膜质，长1.2~1.5cm。花期7~9月，果实成熟期9~10月。

产东北、华北、西北、华东及四川等地；生于山坡、沟边、林缘或疏林中。朝鲜北部亦产。

根及叶入药，能发汗解毒、消炎解毒，治胃炎及风寒感冒等症。也可作水土保持及园林绿化造林树种。

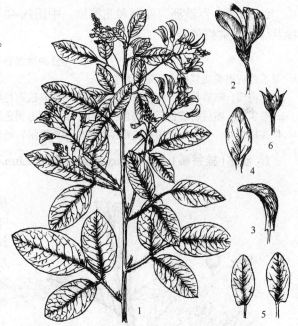

图 8-221 蕕子梢 *Campylotropis macrocarpa*
1. 花枝　2. 花　3~5. 花瓣　6. 花萼

41. 胡颓子科 Elaeagnaceae/Olaester Family

灌木或乔木；植物体被银白色或黄褐色的腺鳞或星状毛。单叶，互生，稀对生，全缘；无托叶。花两性、单性或杂性，多雌雄异株；单生、簇生或排成穗状或总状花序；花萼筒状或管状，在雌花或两性花内围绕子房并在顶端缢缩，裂片2~4，镊合状排列；无花瓣；雄蕊4或8，分离；子房上位，1心皮，1室，1胚珠，基生胎座。坚果或瘦果包藏于肉质的花萼内，呈浆果状或核果状。

3属50余种，主产北温带与亚热带。中国2属40余种，全国大部分地区有生长，有些种类的果实可食，为野生动物和鸟类重要的食源树种。西北和华北地区分布的树种具有优良的防风固沙、保持水土功能。

胡颓子科在Cronquist系统中隶属于山龙眼目，在APG系统中则置于蔷薇类分支中的蔷薇目。

分属检索表

1. 花两性，或两性与单性共存，单生或2~4朵簇生；花萼4裂 ·················· **1. 胡颓子属** *Elaeagnus*
1. 花单性，多雌雄异株，组成短总状花序；花萼2裂 ························· **2. 沙棘属** *Hippophae*

1. 胡颓子属 *Elaeagnus* Linn. /Elaeagnus, Olive

落叶或常绿，灌木或乔木，常具枝刺；植物体被银白色或淡褐色腺鳞。花两性或杂性同株，单生或2~4朵簇生于叶腋；花萼钟状或漏斗状，在子房上部缢缩，上端4裂；雄蕊4，花丝极短，生于萼筒并与萼裂片互生。果实核果状，长椭圆形，有条纹。

约50种，产欧洲、亚洲和北美洲。中国约40种，各省均有分布。果可食；有些为固沙及绿化观赏树种。

分种检索表

1. 果实外皮肉质或浆质，无翅状棱脊。
　　2. 果肉质，熟后粉质，黄色或橙色；幼叶两面具银白色腺鳞 ············ **1. 沙枣** *E. angustifolia*
　　2. 果浆质，熟后粉红色至红褐色；幼叶下面常杂有褐色腺鳞 ············ **3. 伞花胡颓子** *E. umbellata*
1. 果实核果状，外有8条翅状棱脊，并有干棉质毛层，稍软 ··············· **2. 翅果油树** *E. mollis*

1. 沙枣(桂香柳) *Elaeagnus angustifolia* Linn. /Oleaster, Russian Olive　图8-222

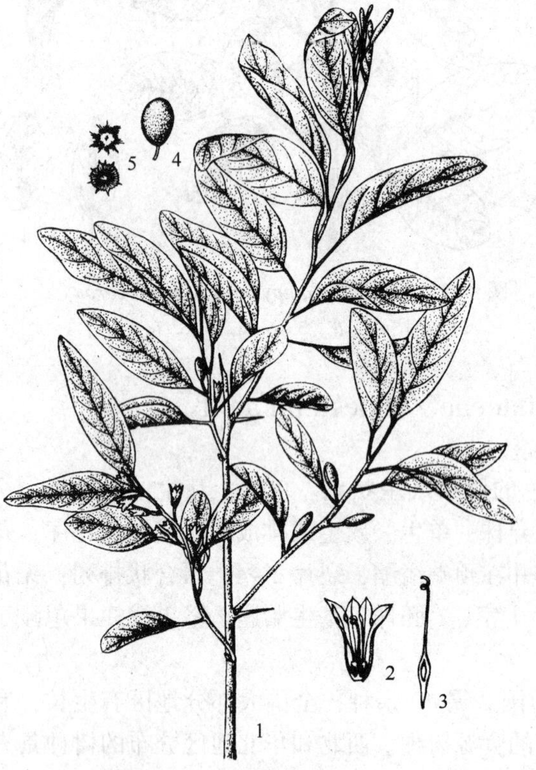

落叶乔木或小乔木，高5~10m，常具枝刺；植物体各部均被银白色腺鳞。叶互生，叶形多变，披针形至椭圆形，长3~4(6~8)cm，宽1~3cm，先端钝，基部宽楔形或近圆形。花两性，1~3朵腋生，黄色，芳香；花萼钟形，裂片与萼筒等长；雄蕊几无花丝，着生于萼筒上部；花柱短，不伸出，无毛，花盘梨形或圆锥形，顶端无毛。果椭圆形或近圆形，长1~2cm，径0.8~1.1cm，萼筒宿存，熟时橙黄色，外有鳞斑，果肉粉质。花期6~7月，果实成熟期9~10月。

产华北西部、内蒙古以及西北各地，以西北地区的荒漠、半荒漠地带为分布中心，多见于海拔1500m以下。耐寒区位7~9。

喜光，耐寒冷，抗干旱及风沙，也较耐水湿、盐碱，根具根瘤菌，病虫害少，生长快，生活力强，栽后4~5年可开花结实，10年进入结实盛期，寿命可达100年。沙枣的品种繁多，主要良种有大白沙枣、牛奶头沙枣、八卦沙枣、黄

图8-222　沙枣 *Elaeagnus angustifolia*
1. 花枝　2. 花纵剖面　3. 雌蕊纵切面　4. 果实　5. 鳞盾

皮大沙枣等。种子繁殖。

果可食用，也可酿酒、酿醋、制果酱、蜜饯等；干、鲜叶可做饲料；鲜花可提制香精，花为蜜源；枝、叶、树皮等各部可入药；木材纹理美观，材质坚韧，性能与榆 *Ulmus pumila* 木材接近，广泛用作家具、农具等。为产区"四旁"绿化及沙地和盐碱地造林的重要树种。

2. 翅果油树 *Elaeagnus mollis* Diels / Wing-fruited Elaeagnus　　图 8-223，彩版 3：8

落叶乔木或灌木状，高 2~10m。幼枝灰绿色，密被灰绿色星状绒毛和鳞片。叶卵形，全缘，长 6~9cm，宽 2~5 cm，上面疏生腺鳞，下面密被银白色腺鳞，先端渐尖，基部楔形。果椭圆形、圆形至卵形，长 1.5~2.2 cm，径 1.2~1.5 cm，外部有干棉质毛层，稍软，具 8 条翅状棱脊，上部萼筒宿存；果核骨质，有 8 条钝纵脊，纺锤状圆柱形或倒卵形，长 1.5~2.0 cm，径 0.8~1.0 cm。花期 4~5 月，果实成熟期 8~9 月。

翅果油树为中国特有植物，列为国家重点保护树种。产山西吕梁山、中条山及陕西（崂峪）海拔 800~1 500m 低山丘陵、谷地，组成天然次生林。耐寒区位 7~9。

较喜温，耐干瘠，不耐水湿，喜生于深厚肥沃的砂壤土。萌生植株 3 年开始结实，30~50 年生单株结实可达 30~40kg。

优良的油料树种，种仁含油率高达 51%；油质好，可食用，也可作医药和工业用油；材质坚硬细致，可供建筑、农具、家具等用材；干、鲜叶可作饲料；花芳香，是很好的蜜源植物，根系发达，富有根瘤菌，营造混交林时可作伴生树种，是水土保持的优良树种。

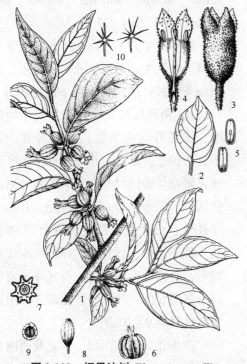

图 8-223　翅果油树 *Elaeagnus mollis*

1. 果枝　2. 叶　3. 花　4. 花纵剖面　5. 雄蕊
6. 幼果　7. 幼果横切面　8. 种子
9. 种子横切面　10. 鳞片

图 8-224　牛奶子 *Elaeagnus umbellata*

1. 花枝　2. 果枝　3、4. 鳞盾　5. 果实

3. 牛奶子(伞花胡颓子) *Elaeagnus umbellata* Thunb. / Autumn Olive   图 8-224

与沙枣的主要区别：幼叶下面常杂有褐色腺鳞。花黄白色，花盘不明显。果浆质多汁，熟后粉红色至红褐色。产东北(大连沿海各岛屿、长海、金州及葫芦岛等)、华北、西北及长江流域，生于山地向阳疏林内或河边沙地灌丛中。耐寒区位 7～9。果可食，可制蜜饯及果酱，也可酿酒或药用；花可提取芳香油。

2. 沙棘属 *Hippophae* Linn. / Sea Buckthorn

落叶灌木和小乔木，稀乔木；植物体被银白色星状毛或腺鳞。枝有刺。单叶互生，有时对生或 3 叶轮生，线形或线状披针形。花单性，雌雄异株，单生、簇生或为短总状花序；花萼 2 裂；雄蕊 4，花丝短；雌花单生叶腋，具短梗，花萼囊状，顶端 2 齿裂，花柱短，微伸出花外。瘦果为肉质的萼筒包围，呈浆果状，球形或卵圆形，熟时橘黄色或橘红色，瘦果果皮膜质。种子椭圆形，黑色或深棕色，外种皮坚硬。

6 种，分布亚洲与欧洲的温带地区。中国均产，主产华北、西北和西南等地。果实鲜艳，经冬不落，是产区冬季野生动物，尤其是鸟类的主要食源。沙棘灌丛密集，是野生动物的重要栖息地和庇护所。

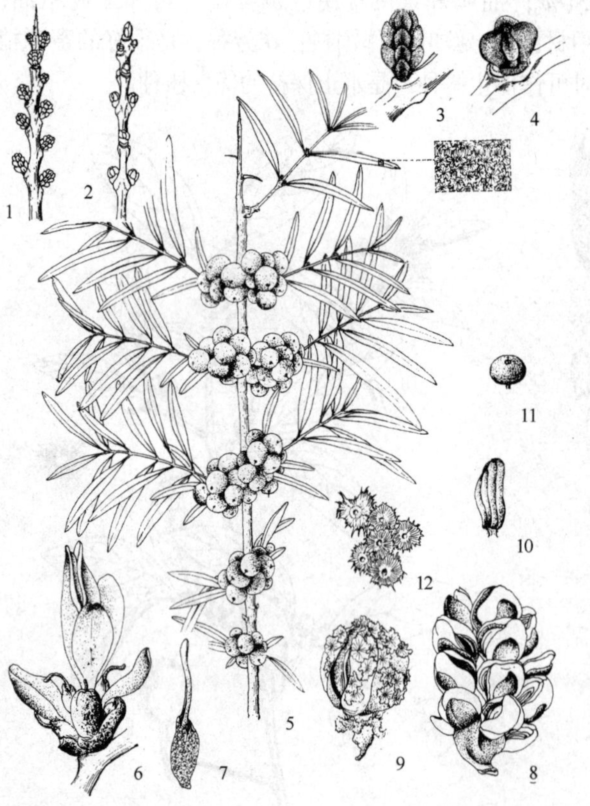

中国沙棘 *Hippophae rhamnoides* Linn. subsp. *sinensis* Rousi/ Sea Buckthorn   图 8-225

灌木或小乔木，高 1～5m。枝常具棘刺。叶互生、近对生或 3 叶轮生，条形或条状披针形，长 2～6cm，宽 0.4～1.2cm，两面均被银白色鳞片；叶柄极短，无托叶。花单性，雌雄异株。花小，淡黄色，单被；雄花无梗，先叶开放；雌花与叶同时开放。果实扁球形或卵圆形，长 5～10mm，果径 5～10mm，橘红色、橙黄色、红色、深红色或黄色。种子 1 粒，硬骨质，卵形或卵状矩圆形，灰棕色至黑褐色，有光泽，表面具一条明显的环状纵沟。花期 3～4 月，果实成熟期 9～10 月。

产华北北部和西部、西北及西南各省海拔 1 000～4 000m 地区，多野生于河漫滩地及丘陵河谷地，也常生于疏林。耐寒区位 2～9。

图 8-225　中国沙棘 *Hippophae rhamnoides* subsp. *sinensis*
1. 雄花序(芽)枝　2. 雌花序(芽)枝　3. 雄花序芽
4. 雌花序芽　5. 果枝　6. 雌花序　7. 雌花　8. 雄花序
9. 雄花　10. 雄蕊　11. 果实　12. 表皮毛

喜光、抗寒、耐风沙及大气干旱；对土壤要求不严，既耐水湿和盐碱，也耐干旱瘠薄。生长较快。根系发达，根蘖性很强，根有根瘤菌，枯枝落叶量大，可改良土壤。播种或扦插繁殖。

果可食，还可做糕点、果酱、酿酒、酿醋等；种子入药及榨油，含油率9%~16%；果还可提制栲胶；花为蜜源；嫩枝叶可作饲料，并可提取黑色染料；木材坚硬，可作各种工艺品。沙棘在天然条件下，以根萌的方式进行无性繁殖，形成以母株为中心，向四周辐射展开的单性灌丛。因根萌能力强，繁殖生长快，能在短期内形成成片灌丛，是华北、西北生态环境建设中优良的水土保持、防风固沙和薪炭林灌木树种。

42. 千屈菜科 Lythraceae /Loose Strife Family

草本、灌木或乔木。枝常四棱形。叶对生，稀轮生或互生，全缘；托叶小或无。花两性，常辐射对称，单生或簇生，或组成圆锥、聚伞花序；花萼管状或钟状，先端4~8(16)裂，宿存；花瓣与花萼片同数或无花瓣；雄蕊4至多数，子房上位，2~6室，每室具数枚倒生胚珠；中轴胎座。蒴果。种子多数，无胚乳。

约25属550种，广布全世界，主产热带和亚热带地区，南美最多。中国11属48种，其中木本有6属。为优良的园林绿化树种。

在APG系统中，千屈菜科合并了石榴科Punicaceae、海桑科Sonneratiaceae和菱科Trapaceae，属于蔷薇类分支中的桃金娘目。

紫薇属 *Lagerstroemia* Linn. /Crape Myrtle

落叶或常绿灌木或乔木。冬芽芽鳞2。叶对生、近对生或聚生于小枝上部；托叶极小，圆锥状，早落。圆锥花序腋生或顶生；花萼5~9裂；花瓣6，或与萼裂片同数，基部具爪，边缘波状或有皱纹；雄蕊6至多数，着生于萼筒近基部，花丝细长；子房3~6室，每室有多数胚珠。蒴果，木质，有宿存花萼，室背开裂。种子多数，先端有翅。

约55种，分布于亚洲热带及亚热带地区，大洋洲亦产。中国18种，包括引入2种，主要分布于华中、华南及西南。华北有栽培。

本属一些种类的木材坚硬，纹理通直，木材加工性质优良，切面光滑，易干燥，抗白蚁力较强，是珍贵的室内装修用材和优良的造船用材，也可作建筑、家具、箱板等用，可代核桃木作电工器材。本属大多数种类都有美丽的花，常栽培作庭园观赏树；有的种类在石灰岩山地可生长成乔木，伐后萌蘖性强，是绿化石灰岩荒山的优良树种。

紫薇 *Lagerstroemia indica* Linn. /Crape Myrtle　图8-226

落叶灌木或小乔木，高达7m。树皮光滑，枝干多扭曲，小枝纤细，四棱。叶互生或有时对生，椭圆形、倒卵形至长圆形，长2.5~7cm，宽1.5~4cm，先端短尖或钝，基部圆形或阔楔形，无毛或背面沿中脉有毛；无柄或叶柄很短。顶生圆锥花序，长6~20cm。萼外6裂；花瓣6，鲜红色或粉红色，圆形，皱缩状，基部具长爪，雄蕊多数。蒴果，近球形，

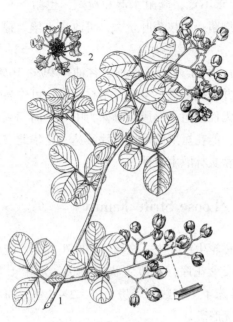

图 8-226 紫薇 *Lagerstroemia indica*
1. 果枝，示小枝四棱形 2. 花

径约 1cm，幼时绿色至黄色，成熟时或干后呈紫黑色。花期 7～9 月，果实成熟期 9～12 月。

产四川、湖南、湖北、江西、江苏、安徽、浙江、福建、台湾、广东及广西，辽宁及以南各省区栽培，生长良好。日本也有分布。

喜光，喜温暖气候，喜生于肥沃湿润的土壤上，也能耐旱，不论钙质土或酸性土都生长良好，常生于林缘、溪边。耐寒区位 6～11。

花色丰富艳丽，花期长，抗污染能力强，为庭园夏季著名的观赏花木，亦作盆景树。秋叶美丽，树干光滑，颇具观赏性。栽培品种众多，常见的有小雪'Petite Snow'：矮灌木，花白色；鲁波拉'Rubra'：花色玫瑰红；红宝石'Ruby Lace'等。

43. 桃金娘科 Myrtaceae / Myrtle Family

常绿乔木或灌木。单叶对生或互生，全缘，常具油腺点和边脉，无托叶。花两性，稀杂性，单生、簇生或排成各式花序；萼 4～5 裂，萼筒与子房合生；花瓣 4～5，分离或连合，或与萼片连成一帽状体；雄蕊多数，着生于花盘外缘，花蕾时内卷，花丝分离或连成管状或成簇与花瓣对生，药隔顶端常有腺体；子房下位或半下位，1 至多室，中轴胎座，胚珠 1 至多数。浆果、蒴果或核果；种子无胚乳，胚直生。

约 127～135 属 3 900～4 620 种，多分布于热带美洲、热带亚洲及澳大利亚。中国原产 8 属约 87 种，引入栽培的有 9 属 126 种，主产华南、西南热带地区；岗松属 *Baeckea*、桃金娘属 *Rhodomyrtus* 和蒲桃属 *Syzygium* 可分布于南岭以北。

桉属 *Eucalyptus*、白千层属 *Melaleuca* 等树种是重要的木材资源，为造纸的重要原料；多数树种叶片含有挥发性芳香油，为工业及医药重要的原料和食用香料；蒲桃属一些树种和番石榴 *Psidium guajava* 的果实为热带特有水果；有些也用于城市绿化和庭园观赏树种。

各分类系统均将桃金娘科置于桃金娘目。在 APG 分类系统中，形态和分子证据均支持桃金娘科是一个单系类群，位于蔷薇类分支中的桃金娘目 Myrtales 与蔷薇科 Rosaceae 有较近的亲缘关系。

分属检索表

1. 蒴果，室背开裂；叶多为互生，少数对生；花萼与花冠合生成帽状体，盖状脱落 …… **1. 桉属 *Eucalyptus***
1. 浆果，不开裂；叶对生；花萼花瓣分离，不联合成帽状体 …… **2. 蒲桃属 *Syzygium***

1. 桉属 *Eucalyptus* L' Hérit. /Eucalypte, Gum

乔木或灌木；常有含单宁和树脂，枝叶有香气。叶全缘，有透明腺点，具边脉，多型性；幼态叶多对生，成熟叶常为革质，互生。花单生或排成伞形、圆锥花序；萼管钟形、杯形、倒圆锥形、坛形或球形；萼片与花瓣合生成帽状体（花盖，operculum），花开时花盖于萼筒处横裂脱落；雄蕊多数，多列，花丝芽内直立、内折或弯曲；子房与萼管合生，3~6室，胚珠极多，排成2~10列。蒴果由果爿、雄蕊盘、果缘、果托和果柄组成，木质，3~6裂；种子极多，微小、大部分发育不全，发育种子卵形或有角，种皮坚硬，有时扩大成翅，子叶不开裂或2裂。

800多种，除剥皮桉 *E. deglupta* 和尾叶桉 *E. urophylla* 以外，均原产澳大利亚及邻近岛屿。中国引种近300种，但能见到或用于人工造林和庭园种植的有100余种，其中10多种成为中国南方重要的人工林树种，在华南至西南种植。在广西，以尾叶桉及其杂交种无性系为主的杂交桉（尾巨桉等）的人工种植面积达 $20 \times 10^4 \text{hm}^2$。

喜光，速生，耐干瘠，一般10年生左右即可成林成材；桉树不仅生长速度快，而且萌蘖能力强，为优良的用材、纸浆原料和薪炭林树种。有的树体高大挺拔，姿态优美，绿荫广蔽，绿化效果好；有的花色绚丽（红花桉 *E. ficifolia*），树皮斑驳，具有很高的观赏价值，普遍用作行道树和城市绿化树。枝叶散发浓郁的芳香，可提取芳香油；桉树林散发挥发油有杀菌灭蚊作用，实为保健林；花为蜜源。

桉树是举世公认的速生树种，在巴布亚新几内亚河畔冲积地，3年生剥皮桉平均高达24m，蓄积量达 $288\text{m}^3/\text{hm}^2$；7年生的桉树高达38.3m，胸径39.5cm。在中国，以7年为轮伐期的桉树人工林，每公顷年生长量也可达 20m^3。因此，世界热带和亚热带地区竞相引种。

分种检索表

1. 树皮薄，条状或片状脱落，而使树干平滑，有时在树干基部有宿存的树皮；叶镰状披针形或窄披针形。
  2. 花大，单生或2~3朵集生，无柄；花蕾与果实均具瘤状突起，花蕾被粉白色蜡被 ················· **1. 蓝桉 *E. globulus***
  2. 圆锥花序或伞形花序，花有柄；花蕾及果实无瘤状突起。
    3. 圆锥花序；叶揉之具柠檬香味；花盖较萼管短；蒴果蒴口收缩成坛形；幼叶基部盾状着生 ·········· **2. 柠檬桉 *E. citriodora***
    3. 伞形花序。
      4. 花盖短于萼筒，先端缢缩成喙状；幼叶和萌条之叶披针形。
        5. 花蕾梨形，近无柄，花盖具短喙；蒴果被白粉，梨形，蒴口稍缢缩，果爿内弯 ·········· **5. 巨桉 *E. grandis***
        5. 花蕾卵形，具长柄，花盖先端尖锐，长喙状；蒴果近球形，果爿近直立 ·········· **3. 赤桉 *E. camaldulensis***
      4. 花盖与萼筒等长；花蕾陀螺形，有棱，近无柄；蒴果钟形或倒圆锥形，果爿稍突出果缘 ·········· **6. 直干桉 *E. maidenii***
1. 树皮厚，纤维状，不脱落，粗糙，纵裂；叶卵形或卵状披针形；蒴果圆柱形，无棱，果爿内藏 ·········· **4. 大叶桉 *E. robusta***

1. 蓝桉 *Eucalyptus globulus* Labill. ／Tasmanian Blue Gum　图 8-227

大乔木，高达 57m，胸径达 100~150cm。树皮灰色，片状剥落。嫩枝略有棱。幼态叶对生，卵形，叶基心形，无柄，被白粉；成熟叶镰状披针形，长 12~30cm，宽 1~3.8cm，两面有腺点；叶柄长 2~4cm。花大，无梗，单生或 2~3 集生叶腋。蒴果倒圆锥形，径 2~2.5cm，有 4 棱，无柄，具小瘤突，果缘平而宽，果爿不突出。种子黑色，具棱。花期 4~5 月和 8~11 月；果夏季至冬季成熟。

原产澳大利亚东南部的塔斯马尼亚岛。广东、广西、云南、四川有栽培，最北可至成都和汉中。在四川、云南生长良好；在华南生长欠佳。为中国引种最早的桉树之一。1896—1900 年引入云南，得到广泛种植，并逐渐扩展到海拔为 1 500~2 000m 的低山丘陵。耐寒区位 9~12。

喜光，喜温暖气候，不耐湿热，不耐钙质土，不适合低海拔及高温地区；能耐 -6℃ 短期低温及轻霜；喜疏松、肥沃、湿润的酸性土；速生，在昆明立地条件良好的 10 年生林木高约 20m，胸径 30~40cm。

 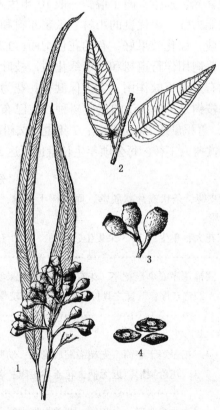

图 8-227　蓝桉 *Eucalyptus globulus*
1. 花枝　2. 果枝　3. 花蕾纵剖面　4. 花
5. 花纵剖面　6. 果实　7. 果实纵切面
8. 种子　9. 萌生枝

图 8-228　柠檬桉 *Eucalyptus citriodora*
1. 花枝　2. 叶柄盾状着生
3. 果序一部分　4. 种子

木材用途广泛，但略扭曲，抗腐力强，尤适合木桩、造船码头及重型建筑工程等用材；花为蜜源；叶可蒸提桉叶油，供药用和食用香料。树干耐砍伐，取叶蒸取桉叶油为中国引种区农民经济收入来源之一。

2. 柠檬桉 Eucalyptus citriodora Hook. f. / Lemon Scented Gum 图 8-228

大乔木，高达 40m，胸径达 120cm；树干挺直，树皮光滑，灰白色，大片状脱落。幼态叶披针形，有腺毛；叶柄盾状着生；成熟叶狭披针形，长 10~15cm，宽 1~1.5cm，揉之有柠檬气味。圆锥花序腋生，梗有 2 棱。蒴果坛形，长 1.2cm，果爿深藏于萼筒内。花期 3~4 月和 10~11 月，果实成熟期 6~7 月和 9~11 月。

原产澳大利亚东部及东北部海岸地带。中国华南至西南均有栽培，尤以广东最常见，浙江南部有种植。喜湿热气候和肥沃壤土；能耐轻霜。耐寒区位 10~12。

木材纹理较直，韧性大，易加工，经水浸渍后耐腐，可作枕木、车辆、桥梁、建筑、地板、造船等用材；叶可蒸提桉油，供香料用；树干高耸，树干洁白如玉，枝叶芳香，为优美行道树及观赏树。

3. 赤桉 Eucalyptus camalduensis Dehnh. / River Red Gum 图 8-229

大乔木，高达 25m；树皮光滑，灰白色，薄片状脱落，干基树皮鳞状开裂。叶狭披针形至披针形，长 8~20cm，宽 1.2cm，稍弯曲；叶柄长 1.3~2cm。伞形花序有花 5~8，总梗纤细；花蕾卵形，有柄，花盖先端收缩为长喙，尖锐。蒴果近球形，径约 6mm；果缘突起；果爿 4，直立；花期 10 月下旬至翌年 5 月，果实成熟期 9~11 月。

原产于澳大利亚海拔 600m 以下、年降水量为 250~600 mm 的山地和河流两岸冲积平原，常为纯林。中国华南至西南种植较多，以金沙江干热河谷为最适生长地，华中和华东亦有栽培，最北至陕西汉中。在甘肃文县低海拔沟谷内，生长良好。耐旱、耐湿热，亦耐涝，可耐 -9℃ 短期低温；根系发达，抗风力强；对土壤无苛求；生长迅速，云南金沙江干热河谷山地 7 年生人工林，树高 22.7m，胸径 35.8cm。耐寒区位 9~12。

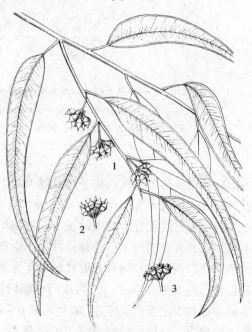

图 8-229 赤桉 Eucalyptus camalduensis
1. 花枝 2. 花序 3. 果序

木材红色，有光泽，硬重，耐腐，适用作枕木、矿柱及水中木桩等；叶含油量 0.14%~0.28%。

4. 大叶桉 Eucalyptus robusta Smith / Swamp Mahogany 图 8-230：5~7

大乔木，高达 30m；树皮暗褐色，纤维状，深纵裂。成熟叶长卵形至卵状披针形，长 8~17cm，宽 3~7cm。伞形花序，有花 4~10 朵。蒴果圆柱形，无棱，果爿内藏。花期 8~11 月，果实成熟期 6~12 月。

图 8-230　1～4. 直干桉 *Eucalyptus maidenii*
5～7. 大叶桉 *Eucalyptus robusta*
1. 花枝　2. 萌生枝　3. 果枝
4, 7. 果序　5. 叶　6. 花序

原产澳大利亚昆士兰至新南威尔士沿海地区。华南、西南、华东南部、华中引种，最北至陕西汉中。仅在四川、云南个别生境生长较好。

喜温暖气候，对低温和霜冻敏感，极端最低气温 2.5℃ 以上。耐寒区位 9～11。

5. 巨桉 *Eucalyptus grandis* W. Hill. ex Maiden / Flooded Gum

大乔木；树皮剥落，光滑，白色或被有白粉。成熟叶狭披针形。伞形花序腋生，花序梗扁平；花蕾梨形，有梗，中部稍收缩，被白粉；花盖具短喙，短于萼筒。蒴果梨形，被白粉，果片内弯。

广西、广东、云南等地有引种栽培。木材淡红色，纹理细致，用途广，可作建筑和纤维，是桉属主要用材树种之一。

极喜光，喜温暖而不耐炎热，可耐 -5℃ 的低温，生长迅速，树干通直圆满，但抗风力弱，最适宜种植条件为南亚热带及热带高地，年平均气温 15～25℃，最热月最高气温 29～32℃，最冷月平均气温 5～6℃，年降水量 1 000～1 800mm，无台风的地带。耐寒区位 10～12。

与印度尼西亚分布的尾叶桉 *E. urophylla* S. T. Blake 的杂交种尾巨桉系列无性系生长迅速，成为重要的速生丰产林品种，广泛在广东、广西、福建和云南等亚热带和热带地区种植。在广西东门林场和七坡林场 5 年生的尾巨桉杂交无性系高达 12m，胸径达 12.9cm，蓄积量已达 135 m³/hm²。广西东门林场培育的尾叶桉无性系种子园种子于 2002 年通过国家林木品种审定委员会审定［编号：国 R - CSO(1) - EU - 026 - 2002］作为良种使用。其品种干形通直，分枝小、树冠窄，出材率高，材质好，耐干旱瘠薄，速生丰产，具短时耐低温能力。抗风性较差，8 级以上台风危害严重，抗青枯病、集叶病能力差，易受冻害而影响生长量。适宜在广大华南地区的平原、丘陵及山地且无明显霜冻及台风危害地区种植。

6. 直干桉 *Eucalyptus maidenii* F. Muell. / Maiden's Gum　图 8-230：1～4

识别要点：与蓝桉 *E. globulus* 的区别：5～7 花排成伞形花序；果倒圆锥形，无棱，果缘厚而隆起，蒴盖半球形，果片突出。喜光，深根性，生长快，干形好。适生于亚热带海拔 1 500～1 900m 的西南山间平缓地，年平均气温 15～20℃，极端最低气温不低于 -2.5℃，年降水量 850～1 500mm，夏无酷热，冬无严寒的高平原"四旁"，高海拔平缓的山脚，土层深厚、湿润肥沃的酸性土或石灰性土壤地区。耐寒区位 10～12。

2. 蒲桃属 *Syzygium* Gaertn. /Eugenia

常绿乔木或灌木。叶对生，稀轮生，革质，羽状脉，具边脉，有透明腺点。复聚伞花序；萼管短，倒圆锥形，有时棒状，裂片4～5；花瓣4～5；雄蕊多数，花丝分离，花药顶端有腺体；子房2～3室，胚珠多数，花柱线形，柱头极小。核果状浆果，顶冠以残存的环状萼檐；种子通常1～2，种皮与果皮内壁常黏合。

500余种，分布于亚洲热带，少数分布大洋洲和非洲。中国约74种，产于云南、广东和广西。华南季风常绿阔叶林中习见，常为亚乔木层主要成分。

蒲桃 *Syzygium jambos* (L.) Alston /Rose Apple 图8-231

乔木，高达12m；主干极短，多分枝。叶披针形或长圆形，长12～25cm，宽3～4.5cm，先端长渐尖，基部阔楔形，侧脉12～16对。花绿白色；花序顶生；萼管倒圆锥形，萼齿4。果球形，果皮肉质，有油腺点，中空；种子1，稀2。花期3～5月，果实成熟期5～8月。

产福建、台湾、广东、广西、海南、贵州、云南。中南半岛、马来西亚和印度尼西亚有分布。常见野生，栽培为果树。耐寒区位10～12。

稍耐阴，喜水湿及酸性土，多生于河滩边、沟渠旁及湿地。枝叶浓密，根系发达，可作为观赏、固堤、防风及固沙树种。果味香甜，供食用，为常见的热带水果。

图8-231 蒲桃 *Syzygium jambos*
1. 花枝 2. 果实

知识窗

桃金娘科 Mrytaceae 属于蔷薇纲 Rosopsida 桃金娘亚纲 Myrtidae，桃金娘目 Myrtales；是以热带和亚热带至温带澳大利亚为主的大科。中国因气候带主要以北温带为主，本科树种分布不多。岗松属 *Baeckea*、桃金娘属 *Rhodomyrtus* 和蒲桃属 *Syzygium* 可分布到南岭以北、长江以南，所以在中国植物区系，特别是南亚热带区系研究中有一定的分量，使得与欧洲和北美洲的温带区系颇有不同。桃金娘科由于全为乔灌木、植株体具丰富分散的分泌腺和髓中的内韧皮部，从花托边缘向心发育的多数雄蕊，花萼常成帽状并脱落等显著特征，是一个明显的自然科。但科内类群的关系仍不十分清楚，系统安排有一定的争议。按形态学研究，将桃金娘科分为2个亚科，桃金娘亚科 Myrtoideae 和细籽亚科 Leptospermoideae。大致有13个属群或族，其中桃金娘亚科6族，细籽亚科7族。化石研究证明，本科是一个较古老的科。

44. 石榴科 Punicaceae/Pomegranate Family

落叶灌木或小乔木。冬芽小，有2对鳞片。小枝先端成刺状。单叶对生、近对生或簇生，全缘；无托叶。花顶生或近顶生，单生、几朵簇生或组成聚伞花序；花两性或单性，形大，辐射对称；萼筒钟状或管状，5~8裂，革质，宿存；花瓣5~7，多皱褶，覆瓦状排列；雄蕊多数，着生于萼筒喉部周围；子房下位，多室，排列为2轮，胚珠多数。浆果球形，顶端有宿存花萼裂片；果皮厚，革质，内含多个带肉质外种皮的种子。

仅1属2种，产地中海地区及亚洲西部。中国栽培1属1种。

在APG系统中，石榴科合并到了蔷薇类分支中的桃金娘目 Myrtales 千层菜科 Lythraceae 中。

石榴属 *Punica* Linn. /Pomegranate

属特征同种。

石榴 *Punica granatum* Linn. /Common Pomegranate　图8-232

高2~7m。枝顶具尖锐长刺；幼枝四棱形，平滑，老枝圆柱形。叶对生，倒卵形至矩圆状披针形，长2~9cm，宽1~3cm，先端短尖、钝尖或微凹，基部尖或稍钝，表面光亮；有短柄。花大；花萼钟状，红色或淡黄色，质厚，先端5~8裂；花瓣与萼片同数，有时成重瓣，红色、黄色或白色。浆果近球形，径约5~12cm，萼宿存，种子多数，种皮厚，外种皮肉质，内种皮木质。花期5~7月，果实成熟期9~10月。

原产巴尔干半岛至伊朗及其邻近地区，全世界温带和热带都有种植。中国栽培石榴的历史可上溯到汉代。现南北都有栽培，并培育出一些较优质的品种。陕西临潼、云南个旧、山东平邑等地为石榴著名的产地。耐寒区位7~11。

喜光，喜温暖，稍耐寒，耐旱。以排水良好而较湿润的砂壤土或壤土为宜。压条、分株、扦插、播种繁殖。

石榴是营养价值很高的果品，果内的籽粒多呈粉红色或玉白色，晶莹透亮，似颗颗珍珠玛瑙，风味独特，营养丰富。果味酸甜，富含维生素C、钙质和磷质，石

图8-232 石榴 *Punica granatum*
1. 花枝 2. 花纵剖面 3. 花瓣 4. 果实

榴籽粒多汁，可生食，是加工榨汁制作清凉饮料的上等原料；果皮入药，治慢性下痢及肠痔出血等症；根皮可驱绦虫或蛔虫；树皮、根皮和果皮均含多量鞣质（20%~30%），可提取栲胶；叶子可制石榴茶，能润燥解渴。石榴花、果、树具有极强的观赏价值。叶翠绿，花大而艳丽，花期长达数月，花红似火，分外鲜艳。果实外观光洁发亮，色泽绚丽多彩，形态十分美观。诗人杨万里曾赞誉它："雾縠作房珠作骨，水精为醴玉为浆"。石榴既是一种珍稀果品，同时也可作为庭园观赏树。在当今大力发展高效生态农业或旅游观光农业等现代化农业生产中，栽培石榴具有十分重要的意义。

45. 红树科 Rhizophoraceae / Mangrove Family

常绿灌木或乔木；有呼吸根、支柱根。单叶，对生而具托叶或互生而无托叶，革质，羽状脉。花两性，少单性，整齐，单生或丛生于叶腋，或为聚伞花序；萼片4~5（3或16），基部结合成筒状；花瓣与萼片同数；雄蕊与花瓣同数或2倍或无定数，常与花瓣对生；子房下位或半下位，2~6(1)室，每室2胚珠。果革质或肉质。生于海滩的红树类树种，果实成熟后，种子在母树上即发芽，为典型的"胎生植物"；生于山区的种类，种子有胚乳，不能在母树上发芽。

本科约有16属120种，分布于东南亚、非洲及美洲热带地区，中国有6属13种，1变种，产西南至东南部，以华南沿海为多。许多树种生长于热带潮水所及的海滨泥滩上，常与海桑科 Sonneratiaceae、马鞭草科 Verbenaceae 等植物组成红树林。

红树科在 Cronquist 系统中隶属于红树目，在 APG 系统中则置于蔷薇类分支中的金虎尾目 Malpighiales。

> **知识窗**
>
> 红树林是世界热带沿海湿地重要的木本植物群落，一般分布于隐蔽的海湾之内或河口三角洲平原等风浪小、坡度平缓、淤泥堆积的地区，能抵御海潮和台风等自然灾害的侵袭；同时，也是海鸟的栖息场所。红树林的形成对生长环境条件要求严格，怕碱性的海滩，而在有花岗岩石英砂冲积形成的酸性污泥滩，风浪比较平静、海潮时海水淹渍不深的海滩生长茂盛。成熟的红树林多由高大乔木组成，如在马来西亚和东苏门答腊的阿罗湾等地的红树林树高可达35~40m，且层次结构比较复杂。红树林在中国分布于中国南部沿海海岸，是重要的海岸防护林，但面临着人为破坏的威胁，面积在不断缩小，多为人工林。为保护中国的红树林和红树树种资源，原国家林业局在海南琼山建立了国家级的"东寨红树林自然保护区"。
>
> 所谓的红树植物分别隶属约20科27多属70余种，却有共同的习性和生境。它们均生长在热带地区松软沉积海岸上，介于陆地与海洋之间；在高海潮时，其根部（及部分茎和枝）会被浸于海水中，在低海潮时，则与淡水接触；即生于有淡水流入海洋之潮间带（intertidal zone）中。1992年，国际红树专家学者制定了《红树林宪章》(Charter for mangroves)，明确规定只有在红树林海滩中生长并经常受到潮汐浸润的潮间带上的木本植物才能列为红树植物或称为"真红树"；只在高海潮时才受到潮水浸润，在陆、海都可生长发育的两栖性植物称为"半红树"。
>
> 有花植物的胎生现象（vivipary）：种子成熟后经短暂休眠或不经过休眠直接在母体上萌发的现象。胎生现象主要发生在潮间带植物，最著名的为红树植物。红树植物的胎生现象可分为两种：即显胎生（vivipary）和隐胎生（cryptovivipary）。前者的胚轴伸出果皮之外逐渐长成一个柱状

的幼苗，因此，此类植物的繁殖体不是果实，也不是种子，而是幼苗本身，通常称作胚轴，红树科的红树属 *Rhizophora*、秋茄属 *Kandelia*、木榄属 *Bruguiera* 和角果木属 *Ceriops* 属于这一类；后者的胚轴并不伸出果皮而为果皮所包被，如桐花树属 *Aegiceras*、海榄雌属 *Avicennia*、皮利西属 *Pelliciera* 和阿吉木属 *Aegialitis* 属于隐胎生。

分属检索表

1. 叶顶端凸尖；花萼裂片4；花瓣全缘 ·· 1. 红树属 *Rhizophora*
1. 叶顶端钝圆；花萼5深裂；花瓣2裂或分裂为数条条状裂片 ············ 2. 秋茄树属 *Kandelia*

1. 红树属 *Rhizophora* Linn. /Mangrove

乔木或灌木，生于海滩上，有支柱根。叶革质，交互对生，全缘，无毛，具叶柄，在叶片下面有黑色腺点；叶脉直伸出顶端成一短尖头。花2至多朵组成1~3回分枝的聚伞花序；花萼4深裂，革质，基部为合生的小苞片围绕；花瓣4枚，全缘；雄蕊8~12，无花丝，多室，瓣裂；子房半下位，2室，花柱不明显，柱状或不明显的2裂。果下垂，顶端有宿存、外反、花后增大的花萼裂片；种子无胚乳，于果未离母树前萌发；胚轴突出果外成长棒状。

7种，广布于热带海岸盐滩或沼泽地。我国3种，产福建、台湾、广东、海南等沿海地区。

红树 *Rhizophora apiculata* Blume /Sharp-leaved Mangrove 图8-233

高2~4m，有时可达12m；树皮黑褐色。叶椭圆形至长圆状椭圆形，长7~12(~16)cm，宽3~6cm，先端短尖或凸尖，叶背中脉红色，侧脉不明显；叶柄粗，淡红色，长1.5~2.5cm；托叶长5~7cm。聚伞花序生于已落叶的叶腋，具2花，花梗短于叶柄，小花长1~1.5cm，无梗；萼裂片三角状卵形；花瓣膜质，条形，无毛；雄蕊12，4枚生于花瓣上，8枚生于萼片上；花柱短，柱头浅2裂。果倒梨形，胚轴圆柱形，微弯，长20~40cm。花果期几乎全年。

产海南，生于海浪平静、平缓宽阔、淤泥深厚、松软的海湾内或浅海滩上。不耐寒，不抗风浪冲击。作为优势树种与角果木 *Ceriops tagal*、木榄 *Bruguiera gymnorrhiza* 和海莲 *B. sexangula* 等组成红树林。印度南部、印度尼西亚至巴布亚新几内亚北部也有分布。

木材质地坚重，纹理通直，耐腐性强，可作工具用柄等；胚轴去涩后可食，又可作

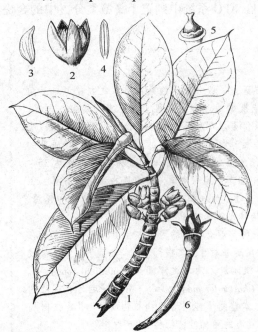

图8-233 红树 *Rhizophora apiculata*
1. 花枝 2. 花 3. 花瓣 4. 雄蕊
5. 雌蕊 6. 果及胚轴

饲料；树皮和根含单宁13.6%，制出的栲胶颜色鲜艳而透明。

2. 秋茄树属 *Kandelia* (DC.) Wight et Arn. /Kandelia

与红树属 *Rhizophora* 的主要区别：叶先端钝圆，花萼裂片5深裂。

仅1种，分布于亚洲热带东南部至东部。

秋茄 *Kandelia candel* (Linn.) Druce /Kandelia 图8-234

灌木至乔木，高达10m；树皮平滑，红褐色；支柱根发达。叶交互对生，长圆形至倒卵状长圆形，长5~10cm，宽2.5~4cm，先端钝或圆，全缘，叶脉不明显；叶柄长1~1.5cm。二歧聚伞花序有花4~9；1~3花序生于上部叶腋，长2~4cm；花长1~2cm，径2~2.5cm，具短梗；花萼裂片条状披针形，长1.2~1.6cm；花瓣白色，膜质，短于萼片，2裂，裂片再成条状丝裂。果圆锥形，宿存萼反卷；胚轴瘦长，状如蜡烛，长12~20cm。花期及果实成熟期春秋季。

产广东、广西、海南、福建和台湾及南部沿海岛屿。印度、缅甸、泰国、越南、马来西亚及琉球群岛南部也有分布。

图8-234 秋茄 *Kandelia candel*
1. 花枝 2. 花 3. 花纵剖面 4. 子房横切面
5. 萼片 6. 花瓣 7. 果实 8. 胚轴伸出

以秋茄为优势种的红树林广布于广东、广西、海南、福建和台湾，浙江南部和台湾西海岸有人工林。树皮含单宁17%~26%。材质坚实，耐腐。

46. 八角枫科 Alangiaceae /Alangium Family

落叶乔木或灌木，稀攀缘灌木。单叶，互生，全缘或有缺裂；无托叶。聚伞花序，花梗常有关节，苞片早落；花两性，萼4~10裂，花瓣4~10，条形，镊合状排列，合生成管状，后分离、反曲，雄蕊4~40，花丝分离或基部稍合生，花药线形，2室，纵裂；花盘垫状，近球形，子房下位，1(2)室，倒生胚珠1，下垂，花柱柱状，柱头头状或棒状，2~5浅裂。核果，萼齿及花盘宿存。种子1，有胚乳，直伸。

1属30余种，分布于亚洲、大洋洲、非洲的热带、亚热带及温带地区。

在Cronquist系统中，八角枫科为独立的科；在APG系统中，八角枫科被合并置于山茱萸科Cornaceae中，均属于菊类分支中的山茱萸目Cornales。

八角枫属 *Alangium* Lam. /Alangium

形态特征与科同。

中国9种，产长江以南各地区，少数种类分布于华北地区至吉林南部。

分种检索表

1. 叶近圆形，3~5(7)裂；每花序具花3~7朵 ················· 1. 瓜木 *A. platanifolium*
1. 叶卵形或近圆形，不裂或2~3裂；每花序具花7~30(50)朵 ········· 2. 八角枫 *A. chinense*

1. 瓜木 *Alangium platanifolium* (Sieb. et Zucc.) Harms /Plane-leaved Alangium 图 8-235

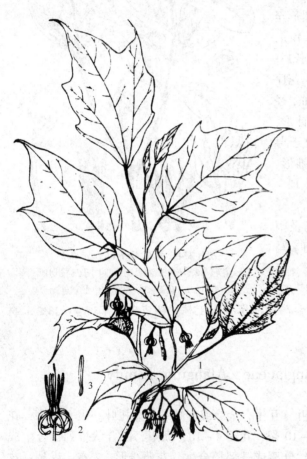

小乔木或灌木，高达7m；树皮灰色或深灰色，平滑。1年生枝疏被柔毛。叶近圆形、宽卵形至倒卵形，质地薄，长11~18cm，常3~5(7)裂，稀不裂，先端尾尖，基部心形或圆形，基出脉3~5，嫩叶叶脉或脉腋被柔毛；叶柄长3.5~5(7)cm。花序具花3~7，总梗长1.2~2cm；萼齿5~6，三角形；花瓣6~7，长2.3~3.5cm，紫红色，外被柔毛；雄蕊6~7，花丝微被柔毛，花药长于花丝，药隔无毛；柱头扁平。核果长卵圆形或长椭圆形，长0.8~1.2cm，蓝黑色，有光泽，具纵肋数条，花萼宿存。花期4~7月，果实成熟期7~9月。

产辽宁、吉林、河北、山西、河南、陕西、甘肃、山东、浙江、台湾、江西、湖北、四川、贵州等地，垂直分布于海拔500~2 000m，生于土质疏松、肥沃的阳坡疏林、林缘、沟边、路边等。朝鲜、日本也有分布。耐寒区位8~10。

树皮可提取栲胶，树皮纤维供人造棉、造纸及制绳索用；叶可作饲料；

图8-235 瓜木 *Alangium platanifolium*
1. 花枝　2. 花　3. 雄蕊

根皮入药治风湿骨痛，根皮的70%乙醇提取物对中枢神经系统的多种受体显示结合的活性；根皮也可制成农药；据文献，瓜木虽然也是中药八角枫的品种来源，功效类同，但在药理实验及化学成分方面仍存在差别，即瓜木须根中不含八角枫碱或毒藜碱。秋叶黄色，为赏叶佳品，可作园林绿化树种。

2. 八角枫 Alangium chinense (Lour.) Harms / Chinese Alangium 图 8-236

与瓜木 A. platanifolium 的区别：乔木，高达 15m，径 40cm。叶全缘或 3~7(9) 裂。二歧聚伞花序具花 7~30(50)；萼齿 6~8；花瓣 6~8，黄白色，反卷；雄蕊 6~8。核果卵圆形，熟时黑色。花期 5~7 月，果实成熟期 9~10 月。

产山西、山东、河南、陕西、甘肃、江苏、安徽、浙江、福建、台湾、江西、湖北、四川、湖南、贵州、云南、广东、广西、西藏南部，生于海拔 1 800m 以下山地疏林中、溪边、林缘。东南亚、非洲东部也有分布。耐寒区位 9~12。

树皮内含有纤维 16%，供作纺织原料；嫩叶可作饲料；花有蜜腺，为蜜源植物；其根入药称"白龙须"，有祛风除湿、舒筋活络、散瘀止痛功效，主治风湿性关节痛、瘫痪、

图 8-236 八角枫 Alangium chinense
1. 果枝　2. 花

筋骨痛、跌打损伤、精神分裂症；由根制成的盐酸八角枫碱针剂，作胸、腹部等外科手术的肌松药；其根有毒，常因使用不慎发生中毒甚至死亡。八角枫亦可作园林绿化树种。

47. 蓝果树科 (紫树科) Nyssacaceae / Nyssa Family

落叶乔木或灌木。单叶互生，无托叶。花单性或杂性，头状、总状或伞形花序。花萼极小或缺；花瓣 5，覆瓦状排列；雄蕊常为花瓣的 2 倍或较少，常排列成 2 轮；具肉质花盘或缺；子房下位，1 室或 6~10 室，每室有 1 枚下垂的倒生胚珠。核果或瘦果；种子 1 至数粒。

3 属 10 余种，产北美和东亚。我国 3 属 9 种，分布于长江流域至西南各地，常散生于阔叶林中。

在 Cronquist 系统中，蓝果树科和珙桐科均为独立的科，但在 APG 分类系统中，二者均被合并到了菊类分支中的山茱萸目 Cornales 山茱萸科 Cornaceae 中，作为科下的两个属。

分属检索表

1. 叶全缘，基部楔形；枝髓心片状分隔；花序无苞片；瘦果长圆形，四周具棱，先端平截，无柄，聚集为头状果序 ………………………………………………………………………………… 1. 喜树属 Camptotheca
1. 叶具锯齿，基部心形；枝髓实心；花序具 2 片白色叶状大苞片；核果长卵形，具长柄，常单生 …………………………………………………………………………………………………… 2. 珙桐属 Davidia

1. 喜树属 Camptotheca Decne. / Camptotheca

形态特征同喜树。仅 1 种，中国特产。

喜树 *Camptotheca acuminata* **Decne.** /Common Camptotheca　图 8-237

乔木，高达 30m，树干通直；树皮灰色或浅灰色，浅纵裂。枝髓大，片状分隔。叶纸质，卵状椭圆形至长圆形，长 10~20cm，宽 6~10cm，先端渐尖，基部圆形或宽楔形，全缘或幼树叶具粗锯齿，叶柄常带红色。花杂性同株，顶生或腋生头状花序，常再组成总状复花序，顶生花序具雌花，腋生花序具雄花。花具苞片 3 枚；花盘显著；花萼 5 齿裂；花瓣 5，花瓣淡绿色卵形；雄蕊 10，着生于花盘外缘，排成 2 轮；子房 1 室，花柱上部常分枝。瘦果矩圆形，长 2~2.5cm，黄褐色，顶端平截，具宿存花盘，聚合成头状果序。花期 6~7 月，果实成熟期 10~11 月。

产长江流域以南各地，常生于海拔 1 000m 以下低山、谷地、林缘及溪边。河南南部栽培，生长良好。北京也有引栽，但地上部分易冻死。耐寒区位 8~11。

喜光，喜温暖湿润气候，不耐干燥寒冷。喜肥厚湿润土壤，较耐水湿。速生，萌芽性强。较少病虫害，不耐烟尘及有毒气体。该种不抗风，树干枝条较脆，易风折。

木材黄白色，有光泽，材质轻软，可供板材、包装、造纸、乐器等用。全株含喜树碱，有抗癌作用，对白血病、胃癌等有疗效。常栽培为庭园观赏树。

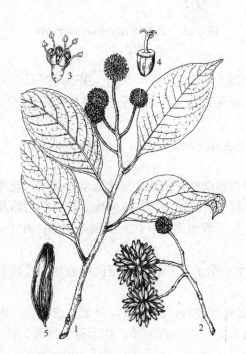

图 8-237　喜树 *Camptotheca acuminata*
1. 花枝　2. 果枝与果序　3. 花　4. 雌蕊　5. 果实

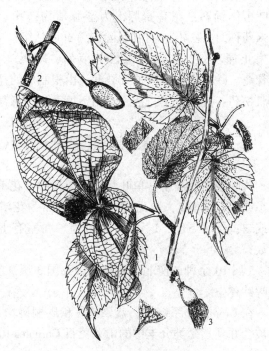

图 8-238　珙桐 *Davidia involucrata*
1. 花枝　2. 果实　3. 雌花

2 珙桐属 *Davidia* Baill. /Dove Tree

仅 1 种，中国特产，为第四纪冰川孑遗植物。因特殊的形态特征，也有一些分类学家将该属单独成立珙桐科 Davidiaceae。

珙桐（中国鸽子树） *Davidia involucrata* **Baill.** /Dove Tree　图 8-238，彩版 3：1

乔木，高达 20m，胸径达 1m。树皮深灰色，薄片状脱落。叶在长枝上互生，在短枝上簇生；宽卵形至心形，长7~15cm，先端突尖或渐尖，基部心形，边缘具粗锯齿，侧脉伸出齿间呈芒状，背面密被黄色或淡白色粗丝毛。花杂性同株；头状花序顶生，具长的总梗，花序基部有2个大型白色、纸质总苞片；苞片椭圆状卵形，中部以上有锯齿，初时淡绿色，后呈乳白色，花后脱落。雄花无花被，常围绕于球形头状花序周围，雄蕊1~7；雌花或两性花具小的花被片，常仅1朵生于头状花序顶端或有时不发育，子房6~10室，与花托合生，花柱6~10裂。核果椭圆形，长3~4cm，紫绿色，密被锈色斑点，种子3~5粒。花期4~5月，果实成熟期10月。

产湖北、湖南西部、四川中南部、贵州东北部（梵净山）及云南北部，垂直分布海拔700m以上，西南地区可达3 100m，多散生于常绿、落叶阔叶混交林中。河南、北京等地引栽。耐寒区位6~9。

喜光，幼树稍耐阴，适生于温凉湿润气候及肥厚的酸性红壤或棕壤，浅根性，根蘖力强，寿命可达100年以上。种子繁殖，发芽困难。

树形高大，端直美观，花序及苞片奇特美丽，苞片洁白如玉，盛开时形如白鸽展翅飞栖枝端，故有"鸽子树"之称，为驰名世界的珍贵观赏树种。为国家一级保护植物。

材质轻软，有光泽，可供雕刻、美术工艺品等细木工用材。根皮、树皮及果实含生物碱，有抗癌作用。

知识窗

中国珙桐的分布和群落类型

珙桐林天然分布在中国的7个省，即贵州、湖南、湖北、陕西、四川、云南和甘肃。珙桐的水平分布有以下特点：①分布的南限为贵州的清镇市，北限为甘肃省文县，东限在湖北省长阳县，西限在云南省贡山独龙族怒族自治县。从地理坐标上看为26°45′~32°45′N，98°6′~111°20′E。分布区在气候带上属于中亚热带和北亚热带；②水平分布呈不连续分布，可分为横断山区和云贵高原，川东湘西和鄂西区及甘南区3个分布区；③集中分布在四川盆地西部的邛崃山、峨眉山、二郎山、大凉山、小凉山，云贵高原北部的大娄山、梵净山、武陵山，鄂西神农架和巫山一带；④尽管分布在我国7个省，但分布范围较窄，资源也较少，仅限于一些边远山区，多生长在人迹罕至、保存较好的亚热带山地常绿落叶阔叶混交林中。

珙桐林的垂直分布范围较大，有以下特点：①分布的海拔范围在600m（壶瓶山）~2 400m（四川天全）、3 200m（高黎贡山）。在垂直带谱上，属于亚热带山地常绿落叶阔叶混交林带范围，在分布的下部多含常绿树种，上部则多与落叶阔叶树种混交；②从东到西分布的海拔高度升高。

以珙桐为优势种、共优种或次优种的群落基本上都是混交林。根据珙桐在群落中所占的位置及常绿树种和落叶树种情况，可以把中国的珙桐林分为二组：即以珙桐等落叶阔叶树种为优势种的落叶常绿阔叶混交林和以常绿树种为优势种的常绿落叶阔叶混交林。

以珙桐等落叶阔叶树种为优势种的落叶常绿阔叶混交林有：①珙桐 *Davidia involucrata*、白花树 *Styrax tonkinensis*、缺萼枫香 *Liquidambar acalycina* 群落（贵州梵净山，海拔1 300~1 500m）；②珙桐 *Davidia involucrata*、红枝柴 *Meliosma oldhamii*、黑枣 *Diospyros lotus* 群落（于湖北西部的宣恩县和林子自然保护区，海拔1 400~1 800m）；③珙桐 *Davidia involucrata*、水青树 *Tetracentron sinense*、黄丹木姜子 *Litsea elcogata* 群落（四川峨眉山，海拔1 450~2 200m）；④珙桐 *Davidia involucrata*、华西枫杨 *Pterocarya insignis*、灯台树 *Cornus controversa* 群落（四川卧龙自然保护区内海

拔 1 670~2 100m）；⑤珙桐 *D. involucrata*、长叶乌药 *Litsea pulcherrima* var. *hemsleyana*、曼青冈 *Cyclobalanopsis oxyodon* 群落（四川卧龙自然保护区海拔 1 500m）；⑥珙桐 *D. involucrata*、多脉青冈 *Cyclobalanopsis multinervis*、白辛树 *Pterostyrax corymbosa* 群落（湖南西北中山地带，海拔 1 400~1 700m）；⑦珙桐 *D. involucrata*、湖北木姜子 *Litsea hupehana* 群落（湖北五峰后河自然保护区）；⑧珙桐 *D. involucrata*、扇叶槭 *Acer flabellatum*、水青树 *T. sinense* 珍稀植物群落。

以常绿树种为优势、而珙桐优势不明显的常绿落叶阔叶混交林有：① 润楠 *Machilus pingii*、白辛树 *Pterostyrax psilophylla*、短柄稠李 *Prunus brachypoda*、珙桐 *D. involucrata* 群落（峨眉山东南坡，海拔 1 600~1 800m）；② 长叶乌药 *Litsea pulcherrima* var. *hemsleyana*、华西枫杨 *Pterocarya insignis*、珙桐 *D. involucrata* 群落（四川卧龙自然保护区白泥杠，海拔 1 670m）；③ 包石栎 *Lithocarpus cleistocarpus*、峨眉栲 *Castanopsis platycantha*、珙桐 *D. involurata*、香桦 *Betula insignis* 群落（四川有较大面积分布）；④峨眉栲 *C. platycantha*、米心水青冈 *Fagus engleriana*、鸭公树 *Neolitsea chuii*、珙桐 *D. involucrata* 群落（云南威信县大雪山林区，海拔 1 600~1 800m 的山坡沟谷地段）。

珙桐林的物种组成不仅比较丰富，而且含有的古老、特有和稀有成分比例较高，如在峨眉山的珙桐林中，种子植物 57 属中就有约 42%的属是第三纪古热带区系的残遗或后裔，并且这些属的种类是群落中的主要成分。群落中单型属或少型属较多，说明珙桐林具有残遗植物群落的性质，水青树 *T. sinense*、连香树 *Cercidiphyllum japonicum* 等古老孑遗树种总是相伴出现在群落，这在其他群落中是极少见的。因此，珙桐群落是一种残存含有大量古老成分的类型，这反映了它的古老性和原始性。

48. 山茱萸科 Cornaceae/Dogwood Family

乔木或灌木，稀草本。单叶，对生，稀互生，侧脉常弧形；无托叶（青荚叶属有托叶）。花两性，稀单性，聚伞圆锥花序或头状花序，萼 4~5 齿裂或不裂；花瓣 4~5；雄蕊与花瓣同数并互生，花盘内生；子房下位，2(1~4)室，每室有 1 下垂倒生胚珠。核果或浆果状核果。种子具胚乳。

14 属约 100 种，分布于北温带及亚热带、热带高山。中国 6 属约 50 种。

在 APG 分类系统中，山茱萸科位于菊类分支中的山茱萸目 Cornales。该科合并了蓝果树科 Nyssaceae 和八角枫科 Alangiaceae，同时排除了原来的桃叶珊瑚属 *Aucuba*、青荚叶属 *Helwingia*、鞘柄木属 *Torricellia*、南茱萸属 *Griselinia* 和秋叶果属 *Corokia* 等，青荚叶属独立成了青荚叶科 Helwingiaceae。在山茱萸科中，山茱萸属 *Cornus* 取广义概念，合并了梾木属 *Swida*、四照花属 *Dendrobenthamia* 和灯台树属 *Bothrocaryum*。

分属检索表

1. 叶对生。
  2. 聚伞或伞形花序；核果单生。
    3. 聚伞或伞房状聚伞花序，花序无总苞；花白色；枝叶具丁字毛；核果常球形 …… **1. 梾木属 *Swida***
    3. 伞形花序，花序具总苞；花黄色；叶背脉腋内被常具锈褐色簇毛；核果椭圆形 ………………………………………………………………………………………… **2. 山茱萸属 *Cornus***
  2. 头状花序，4 片苞片呈花瓣状，花序具长柄；核果长圆形聚合为球形肉质的聚花果 ………………………………………………………………………………… **3. 四照花属 *Dendrobenthamia***
1. 叶互生。

4. 花单性，伞形花序，多生于叶片中部中脉上；核果浆果状 ………………… 4. 青荚叶属 *Helwingia*
4. 花两性，伞房状聚伞花序；核果，果核顶端具四方形孔穴 ………………… 5. 灯台树属 *Bothrocaryum*

1. 梾木属 *Swida* Opiz[*Cornus* Linn.] /Dogwood

落叶稀常绿，乔木或灌木。芽鳞2，先端尖。枝叶常被丁字毛或平伏毛。叶对生，全缘，羽状侧脉弧形上弯。伞房状复聚伞花序顶生，无总苞；花两性，四数；花瓣白色；花盘垫状；子房2室。核果。

33余种，分布于北半球温带。中国20余种，分布南北各地，以西南最多。

材质坚韧致密，供细木工用材。该属树种的种子均含油脂，为油料树种，具有开发生物质柴油的潜力。多可作庭园绿化树种。

分种检索表

1. 高大乔木，树皮黑褐色或暗灰色；花柱呈棍棒形。
  2. 叶下面几无乳头状突起，侧脉4~5对；花萼裂片与花盘近等长 ………………… 1. 毛梾 *S. walteri*
  2. 叶下面有乳头状突起，侧脉5~8对；花萼裂片稍长于花盘 ………………… 2. 梾木 *S. macrophylla*
1. 灌木或小乔木，树皮紫红色；花柱圆柱形而非棍棒形。
  3. 核果乳白色或浅蓝白色 ………………………………………………………… 3. 红瑞木 *S. alba*
  3. 核果黑色 ……………………………………………………………………… 4. 沙梾 *S. bretschneideri*

1. 毛梾 *Swida walteri* (Wanger.) Sojak. /Walter Dogwood　图8-239

落叶乔木，高达30m。树皮黑褐色，小方块裂。幼枝黄绿至红褐色。叶椭圆形至长椭圆形，长4~12cm，顶端渐尖，基部楔形，表面毛疏，背面密被平伏柔毛，侧脉4~5对。花白色，有香气；萼被白色柔毛；花瓣舌状披针形，疏被柔毛；雄蕊短于花瓣；花柱棍棒状，柱头头状。果球形，黑色，径6~7(8)mm，近无毛。花期5月，果实成熟期9~10月。

分布广，北起辽宁（栽培），南至湖南，西南到云南、贵州，东自江苏、浙江，西至甘肃、青海，以山西、山东、河南、陕西分布最多。生于海拔300~1 800m阳坡或疏林中，西南可达海拔2 600~3 300m。耐寒区位6~9。

较喜光；对气温的适应幅度较大，能忍耐-23℃的低温和43.4℃高温，在年降水量450~1 000mm，无霜期160~210d条件下均能生长良好。喜深厚湿润肥沃土壤，也较耐干旱瘠薄；在中性、酸性及微碱性土壤上均能生长。深根性，根系发达；萌芽性强，生长快。栽后4~6年开始结果，30年左右进入盛果期。

图8-239　毛梾 *Swida walteri*
1. 果枝　2. 花　3. 雄蕊　4. 雌蕊
5. 叶背面，示丁字毛

树龄可达 300 余年。陕西韩城一株百余年生大树，高达 12.9m，胸径 1.45m，冠幅 14~15.5m，仍生长旺盛，结实累累。采用播种、扦插、嫁接、萌芽更新繁殖。

果肉和种仁均含油脂，果含油量 13.8%~41.3%，其中果皮含油率 24.86%~25.7%，含糖 2.9%~5.88%，蛋白质 1.33%~1.58%，出油率 25%~33%，果肉出油率约 15%；初榨出的油呈黄绿色，储放 1~2 年后呈黄色，透明，精炼后可供食用及工业用，亦可药用，治皮肤病。油渣作饲料及肥料。木材坚硬，纹理细致，可供建筑、车辆、农具、家具、雕刻等用材。叶含鞣质约 16.2%，可提制栲胶。花可作为蜜源植物。也可作荒山造林、水土保持及园林绿化树种。

2. 梾木 Swida macrophylla (Wall.) Sojak. /Macrophyllous Dogwood 图 8-240

图 8-240　梾木 Swida macrophylla
1. 果枝　2. 花　3. 果实

落叶乔木，高达 20m。树皮暗灰色。小枝疏被柔毛。叶椭圆状卵形至椭圆状矩圆形，长 9~11cm，宽 4~6.5cm，顶端渐尖，基部宽楔形或圆形，叶缘具波状细齿或全缘，叶表面近无毛，背面灰绿色，疏被平伏柔毛，侧脉 5~8 对，弧曲，顶生圆锥状二歧聚伞花序，疏被短毛；花有香气，花瓣长圆形或长圆状披针形。果近球形，径 4.5~6mm，蓝色至黑色。花期 4~5 月，果实成熟期 10~11 月。

产山东、河南、陕西、甘肃及长江中下游各地区。生于海拔 600~2 000m（在云南可达 4 000m）的山地杂木林中。日本、巴基斯坦、尼泊尔及印度亦产。耐寒区位 6~9。

喜光。对土壤要求不严，在深厚肥沃的石灰岩土壤上生长良好。苗期生长快，1 年生苗可出圃造林。6~8 年生可开花结实，结实量大，结果期长。树龄长，可达 200 年左右。

果肉及种仁含油脂，鲜果含油量 33%~36%，油色黄红，可供食用；油含不饱和脂肪酸约 77.68%，其中油酸约 38.3%，亚油酸约 35.85%，对治疗高血脂症有显著疗效，可供轻工业及化工原料。木材坚硬，纹理细密美观，供制家具、农具、桥梁、建筑等用。花为蜜源。树皮可作紫色染料，树皮和叶可提取栲胶。为优良的园林绿化树种。

3. 红瑞木 Swida alba Opiz /Tartariian Dogwood 图 8-241

落叶灌木。小枝血红色，常被白粉。叶椭圆形，稀卵圆形，长 3~8.5cm，顶端骤尖，基部楔形或宽楔形，背面粉绿色。花瓣卵状椭圆形。果长圆形，微扁，乳白或蓝白色。花期 5~7 月，果实成熟期 8~10 月。

产东北、华北、江苏、江西、陕西、甘肃及青海。生于海拔 600~1 700m（甘肃可达

2 700m)的山地溪边、阔叶林及针阔混交林中。朝鲜、俄罗斯亦产。可用播种、扦插、分株、压条繁殖。耐寒区位4~8。

为优良的园林绿化树种，可栽培供观赏。

图8-241 红瑞木 *Swida alba*
1. 果枝 2. 花 3. 果实

图8-242 沙梾 *Swida bretschneideri*
1. 花枝 2. 果枝 3. 花
4. 花萼筒及花柱 5. 果实

4. 沙梾 *Swida bretschneideri* (L. Henry) Sojak. /Bretschneider Dogwood 图8-242

落叶灌木或小乔木。小枝带黄绿或微带红色。叶卵形、椭圆状卵形至矩圆形，长4~10cm，顶端短渐尖或骤尖，基部圆或宽楔形，背面灰白色，被白色丁字毛。花序中常具败育果实，核果球形，蓝黑至黑色，径5~6mm，具白色平伏毛。花期6~7月，果实成熟期8~9月。

产辽宁、华北、宁夏、陕西、湖北及四川西北部；生于海拔1 100~2 300m的杂木林内或灌木丛中。播种繁殖。耐寒区位4~8。

2. 山茱萸属 *Cornus*(Spach) Nakai /Cornel

落叶乔木或灌木。叶对生，全缘，羽状侧脉弧曲上弯。花黄色，先叶开花，伞形花序，基部具4片总苞，排成2轮，外轮较大，内轮较小，有总梗；花小，两性，四数；花瓣黄色；花盘垫状；花柱短柱形，柱头平截，子房2室。核果长椭圆形。

4种，产欧洲中南部、东亚及北美。中国2种。

山茱萸 *Cornus officinalis* Sieb. et Zucc. /Medicinal Cornel 图8-243

高达10m。树皮灰褐色，剥落。叶卵状椭圆形，长5~12cm，顶端渐尖，基部宽楔形或稍圆，叶表面疏被平伏毛，背面被白色平伏毛，脉腋被淡褐色簇生毛；叶柄长0.6~

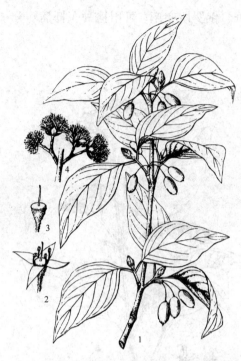

1.5cm。伞形花序具花 15～35，总苞苞片黄绿色，椭圆形；萼裂片宽三角形，无毛；花瓣舌状披针形；花梗细，长 0.5～1cm，密被柔毛。核果椭圆形，长 1.2～1.7cm，红色至紫红色。花期 3～4 月，果实成熟期 8～10 月。

山西、山东、河南、陕西、甘肃、安徽、浙江、江西、湖北、湖南及四川等地栽培或野生，生于海拔 400～1 500m 阴湿溪边、林缘或林内。耐寒区位 6～8。

喜肥沃、湿润土壤，在干旱瘠薄处生长不良。

果肉入药称"萸肉""山茱萸""枣皮"。山茱萸果实含马鞭草苷 $C_{12}H_{23}O$、番木鳖苷 $C_{17}H_{26}O_{10}$ 及维生素 A 等，药用作收敛性补血剂及强壮剂，可健胃、补肝肾，治贫血、腰痛、神经及心脏衰弱等症。此外，因其早春开花，黄花密集，秋天红果繁多，观赏性强，可作庭园观赏树种。

图 8-243 山茱萸 *Cornus officinalis*
1. 果枝　2. 花　3. 子房　4. 花枝

3. 四照花属 *Dendrobenthamia* Hutch./Dendrobenthamia

常绿或落叶，小乔木或灌木。叶对生，全缘，羽状侧脉弧曲上弯。头状花序，基部具 4 个白色的花瓣状总苞片，花两性，四数；花盘杯状或垫状；花柱粗，柱头平截，子房 2 室。核果椭圆形或卵形，多数集生成球形肉质的聚花果。

10 种，产于东亚。中国 9 种，多为用材及园林绿化树种。

四照花 *Dendrobenthamia japonica* (A. P. DC.) Fang var. *chinensis* (Osborn) Fang /Japanese Dendrobenthamia　图 8-244

落叶小乔木，高达 8m。幼枝被白色柔毛，后脱落。叶纸质至厚纸质，卵形至卵状椭圆形，长 5.5～12cm，顶端渐尖，基部圆形或宽楔形，表面疏被白色柔毛，叶背粉绿色，被白色柔毛，侧脉 4～5 对。花序近球形，具花 20～30 朵，总苞片卵形至卵状披针形，长 5～6cm；萼裂片

8-244 四照花 *Dendrobenthamia japonica* var. *chinensis*
1. 果枝　2. 果序　3. 花

内面被一圈褐色细毛。果序球形，橙红至紫红色；果序梗细长 5.5~6.5cm。花期 5~6 月，果实成熟期 8 月。

产山西、河南、陕西、甘肃及长江中下游地区，生于海拔 740~2 100m 山谷、溪边、山坡杂木林中。耐寒区位 6~8。

喜光，稍耐阴，喜温暖湿润气候，有一定耐寒力，在北京小气候良好处可露天过冬，并能正常开花。喜湿润排水良好的沙质土壤。常用分蘖及扦插法繁殖，亦可用种子繁殖。

果味甜，可食及酿酒。初夏开花时白色总苞覆盖满树，为优美的庭园观赏树种。

4. 青荚叶属 *Helwingia* Willd. /Helwingia

落叶稀常绿，灌木。叶互生；托叶早落。花序生于叶面中部叶脉上，稀生于幼枝上部；花小，单性，雌雄异株；雄伞形花序具花 4~14，雌花 1~4 朵簇生；萼小；花瓣 3~5，三角状卵形，外生花盘肉质；雄蕊 3~5；子房 3~5 室，花柱短，柱头 3~5 裂。核果浆果状，初为红色，熟时变黑，果核 1~5。

4~5 种，分布于喜马拉雅地区至日本。耐阴，喜湿；全株入药。

青荚叶 *Helwingia japonica* (Thunb.) Dietr. /Japanese Helwingia　图 8-245

落叶灌木，高 1~2m。幼枝绿色或紫红色。叶纸质，卵形至卵状椭圆形，稀卵状披针形，长 3~12cm，宽 2~8cm，顶端长渐尖，基部宽楔形或近于圆形，叶缘具稀疏刺状锯齿。雄花 4~12 朵成伞形花序，生于叶面中脉中部或近基部，雌花 1~3 簇生，花梗极短；花萼小；花瓣卵形；子房卵圆形，花柱 3~5 裂。核果，近球形，黑色，具 3~5 棱，果梗长 1~2mm。花期 4~5 月，果实成熟期 8~10 月。

产河南、陕西、甘肃南部、湖北、湖南、安徽、浙江、四川、云南、广东、广西及台湾等，常生于海拔 1 000~2 000m 林下。日本、不丹及缅甸亦产。耐寒区位 6~10。

全株药用，可清热、解毒、活血、消肿、治痢疾和疮疖。嫩叶可食。为川金丝猴重要食源植物。

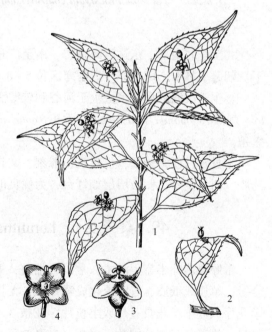

图 8-245　青荚叶 *Helwingia japonica*
1. 花枝　2. 叶上生花　3. 雌花　4. 雄花

5. 灯台树属 *Bothrocaryum* (Koehne) Pojark. /Bothrocaryum

本属的形态特征近梾木属 *Swida*，其区别：叶互生。果核顶端有近四方形孔穴。2 种，

图 8-246 灯台树 *Bothrocaryum controversum*
1. 果枝　2. 花

产东亚和北美。中国1种。

灯台树 *Bothrocaryum controversum* (Hemsl.) Pojark. [*Cornus controversa* Hemsl.] /Gigantic Dogwood　图 8-246

乔木，高达20m，胸径达60cm。树皮暗灰色，平滑，老树浅纵裂。叶宽卵形，稀长圆状卵形，长6~13cm，宽3~6.5cm，顶端突骤尖，基部楔形或圆形，叶表面无毛，背面灰绿色，密被伏贴毛，侧脉6~7(9)对；叶柄长2~6.5cm，无毛。花序径7~13cm；花梗长2~4mm，花径8mm；萼齿长于花盘；花瓣长圆状披针形；子房密被灰白色平伏柔毛。核果，近球形，径6~7mm，熟时蓝黑色。花期5~6月，果实成熟期8~9月。

北至东北南部，东达沿海诸省，南至广东，西至云南均有分布，海拔1 700~2 000m以下。朝鲜、日本、印度亦产。耐寒区位5~8。

喜生于湿润环境，多散生于河谷和较湿润的山坡及林地，与喜树 *Camptotheca acuminata*、刺楸 *Kalopanax septemlobus*、香椿 *Toona sinensis* 混生，或见于松栎林中，生长快。种子繁殖。

木材黄白色，较重，供建筑、雕刻、文具用。种子含油22.9%，供工业用。树皮提制栲胶。树形整齐，侧枝层层如灯台，为优良的庭园绿化树种。

49. 桑寄生科 Loranthaceae /Mistletoe Family

常绿或落叶半寄生灌木，常以吸器侵入寄主植物的枝干。单叶对生，稀互生或轮生，全缘，革质或纸质，有时退化成鳞片状；无托叶。花两性或单性，辐射对称，呈穗状、聚伞花序或簇生；花具苞片或小苞片；花被3~6深裂，有时分化为花萼和花冠，萼与子房贴生；雄蕊与花被片同数而对生，花药2至多室；子房下位，1室。浆果或核果，中果皮具黏胶质。

约40属1 500种，分布于热带，少数分布于温带。中国10属50余种，主产长江流域以南。

在APG分类系统中，原来桑寄生科的槲寄生属 *Viscum* 被移出该科，置于超菊类分支中的檀香目 Santalales 檀香科 Santalaceae 中。

本属植物对一些阔叶树及果树危害甚大，影响树木正常生长，损坏木材结构，引起其他病虫害及造成果树减产等。

该科各树种果实成熟后，中果皮内含有黏胶质。当鸟食用果实时，黏稠的胶质沾在鸟喙上，被鸟再带到其他树种上而实现种子传播。这种现象为树木与动物间的协同进化。

分属检索表

1. 植物较大，叶侧脉羽状；枝无明显节和节间；花常两性 ·················· 1. 桑寄生属 Loranthus
1. 植物较小，叶具基出脉；枝具明显节和节间；花单性 ·················· 2. 槲寄生属 Viscum

1. 桑寄生属 Loranthus Jacq. /Scurrula

半寄生灌木。枝无明显节和节间。叶对生，稀互生，羽状脉。花两性或单性，成腋生聚伞或穗状花序；花被裂片4~6；雄蕊与花被片同数；花药2室；基生胎座。浆果，外果皮平滑。种子1。

10余种。中国约5种，分布于福建、台湾、广东、广西及云南，少数种类分布至北方。带叶茎枝供药用。

北桑寄生 *Loranthus tanakae* Franch. et Sav. /Tanaka Scurrula　图8-247

落叶小灌木，丛生于寄主枝上，无毛。茎圆柱形，常二歧分枝。幼枝绿色至褐色，老枝黑褐色至黑色，有蜡质层。叶近对生，纸质，倒卵形至椭圆形，长2.5~5cm，宽1~2cm。花单性，雌雄同株，穗状花序顶生，具5~8对近对生的花，无柄，基部有1很小的苞片，花蕾筒状，副萼环状，顶端截形。浆果球形，半透明，橙黄色，径约6mm，表面光滑。花期4~5月，果实成熟期9~10月。

产内蒙古、河北、山西、陕西、甘肃、四川等地。寄生于栎属 *Quercus*、桦属 *Betula*、榆属 *Ulmus* 等属树种上。耐寒区位5~9。

北桑寄生可药用，茎枝叶含槲皮素及扁蓄苷，具有补肝肾、祛风湿、降血压、养血安胎之效。

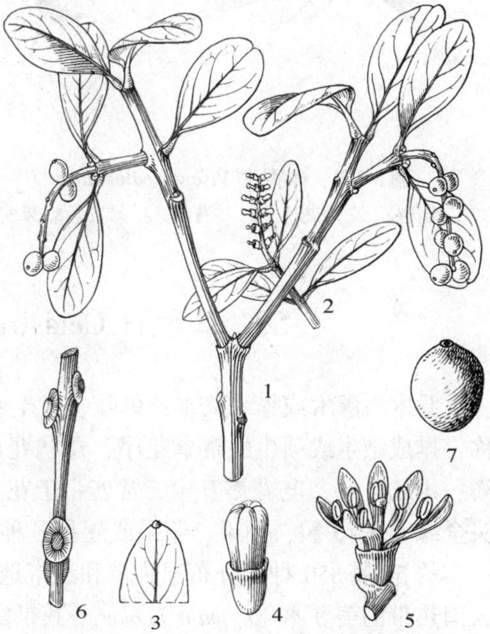

图8-247　北桑寄生 *Loranthus tanakae*
1. 果枝　2. 花枝　3. 叶先端　4. 花蕾
5. 两性花　6. 果序轴一部分　7. 果实

2. 槲寄生属 Viscum Linn. /Mistletoe

常绿半寄生灌木。枝绿色，具明显节和节间，二叉分枝。叶对生，具直出脉，或退化为鳞片状，稍肉质。花单性，雌雄异株，单生或簇生于叶腋；花被3~4裂。较短；雄蕊与花被片同数且对生，无花丝，花药贴生花被片上，4至多室；花柱短或不明显，柱头头状。浆果，内含1种子。

20余种，广布世界各地，主产热带地区。中国4种，分布于东北、华北、华中等。

槲寄生 *Viscum coloratum* (Kom.) Nakai/ Colored Mistletoe 图 8-248

高 30~60cm，枝圆柱形，节稍膨大。叶长圆形至倒披针形，长 3~6cm，宽 0.7~1.5cm，顶端钝，基部楔形，全缘。花黄绿色无柄，单性异株；雄花 3~5 朵簇生，花被 4 裂；雌花 1~3 朵簇生，花被 4 裂。浆果，球形，橘红色。花期 4~6 月，果实成熟期 6~9 月。

产东北、华北、华中、西北、西南各地。常寄生于杨属 *Populus*、柳属 *Salix*、榆属 *Ulmus*、桦属 *Betula*、梨属 *Pyrus*、山楂属 *Crataegus* 等属树种上。种子繁殖，因果实富黏液质，常借鸟类之力传播种子，故村屯附近树上较多。耐寒区位 4~9。

较耐阴，喜湿润气候。播种繁殖。

全株可药用，中药名为"槲寄生"，茎叶含齐墩果叶酸、β-香树脂素乙酸酯等。入药有祛风湿、强筋骨、降血压、养血安神、安胎催乳、止咳之功效。

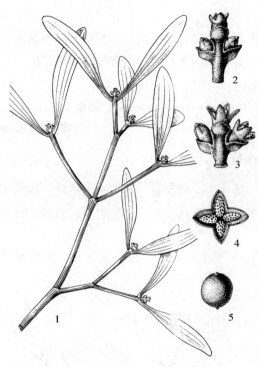

图 8-248 槲寄生 *Viscum coloratum*
1. 雌花枝 2. 雌花序 3. 雄花枝 4. 雄花 5. 果实

50. 卫矛科 Celastraceae/Bittersweet Family

乔木、灌木或攀缘藤本；单叶，对生或互生；花小，两性、单性或杂性异株，辐射对称，排成腋生或顶生的聚伞花序、总状花序或单生；萼 4~5 裂，宿存；花瓣 4~5，稀无瓣；雄蕊 4~5，与花瓣互生，常着生于花盘上；子房上位，2~5 室，每室 1~2 胚珠；柱头全缘或 3~5 裂；蒴果、浆果或翅果；种子常有红色假种皮。

约 55 属 850 种，分布于热带和温带地区。中国有 12 属 183 种，全国均有分布。产自云南热带的美登木 *Maytenus hookeri*，其果实、根茎含美登新类抗癌成分，是有效的抗癌药用植物，临床上还有消炎、止痛、增进食欲的作用。

传统上卫矛科为一木本植物科，与冬青科近缘。在 APG 分类系统中，卫矛科位于蔷薇类分支中的卫矛目 Celastrale，其界定发生了一定的变化，被认定为有 94 属 1 400 余种植物。值得注意的是，以往系统位置有争议并且常常置于虎儿草科的梅花草属 *Panassia* 被归并到卫矛科中作为梅花草亚科 Panassioideae，这与以往任何形态分类系统的处理均不同。

分属检索表

1. 叶对生，小枝常绿色；花两性，聚伞花序 ·· **1. 卫矛属 *Euonymus***
1. 叶互生，小枝褐色；花杂性异株，复总状花序或聚伞花序 ·········· **2. 南蛇藤属 *Celastrus***

1. 卫矛属 *Euonymus* Linn. / Euonymus, Spindletree

灌木或乔木，稀攀缘藤本；枝常绿色。叶对生，具细锯齿。花两性，淡绿或紫色，组成腋生、具柄的聚伞花序；花 4 基数，花丝极短，着生于花盘上；花盘扁平，4～5 裂；子房 3～5 室，藏于花盘内；柱头 3～5 裂；蒴果，常浅裂、深裂或延展成翅；种子具红色假种皮。

176 种，分布于北温带。中国约 25 种，广布于全国。多数种类对土壤条件要求不严，喜排水良好土壤。一些种类在秋天叶色变红，果皮淡红色，假种皮橘红色，为优良的庭园观赏树种。耐修剪，可在城市绿化中孤植造型或绿篱。在金丝猴分布区，卫矛属树种的叶片是金丝猴喜爱的食物。

分种检索表

1. 低矮匍匐或攀缘灌木；小枝常生有细根和小瘤状突起；叶椭圆形至卵形 ……… **1. 扶芳藤 *E. fortunei***
1. 直立灌木或小乔木。
　2. 常绿；叶倒卵形至椭圆形，革质，有光泽；蒴果球形，平滑 ………… **2. 冬青卫矛 *E. japonicus***
　2. 落叶或半常绿。
　　3. 枝无木栓翅；叶具明显的叶柄。
　　　4. 叶菱状卵形，先端长渐尖；叶柄长 2～3.5cm；蒴果倒锥形 ………… **3. 白杜 *E. maackii***
　　　4. 叶长椭圆形、倒卵形至倒披针形，先端圆至急尖；叶柄长 0.5～1cm；蒴果近球形 ………
………………………………………………………………………………… **4. 大花卫矛 *E. grandiflorus***
　　3. 枝具 2～4 条宽木栓翅；叶椭圆形或倒卵形，具短柄或无柄；蒴果常 1～2 室（果瓣）发育，成熟果瓣椭圆形，长达 8mm ………………………………………………… **5. 卫矛 *E. alatus***

1. 扶芳藤 *Euonymus fortunei* (Turcz.) Hand.－Mazz. / Fortune Euonymus

常绿匍匐或攀缘灌木；茎枝常有不定根和微突状小瘤。叶椭圆形，稀为矩圆状倒卵形，长 2～8cm，宽 1～4cm；叶柄长约 5mm。聚伞花序顶端三歧分枝，分枝中央具单花；花绿白色。蒴果黄红色，近球形，稍有凹陷；种子有橙红色假种皮。花期 6 月，果实成熟期 10 月。

产陕西、山西、河南、江苏、浙江、安徽、江西、湖北、湖南、广西、四川、云南等地，生于林缘、村庄、绕树、爬墙或匍匐石上。朝鲜、日本有分布。耐寒区位 5～9。

栽培品种较多，为著名的彩叶树种。常见的诸如斑叶 'Varienatus'、银后 'Silver Queen'、花叶 'Gracilis' 等。

2. 冬青卫矛（大叶黄杨）*Euonymus japonicus* Thunb. / Japanese Spindletree　　图 8-249

常绿灌木或小乔木，高达 8m。叶光亮，革质，倒卵形至窄长椭圆形，长 3～6cm，宽 2～3cm，先端尖，基部楔形，锯齿钝，叶柄短。花绿白色，直径约 7mm。蒴果淡红色，近球形，有 4 浅沟；种子具橙红色假种皮。花期 6～7 月，果实成熟期 10 月。

产长江流域各地；辽宁旅大及南部各地多栽培作绿篱、植物图案设计等。朝鲜和日本有分布。耐寒区位 6～10。

喜光，适应性强，耐修剪。易扦插繁殖。

常见栽培变种有：银边黄杨 'Albomariginatus'：叶暗绿色，具白色窄边；金边黄杨

图 8-249 冬青卫矛 *Euonymus japonicus*
1. 花枝 2. 果枝 3. 雄花 4. 两性花 5. 雄蕊

图 8-250 白杜 *Euonymus maackii* Rupr.
1. 花枝 2. 果枝 3. 花蕾 4. 花瓣
5. 雄蕊 6. 花盘 7. 果实

'Aureomarginatus'：叶色深绿，具黄色窄边；金心黄杨'Argenteovariegatus'：叶中部有黄色斑块。

3. 白杜（丝绵木、明开夜合）*Euonymus maackii* Rupr. /Winterberry Euonymus 图 8-250

落叶小乔木，高达8m。叶卵形、椭圆形至椭圆状披针形，长4.5~10cm，宽3~5cm，先端长渐尖，基部近圆形；叶柄细长，长2~3.5cm。聚伞花序1~2回分枝，有3~7花；花淡绿色，4数；花药紫色；花盘肥大，黄绿色，具4棱。蒴果倒圆锥形，直径约1cm，果皮粉红色，上部4裂；种子具红色假种皮。花期5~7月，果实成熟期10月。

北起黑龙江至华北、华中、华东，南至福建，西北至内蒙古和甘肃，除陕西、西南和广东、广西未见野生外，其他各地均有，但长江以南常以栽培为主。耐寒区位4~9。

喜光，耐寒，生于路边、山坡林缘，在北京东灵山天然分布到海拔1 400m开阔山谷内。

种子含油量45%~50%，可作润滑油和制肥皂。

4. 大花卫矛 *Euonymus grandiflorus* Wall. /Big Flowered Euonymus

半常绿乔木或灌木，高达10m。叶长倒卵形至椭圆状披针形，先端圆钝至急尖，基部楔形。聚伞花序有5~7花；花黄白色，大，径达2cm。蒴果近球形，常有4棱状窄翅；假种皮红色。花期4~6月，果实成熟期9~10月。

产陕西、甘肃、河南、湖北、湖南、四川、贵州和云南等地，生于山坡林缘、灌丛、河谷或山坡湿润处。耐寒区位9~10。

种子含油量达50%，可榨油，供工业用。

5. 卫矛 *Euonymus alatus* (Thunb.) Sieb. /Winged Euonymus 图8-251

落叶灌木，高达3m。分枝多，小枝四棱形，具2~3条扁宽木栓翅，宽达1cm。叶窄倒卵形至椭圆形，长2~6cm，锯齿细尖；叶柄极短或近无柄。聚伞花序有3~9花。蒴果棕紫色，4深裂，常1~2室(果瓣)发育，裂瓣椭圆形；种子有橙红色假种皮。花期5~6月，果实成熟期9~10月。

分布较广，除新疆、青海、西藏、广东及海南以外，全国各地均产。日本和朝鲜半岛也有分布。北京地区分布至海拔1 300m，为重要的野生观叶观果灌丛。耐寒区位4~9。

株形密集，秋叶紫红色，种于酸性土壤时叶色更红，假种皮橘红色，极具观赏价值，在欧洲普遍栽培，但目前在中国种植并不普遍，有待开发培育。

栽培变种有：十月辉煌'October Glory'：丛生，秋叶鲜红色；紧凑'Compactus'：矮灌丛，株形紧凑，枝上具宽阔木栓翅，秋叶猩红色至紫色，等等。

图8-251 卫矛 *Euonymus alatus*
1. 花枝示木栓翅 2. 果枝

2. 南蛇藤属 *Celastrus* Linn. /Bittersweet

落叶或常绿藤本；小枝具极明显的皮孔；单叶互生，有锯齿。花小，绿白色，杂性异株，排成腋生或顶生总状花序或聚伞花序；花5基数；内生花盘杯状；雄蕊着生于花盘的边缘；子房2~4室，每室具2胚珠；柱头3裂。蒴果通常黄色，室背开裂为3果瓣，开裂后中轴宿存；种子具红色假种皮。

50种，分布于热带和亚热带地区。我国约30种，广布于各地，以西南最多。

南蛇藤 *Celastrus orbiculatus* Thunb. /Oriental Bittersweet 图8-252

株高达3m；小枝圆柱形，皮孔粗大。冬芽小，扁卵形，棕褐色。叶宽椭圆形至矩圆形，长5~10cm；先端突尖至钝尖，基部楔形至圆形，边缘具细钝锯齿，叶柄长达2cm。总状花序短，腋生，有花5~7。蒴果球形，径约1cm，果皮黄色，5裂，假种皮鲜红色。花期5月，果实成熟期9~10月。

图 8-252　南蛇藤 *Celastrus orbiculatus*
1. 花枝　2. 果枝

产黑龙江、吉林、辽宁、内蒙古、河北、山东、山西、河南、陕西、甘肃、江苏、安徽、浙江、江西、湖北、四川、贵州和云南等地，常生于海拔 450～2 200m 的疏林内、林缘、路边、石坡、山地沟谷等立地。朝鲜和日本也有分布。耐寒区位 4～9。

喜光，适应性强。在石山环境，其藤蔓可固定岩石，既起到绿化效果，又能防止下滑滚落。可作棚架藤萝和地被种植。秋天果实开裂，果瓣内部橙黄色，露出鲜红色的假种皮，色彩极艳丽，观赏性强。其果实干插室内，能保持色彩不褪，可作插花辅料。

种子含油量约 47%，供工业用；根和果瓣可解蛇毒；根皮可为农药的原料。

51. 冬青科 Aquifoliaceae/Holly Family

乔木或灌木；单叶互生，稀对生。花小，辐射对称，单性，稀两性，生于叶腋，簇生或聚伞花序，稀单生。萼 3～6 裂，常宿存；花瓣 4～6，分离或于基部合生；雄蕊 4～6；子房上位，3 至多室，每室 1～2 胚珠。核果具 3 至多个分核。

3 属 400 种以上，分布极广，主产中南美。我国仅有冬青属 1 属 118 种。

在 APG 分类系统中，冬青科位于菊类分支中的冬青目 Aquifoliales，该科现仅有 *Ilex* 一个属 400～500 种植物，分布于各个大洲。

冬青属 *Ilex* Linn. /Holly

常绿或落叶，乔木或灌木。枝皮具苦味。叶互生，少数对生，有锯齿或有刺状锯齿，稀全缘。花单性异株，有时杂性，腋生聚伞花序或伞形花序；花 4 基数；核果球形，浆果状，红色或黑色；果核 4，骨质，具宿存花萼。

约 400 种，分布于南、北美洲，热带和温带亚洲，数种产欧洲和大洋洲。中国约 118 种，长江以南各地盛产，为常绿阔叶林或常绿落叶阔叶林中习见树种，生于林内、山谷、溪边等地。有些种类的木材可为雕刻和家具用。秋天核果形如红珠，色彩鲜红，簇生绿叶的叶腋，为著名的观果树种。分布在海南、广东、福建等地的苦丁茶 *Ilex kudingcha* 含有苦丁皂苷、氨基酸、维生素 C、多酚类、黄酮类、咖啡碱、蛋白质等 200 多种成分，是中国传统的纯天然保健饮料佳品。其成品茶清香又味苦，而后甘凉，具有清热消暑、明目益智、生津止渴、利尿强心、润喉止咳、降压减肥、抑癌防癌、抗衰老、活血脉等多种功效。已研制出袋装茶等饮品，成为林区重要的经济树种。

枸骨(猫儿刺) *Ilex cornuta* Lindl. et Paxt. /Chinese Holly　图 8-253

常绿灌木或小乔木，高 1~4m；树皮灰白色，平滑。叶硬革质，长圆状四方形，长 4~8cm，宽 2~4cm，顶端扩大，具 3 硬而尖的刺齿，基部平截，两侧各有 1~2 尖硬刺齿。花雌雄异株，簇生 2 年生的枝上。果球形，鲜红色，直径 8~10mm。

产江苏、上海、安徽、浙江、江西、湖北、湖南等地，生于海拔 150~1 900m 的山坡、谷地、溪边杂木林或灌丛；北京、山东青岛和济南等地有栽培。朝鲜有分布。耐寒区位 6~10。

喜光，稍耐阴。喜温暖湿润气候，适生于肥沃、湿润、酸性的土壤。对有害气体有抗性，能适应城市环境。叶形奇特，入秋红果累累，形如珍珠，经冬不落，已成为城市绿地常见的观果、观叶树种，种植为绿篱或孤植于绿地中修剪成球形。

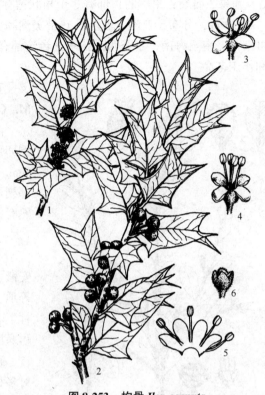

图 8-253　枸骨 *Ilex cornuta*
1. 花枝　2. 果枝　3~5. 花及花展开　6. 花萼

52. 黄杨科 Buxaceae/Boxwood Family

常绿灌木或小乔木；单叶对生或互生。花单性同株，排成头状、穗状或总状花序，稀单生；单被花，萼 4~12 裂或无；雄蕊 4 至多数，分离；子房上位，2~4 室，每室具 1~2 胚珠，花柱 2~4，离生；蒴果或核果。

6 属 40 种，分布于温带和热带地区。中国有黄杨属 *Buxus*、板凳果属 *Pachysandra* 和野扇花属 *Sarcococca* 3 属 19 种，产西南部至东南部，大部分供观赏用。

黄杨科一些具有单性花，雌雄同序，三心皮具有开裂的蒴果。以往的形态分类系统认为黄杨科的这些特征可能与大戟科存在某种关联。在 APG 分类系统中，黄杨科全球有 7 属 120 余种植物分布于温带至热带地区。与以往认为该科与大戟科近缘不同，APG 系统中黄杨科属于真双子叶植物基部类群中的黄杨目 Buxales，紧邻核心真双子叶植物，为真双子叶植物中最早分化的几个主要分枝之一。

黄杨属 *Buxus* Linn. /Boxwood

灌木或小乔木。小枝四棱形。叶对生，革质，全缘，叶柄短。花黄绿色，簇生叶腋，其中顶端一朵为雌花，其余为雄花；雄花萼片 4 裂；雌花萼片 6 裂，两轮，子房 3 室，花柱3。蒴果3瓣裂；果瓣的顶部有3个角状宿存花柱。

约70种，分布于亚洲、欧洲、热带美洲和古巴、牙买加等地。中国约11种，西北至甘肃南部，南至海南，西至西藏，东至台湾都有分布。供观赏用；木材坚硬而密致，供雕刻和作工艺品。

黄杨 *Buxus sinica* (Rehder et E. H. Wilson) M. Cheng/Chinese Box 图 8-254

灌木或乔木，高达7m。小枝有短柔毛。叶倒卵形、倒卵状长椭圆形至宽椭圆形，长0.8~3cm，中部或中部以上最宽，先端圆或微缺，基部楔形，叶柄短或无。蒴果球形，长6~8mm，熟时沿室背3瓣裂。花期4月，果实成熟期7月。

产山东、河南、陕西、甘肃、江苏、浙江、安徽、江西、湖北、四川、贵州、广西、广东等地，生于海拔1 200~2 600m的山谷、溪边、林下、林缘。太行山以东有栽培，冬季需防寒。耐寒区位6~10。

喜温暖湿润气候和肥沃的中性和酸性土壤，对多种有毒气体抗性强，耐汽车尾气污染。叶密集、质地优良、抗性强、耐持续修剪和整形，极适于做绿篱和整形树，形成"黄杨球""太极图"、各种动物等造型，为冷凉地区花园中常见绿化树种。因其木材纹理细密而出名，适于制作木雕、木梳等细木工材。

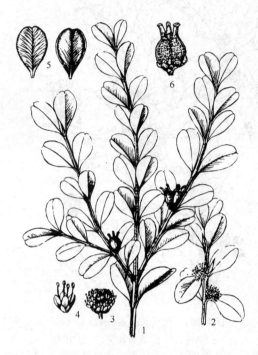

图 8-254 黄杨 *Buxus sinica*
1. 果枝 2. 花枝 3. 花序，示周围的雄花，中间为雌花 4. 雄花 5. 叶表、背面 6. 果实

53. 大戟科 Euphorbiaceae/Spurge Family

草本、灌木、乔木或藤本，常有乳液。叶互生，单叶，稀为3出复叶，基部常有腺体，有托叶。花单性，雌雄同株或异株，花序多样，多为聚伞、总状花序，或为复花序或大戟花序；单被花，稀双被花；萼片2~5裂，稀1或无，花瓣无，稀有花瓣5；具花盘或退化为腺体；雄蕊1至多数，分离或合生；子房上位，通常3室，每室具1~2胚，中轴胎座。果为蒴果、浆果状或核果状。

约300属8 000种以上，广布于全球。中国约有67属400种，产温带及热带地区，各地均有分布，但主产西南至台湾。

在APG分类系统中，大戟科被置于非常庞大复杂的蔷薇类分支中的金虎尾目 Malpighiales当中。APG中的金虎尾目非常庞大，构成成分复杂多样，其中还有杨柳科等重要木本植物类群。研究表明，奇特的大花草科 Rafflesiaceae 也在金虎尾目中，并且是大戟科的最近姊妹群。传统形态学界定的大戟科种类繁多，为被子植物大科之一，其中的大戟属为被子植物中的超级大属。APG 系统当中的大戟科仍然十分庞大，包括 218 属 6 700 余种植物，为被子植物的七大科。在分类上，APG 系统的大戟科也发生了较大的变动，以往熟知的重阳木属 *Bischofia* Blume.、五月茶属 *Antidesma* L.、雀舌木属 *Leptopus* Decne.、土蜜树属 *Bridelia* Willd.、叶下珠属 *Phyllanthus* L.、余甘子属 *Emblica* Gaertn.、算盘子属 *Glochidion* J. R. Forst. & G. Forst.、黑面神属 *Breynia* J. R. Forst. & G. Forst. 等均被分出，属于叶下珠科 Phyllanthaceae。

本科植物包括多种著名的经济植物，如橡胶树、油桐、蓖麻 *Ricinus communis*、乌桕、木薯 *Manihot esculenta* 等。木薯供食用，为重要的淀粉原料，微毒；有些为工业上的重要原料，如桐油、橡胶树和乌桕种子油；有些供庭园观赏用，如一品红 *Euphorbia pulcherrima*、变叶木 *Codiaeum variegatum* 等。但有多种重要的有毒植物，如巴豆属 *Croton*、大戟属 *Euphorbia* 的强烈毒性已广为人知，在国内外久已作为药用。

随着化石能源的枯竭，生物质能源成为 21 世纪重要的研究和开发热点。大戟科多种树种种子因含有丰富的油脂，已成为开发的重要资源，如小桐子、油桐和乌桕等。

分属检索表

1. 植株体无乳液。叶柄顶端或叶片基部无腺体；子房每室具 2 胚珠。
  2. 花有花瓣，雄蕊 5，具退化雌蕊；花盘分裂为 5 枚扁平的腺体 …………… **1. 雀舌木属 *Leptopus***
  2. 花无花瓣。
    3. 花无花盘。子房 3~15 室，花柱合生；果实具多条纵沟，开裂为 3~15 分果爿……………………
    …………………………………………………………………………… **2. 算盘子属 *Glochidion***
    3. 花具花盘。子房 3 室，花柱基部合生；果实无纵沟，3 裂。
      4. 雄花具退化雌蕊，雄蕊 5 ……………………………………………… **3. 白饭树属 *Flueggea***
      4. 雄花无退化雌蕊，雄蕊 2~5，稀 6 至多数 ………………………… **4. 叶下珠属 *Phyllanthus***
1. 植株体具乳液。叶柄顶端或叶片基部常具腺体；子房每室具 1 胚珠。
  5. 三出复叶；花无花瓣；雄蕊 5~10，花丝合生成柱状；种子表面有深色斑纹 …… **5. 橡胶树属 *Hevea***
  5. 单叶，全缘或 3~5 裂。
    6. 掌状脉。叶片常长宽近相等，全缘或 3~5 裂。
      7. 植物体无星状毛。花有花瓣；花丝基部合生或内轮合生而外轮分离。
        8. 核果，大；叶柄顶端腺体明显；雄蕊 8~20，花丝基部全部合生 ……… **6. 油桐属 *Vernicia***
        8. 开裂蒴果；叶柄无腺体；雄蕊 8~10，内轮雄蕊花丝合生，外轮分离……………………
        …………………………………………………………………………… **7. 麻疯树属 *Jatropha***
      7. 植株体有星状毛；花无花瓣；雄蕊多数，花丝分离；开裂蒴果，常被刺毛 ………………
      …………………………………………………………………………………… **8. 野桐属 *Mallotus***
    6. 羽状脉；叶全缘。雄蕊 2~3；叶柄顶端有 2 腺体；种子外被白色蜡质 …… **9. 乌桕属 *Triadica***

1. 雀舌木属 *Leptopus* Decne. /Leptopus

多年生草本或灌木。单叶，形小，互生，全缘。花小，单性同株，单生或数朵簇生于叶腋；雄花花萼花瓣均为 5(~6)；腺体 5 枚，全缘或 2 裂；雄蕊 5(~6)，花丝离生或连合成圆柱形；退化雌蕊小；雌花单生，萼片较雄花的大；花瓣小或不明显；子房 3 室，每室具 2 胚珠，花柱短，2 裂；蒴果开裂为 3 个 2 裂的分果爿，无宿存中轴，果皮不分离；种子表面光滑或有斑点。

图 8-255 雀儿舌头 *Leptopus chinensis*
1. 花枝 2. 雄花正面观 3. 雄花反面观
4. 果实 5. 果实底面观，示宿存花萼

20 余种，分布于热带至温带。中国约 9 种，除雀儿舌头 *L. chinensis* 产北部外，其余产南部和西南部。

雀儿舌头 *Leptopus chinensis*（Bunge）Pojark./Chinese Leptopus　图 8-255

落叶小灌木，高 1~3m。老枝褐紫色，幼枝绿色或浅褐色，被毛，后无毛。叶卵形至披针形，长 1~5.5cm，宽 5~25mm，叶柄纤细，长 2~8mm。花小，单生或 2~4 簇生于叶腋，萼片 5，基部合生，花瓣 5，白色。蒴果球形或扁球形，径 6mm。花期 5~7 月，果实成熟期 7~9 月。

产吉林、辽宁、山东、河南、河北、山西、陕西、湖南、湖北、四川、云南、广西等地，生于海拔 500~1 000m（西北部达 1 500m，西南部可达 3 400m）的林缘、疏林、山坡、岩崖、路边等。耐寒区位 6~10。

喜光，常形成成片灌丛，遮盖裸露地效果明显，可用于水土保持、城市绿化。花、叶有毒，可作杀虫用。

2. 算盘子属 *Glochidion* J. R. et G. Forst./Glochidion

灌木至乔木。单叶互生，全缘；托叶宿存。花小，单性同株，稀异株，无花瓣，簇生或组成短小的聚伞花序；萼片 6(~5)，覆瓦状排列；雄蕊 3~8，花丝花药全部合生成圆柱状；雌花子房球形，3~15 室，每室具 2 胚珠；花柱合生。蒴果球形或扁球形，具多条纵沟，成熟时开裂为 3~15 个分果爿。

约 300 种，分布于热带亚洲至波利尼西亚。中国有 25 种，产西南部至台湾。

算盘子 *Glochidion puberum*（Linn.）Hutch./Needlebush　图 8-256

小灌木，高 1~2m。茎多分枝，小枝灰褐色，密被黄褐色短柔毛。叶长圆形至长圆状披针形或倒卵状长圆形，长 3~5cm，宽 1.5~2.3cm，先端急尖，基部楔形，叶缘稍反卷，表面除中脉外无毛，背面密被短柔毛。

图 8-256 算盘子 *Glochidion puberum*
1. 花枝 2. 雄花 3. 雌花 4. 果实

雌雄同株或异株；萼片背面被柔毛；雌花子房被绒毛，通常5室。蒴果被柔毛，扁球形，有明显的纵沟。种子黄赤色。花期4~9月，果实成熟期7~10月。

产河南、陕西、甘肃、江苏、安徽、浙江、江西、湖北、湖南、广东、广西、福建、台湾、海南、四川、贵州、云南和西藏等地，生于山坡、林缘、沟边和灌木丛中。耐寒区位8~10。

3. 白饭树 *Fluggea* Willd. /Bushweeds

落叶灌木。叶互生，全缘，有托叶；花小，腋生，无花瓣，单性异株或同株；雄花簇生，雌花1或数朵聚生；萼5深裂；雄蕊5，着生于花盘基部；花盘裂为5枚离生的腺体；有退化雌蕊；雌花子房3室，每室具2胚珠，花柱3，基部合生，先端2裂或二回2裂。蒴果近球形，内果皮硬，基部有宿萼。

25种，分布于温带和亚热带地区，中国有2种，产西南部至东北部。

一叶萩 *Fluggea Suffruticosa* Willd. /Shrubby Securinega 图8-257

灌木，高达3m。叶椭圆形、长圆形至卵状长圆形，长1.5~5cm，宽1.2cm，光滑无毛，全缘或有不整齐波状齿，叶柄短。花单性异株，蒴果三棱状扁球形，径约5mm，成熟时红褐色，无毛。花期6~7月，果实成熟期8~9月。

产东北、华北、华东、陕西和四川等地。耐寒区位5~9。

喜光，生于向阳山坡、路边、灌丛或石质山地，常形成群落。具有良好的水土保持作用。为珍贵的药用植物，对神经系统有兴奋作用。

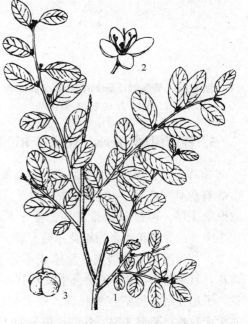

图8-257 白饭树 *Fluggea suffruticosa*
1. 叶枝 2. 花 3. 果实

银边翠'Yin Bian Cui'，叶具黄白色边缘，为珍贵的彩叶灌木，可在东北等寒冷地区种植。

4. 叶下珠属 *Phyllanthus* Linn. /Leafflower

灌木、乔木或草本。单叶互生，通常排成二列，全缘。花小，单性，雌雄同株或异株，单生或簇生叶腋；无花瓣；雄花：萼片4~6，雄蕊2~5，稀6至多数；花盘通常分裂为离生、与萼片互生的腺体；无退化雌蕊；雌花：萼片与雄花的同数或较多；花盘形状不一；子房3室，稀4~6或多室。蒴果或果皮肉质而为浆果状，通常扁球形；种子三棱形。

约600种，分布于热带和温带地区。中国30余种，大部产长江以南各地，北部极少，其中南部盛产的余甘子 *P. emblica* 其果味甘酸，可生食或渍制，根有收敛止泻作用，叶可治皮炎、湿疹，树皮含单宁达22%，可为鞣料。

青灰叶下珠 Phyllanthus glaucus Wall. ex Muell. Arg/ Grey-blue Leafflower
图 8-258

高达3m。小枝光滑无毛。叶互生，椭圆形至长圆形，长2~3cm，宽1~2cm，顶端有小尖头，基部宽楔形或圆形，背面灰绿色，具短柄和托叶。花单性同株，簇生于叶腋；雌花通常1朵生于雄花丛中，花柱3，较长。蒴果浆果状，球形，紫黑色，有宿存花柱。花期5~6月，果实成熟期9~10月。

产河南、江苏、安徽、浙江、江西、广东、广西等地，生于山坡疏林或林缘。耐寒区位8~10。

根入药，主治风湿性关节炎、食积停滞、小儿疳积。

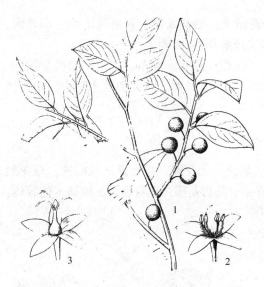

图 8-258 青灰叶下珠 Phyllanthus glaucus
1. 果枝 2. 雄花 3. 雌花

5. 橡胶树属 Hevea Aubl. /Rubber

常绿乔木，树体有白色乳液。3出复叶，互生或生于枝顶的近对生，小叶全缘，叶柄顶端有腺体。花小，单性同株并同序，组成聚伞花序，再排成圆锥花序，生于聚伞花序中央的为雌花，余为雄花；萼5裂，无花瓣，花盘浅裂、分裂成5腺体或不分裂；雄花：有雄蕊5~10，花丝合生成柱状；雌花：子房3室，每室有1胚珠，柱头粗壮，通常无花柱；蒴果3裂，各裂片再分为2裂的分果爿；种子大，近球形至长圆形，常有斑块。

约20种，主产热带美洲。中国引入栽培橡胶树 H. brasiliensis 1种，目前世界各植胶国大面积栽培的橡胶树是巴西橡胶树，为重要的橡胶原料树种。

橡胶树（三叶橡胶树、巴西橡胶树）Hevea brasiliensis (Willd. ex A. Juss.) Müll. Arg. /Rubber Tree, Para Rubber
图 8-259

大乔木，高20~30m。小叶椭圆形至椭圆状披针形，长10~30cm，宽5~12cm，先端渐尖，基部楔形，两面无毛；叶柄长

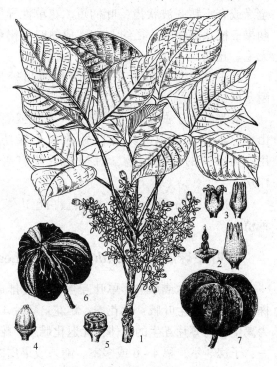

图 8-259 橡胶树 Hevea brasiliensis
1. 花枝 2. 雄花及雄蕊 3. 雌花
4. 雌蕊 5. 子房横切面 6, 7. 果实

5~14cm，顶端有2腺体。圆锥花序腋生，长达25cm，密被白色茸毛；萼钟状，5~6裂；花盘腺体5；雄蕊10，花丝合生；子房3室，无花柱，柱头3，短而厚。蒴果球形，成熟后分裂成3果瓣。种子长椭圆形，长2.5~3cm，有光泽和深色斑纹。花期两次，3~4月及5~8月，果实成熟期11~12月。

橡胶树是一种典型的热带雨林树种，是最优良的橡胶原料树种，原产于南美洲亚马孙河流域的巴西、委内瑞拉和圭亚那等国。中国的福建、台湾、广东、广西、云南等地有引种。亚洲热带地区也有大量引种，已成为世界橡胶的主产区。耐寒区位11~12。

喜湿热气候，不耐寒，要求年降水量1 500~2 500mm，年平均气温在25℃左右。气温在26~27℃时，生长最旺盛。18℃为正常生长的临界气温，5℃以下时，橡胶树会受到冻害，-2℃以下时，根部爆皮流胶，出现严重冻害。喜透气性好、不积水的土壤，不耐水淹。

> **知识窗**
>
> 橡胶树的种植地区现已遍及亚洲、非洲、大洋洲、拉丁美洲等国家和地区，其中90%以上的植胶面积集中在东南亚地区。据统计，全世界有43个植胶国家，植胶面积约$1\ 000 \times 10^4 hm^2$，其中仅印度尼西亚、泰国、马来西亚和印度4个国家的植胶面积约占世界总面积的75%，产量约占世界总产量的77%。中国天然胶种植面积约$66 \times 10^4 hm^2$，主要分布于海南、云南和广东的北热带及南亚热带地区；天然橡胶年产量$56.5 \times 10^4 t$，面积和产量排在泰国、印度尼西亚、马来西亚、印度之后，居世界第五位。天然橡胶是重要的工业原料和不可替代的战略物资，在国民经济建设中起着重要作用，尤其是交通、军工、农机等行业不可或缺，同时，橡胶树又是我国南方热带和南亚热带地区特种经济林木，植胶业是我国热带地区的重要支柱产业之一（引自国家农作物种质资源圃信息系统）。
>
> 以前世界生产性栽培橡胶树仅限于赤道以南10°到赤道以北15°范围内，视北纬17°以北为"植胶禁区"。中国自1951年开始大面积种植，现已北移到北纬18°~24°，是世界唯一在纬度最北范围内大面积种植成功的国家。但橡胶树从原产地的南纬4°~5°北移到北纬18°~24°种植，由于纬度高，常年有风、寒、旱的威胁，以及产胶时间比东南亚每年少2~4个月，带来了许多困难。但经过30年来的生产实践和科学研究，通过选择宜植胶地，划分环境类型区和对口配置品种，选育抗性高产品种（如抗风品种海垦1号，能耐短暂的-1℃低温的抗寒品种93~114，云研77~2和云研77~4等），抗风抗寒栽培技术以及适应北移种植的采胶技术等研究，为橡胶树在中国的北移种植提供了科学保障。

6. 油桐属 *Vernicia* Lour./Tungoil Tree

落叶乔木；叶互生，全缘或3~5裂，叶柄长，顶端近叶基处有具柄或无柄的腺体2枚。花大，单性同株或异株，组成圆锥花序；萼2~3裂；花瓣5；雄花有雄蕊8~20，花丝基部合生；雌花子房3~5(~8)室，每室1胚珠，花柱2裂。核果近球形或卵形；种子具厚壳状种皮。

3种，分布于东亚。我国有油桐和木油桐2种，广布于长江以南各地。种子榨出的油称桐油，为油漆、印刷墨油的优良原料；树皮可提制栲胶；果壳制活性炭；根、叶、花、果均可入药，种子有毒。

油桐（三年桐） Vernicia fordii (Hemsl.) Airy Shaw/Tungoil Tree 图 8-260

小乔木，高达 12m。小枝粗壮，无毛。叶卵状圆形，长 5~15cm，宽 3~12cm，基部截形或心形，全缘，3 浅裂，掌状脉 5~7，幼叶被锈色短柔毛，后近于无毛；叶柄长 12cm，顶端有 2 扁平无柄的红色腺体。花雌雄同株，排列于枝端成短圆锥花序；萼不规则 2~3 裂，花瓣白色，基部具淡红色斑纹。核果近球形，直径 3~6cm，顶端尖，果皮光滑；种子 3~5。花期 4~5 月，果实成熟期 10~11 月。

产秦岭—淮河流域以南，东至江苏、浙江、福建，南达广东、广西，西南至四川、贵州、云南等地。生海拔 1 000m 以下，西南可达 2 000m 以下地区。以四川、贵州、湖南、湖北为集中栽培区，产量占全国的一半。越南也有分布。耐寒区位 8~10。

图 8-260 油桐 Vernicia fordii
1. 花枝 2. 雄花 3. 雌花 4. 子房横切面
5. 叶 6. 果实 7. 种子

喜光，喜温暖气候；要求深厚、肥沃、排水良好的微酸性、中性或微石灰性土壤，不耐水湿和干瘠，生长快，种子繁殖；通常 3~4 年生开始结果，5~15 年生进入盛果期，30 年后衰老。易患根腐病而导致减产，严重的使树木死亡。

油桐是中国特有的经济林树种，已有千年以上的栽培历史，是重要的木本油料树种，它与油茶 Camellia oleifera、核桃 Juglans regia、乌桕 Sapium sebiferum 并称中国四大木本油料树种。干种仁含油率 52%~64%，通常每百千克种子可榨油 30~35kg。桐油为优良干性油，色泽金黄或棕黄色，有光泽，具有不透水、不透气、不传电、抗酸碱、防腐蚀、耐冷热等特性，因此，在工业上广泛用于制漆、塑料、电器、人造橡胶、人造皮革、人造汽油、油墨等制造业。油桐是我国传统的出口商品，占世界总产量的 70%。中国已将油桐列入生物质柴油开发树种。

油桐的叶、树皮、种子、根均含有毒成分，种子的毒性最大。主要有毒成分为桐子酸及异桐子酸，对胃肠道有强烈刺激作用，并可损害肝、肾。榨油后的桐油饼含毒苷，毒性大于桐油。食后 0.5~4h 出现口渴、胸闷、头晕。多数患者有全身无力、厌食、恶心、呕吐、腹痛、腹泻，多为水样便，严重者可有便血、四肢麻木、呼吸困难及肝脏、肾脏损伤。发病较慢者可有发热。因此，禁食桐油、桐饼或桐子，更不要将桐油与食用油放在一起，以免误用。

木油桐（千年桐） *Vernicia montana* Lour. /Mu Oil Tree（彩版4：7） 与油桐 *V. fordii* 的区别：树体高大，寿命长。叶常3~5裂，裂隙间有腺体；叶柄顶端的2腺体为杯状，有柄；花雌雄异株，稀同株。果皮有3~4纵棱和网状皱纹。花期3~5月，果实成熟期10月。

产浙江、江西、湖南，南至广东、广西，西南至四川、贵州和云南。生于向阳疏林山坡、路边等。耐寒区位9~11。

喜温暖气候，耐寒性较油桐差，在南亚热带生长最佳，耐干旱耐瘠，为良好风景树及行道树种。千年桐种子油也是重要的木本油料树种，称为木油，油的性能较油桐稍差。

7. 麻疯树属 *Jatropha* Linn. /Nettele Spurge

乔木、灌木或多年生草本，具丰富白色乳液。叶互生，全缘或掌状分裂。花单性同株（同序），组成顶生或腋生的二歧聚伞花序；雄花萼片、花瓣各5；雄蕊8~10，无退化雌蕊；雌花常无花瓣，子房2~4室；每室1胚珠，花柱3，基部合生，不裂或2裂；蒴果成熟时裂成2~4个2瓣裂的分果爿。

约200种，分布于热带和亚热带地区。其中麻疯树 *J. curcas* 我国南部有半野生；*J. multifida* 和 *J. podagrica* 广州有栽培，供观赏用。

小桐子（麻疯树） *Jatropha curcas* Linn. /Porgignut, Barbadosnut　图8-261，彩版4：8
落叶小乔木或灌木，高达10m。树皮光滑，枝条叶痕突起。叶卵圆形至卵状圆形，长宽略相等，长7~16cm，宽5~15cm，基部心形，全缘或3~5浅裂，掌状脉5~7；叶柄长6~18cm。花黄绿色；雄花花瓣内面被毛，雄蕊10，外轮5枚离生，内轮下部花丝合生。蒴果椭圆状球形，径约2.5~3cm，熟时黄色，在树上宿存久后果皮干瘪，黑色。种子椭圆形，黑色，平滑，长约1.5cm。开花结果一年2~3次，但每个枝条仅一次。3~5月开花，9~10月结果的种子含油量最高。

原产南美洲热带地区，现在世界范围内的热带国家和地区种植。引入中国已有较长的历史，栽培或半野生于云南、贵州、四川、广东、广西的干热河谷和干暖河谷地区，在1 600m以下河谷谷地形成一种特殊的植被类型。耐寒区位10~11。

为耐旱型、喜光树种，具有很强的抗旱、耐贫瘠特性，多种植作篱笆（绿篱）于田边、宅旁、猪圈、牛圈外围等地，也为优良的水土保持树种。栽植简

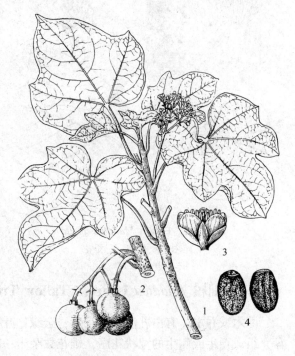

图8-261 小桐子 *Jatropha curcas*
1. 花枝　2. 果序　3. 花　4. 种子

单，管理粗放，生长迅速，果实采摘期长达 50 年。根、树皮、叶和种子均可入药，民间用其提取物治疗肿瘤、炎症、毒蛇咬伤、溃疡及尿频等症，还广泛用于杀灭钉螺，防治血吸虫病。全株有毒，茎、叶、树皮均有丰富的白色乳汁，内含大量毒蛋白。种仁油有毒，可制皂、香发油及生产生物柴油等。种子中具有丰富的蛋白质和萜类物质，其毒素为麻疯树毒蛋白。毒蛋白、种子油及其他种子提取物可作为生物农药。

目前，小桐子是研究最多的能生产生物柴油的能源植物之一。种子含油率高，含油量约为 50%。其油属不干性油，其结构和性能有利于转化为生物柴油产品。

8. 野桐属 *Mallotus* Lour. /Mallotus

灌木或乔木。叶对生或互生，全缘或分裂，有时盾状着生，背面常有腺点，表面近基部常有 2 个斑点状腺体。花小，无花瓣，亦无花盘，单性异株，稀同株，组成穗状花序、总状花序或圆锥花序；雄花簇生，花蕾球形或卵形，开花时花萼 3~4 裂，具雄蕊 16 枚以上，无退化雌蕊；雌花单生，萼佛焰苞状或 3~5 裂；子房通常 3 室，稀 2 或 4 室，每室 1 胚珠；蒴果平滑或有小疣体或有软刺，开裂为 2~3(~5) 个 2 裂的分果爿，中轴宿存。

约 140 种，分布于东半球热带地区。中国约 40 种，产长江流域以南，多数种类的种子油为工业用油。

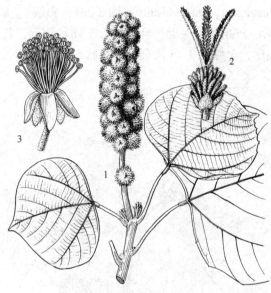

图 8-262　白背叶 *Mallotus apelta*
1. 花枝　2. 雌花　3. 雄花

白背叶（野桐）*Mallotus apelta*（Lour.）Müll. Arg. /White-back-leaved Mallotus　图 8-262

叶互生，宽卵形至三角状圆形，长 6~12cm，长宽几相等，基部截形或心形，全缘或不规则 3 裂而有锯齿，背面被灰白色星状毛和黄色腺点；叶柄长 7~9cm，被星状毛；蒴果球形，径约 1cm，表面有软刺，具 3 种子。花期 6~7 月，果实成熟期 9 月。

产河南、陕西南部、安徽、江苏、浙江、福建、湖北、湖南、广西、四川等地，生于向阳的灌丛、草坡、沟边和路边。耐寒区位 8~10。

喜光。种子可榨油，供制油漆、肥皂、润滑油等用。

9. 乌桕属 *Triadica* Lour. / Tallow Tree

灌木或乔木，有白乳液。叶互生，全缘；叶柄顶有 2 腺体。花单性同株，无花瓣和花盘，组成顶生或侧生的穗状花序，雄花数朵于一苞片内生于花序顶端，雌花单生于花序基部的苞腋内。雄花：萼 2~5 浅裂，雄蕊 2~3，无退化雌蕊；雌花：萼 3 浅裂至近深裂，子房 2~3 室，每室 1 胚珠，花柱 3，分离或基部合生，柱头外卷。蒴果球形或梨形，3 室，室背开裂，中轴宿存；种子常有白色蜡质的假种皮。

约120种，分布于热带和亚热带地区。中国约10种，产西南部至东部。

乌桕 Triadica sebiferum (Linn.) small/Chinese Tallow Tree 图8-263

落叶乔木，高达15m。叶菱形至菱状卵形，长5~7cm，先端尾状长尖，基部阔楔形至钝形；叶柄细长。花序长6~12cm，顶生，花黄绿色。蒴果梨状或扁球形，直径1~1.5cm，种子近圆形，黑色，外被白蜡，固着于中轴上经冬不落。花期4~7月，果实成熟期10~11月。

产广东、广西、福建、台湾、江苏、浙江、山东、安徽、江西、湖南、贵州、甘肃、四川及云南等地，常生于海拔1 000m以下，云南可达2 000m。日本、越南、印度也有分布。耐寒区位8~11。

喜光，适生温暖气候，比油桐 *Vernicia fordii* 耐寒，耐水湿，多生于旷野、溪塘边、田边或疏林中。为重要的木本油料树种，取其种子外被的白色蜡质可提取柏蜡，为制造蜡烛、肥皂等原料；种子油为黄色干性油，供制油漆等，但有毒，不能食用。根皮及叶入药，有消肿解毒、利尿泻下、杀虫之效。叶有毒，可杀虫，不宜在鱼塘边种植。叶在秋天变成红色，为观叶树种，已用于城市美化。

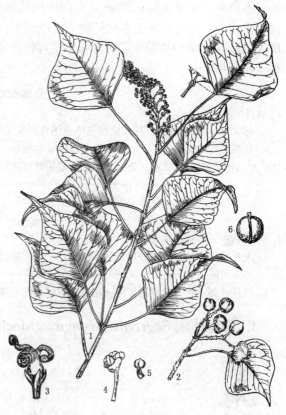

图8-263 乌桕 *Sapium sebiferum*
1. 花枝 2. 果枝 3. 雌花 4. 雄花
5. 雄蕊 6. 种子腹面

54. 鼠李科 Rhamnaceae/Buckthorn Family

灌木、藤状灌木或乔木，稀草本。常有枝刺或托叶刺。单叶互生，稀对生。花小，两性或杂性异株，排成聚伞花序、穗状花序或圆锥花序，稀单生或数朵簇生。萼4~5裂，花瓣4~5或无，雄蕊4~5，与花瓣对生；花盘肉质，子房上位，部分埋藏于花盘内，通常3或2室，稀4室，每室有1胚珠，花柱2~4裂。核果或蒴果。

约58属900余种，广布全球。中国有14属130余种，全国各地均有分布，以西南和华南的种类最多。

传统形态分类系统中，鼠李科的雄蕊与花瓣对生，被认为与葡萄科有很近的亲缘关系。而在APG分类系统中，鼠李科被置于蔷薇类分支中的蔷薇目中，与胡颓子科为近缘类群。APG系统界定的鼠李科有52属1 000余种植物广布于全球。系统发育分析表明，鼠李科大致可以分为三个分支，鼠李亚科(Rhamnoideae)、枣亚科(Ziziphoideae)和蔓枣亚科(Ampelozizyphoideae)。这样的科下划分与以往形态分类系统差别不大。

本科中，枣 *Ziziphus jujuba* 是中国传统的果树和蜜源树种，枳椇 *Hovenia dulcis* 的花序梗可食用。一些属的种类木材坚硬，纹理致密，色泽美观，可供家具、细木工用材。鼠李属 *Rhamnus* 许多种类的叶、树皮和果实可作黄色和绿色染料。一些属的树皮、叶、果实和种子供药用。

分属检索表

1. 叶具羽状脉。
　　2. 花无梗（稀具短梗），排成穗状花序或穗状圆锥花序，稀总状 ………… **1. 雀梅藤属** *Sageretia*
　　2. 花具明显的梗，单生、数朵簇生或排成聚伞花序。
　　　　3. 小枝顶端常变针刺；花生于叶腋；浆果状核果近球形，具2~4分核；种子背面或背侧常有沟 ……………………………………………………………………… **2. 鼠李属** *Rhamnus*
　　　　3. 小枝无刺；聚伞花序常为顶生；核果近圆柱形，无分核；种子背面无沟 …………………………………………………………………………… **3. 勾儿茶属** *Berchemia*
1. 叶具基生三出脉，稀五出脉。
　　4. 无托叶刺；叶柄先端常具黑色腺体，花序轴结果时膨大肉质化；核果革质，具2~4分核 ……………………………………………………………………… **4. 枳椇属** *Hovenia*
　　4. 具托叶刺；叶柄先端无腺体，花序轴在结果时不膨大；核果肉质，无分核 ……… **5. 枣属** *Ziziphus*

1. 雀梅藤属 *Sageretia* Brongn. /Mock Buckthorn

图8-264 少脉雀梅藤 *Sageretia paucicostata*
1. 花枝　2. 对生枝刺

藤状或直立灌木，无刺或有刺。叶近对生，羽状脉。花极小，无梗，排成穗状花序或穗状圆锥花序，稀总状，5基数；花盘厚，填充于萼管内；子房2~3室，基部与花盘合生。浆果状核果近球形，有2~3个不开裂的分核；种子扁平，两端凹陷。

约34种，主要分布在亚洲南部和东部，少数分布美洲和非洲。中国16种，产西南、西北至台湾。

少脉雀梅藤（对节木） *Sageretia paucicostata* Maxim. /Sparse Veined Mock Buckthorn　图8-264

直立灌木，高可达6m。幼枝被黄色茸毛，后脱落，小枝刺状，对生或近对生。叶椭圆形至倒卵状椭圆形，长2.5~4.5cm，宽1.4~2.5cm，叶缘具钩状细锯齿；叶柄长4~6mm，被短细柔毛。核果倒卵状球形或球形，长5~8mm，径4~6mm，成熟时黑色或黑紫色，具3分核。花期5~9月，果实成熟期7~10月。

产河北、河南、山西、陕西、甘肃、四川、

云南、西藏东部（波密），生于山坡或山谷灌丛或疏林中。种子繁殖。耐寒区位7～9。喜光，耐旱。

2. 鼠李属 *Rhamnus* Linn. /Buckthorn

灌木或乔木。小枝顶端常变针刺。叶互生，稀近对生，全缘或有锯齿。花小，两性或单性，单生或数朵簇生，或组成腋生聚伞花序、聚伞总状或聚伞圆锥花序。花4～5基数；子房着生于花盘上，不为花盘包围，2～4室。核果，成熟时蓝黑色，具2～4分核，基部为宿存的萼管所围绕。种子背面或背侧具纵沟，稀无沟。

约200种，分布于温带至热带。中国57种，分布全国各地，其中以西南和华南种类最多。

多数种类的果实含黄色染料。种子含油，供工业用。少数种类的树皮、根、叶可供药用。

分种检索表

1. 叶较小，菱状倒卵形至菱状椭圆形；叶片两面无毛或仅叶下面脉腋处有簇毛 ……………………………………………………………………………………… 1. 小叶鼠李 *R. parvifolia*
1. 叶较大，椭圆形、长圆形至倒卵状椭圆形，背面干后沿脉或脉腋有金黄色柔毛 ………… 2. 冻绿 *R. utilis*

1. 小叶鼠李 *Rhamnus parvifolia* Bunge /Smallleaf Buckthorn 图8-265

灌木，高1.5～2m。枝端及分叉处有针刺。叶菱状倒卵形至菱状椭圆形，大小变异很大，长1.2～4cm，宽0.8～2(3)cm，叶缘具圆齿状细锯齿，表面无毛或疏被短柔毛，背面脉腋窝孔内有疏微毛。花通常数朵簇生于短枝上，4基数。果倒卵状球形，径4～5mm，具2分核。种子背侧有长为种子4/5的纵沟。花期4～5月，果实成熟期6～9月。

产黑龙江、吉林、辽宁、内蒙古、河北、山西、陕西、河南、山东、安徽及台湾等地；生于海拔400～2 300m阳坡、草丛或灌丛中。蒙古、朝鲜、俄罗斯西伯利亚亦有分布。耐寒区位4～10。

喜光，耐干旱贫瘠，常生于向阳山坡、山脊和石缝中。

树皮、果实供药用或作染料用。嫩叶可代茶。根可用于雕刻。种子榨油作工业用。

2. 冻绿 *Rhamnus utilis* Decne. /Chinese Buckthorn 图8-266

灌木或小乔木，高达4m。幼枝无毛，枝、叶对生或近对生，枝端常具针刺。叶椭圆形、长圆形至倒卵状椭圆形，长4～15cm，宽2～6.5cm，先端突尖或尖，叶缘具圆齿状细

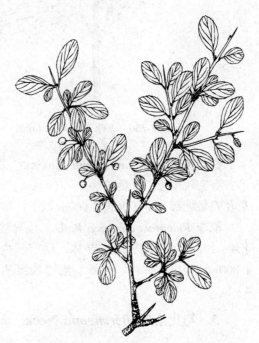

图8-265 小叶鼠李 *Rhamnus parvifolia*

锯齿，表面仅中脉被疏柔毛，背面干后常变黄色，沿脉或脉腋有金黄色柔毛；侧脉5~6对。花簇生于叶腋或聚生于小枝下部，4基数。果近球形，具2分核；种子背侧基部有短沟。花期4~6月，果实成熟期5~8月。

产河北、山西、河南、陕西、甘肃及长江以南，常生于海拔1 500m以下的山地、丘陵、山坡灌丛或疏林下。朝鲜、日本亦产。耐寒区位7~9。

具有一定的耐阴性。

本属北方常见的种类还有：

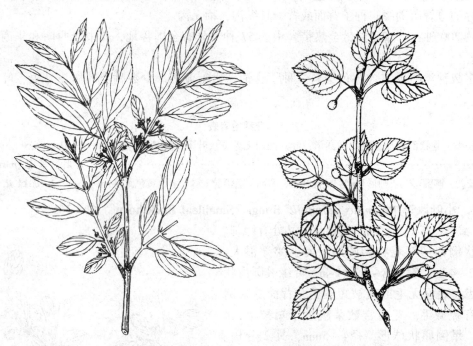

图 8-266 冻绿 *Rhamnus utilis*　　图 8-267 锐齿鼠李 *Rhamnus arguta*

锐齿鼠李 *Rhamnus arguta* Maxim. 图 8-267 叶卵状心形至卵圆形，基部心形或圆形，有密锐锯齿；叶柄长为1~3(4)cm。产辽宁、内蒙古、河北、河南、山西、陕西、山东及安徽北部，生于海拔2 000m以下山坡灌丛中。耐寒区位6~9。

鼠李 *Rhamnus davurica* Pall. 枝端常具顶芽，叶宽椭圆形、卵圆形至倒卵状椭圆形，长4~13cm。产黑龙江、吉林、辽宁、内蒙古、河北、河南、陕西及山东，生于海拔1 800m以下山坡林内、林缘、沟边或灌丛中。俄罗斯、蒙古和朝鲜也有分布。耐寒区位4~8。

3. 勾儿茶属 *Berchemia* Neck. ex DC. /Supplejack

藤状或直立灌木。枝无托叶刺。叶互生，全缘，羽状脉直。花序常为顶生的聚伞总状或聚伞圆锥花序，稀1~3朵腋生；花两性，5基数；子房2室，上位，中部以下藏于齿轮状花盘内，每室1胚珠。核果近圆柱形，稀倒卵形，基部有宿存的萼筒所包。

约31种，主要分布于亚洲东部至东南部温带和热带地区。中国19种，主要集中于西南、华南、中南及华东地区。

本属一些种类的根、叶供药用；嫩叶可代茶。

勾儿茶 Berchemia sinica C. K. Schneid. /Chinense Supplejack 图 8-268

攀缘灌木，高达 5m。叶卵状椭圆形至卵状长圆形，长 3~6cm，宽 1.6~3.5cm，顶端圆或钝，常有小尖头，基部圆形或近心形，表面无毛，背面灰白色，仅脉腋被疏微毛，侧脉每边 8~10 条；叶柄长 1.2~2.6cm，带红色，无毛。果圆柱形，长 5~9mm，径 2.5~3mm。花期 6~8 月，果实成熟期翌年 5~6 月。

产山西、河南、陕西、甘肃、四川、贵州、云南、湖北等地，常生于海拔 1 000~2 500m 山坡、沟谷灌丛或杂木林中。耐寒区位 7~10。

4. 枳椇属 *Hovenia* Thunb. /Hovenia

落叶乔木，稀灌木。叶互生，叶缘有锯齿，基生 3 出脉，具长柄。花两性，组成腋生或顶生聚伞圆锥花序，5 基数，花盘下部与萼管合生，子房上位，3 室；花序轴在结果时膨大，扭曲，肉质。果球形，有种子 3，外果皮革质，与膜质的内果皮分离。

图 8-268 勾儿茶 Berchemia sinica

3 种，分布于中国、朝鲜、日本和印度。

北枳椇（拐枣）Hovenia dulcis Thunb. /Japanese Raisintree 图 8-269

乔木，高达 15m。树皮灰黑色，纵裂。叶宽卵形至卵形，稀卵状椭圆形，长 7~17cm，宽 4~11cm，顶端短渐尖，基部近圆形，边缘有不整齐齿或粗齿，背面无毛或沿脉有毛；叶柄长 3~4.5cm。花序顶生，不对称，结果时花序轴稍膨大。浆果状核果近球形，径 6.5~7.5mm。花期 5~7 月，果实成熟期 8~10 月。

产河北、山西、山东、河南、陕西、甘肃、安徽、江苏、江西、湖北、四川北部，生于海拔 200~1 400m 的次生林中。日本、朝鲜亦

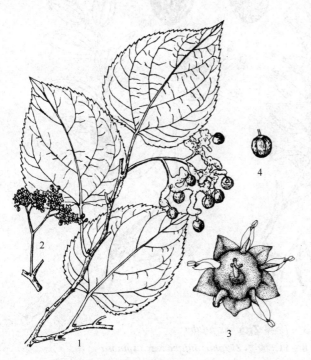

图 8-269 北枳椇 Hovenia dulcis
1. 花枝 2. 果枝 3. 花 4. 果实

产。耐寒区位7~9。

木材细致坚硬，纹理美，易加工，可供家具和制精细用具等用。果序轴含丰富的葡萄糖，供食用，亦可酿酒、制醋和熬糖。种子入药可作为利尿药。

5. 枣属 Ziziphus Mill. /Jujube

落叶灌木或乔木。叶互生，叶缘有锯齿或全缘，基部3出脉，稀5出脉；托叶常变为刺。花两性，形小，黄色，排成腋生具总花梗的聚伞花序、聚伞总状或聚伞圆锥花序，5基数；子房上位，埋于花盘内。核果，中果皮肉质，内果皮硬骨质或木质。

约100种，主要分布亚洲、美洲的热带和亚热带地区，少数分布于非洲和南半球的温带。中国13种，分布于各地。

枣 Ziziphus jujuba Mill. /Common Jujube 图8-270：1~7

高达10m。小枝呈"之"字形曲折，褐红色或紫红色；托叶刺红色，一长一短，长者直伸，短者钩曲；栽培品种的托叶刺不发达或无托叶刺。无芽小枝3~7簇生于短枝上。叶椭圆状卵形、卵状披针形至卵形，长3~8cm，顶端钝尖，基部宽楔形或近圆形；叶柄长2~7mm。果椭圆形、长卵形或长椭圆形，长2~4cm，径1.5~2cm，熟时红色，果核两端尖。花期5~7月，果实成熟期8~9月。

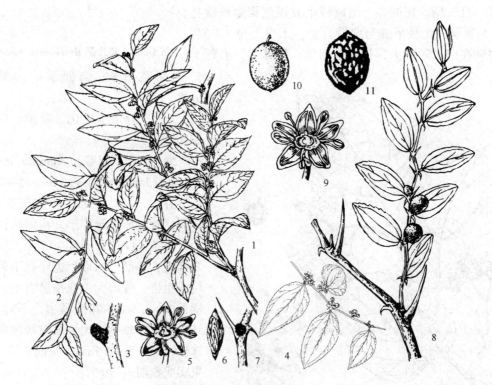

图8-270 1~7. 枣 Ziziphus jujuba
8~11. 酸枣 Ziziphus jujuba var. spinosa
1. 花枝 2, 8. 果枝 3. 短枝 4. 叶及花序 5. 花(花瓣反卷)
6, 11. 果核 7. 托叶刺 9. 花 10. 果实

北自吉林，南至广东，东起沿海地区，西到新疆均产；生于海拔 500～1 000m 以下平原或丘陵地。以河北、山西、河南、山东、陕西、浙江、安徽等地为主要产区，广为栽培。本种原产中国，现亚洲、欧洲和美洲均有栽培，共有 680 多个栽培品种。耐寒区位 6～10。

喜较干冷气候及微碱性或中性砂壤土，抗干旱瘠薄，耐涝碱。根系发达、萌蘖力强，用根蘖和嫁接繁殖。嫁接苗当年可结果，分蘖苗 4～5 年结果，10～20 年即进入盛果期。

枣含丰富的营养，富含糖分和维生素 C，可生食，又可加工制成多种美味食品；枣仁可安神。枣花芳香多蜜，为良好的蜜源植物。木材坚重，纹理细致，为优质用材。

酸枣 *Ziziphus jujuba* var. *spinosa* (Bunge) Hu et H. F. Chow 图 8-270：8～11 同原变种的主要区别：灌木，稀乔木。长枝上具较长的托叶刺。核果较小，近球形，径 0.7～1.5cm，中果皮薄，味酸，果核两端圆钝。

产东北南部和东部、华北、华东，多生于向阳干燥的山坡、丘陵或岗地。朝鲜及俄罗斯也有分布。耐寒区位 6～9。在华北和西北地区与荆条 *Vitex negundo* var. *heterophylla* 混生形成干旱阳坡的地带性植被——酸枣荆条灌丛，具有良好的保持水土、涵养水源和为野生动物提供栖息地的功能和作用。核仁入药（酸枣仁），为强壮、镇静剂。果肉富含维生素 C，可生食或制果酱，花芳香多蜜，为华北地区重要的蜜源植物。产区常用酸枣作嫁接枣树的砧木。

55. 葡萄科 Vitaceae/Grape Family

木质藤本，常具与叶对生的卷须，稀为草本。单叶或复叶，互生。花小，两性或杂性；聚伞、伞房或圆锥花序，常与叶对生；花 4～5 基数，萼片分离或基部连合，花瓣分离或有时帽状黏合而整块脱落；花盘环状或分裂；子房上位，2(3～6)室，每室 2 胚珠。浆果。

15 属约 700 种，大多分布于热带与亚热带地区。中国 8 属约 140 种，南北均产。

在 APG 系统中，葡萄科并不与鼠李科近缘，而是在蔷薇分支中独自形成一个葡萄目 Vitales，其系统位置相对比较孤立。APG 系统界定的葡萄科有 17 属近 1 000 种植物，分布于泛热带至暖温带地区。

分属检索表

1. 枝条髓心褐色；花瓣在顶部黏合成帽状，凋谢时整块脱落；花序为聚伞圆锥花序 ……… **1. 葡萄属** *Vitis*
1. 枝条髓心白色；花瓣分离，凋谢时不黏合；花序为多歧聚伞花序。
 2. 卷须顶端不扩大成吸盘 ……………………………………………… **2. 蛇葡萄属** *Ampelopsis*
 2. 卷须顶端常扩大成吸盘 ……………………………………………… **3. 地锦属** *Parthenocissus*

1. 葡萄属 *Vitis* Linn. /Grape

藤本，髓褐色。有卷须。单叶，常掌状分裂，稀为掌状复叶。花杂性异株，稀同株，圆锥花序，常与叶对生；花部5基数，花瓣在顶部粘合成帽状，凋谢时整块脱落；子房2室，稀3~4室。浆果，有种子2~4。

约60种，分布温带和亚热带地区。中国约38种，南北均产。

分种检索表

1. 幼枝无毛或被稀疏柔毛；浆果较大，径1.5~2cm；栽培 ································· **1. 葡萄** *V. vinifera*
1. 幼枝被蛛丝状绒毛；浆果较小，径约1cm；野生 ································· **2. 山葡萄** *V. amurensis*

1. 葡萄 *Vitis vinifera* Linn. /Wine Grape　　图8-271

木质藤本。幼枝无毛或被稀疏柔毛。叶圆卵形至近圆形，长宽均7~15cm，3裂至中部附近，基部心形，叶缘有不规则粗锯齿或缺刻，两面无毛或背面被短柔毛，基出脉5；叶柄长4~8cm。果球形或椭圆状球形，径1.5~2cm，熟时黄白色、红色或紫色，被白粉。花期5~6月，果实成熟期8~9月。

原产亚洲西部。中国普遍栽培，已有2 000多年历史，以长江流域以北栽培最多。耐寒区位4~11。

品种很多，中国约有700多个，对环境条件的要求和适应能力随品种而异。但总的来说，喜光，耐干旱，适应温带或大陆性气候，冬季需埋土防寒；对土壤要求不严，怕涝。深根性，生长快，结果早。一般栽后2~3年开始结果，4~5年后进入盛果期。用扦插、压条、嫁接或播种繁殖。最佳种植地区应为砂壤土、干燥少雨、光照充足、灌溉条件充分、昼夜温差大。这些地区有利

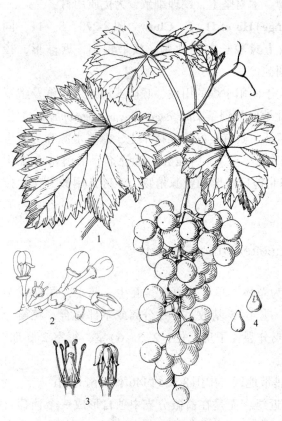

图8-271　葡萄 *Vitis vinifera*
1. 果枝　2. 花序　3. 花　4. 种子

于葡萄糖分的积累，果实鲜食和酿酒都具有较高的品质。中国著名的葡萄产区有新疆吐鲁番、河北张家口宣化、山东烟台和青岛等。西北和华北都具有种植葡萄的良好条件。

果实为著名果品，生食，制成葡萄干或酿酒。酿酒后的酒脚(沉淀)可提取酒石酸。种子榨油供工业用，根、叶及茎入药，有安胎、止呕之效。为重要的棚架果树和庭园绿化树种。

2. 山葡萄（野葡萄）Vitis amurensis Rupr. /Amur grape   图 8-272

幼枝初具蛛丝状绒毛。叶宽卵形，长4~17cm，宽3.5~18cm，先端尖锐，基部宽心形，3~5裂或不裂，叶缘具粗锯齿，表面无毛，背面叶脉被短毛；叶柄长4~12cm，有蛛丝状绒毛。花序长8~13cm，花序轴被白色丝状毛。果球形，径约1cm，较葡萄为小，成熟时黑色，有白粉。花期5~6月，果实成熟期8~9月。

产黑龙江、吉林、辽宁、河北、山西、山东等地，生于海拔 200~2 100m 的次生林林缘或林中。俄罗斯东西伯利亚、朝鲜有分布。用种子或压条繁殖。耐寒区位3~7。

耐寒，能忍受 -40℃ 严寒。常缠绕在灌木或小乔木上，生长快。

果味酸甜，可食，并可酿酒。种子榨油供工业用。

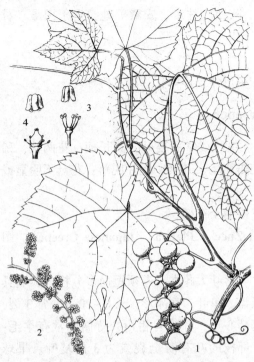

图 8-272 山葡萄 Vitis amurensis
1. 果枝 2. 花序 3. 雄花 4. 雌花

2. 蛇葡萄属 Ampelopsis Michx. / Ampelopsis, Peppervine

藤本，髓白色。有卷须。单叶或复叶，具长柄。花两性；聚伞花序，与叶对生或顶生；花部4~5基数；花瓣离生而扩展，逐片脱落；子房2室，花柱细长。浆果，有1~4种子。

约60种，分布于北美洲和亚洲。中国13种，南北均产。

葎叶蛇葡萄 Ampelopsis humilifolia Bunge /Hop leaved Ampelopsis   图 8-273

叶卵圆形，长宽约7~12cm，基部心形或近平截，3~5中裂或近深裂，叶缘具粗锯齿，表面无毛，背面苍白，无毛或脉上微有毛；叶柄约与叶片等长。花5基数；子房2室。果球形，径6~8mm，成熟时淡黄色或淡蓝色，有1~2种子。花期5~6月，果实成熟期8~9月。

图 8-273 葎叶蛇葡萄 Ampelopsis humilifolia
1. 花枝 2. 果实

产吉林、辽宁、河北、山西、山东、河南、陕西、甘肃、安徽等地,生于山坡、林下。种子繁殖。耐寒区位5~9。

适应性强,生长快。

根皮药用,有活血散瘀、消炎解毒之功效。也可作立体绿化、观赏树种。

3. 地锦属 *Parthenocissus* Planch. /Creeper

藤本;卷须4~7分枝,顶端常扩大成吸盘。单叶或掌状复叶,具长柄。花两性,稀杂性;聚伞花序顶生或假顶生;花部常5数。花瓣离生、开展,逐片脱落;花盘不明显或缺;子房2室,每室2胚珠。浆果,有1~4种子。

约15种,分布北美和亚洲。中国10种,产西南至东部。

爬山虎 *Parthenocissus tricuspidata* (Sieb. et Zucc.) Planch. /Japanese Creeper 图 8-274

落叶大藤本。卷须短而多分枝,顶端具吸盘。单叶,宽卵形,长8~20cm,常3裂,基部心形,叶缘有粗齿,背面脉常有柔毛;下部枝的叶有时全裂或为3出复叶。果球形,径6~8mm,熟时蓝黑色,有白粉。花期6月,果实成熟期9~10月。

北自吉林,南达广东、台湾等地均有分布,生于海拔150~1200m山坡崖石壁或灌丛中。朝鲜、日本亦有。扦插、压条、播种繁殖。耐寒区位5~11。

喜阴,耐寒,对土壤及气候适应能力强,生长快,对Cl_2抗性强。本种是一种优美的攀缘植物,常用作垂直绿化建筑物的墙壁、围墙、假山等。入秋叶色变红,格外美观。

本属常见种类还有:

五叶地锦 *Parthenocissus quinquefolia* (Linn.) Planch. /Virginia Creeper 与爬山虎 *P. tricuspidata* 的主要区别:该种为5小叶的掌状复叶。原产北美,东北和华北等地常作为垂直绿化树种栽培。耐寒区位4~7。

图 8-274 爬山虎 *Parthenocissus tricuspidata*
1. 果枝 2. 深裂的叶 3. 吸盘
4, 5. 花 6. 雄蕊 7. 雌蕊

56. 省沽油科 Staphyleaceae/Bladdernut Family

乔木或灌木。奇数羽状复叶对生或互生，有托叶；小叶有锯齿。花整齐，两性或杂性，稀为雌雄异株，圆锥花序；萼片5；花瓣5，分离；雄蕊5，生于花盘外；花盘内生，多少有分裂；子房上位，3(2或4)室，合生或分离，每室有1至数个倒生胚珠，花柱分离至完全连合。果实为蒴果、聚合蓇葖果、核果或浆果；种子数枚，肉质或角质。

5属约60种，产热带亚洲和美洲。中国有4属22种，主产长江以南各地。

在APG分类系统中，省沽油科位于锦葵分支中的缨子木目Crossosomatales。该科有5属60余种植物，为亚热带至暖温带小科。

分属检索表

1. 芽鳞1、2或4片；蒴果，膀胱状；种子无假种皮 ·············· 1. 省沽油属 *Staphylea*
1. 芽鳞2片；蓇葖果；种子有肉质假种皮 ····················· 2. 野鸦椿属 *Euscaphis*

1. 省沽油属 *Staphylea* Linn. /Bladdernut

落叶灌木或小乔木。小叶3~7，具小托叶。花两性，白色，下垂，组成顶生圆锥花序；花萼、花瓣5；子房2~3心皮，基部合生；花盘平截。蒴果果皮膨胀成泡状，膜质，每室1~4种子；种子近圆形，无假种皮。

约11种，产北美洲、欧洲、亚洲的印度、尼泊尔至中国及日本。中国有4种。

分种检索表

1. 顶生小叶柄短，长仅1cm，蒴果扁平，2裂 ················· 1. 省沽油 *S. bumalda*
1. 顶生小叶柄较长，长1.5~4cm，蒴果3裂 ················ 2. 膀胱果 *S. holocarpa*

1. 省沽油 *Staphylea bumalda* DC. /Bumalda Bladdernut   图 8-275

落叶灌木，高约2m，稀达5m。树皮紫红色或灰褐色，有纵棱；小枝条灰白色。3出复叶，小叶椭圆形、卵圆形至卵状披针形，长约4.5~8cm，宽约2.5~5cm，先端锐尖，基部楔形或圆形，上面无毛，下面沿脉有短毛；叶柄长2.5~3cm；顶端小叶柄长5~10mm，两侧小叶柄长1~2mm。萼片长椭圆形；花瓣倒卵状长圆形，较萼片稍大。蒴果膀胱状，扁平，2室，先端2裂；种子黄色，有光泽。花期4~5月，果实成熟期8~9月。

产黑龙江(栽培)、吉林、辽宁、河北、山西、陕西、浙江、湖北、安徽、江苏、四川，生于路旁、山地或丛林中。耐寒区位

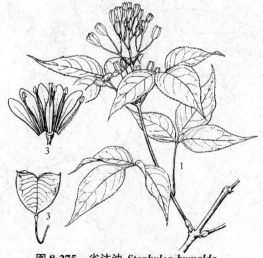

图 8-275 省沽油 *Staphylea bumalda*
1. 花枝 2. 花瓣展开，示雄蕊及雌蕊 3. 果实

4~9。

喜光,耐侧方庇荫。

根入药,鲜根、枝加红花、茜草水煎后冲红糖、黄酒,可治妇女产后瘀血不净;鲜叶水煎冲服或炒食可润肺、清肺热;果实水煎服治干咳;花及嫩叶富含多种维生素、氨基酸等营养成分,作菜食用清香爽口,已成为餐宴佳肴,为具有市场开发前景的绿色食品;种子含油18%,可加工高档食用油和美容美发用品添加剂,加工后的种仁为高档香皂、肥皂的添加剂,也用于制油漆;树姿美观,果实奇特,可作园林绿化树种。

2. 膀胱果 *Staphylea holocarpa* Hemsl. /Chinese Bladdernut

与省沽油 *S. bumalda* 的主要区别:本种顶生小叶柄较长,长1.5~4cm,蒴果3裂。产陕西、甘肃、湖北、湖南、广东、广西、贵州、四川、西藏东部。耐寒区位7~10。花果美丽,可作园林绿化树种。

2. 野鸦椿属 *Euscaphis* Sieb. et Zucc. /Euscaphis

落叶灌木或小乔木。叶对生,奇数羽状复叶,小叶对生,革质,有细锯齿,有小叶柄及小托叶。花两性,排成顶生圆锥花序;花盘环状,具圆齿;花萼5裂;雄蕊5,花丝基部扩大;子房上位,2~3心皮,仅基部合生,无柄;花柱2~3枚,在基部稍连合。聚合蓇葖果具1~3蓇葖,沿腹缝线开裂,种子具肉质假种皮;宿存的花萼革质,展开。

3种,产日本至中南半岛。中国产2种。

野鸦椿 *Euscaphis japonica* (Thunb.) Dippel / Japanese Euscaphis 图8-276

高3~6m。树皮灰褐色,具纵裂条纹;小枝及芽红紫色,枝叶揉碎后有恶臭气味。小叶5~9或3~11,长卵形至椭圆形,长4~6cm,宽2~3cm,先端渐尖,基部钝圆,边缘具疏短锯齿,齿尖有腺体,背面沿脉有白色柔毛;主脉上面明显,背面突出。花黄白色,心皮3,分离。每1花发育为1~3个蓇葖。蓇葖果樱桃红色,果皮软革质,有纵脉纹。种子近圆形,假种皮肉质,黑色,有光泽。花期5~6月,果实成熟期8~9月。

主产长江流域各地,西至云南东北部。日本、朝鲜也有分布。耐寒区位6~10。

树皮含鞣质,可提栲胶;根入药,有祛风除湿、健脾之功效,可治痢疾、风湿疼痛、跌打损伤等。树皮和根也可

图8-276 野鸦椿 *Euscaphis japonica*
1. 花枝 2. 花 3. 果实

作农药,治蛲虫;种子含脂肪油 25%~30%,可制皂、润滑油等用。

野鸦椿是一种很有利用潜力的观赏植物,树形优美、冠形舒展、叶色浓绿、姿态万千、绿意盎然;花多,黄白色,集中生于枝顶,春夏之际,满树银花,十分美观;果多,布满枝头;果成熟后果荚开裂,果皮反卷,露出鲜红色的内果皮,黑色的种子粘挂在内果皮上,尤如满树红花上点缀着颗颗黑珍珠,煞是艳丽,令人赏心悦目,给秋冬季节增添了许多喜庆的色彩;挂果时间很长,从外果皮变红到果皮脱落,观赏时间长达半年,是优良的观果树种;其应用范围广,可孤植、丛植或群植于草坪,也可用于庭园、公园等的布景。

57. 无患子科 Sapindaceae/Soapberry Family

乔木或灌木,稀草本。羽状复叶,稀单叶、三出或掌状复叶,互生,稀对生,无托叶。圆锥或总状花序;花小,整齐或不整齐,两性或单性,有时为杂性异株;花萼 4~5,分离或合生;花瓣 4~5,或缺;雄蕊 8~10,生于花盘之内(外生花盘)或偏于一侧,花丝分离,有毛;子房上位,通常 3 室,每室 1~2 胚珠,稀多数;花柱单一或分裂。蒴果、浆果状、核果状或翅果状。种子有或无假种皮。

150 属约 2 000 种,分布于热带和亚热带,少数分布于温带。中国 25 属 56 种,主产长江以南各地,以华南及西南尤多。拥有许多著名的热带水果和优美的绿化树种。该科的伞花木 *Eurycorymbus cavaleriei* 为第三纪残遗于我国的特有单种属植物,对研究植物区系和无患子科的系统发育具有重要科学价值。车桑子 *Dodonaea viscosa* 具有较强的适应能力,适生于热带和亚热带的干旱瘠薄立地,为优良护坡型灌木,现在贵州省用于治理石灰岩地区石漠化。

在 APG 系统中,无患子科位于锦葵分支的无患子目 Sapindales。与传统分类相比,APG 系统的无患子科界定有所扩大,过去的槭树科、七叶树科并入无患子作为槭亚科 Aceroideae 成员。目前,该科有 144 属近 2 000 种广布于全世界。

分属检索表

1. 奇数羽状复叶。
  2. 1~2 回羽状复叶;果皮膜质,肿胀,具明显细脉;花多少不整齐;圆锥花序 ·· **1. 栾树属 Koelreuteria**
  2. 1 回羽状复叶;果皮木质;花整齐;花盘裂片有角状附属物;总状花序 ··· **2. 文冠果属 Xanthoceras**
1. 偶数羽状复叶。
  3. 种子无假种皮;小叶侧脉和网脉均明显 ·· **3. 无患子属 Sapindus**
  3. 种子具假种皮。
    4. 小叶 2~4 对,侧脉不明显;无花瓣;果熟时红色,果皮有瘤状突起,花轴有锈色柔毛 ·· **4. 荔枝属 Litchi**
    4. 小叶 3~5 对,侧脉明显;具花瓣;果熟时黄绿色,果皮平滑,花轴有星毛 ·· **5. 龙眼属 Dimocarpus**

1. 栾树属 *Koelreuteria* Laxm. /Goldenrain Tree

落叶乔木或灌木。叶互生，1~2回奇数羽状复叶；小叶边缘浅裂、具锯齿或全缘。圆锥花序顶生；花杂性，不整齐；花萼5裂，不等大；花瓣4~5，大小不等，具爪，爪顶端具2裂的腺体状附属物或无；花盘偏于一侧，3~4裂；雄蕊5~8；子房3室，不完全合生，每室2胚珠。蒴果中空，果皮膜质，3瓣裂，具细脉。种子球形，黑色，无假种皮。

4种，除1种分布于斐济岛外，中国均产，分布黄河流域及长江以南各地。为重要的生态环境建设和城市绿化树种。

分种检索表

1. 1回或不完全2回羽状复叶，小叶有锯齿或裂片；蒴果三角状卵形，先端渐尖 ··· **1. 栾树 K. paniculata**
1. 2回羽状复叶，小叶全缘；蒴果卵形，先端钝尖 ······················ **2. 复羽叶栾树 K. bipinnata**

1. 栾树 *Koelreuteria paniculata* Laxm. /Paniculed Goldenrain Tree 图8-277

落叶乔木，高达15m。叶为1回羽状复叶，有时小叶深裂至全裂而形成2回或不完全2回羽状复叶；小叶7~15对，卵形至卵状披针形，长5~10cm，顶端尖或渐尖，具粗锯齿或缺裂，背面沿脉有毛。花黄色，花瓣基部具红色2裂的腺体状附属物；雄蕊花丝开花时向轴心弯曲。蒴果三角状卵形，中空，3室仅基部合生，先端渐尖。花期6~9月，果实成熟期8~10月。

产东北南部、华北、华东、西南和西北的陕西、甘肃等地，生于海拔1 500m以下的山地、山谷和平原地区，适生于石灰岩山地，常和青檀、黄连木等混生成林。耐寒区位5~10。

喜光，耐干旱瘠薄，耐寒，抗污染。深根性，萌芽能力强，速生。

木材黄白色，较脆。叶含鞣质24.4%，为栲胶原料。种子含油38.6%。花黄色，夏季开花，在北京等地可从7月开至9月，为城市绿化重要的美化树种；秋叶鲜黄，果形如小灯笼，熟时粉红艳丽，复叶浓郁，为常见的行道树和观赏树。在华北、西北的森林恢复和改造中值得加以利用。

图8-277 栾树 *Koelreuteria paniculata*
1. 花枝 2. 花 3. 雄蕊 4. 雌蕊 5, 6. 果实

2. 复羽叶栾树 *Koelreuteria bipinnata* Franchet /Goldenrain Tree

与栾树 *K. paniculata* 的区别：叶为2回羽状复叶，小叶全缘或有小齿缺。蒴果卵形，先端浑圆，有小凸尖，成熟时紫红色。花期7月，果实成熟期9～10月。产于西南、华中及华南，河北、陕西、河南、山东等地栽培观赏。耐寒区位8～11。花黄色，果实紫色，花果艳丽，又适于夏秋季节，极具观赏价值。

2. 文冠果属 *Xanthoceras* Bunge /Xanthoceras

形态特征同种。1种。

文冠果 *Xanthoceras sorbifolia* Bunge /Yellow Horn　图 8-278

落叶灌木或乔木，高达8m，胸径30cm以上。树皮灰褐色，条裂。小枝紫色，幼时有毛。奇数羽状复叶互生，小叶9～19，对生，椭圆形至披针形，先端尖，具锐锯齿；上面亮绿色，无毛。花杂性同株，整齐，顶生总状花序，侧生花序和花序基部的花多为雄花。花萼5；花瓣5，白色，基部具黄色至橘红色斑点；花盘5裂，裂片上有1角状附属物；雄蕊8；子房3室，每室7～8胚珠。蒴果大，球形，径4～6cm，果皮木质，3瓣裂；种子黑褐色，无假种皮。花期4～5月，果实成熟期7～8月。

产东北南部、内蒙古至长江流域中下游，以内蒙古、陕西、甘肃一带较多，生长于海拔900～2 000m的黄土高原、丘陵及山地石缝。耐寒区位6～9。

喜光，抗旱，抗寒，耐瘠薄，但怕风。根系发达，萌蘖能力强，病虫害少。在土层深厚的肥沃立地生长快，2～3年生可开花结实，30～60年单株可产种子15～35kg。

图 8-278　文冠果 *Xanthoceras sorbifolia*
1. 花枝　2. 雄花　3. 萼片
4. 雄花去花被，示雄蕊及花盘　5. 雄蕊
6. 花盘裂片及角状体　7. 果实　8. 种子

为北方著名的观花和木本油料树种。其种仁含油量50%～70%，可生吃及榨油供食用。在生物质能源工程建设中，文冠果成为中国北方发展的重要树种，将对华北、西北的生态环境建设和国家的能源建设发挥重要的作用。

3. 无患子属 *Sapindus* Linn. /Soapberry

乔木或灌木。1回羽状复叶互生，小叶2至多对，对生或互生，全缘。花小，杂性异株，整齐，顶生或腋生圆锥花序；花萼4～5；花瓣4～5，具爪或无；雄蕊8～10；子房3室，每室1胚珠，仅1室发育成果实。果实浆果状，近球形，外果皮肉质，含皂素，内果皮革质，中空；种子黑色，无假种皮。

15种，分布美洲、亚洲和大洋洲的热带、亚热带。中国4种，产长江以南地区。

无患子 *Sapindus mukorossi* Gaertn. /Chinese Soapberry 图 8-279

落叶乔木，芽叠生。小叶5~8对，对生或近对生，椭圆状披针形，长5~15cm，宽3~5.5cm，光滑无毛，网脉明显。圆锥花序顶生，花瓣具爪；果基部一侧具不发育的分果瓣脱落后的大疤痕，果径1.5~2cm，褐黄色，种子硬骨质。花期5~6月，果实成熟期10~11月。

产华中、华东、华南至西南。在东南亚等地有分布。耐寒区位8~11。

稍耐阴，喜温暖、湿润的气候，在酸性土、钙质土上均能生长。习见低山丘陵、石灰岩山地。

树冠开展，树叶浓郁，可做行道树。种子含油42.4%，供制肥皂和工业用油。

图8-279 无患子 *Sapindus mukorossi*
1. 果枝 2. 花序 3. 花 4. 萼片 5. 花瓣 6. 雌蕊
7. 花盘、雄蕊及雌蕊 8. 果枝放大

4. 荔枝属 *Litchi* Sonn. /Lychee

常绿乔木。偶数羽状复叶互生，小叶2~4对，近对生，全缘。聚伞圆锥花序顶生，密生金黄色短绒毛；花小，辐射对称，杂性同株；花萼杯状，4~5齿裂；无花瓣；花盘环状；雄蕊6~8；子房倒心形，密被硬毛和小疣体，2~3裂，2~3室，每室1胚珠，通常仅1室发育成果实。果卵圆形，果皮具有明显的瘤状突起。种子全部或近基部被半透明、肉质、白色假种皮包被。

2种。1种产中国南部，1种产菲律宾。

荔枝 *Litchi chinensis* Sonn. /Lychee 图8-280

高达20m，野生植株达30m，胸径1m。树冠宽广而干短，树枝多而扭曲。树皮灰褐色，粗糙，不裂。小叶2~4对，长椭圆状披针形，长6~12cm，宽约1.5~4cm，先端渐尖，暗绿色，表面有光泽，背面淡绿带白色，新叶橙红色。小花绿白色或淡黄色，多而密，萼小；花盘肉质；雄蕊8，花丝有毛；子房2~3裂。花柱2裂。果浆果状，卵圆形或圆形，表面有瘤状突起，果壳坚韧，成熟时紫红色。种子棕红色，为白色、多汁而味甘的半透明假种皮包被。花期3~4月，果实成熟期5~8月。

四川、云南、广东、广西、福建、台湾、海南等地栽培。海南霸王岭有天然林分布。耐寒区位10~12。

喜光，喜暖热湿润气候及富含腐殖质之深厚、酸性土壤，怕霜冻。荔枝以果形别致、颜色悦目、果肉（假种皮）状如凝脂，甘软滑脆、清甜浓香、色味具佳而著称。

中国荔枝栽培历史悠久，品种有100多个，优良品种有糯米糍、桂味、妃子笑、挂绿、三月红、白蜡、灵山香荔、南局红等。荔枝果实营养丰富，据分析，每100mL果汁中含有维生素13.20～71.72mg，含有可溶性固形物12.9%～21%，为增进身体健康的营养品。

荔枝具有栽培粗放、寿命长的特点，经营荔枝有耗工少、成本低、收入高的好处。其产值在果树生产中占重要地位。鲜荔枝和荔枝果干远销国内外。荔枝除鲜食、干制外，果肉（假种皮）还可罐制、渍制、酿酒和制成其他加工品，为食品工业的重要原料。荔枝核含有57%的淀粉，也可酿酒。花芳香多蜜，为很好的蜜源。果皮、树皮、树根含有大量单宁，是制药的原料，种子亦可入药。荔枝树干细密坚实，耐潮防腐，是修建房屋、舟船、桥梁和制造家具的优良木材。枝叶可作燃料。荔枝是一种发展前途广阔、综合利用价值很高的果树。

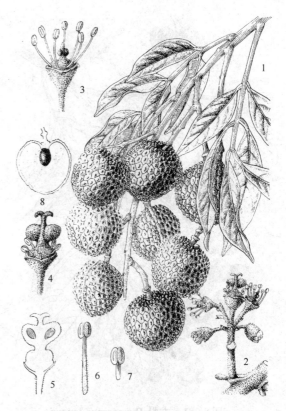

图 8-280　荔枝 *Litchi chinensis*
1. 果枝　2. 花序一部分　3. 雄花　4. 雌花
5. 雌蕊及花盘纵剖面　6. 发育雄蕊
7. 不育雄蕊　8. 果实纵剖面

5. 龙眼属 *Dimocarpus* Lour. ／Dimocarpus

乔木或灌木。小枝皮孔明显。偶数羽状复叶互生，小叶3～5对，全缘，侧脉在叶面明显。花杂性同株，整齐，聚伞圆锥花序顶生或腋生；花萼5裂，花瓣5；雄蕊8；子房2～3裂，2～3室，每室1胚珠。果球形，幼时具瘤状突起，老时则近平滑。种子为肉质、半透明凝脂状的白色假种皮包被。

约20种，分布印度、中南半岛、印度尼西亚和菲律宾。中国3种，产西南、华南及华东南部各地。

龙眼 *Dimocarpus longan* Lour. ／Longan　图 8-281

常绿乔木，高达20m，径1m。板状根明显。树皮黄褐色，粗糙，薄片状脱落。枝及花序被星状毛。偶数羽状复叶，小叶3～6对，长15～30cm，宽2.5～5.0cm，薄革质，长圆形或长圆状披针形，先端急尖或稍钝。圆锥花序顶生和腋生，长12～15cm；花黄白色；雄蕊8，着生花盘内侧；子房无柄，2～3室，密被长柔毛，有小瘤体，柱头2～3裂。果浆果状，球形，果皮干时脆壳质不开裂。种子球形，褐黑色，有光泽，被肉质假种皮所包围。花期3~5月，果实成熟期7~8月。

产华南、西南及福建、台湾等地。海南西南部低山丘陵台地半常绿季雨林中常见。耐寒性较荔枝强。耐寒区位10~12。

喜光，幼苗不耐过度荫蔽，壮龄树更需充分的光照。喜干热生境。要求年平均气温24~26℃，年降水量900~1700mm。在全年生长发育过程中，冬春（11~4月）要求18~25℃的气温和适当的干旱，夏秋间（5~10月）要求26~29℃的高温和充沛的雨量。深根性；萌芽力强，采伐迹地或火烧迹地的树桩，可迅速萌芽更新。

木材结构细致、坚重、极耐腐、不受虫蛀，适作车船、桥梁、家具等；果肉（肉质假种皮）可食，为华南常见佳果，干果可入药，有滋补和益智的功能。树

图 8-281　龙眼 *Dimocarpus longan*
1. 果枝　2. 雄花　3. 雌花

冠高大，枝叶浓密，常作为庭园及四旁绿化美化树种和行道树。

58. 七叶树科 Hippocastanaceae/Horsechestnut Family

落叶乔木或灌木。冬芽常具黏液。掌状复叶，对生，小叶3~9；无托叶。花不整齐，杂性同株，两性花生于花序基部，雄花生于上部，圆锥或总状花序顶生；萼片4~5，花瓣4~5，大小不等，基部爪状；雄蕊5~9，花盘环状或偏在一边；子房上位，3室，或退化至1或2室，每室具2胚珠，花柱细长。蒴果，室背3裂；种子1~3，球形，种脐较大，无胚乳，子叶肥厚而连合。

2属30余种，广布北温带。中国产1属。

在APG系统中，七叶树科合并到了蔷薇类分支中的无患子目Sapindales无患子科Aapindaceae中。

七叶树属 *Aesculus* Linn. /Horsechestnut, Buckeye

乔木或灌木。小枝粗壮，微具4棱。复叶具长柄；小叶5~9，有锯齿。圆锥花序塔形，直立；萼管状，4~5裂；花瓣4~5；雄蕊5~9；子房3室；每室2胚珠。蒴果，果皮薄革质。种子1~3。

约 30 余种，主产北美洲，欧亚国家均有分布。中国产 10 余种，以西南的亚热带地区为分布中心，北自京津地区及黄河流域，东至江苏、浙江，南达广东北部均有栽培。

该属树种树形高大，树冠极开展，姿态雄伟，开花时，塔形的花序直立枝顶，浓绿的掌状叶映衬着白色、红色、黄色的花朵，秋叶艳丽，极为壮观。宜花园空旷地孤植观赏，也可在河边、路边植为行道树。其中红花七叶树 A. × *carnea*、黄花七叶树 A. *flava* 和欧洲七叶树 A. *hippocastnum* 为著名的观赏树种。

七叶树 *Aesculus chinensis* Bunge / Chinese Horsechestnut　图 8-282

落叶乔木，高 25m，树冠圆锥形。树皮灰褐色，老树皮鳞片状剥落。小枝光滑粗壮。小叶通常 7 枚，倒卵状椭圆形或长圆状椭圆形，长 8~20cm，顶端渐尖；基部楔形，叶缘有不整齐重锯齿，侧脉 13~17 对，背面沿脉疏生毛。花序长 15~20cm，花白色，微带红晕；蒴果扁球形，径 3~3.5cm，顶端扁平，褐黄色，密被疣点。种子扁球形，径 2~3cm，种脐大，占底部 1/2 以上。花期 5 月，果实成熟期 9~10 月。

产黄河流域，西至陕西、甘肃南部，华北地区多有栽培。繁殖以播种、扦插、压条、嫁接为主。耐寒区位 6~9。

喜阳光充足，稍耐阴，喜肥沃土壤及温暖湿润的气候。能耐寒、畏干热。深根性，忌排水不良，透气性差的黏性土壤。生长较慢。种子萌芽力弱，可采后随播。

因树冠壮观、叶大美丽，遮阴效果好，被列为世界著名观赏树之一。适种植于森林公园，还适宜作庭园树、行道树及公园、机关、学校种植。可孤植，或丛植于草坪及坡地。在中国北方寺庙中常以"菩提树"种植。木材细致、轻软、不耐腐。种子形、色如板栗，不可食用，含油量较高，约 31.8%，淀粉约 36%，提取后供工业用。七叶树因用途广泛，因此有较好的市场发展前景。

图 8-282　七叶树 *Aesculus chinensis* Bunge
1. 花枝　2. 两性花　3. 雄花　4. 果实　5. 果实纵切面

59. 槭树科 Aceraceae/Maple Family

乔木或灌木。单叶或羽状复叶，对生，单叶常掌状分裂；无托叶。花小，整齐；单性或两性，杂性同株或异株，或单性异株，簇生或排成总状、伞房、聚伞或圆锥花序；花黄绿色和黄白色；萼片和花瓣 4~5，稀无花瓣；雄蕊 4~10，常 8；花盘肉质，环状或分裂；子房上位，2 心皮，2 室，每室 2 胚珠，中轴胎座，花柱 2。双翅果，成熟时分裂至基部而分离为 2 个并连的小翅果。

2 属约 200 种，分布于亚洲、欧洲、北美洲和非洲北缘的温带、热带和亚热带的高山地区。中国 2 属 150 余种，南北均有分布，为森林常见树种之一。可用于庭园观赏或行道树。

在 APG 系统中，槭树科合并到蔷薇类分支中的无患子目 Sapindales 无患子科 Aapindaceae 中。表 8-12 为金钱槭属与槭属特征比较。

表 8-12 金钱槭属和槭属特征比较表

属 名	芽	果翅位置
金钱槭属 Dipteronia	裸芽	果实周围
槭属 Acer	鳞芽	果实上方

1. 金钱槭属 *Dipteronia* Oliv. ／Dipteronia

落叶乔木。奇数羽状复叶。花杂性同株，圆锥花序直立，顶生或腋生；萼片 5；花瓣 5；雄花具雄蕊 8，以及 1 个退化雌蕊。翅果。果核周围具圆形翅。

仅 2 种，为中国特产，主要分布在西部和南部。

金钱槭 *Dipteronia sinensis* Oliv. ／Chinese Dipteronia　图 8-283，彩版 3：9

高达 16m。小枝无毛。小叶 7～11，长圆状卵形至长圆状披针形，长 6～10cm，顶端锐尖或长锐尖，基部圆形至宽楔形，粗锯齿，无毛或仅叶背脉腋有簇毛。带翅果近圆形，径 2～3.3cm，小坚果径约 5～6mm，熟时黄色，中心有 1 粒圆形种子。花期 4 月，果实成熟期 9 月。

产华北南部、西北南部、华中、西南等地；散生于海拔 1 000～2 000m 的林缘或疏林中。耐寒区位 8～10。

为国家珍稀濒危保护树种。金钱槭枝叶美丽，果实奇特，果序犹如一串金钱，是别具情趣的观赏树种。

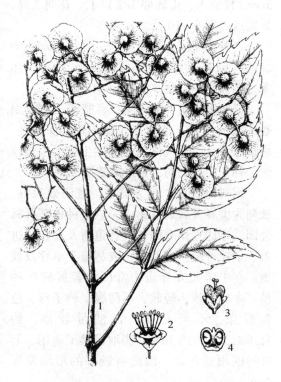

图 8-283　金钱槭 *Dipteronia sinensis*
1. 果枝　2. 花　3. 雌蕊　4. 雌蕊纵剖面

2. 槭属 *Acer* Linn. ／Maple

乔木或灌木。单叶、三出复叶或奇数羽状复叶，稀掌状复叶；叶缘有锯齿、全缘或掌状分裂。花杂性同株或单性异株，双被花或单被花，花盘杯状或无花盘。双翅果，由 2 个一端具翅的小坚果构成，两果翅常成一定夹角；果核扁平或突起。

200 余种，主产北半球和非洲西北端，但主要集中在东亚大陆。中国 148 种，南北各地均产。该属树种在各地森林习见，常散生林中。多数树种极具观赏性，入秋叶色丰富，五彩缤纷，层林尽染，是世界温带园林重要建园和观赏树种。

分种检索表

1. 羽状复叶，小叶 3~7；总状花序；果翅展开成锐角，向内稍弯曲 ·················· **1. 复叶槭** *A. negundo*
1. 单叶。
  2. 叶片不分裂，卵形至长卵形，叶缘具不整齐钝圆齿，羽状脉；果翅展开为钝角或几成水平 ········ ·· **2. 青榨槭** *A. davidii*
  2. 叶分裂。
    3. 叶常 3 裂。
      4. 叶常 3 浅裂，中裂片大，具不整齐粗锯齿，侧裂片小；叶卵形至卵状椭圆形；果翅开角几平行，有时两翅先端交叉 ····················· **3. 茶条槭** *A. ginnala*
      4. 叶先端 3 裂，裂片全缘，向前延伸，大小近相等；叶片为倒卵形 ··· **4. 三角槭** *A. buergerianum*
    3. 叶 5~9 裂。
      5. 叶常 5 裂，裂片全缘。
        6. 叶基近心形或心形；果翅开展为钝角或近开展，翅长为小坚果的 1.5 倍 ············· ·· **5. 五角枫** *A. mono*
        6. 叶基截形或浅心形；果翅开展为钝角或近直角，翅长与小坚果近等长 ············· ·· **6. 华北五角枫** *A. truncatum*
      5. 叶 7 裂，深达叶片的 1/2 以上，裂片长圆状卵形或披针形，边缘具尖锐锯齿 ············· ·· **7. 鸡爪槭** *A. palmatum*

1. 复叶槭 *Acer negundo* **Linn.** /Ash-leaved Maple　　图 8-284

落叶乔木，高达 15m。树皮暗灰色，纵裂，具瘤状突起。小枝灰绿色，秋后为紫色，具白粉。冬芽褐色，被白色绒毛。奇数羽状复叶，小叶 3~5 (~9)，小叶片卵形至披针状椭圆形，叶缘常具 3~5 缺刻状粗锯齿，叶背脉上被毛。花单性异株，总状花序，花无花瓣和花盘，花药紫色。翅果果翅展开为锐角。花期 4~5 月，果实成熟期 6~7 月。

原产北美洲，中国东北、华北和西北有栽培。耐寒区位 5~8。

喜光，耐干冷气候，在湿热气候下生长不良。树液含糖量高，因而易遭虫蛀。播种繁殖。抗烟尘能力强，可作行道树、庭荫和绿化树种。

图 8-284　复叶槭 *Acer negundo*

2. 青榨槭 Acer davidii Franch. / David Maple 图 8-285

落叶乔木。树皮黑褐色至灰褐色，常浅纵裂成蛇皮状。小枝无毛，绿色或绿褐色。叶卵形至长卵形，长 6~14cm，宽 4~9cm，顶端锐尖或尾尖，基部近心形至圆形，叶缘具不整齐钝圆齿，羽状脉；叶柄长约 2~8cm。花杂性同株，总状花序下垂。翅果长 2.5~3cm，展开成钝角或几成水平。花期 4~5 月，果实成熟期 9 月。

产华北、华东、中南至西南，常生于海拔 500~1 500m 的疏林中。耐寒区位 6~9。

喜凉爽气候，较耐阴，不耐干旱与土壤瘠薄。生长快。种子或分根繁殖。树冠整齐，树皮光滑，为理想的庭园绿化树种。

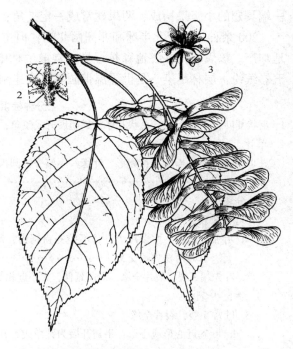

图 8-285 青榨槭 Acer davidii
1. 果枝 2. 叶片背面局部放大 3. 花

3. 茶条槭 Acer ginnala Maxim. / Amur Maple 图 8-286

落叶小乔木，高达 6m。树皮灰褐色。小枝黄褐色，皮孔明显。叶长圆状卵形，常 3 浅裂，侧裂片小，中裂片大，边缘具不整齐粗钝锯齿，先端渐尖。翅果果翅开角几平行，有时两翅先端交叉。

产东北、华北等地，常生于海拔 800m 以下向阳山坡、河岸或草沼湿地，散生或成纯林，在杂木林缘也有生长。耐寒区位 5~8。

稍耐阴，耐寒。深根性，抗风雪、耐烟尘。种子繁殖。树干直，树冠松散，花具香气，秋叶鲜艳，为理想的庭园和城市绿化树种。嫩叶可代茶。

图 8-286 茶条槭 Acer ginnala
1. 花枝 2. 果枝 3. 花

4. 三角槭 Acer buergerianum Miq. / Buerger Maple 图 8-287

落叶乔木，高达 20m。树皮波片状翘裂。小枝无毛，密生皮孔，被白色蜡粉。单叶卵形至倒卵形，先端常 3 裂，裂片前伸，大小近相等，表面深绿色，背面被白粉，微被毛。花杂性同株，子房密被长柔毛。翅果果翅展开为锐角或平行。花期 4~5 月，果实成熟期 9 月。

产长江以南，华北南部和西北南部有栽培。耐寒区位 8~10。

稍耐阴，喜温暖气候，较耐水湿，具一定抗寒力，北京可露地过冬。生长快，寿命长，主干扭曲隆起，造型奇特，为树桩盆景材料；秋叶红色，为优良的观叶树种。

图 8-287 三角槭 Acer buergerianum
1. 果枝　2. 双翅果

5. 五角枫（色木、五角槭）Acer mono Maxim. / Painted Maple 图 8-288

落叶乔木，高达 20m。树皮灰色或灰褐色，浅纵裂，裂沟常纵向扭曲。小枝灰黄、浅棕或灰色，初有疏毛，后脱落。单叶，掌状 3~7 裂，常 5 裂，裂片三角状卵形，先端长渐尖，全缘；叶片长 3.5~9cm，宽 4~12cm；掌状 5 出脉；叶基近心形，上面无毛，下面脉上有疏毛、脉腋间有簇毛；叶柄细长，长 3~10cm。花黄绿色，单歧聚伞花序顶生。翅果幼时紫褐色，成熟时淡黄色；长 2~2.5cm；果翅较小坚果长 1.5~2 倍，两果翅张开近钝角或平展，基部连接处呈心形。小坚果扁平或微突，平滑，无明显的脉纹。花期 5~6 月，果实成熟期 9~10 月。

主产中国东北、华北及长江流域山地，为低山和中高山的阔叶林或针阔叶混交林常见树种，散生，东北海拔 1 000m 以下，华北可达 1 500m，四川中部和北部为 2 600~3 000m。播种繁殖。耐寒区位 5~8。

喜光，稍耐阴；喜温凉气候及较湿润肥沃土壤。

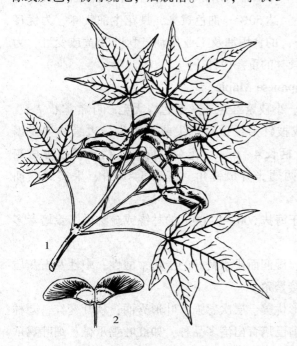

图 8-288 五角枫 Acer mono
1. 果枝　2. 双翅果

木材淡红黄色或淡黄白色，纹理直，结构细致，有光泽，材质坚硬，密度0.7左右，易加工，少反翘，漆性好，供胶合板、车辆、家具及细木工等；树形优美，秋叶红艳，适宜作山地及庭园绿化树种；树皮纤维是人造棉及造纸的原料；种子可榨油；树皮、果、叶都可提取栲胶。

6. 华北五角枫（元宝枫）Acer truncatum Bunge /Purple Blow Maple, Shantung Maple 图 8-289

图 8-289　华北五角枫 Acer truncatum
1. 果枝　2. 雌蕊

与五角枫 A. mono 极为相似，主要区别：叶裂较深，裂片窄三角形，中间裂片的两侧又常有 2 小裂，叶基截形或戟形；翅果之小坚果径与果翅近等长，两小果基部连接处呈截形或圆形。华北花期 4~5 月，果实成熟期 8~9 月。

产东北、华北、华东等地。多见于海拔 800m 以下的低山丘陵和平地，山西南部可达 1 500m。耐寒区位 5~8。

喜凉润气候及湿润、肥沃土壤，稍耐阴，在阳坡及干旱瘠薄处生长较慢，萌蘖力强，抗烟。

木材用途同五角枫；种仁含油量最高可达 50%，油色黄亮，具花生油气味，为优良的食用油及工业用油；秋叶变黄或变红，为华北城乡常见的行道树之一，也为产区风景林的重要树种。

7. 鸡爪槭 Acer palmatum Thunb. /Japanese Maple

落叶小乔木，高达 10m。树皮深灰色。小枝紫红色或灰紫色，无毛。叶常掌状 7 裂，深达叶片的 1/2 以上，裂片长圆状卵形或披针形，顶端锐尖或长锐尖，边缘具尖锐锯齿；上面无毛，下面脉腋被白色簇毛；叶柄长 4~6cm。花杂性同株，构成顶生伞房花序，无毛。翅与小坚果共长 1~2.5cm，两翅张开成钝角。花期 5~6 月，果实成熟期 9~10 月。

产华北、华东、华中、西南等地，生于海拔 200~1 200m 的林缘或疏林中。栽培者多见。朝鲜、日本亦产。耐寒区位 6~9。

喜温暖湿润气候，不耐严寒；喜肥沃、湿润而排水良好的土壤，酸性、中性及石灰质土亦能生长。种子繁殖，园艺品种常用嫁接繁殖。

一般性用材，其木材适细木工；其树形优美、层次感强，叶形秀丽，秋叶变红，园林中常作风景区行道树、庭园观赏树等，目前已培育出诸多品种，如红叶鸡爪槭、细叶鸡爪槭等。

60. 漆树科 Anacardiaceae/Cashew Family, Sumac Family

常绿或落叶乔木或灌木，稀藤本或亚灌木；韧皮部具树脂。叶互生，稀对生，单叶、3小叶或羽状复叶；无托叶。花单性异株、杂性同株或两性，排成顶生或腋生的圆锥花序；常为双被花，稀为单被花或裸花。花萼3~5深裂，花瓣3~5，分离或基部合生，稀缺；内生花盘环状、杯状或坛状，全缘或5~10浅裂；雄蕊5~12，花丝线形或钻形，花药2室；子房上位，1室，稀2~5室，每室有1倒生胚珠。核果。种子1，胚大，弯曲或直伸，子叶膜质或肉质，无胚乳或具少量胚乳。

约60属600余种，分布热带、亚热带，少数至北温带地区。中国16属55种，主产长江流域及其以南各地。

在APG系统中，漆树科位于锦葵分支Malvids的无患子目Sapindales中，与橄榄科Burseraceae为姊妹类群。该科的界定没有发生大的变化，全世界有80属近900种植物。

本科一些种类具有重要经济价值，如漆树所产的漆，盐肤木产的五倍子；有的为热带著名的水果，如杧果；有的种子是美味的食品，如腰果、开心果；不少种类其种子含油量较高，如厚皮树属、黄连木属和漆树属等，供工业用油；腰果种子含油量很高，为优良的食用油；有的为重要的园林绿化或观赏树种，如黄栌属的红叶、杧果属的扁桃及盐肤木属的火炬树等。

分属检索表

1. 羽状复叶或3小叶。
  2. 花具花萼，无花瓣（单被花），多为偶数羽状复叶 ·················· 1. 黄连木属 *Pistacia*
  2. 花具花萼及花瓣（双被花），奇数羽状复叶。
    3. 花序腋生；核果光滑无毛 ·················· 2. 漆树属 *Toxicodendron*
    3. 花序顶生；核果常被绒毛 ·················· 3. 盐肤木属 *Rhus*
1. 单叶，全缘。
  4. 心皮3；不育花花梗宿存，被毛；果小，肾形，叶多为圆形或卵圆形 ·················· 4. 黄栌属 *Cotinus*
  4. 心皮1；果大，果皮纤维发达，压扁，卵状长圆形；叶多为披针形至长圆形 ·················· 5. 杧果属 *Mangifera*

1. 黄连木属 *Pistacia* Linn. /Pistache

落叶或常绿乔木或灌木。奇数或偶数羽状复叶，稀单叶或3小叶，小叶全缘。腋生圆锥花序；花单性异株，单被花，雄花：花萼1~5裂；雄蕊3~5 (~7)，花丝极短，与花盘连生或无花盘，花药长圆形，药隔伸出；雌花：花萼2~10裂，膜质；子房心皮3室，1胚珠；花柱短，柱头3裂，鸡冠状，外弯。核果光滑无毛。种子扁，无胚乳。

约10种，分布于地中海沿岸、中亚至东亚、墨西哥至危地马拉。中国3种，其中引入阿月浑子。

分种检索表

1. 偶数羽状复叶，小叶数目10~14；果球形，果径小 ·················· 1. 黄连木 *P. chinensis*
1. 奇数羽状复叶，小叶数目3~5；果长圆形，果径大 ·················· 2. 阿月浑子 *P. vera*

1. 黄连木（楷木） *Pistacia chinensis* Bunge /Chinese Pistache　　图 8-290

落叶乔木，高达 25m，胸径 1m。偶数羽状复叶，具 10～14 小叶，叶轴及叶柄被微柔毛；小叶近对生，纸质，披针形至窄披针形，长 5～10cm，先端渐尖，基部不对称，小叶柄长 0.1～0.2cm。先叶开花，雄花序密集，雌花序松散，均被微柔毛；花具梗；雄花花萼 2～4 裂，披针形或线状披针形，雄蕊 3～5；雌花花萼 7～9 裂，外层 2～4 片，披针形或线状披针形，内层 5 片卵形或长圆形。核果球形，略压扁，径约 0.5cm。红色果实为空粒，种子败育，绿色果实内种子发育。花期 3～4 月，果实成熟期 9～11 月。

分布很广，北自河北、山东，南至广东、广西，东起台湾，西南到四川、云南都有野生和栽培。其中以河北、河南、山西、陕西等地最多，散生于低山、丘陵及平原。菲律宾也有分布。耐寒区位 7～9。

喜光，幼时较耐阴，耐寒力差。对土壤要求不严，微酸性、中性、微碱性土壤均能生长，是石灰岩地区、沿海地区可利

图 8-290　黄连木 *Pistacia chinensis*
1. 果枝　2. 雄花　3. 雌花　4. 果实

用的造林树种和石漠化治理树种。耐干旱瘠薄，生长缓慢，在肥沃、湿润、排水良好的土壤和河沟附近生长良好。对 SO_2 和烟尘的抗性较强，抗病力亦强。深根性，主根发达，萌芽力强，抗风力亦强。种子繁殖。结实较早，一般 8～10 年生即开始开花结实，产量较高。在利用种子时，注意红色果实多为黄连木小蜂危害，无种子；蓝色果实种子发育，可以播种和榨油。

木材坚重致密，供建筑、家具、雕刻等用；树皮、果实含鞣质，可提制栲胶；果和叶还可作黑色染料；根、枝、叶、皮可作农药；鲜叶又可代茶，俗称"黄鹏茶"或"黄儿茶"；嫩叶和雄花序还可腌菜，俗称"黄连头""黄连芽"，可食用；树干挺拔，树形美观，秋叶黄色、红色和橙色，鲜艳秀美，是很好的园林绿化树种。种子含油量 30%～40%，种仁含油率 50% 以上，出油率 20%～30%，种子油供工业用。由于黄连木生态幅大，分布广，适应性强，种子含油量高，是理想的生物质能源——生物柴油开发树种。

2. 阿月浑子 *Pistacia vera* Linn. /Pistachio

落叶小乔木，高达 10m。树皮灰褐色，有圆形突出的皮孔。奇数羽状复叶，小叶 3～5，通常 3，卵形至宽椭圆形，长 4～10cm，宽 2.5～6.5cm，顶端小叶较大，先端钝或急尖，基部宽楔形、圆形或楔形，侧生小叶基部常不对称。果较大，长圆形，长约 2cm，宽约 1cm。成熟时果皮干燥开裂。花期 4 月，果实成熟期 7～9 月。

原产中东及南欧的地中海气候带，垂直分布海拔 500～2 000m，适宜夏季炎热，湿度

低的气候。中国新疆喀什地区很早就引种栽培，陕西西安、北京等地亦引种试验成功。耐寒区位 8~10。

为珍贵木本油料和干果树种。本种的品种很多，目前中国市场销售的"开心果"就是其中的一个品种；木材供多种细木工及工艺品用；可作为半沙漠地带和丘陵山坡的造林树种，也是良好的行道树及绿化观赏树种。

2. 漆树属 *Toxicodendron* (Tourn.) Mill. /Lacquer Tree, Poison Oak

落叶乔木或灌木，稀攀缘藤本；具白色乳汁，干后变黑，有臭味。奇数羽状复叶或 3 小叶，叶轴无翅。花序腋生；花杂性或单性异株；花 5 基数，花瓣常具褐色羽状脉纹；花盘环状、垫状或杯状浅裂；雄蕊 5；子房 1 室 1 胚珠，花柱 3 裂。果序常下垂。核果球形或稍侧扁，无毛或被微柔毛或刺毛；外果皮薄，有光泽，成熟时与中果皮分离；中果皮厚，白色蜡质，与内果皮连生。

约 20 种，间断分布于东亚及北美。中国 16 种，主要分布于长江以南。本属乳汁（生漆）含漆酚，有强烈的刺激性，有些人接触易产生皮肤过敏性红肿疹；误食引起呕吐、疲倦、瞳孔放大、昏迷等中毒症状。

分种检索表

1. 枝、叶轴、花序被柔毛；叶较宽，叶背沿脉有毛 ·················· 1. 漆树 *T. vernicifluum*
1. 枝、叶轴、花序无毛；叶窄，叶背无毛 ···························· 2. 野漆 *T. succedaneum*

1. 漆树 *Toxicodendron vernicifluum* (Stokes) F. A. Barkl. /Chinese Lacquer Varnish Tree   图 8-291

乔木，高 20m。树皮灰白色，浅纵裂。小枝被棕黄色柔毛，后变无毛。奇数羽状复叶，长 15~30cm，小叶 9~13，卵形至椭圆状长圆形，长 6~13cm，宽 3~7cm，全缘，先端渐尖，基部偏斜，背面沿脉、叶轴、叶柄及花序被绒毛。被灰黄色微柔毛，花序与复叶等长；花黄绿色，具梗；花萼无毛，花瓣长圆形，雄蕊与花瓣等长。核果扁圆形或肾形，径 0.6~0.8cm，外果皮灰黄色，有光泽，无毛；中果皮蜡质，具树脂道条纹，果核坚硬。花期 5~6 月，果实成熟期 8~10 月。

分布广，除黑龙江、内蒙古、吉林、新疆等地外，其余各地均产；垂直分布一般在海拔 600~2 800（~3 800）m 阳坡、林中、沟谷、沟口冲积扇等。印度、朝鲜和日本亦产。耐寒区位 6~11。

图 8-291 漆树 *Toxicodendron vernicifluum*
1. 花枝 2. 果枝 3. 雄花 4. 花萼 5. 雌花 6. 雌蕊

喜光忌风，不耐庇荫。喜温暖湿润气候及深厚肥沃而排水良好的石灰质土壤。在背风向阳、温和湿润的地方生长较旺盛，产漆多，质量好。萌芽力较强，树木衰老后可萌芽更新。

漆树是特用经济树种，中国已有 2 000 多年的栽培历史。树干割取的生漆，具有防腐蚀、防氧化、抗磨、耐酸、耐醇、耐高温、绝缘等性能，广泛用作涂料，供涂饰海底电缆、机器、车、船、建筑、家具及工艺品；种子可榨取漆油，供制高级肥皂及油墨；果肉含蜡质，为蜡烛、蜡纸原料；叶可提取栲胶；根、叶可作农药；干漆、种子、叶、花均可入药，有通经、驱虫、镇咳之效；木材坚硬，结构细致，干后不变形，耐腐，抗压，易加工，可作矿柱、电杆、家具、乐器等用材；目前还用于西部开发和生态环境建设及退耕还林造林。

2. 野漆 Toxicodendron succedaneum (Linn.) O. Kuntz. /Field Lacquer Tree, Wax Tree

本种与漆树 T. vernicifluum 的区别：植物体各部无毛或近无毛，叶背面有白粉。

产黄河流域以南，生于海拔 300～1 500（～2 500）m 山林中。朝鲜、日本、印度、中南半岛亦产。耐寒区位 8～11。

3. 盐肤木属 Rhus Linn. /Sumac

落叶灌木或乔木。奇数羽状复叶、3 小叶或单叶，互生，叶缘具齿或全缘；叶轴具翅或无翅。顶生圆锥花序；苞片宿存或脱落；花杂性或单性异株，花 5 基数，内生花盘环状；雄蕊 5，在雄花中伸出，花药卵圆形；子房 1 室 1 胚珠，花柱 3 裂。核果近球形，略压扁，被腺毛及柔毛，成熟时红色或橘红色，中果皮肉质，与外果皮连合，果核骨质。

约 250 种，广布亚热带和暖温带。中国 6 种。

分种检索表

1. 叶轴有窄翅，小叶 7～13；果序松散，核果外被灰色柔毛和白色盐霜 ·········· 1. 盐肤木 Rh. chinensis
1. 叶轴无翅，小叶 9～23；果序密集呈火炬形，核果外被红色柔毛 ················ 2. 火炬树 Rh. typhina

1. 盐肤木 Rhus chinensis Mill. /Chinese Sumac, Chinese Gall   图 8-292

小乔木或灌木状，高达 10m。枝、叶、花序密被锈色柔毛。小叶 7～13，卵状椭圆形，长 6～14cm，宽 3～7cm，先端微突尖，基部圆形或宽楔形，叶缘具粗锯齿，背面密被灰褐色毛；叶轴具叶状宽翅。大型花序顶生。花白色；花梗、花萼被微柔毛；花萼裂片长卵形；花瓣倒卵状长圆形，外卷。核果红色，扁球形，径约 0.5cm，密被具节柔毛和腺毛，成熟时被白色盐霜，味咸酸，可食。花期 8～9 月，果实成熟期 10～11 月。

产辽宁、河北、山西、河南、山东、江苏、安徽、浙江、福建、台湾、江西、湖北、湖南、广东、海南、广西、贵州、云南、四川、甘肃及陕西等地，生于海拔 170～2 700m 阳坡、丘陵、河谷疏林或灌丛中。日本、朝鲜半岛南部、中南半岛、印度、马来西亚及印度尼西亚亦有分布。耐寒区位 6～11。

喜光，喜温暖湿润气候，对土壤要求不严，耐干旱瘠薄，对环境适应能力极强，在石灰性土壤及瘠薄干燥的砂砾地上都能生长，但不耐水湿。

幼枝及嫩叶生虫瘿，称五倍子，富含鞣质，为医药、制革、塑料、墨水等工业原料；树皮也含鞣质，与虫瘿均可入药，为收敛剂、止血剂及解毒药；叶煎液可治疮；种子可榨油，供工业用；秋叶红色，供观赏。

2. 火炬树 *Rhus typhina* Linn. / Staghorn Sumac

落叶小乔木，高达 8m。小枝粗壮，密被长绒毛，小叶 9~23(~31)，长椭圆状披针形至披针形，长 5~12cm，先端长渐尖，基部圆形或宽楔形，幼时两面被毛；叶轴无翅。花序密被毛。果深红色，密被绒毛，密集成火炬形。花期 6~7 月，果实成熟期 8~9 月。

图 8-292　盐肤木 *Rhus chinensis*
1. 花枝　2. 叶背面局部　3. 五倍子着生于复叶轴上
4. 五倍子打开　5, 6. 雄花及退化雄蕊
7, 8. 雌花及雌蕊　9. 果实

原产北美洲，现欧洲、亚洲及大洋洲许多国家都有栽培。中国自 1959 年引入栽培，目前已推广到东北、华北、西北等许多地区栽培。耐寒区位 3~9。

喜光，适应性极强，耐旱，耐瘠薄，而且耐涝和耐盐碱；根系发达，根蘖萌发力极强，生长快，但寿命短，约 15 年后便开始衰退。自然根蘖更新非常容易，只需稍加抚育，就可恢复林相，是良好的护坡、固堤及封滩、固沙的先锋树种。近年在华北、西北山地已推广作水土保持及固沙树种。

木材可作细木工及装饰用材；树内皮可作止血药；种子榨油供工业用；雌花序和果序均红色而形似火炬，十分艳丽，叶秋季红色，供观赏。

4. 黄栌属 *Cotinus* (Tourn.) Mill. /Smoke Tree

落叶灌木或小乔木。髓心黄褐色。单叶，全缘或略具齿。顶生圆锥花序；花杂性，小，淡绿色，仅少数发育；不孕花花梗延长，被长柔毛；苞片披针形，早落；花 5 基数；花盘环状；雄蕊 5，较花瓣短；心皮 3，子房偏斜，1 室 1 胚珠；花柱 3，侧生。核果扁肾形，小。种子无胚乳。

约 5 种，间断分布于南欧、东亚及北美温带地区。中国有 3 种，产华北、西北至西南地区。

木材黄色，古代作黄色染料；树皮及叶富含鞣质；叶含芳香油脂。

分种检索表

1. 叶倒卵或卵圆形,两面被柔毛;花序被柔毛………………………………………… 黄栌 *C. coggygria*
1. 叶宽椭圆或圆形,背面及叶柄密被柔毛;花序无毛或近无毛 …… 毛黄栌 *C. coggygria* var. *pubescens*

黄栌 *Cotinus coggygria* Scop. /Common Smoke Tree 图 8-293

图 8-293 黄栌 *Cotinus coggygria*

灌木,高 3~5m。叶倒卵形至卵圆形,长 3~8cm,宽 2.5~6cm。先端圆形或微凹,基部圆形或宽楔形,全缘,两面被灰色柔毛,背面尤甚。花序被柔毛;花萼无毛,花瓣卵形或卵状披针形,长 0.2~0.25cm,花盘 5 裂。果肾形,长约 0.45cm,无毛。花期 4~5 月,果实成熟期 6~7 月。

产河北、山东、河南、湖北、四川,生于海拔 700~1 620m 的向阳山坡林中。间断分布于东南欧。耐寒区位 7~10。

喜光,耐寒,耐干旱瘠薄和碱性土壤,但不耐水湿,以深厚、肥沃、排水良好的砂质壤土生长最好,对 SO_2 有较强抗性,对氯化物抗性较差。根系发达,萌蘖性强。

树皮和叶可提栲胶;叶含芳香油,为调香原料;叶秋季变红,美观,著名的北京"香山红叶"即为本种,初夏花后有淡紫色羽毛状的伸长花梗宿存树梢很久,远望宛如万缕罗纱缭绕林间,故本种英文名有"烟树"(smoke tree) 之称,是园林绿化观赏优良树种,也可作为荒山造林先锋树种。

毛黄栌 *Cotinus coggygria* Scop. var. *pubescens* Engl. 与黄栌 *C. coggygria* 主要区别:叶多为宽椭圆形,稀圆形,叶背面、尤其沿脉上和叶柄上密被柔毛;花序无毛或近无毛。

产山西、山东、河南、陕西、甘肃、江苏、浙江、湖南、四川、贵州等地,生于海拔 800~1 500m 的山坡林中。欧洲东南部、叙利亚、俄罗斯(高加索)也有分布。耐寒区位 7~10。

5. 杧果属 *Mangifera* Linn. /Mango

常绿乔木。单叶互生,全缘。顶生圆锥花序;花杂性。花梗具节;花萼及花瓣 4~5,覆瓦状排列;花瓣内面具褐色脉纹;花盘垫状,4~5 浅裂;雄蕊 4~5,稀 10~12,着生于花盘基部,分离或与花盘合生,常仅 1 枚发育,其余退化为小齿状;子房无柄,偏斜,1 心皮 1 室 1 胚珠;花柱侧生或近顶生,钻形,内弯。核果,中果皮肉质多汁,富含纤维,果核木质。种子大,种皮薄。子叶扁平,常不对称或分裂,胚直立。

50余种，分布于热带亚洲。中国5种。

多为著名热带水果，优良栽培品种果肉厚，纤维少，果核小，汁多味美；果核入药，止咳、利尿；叶及树皮可作黄色染料；木材坚硬，耐海水，供舟车用材；树冠浓密，为热带庭园观赏及行道树种。

杧果 *Mangifera indica* Linn. /Mango 图8-294

高达20m。树皮灰褐色。叶常集生枝顶，叶长圆形至长圆状披针形，长12~30cm，宽2.5~6.5cm，叶缘波状，无毛；叶柄基部膨大。花序塔形，长20~35cm，被黄色微柔毛；花小而密集，黄色或淡黄色；花盘膨大，5裂；能育雄蕊1，退化雄蕊3~4。核果大，肾形，侧扁，长5~10cm，径3~4.5cm，熟时黄色或黄红色，中果皮鲜黄色，肉质，肥厚，果核坚硬，木质。花期2~5月，果实成熟期5~8月。

云南、广西、海南、广东、福建及台湾等地有种植，生于海拔200~1 350m河谷及林中。主产东南亚，尤其缅甸和印度。耐寒区位11~12。

世界著名水果，素有"热带果王"美誉，为热带国家最常见的水果，在国内外广为栽培，多优良品种，果形、大小、果肉厚度及品质均有差异。其营养

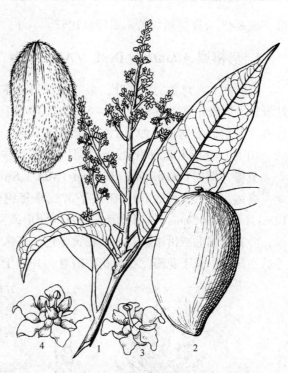

图8-294 杧果 *Mangifera indica*
1. 花枝 2. 果实 3. 雄花 4. 两性花 5. 果核

价值很高，含有丰富的维生素A、维生素B、维生素C。其中维生素C的含量特别高。杧果加工产品甚多，如杧果果汁饮料、甜酸杧果片等。

61. 苦木科 Simaroubaceae /Quassia Family

常绿或落叶，乔木或灌木。树皮有苦味。叶互生，稀对生，羽状复叶；无托叶。花小，辐射对称，单性或杂性，组成腋生圆锥或总状花序；花萼3~5裂；花瓣3~5，稀缺；雄蕊与花瓣同数或为其倍数，着生于花盘基部；花盘环状，全缘或分裂；子房上位，2~5心皮，中轴胎座，2~5室，每室1胚珠，稀2或数个胚珠，心皮常基部分离，在花柱或柱头部分靠合。核果、蒴果或翅果。

约30属150种，分布于热带和亚热带，少数产温带，主产热带美洲。中国5属11种，南北多数地区有分布，主产长江以南各地。

在APG分类系统中，苦木科位于锦葵分支的无患子目Sapindales中，与楝科构成姊妹

表 8-13　臭椿属与苦木属特征比较表

属　名	小叶叶缘	花　盘	果
臭椿属 Ailanthus	全缘或基部有 2~8 腺齿	花盘 10 裂	聚合翅果
苦木属 Picrasma	具锯齿，无腺齿	花盘全缘或 4~5 浅裂	聚合核果

群。表 8-13 为臭椿属与苦木属特征比较。

1. 臭椿属 Ailanthus Desf. /Ailanthus

落叶乔木。奇数羽状复叶，小叶基部每边常具 1~4 腺齿，搓之有臭味。花杂性或单性异株，圆锥花序；萼和花瓣 5~6；花盘 10 裂；雄蕊 10；子房 2~5 深裂，结果时分离成 1~5 个长椭圆形翅果；种子 1，生于翅果中部。

10 种，分布于亚洲和大洋洲北部。中国 5 种，产西南、南部、东南部、中部和北部。

臭椿（樗树） *Ailanthus altissima* (Mill.) Swingle /Tree of Heaven　　图 8-295

高达 30m，胸径达 1m。树皮平滑或略有浅裂纹。小叶 13~25，卵状披针形，长 7~12cm，宽 2~4.5cm，顶端长渐尖，基部圆形或宽楔形，具 1~2，稀 3 个大腺齿，上部全缘，叶背面无毛或沿中脉有毛。花黄绿色，有味；花瓣中下部内卷，近管状，雄蕊密生白毛，在雄花中长于花瓣，在雌花中败育，并短于花瓣；雌花心皮 5，与柱头处靠合，基部分离。翅果长 3~5cm，熟时淡褐黄色或红褐色，翅扭曲，脉纹显著。花期 5~6 月，果实成熟期 9~10 月。

产辽宁南部和西南部、河北、山西（中部以南海拔 1 500m 以下）、山东（海拔 900m 以下），西至陕西汉水流域和甘肃东部（海拔 1 600m 以下），南至长江流域及华南各地。朝鲜和日本有分布。地中海沿岸及东欧等地呈半野生状态。耐寒区位 6~11。

适应性强。喜光，耐寒，能耐 -35℃ 低温，耐干旱瘠薄，不耐水湿，能耐中度盐碱土，在含盐量 0.4%~0.6% 的盐碱土中能够成苗，在含盐量 0.2%~0.3% 时生长良好。喜钙质土，为石灰岩山地的习见树种，在中性土、酸性土、沙地、河滩地上均能生长，对烟尘和二氧化硫抗性很强。深根性，萌蘖力强，生长较快，1 年生苗高达 1~1.5m，10 余年即可成材。一般用播种繁殖，还可用分蘖及根插繁殖。

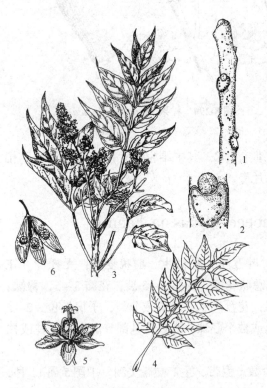

图 8-295　臭椿 *Ailanthus altissima*
1. 枝条　2. 叶痕　3. 花枝　4. 叶　5. 两性花　6. 果实

木材轻韧有弹性，易加工，耐水湿，耐腐朽，适制球拍，农具、家具及胶合板内层。木纤维较杨树长，为优良造纸原料，树皮和种实可入药，有清热利湿，收敛止泻之效。叶可养樗蚕。种子含油量37%，榨油供工业用。具有较强的抗烟尘能力，是工矿区绿化的良好树种，在国外如印度、英国、法国、美国、德国、意大利常用作行道树。因其适应性强，萌蘖力强，又可作山地造林的先锋树种和盐碱地的土壤改良树种。

栽培类型常见有：白椿'Baichun'，树干高而通直，干皮灰白色；千头椿'Qiantouchun'，树冠分枝细密，腺齿不明显。

2. 苦木属 *Picrasma* Blume/Picrasma

落叶乔木或灌木。树皮味极苦。裸芽。奇数羽状复叶，互生。花单性或杂性，花序腋生，由聚伞花序再组成圆锥花序，花萼4~5，花后增大；花瓣4~5；雄蕊4~5；离心皮2~5；花盘全缘或4~5浅裂。果由1~5个肉质或革质的小核果组成，有宿萼。

约8种，分布美洲和亚洲的热带和亚热带地区。中国2种，产南部、西南部、中部和北部。

苦木 *Picrasma quassioides* (D. Don) Benn. /Nigaki　图8-296

落叶乔木，高达10m。树皮灰棕或近黑色，极苦。枝条红褐色，皮孔明显。小叶7~15，长卵形至卵状披针形，长4~10cm，宽2~4cm，顶端渐尖，基部偏斜，叶缘具不整齐钝锯齿，背面沿中脉有柔毛。花小，黄绿色。小核果近球形，径0.6~0.7cm，成熟时蓝绿色至黑色，有宿存的花萼。花期5~6月，果实成熟期9~10月。

产辽宁（仅宽甸满族自治县下露河一带）、河北、山东、河南、陕西、江苏、江西、湖南、湖北、四川等地，生于海拔300~1 440m的山坡疏林中。朝鲜、不丹、尼泊尔、印度等国亦产。耐寒区位6~9。

喜光，多属破坏后的次生林先锋树种，虽宜深厚、肥沃、湿润土壤，但在荒山瘠薄地区亦能生长。种子或分根繁殖。

图8-296　苦木 *Picrasma quassioides*
1. 果枝　2. 两性花　3. 雄花　4. 芽及叶痕

木材细致，质轻软，供一般器具用材。有毒。树皮即"苦树皮"，入药有健胃、泻热、驱蛔虫、杀疥癣等效用，也可配置农药。秋叶变红或橙黄色，可供观赏。

62. 楝科 Meliaceae/Mahogany Family

乔木或灌木。叶互生，稀对生，羽状复叶，稀为3出复叶或单叶；无托叶。花通常两性，多为圆锥状聚伞花序；花萼小，4~5（3~7）裂；花瓣与萼裂片同数，分离或基部连合；雄蕊4~12，花丝合生成筒状，花药无柄而着生于花丝筒的内侧，花盘各式，位于雄蕊与雌蕊之间；花柱1，柱头头状或盘状。浆果、蒴果，稀核果。种子有时有翅。

约50属1 400种，分布于热带、亚热带地区，少数至温带地区。中国15属59种，另引入栽培3属3种，主产长江以南，少数分布长江以北。

在APG系统中，楝科与苦木科为姊妹群，位于锦葵分支的无患子目 Sapindales 中，与芸香科近缘。

大部分为优良速生用材树种。木材坚韧，色泽美，有香气，耐腐朽，世界著名的大叶桃花心木 Swietenia macrophylla 即为本科树种；有些种类入药；有些供庭园观赏。

分属检索表

1. 2~3回羽状复叶；花丝合生成筒状；核果；种子无翅 ··· 1. 楝属 Melia
1. 1回羽状复叶；花丝分离；蒴果；种子一端或两端有翅 ··· 2. 香椿属 Toona

1. 楝属 Melia Linn. /Melia

落叶或常绿乔木；幼嫩部分常被星状粉质毛。小枝有明显叶痕和皮孔。2~3回奇数羽状复叶；小叶全缘或有齿裂。花两性，复聚伞花序，腋生；雄蕊10~12，花丝合生成筒状，顶端具10~12齿，花药内藏或部分突出；花盘环状；子房3~6室。核果近球形，核骨质，种子无翅。

约20种，分布于东半球热带及亚热带。中国3种，主产于东部至西南部。木材精致色美。

楝树（苦楝） *Melia azedarach* Linn. /China Berry　　图8-297

落叶乔木，高达30m。幼树皮平滑，皮孔多而明显，老时浅纵裂。嫩枝绿色，被星状柔毛。2~3回奇数羽状复叶，长20~40cm；小叶卵状椭圆形至卵状披针形，长2~8cm，先端渐尖，基部略偏斜，边缘有粗锯齿，稀全缘。花序长10~20cm；花芳香；萼裂片长椭圆形；花瓣淡紫色；花丝筒深紫色。核果卵形或近球形，长1~1.5cm。花期4~5月，果实成熟期10~11月。

分布很广，黄河流域以南、长江流域各地及台湾、福建、广东、广西等地都能生长，多生于低山丘陵或平原地区。耐寒区位7~12。

极喜光，喜温暖湿润气候，不耐寒，华北地区幼树易遭冻害。对土壤要求不严，在酸性土、中性土、钙质土、石灰岩山地及含盐微量的盐碱地均能生长，稍耐干旱瘠薄，亦耐水湿，但以深厚、湿润、肥沃土壤生长良好。幼树生长极迅速，6~10年即可成材，一般30~40年即衰老。

木材纹理略直，结构粗，坚软适中，不变形，抗虫蛀，边材灰黄色，心材黄色至红褐色，有光泽，易加工，供家具、建筑、农具、乐器等用材。树皮、叶、果可入药或作驱虫剂；树皮含鞣质，可提制栲胶；种子含油率42.17%，榨油供工业用。为黄河流域以南低山平原地区的重要造林树种，也可作为盐碱地造林和"四旁"绿化树种。

本属常见的种类还有：

川楝 *Melia toosendan* Sieb. et Zucc. /Sichuan China Berry 与楝树 *M. azedarach* 的主要区别：小叶全缘，少有疏锯齿；果椭圆形至近圆形，较大，长约3cm。产四川、湖北、湖南、广西、甘肃、陕西、河南、贵州、云南，生于低山及平原，生长条件与楝树相似。耐寒区位 8~11。极喜光，速生，广东、福建有栽培，生长良好。用途与楝树相似。

图 8-297　楝树 *Melia azedarach*
1. 花枝　2. 花蕾　3. 花　4. 花纵剖面，示雄蕊管及雌蕊　5. 果序　6. 果核　7. 果核横切面

2. 香椿属 *Toona* (Endl.) M. Roem. /Toona

落叶乔木。偶数或奇数羽状复叶，小叶全缘或具不明显的粗锯齿。花小，两性，白色或黄绿色，复聚伞花序，顶生或腋生；花5基数；雄蕊5，退化雄蕊5或不存在，花丝分离；花盘5棱；子房5室，每室8~12胚珠。蒴果，5裂，中轴粗。种子多数，形扁，一端或两端有翅。

15种，分布于亚洲和大洋洲。中国4种，产西南至华北。

香椿 *Toona sinensis* (A. Juss.) Roem. /Chinese Toona, Chinese Cedrela 　图 8-298

乔木，高25m。树皮暗褐色，长条片状纵裂。小枝粗壮，叶痕大，扁圆形。偶数（稀奇数）羽状复叶，小叶10~20，长圆形至长圆状披针形，长8~15cm，顶端长渐尖，基部不对称，全缘或具不明显钝锯齿。花白色，子房或花盘均无毛。蒴果椭圆状倒卵形或椭圆形，长1.5~2.5cm；种子上端具长圆形翅，连翅长0.8~1.5cm，红褐色。花期6月，果实成熟期10~11月。

原产中国中部和南部。东北自辽宁南部，西至甘肃，北起内蒙古南部，南到广东、广西，西南至云南均有栽培。其中尤以山东、河南、河北栽植最多。河南信阳地区有较大面积的人工林。陕西秦岭和甘肃的小陇山有天然分布。垂直分布在海拔1 500m以下的山地和广大平原地区，最高达海拔1 800m。耐寒区位 6~11。

图 8-298 香椿 *Toona sinensis*
1. 花枝 2. 果序 3. 花序部分放大 4. 花解剖 5. 种子

喜光，喜温暖湿润气候，不耐严寒，气温在 -27℃ 易受冻害。耐旱性较差，在较寒冷而又干旱的地区，早春幼树易枯梢，随年龄增大，抗寒抗旱力逐渐增强。对土壤要求不严，在中性、酸性、及微碱性（pH 5.5~8.0）的土壤上均能生长，在石灰质土壤上生长良好。在土层深厚、湿润、肥沃的砂壤土上生长较快。较耐水湿。深根性，根蘖力强。主要采用播种繁殖，扦插、分蘖、埋根繁殖也可。

木材红褐色，坚重富弹性，纹理直，结构细，易干燥，加工容易，不翘、不裂、不变形，耐腐，油漆及胶黏力均佳，为上等家具、室内装饰、建筑、造船、桥梁、乐器等用材，素有"中国桃花心木"之誉。树皮可造纸，皮和果可入药。嫩芽幼叶味鲜美，生食、熟食或腌食均可，各地作为蔬菜树栽培，价值很高。为华北、华东、华中等地低山丘陵或平原地区的重要用材树种，又为观赏及行道树种。

本属常见的种类还有：

红椿 *Toona ciliata* Roem. /Suren Toona 与香椿 *T. sinensis* 的主要区别：落叶或半常绿乔木，高达 35 m。小叶全缘，子房和花盘有毛，种子两端有翅，蒴果长 2.5~3.5 cm。产广东、广西、贵州、云南等地。中国南方重要速生用材树种，也可用作观赏及行道树种。耐寒区位 9~12。

63. 芸香科 Rutaceae/Rue Family

常绿或落叶，灌木或乔木，稀为草本；具芳香挥发油；有时具刺。叶互生或对生，单叶或复叶，常有透明的腺点，无托叶。花两性，稀单性，辐射对称，排成聚伞花序等各式花序；萼片（3）4~5，常合生；花瓣（3）4~5，分离；雄蕊 3~5 或 6~10，稀 15 以上，着生于花盘的基部；雌蕊由 1~3、4~5 或多数心皮组成，分离、部分合生至完全合生；子房上位，每室 1~2 胚珠，花盘有时伸长为子房柄。蓇葖果、蒴果、核果、浆果、翅果或柑果（为该科特有果实，属浆果类）。

约 150 属 1 500~1 700 种，分布于热带和温带地区，南非和大洋洲最多。我国有 28 属 154 种（含引入栽培），南北均产。其中柑橘类为著名的果品，黄檗可为染料，秦椒入药为香料，有些供观赏用。

在 APG 系统中，芸香科位于锦葵分支的无患子目（Sapindales）中，与楝科与苦木科近缘。该科的界定没有发生大的变化，有161属超过2 000种植物分布于世界热带与亚热带地区。

分属检索表

1. 羽状复叶，花单性，蓇葖果或核果。
    2. 具皮刺；复叶互生；蓇葖果 ·· 1. 花椒属 Zanthoxylum
    2. 无刺；复叶对生。
        3. 小叶全缘或近全缘；裸芽；蓇葖果4~5 ··· 2. 四数花属 Tetradium
        3. 小叶有细锯齿；叶柄下芽；核果 ··· 3. 黄檗属 Phellodendron
1. 3出复叶或单身复叶。
    4. 3出复叶 ·· 4. 枳属 Poncirus
    4. 单身复叶 ·· 5. 柑橘属 Citrus

1. 花椒属 Zanthoxylum Linn. /Prickly Ash

灌木或小乔木，直立或攀缘状；奇数羽状复叶互生，稀3小叶；小叶对生，有锯齿，稀全缘，有透明的腺点；花小，单性异株，排成圆锥花序或簇生；萼片、花瓣和雄蕊均3~8，或无花瓣；雄花有退化雌蕊；雌花心皮2~5 (~11)，分离，通常有柄，每室具2并生胚珠；蓇葖果具1~5 蓇葖，2瓣裂，外果皮革质，红色、紫红色或褐色，具粗大油腺点，内果皮黄白色；种子1，黑色，有光泽。

约250种，分布于亚洲、非洲、大洋洲和北美洲，主产热带和亚热带地区。中国50余种，南北均产，主产西南及南部各地。该属中具有重要的经济树种花椒 Z. bungeanum，其果实入药或为香料。有些种类的木材很有价值。

分种检索表

1. 小叶5~11，卵形至卵状长圆形，花序顶生 ··· 1. 花椒 Z. bungeanum
1. 小叶3~9，披针形至椭圆状披针形，花序腋生 ··· 2. 竹叶椒 Z. armatum

1. 花椒 Zanthoxylum bungeanum Maxim. /Sichuan Pepper, Bunge Prickly Ash   图8-299

落叶灌木或小乔木。茎干常有增大的皮刺和瘤状突起，枝条上具扁平皮刺。小叶5~9 (~11)，长1.5~7cm，宽0.8~3cm，卵形、椭圆形至广卵圆形，边缘有细圆钝锯齿和透明腺点，叶轴具狭翅。聚伞状圆锥花序顶生，花单性异株；花萼4~8，无花瓣；雄花雄蕊5~7；雌花心皮4~6，子房无柄。蓇葖果球形，红色至紫红色，密生疣状突起的腺体。花期3~7月，果实成熟期7~10月。

天然分布于秦岭、山东东部和中部海拔500~1 000m以下，生于山坡灌丛中或向阳地、路旁。除东北和新疆外，在辽宁南部以南全国各地广泛栽培，其中以陕西、河北、四川、河南、山东、贵州、山西为主要产区，多栽培于低山丘陵、田边、庭园周边等，成为当地山区经济发展的重要经济树种。在贵州用于石漠化治理，产生一定的生态和经济效益。耐寒区位6~10。

喜光，荫蔽条件下结实不良。喜温，在生长发育期间，要求较高的温度，幼苗在

-18℃时受冻害，约在-25℃时大树能冻死。忌风，不抗暴风，在北方多种于避风向阳地方。耐旱，在年降水量500~600mm的华北、西北地区生长良好。怕积涝，短期积水或洪水冲淤后能使花椒死亡。对土壤适应性强，在中性、酸性土壤上均能生长，在深厚肥沃湿润的土壤中生长最好。根系发达，萌蘖力强，耐修剪。用种子繁殖或移植野生苗，生长快，结实早，1年生苗高可达1m，栽后2~3年开始结果，4~5年进入盛果期，持续15~20年，寿命30~40年。

花椒果皮、种子是中国传统的香料，作调味料，并可提取芳香油。因此，具有悠久的栽培历史，培育出许多品种、品系，如大红袍、小红袍（米椒）、豆椒（白椒）、大花椒（油椒）、小椒（黄金椒、小红椒）、白沙椒（白里椒）等。花椒也可供药用，能温中止痛、杀虫。叶制农药。木材坚实，造型特异，可制造手杖、檑木等。

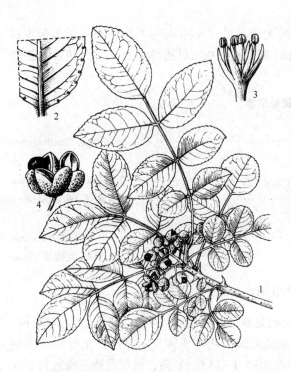

图8-299　花椒 *Zanthoxylum bungeanum*
1. 果枝　2. 小叶放大示叶缘的腺点
3. 雄花　4. 果实及种子

2. 竹叶椒 *Zanthoxylum armatum* DC. /Bamboo-leaved Prickly Ash

与花椒 *Z. bungeanum* 的区别：常绿灌木。叶轴下面皮刺明显，在上面小叶片的基部处有托叶状小皮刺1对；小叶3~9，长5~9cm，宽1~3cm，披针形至椭圆状披针形，边缘具细锯齿，仅齿隙间有透明腺点。聚伞圆锥花序腋生。花期3~5月，果实成熟期8~10月。

产山东东部、中部至南部、秦岭以南、西南至云南，最南达广东，以东南最为常见。耐寒区位7~10。

喜光，喜温暖湿润气候，适应性强，多见于山坡、山沟、低山疏林及灌丛中。

果实、枝叶可提取芳香油，作调料及药用。香味和品质不如花椒。

2. 四数花属 *Tetradium* Sweet/Evodia

灌木或乔木，裸芽。叶对生，奇数羽状复叶、3小叶或单叶，小叶全缘，有油腺斑点；花小，单性异株，排成腋生或顶生的伞房花序或圆锥花序；萼片和花瓣4（5）；雄花雄蕊4~5，着生于花盘的基部；雌花子房心皮4~5，分离，中部以下合生，每室2胚珠；蓇葖果4~5，成熟开裂，外果皮有腺点。种子1~2，卵圆形，黑色，有光泽。

约150种，分布于亚洲、大洋洲、非洲的热带和亚热带地区。中国25种，以西南部至南部地区最多，少数产温带地区。

分种检索表

1. 小枝具短柔毛，叶缘具明显锯齿；蓇葖果每蓇葖先端具尖的喙 ················ **1. 臭檀吴萸** *T. daniellii*
1. 小枝具锈色长柔毛，叶全缘或具不明显锯齿；蓇葖果每蓇葖先端无喙 ······ **2. 吴茱萸** *T. rutaecarpa*

1. 臭檀吴萸 *Tetradium daniellii* (Bennett) T. G. Harley /Korean Evodia 图 8-300

落叶乔木，高达20m，胸径约1m。小叶5~11，阔卵形至卵状椭圆形，长6~15cm，宽3~7cm，散生少数油点，先端长渐尖，基部圆或阔楔形，偏斜，有细钝锯齿，有时有缘毛，叶面中脉被疏短毛，叶背中脉两侧被长柔毛或仅脉腋有不脱落的簇毛。伞房状聚伞花序，花序轴及分枝被灰白色或棕黄色柔毛，花蕾近圆球形；花白色，花萼及花瓣均5；雄花具5雄蕊；雌花具4~5心皮。蓇葖果成熟时紫红色，干后变淡黄或淡棕色，背部无毛，两侧面被疏短毛，顶端有喙，内果皮干后软骨质，蜡黄色。种子卵形，一端稍尖，长3~4mm，褐黑色，种脐线状纵贯种子的腹面。花期6~8月，果实成熟期9~11月。

产辽宁、河北、山东、河南、山西、陕西、甘肃、湖北、江苏等地，但以秦岭为分布中心。耐寒区位6~9。

喜光，深根性，多生于疏林或沟边。木材坚硬，纹理美丽，可做家具、农具等用。种子含油39.7%，可为工业用油，制油漆等。

图 8-300　臭檀吴萸 *Evodia daniellii*
1. 果枝　2. 小叶背面局部　3. 种子

本种具有不同地理分布的生态型。不同分布区的类型在小叶的油腺点、小叶数目、小叶边缘、花序大小、花序轴被毛、雄花及蓇葖果大小等方面具有显著的差异。

2. 吴茱萸 *Tetradium rutaecarpa* (Juss.) Benth. /Medicinal Evodia

与臭檀 *T. daniellii* 的区别：小乔木或灌木，高3~5m，嫩枝暗紫红色，被锈色长绒毛。叶有小叶5~11片，小叶卵形、椭圆形至披针形，全缘或浅波状，小叶两面及叶轴被毡状长柔毛。蓇葖果无喙，有粗大油点。花期4~6月，果实成熟期8~11月。

产长江流域及南部各地，生于海拔1 500m以下，常见于疏林下、林缘或路旁。耐寒区位8~10。果、叶、根、茎及皮可入药，主治心绞痛、腹痛等；种子榨油。

3. 黄檗属 *Phellodendron* Rupr. /Cork Tree

落叶乔木。树皮常具发达的木栓，内皮淡黄色。无顶芽，叶芽为叶柄下芽。奇数羽状复叶对生，揉之有味。花小，淡绿色，单性，雌雄异株，排成顶生的圆锥花序或伞房花序；萼片和花瓣5~8；雄蕊5~6；子房具短柄，5心皮5室，每室具1胚珠；花柱短，5裂。核果浆果状，球形，具腺点，有特殊气味，成熟时蓝黑色，有种子4~5。

约8~13种，分布东亚。中国2种，产东北至西南。

黄檗（黄柏、黄波罗）*Phellodendron amurense* Rupr./Chinese Cork Tree   图8-301

乔木，高达30m，胸径1m。树皮灰褐色，不规则网状开裂，木栓发达，内皮薄，鲜黄色，味苦；小枝暗紫红色，无毛。小叶5~13，卵状披针形至卵形，长5~12cm，宽2.5~4.5cm，先端长渐尖，基部不对称，一边楔形，一边圆形，有细钝齿或不明显，有缘毛，齿隙间有透明腺点，仅叶背基部中脉两侧密被长柔毛。花序顶生；花瓣黄绿色，花萼5，花瓣5，雄蕊5。核果圆球形，径约1cm，蓝黑色，通常有5~8（~10）浅纵沟，干后较明显；种子通常5。花期5~6月，果实成熟期9~10月。

产东北至华北北部。在小兴安岭、长白山海拔1 000m以下常和红松 *Pinus koraiensis*、核桃楸 *Juglans mandshurica*、水曲柳 *Fraxinus mandshurica* 等组成混交林，在河北东北部山区海拔500~1 000m也有分布。朝鲜、日本、俄罗斯远东地区有分布。耐寒区位3~9。

喜光，但也稍耐阴，深根性树种，适生于冷湿气候及深厚肥沃的土壤，不耐干旱瘠薄及水湿地区。

图8-301 黄檗 *Phellodendron amurense*
1. 果枝 2. 冬态小枝 3. 小叶局部
4. 雄花 5. 雌花 6. 果实横切面

为产区珍贵用材树种，木材黄色至黄褐色，纹理美丽，材质坚韧，有弹性，耐水湿、耐腐性强，易加工，为上等家具、胶合板等用材。树干剥取栓皮，供制绝缘配件等工业原料。内皮味苦，黄色，为重要的中药，药名为"黄柏"，也可作黄色染料。花为蜜源。

4. 枳属 *Poncirus* Raf./Trifoliate Orange

形态特征同种。

1种，中国特产。

枳（枸橘）*Poncirus trifoliata*（Linn.）Raf./Trifoliate Orange   图8-302

落叶灌木或小乔木，高1~5m。枝绿色，小枝扁，有纵棱，具腋生枝刺。3出复叶，稀4~5小叶，互生，小叶等长或中间的一片较大，长2~5cm，宽1~3cm，对称或两侧不对称，有细钝裂齿或全缘，嫩叶中脉上有细毛；叶轴长1~3cm，具狭长的翅。花白色，芳香，单朵或成对腋生，先叶开放；花萼5，花瓣5，匙形；雄蕊3~20，花丝分离，不等长；花柱短粗，柱头增大为头状；部分花为不完全花，雄蕊发育，雌蕊萎缩。柑果圆球形或梨形，径3.5~6cm，果顶微凹，有环圈，果皮暗黄色，粗糙，密被短柔毛，熟时黄色，果心充实，瓤囊6~8瓣，微有香橼气味，甚酸且苦，带涩味；种子阔卵形，乳白或乳黄色。花期5~6月，果实成熟期10~11月。

产长江中游各地，现山东、河北、河南、山西、陕西、安徽、江苏、江西、浙江、福建、广东、广西、湖南、湖北、四川、贵州等地广泛栽培。耐寒区位5~11。

喜光，根系发达，抗病性强，较耐寒；适生湿润、深厚肥沃的土壤，微耐盐碱土。

枳可与柑橘属及金橘属植物杂交，常做柑橘嫁接砧木。可作为绿篱种植。

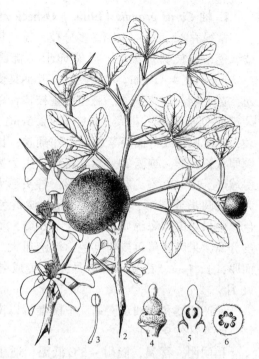

图8-302　枳 *Poncirus trifoliata*
1. 花枝　2. 果枝　3. 雄蕊　4. 雌蕊
5. 雌蕊纵切面　6. 子房横切面

5. 柑橘属 *Citrus* Linn. ／Orange

常绿小乔木或灌木。有枝刺；小枝具纵棱，深绿色。单身复叶，互生，密被透明油腺点，具钝锯齿或全缘；叶柄有翅，小叶与叶柄交界处有关节，干后叶片易从此处脱落；花通常两性，5数，单生或数朵簇生或排成总状花序；萼杯状，3~5裂，宿存，结果时常增大；花瓣4~8，通常白色；雄蕊15~60，生于花盘四周，花丝中部以下常合生成数束；子房无毛，7~15室或更多，每室（1）~4~12胚珠；花柱粗大，花后易从基部断裂脱落，柱头头状。柑果大，球形或扁球形，肉瓣（即果肉）由多个瓤囊组成，瓤囊内壁上表皮发育成含有汁液具柄的汁泡；外果皮表面密被腺点（油囊），内果皮白色，海绵质。

约20种，原产亚洲的热带和亚热带，现世界适生地区广泛种植。中国约15种，长江以南各地广为栽植，为重要的果树，如柚 *C. grandis*，橘 *C. reticulata*，橙 *C. sinensis*，柠檬 *C. limon* 等，榨取其汁，制作饮料等。

分种检索表

1. 叶柄具明显的翅；果皮较厚，海绵质，与果肉不易剥离。
  2. 叶柄翅宽，倒心形；叶宽椭圆形，长8~10cm，宽4.5cm以上；柑果大，径10~25cm ……………………………………………………………………………………………… **1. 柚 *C. grandis***
  2. 叶柄翅窄，但明显；叶椭圆形，长4~10cm，宽4.5cm以下；柑果径小于10cm ………………………………………………………………………………………… **3. 橙 *C. sinensis***
1. 叶柄具窄的翅或翅不明显；果皮薄，松散，与果肉易剥离 …………… **2. 橘 *C. reticulata***

1. 柚 *Citrus grandis*（Linn.）Osbeck / Shaddock 图 8-303

常绿乔木，高 5~10m。多分枝，枝具长刺，小枝绿色，嫩枝被短柔毛。叶宽卵形至椭圆形，长 7~20cm，宽 4~12cm。单身复叶，叶柄具倒心形宽翅，宽 1~4cm。花芳香，腋生或生枝顶，单生或数朵排成总状花序，花大，长 1.8~2.5cm，萼 5 浅裂，花瓣白色或背面淡紫色，向外翻卷，长圆形至倒卵状长圆形；雄蕊 20~37，花丝合生为数束，子房球形，10~20 室，花柱圆柱形，柱头膨大。柑果大，扁圆形或梨形，径 10~30cm；淡黄色至黄青色，中果皮厚，海绵质；瓢囊 8~16 瓣，不易与果皮分离，果肉淡黄色或粉红色，汁泡粗大。种子扁而厚，长 1cm。花期 3~5 月，果实成熟期 9~11 月。

原产印度和亚洲东南部。中国秦岭以南常见栽培。耐寒区位 9~11。

稍耐阴，喜温，能耐 −5℃ 低温，适生于温暖湿润的气候和深厚肥沃的中性至微酸性的砂壤土。

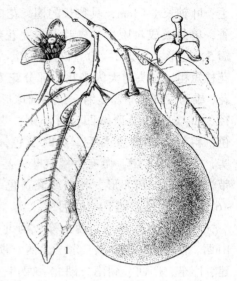

图 8-303 柚 *Citrus grandis*
1. 果枝 2. 花 3. 花去雄蕊

柚营养价值很高，果肉 V_C 含量丰富，较橙类高，富含糖类、有机酸及多种营养成分，供食用。根、叶及果皮入药，有消食化痰、理气散结功效。柚在中国栽培历史悠久，培育的品种达 220 多种，著名品种有福建漳州文旦柚、广西容县沙田柚等。

2. 橘（柑橘） *Citrus reticulata* Blanco / Orange 图 8-304

灌木至小乔木。分枝多，枝扩展或略下垂，枝刺短、较少或无。叶披针形、椭圆形或阔卵形，长 4~10cm，宽 2~3cm，中上部常有细钝齿，稀全缘，顶端常微凹；叶柄翅极窄或无。花黄白色，单生或 2~3 朵簇生叶腋；花萼不规则 3~5 浅裂，花瓣 5，椭圆形或长圆形，雄蕊 18~25，合生为 3~5 束，子房 9~15 室，花柱细长，约为子房的 2 倍。柑果扁球形至近

图 8-304 橘 *Citrus reticulata*

圆球形，果皮薄，淡黄色、朱红色或深红色，易剥离；橘络呈网状，易分离；果实中心柱大而常空；瓢囊 9~15 瓣，稀较多，囊壁薄，柔嫩或颇韧，汁泡通常纺锤形，短而膨大，稀细长，果肉或酸，或甜，或有苦味；种子卵形，顶部狭尖，基部浑圆，子叶深绿、淡绿或间有近于乳白色，多胚，少有单胚。花期 4~5 月，果实成熟期 10~12 月。

原产中国，秦岭以南各地常见栽培。耐寒区位9~11。

稍耐阴，喜温暖湿润的气候，不耐寒，气温低于-7℃时，发生冻害，适生于深厚肥沃的中性至微酸性的砂壤土。

为著名的水果，栽培历史悠久，品种极多，分为柑和橘两类：柑类果较大，近球形，果皮粗糙，较紧，橘络多，如广东潮州及福建漳州的蕉柑；橘类较小，扁球形，果皮平滑，较薄，宽松，极易剥离，橘络少，如广东潮州的椪橘、珠江的酸橘等。

3. 橙（广柑、甜橙） *Citrus sinensis* (Linn.) Osbeck / Sweet Orange　图8-305

与橘 *C. reticulata* 的区别：叶通常椭圆形，长6~10cm，宽3~5cm；叶柄翅明显，狭长，宽约与柄相等，倒卵形，但比柚的叶柄翅窄。柑果圆球形、扁圆形至椭圆形，橙黄色至橙红色，果皮难或稍易剥离，果心实或半充实，瓢囊9~12瓣，果肉淡黄、橙红或紫红色。花期3~5月，果实成熟期10~12月，迟熟品种至翌年2~4月。

原产亚洲东南部，中国秦岭以南各地广泛栽培。越南、缅甸及南亚等地种植。耐寒区位9~11。

喜肥沃、微酸性或中性砂壤土，产区年平均气温17℃以上，不耐-5℃以下的低温。为中国南方著名水果之一，果实富含维生素C，含糖分约20%；花、果皮可提取芳香的橙油，供制肥皂、香水、香料等；果皮入药。

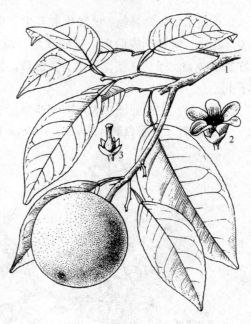

图8-305　橙 *Citrus sinensis*
1. 果枝　2. 花　3. 花去花冠，示雌蕊

橙在中国栽培历史悠久，形成大量的地方品种，如产于四川、湖北的脐橙、桃叶橙、夏橙、五月红，湖南的血橙，广西的香水橙等。

64. 蒺藜科 Zygophyllaceae/Creosote Bush Family

草本或灌木。叶对生、互生或簇生，单叶、2小叶或羽状复叶；托叶宿存，常呈刺状。花两性，辐射对称，1~2朵腋生或排成顶生的总状、圆锥或蝎尾状聚伞花序；萼片5，稀4，花瓣4~5，稀无花瓣；通常有花盘；雄蕊与花瓣同数或为其2~3倍，花丝分离，基部或中部有1鳞片；子房上位，通常4~5室，每室2至多数胚珠，中轴胎座。蒴果或核果，稀为核果状浆果。

约25属240种，主产两半球的干燥地区，尤以含盐分的沙漠地区最多。中国5属33种，南北均有分布，但以西北最多。

在APG系统中，蒺藜科位于豆分支基部的蒺藜目 Zygophyllales 中。

有些种类可作为改良盐碱地及防风固沙树种；有些种类可做家畜饲料。

分属检索表

1. 果为浆果状核果；聚伞花序顶生，单叶 ··· **1. 白刺属** *Nitraria*
1. 果为蒴果；花1~2朵腋生，偶数羽状复叶 ··· **2. 霸王属** *Zygophyllum*

1. 白刺属 *Nitraria* Linn. /Nitraria

小灌木。枝常具刺。叶簇生或互生，肉质，条形、匙形至倒卵状匙形；托叶细小、锥尖。花小，淡黄色或白色，排成顶生、疏散的蝎尾状聚伞花序；萼片5，肉质；花瓣5，雄蕊10~15；子房3室，每室有1胚珠。浆果状核果，具薄的外果皮和骨质的内果皮。种子1。

约8种，主产亚洲、大洋洲和非洲。中国5种，产西北地区和内蒙古。

1. 白刺（小果白刺） *Nitraria sibirica* Pall. /Siberian Nitraria　　图8-306

高0.5~1m。多分枝；枝灰白色，顶端刺化。叶在嫩枝上多为4~8簇生，倒卵状匙形，长0.6~1.5cm，宽2~5mm，全缘，顶端圆钝，具小突尖，基部窄楔形，无柄。花小，白色。核果近球形或椭圆形，两端钝圆，长6~8mm，熟时暗红色，果汁暗蓝紫色；果核卵形，先端尖，长约4~5mm。花期5~6月，果实成熟期7~8月。

产西北、华北和东北。蒙古、俄罗斯也有分布。耐寒区位4~7。

喜光，耐干旱，耐盐碱。生于轻度盐渍化低地、湖盆边缘、干河床边，可成为优势种并形成群落。抗沙埋，被沙埋压形成小沙丘，在荒漠草原及荒漠地带，株丛下常积沙而形成白刺沙堆。种子繁殖或压条繁殖。

西北地区重要的固沙植物，可用于改良盐碱地和防风固沙；果入药；果核

图8-306　白刺 *Nitraria sibirica*
1. 花枝　2. 花

榨油，供工业用；枝叶和果实可作饲料。

2. 唐古特白刺 *Nitraria tangutorum* Bobr. /Tangut Nitraria

与白刺 *N. sibirica* 的主要区别：叶2~3簇生，宽倒披针形至长椭圆状匙形，长1.8~2.5cm，宽3~6mm。花黄白色。核果较大，卵形，长0.8~1.2cm。产西藏和西北各地。耐寒区位4~7。用途同白刺。

2. 霸王属 *Zygophyllum* Linn. / Beancaper

灌木或半灌木，多年生或1年生草本。叶对生，2小叶至偶数羽状复叶，肉质；托叶2，草质或膜质。花1~2朵腋生；萼片4~5裂；花瓣4~5，白色、黄色或橙黄色；雄蕊8~10，花丝基部常具鳞片状附属物；子房3~5室。蒴果，具3~5棱或翅，稀无翅。每室具1至多数种子。

约100种，分布于地中海地区、中亚、南非及大洋洲。中国22种，其中木本2种，产西北部，常生于荒漠戈壁或碱土上。

霸王 *Zygophyllum xanthoxylon* Maxim. / Common Beancaper 图 8-307

灌木，高 0.7~1.5m。枝疏展，弯曲，木材黄色；小枝灰白色，顶端刺状。复叶具2小叶，在幼枝上对生，老枝上簇生；小叶椭圆状条形至长匙形，肉质，长 0.8~2.5cm，宽 3~5mm；顶端圆，基部渐狭；叶柄明显，长 0.8~2.5cm。花单生，黄白色，萼片4，倒卵形；花瓣4，倒卵形或近圆形，顶端圆，基部渐狭成爪；雄蕊8，长于花瓣；子房3室。蒴果常具3宽翅，宽椭圆形或近球形，不开裂，长 1.8~3.5cm，宽 1.7~3.2cm。种子肾形，黑褐色。花期5~6月，果实成熟期6~7月。

产中国西北地区。蒙古亦产。耐寒区位 4~6。

旱生植物。喜光，耐干瘠，多生于荒漠及荒漠化草原地带。在戈壁沙地上，有时成为建群种形成群落，亦散生于石质残丘坡地、固定与半固定砂地、干河床边、沙砾质丘间平地。种子繁殖。

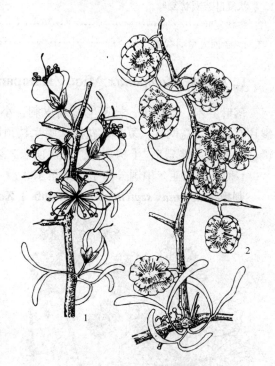

图 8-307 霸王 *Zygophyllum xanthoxylon*
1. 花枝　2. 果枝

西北地区重要的固沙、固坡树种；根可入药；茎叶可作家畜饲料。

65. 五加科 Araliaceae / Ginseng Family

多年生草本、灌木至乔木，有时攀缘状。枝干具粗大髓心，常被星状毛，有时有皮刺。叶互生，单叶、羽状复叶或掌状复叶，常集生枝顶；托叶与叶柄基本合生，稀无托叶。花小，两性或单性，常排成伞形花序、由伞形花序组成的圆锥花序或头状花序，稀为穗状花序和总状花序；萼小，5齿裂或不裂，与子房合生；花瓣 5~10，常分离，有时合生成帽状体；雄蕊与花瓣同数或2倍之或不定数，着生于花盘的边缘；子房下位，2~5心皮，稀多数，1~5室，每室有1胚珠；浆果或核果。种子形扁。

80 属 900 种以上，广布于两半球的温带和热带。中国 23 属 160 余种，分布极广，主产西南，部分属至黄河以北，达东北，如著名的药材人参 *Panax ginseng*。

在 APG 系统中，五加科位于桔梗分支的伞形目 Apiales 中，与伞形科为姊妹群。APG 系统的五加科有 43 属 1 450 余种，广布于温带、热带亚热带地区。

本科植物具有多种经济用途，多数为著名的药材，如五加 *Eletherococcus nodiflorus*、土当归 *Aralia cordata* 和三七 *Panax pseudo-ginseng*；刺楸 *Kalopanax septemlobus* 的木材供建筑和家具用；有些种类可供庭园观赏用，如鹅掌柴（鸭脚木）*Schefflera octophylla*。

分属检索表

1. 单叶，掌状分裂 ·· 1. 刺楸属 *Kalopanax*
1. 掌状复叶或羽状复叶。
　2. 掌状复叶 ··· 2. 五加属 *Eletherococcus*
　2. 1~3 回大型羽状复叶 ·· 3. 楤木属 *Aralia*

1. 刺楸属 *Kalopanax* Miq. /Kalopanax

落叶乔木。幼树干、枝密生宽扁皮刺，小枝粗壮，皮刺小或无刺。单叶，掌状分裂，裂片有锯齿。花两性，复伞形花序，集生枝顶形成阔大的圆锥花序状；萼 5 齿裂；花瓣 5，镊合状排列；雄蕊 5；子房 2 室，花柱顶端 2 裂。浆果，近球形，具 2 种子，具宿存花柱。

1 种，产东亚。中国分布于华南至东北。

刺楸 *Kalopanax septemlobus* (Thunb.) Koidz. /Castor Aralia, Tree Aralia　　图 8-308

高达 30cm，胸径 1m。叶近圆形，长宽约 7~25cm，5~7 掌状裂，稀 3 裂，裂片三角状卵形，具尖细锯齿，顶端渐尖或突渐尖；叶柄长 5~30cm。果近球形，径约 4~5mm，熟时呈紫色。花期 5~7 月，果实成熟期 10 月。

分布甚广，东北（吉林东南部，辽宁东部、南部）、河北（东陵）、山东海拔 400m 以下，长江流域各地，西至四川海拔 1 200m 以下，西南至云南西北部（海拔 2 500m 以下）和贵州，南到广东、广西北部。朝鲜、日本亦产。耐寒区位 5~10。

喜光，喜土层深厚湿润的酸性土或中性土，常与其他阔叶树种混生。适应性强，在阳坡或石质山地亦能生长。但多呈灌木状。速生，30 年生胸径可达 30 cm。种子繁殖。

木材坚实，红褐色，纹理细密而美观，具光泽，耐磨性强，易加工，为优良的家具木器用材，还可供建筑、车辆、雕刻等用。

图 8-308　刺楸 *Kalopanax septemlobus*
1. 果枝　2. 花枝　3. 花　4. 果实
5. 果实横切面　6. 枝上的刺

根皮和枝入药，有清热祛痰，收敛镇痛之效；种子含油率达38%，供工业用；树皮和叶可提取栲胶。本种抗烟尘和病虫害能力较强，树形颇有特色，也是一种较好的绿化树种。嫩叶可食。

2. 五加属 *Eletherococcus* Maxim. /Eleutherococcus

灌木至小乔木，常有皮刺。掌状或3出复叶。花两性或杂性；伞形花序单生或排成顶生的大圆锥花序；萼5齿裂；花瓣5（4）；雄蕊与花瓣同数；子房2~5室，花柱离生或合生成柱状；果近球形，核果状，具2~5扁形的种子。

约35种，分布于亚洲。中国有27种，广布于南北各地，长江流域最多，其中五加 *E. nodiflorus*、刺五加 *E. setulosus* 和白簕花 *E. trifoliatus*，根皮供药用，中药称"五加皮"，能祛风湿，强壮筋骨。

分种检索表

1. 小枝密被细刺；子房5室 ··· **1. 刺五加 *E. setulosus***
1. 小枝无刺或疏被扁刺；子房2室。
　　2. 头状花序组成圆锥花序；花柱合生成柱状，仅顶端分离 ············ **2. 无梗五加 *E. sessiliflorus***
　　2. 伞形花序腋生或生于短枝顶端；花柱离生 ····················· **3. 细柱五加 *E. nodiflorus***

1. 刺五加 *Eleutherococcus setulosus* (Rupr. et Maxim.) Harms /Multiprickled Eleutherococcus　图8-309，彩版4:2

高达6m。小枝密被下弯针刺，尤其萌条和幼枝明显。小叶5（3），椭圆状倒卵形至长圆形，长5~13cm。表面脉上被粗毛，背面脉上被淡黄褐色柔毛，小叶柄长0.5~2cm。伞形花序单生枝顶或2~6簇生，花紫黄色，萼无毛，花梗长1~2cm；子房5室，花柱合生。果卵状球形，长约8mm，具5棱，成熟时紫黑色。花期6~7月，果实成熟期8~11月。

产黑龙江小兴安岭、吉林长白山区、辽宁、河北、山西、河南及陕西北部。在小兴安岭分布于海拔500m以下，华北达海拔2 000m。朝鲜、日本及俄罗斯远东地区亦产。耐寒区位4~7。

性耐阴，喜湿润和较肥沃土壤，散生或丛生于林内、灌丛中、沟边、路旁。根皮供药用，具有人参同样的强壮作用，而在调解神经机能和血压，改善冠心病引起的诸病状方面优于人参。种子可榨油，供工业用。

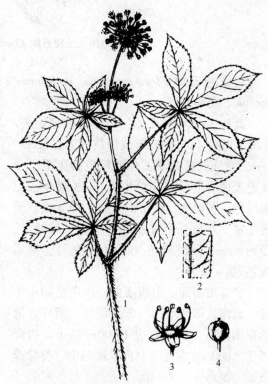

图8-309　刺五加 *Eleutherococcus setulosus*
1. 花枝　2. 小叶局部　3. 花　4. 果实

2. 无梗五加 *Eleutherococcus sessiliflorus* (Rupr. et Maxim.) Seem. /Sessile-flowered Eleutherococcus 图 8-310

高达 5m。小枝无刺或疏被刺，刺直或弯曲。小叶 3~5，倒卵形，两面近无毛，小叶柄长 0.2~1cm。头状花序 5~6（稀更多）组成圆锥状，花紫色，萼密被白色绒毛，无花梗；子房 2 室，花柱顶端分离。果倒卵状球形，长 1~1.5cm，稍具棱，熟时黑色。花期 8~9 月，果实成熟期 9~10 月。

产黑龙江、吉林、辽宁、河北、山西等地，生于海拔 200~1 000m 林内或灌丛中，生态学特性和用途同刺五加。朝鲜亦产。耐寒区位 4~7。

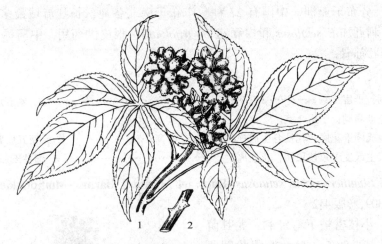

图 8-310 无梗五加 *Eleutherococcus sessiliflorus*
1. 果枝 2. 枝，示皮刺

3. 细柱五加 *Eleutherococcus nodiflorus* (Dunn) S. H. Hu/Slender-Styled Eleutherococcus 图 8-311

高达 3m。小枝下垂，节上疏被扁钩刺。小叶 5（3~4），倒卵形或倒披针形，长 3~8cm，背面脉腋被淡黄色或棕色簇生毛，小叶近无柄。伞形花序单生或 2~3 簇生，花黄绿色，花梗细，长 0.6~1cm，萼无毛，子房 2 室，花柱分离或基部合生。果扁球形，径约 6mm，熟时黑色。花期 4~7 月，果实成熟期 6~10 月。

产甘肃南部、山西南部、西南至四川中部、云南北部和南部，东到江苏、浙江，南达东南沿海；东部海拔 1 000m 以下，西部可达 3 000m。常见于林内、灌丛中、林缘或路旁。耐寒区位 7~10。

根皮称"五加皮"，为强壮剂中药，泡制"五加皮酒"，有祛风湿，强筋骨之效。

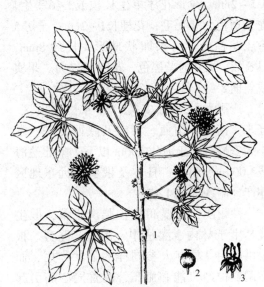

图 8-311 细柱五加 *Acanthopanax nodiflorus*
1. 幼果枝 2. 果实 3. 花

枝、叶煮水，可治棉蚜、菜虫等。树皮含芳香油，酒精浸出率约25%。

3. 楤木属 *Aralia* Linn. /Aralia

多年生草本至小乔木。小枝粗壮，具皮刺，髓心粗大，较松散；叶为1~3回羽状复叶。花杂性同株，伞形花序，稀头状花序，常再组成圆锥花序；萼5齿裂；花瓣5，覆瓦状排列；雄蕊5；子房下位，2~5室，花柱2~5。浆果或核果状，球形，具5(4~2)棱。

约40种，分布于亚洲、大洋洲和北美洲。我国有30种，南北各地均产，西南尤盛。多为重要药用植物，如土当归 *A. cordata*。

分种检索表

1. 花序的1级分枝在主轴上成总状排列；小枝密被黄色绒毛 ················· 1. 黄毛楤木 *A. elata*
1. 花序的1级分枝在主轴上成伞房状排列，有时为指状排列；小枝无毛 ················· 2. 楤木 *A. elata* var. *glabrescens*

1. 黄毛楤木 *Aralia elata* (Miq.) Seem. /Chinese Aralia   图8-312

高可达8m，但一般长成灌木状。小枝密被黄棕色绒毛，疏被细刺。2~3回羽状复叶，小叶5~11(13)，卵形、宽卵形或长卵形，长5~12cm，表面疏被糙毛，背面被黄色或灰色柔毛。花序长30~60cm，密被淡黄色或灰色柔毛。果球形，径约3mm，黑色。花期7~8月，果实成熟期9~10月。

北自河北中部，南至广东、广西北部，东起沿海各地，西南至四川中部及云南西北部；多生于东部平原、丘陵、低山地区，在西部海拔2 700m以下。耐寒区位7~10。

根皮入药，可镇痛消炎，活血散瘀，治刀伤、胃炎、肾炎、风湿痛等症。种子含油约21%，榨油供工业用。

2. 楤木（龙牙楤木） *Aralia elata* (Miq.) Seem. var. *glabrescens* (Franchet & Saratier) Pojarkova/Japanese Aralia

高可达15cm，或呈灌木状。小枝无毛，密被细刺。2~3回羽状复叶，长达80cm，小叶7~11，宽卵形、卵形或椭圆状卵形，两面无毛或沿脉疏被柔毛。花序长30~45cm，密被灰色柔毛，1级分枝在主轴上成伞房状排列。果球形，径约4mm，黑色。花期6~8月，果实成熟期9~10月。

产黑龙江小兴安岭、完达山、张广才岭等山区，吉林长白山、辽宁、河北东部、河南北部太行山等地；常散生于海拔1 000m以下阔叶林中或林缘。朝鲜、日本及俄罗斯远东

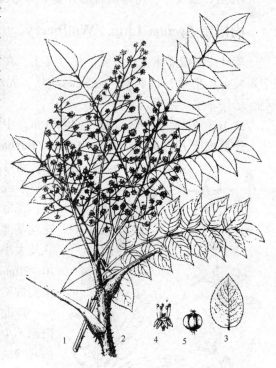

图8-312 黄毛楤木 *Aralia elata*
1. 复叶 2. 花序 3. 小叶 4. 花 5. 果实

地区亦产。耐寒区位4~7。

嫩叶芽可食，为著名野菜，成为东北林区发展林地经济的植物之一。根皮入药，煎服治浮肿、便秘、糖尿病、胃痉挛等症；种子含油量约36%，榨油供工业用。

66. 茄科 Solanaceae/Nightshade Family

草本或木本，直立、匍匐或攀缘，有时具皮刺。单叶，稀羽状复叶，互生；无托叶。花两性，辐射对称，单生或组成各式花序；花萼常5裂，宿存；花冠钟状或漏斗状，常5裂；雄蕊着生于花冠筒上，与花冠裂片同数而互生，花药纵裂或孔裂；子房上位，通常2心皮，2室或不完全4室，稀3~5室，中轴胎座，胚珠多数，稀少数至1枚。浆果或蒴果。种子圆盘状或肾形，胚乳丰富。

102属约2 500余种，分布热带至温带。中国24属105种，各地均产。木本有5属，北方仅1属。

在APG系统中，茄科属唇形分支中的茄目Solanales，其范围和界定未做调整。

枸杞属 *Lycium* Linn./Wolfberry

落叶或常绿灌木。具枝刺。单叶互生，在短枝上簇生，全缘。花1至数朵腋生或簇生于短枝上；花萼2~5齿裂；花冠漏斗状，先端5裂，稀4裂；雄蕊5，花丝基部常有绒毛；子房2室。浆果。

约100种，南温带与北温带间断分布。中国有7种，主产西北与华北地区。

宁夏枸杞 *Lycium barbarum* **Linn.** /Barbary Wolfberry　图8-313

落叶灌木，人工栽培高达1.5~2m。叶长椭圆状披针形或披针形，长2~3cm，宽4~6mm。花萼常2裂；花冠漏斗状，淡紫色，先端5裂，裂片无缘毛；花丝基部稍上处及花冠筒内壁密生一圈绒毛。浆果形状及大小多变化，通常宽椭圆形，红色至橙黄色，长10~20mm，径5~10mm。种子近肾形。花期5~8月，果实成熟期7~10月。

产北方各地，以宁夏、内蒙古较多，我国中部、南部不少地区也有引种栽培。欧洲地中海沿岸国家普遍栽培或逸为野生。在中国，从春秋战国时期至今有2 000多年的栽培历史。为传统的经济树种。苏东坡在《枸杞》的诗句"根茎与花实，收拾无弃物"表明了枸杞根、茎、花、果实皆可利用。耐寒区位6~10。

喜光，稍耐阴；喜温暖，较耐寒；对土壤要求不严，耐干旱、耐盐碱。常生于沟岸、山坡、田埂和宅旁。在地势高寒、气候干燥、温差大、日照长的地

图8-313　宁夏枸杞 *Lycium barbarum*
1. 花枝　2. 果枝　3. 花展开，示雄蕊和花冠

方，有利于枸杞的发育和果实糖分的积累，果实品质好。

果实含甜菜碱、维生素A、维生素B、维生素C、钙、磷、铁等，可食，为传统的滋补药品；根皮称"地骨皮"亦入药。可作庭园绿化、沙地造林、水土保持树种。播种、扦插、压条、分蘖繁殖均可。人工种植5年生进入盛果期，可持续到30年。

本属常见的种类还有：

枸杞 *Lycium chinense* Mill./Chinese Wolfberry　　与宁夏枸杞 *L. barbarum* 的主要区别：叶菱状或卵状披针形，长1.5~5cm，宽5~25mm。花萼常3~5齿裂；花冠裂片有缘毛。浆果长7~15mm。花期7~10月，果实成熟期7~10月。用途同宁夏枸杞。嫩枝叶可食。耐寒区位6~10。

67. 马鞭草科 Verbenaceae/Verbena Family

草本、灌木或乔木。小枝条常四棱形。单叶或复叶，对生，稀轮生或互生，无托叶。花两性，组成各种花序；花萼4~5裂，宿存，有时果期增大；花冠4~5裂，与萼裂片同数，唇形，稀辐射对称；雄蕊4，2强，稀2或5~6，着生于花冠筒上；花盘不明显；子房上位，常2（4~5）心皮，2~5室，每室2胚珠，或由假隔膜分成4~8室，每室1胚珠。核果，稀蒴果。

约80属3 000余种，主产热带、亚热带地区，少数延伸至温带。中国有21属175种，主产长江以南。本科中的柚木属 *Tectona* 和石梓属 *Gmelina* 树种为世界著名的优良用材树种。

在APG系统中，马鞭草科属于唇形分支中的唇形目Lamiales，原马鞭草科的海榄雌属 *Avicennia* 被调整至爵床科，六苞藤亚科Symphoremoideae（包括绒苞藤属 *Congea*、楔翅藤属 *Sphenodesme* 和六苞藤属 *Symphorema*）、牡荆亚科Viticoideae（牡荆属 *Vitex*、紫珠属 *Callicarpa*、柚木属 *Tectona*、石梓属 *Gmelina* 等9个属）和莸亚科Caryopteridoideae（莸属 *Caryopteris* 和辣莸属 *Garrettia*）被调整至唇形科。调整后的马鞭草科总共31属约900种。

分属检索表

1. 蒴果；花萼5深裂 ··· **1. 莸属** *Caryopteris*
1. 核果或浆果状核果；花萼顶端截形或4~5裂。
　2. 掌状复叶，稀单叶；花冠5裂，二唇形，下唇中央1裂片较大 ············· **2. 牡荆属** *Vitex*
　2. 单叶；花冠4~5裂，辐射对称或稍成二唇形，裂片大小不悬殊。
　　3. 花序腋生；花萼在结果时不显著增大，绿色，顶端4裂或截形；花冠筒短，裂片4 ··· **3. 紫珠属** *Callicarpa*
　　3. 花序顶生或腋生；花萼在结果时增大。
　　　4. 叶背具腺体；花冠筒细长，裂片5；雄蕊4，等长；花萼有色泽，果期不包果实，果实成熟常分裂为4小果 ································· **4. 大青属** *Clerodendrum*
　　　4. 叶无腺体；花冠筒短；雄蕊5~6；花萼无色泽，果期全包核果，果成熟常不分裂 ··· **5. 柚木属** *Tectona*

1. 莸属 *Caryopteris* Bunge /Blue Beard

小灌木或半灌木。单叶对生，全缘或有锯齿，通常具黄色腺点。聚伞花序腋生或顶生，稀单生；萼 5 深裂；花冠 5 裂，二唇形；雄蕊 4，2 强，伸出花冠外；子房不完全 4 室，每室 1 胚珠。蒴果，熟时裂成 4 个果瓣。

15 种，产亚洲东部和中部。中国 13 种。

蒙古莸 *Caryopteris mongolica* Bunge /Mongolian Blue Beard　图 8-314

落叶灌木，高 0.3~1.5m。小枝带紫褐色，幼时被灰色柔毛。叶条状披针形，长 1~6cm，宽 2~10mm，全缘，背面密生灰白色绒毛。聚伞花序无苞片和小苞片；花萼裂片长约 1.5mm；花冠蓝紫色；子房无毛。蒴果椭圆状球形，无毛，成熟时裂为 4 个果瓣。花期 7~8 月，果实成熟期 8~9 月。

产内蒙古、山西、甘肃、青海、新疆等地。蒙古亦产。耐寒区位 3~6。

旱生植物。生于草原带石质山坡、沙地、干河床及沟谷等地。

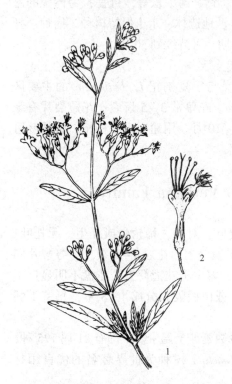

图 8-314　蒙古莸 *Caryopteris mongolica*
1. 花枝　2. 花

叶及花可提取芳香油；花、叶、枝可入药。可作园林绿化或护坡树种。

2. 牡荆属 *Vitex* Linn. /Chaste Tree

灌木或乔木。叶常为掌状复叶，小叶 3~7，稀单叶，叶对生。花序顶生或腋生；苞片小；花萼钟形稀管形，顶端平截或具 5 小齿，有时略呈二唇形，外面常有腺体，宿存，结果时稍膨大；花冠二唇形，下唇中央 1 裂片较大；雄蕊 4，2 强；子房 2~4 室。核果，为宿存花萼所包。种子无胚乳。

约 250 种，分布热带和温带地区。中国有 14 种。主产长江流域以南。

黄荆 *Vitex negundo* Linn. /Negundo Chaste Tree　图 8-315：1，2

灌木或小乔木。小枝四棱形，密被灰白色绒毛。叶为掌状复叶，小叶 5，稀 3，卵状长椭圆形至披针形，全缘或疏生浅齿，背面密生灰白色短绒毛。顶生圆锥状聚伞花序，长 8~27cm，花序梗密生白色绒毛；花萼钟形，顶端具 5 齿，外面被灰白色绒毛；花冠淡紫色，长 5~10mm；雄蕊伸出花冠外；子房近无毛。核果近球形，径约 2mm，宿存花萼接近果实的长度。花期 6~8 月，果实成熟期 9~10 月。

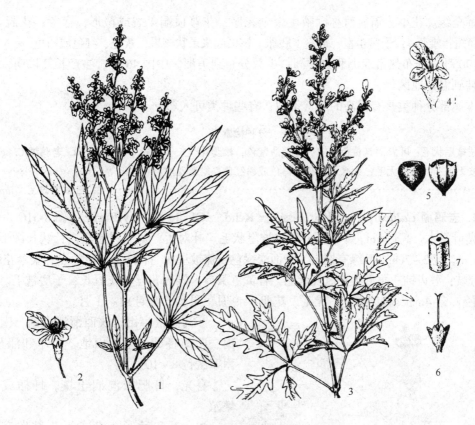

图 8-315　1，2. 黄荆 *Vitex negundo*
3~7. 荆条 *Vitex negundo* var. *heterophylla*
1，3. 花枝　2，4. 花　5. 带花萼的果实　6. 花去花瓣和雄蕊　7. 幼茎放大

主产长江流域以南，分布几遍全国。生于石质山坡、路旁、河滩及林缘。非洲东部马达加斯加、亚洲东南部及南美洲的玻利维亚亦产。耐寒区位 8~11。

喜光，耐干旱瘠薄土壤，适应性强。播种、插条或分株繁殖均可。

茎皮可造纸及制人造棉；花和枝叶可提取芳香油；茎、叶入药，可治痢疾，根可驱蛲虫；枝可供编织；为良好蜜源植物。

北方常见其变种：

荆条 *Vitex negundo* var. ***heterophylla*** (Franch.) Rehd. /Heterophyllous Chaste Tree（图 8-315：3~7）　与黄荆 *V. negundo* 的主要区别：叶缘有缺刻状锯齿、浅裂至深裂。花紫色或白色。产中国东北、华北、西北、华东及西南各地。喜光，耐干旱，耐瘠薄土壤，适应性强。多野生于荒山。在华北和西北地区，生于海拔 1 000m 以下的阳坡，常与酸枣 *Ziziphus jujuba* var. *spinosa* 形成地带性灌丛，是产区不可忽视的水源涵养林、水土保持林和野生动物重要的栖息地。用途同黄荆。荆条蜜是华北地区著名的蜂蜜品种。耐寒区位 5~9。

3. 紫珠属 *Callicarpa* Linn. /Beauty Berry

灌木稀乔木或藤本。小枝被星状毛或柔毛，稀无毛。叶对生，稀 3 叶轮生，叶缘有锯齿，稀全缘。花小，辐射对称，腋生聚伞花序；花萼顶端4裂或截形，宿存；花冠4裂，花冠筒短；雄蕊4；子房4室，每室1胚珠。核果或浆果状核果，紫色、红色或白色。

190种，分布热带亚洲和大洋洲，少数分布到美洲。中国46种，主产长江以南，少数可延伸到温带地区。

本属部分种类具有很高的观赏价值；有些种类可入药。

分种检索表

1. 小枝被星状毛；叶背面具黄色腺体；花冠淡紫色；雄蕊花丝长于花冠 ………… **1. 老鸦糊** *C. giraldii*
1. 小枝无毛；叶两面无毛，无腺体；花冠白色或粉红色；雄蕊花丝与花冠近等长 ……………………………………………………………………………… **2. 日本紫珠** *C. japonica*

1. 老鸦糊 *Callicarpa giraldii* Hesse ex Rehd. /Girald Beatuy Berry　图8-316

落叶灌木，高达5m。小枝圆柱形，被星状毛。叶对生，宽椭圆形至披针状长圆形，长5~15cm，宽2~7cm，叶缘有锯齿，背面淡绿色，疏被星状毛和细小黄色腺点。聚伞花序4~5次分歧；萼齿钝三角形；花冠淡紫色，有黄色腺点；雄蕊花丝较花冠长；子房被毛。果球形，径2.5~4mm，熟时紫色，无毛。花期6~9月，果实成熟期10~11月。

产河南伏牛山、陕西渭河以南，南至华南、西南各地，生于山地、河岸和灌丛中。耐寒区位8~10。

喜光，喜肥沃湿润土壤。扦插或播种繁殖。

根、叶和种子入药，为儿科伤寒发汗药；为庭园中美丽的观果灌木。

2. 日本紫珠 *Callicarpa japonica* Thunb. /Japanese Beauty Berry

与老鸦糊 *C. giraldii* 的主要区别：高1~2m。小枝无毛。叶倒卵形、卵形或椭圆形，长7~15cm，宽3~5cm，叶缘有细锯齿，或近基部全缘，叶两面无毛，无腺点。聚伞花序2~3分歧；花冠白色或粉红色；花丝与花冠近等长。果球形，径约2.5mm。花期6~7月，果实成熟期8~10月。

产东北南部、华北、华东和华中，生于220~850m山坡、谷地、溪旁丛林中。朝鲜、日本亦产。耐寒区位8~10。根、叶和种子入药，为庭园绿化树种。

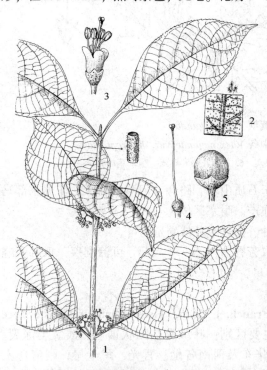

图8-316　老鸦糊 *Callicarpa giraldii*
1. 花枝　2. 叶背面局部放大，示毛和腺点
3. 花　4. 雌蕊　5. 果实

4. 大青属 *Clerodendrum* Linn. / Glory Flower

落叶或半常绿灌木或乔木，通常具腺体。单叶，对生或轮生，全缘或有锯齿。伞房状或圆锥状聚伞花序，顶生或腋生。花萼钟状，稀管状，顶端平截或有5齿，偶见6齿，有

色泽，宿存，花后增大；花冠高脚碟状或漏斗状，花冠筒长于花萼，顶端5裂；雄蕊4，着生于花冠筒上，伸出花冠外；子房4室，每室1胚珠，花柱伸出，柱头2裂。浆果状核果，包藏于增大的宿存花萼内。

400种，分布热带、亚热带，少数至温带。中国有34种，主产西南和华南地区。

部分种类供观赏；有些种类入药。

1. 海州常山 *Clerodendrum trichotomum* Thunb. ╱Harlequin Glory Flower　图 8-317

落叶灌木或小乔木，高 10m。枝内髓心有淡黄色薄片状横隔。叶卵形至卵状椭圆形，长 5～15cm，宽 3～10cm，全缘或具波状齿，叶基宽楔形或截形，两面疏被柔毛或无毛，叶背无腺体。顶生或腋生疏松伞房状聚伞花序；花萼紫红色，长 2cm，5 裂至基部；花冠白色或带粉红色，花柱不超出雄蕊。核果球形，径 6～8mm，蓝紫色，包藏于增大的宿存花萼内。花期 6～8 月，果实成熟期 9～11 月。

产东北南部、华北、西北东部、华东、中南、西南等地，生于海拔 2 000m 以下山地、丘陵、沟谷混交林中。朝鲜、日本、菲律宾亦产。耐寒区位 8～10。

喜光，稍耐阴；有一定耐寒性。播种、扦插繁殖。

根、茎、叶、花入药。花果美丽，为良好的园林绿化树种。

图 8-317　海州常山 *Clerodendrum trichotomum*
1. 花枝　2. 果序

2. 臭牡丹 *Clerodendrum bungei* Steud. ╱ Glory Flower

与海州常山 *C. trichotomum* 的主要区别：落叶灌木；高 1～2m；植株有强烈臭味。枝内具白色实髓。叶宽卵形，长 5～20cm，宽 4～15cm，叶缘有锯齿，基部心形或截形。顶生密集伞房状聚伞花序；花冠红色或紫色。核果倒卵形或球形，径 0.8～1.2 cm。

产中国华北、西北、西南等地。耐寒区位 8～10。根、茎、叶入药。为良好的园林绿化树种。

5. 柚木属 *Tectona* Linn. f. ╱Teak

乔木。单叶对生或轮生，全缘，无腺体。花组成阔大的圆锥花序；萼钟形，5～6 短裂，结果时扩大，卵形或壶形；花冠小，冠管短，上部 5～6 裂；雄蕊 5～6，着生于冠管上；子房 4 室，每室有胚珠 1；核果包藏于扩大的花萼内，内果皮骨质，有直立的种子。

3 种，分布于印度、马来西亚、缅甸和菲律宾，我国引入栽培的有柚木 *T. grandis* 1 种。

柚木 *Tectona grandis* Linn. f. /Common Teak

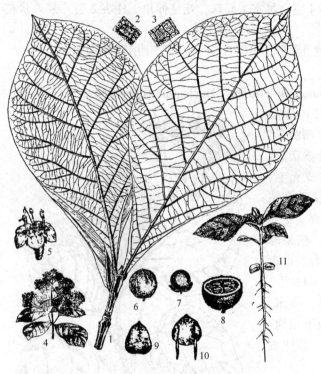

图 8-318 柚木 *Tectona grandis*
1. 叶枝 2. 叶表面 3. 叶背面 4. 花枝 5. 花
6, 7. 果实 8. 果实横切面 9, 10. 种子及萌根 11. 幼苗

图 8-318

落叶大乔木。小枝四棱形，被星状绒毛。叶对生，卵形，长 24~30cm 或更长，宽 8~23cm，上面粗糙，背面密被黄褐色星状绒毛，先端突尖，基部楔形。花黄白色。核果球形，密生分枝绒毛，完全被宿存花萼包被，宿萼膜质，有棱角和网脉。花期 5~8 月，果实成熟期 10 月至翌年 1 月。

原产印度和缅甸。中国台湾、福建、广东、广西、云南、海南等地引种。在海拔 860m 以下丘陵、山地、平地大面积种植。耐寒区位 10~12。

最喜光，喜气候温热和干热季节分明的季雨林地区，忌台风及低温霜冻。喜深厚肥沃、湿润、排水良好的土壤。

为世界优良珍贵用材树种，木材坚韧有弹性，不翘裂，耐腐力强，不易着火，色泽美丽，为上等家具用材，是中国热带和南亚热带地区值得发展的珍贵用材树种。树冠宽大，秋天叶变黄色，具有一定的观赏价值，尤其在南方成为难得的秋景，城市中常为绿地松散种植，也可小片种植。

68. 唇形科 Lamiaceae/Mint Family

草本或木本，常含芳香油。茎及枝多为四棱形。叶对生，稀轮生、互生；无托叶。花两侧对称，稀辐射对称，花序各式；花萼常 5 裂，有时唇形，花萼宿存，萼内有时具毛环；花冠唇形，5（4）裂，花冠筒常有毛环；雄蕊生于花冠筒上，4 或 2，离生，稀合生，稀在花冠上（后）面具 1 退化雄蕊，花药 2 室，纵裂；花盘存在；雌蕊由 2 心皮合生。果实通常由 4 个小坚果组成，稀果皮肉质。

约 220 属 3 500 余种，广布全世界。中国 98 属 800 余种，产全国各地。多数种类含芳香油。

在 APG 系统中，唇形科属于唇形类分支中的唇形目 Lamiales，合并了原马鞭草科的六苞藤亚科 Symphoremoideae（包括绒苞藤属 *Congea*、楔翅藤属 *Sphenodesme* 和六苞藤属 *Symphorema*）、牡荆亚科 Viticoideae（牡荆属 *Vitex*、紫珠属 *Callicarpa*、柚木属 *Tectona*、石梓属

Gmelina 等 9 个属）和莸亚科 Caryopteridoideae（莸属 *Caryopteris* 和辣莸属 *Garrettia*）。调整后的唇形科 236 属 7 000 余种。

分属检索表

1. 植株矮小；茎常平卧地面；叶常全缘或先端有小齿牙；头状花序，花药顶端不贯通 ………………………………………………………………………………………… 1. 百里香属 *Thymus*
1. 植株高大；茎直立；叶常有锯齿，表面皱；单侧穗状花序，花药顶端贯通为 1 室 ……………………………………………………………………………………… 2. 香薷属 *Elsholtzia*

1. 百里香属 *Thymus* Linn. /Thyme

半灌木，茎蔓生。叶全缘，叶缘或仅基部具睫毛。花小，淡紫色、粉红色稀白色；轮伞花序排成紧密头状花序或疏松穗状花序；花有梗，苞片微小；花萼钟形、管形或二唇形；花冠二唇形，近于辐射对称，上唇直伸，微凹，下唇开展，3 裂；雄蕊 4，前对较长。小坚果，球形或椭圆形。

300～400 种，主产欧亚温带地区。中国有 10 余种。为芳香植物资源。

百里香 *Thymus mongolicus* Ronn. / Mogolian Thyme　图 8-319

花枝直立，高 2～10cm。茎匍匐或上升，多分枝，茎枝呈不明显四棱形，密被灰白色柔毛。叶椭圆形、卵形至矩圆状披针形，长 4～10mm，侧脉 2～3 对。轮伞花序多数密集成头状；萼筒钟形，长 4～5mm，内面基部有白色毛环；花冠紫红色或粉红色，花冠筒里面无毛。小坚果球形或卵形，光滑。花期 7～9 月，果实成熟期 7～9 月。

产河北、山西、陕西、内蒙古及西北的丘陵山坡、河岸砾石地、固定沙地和沙质草原。蒙古和哈萨克斯坦亦产。耐寒区位 5～7。

全草入药，有小毒，能祛风解表，行气止痛；外用可防腐杀虫。为较好的芳香油植物，可供食品工业用。秋冬季节羊和马乐食。

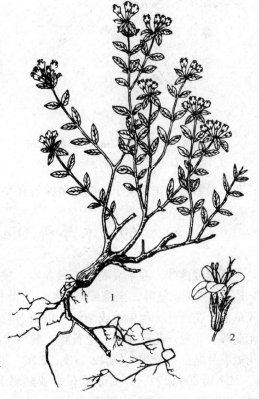

图 8-319　百里香 *Thymus mongolicus*
1. 花枝　2. 花

2. 香薷属 *Elsholtzia* Willd. /Elsholtzia

草本、半灌木或灌木。叶面常皱，缘有锯齿。轮伞花序组成圆柱形穗状花序，常偏向一侧；花萼钟形，萼齿 5，近等长；花冠二唇形，里面有或无毛环，上唇直立，下唇开展，

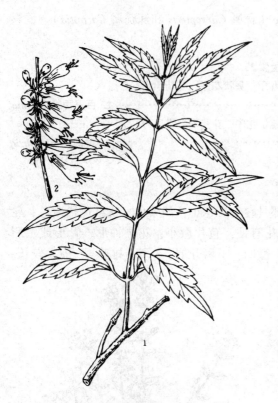

图 8-320　木本香薷 *Elsholtzia stauntoni*
1. 叶枝　2. 花序一部分

3 裂；雄蕊 4，前对较长，2 室，花药球形，顶端贯通为 1 室；子房通常无毛，花柱 2 裂。小坚果顶端钝。种子直立。

约 50 种，分布于欧亚大陆温带、热带和北非。中国 35 种，分布到北方的木本植物仅 1 种。

木本香薷 *Elsholtzia stauntoni* Benth. / Staunton Elsholtzia　图 8-320

半灌木，高 0.5~1.7m。小枝被微柔毛。叶披针形至椭圆状披针形，长 8~10cm，宽 2~4cm，叶缘有粗锯齿，两面沿脉被短柔毛，背面密被腺点；叶柄长 4~6mm。轮伞花序排成顶生单侧的穗状花序，长 3~12cm；苞片披针形或条状披针形；花冠二唇形，长 7~9mm，淡紫红色；雄蕊 4，前对较长；子房无毛。小坚果，椭圆形，光滑。花期 7~10 月，果实成熟期 7~10 月。

产北京、河北、山西、河南、陕西、内蒙古和甘肃。生态幅较宽，生于海拔 700~1600m 的山地草原、灌丛、沟谷及石质山坡，能形成小片灌丛。耐寒区位 5~7。夏季开花，粉紫色，花朵生于一侧，植株具有香气，是理想的美化灌木。

69. 木犀科 Oleaceae/Olive Family

常绿或落叶，乔木或灌木，稀藤本。枝条皮孔明显。叶对生，稀互生或轮生，单叶、3 出复叶或羽状复叶，全缘或具锯齿，有叶柄，无托叶。圆锥、总状或聚伞花序，稀簇生或单生；花两性，稀单性或杂性，辐射对称；花萼、花冠通常 4 裂，有时多达 12 裂，稀无花萼、花冠；花冠连合，呈管状、漏斗状或高脚碟状；雄蕊通常 2，着生于花冠筒上或花冠裂片基部；子房上位，2 心皮，2 室。果为核果、蒴果、浆果或翅果。

24 属 600 余种，广布于温带、亚热带和热带地区，亚洲地区尤为丰富。中国 12 属 200 种左右，南北各地均有分布。

在 APG 系统中，木犀科属唇形类分支中的唇形目 Lamiales，其范围和界定未做调整。

分属检索表

1. 翅果或蒴果。
  2. 翅果。
    3. 羽状复叶，小叶具齿；果长形，先端具翅 ················· **1. 白蜡属 *Fraxinus***
    3. 单叶，全缘；果圆形，周围具翅 ················· **2. 雪柳属 *Fontanesia***

2. 蒴果。
   4. 花单生或簇生；枝条中空或片状髓；花冠钟形，黄色，先叶开放 ············ **3. 连翘属 Forsythia**
   4. 圆锥状聚伞花序；枝条髓实心；花冠漏斗状，紫红色、白色，花叶同放或叶后开放 ············
   ·· **4. 丁香属 Syringa**
1. 核果或浆果。
   5. 花冠裂片细长，流苏状，常数倍于花冠筒；核果 ············ **5. 流苏树属 Chionanthus**
   5. 花冠裂片短，稀不具花冠。
      6. 花冠裂片覆瓦状排列，花有香气。
         7. 单叶；伞形花序簇生状，生于叶腋；花小，花冠筒短，钟状或坛状；核果 ············
         ·· **6. 木犀属 Osmanthus**
         7. 3出或羽状复叶，稀单叶；花冠大，高脚碟状，浆果双生或其中一个不发育而单生 ············
         ·· **7. 素馨花属 Jasminum**
      6. 花多为圆锥花序，顶生或腋生；花冠裂片镊合状排列；核果。
         8. 叶有锯齿或全缘，具腺点或鳞片；内果皮骨质，种子1；花冠裂片先端盔形 ··· **8. 木犀榄属 Olea**
         8. 叶全缘；内果皮薄，种子2~4；花冠小，漏斗状，裂片先端非盔形 ······ **9. 女贞属 Ligustrum**

1. 白蜡属 *Fraxinus* Linn. /Ash

落叶乔木，稀灌木。鳞芽，稀裸芽，顶芽发达，具2~4对芽鳞。奇数羽状复叶，对生，小叶卵形至披针形，有锯齿。圆锥花序，生于当年生枝顶或叶腋，或生于去年生枝叶腋；花小，单性、两性或杂性，雌雄同株或异株；花萼小，4裂或无；花瓣2~4或无；雄蕊2；子房2室，柱头2裂。果为翅果，扁平，翅生于果实顶端。

约70种，分布于北温带，向南可延伸至热带。中国20余种，各地均有分布。多为用材及绿化造林树种。由欧美和日本引进数种，常在城市中作为庭园树及行道树。

分种检索表

1. 圆锥花序生于当年生枝上。
   2. 无花瓣。
      3. 小叶常为7（5~9），椭圆形或卵状椭圆形 ············ **1. 白蜡 *F. chinensis***
      3. 小叶常为5（3~7），宽卵形或近圆形 ············ **2. 大叶白蜡 *F. rhynchophylla***
   2. 花瓣条形，白色微带绿，长4mm；小叶5~7，卵形、菱状卵形或卵圆形 ············
   ·· **3. 小叶白蜡 *F. bungeana***
1. 圆锥花序生于去年生枝侧。
   4. 小叶5~9，常为7 ············ **4. 美国白蜡 *F. americana***
   4. 小叶7~13，关节处密生黄褐色茸毛 ············ **5. 水曲柳 *F. mandshurica***

1. 白蜡 *Fraxinus chinensis* Roxb. /Chinese Ash 图8-321

乔木，高15m，胸径40cm。小枝黄褐色，粗糙，无毛。复叶具小叶5~9，通常7；小叶椭圆形至卵状椭圆形，长3~10cm，先端渐尖，基部楔形，叶面无毛，叶背沿脉有短柔毛。圆锥花序生于当年枝上；花单性，雌雄异株；雄花密集，花萼小，钟状；雌花较疏，花萼大，筒状。翅果倒披针形，果翅下延。花期4~5月，果实成熟期9~10月。

分布于中国东北中南部，经黄河流域、长江流域，南达广东、广西，东南至福建，西到甘肃。耐寒区位6~9。

喜光，稍耐阴，喜温暖、湿润气候，也较耐寒，喜湿耐涝，也耐干旱，对土壤的适应性较强。对SO_2、Cl_2、HF也有较强的抗性。播种繁殖。

为中国重要经济树种。枝条供编织器具，枝叶放养白蜡虫，可生产白蜡；树皮入药作"秦皮"。木材坚韧、富弹性，可制作家具、农具、运动器械等。树形整齐，枝叶茂密，春叶鲜绿，秋叶橙黄，是优良的庭荫树和行道树。

图 8-321 白蜡 *Fraxinus chinensis*　　　　　图 8-322 大叶白蜡 *Fraxinus rhynchophylla*
1. 雄花枝　2. 花，示雌蕊退化　3. 花　4. 果枝　5. 果实　　　　　1. 果枝　2. 两性花　3. 子房横切面

2. 大叶白蜡 *Fraxinus rhynchophylla* Hance / Beak-leaved Ash　　图 8-322

乔木，高达12~15m。顶芽长卵形，密生黄褐色柔毛。复叶具小叶3~7，通常5；顶生小叶最大，宽卵形至近圆形，先端长渐尖至尾尖，基部楔形，锯齿钝，叶背及叶柄关节部有褐色茸毛。圆锥花序生于当年枝上；单被花，雄花与两性花异株。花期5月，果实成熟期8~9月。

在分类上，有学者将其处理为白蜡的亚种 *F. chinensis* subsp. *rhyncophylla*。本书仍按种描述。

产东北南部、华北、西北至长江流域以南，多生于海拔1 500m以下阔叶林中，为华北林区常见的伴生树种。俄罗斯远东、朝鲜、日本亦产。耐寒区位6~9。

生态幅广。喜光，稍耐阴，喜温暖、湿润气候，耐寒，对土壤要求不严，萌蘖力强，寿命长。播种繁殖。

木材乳白色带微黄，可制作农具、工具等。枝条是很好的编织材料。为良好的行道树，是北部山区常用的水土保持树种。

3. 小叶白蜡 *Fraxinus bungeana* DC. / Bunge Ash　　图 8-323

小乔木或灌木，高 5m。冬芽黑色；1 年生有细柔毛。复叶具小叶 5~7，常为 5；小叶卵形、菱状卵形至卵圆形，先端突尖或尾尖，边缘具浅钝锯齿，无毛。圆锥花序生于当年生枝顶或叶腋；花萼小，花瓣白色微带绿，条形，长 4mm；雄蕊与花瓣等长或略长。翅果倒卵状长圆形，基部下延至种子中部以下，花萼宿存。花期 4~6 月，果实成熟期 9 月。

产东北、华北、西北、中南、西南等地，生于海拔 1 500m 以下的山坡疏林中。耐寒区位 5~9。

耐旱，耐瘠薄，常生于土层较薄的陡坡，喜钙质土，在石灰岩山地的阴坡多见。种子含油率约 15.8%。

4. 美国白蜡 *Fraxinus americana* Linn. / White Ash

乔木，高 25m，胸径 60cm。小枝较粗，冬芽酱紫色。复叶具小叶 5~9，常为 7；小叶卵形、椭圆状卵形至椭圆状披针形，先端渐尖，基部楔形、宽楔形或近圆形，叶缘有不整齐圆钝锯齿。单被花，雌雄异株，圆锥花序侧生于去年生枝叶腋，长 5~8cm，花梗无毛。翅果基部不下延。花期 4~5 月，果实成熟期 8~9 月。

原产北美洲。河北、北京、天津、山东、内蒙古、河南等地有栽培。耐寒区位 4~10。喜光，耐旱，耐湿，耐盐碱，在含盐量 0.25% 的土壤上生长正常。

图 8-323　小叶白蜡 *Fraxinus bungeana*
1. 果枝　2. 雄花　3. 两性花

图 8-324　水曲柳 *Fraxinus mandshruica*

木材坚韧,密度0.65,容易加工,耐腐力强,可用于建筑、家具、农具、船舰等方面。为行道树和园林绿化树种。

5. 水曲柳 *Fraxinus mandshruica* Rupr. /Manchurian Ash 图8-324

乔木,高达30m,胸径2m。树干通直,树皮灰褐色,浅纵裂。小枝红褐色,略呈四棱形。羽状复叶,长25~30cm或更长;小叶7~13,无柄,着生处具关节,叶轴上面具窄翅,小叶椭圆状披针形至卵状披针形,长8~16cm,宽2~5cm,先端渐尖,关节处密生黄褐色茸毛。圆锥花序侧生于去年枝上,先叶开放;花单性异株,无被花;雄花具2雄蕊;雌花花柱短,柱头2裂,具不发育雄蕊2。翅果扭曲,矩圆状披针形,长2~4cm,宽7~9mm。花期4~6月,果实成熟期9~10月。

主产东北三省,以小兴安岭和长白山林区为最多,天然分布可达河南宝天曼自然保护区。内蒙古、山西、山东等地有栽培。朝鲜、日本、俄罗斯也有分布。耐寒区位6~10。

喜光,幼时稍耐阴,耐-40℃严寒,适生于湿润、肥沃深厚、排水良好的土壤;稍耐盐碱,在pH 8.4、含盐量0.1%~0.15%的盐碱地上能生长,不耐水涝。主根浅,侧根发达,萌蘖性强,耐修剪;生长快,寿命长。播种繁殖。

材质坚硬,略具油脂,耐水湿、耐腐蚀,为珍贵用材,可制作胶合板外层、上等家具、航空用材、运动器械,也广泛用于室内装修、机械制造、造船等。种子含油率约24.3%,可制取肥皂。是产区的主要造林用材树种,也是优良的防护林树种。

2. 雪柳属 *Fontanesia* Labill. /Fontanesia

落叶灌木或小乔木。小枝四棱形;冬芽球状卵形,芽鳞4~6。单叶对生,全缘或具细锯齿。花两性,圆锥花序间有叶;花萼小,4裂;花瓣4,仅基部合生;雄蕊2,花丝较花瓣长。翅果,翅位于果实周围。

共2种,中国1种。

雪柳 *Fontanesia fortunei* Carr. /Fortune Fontanesia 图8-325

落叶灌木或小乔木,高5~8m。树皮灰褐色或灰黄色,条状剥落。小枝细长直立,淡黄色,四棱形,无毛。叶片披针形、卵状披针形至长椭圆形,长3~12cm,宽1.0~2.5cm,先端渐尖,基部楔形,全缘,两面无毛;叶柄短,长1~3mm。圆锥花序生于枝条顶端或叶腋,长2~6cm;花绿白色,微香;花萼细小;花瓣裂片卵状披针形。翅果扁平,倒卵形,长8~9mm,宽4~5mm。花期5~6月,果实成熟期8~9月。

分布于中国中部至东部,尤以江苏、

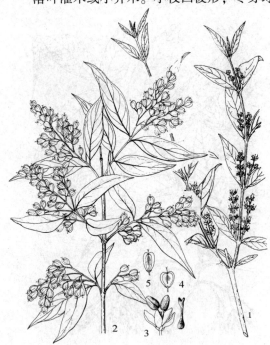

图8-325 雪柳 *Fontanesia fortunei*
1. 花枝 2. 果枝 3. 花 4. 雌蕊 5. 果实

浙江一带最为普遍，在华北地区多生长在海拔800m以下山沟、路旁及溪边。耐寒区位6~9。

喜光，稍耐阴，喜温暖，较耐寒，喜肥沃、排水良好的土壤。播种或扦插繁殖。

枝条柔软，可作编织材料；茎皮可制人造棉；嫩叶晒干后可代茶叶。枝叶稠密，叶细如柳，晚春白花满树，犹如积雪，颇为美观，可丛植于庭园或散植于公园，或作自然式绿篱，效果均佳。

3. 连翘属 *Forsythia* Vahl / Forsythia, Golden Bell

落叶灌木，枝中空或具片状髓。叶对生，单叶，稀3出复叶，有锯齿或全缘，具叶柄。花两性，1至数朵生于叶腋；花萼、花冠均4深裂，花冠钟状、黄色，裂片长于花冠筒；雄蕊2，生于花冠筒基部；子房2室，每室具多数胚珠；柱头2裂。蒴果卵圆形，种子有狭翅。

约11种，主产于亚洲东部，仅1种产于欧洲东南部。中国7种。该属树种花黄色，早春先花后叶或花叶同放，花色亮丽，颇具观赏性；枝条常下垂，园林中可作树墙。果实入药。

分种检索表

1. 小枝髓部中空。单叶或有时为3出复叶，叶片卵形、宽卵形或椭圆状卵形……… 1. 连翘 *F. suspensa*
1. 小枝髓心片状。单叶，叶片长椭圆形至披针形……………………………… 2. 金钟花 *F. viridissima*

1. 连翘 *Forsythia suspensa* (Thunb.) Vahl / Weeping Forsythia, Golden Bells   图8-326

落叶灌木，高达3m。干丛生，直立。枝开展，呈拱形下垂，小枝土黄色或黄褐色，皮孔明显，髓部中空。单叶或有时3出复叶，对生，叶片卵形、宽卵形至椭圆状卵形，长3~10cm，无毛，先端渐尖，基部圆形至宽楔形，叶缘有粗锯齿。花单生或数朵生于叶腋；花萼绿色，4裂，裂片矩圆形；花冠黄色，裂片4，倒卵状椭圆形，雄蕊2，雌蕊长于或短于雄蕊。蒴果卵圆形，表面散生疣点。花期3~4月，果实成熟期7~9月。

产中国北部、东部及东北各地，常生于海拔400~1 500m山坡、溪谷、石旁、疏林和灌丛中。耐寒区位4~9。

连翘有雄蕊异长现象，即表现为雄蕊与雌蕊在长度上发生差别，这种差别是交替出现的，即长雄蕊和短柱

图8-326 连翘 *Forsythia suspensa*
1. 叶枝 2. 花枝 3,4. 花 5. 果实 6. 种子

头同生长在一朵花内,或短雄蕊和长柱头组合成一朵。同时连翘的雌雄为异熟,即具长型雄蕊的开花早,雄蕊先熟,雌蕊后熟;而具短型雄蕊的花后开,雌蕊早于雄蕊先成熟。连翘繁育系统属于兼性异交。

喜光,稍耐阴,喜温暖湿润,也耐干旱瘠薄,对土壤要求不严,怕涝。病虫害少,易管理。扦插、压条、分株、播种繁殖均可,以扦插、播种为主。

果实入药,有清热、消肿之效;种子油可制香皂及化妆品。根系发达,可固堤护坡,保持水土。花色金黄,花期早,先叶开放,是北方常见的早春观花树种。

2. 金钟花 *Forsythia viridissima* Lindl. / Golden Bells 图 8-327

与连翘 *F. suspensa* 的区别:小枝直立,髓心片状。叶片长椭圆形至披针形,长3.5~12cm,宽1~3cm,先端锐尖,基部楔形,在中部1/3以上有锯齿,稀全缘。花梗长6~8mm,密被柔毛;花萼裂片椭圆形,黄绿色;花冠金黄色,内具橙黄色条纹。花期3~4月,果实成熟期7~8月。

原产中国和朝鲜,中国主要分布于长江流域。北方各地普遍栽培。耐寒区位5~9。喜光,稍耐阴,耐寒,耐干旱瘠薄,对土壤要求不严。病虫害少,易管理。扦插、压条、分株、播种繁殖,以扦插为主。花色金黄,在园林中栽植供观赏。

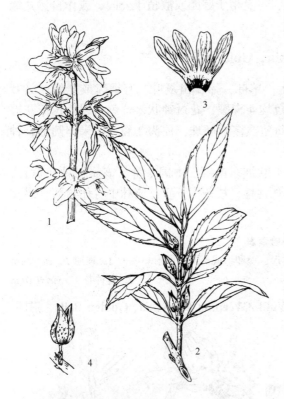

图 8-327 金钟花 *Forsythia viridissima*
1. 花枝 2. 果枝 3. 花冠 4. 果实

4. 丁香属 *Syringa* Linn. /Lilac

落叶灌木或小乔木。枝假二叉分枝,顶芽常缺,芽鳞数对。叶对生,单叶,稀羽状复叶,全缘,稀羽状深裂。花两性,组成顶生或侧生的圆锥状聚伞花序;花萼钟状,常4裂,宿存;花冠紫色、红色或白色,漏斗状或高脚碟状,具4深浅不等的裂片;雄蕊2,着生于花冠筒喉部或中部,内藏或伸出;子房2室,每室2胚珠。蒴果长圆形,室间开裂;种子有窄翅。

30余种,主产亚洲,仅2种产欧洲。中国约27种,自西南至东北均有。

本属有不少种类的花可提取香精。丁香属多为观赏树种,在中国多分布在冷凉地区。中国科学院北京植物研究所植物园对丁香属研究了50多年,在专属植物引种驯化、种质资源库的建立、利用优良种质特性进行新品种培育、品种配套快繁技术等方面取得了成就。目前已收集了全世界丁香属80%的野生物种,成为中国丁香属植物野生种质迁地保育中心。在欧洲从16世纪起就开始种植欧洲丁香 *S. vulgaris*,至今已培育出约1 500个品种,花纯白色到深紫色，单瓣到重瓣，全部有香气，是丁香属树种在园林中应用最多的品种资源。

分种检索表

1. 花冠筒远比花冠裂片长。
    2. 花序由侧芽生出，基部常无叶；花紫色；叶片通常宽大于长 ················· **1. 紫丁香** *S. oblata*
    2. 花序由顶芽生出，基部具1对叶；花淡粉红色，花冠筒近圆柱形；叶片长大于宽 ·· **2. 红丁香** *S. villosa*
1. 花冠筒短，几乎与花冠裂片等长或稍长；花药伸出花冠筒外，花冠白色。
    3. 叶脉在叶面明显凹陷；果实先端钝或具短尖头，雄蕊长约花冠裂片2倍 ·· **3. 暴马丁香** *S. amurensis*
    3. 叶脉在叶面平坦；果实先端锐尖或长渐尖，雄蕊与花冠裂片等长 ············ **4. 北京丁香** *S. pekinensis*

1. 紫丁香 *Syringa oblata* Lindl. /Broadleaf Lilac　图8-328

落叶灌木或小乔木，高达5m。枝条粗壮，无毛。单叶，广卵圆形，通常宽大于长，宽5～10cm，先端渐尖，基部楔形或截形，全缘，两面无毛。圆锥花序由枝顶侧芽伸出，大而疏松，长6～15cm；花萼钟状；花冠紫色，直径约1.3cm，裂片开展；雄蕊生于花冠筒中部或中上部。蒴果长圆形，顶端尖，果皮平滑。花期4～5月，果实成熟期9月。

产黑龙江、吉林、辽宁、内蒙古、河北、山东、陕西、甘肃、四川等地，生于海拔1 500m以下的山地阳坡、石缝、山谷、山沟。朝鲜也有分布。耐寒区位5～9。

喜光、稍耐阴，耐寒性较强，耐干旱，忌排水不良的低湿地带，在湿润肥沃、排水良好的土壤上生长良好。播种、扦插、嫁接、压条、分株繁殖。

图8-328　紫丁香 *Syringa oblata*
1. 花枝　2. 花冠筒展开　3. 花萼及雌蕊
4. 花药　5. 果枝一部分　6. 种子

枝叶茂密，花美丽而芳香，花期较早，是中国北方地区园林中常见的花木之一，广泛应用于庭园、机关、厂矿、居民区等处。木材坚韧，可作农具柄；种子药用；花可提取芳香油。

常见变种有：

白丁香 var. *alba* Rehd，花白色，叶片较小，叶背微有柔毛。

佛手丁香 var. *plena* Hort，花白色，重瓣。

2. 红丁香 Syringa villosa Vahl /Late Lilac 图 8-329

灌木，高3m。单叶，宽椭圆形、矩圆形或卵状椭圆形，长5~18cm，宽3~6cm，先端突尖，具睫毛，表面皱褶，背面白粉色，疏生长柔毛。圆锥花序发育于当年生枝顶芽，花序轴具短柔毛；总花梗基部具叶1对；花淡紫红色或白色，花冠筒长圆筒形，裂片开展，花药位于近筒口部。蒴果椭圆形，熟时深褐色，长1~1.5cm，果皮光滑。花期5~6月，果实成熟期8~9月。

产辽宁、内蒙古、河北、山西、陕西等地，生于海拔2 200m以下的中山山坡、河边、砾石地或沙地。耐寒区位4~9。喜光。播种或嫁接繁殖。常见栽培，可作园林绿化树种。

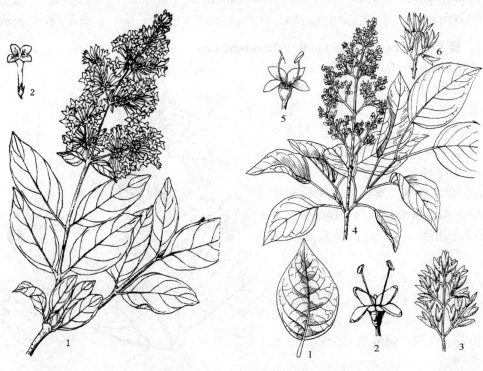

图 8-329 红丁香 Syringa villosa
1. 花枝 2. 花

图 8-330 1~3. 暴马丁香 Syringa amurensis
4~6. 北京丁香 Syringa pekinensis
1. 叶表面，示叶脉凹下 2. 花
3. 果序 4. 花枝 5. 花 6. 果序

3. 暴马丁香 Syringa amurensis Rupr. /Japanese Tree Lilac 图 8-330：1~3

灌木或乔木，高达8~15m，胸径30cm。小枝灰褐色或紫褐色，有时基部具宿存芽鳞。单叶，卵形、卵状披针形至宽卵形，长5~12cm，宽3~7cm，先端渐尖、突尖或钝，基部宽楔形或近圆形，叶面具明显皱褶。圆锥花序大而疏散，花白色，花冠筒短；花丝细长，雄蕊长为花冠裂片的2倍。蒴果长椭圆形，光滑，先端常钝。花期5~6月，果实成熟期8~10月。

产东北、华北和西北东部，生于海拔200~1 600m的山地阳坡、半阳坡和谷地杂木林中。朝鲜、日本、俄罗斯也有分布。耐寒区位3~9。

喜光，在湿润肥沃土壤上生长良好。播种繁殖。

木材致密坚硬，耐水湿、耐腐朽，供建筑、家具、细木工等用；树皮和叶含鞣质，可提取栲胶；花可提取芳香油。花期较晚，可用于丁香专类园中，起到延长花期的作用。

4. 北京丁香 Syringa pekinensis Rupr. /Chinese Tree Lilac, Peking Lilac　　图 8-330: 4~6

与暴马丁香的区别：叶宽卵形或卵圆形，长 4~10cm，宽 2~5cm，先端渐尖，基部宽楔形或近圆形，叶面平坦。圆锥花序生于去年生枝顶或叶腋，花冠筒短，略长于花萼或等长；雄蕊与花冠裂片等长。花期 6 月，果实成熟期 9 月。

产内蒙古、河北、北京、河南、山西、陕西、甘肃等地，生于海拔 1 400m 以下的阳坡或沟谷杂木林中。耐寒区位 5~9。

喜光，耐寒，在湿润肥沃土壤上生长良好。播种繁殖。

木材坚硬致密，可制作家具、农具和其他器具；花香气浓郁，可提取芳香油；嫩叶可食。常栽培于庭园，供观赏，也是蜜源植物。

5. 流苏树属 *Chionanthus* Linn. /Fringe Tree

落叶灌木或乔木。单叶对生，全缘或有小锯齿。花两性或单性异株，组成疏松侧生的圆锥花序；花萼 4 裂，花冠白色，4 深裂至近基部，裂片狭长，花冠筒短；雄蕊 2，稀 4，花丝短；子房 2 室，每室具 2 下垂胚珠。核果肉质，卵圆形。种子 1。

2 种，东亚、北美各 1 种。中国 1 种，分布于西南、东南至东北地区。

流苏树 *Chionanthus retusus* Lindl. et Paxt. /Chinese Fringe Tree　　图 8-331

灌木或乔木，高达 20m。树皮和小枝皮常卷裂。叶椭圆形、卵形至倒卵状椭圆形，长 3~12cm，先端圆、微凹或尖，基部宽楔形至楔形，全缘或具细锯齿，叶缘稍反卷，背面被黄色柔毛；叶柄基部带紫色。花冠白色，裂片线状披针形，长 1.5~2.5cm，雄蕊藏于筒内或稍伸出。核果卵圆形，蓝黑色或黑色，被白粉，长 1~1.5cm。花期 4~5 月，果实成熟期 8~10 月。

产河北、山东、河南、甘肃及陕西，南至云南、福建、广东、台湾等地，多生于海拔 1 000m 以上的向阳山坡。朝鲜、日本也有分布。耐寒区位 6~10。

喜光，稍耐阴，较耐寒，耐旱，对土壤适应性强。生长较慢。播种、扦插、嫁接繁殖。

木材淡黄色，坚硬致密，可制器具及细木工用。嫩叶和芽焙制后可代茶用，故又称"茶叶

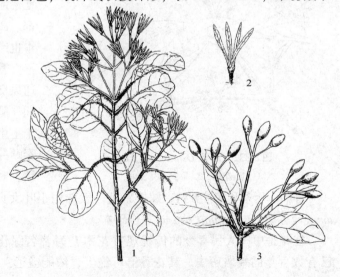

图 8-331　流苏树 *Chionanthus retusus*
1. 花枝　2. 花　3. 果枝

树"。树形优美，花形奇特，秀丽可爱，是优良的观花树种，又是树桩盆景材料，北方常用于嫁接桂花。

6. 木犀属 *Osmanthus* Lour./Osmanthus

常绿灌木或小乔木。冬芽具2芽鳞。单叶对生，革质，全缘或具锯齿。花两性，常雌蕊不育而成单性花，雌雄异株或雄花、两性花异株，花簇生于叶腋，或组成腋生或顶生的短小圆锥花序，有时为总状花序；花萼钟状，4裂；花冠4裂，白色或淡黄色，有些栽培品种为橘红色，裂片在花蕾时覆瓦状排列；雄蕊2，稀3~4；子房2室。核果椭圆形或球形。

约31种，分布于亚洲东部、东南部以及美洲。中国约26种，产于长江流域以南地区。

桂花（木犀） *Osmanthus fragrans* (Thunb.) Lour./Fragrant Olive   图 8-332

图 8-332 桂花 *Osmanthus fragrans*
1. 花枝 2. 果实 3. 果核

常绿灌木或小乔木，高达12m。树皮灰色，不裂。芽叠生。叶革质，椭圆形至椭圆状披针形，长5~12cm，宽3~4cm，先端尖，基部楔形，全缘或有细锯齿；叶柄长约2cm。花簇生叶腋或形成短聚伞花序；花梗纤细；花小，黄白色至橙红色，具浓香。核果椭圆形，紫黑色。花期9~10月，果实成熟期翌年4~5月。

原产我国长江流域至西南，南方各地普遍栽培，并形成了苏州、杭州、成都、武汉、桂林五大传统栽培中心。日本也产。耐寒区位7~11。

喜光，稍耐阴；喜温暖湿润气候和通风良好的环境，耐寒性较差，宜在湿润、肥沃微带酸性、排水良好的砂质壤土上生长，忌积水和黏重土壤。最适合秦岭—淮河流域以南至南岭以北各地栽培；对SO_2、Cl_2有中等抗性。

扦插、压条和嫁接繁殖。嫁接繁殖一般选用小叶女贞 *Ligustrum quihoui*、女贞 *L. lucidum*、流苏树 *Chionanthus retusus* 等作砧木。

桂花是中国人民喜爱的传统观赏花木，为著名绿化树种，中国十大传统名花之一，已有数百年的栽培历史。其花香清可绝尘、浓能溢远，而且花期正值中秋佳节，花时香闻数里，"独占三秋压群芳"。在庭园中，桂花常对植于厅堂之前，所谓"两桂当庭""双桂流芳"；也常于窗前、亭际、山旁、水滨、溪畔、石际丛植或孤植，并配以青松、红枫，可形成幽雅的景观，"桂香烈，宜高峰，宜朗月，宜画阁，宜崇台，宜皓魂照孤枝，宜微飔飏幽韵"。

桂花品种繁多，可分为四季桂类和秋桂类，现有品种 150 多个。四季桂类植株较低矮，常丛生；以春季 4~5 月和秋季 9~11 月为盛花期。秋桂类植株较高大，花期集中于秋季 8~11 月间。秋桂又可分为银桂、金桂和丹桂三个品种群。银桂品种群花色浅，白色至浅黄色；金桂品种群花黄色至浅橙黄色；丹桂品种群花橙黄色、橙色至红橙色。常见栽培的品种有：

日香桂 'Rixianggui'：为四季桂类。叶二型：春梢叶倒卵状披针形或倒卵状椭圆形，基部楔形或狭楔形，先端突尖或短渐尖，几全缘；秋梢叶椭圆状披针形或长椭圆形，先端长渐尖，有稀疏锯齿。圆锥花序的花序总梗发达，花可多达 15~20 朵，聚伞花序中每花序有花 (3) 5~10 朵；花白色至淡黄白色，深秋及冬季花色稍深，主要花期：每年 9 月至翌年 4~5 月，夏季开花较少。原产四川苍溪、温江等县，现江苏、安徽、河南、浙江、山东、北京等地均有栽培，北方常见盆栽。

朱砂丹桂 'Zhusha Dangui'：为丹桂品种群。叶长椭圆状，长 8~11 cm，宽 2.5~3.5 cm，叶面较皱、粗糙，基部楔形，全缘。初花期花色橙黄，盛花期转橙红色，极为艳丽，香气较淡。花期 9 月下旬至 10 月上旬。产华东，常见栽培。

波叶金桂（金桂）'Boye Jingui'：为金桂品种群。叶卵状椭圆形或椭圆形，叶缘明显呈波状起伏，全缘或上部有少量细尖锯齿。花盛开时金黄色，初开时浅黄色。每年开花 2~3 次，第一次 9 月下旬至 10 月上中旬，最后一批花可迟至 11 月上中旬。产华东，常见栽培。

晚银桂 'Wan Yingui'：为银桂品种群。成年树干上常有明显的纵裂缝，叶长椭圆形或卵状长椭圆形，先端近突尖；全缘，幼树及萌枝锯齿较多，叶缘有一条不太明显的黄白色带痕。花黄白色至乳黄色，芳香，直径 6~8 mm，偶有重瓣现象。每年开花 2~3 次，第一次 9 月下旬至 10 月中旬。产江苏苏州。各地栽培。

7. 素馨花属 *Jasminum* Linn. / Jasmine

落叶或常绿，灌木或藤本。单叶，3 出复叶或羽状复叶，对生、互生，稀轮生，全缘或深裂。花两性，顶生或腋生的伞形、聚伞、伞房花序，稀单生；花萼钟状，4~12 裂；花冠黄色或白色，稀红色或紫色，高脚碟状或漏斗状，花冠裂片 4~12，花蕾时呈覆瓦状排列；雄蕊 2，生于花冠筒内；子房 2 室，每室 1~2 枚胚珠。浆果球形，熟时黑色。

约 300 种，分布于东半球的热带和亚热带地区。中国 44 种，广布于西南至东部、南部、西部及西北。多供观赏。

分种检索表

1. 单叶，对生，叶片椭圆形至圆形；常绿性；花白色 ·················· 1. 茉莉 *J. sambac*
1. 3 出复叶或羽状复叶，对生或互生；落叶或半常绿；花黄色。
   2. 落叶，小枝四棱形，3 出复叶 ·················· 2. 迎春 *J. mudiflorum*
   2. 常绿，小枝圆柱形；小叶 3~7 ·················· 3. 小黄素馨 *J. humilis*

1. 茉莉 *Jasminum sambac* (Linn.) Ait. /Abrabian Jasmine　　图 8-333

常绿灌木，高 0.5~3m。小枝纤细，有棱角，幼枝具柔毛。单叶对生，圆形、椭圆形至宽卵形，长 3~8cm，先端急尖或钝圆，基部圆形，全缘，叶背脉腋有簇毛。聚伞花序通常有花 3 朵；花萼 8~9 裂，线形；花冠白色，浓香，裂片长圆形至近圆形。浆果球形，紫黑色。花期 5~8 月，果实成熟期 7~9 月。

原产印度。中国引种，于华南、西南和华东栽培。耐寒区位 8~11。

喜光，稍耐阴，在夏季高温潮湿、光照强的条件下，开花最多、最香，否则花小而少，喜温暖气候，不耐寒，忌水涝；喜肥，宜在疏松、肥沃、pH 5.5~7.0 的砂壤土或壤土上生长。扦插、压条、分株繁殖。

花供熏制茉莉花茶。枝叶茂密，花洁白芳香，并且开花繁茂而持久，是常见的观赏树种，在华南、西南地区可露地栽培，长江流域及其以北地区则盆栽观赏。

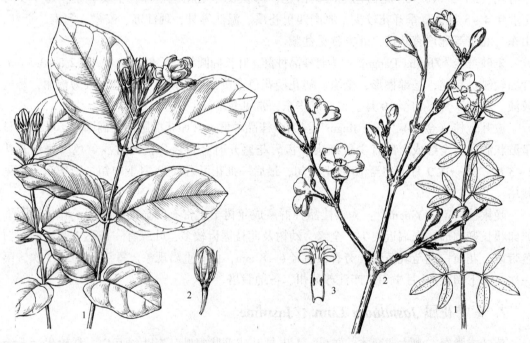

图 8-333　茉莉 *Jasminum sambac*
1. 花枝　2. 花

图 8-334　迎春 *Jasminum mudiflorum*
1. 叶枝　2. 花枝　3. 花纵剖面

2. 迎春 *Jasminum mudiflorum* Lindl. / Winter Jasmine　　图 8-334

落叶灌木，高 0.4~5m。小枝绿色，细长，下部直立，上部拱形下垂，四棱形。3 出复叶对生，幼枝基部常有单叶，卵形至长圆状卵形，长 1~3cm，先端急尖，叶缘有短睫毛。花单生于去年生枝叶腋，先叶开放，苞片小，叶状；花萼裂片 5~6，线形，绿色；花冠黄色，径约 2~2.5cm，常 6 裂，长为花筒管的1/2。浆果椭圆形，但通常不结果。花期 2~4 月。

产中国河南、陕西、甘肃以南等地。各地普遍栽培。耐寒区位 6~10。

喜光，稍耐阴，喜温暖，较耐寒，喜湿润，也耐干旱，但忌涝；对土壤的适应性强。根部萌蘖力强，枝条着地部分极易生根。扦插、压条、分株繁殖。

枝、叶、花均可药用，能清热解毒。开花早，花色金黄，是中国北方早春优良的观花灌木，可盆栽或植作花篱，也可作水土保持树种。

3. 小黄素馨（矮探春） *Jasminum humile* Linn. /Italian Jasmine

与迎春 *J. nudiflorum* 的区别：半常绿灌木。小枝圆柱形，有柔毛。羽状复叶互生，小叶 3～5 (～7)，卵形、椭圆形、矩圆形或卵状披针形，长 0.5～6cm，先端尖或渐尖，下面沿中脉及边缘有柔毛。顶生聚伞花序有花 1～15 朵，叶后开花；果实宽卵形，熟时黄色。花期 5～6 月。

产甘肃、四川西南部、贵州西部、云南、西藏等地，生于海拔 1 100～3 500m 林中。伊朗、阿富汗、缅甸及喜马拉雅地区有分布。供观赏。耐寒区位 8～10。

8. 木犀榄属 *Olea* Linn. /Olive

常绿灌木或小乔木。单叶对生，全缘或有疏齿，具腺点或鳞片。花两性或单性，成圆锥花序或簇生，腋生；花萼短，4 齿裂；花冠筒短，4 裂几达中部，花冠裂片在花蕾时镊合状排列，或无花冠；雄蕊 2；子房 2 室，每室 2 胚珠。核果，长椭圆形或卵形。

约 40 种，分布于热带及温带地区至新西兰。中国 13 种，分布于南部至西南部，另引入 1 种。

油橄榄（木犀榄） *Olea europaea* Linn. /Common Olive　图 8-335

常绿乔木，高 10m；树皮粗糙，老时深纵裂，常生有"树瘤"。幼枝灰绿色，后渐变至灰色、灰褐色并具网状裂纹。叶窄椭圆形、狭卵状披针形至披针形，上面暗绿，稍具银色鳞片，下面密被银色皮屑状垢鳞，先端稍钝，具小凸尖，全缘，中脉在两面隆起，侧脉不甚明显。圆锥花序长 2～6cm；花黄白色，花冠长约 4mm；雄蕊花丝短；子房近圆形，无毛。果椭圆形至近球形，长 2～2.5cm，紫黑色或黑色，有光泽。花期 4～5 月，果实成熟期 10～12 月。

原产地中海沿岸，为产区重要的经济树种，用于生产橄榄和橄榄油。世界各国多有引种栽培。中国主要栽培在长江以南。耐寒区位 8～10。

适生于冬季温暖湿润、夏季炎热干燥、年降水量 500～700mm 的地区，主要适生于地中海气候，因此，在中国种植要考虑对气候的适应性。喜光，最宜于土层深厚、排水良好、pH 6～7.5 的砂壤土；喜石灰质土壤；稍耐干旱，侧根发达。5～6 年开始结果，30～150（50～200）年为盛果期，产量稳定。播种、嫁接、扦

图 8-335　油橄榄 *Olea europaea*
1. 花枝　2. 花蕾　3. 雄花　4. 雄蕊
5. 两性花　6. 子房　7. 果实　8. 种子
9. 种子纵剖面　10. 盾状毛

插或压条繁殖。

为著名的木本油料树种。果实含油率35%～70%；果肉含油率常高于75%，油含多种维生素，易吸收，几乎不含胆固醇，尤宜供食用和药用。木材坚硬，纹理细致，是器具和手工艺品的优良用材。老龄树多具瘤状突起，树皮纵裂，叶背银色光亮，具有较强的观赏性。在罗马斗兽场周边常见为绿化树种。

9. 女贞属 *Ligustrum* Linn. ／Privet

落叶或常绿，灌木或小乔木。具顶芽，冬芽卵圆形，芽鳞2。单叶对生，全缘。圆锥花序顶生，稀腋生；花两性，花萼4裂，花冠白色，4裂，在花蕾期裂片镊合状排列，花冠筒长于裂片或近等长；雄蕊2，生于近花冠筒喉部；子房近球形，2室。浆果状核果，黑色或蓝黑色；内果皮膜质或纸质；种子1～4。

约50种，分布于欧洲及东南亚。中国30余种，多分布于长江以南及西南地区。药用、观赏。

分种检索表

1. 花冠筒与花冠裂片近等长。
   2. 叶片较大，革质，长6～12cm，先端渐尖 ································· **1. 女贞** *L. lucidum*
   2. 叶片小，薄革质或纸质，长1.5～5cm，先端凹缺 ···················· **2. 小叶女贞** *L. quihoui*
1. 花冠筒长约为花冠裂片的3～4倍；叶纸质，长3～7cm ·················· **3. 水蜡树** *L. obtusifolium*

1. 女贞 *Ligustrum lucidum* Ait. ／Waxleaf Privet　图8-336

常绿乔木，高6～10（20）m，胸径可达80cm。全株无毛。树皮灰褐色，光滑不裂。枝开展；冬芽长卵形，褐色。叶革质，卵形至卵状披针形，长6～12cm，先端渐尖，基部圆形或阔楔形，全缘，叶片深绿色，有光泽，叶背淡绿色，叶表皮易于叶肉撕离；叶柄长1～2cm。圆锥花序顶生，长10～20cm。花白色，梗极短，花冠筒与花冠裂片近等长。核果长圆形，微弯，长1cm，蓝黑色，被白粉。花期5～7月，果实成熟期10～12月。

产长江流域及以南各地，多生长于阳坡、丘陵山麓或疏林。辽宁大连、甘肃南部及华北南部多有栽培。耐寒区位6～11。

喜光，稍耐阴，喜温暖，不耐寒，喜湿润，不耐旱，宜在肥沃、湿润的微酸性至微碱性土壤上生长，对空气中的SO_2、Cl_2、HF等有较强的抗性。生长较快。萌芽力强，耐修剪。播种、扦插、压条繁殖，以播种为主。

木材材质细致坚韧，切面光滑不劈裂，供

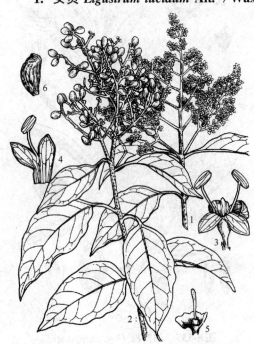

图8-336　女贞 *Ligustrum lucidum*
1. 花枝　2. 果枝　3. 花　4. 花冠展开示雄蕊
5. 雌蕊　6. 种子

雕刻、细木工及农具等用。果实、根、树皮、枝、叶均可药用。果实入药称"女贞子"，有补肾、乌发明目等功效。枝叶可放养白蜡虫。枝叶清秀，四季常绿，夏季白花满树，又适应城市的气候环境，是长江流域常见的园林绿化树种，可用作行道树、庭园树或修剪成绿篱。

2. 小叶女贞 *Ligustrum quihoui* Carr. /Purpus Privet　图8-337

常绿或半常绿灌木，高2~3m。小枝具短柔毛。叶椭圆形、椭圆状矩圆形至倒卵状椭圆形，长1.5~5cm，宽0.8~2.5cm，无毛，先端常微凹，基部楔形，叶缘略向外反卷；叶柄有短柔毛或无。圆锥花序长5~15（21）cm；花白色，芳香；雄蕊伸出花冠外。核果椭圆形或近球形，紫黑色，长6~9mm。花期6~9月，果实成熟期9~11月。

产中国中部、东部和西南部，多生于灌丛、石崖、路边。耐寒区位5~10。

喜光，稍耐阴，较耐寒，对SO_2、Cl_2、HF、HCl等有毒气体抗性均强。性强健，萌芽力强，耐修剪。播种和扦插繁殖。

果实产量高，含油脂，可榨油，也可入药，叶和树皮可治疗烫伤，叶焙干可代茶叶。枝叶细密，耐修剪，适于作绿篱栽植，是优良的抗污染树种。

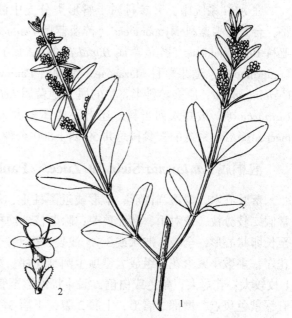

图8-337　小叶女贞 *Ligustrum quihoui*
1. 花枝　2. 花

3. 水蜡树 *Ligustrum obtusifolium* Sieb. et Zucc. /Border Privet

落叶灌木，高3m。树皮暗黑色。枝条开展或拱形，幼枝密生短柔毛。叶纸质，椭圆形至长圆形至长圆状倒卵形，长3~7cm，先端微凹或钝圆，有时微尖，基部楔形；上面无毛，下面有短柔毛，沿中脉较密。顶生圆锥花序短而常下垂，长2.5~3cm，花冠筒长约为花冠裂片的3~4倍；花药和花冠裂片近等长。核果近球形，黑色，长约6mm。花期7月，果实成熟期10~11月。

产华东及华中地区；东北和华北地区有栽培。耐寒区位3~10。

喜湿润肥沃土壤，较耐寒，稍耐干燥。播种、扦插繁殖。

嫩叶可代茶。枝叶细密，耐修剪，适于作绿篱栽植，是优良的抗污染树种。

70. 玄参科 Scrophulariaceae/Figwort Family

草本、灌木，少为乔木。叶互生、下部对生而上部互生、或全对生、或轮生，无托叶。花序总状、穗状或聚伞状，常合成圆锥花序。花常不整齐；萼下位，常宿存，5（4）基数；花冠4~5裂，裂片多少不等或二唇形；雄蕊常4枚，2强，有时2~5或更多，花药

1~2室，药室分离或多少汇合；花盘常存在，环状、杯状或小而似腺体；子房2室，极少仅有1室；柱头头状、2裂或2片状；胚珠多数，少有每室2枚，倒生或横生。果为蒴果，少有浆果状；种子细小，有时具翅或有网状种皮，脐点侧生或腹生，胚乳肉质或无；胚直伸或弯曲。

约200属3 000余种，广布全球各地。中国56属600余种。全国均产，绝大多数为草本植物。

在APG系统中，玄参科属于唇形类分支中的唇形目Lamiales。玄参科发生了重大调整：合并苦槛蓝科Myoporaceae（苦槛蓝属 *Pentacoelium* 等12属）和原属马钱科的醉鱼草亚科Buddlejoideae（醉鱼草属 *Buddleja* 等12属），排除荷包花科Calceolariaceae、母草科Linderniaceae、通泉草科Mazaceae、泡桐科Paulowniaceae（泡桐属 *Paulownia*）、囊萼花属 *Cyrtandromoea*，原玄参科半寄生的属（地黄属 *Rehmannia*、马先蒿属 *Pedicularis*、肉苁蓉属 *Cistanche* 等）被并入列当科，还有一些属被并入车前科Plantaginaceae和透骨草科Phrymaceae。APG系统的玄参科总共59属1 800余种。

泡桐属 *Paulownia* Sieb. et Zucc. / Paulownia, Empress Tree

落叶乔木，树冠圆锥形、伞形或近圆柱形，幼时树皮平滑而具显著皮孔，老时纵裂；常假二歧分枝，枝对生，常无顶芽；除老枝外均被毛，毛有各种类型。叶大，对生，心形至长卵状心形，全缘、波状或3~5浅裂，多毛，叶柄长，无托叶。花常3~5朵成小聚伞花序，多数小聚伞花序组成大型顶生圆锥花序；萼钟形或倒圆锥形，被毛；萼齿5，后方1枚较大；花冠大，紫色或白色，漏斗状钟形至管状漏斗形，腹部常有两条纵褶，内面常有深紫色斑点，檐部二唇形，上唇2裂，下唇3裂，伸长；雄蕊4枚，2强，不伸出，药叉分；子房2室。蒴果卵圆形、卵状椭圆形，室背2或4裂，果皮木质；种子小而多，有膜质翅，胚乳少。

7种，中国均产，除东北北部、内蒙古、新疆北部、西藏等地区外全国均有分布，栽培或野生。白花泡桐 *Paulownia fortunei* 在越南、老挝也有分布，有些种类已在世界各大洲许多国家引种栽培，用材和作庭园绿化。

泡桐属树种喜光，是世界上生长最快的阔叶树之一，也是优良的绿化树种，具有显著的经济效益，可以防止水土流失，能抵御硝酸盐的污染。

最适宜生长于排水良好、土层深厚、通气性好的砂壤土或砂砾土，喜土壤湿润肥沃，以pH 6~8为宜，对镁、钙、磷等元素有选择吸收的倾向，因此，要多施氮肥，增施镁、钙、磷肥。适应性较强，一般在酸性或碱性较强的土壤中，或在较瘠薄的低山、丘陵或平原地区也均能生长，忌积水。对温度的适应范围较大，在北方能耐 -25~-20℃ 的低温，在中国各地都有适应当地生态环境的种类。容易繁殖，采用分根、分蘖、播种和嫁接等，尤以前两种方法较普遍。

在两千多年前中国就有栽培泡桐的经验。《齐民要术》《桐谱》等书中较详细地记述了泡桐属树种的形态、栽培、材性和加工利用情况。

泡桐属树种材质优良，轻而韧，耐酸耐腐，导音性好，不翘不裂，不被虫蛀，不易脱胶，纹理美观，油漆染色良好，易于加工、便于雕刻，具有很强的防潮隔热性能，是国际木材市场上重要的木材资源。其木材可用于制作胶合板、航空模型、车船衬板、空运水运设备；还可制作各种乐器、雕刻手工艺品、家具、优良建筑材料（梁、檩、门、窗和房间隔板）等。该属树种不仅是经济价值大的速生树种，也是优良的绿化造林树种，有些种类又适宜于农桐兼作。原产中国的各种泡桐树，在世界速生树种中占有重要的地位。在美国，World Paulownia Institute, LLC（WPI）是世界上泡桐育种和组培苗生产苗木公司。

分种检索表

1. 叶卵形或宽卵形，全缘或3~5裂；果实卵形。
    2. 叶背面被腺毛和具柄的分枝状毛；花萼深裂，萼齿较萼管长或等长 ………… **1. 毛泡桐 P. tomentosa**
    2. 叶背面被无柄的分枝状毛；花萼浅裂，萼齿较萼管短 ………… **2. 兰考泡桐 P. elongata**
1. 叶长卵形，全缘；果实椭圆形。
    3. 花淡紫色；果实椭圆形 ………… **3. 楸叶泡桐 P. catalpifolia**
    3. 花白色或淡紫色；果实长圆形或长圆状椭圆形 ………… **4. 白花泡桐 P. fortunei**

1. 毛泡桐 *Paulownia tomentosa*（Thunb.）Steud. /Royal Paulownia Tree 图 8-338

乔木，高达20m。树冠宽大，伞形；树皮褐灰色。小枝有明显皮孔，幼时常具腺毛。叶宽卵形或卵形，长达40cm，先端锐尖头，全缘或3~5浅裂，叶背面密被褐色具柄的树枝状毛和腺毛；叶柄常有腺毛。花序大，金字塔形或狭圆锥形；萼浅钟形，分裂至中部或裂过中部；花冠紫色，漏斗状钟形，长5~7.5cm，外面有腺毛；子房有腺毛。蒴果卵圆形，幼时密生黏质腺毛，长3~4.5cm，宿萼不反卷，果皮厚约1mm；种子连翅长约2.5~4mm。花期4~5月，果实成熟期8~9月。

主产黄河流域（分布于辽宁南部、河北、河南、山东、江苏、安徽、湖北、江西等地），北方各省普遍栽培。垂直分布可达海拔1 800m。甘肃东南部庆阳和陕西北部有野生状态的毛泡桐。日本、朝鲜、欧洲和北美洲有引种栽培。

本种较耐干旱瘠薄，是本属中最耐寒的一种，在北方较寒冷和干旱地区尤为适宜，但主干低矮，生长速度较慢。

木材次于楸叶泡桐 *P. catalpifolia*，优于兰考泡桐 *P. elongata*，具有较强的隔热防

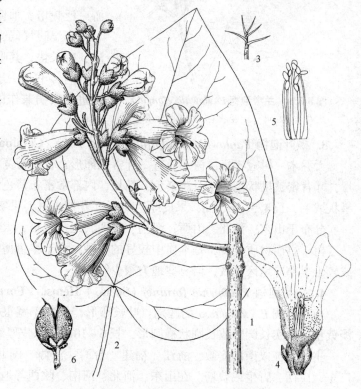

图 8-338 毛泡桐 *Paulownia tomentosa*
1. 花枝　2. 叶　3. 树枝状毛　4. 花纵剖面　5. 二强雄蕊及雌蕊　6. 果实

潮性能、耐腐蚀、导音好，供乐器、航模、胶合板、家具等用；根、花、叶入药，有散瘀、止痛、祛风、化腐生肌等效；泡桐叶的有效成分之一为熊果酸，近年报道有提高机体免疫、抗菌、降酶、抗癌等作用。

在适合毛泡桐种植的地区，栽培毛泡桐是农民脱贫致富、区域经济发展、环境保护和改善生态条件的一项措施。

2. 兰考泡桐 *Paulownia elongata* S. Y. Hu/ Elongate Paulownia　　图 8-339

乔木，高达 20m，植株具星状绒毛。叶常卵形至宽卵形，有时具不规则的裂片，叶背密被无柄的树枝状毛。花序枝的侧枝不发达，狭圆锥形；萼倒圆锥形，分裂至 1/3 左右；花冠漏斗状钟形，淡紫色至粉白色，外面有腺毛和星状毛。蒴果卵形，稀卵状椭圆形，长 3.5 ~ 5cm，有星状绒毛，宿萼碟状，顶端具长 4 ~ 5mm 的缘，果皮厚 1 ~ 2.5mm；种子连翅长约 4 ~ 5mm。花期 4 ~ 5 月，果实成熟期秋季。

产黄河以南，由山东西南、华北平原，南至安徽、湖北（分布于河北、河南、山西、陕西、山东、湖北、安徽、江苏），黄河流域中下游广泛栽培。垂直分布于海拔 1 400m。

喜温暖气候，适砂壤土；树冠稀疏，发叶晚，生长快，其吸收根主要集中在 40cm 以下的土层内，不与一般农作物争夺养料，是北方地区进行农桐兼作的好树种，在河南等地已普遍推广。

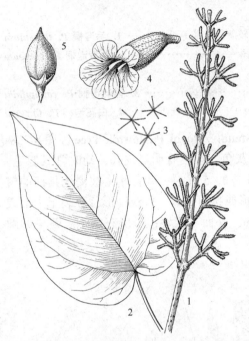

图 8-339　兰考泡桐 *Paulownia elongata*
1. 花枝　2. 叶　3. 星状毛　4. 花　5. 果实

3. 楸叶泡桐 *Paulownia catalpifolia* Gong Tong /Catalpa-leaved Paulownia　　图 8-340

大乔木，树冠密集，树干通直。叶常长卵形，长约为宽的 2 倍，全缘，稀波状而有裂片，叶背密被星状毛。花冠浅紫色，细长，内部常密布紫色细斑点。蒴果椭圆形，幼时被星状绒毛，长 4.5 ~ 5.5cm，果皮厚达 3mm。花期 4 月，果实成熟期 7 ~ 8 月。

分布于山东、河北、山西、河南、陕西，通常栽培，太行山区有野生。

树干直而材质优良，是本属中较好的一种。耐干旱瘠薄的土壤，适宜在北方山地丘陵或较干旱寒冷地区发展，但有些地方很少结籽。

4. 白花泡桐 *Paulownia fortunei* (Seem.) Hemsl. /Fortune Paulownia　　图 8-341

与毛泡桐 *P. tomentosa* 的区别：叶长卵形，长大于宽很多。花序圆柱形；花冠白色或淡紫色；果实长圆形或长圆状椭圆形，长 6 ~ 10cm；果皮厚约 3 ~ 6mm，木质化。

主产长江以南的安徽、浙江、福建、台湾、江西、湖北、湖南、四川、云南、贵州、广东、广西，野生或栽培，在山东、河北、河南、陕西等地近年有引种，生于低海拔的山坡、林中、山谷及荒地，越向西南则分布越高，垂直分布可达海拔 2 000m。越南、老挝也有。树干直，生长快，适应性较强，适宜于南方发展。

图 8-340　楸叶泡桐 *Paulownia catalpifolia*
1. 花枝　2. 叶　3. 星状毛　4. 花　5. 果实　6. 种子

图 8-341　白花泡桐 *Paulownia fortunei*
1. 叶枝　2. 果枝　3. 花　4. 果实　5. 种子

71. 紫葳科 Bignoniaceae/Trumpet Creeper Family

木本，稀草本。羽状复叶或单叶，对生、轮生，稀互生；无托叶。花两性，通常大而美丽，单生或组成圆锥或总状花序，花萼 2~5 裂；花冠钟状、漏斗状或筒状，4~5 裂，两侧对称，二唇形；雄蕊与花冠裂片同数而互生，发育雄蕊 4 或 2，常具退化雄蕊 1~3，着生于花冠筒上；具花盘；子房上位，2 室或 1 室，侧膜胎座或中轴胎座，胚珠多数。蒴果，稀浆果。

110 属约 800 种，产热带、亚热带，少数至温带。中国 22 属 49 种（包括引入），南北均产。北方木本常见 2 属。观赏或用材树种。

在 APG 系统中，紫葳科属于唇形类分支中的唇形目 Lamiales，其范围和界定未做重大调整。

分属检索表

1. 乔木；单叶，全缘或具裂片；种子具毛 ·· **1. 梓树属 Catalpa**
1. 木质藤本；羽状复叶，小叶有锯齿；种子具膜质翅 ····································· **2. 凌霄花属 Campsis**

1. 梓树属 *Catalpa* Scop. /Catalpa

落叶乔木，稀常绿。3 叶轮生，稀对生，全缘或有裂片，掌状 3~5 出脉，背面基部脉腋常具腺斑。花大，顶生圆锥花序或总状花序；花萼2~3裂；花冠二唇形，上唇2裂，下唇3裂；发育雄蕊2，内藏，退化雄蕊2~3；子房2室，胚珠多数。蒴果细长，豇豆状，种子多数。种子扁长圆形，两端有纤维质丝状毛。

11种，分布亚洲东部和北美洲。中国有6种，引入1种，主产长江流域和黄河流域。

分种检索表

1. 花冠淡黄色；小枝、叶柄花序轴被黏质毛；叶宽卵形，全缘或中上部3~5浅裂，掌状五出脉 ·· **1. 梓树 *C. ovata***
1. 花冠白色或浅粉色；小枝无毛；叶长三角状卵形或长卵形，全缘或中下部3~5浅裂，掌状3出脉。
  2. 总状花序，呈伞房状；叶长三角状卵形，两面无毛，背面脉腋具腺斑；花冠粉红色至白色，内有紫斑 ··· **2. 楸树 *C. bungei***
  2. 圆锥花序；叶长卵形，背面被柔毛，基部脉腋有绿色腺斑；花冠白色，内有黄色条纹及紫色斑点 ··· **3. 黄金树 *C. speciosa***

1. 梓树 *Catalpa ovata* G. Don /Chinese Catalpa 图8-342

乔木，高10~20m，胸径达100cm。树冠宽卵形；树皮灰褐色，浅纵裂。小枝和叶柄被黏质毛。叶宽卵形至卵圆形，长宽近相等，长10~25cm，先端急尖，基部心形，全缘或中部以上3~5浅裂，掌状5出脉，背面沿脉有柔毛，基部脉腋有紫斑。圆锥花序顶生。花冠淡黄色，内有紫斑点。蒴果细长，下垂，长20~30cm，径3~4mm。花期4~6月，果实成熟期9~11月。

产东北南部、华北，南至广东、广西北部，西北至陕西、甘肃，西南至四川、贵州、云南，新疆南部有栽培。耐寒区位5~10。

喜光、喜温暖，喜深厚湿润土壤，抗SO_2、Cl_2和烟尘等有害气体。深根性树种。种子或根蘖繁殖。

叶大浓荫，花形奇特，果实悬垂，为优良行道树、庭园树和"四旁"绿化树种。木材供建筑、家具用材，但材质不如楸树。嫩叶可食或作饲料；果实入药，有利尿作用。

图8-342 梓树 *Catalpa ovata*
1. 花枝　2. 花纵剖面　3. 雄蕊

2. 楸树 *Catalpa bungei* C. A. Mey. /Yellow Catalpa 图8-343

高达30m，胸径100cm以上。树冠窄长，呈倒卵形；树皮灰褐色，浅纵裂。小枝无毛，有光泽。叶长三角状卵形，长6~15cm，顶端尾尖，基部截形或浅心形，全缘或幼叶中下部常浅裂，掌状3出脉，两面无毛，背面脉腋具紫斑。总状花序呈伞房状，顶生；萼2裂；花冠粉红色至白色，内有紫斑点。蒴果长25~50cm，径4~5mm。花期4~5月，果实成熟期9~10月。

产黄河和长江流域，北京以南至江苏、浙江，在海拔500~1 400m地区常见栽培。常生长在村旁、路边。耐寒区位5~10。

较喜光，喜温暖气候，适生于年平均气温10~15℃，年降水量700~1 200mm的地区。要求肥沃、疏松的中性土、微酸性土和钙质土，耐轻度盐碱，不耐瘠薄，不耐水湿和积水。对SO_2、Cl_2等有害气体有抗性，吸滞粉尘能力强。主根不明显，侧根发达，根蘖力强。因自花不亲和，需异株、异花授粉。播种、分蘖、埋根繁殖。

楸树是珍贵用材树种，木材坚韧致密，黄灰色或黄褐色，纹理通直，花纹美丽，有光泽，为优良建筑、家具、室内装修用材；优良庭园及绿化树种。皮、叶、种子入药。嫩叶可食，花可提取芳香油。

图 8-343　楸树 *Catalpa bungei*
1. 花枝　2. 果实　3. 种子

3. 黄金树 *Catalpa speciosa* (Warder) Warder ex Engelm. /Northern Catalpa

高达36m。叶长卵形，长15~30cm，全缘，稀有1~2浅裂，掌状3出脉，背面被柔毛，基部脉腋有绿色腺斑。花白色，内有黄色条纹及紫色斑点。蒴果粗短，长20cm，径12~18mm。花期4~5月，果实成熟期9~10月。

原产北美洲，1911年引入上海，现长江流域及黄河流域多有栽培，作园林绿化树种。耐寒区位5~10。

2. 凌霄花属 *Campsis* Lour. /Campsis, Trumpet Creeper

落叶木质攀缘藤本。茎、枝具攀缘根。奇数羽状复叶对生，小叶有锯齿。顶生聚伞花序或圆锥花序。花萼钟状，革质，5齿；花冠漏斗状，5裂，略呈二唇状；雄蕊4，2强。子房2室。蒴果长如豆荚。种子多数，具膜质翅。

2种，间断分布在东亚和北美。中国1种，引入1种。

凌霄 *Campsis grandiflora* (Thunb.) Loisel. /Chinese Trumpet Creeper　图 8-344

大藤本，茎长约10m。树皮灰褐色，细条状纵裂。小枝紫褐色。小叶7~9，卵形至卵状披针形，长3~7cm，宽2~4cm，先端渐尖，基部宽楔形或圆形，两侧不对称，叶缘有7~8锯齿，两面无毛。花萼5裂，裂片披针形；花冠漏斗状钟形，鲜红色或橘红色，长6~7cm，径约7cm。蒴果顶端钝。花期6~8月，果实成熟期10月。

中国特有树种。产华北至长江流域及以南各地，北方习见栽培。耐寒区位 7～9。

较喜光，幼苗早期稍耐庇荫，喜温暖、湿润，适宜于排水良好的土壤上栽培。生于沟谷、山坡、河边、路旁及疏林下。萌蘖性强。播种、扦插、分蘖、压条繁殖均可。

根及花入药，根能活血散瘀、解毒消肿，花有活血通经、祛风之功效；老茎、花及枝叶还可作兽药。花大而色彩艳丽，花期长，宜栽于庭园、园林及旅游场所，为优良垂直绿化树种，亦可用于林下地被。

本属常见的种类还有：

美国凌霄 Campsis redicans （Linn.） Seem./Trumpet Vine 与凌霄 C. grandiflora 的区别：小叶 9～13，锯齿 4～5，叶轴、叶背被柔毛。花萼浅裂，约 1/3；花冠筒部黄红色，裂片鲜红色。蒴果圆筒形，顶端尖。

喜光，耐寒力较强。原产北美洲。中国南北各地露地或温室引栽。繁殖及用途同凌霄。耐寒区位 5～9。

图 8-344　凌霄 *Campsis grandiflora*

72. 茜草科 Rubiaceae/Madder Family

乔木、灌木或草本，有时攀缘状。单叶，对生或轮生，全缘，稀有锯齿；托叶位于叶柄间（柄间托叶）或在叶柄内，宿存或脱落。花两性，稀单性，辐射对称，稀稍左右对称，单生或组成各式花序；花萼筒与子房合生，顶端平截、齿裂或分裂，有时有些裂片扩大而成花瓣状；花冠合瓣，管状或漏斗状，通常 4～6 裂，稀更多；雄蕊与花冠裂片同数而互生，稀 2，着生在花冠筒上；子房下位，常 2 室（1 至多室），每室有 1 至多数胚珠；蒴果、浆果或核果；种子有胚乳。

约 500 属 6 500 种，主产热带和亚热带地区，少数分布于温带或北极地带。中国 75 属 477 种，其中木本植物包括引种共约 50 属，大部产西南部至东南部，西北部和北部极少。本科有世界著名的三大饮料之一的小果咖啡 *Coffea arabica* 等多种咖啡；而主产南美洲的金鸡纳属有 40 种，治疗疟疾的特效药奎宁就提取自金鸡纳 *Cinchona lederiana*。有些为染料，或供观赏用，少数的木材供细工用或为农具的把柄。

在 APG 系统中，茜草科属于唇形类分支中的龙胆目 Gentianales，合并了假繁缕科 Theligonaceae（仅假繁缕 *Theligonum* 1 属），原茜草科香茜属 Carlemannia 和蜘蛛花属 *Silvianthus* 独立为香茜科 Carlemanniaceae 并置入唇形目下。调整后的茜草科 614 属 13 000 余种。

分属检索表

1. 花单生或簇生，不为头状或圆锥花序。灌木或小乔木。
   2. 托叶生于叶柄间，分离，披针形；子房每室具1胚珠。
      3. 花2型，花冠裂片镊合状排列；托叶小，尖刺状，宿存；蒴果5裂 ………… **1. 野丁香属** *Leptodermis*
      3. 花同型，花冠裂片螺旋状排列；托叶大，三角形；浆果具2种子 ………………… **3. 咖啡属** *Coffea*
   2. 托叶生于叶柄内，合生为鞘状。花大，白色至黄白色；花萼筒具纵棱；子房每室具多数胚珠；浆果先端具宿存的披针形花萼 ………………………………………………………………… **2. 栀子属** *Gardenia*
1. 花组成圆锥花序或头状花序。高大乔木。
   4. 圆锥花序顶生；花萼5，不等大，其中一些花的1枚花萼扩大成叶状；子房仅为2室。蒴果长椭圆形 ………………………………………………………………………………………… **4. 香果树属** *Emmenopterys*
   4. 头状花序顶生；花萼5，等大，不为叶状；子房上部为4室，下部为2室；聚花果球形，由小坚果组成 ……………………………………………………………………………………… **5. 团花属** *Anthocephalus*

1. 野丁香属 *Leptodermis* Wall. /Leptodermis

落叶灌木。叶对生或有时簇生于短枝上；托叶三角形，急尖，宿存；花2型，簇生；花萼管倒卵形，5（4~6）裂；花冠漏斗形，5裂；雄蕊5（4~6），着生于冠管喉部以下，内藏或突出，花丝短；子房下位，5室，每室1胚珠；柱头5（3~4），线形；蒴果5裂；种子具膜质种皮，胚乳肉质。

30种，分布于喜马拉雅至日本。中国有20种，南北均有分布，但主产地为西南部。

薄皮木 *Leptodermis oblonga* Bunge /Leptodermis 图8-345

高80~100cm。小枝褐色变浅灰色，被柔毛，后脱落。叶椭圆形至矩圆状倒披针形，长1~2（3）cm，先端短尖，基部渐狭，边缘反卷。花无梗，2~10朵簇生于枝顶或叶腋内，小苞片中部以上合生，透明，具脉，长于花萼；萼筒短，裂片有睫毛；花冠淡紫红色，裂片披针形。蒴果椭圆形，托以宿存的小苞片。花期6~8月，果实成熟期8~10月。

产河北、山西、陕西、河南、甘肃、江苏、湖北、四川等地。喜光、耐寒、耐旱，常生长在向阳山坡、岩石缝隙等地。耐寒区位7~9。

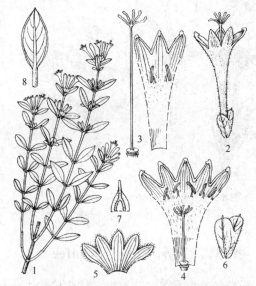

图8-345 薄皮木 *Leptodermis oblonga*
1. 花枝 2. 花 3. 花冠、花盘和雌蕊（长柱花）
4. 花冠展开，示雄蕊和雌蕊（短柱花）
5. 花萼展开 6. 苞片 7. 托叶 8. 叶

2. 栀子属 Gardenia Ellis /Gardenia

灌木，芽有树脂。叶对生或3枚轮生，全缘；托叶生于叶柄内，基部合生成鞘状。花大，白色至淡黄色，芳香，单生或簇生；萼筒卵形或倒圆锥形，有棱，檐部管状或佛焰苞状，宿存；花冠高脚碟状或管状，5~11裂，裂片广展，芽时螺旋状排列；雄蕊5~11，生于花冠喉部，内藏，花丝极短或缺；花盘环状或圆锥状；子房下位，1室，胚珠多数，生于2~6个侧膜胎座上。浆果革质或肉质，圆柱状或有棱，先端有宿存花萼；种子多数，常与肉质的胎座胶结成球状体。

约250种，分布于热带和亚热带地区。中国有4种，产西南至东部，其中栀子最常见，果入药或为黄色染料，亦为庭园观赏植物。

图8-346 栀子 *Gardenia jasminoides*
1. 果枝　2. 花枝　3. 花纵剖面

栀子 *Gardenia jasminoides* Ellis / Gardenia 图8-346

常绿灌木，丛生。幼枝绿色，有垢状毛。叶革质，长椭圆形至倒卵状披针形，长6~12cm，宽2~5cm，顶端渐尖，钝头，基部宽楔形，无毛。花大，白色，芳香，单生于枝端或叶腋；花萼5~7裂，裂片线状披针形，长1~2cm；花冠高脚碟状，筒长2~3cm，裂片5~7。果黄色，革质或稍肉质，卵形或圆柱形，有5~7纵棱，顶端有宿存的萼裂片。花期6~8月，果实成熟期9~11月。

产长江以南至西南各地。耐寒区位10~11。

喜阴湿，忌强光照射，强烈阳光直晒会导致叶色变黄。忌碱性土壤，在肥沃的酸性土中生长良好。果实入药具消炎、解热、止血之功效；花含芳香油，为日用化工原料；盆栽供观赏。

3. 咖啡属 Coffea Linn. /Coffee

常绿灌木或小乔木。叶对生，稀3枚轮生；具柄间托叶，宿存。花芳香，单生、簇生或排成聚伞花序，腋生；萼管短，管状或陀螺状，顶部截平或4~5齿裂，内部常有腺体，宿存；花冠漏斗状或高脚碟状，4~8裂，开展，螺旋状排列，喉部有时有毛；雄蕊4~8，着生于冠喉部或之下，花丝短或无；花盘肿胀；子房2室，每室1胚珠，花柱线形或略粗大，柱头2裂。浆果；种子2，角质。

40种，分布于东半球热带地区，非洲尤盛。

咖啡是世界三大饮料之一。果实成熟后除去果皮及大部分种皮所得的种子称生咖啡或咖啡豆。生咖啡经焙炒后研细成咖啡粉，即可制作饮料。咖啡味苦，具特异香味，含咖啡醇和1.3%的咖啡因生物碱，为麻醉、利尿、兴奋和强心药物。焙炒的咖啡还有助消化的功效。

咖啡是重要热带作物，它和茶、可可同为世界上三大饮料之一，尤其是在欧美各国，饮用咖啡十分普遍，具有兴奋、助消化的功能。咖啡的种植始于15世纪，几百年的时间里，市场对咖啡的需求非常旺盛，成为地球上仅次于石油的第二大交易品。目前世界上种植咖啡最多的国家是巴西。我国台湾、云南、广东、广西南部引入栽培有5种，但以下列3种为主。

大粒咖啡 C. liberica Bull. ex Hien，原产非洲的利比里亚，适宜于在海拔300m以下的低地栽培，耐旱、抗虫，味道浓烈。

中粒咖啡 C. canephora Pierre，原产非洲的扎伊尔，适宜在海拔300~700m的地区栽培，不耐旱，忌风，但产量高，品质好，果实成熟后，不易脱落。

小粒咖啡 C. arabica Linn.，原产非洲埃塞俄比亚，适宜在海拔600~1 200m的高地栽培，较能耐低温，唯抗锈病力差。咖啡种后2~3年就有收获，6~8年盛产，可以连收20~30年，管理良好的，可以达50年。

图 8-347 小粒咖啡 *Coffea arabica*
1. 花、果枝 2. 花 3. 花冠纵剖面
4. 丁字药雄蕊 5. 雌蕊 6. 花纵剖面，去花冠
7. 子房横切面 8. 果实 9. 种子

小粒咖啡 *Coffea arabica* Linn. /Coffee 图 8-347

常绿灌木或小乔木，基部通常多分枝，节间膨大。叶薄革质，卵状披针形至披针形，长7~15cm，宽3.5~5cm，先端长渐尖，全缘呈浅波状，光滑无毛，中脉两面隆起；叶柄长8~15cm；托叶宽三角形，顶端突尖。花生于叶腋，白色，芳香，花冠顶部常5裂。浆果椭圆形，深红色，长1~1.5cm，径1~1.2cm，具2种子。种子褐黑色，有纵槽。

原产热带非洲东部。栽培于海南、云南和台湾。适宜在海拔600~1 200m的高地栽培，比较耐低温，但抗病力弱。耐寒区位11~12。

4. 香果树属 *Emmenopterys* Oliv. /Emmenopterys

形态特征同种。1种，中国特产，为国家保护树种。

香果树 *Emmenopterys henryi* Oliv. /Emmenopterys 图 8-348

落叶乔木，高达30m。小枝无毛或近无毛。叶椭圆形至宽卵形，长10~20cm，宽5~

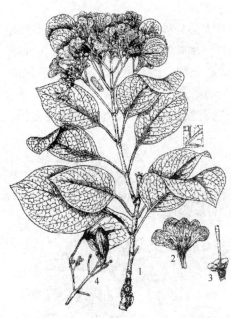

图 8-348 香果树 *Emmenopterys henryi*
1. 花枝 2. 花冠展开 3. 雌蕊 4. 果实

10cm，先端急尖，基部圆形至宽楔形，全缘，背面沿脉或全部有毛；托叶大，三角状披针形。聚伞状圆锥花序顶生；花萼筒卵形或陀螺形，5裂，裂片覆瓦状排列，或一些花中一萼裂片扩大成一白色，具长柄的叶状体；花冠黄色，漏斗状，5裂；雄蕊5；子房下位，2室，每室具多数胚珠。蒴果木质，椭圆形，长3~4cm。种子多数，细小，具宽翅。花期7~8月，果实成熟期9~10月。

产河南伏牛山南部、桐柏山、大别山，陕西秦岭南坡以南，向南至浙江、福建、广西及西南各地区，生于海拔500~1 500m的阴湿山谷林中或林缘。

喜光，喜温暖，喜湿润肥沃的土壤。木材黄白色，结构细，花纹美丽，可制作家具、文具或箱盒。树冠广展，叶大花繁，色彩鲜艳，为奇特庭园观赏和绿化树种。根系发达，耐水湿，可作固堤固岸树种。

5. 团花属 *Anthocephalus* A. Rich. /Anthocephalus

乔木。叶对生；托叶大，生于叶柄间，早落。头状花序球形，具托叶状苞片；花小，花萼管状，裂片5；花冠漏斗状，冠管延长；雄蕊5，着生于冠管喉部，花丝短；子房上部4室，下部2室，有2个2裂的胎座从隔膜处向上伸进上部的室；在上部室内的胎座直立，在下部室内的倒垂；胚珠多数，花柱突出，柱头纺锤形。聚花果球形，肉质；种子多数，有棱，种皮粗糙。

3种，分布于印度、马来西亚，其中团花 *A. chinensis* 中国云南南部亦产，现广东、广西有栽培，为速生树种。

团花 *Anthocephalus chinensis* (Lam.) A. Rich. ex Walp. /Chinese Anthocephalus 图8-349

落叶大乔木，高达45m，胸径100~160 cm。树干通直，树冠宽阔。树皮灰色，幼时光滑，老时粗糙，浅纵裂。幼枝四棱形，无毛。叶椭圆形至椭圆状披针形，长10~25cm，宽3.5~14.5cm，上面无毛有光泽，背面密生柔毛，后渐无毛；叶柄长1.5~3cm；托叶披针形，长约1cm，两片合生包被顶芽，早落，在枝条上留下环状托叶痕。头状花序径约3.5cm，花序梗长5~7.5cm。果球形，肉质，由多数小坚果聚合而成。种子极小。花期6~9月，果实成熟期10月至翌年2月。

产印度、缅甸、越南、马来西亚、尼泊尔、菲律宾、斯里兰卡、印度尼西亚。中国分布于广东、广西、云南等地。亚热带树种，喜光，要求阳光非常充足，不耐阴。耐寒区位10~12。

团花为速生树种。在1972年的世界林业大会上，团花被各国专家公认为"奇迹式的树木",它的奇迹就在于生长十分迅速,10龄以前的团花树,年平均高度增长 2~3m,直径增长 4.5~5.5cm,每年每公顷生长量可达 80~90m³,被人们誉为"奇迹之树""宝石之树",是发展人工速生林最理想的树种。团花树形美观,树干挺拔秀丽,笔直而雄健,树冠呈圆形,叶片大而光亮,枝条成层排列,向四个方向斜插向天空,天然枝形良好,成材的树木枝下高达 8~17m。团花材质良好,锯刨切削容易,顺纹刨面光滑,且干燥快,变形较小;木材适用于作箱侧板、火柴杆、茶叶箱或其他包装箱;在建筑上可用作门窗、檩条、椽子、天花板、室内装修等。其纤维长 1.49mm 左右,是人造纤维、纤维板、胶合板和纸浆理想原料。目前,随着天然林的全面禁伐,人工造林成为解决用材资源不足和保护天然林、修复和重建生态环境最好手段。由于团花生长快和在用材方面具有的优良性状,林业部门、林业公司以

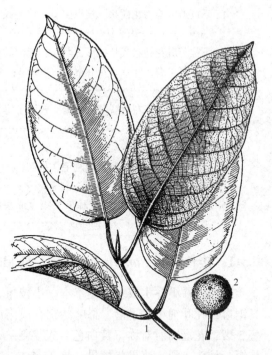

图 8-349　团花 *Anthocephalus chinensis*
1. 叶枝　2. 球状果序

及经营橡胶的农场及农户,把其作为退耕还林的主要树种,替代橡胶种植,仅 2000—2002 年西双版纳以农户和农场自发的团花种植面积已达 7 000 hm²。

73. 忍冬科 Caprifoliaceae/Honeysuckle Family

灌木、稀小乔木或草本。单叶或羽状复叶对生;通常无托叶。花两性,单生、并生或形成花序;花萼 4~5 裂,果后宿存或脱落;花冠管状、钟状或漏斗状,4~5 裂,辐射对称、两侧对称或二唇形;雄蕊与花冠裂片同数,互生,着生于花冠上;雌蕊由 2~5 心皮合生,子房下位,1~5 室,每室 1 至多数胚珠。浆果、核果、瘦果或蒴果。种子有胚乳。

15 属约 450 种,主产北温带,少数分布至热带高山地区。中国有 12 属 200 余种。

在 APG 系统中,忍冬科属于桔梗类分支中的川续断目 Dipsacales。川续断科 Dipsacaceae 和败酱科 Valerianaceae 被并入忍冬科,原忍冬科的荚蒾属 *Viburnum*、接骨木属 *Sambucus* 被并入五福花科 Adoxaceae。APG 系统忍冬科共 31 属约 900 种。

分属检索表

1. 羽状复叶,小枝节和皮孔明显;核果浆果状,含 3~5 枚种子;花冠辐射对称 … **1. 接骨木属 *Sambucus***
1. 单叶。
  2. 花冠辐射对称,花序边缘常具不孕花;果实单生,圆柱形或扁平 …………… **2. 荚蒾属 *Viburnum***
  2. 花冠两侧对称(二唇形)或近两侧对称;花序边缘无不孕花。
    3. 果实单生。

4. 下位子房不为花梗状；核果肉质，单生或呈总状，具2宿存的盾状小苞片 ··· 3. 双盾木属 *Dipelta*
4. 下位子房花梗状或长柱形，具棱，基部具2～4枚齿形至披针形苞片和小苞片。
  5. 花萼4裂，叶状，花后宿存；雄蕊4；下位子房花梗状，1室；茎具六棱；瘦果 ··· 4. 六道木属 *Abelia*
  5. 花萼5裂，花后脱落；雄蕊5枚；子房2～3室；木质开裂蒴果，叶有锯齿 ·· 5. 锦带花属 *Weigela*
3. 果实合生或并生。
  6. 花托、花萼和果实密生刺刚毛，果实干燥，2个合生；花冠钟状，稍辐射对称；雄蕊4，2强 ·· 6. 猬实属 *Kolkwitzi*
  6. 浆果，2果并生或合生，稀果实集合成头状或轮生，则花序下托以合生的叶片；花两侧对称，二唇形；雄蕊5 ··· 7. 忍冬属 *Lonicera*

1. 接骨木属 *Sambucus* Linn. / Elderberry

灌木，稀小乔木或多年生草本。小枝粗，节明显，髓心大。奇数羽状复叶对生，小叶具锯齿；托叶细小，早落，稀叶状宿存或肉质腺点状。伞形花序或圆锥聚伞花序顶生；花萼5裂；花冠辐射对称，黄白色，5齿裂；雄蕊5，花药外向；子房半下位，3～5室，花柱短，柱头3裂。浆果状核果，具3～5核。种子三棱形或椭圆形。

28种，主产东亚和北美洲。中国有4～5种。果实可食，亦为野生鸟类的重要食源。

接骨木 *Sambucus williamsii* Hance/ Williams Elderberry 图8-350

落叶小乔木，高6m。小枝无毛，2年生枝浅黄色，皮孔密生，隆起。小叶2～3对，稀1对和5对；侧生小叶卵圆形至狭椭圆形，长5～15cm，宽1～7cm，叶缘有不整齐锯齿；叶揉后有臭气。花序无毛；花冠初为粉红色，后为白色或淡黄色；子房3室。果红色，近球形，径3～5mm，核2～3个，长2.2～3.5mm。花期4～5月，果实成熟期9～10月。

产东北、华北、华东、华中、华南及西南，生于海拔540～1 600m山坡、河谷林缘或灌丛。朝鲜、日本亦有分布。耐寒区位4～10。

喜光，稍耐阴；在阳坡、阴坡、林缘、林内均能生长。喜肥沃疏松砂

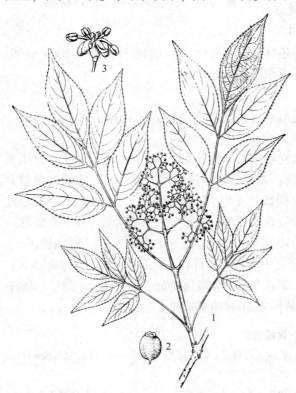

图8-350 接骨木 *Sambucus williamsii*
1. 花枝 2. 果实 3. 花

壤土或冲积土。萌蘖力强。播种、扦插、分株繁殖。

茎叶入药有祛风活血、行瘀止痛之效；根及根皮治痢疾、黄疸，外用治创伤出血。种子含油量达27%，工业用油。枝叶繁茂，红果累累，可栽作园林观赏。

2. 荚蒾属 *Viburnum* Linn. /Viburnum

落叶或常绿，灌木或小乔木。鳞芽或裸芽。单叶对生，全缘、有锯齿或分裂。花两性，辐射对称，组成顶生或侧生聚伞花序，并聚成复伞形、圆锥或伞房状，一些种具大型不孕边花或花序全由大型不孕花组成；萼5齿裂，宿存；花冠钟状、漏斗状或高脚碟状，白色，稀淡红色，裂片5，开展；雄蕊5，与花冠裂片互生；子房1室，1胚珠，花柱很短，柱头常3（2）裂。核果，具1种子。种子扁平。

1属200余种，产北半球温带和亚热带。中国74种，广布全国，以西南地区种类最多。

喜光或稍耐阴。播种或插条繁殖。多为优良观赏树种。果实鸟喜食，为野生鸟类重要的食源。

分种检索表

1. 裸芽，花序全部由大型不孕花组成 ………………………………… **2. 绣球荚蒾** *V. macrocephalum*
1. 鳞芽，花序仅部分边花为大型不孕花或全部由正常花组成。
   2. 叶片常3~5裂，具掌状脉；芽鳞合生成1片，风帽状；叶柄顶端具腺体 … **1. 天目琼花** *V. sargentii*
   2. 叶不分裂；冬芽具1~2对分离芽鳞；叶柄顶端或叶片基部无腺体 …… **3. 桦叶荚蒾** *V. betulifolium*

1. 天目琼花（鸡树条荚蒾）*Viburnum sargentii* Koehne /Sargent Viburnum 图8-351

落叶灌木，高3m。树皮木栓质，具纵裂纹。鳞芽；小枝具棱。叶卵圆形至宽卵形，常3裂，小枝上部的叶不裂或微3裂，裂片常具不整齐锯齿，长6~12cm，掌状3出脉，上面无毛，下面被黄白色长柔毛及暗褐色腺体；叶柄长2~4cm，近叶基处有2~4大形腺体；托叶钻形。顶生花序边缘具10~12白色不孕花，径达10cm；中央的两性花小，花冠辐射状，径约3mm；雄蕊突出，花药紫红色。果球形，红色，径约8mm，果核无沟。花期5~6月，果实成熟期9~10月。

产东北、华北，西至陕西、甘肃，南到浙江、江西、

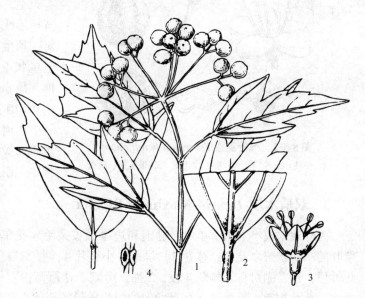

图8-351 天目琼花 *Viburnum sargentii*
1. 果枝 2. 叶背局部 3. 花 4. 叶柄上端的腺体

湖北、四川，生于海拔1 000~1 600m山地疏林中。俄罗斯远东、朝鲜、日本亦产。耐寒区位5~9。

喜光又耐阴，耐寒，多生于夏凉湿润多雾的灌丛中。对土壤要求不严，微酸性及中性土壤均能生长。根系发达，移植容易成活。多用播种繁殖。

嫩枝、叶、果各部分均可入药。种子含油量26%~28%，供制肥皂及润滑油。茎皮纤维可制绳索。花白色，芳香；果鲜红半透明；秋叶橙黄或红色似枫叶，可栽作观赏。

在该种的分类中，有多种处理结果，但普遍认为是欧洲荚蒾 Viburnum opulus Linn. 的变种，即 var. *sargentii* (Koehne) Takeda，或 var. *calvescens* (Rehder) H. Hara。本书仍按种描述。

2. 绣球荚蒾（木绣球）Viburnum macrocephalum Fort. ／Chinese Viburnum

裸芽，芽、幼枝、叶柄均被簇毛。叶卵形至椭圆状卵形，长5~11cm，基部圆形或微心形，叶缘有细锯齿。聚伞花序全部由大型不孕花组成，花冠白色。花期4~6月。

花繁似绣球，白花绿叶，为著名的园艺观赏植物，产长江流域，南北各地均有栽培。耐寒区位6~9。

3. 桦叶荚蒾 Viburnum betulifolium Batal. ／Birch leaved Viburnum 图8-352

鳞芽，小枝稍有棱，无毛或幼时有柔毛。叶宽卵形至宽倒卵形，基部宽楔形或圆形，缘具波状齿，侧脉5~7对。顶生复伞形聚伞花序，常被黄褐色星状毛；花冠白色。果红色，近球形，径6mm。花期6~7月，果实成熟期9~10月。

产河南、陕西、甘肃和西南各地，生于海拔1 300~3 100m山地灌丛混交林中。耐寒区位6~8。

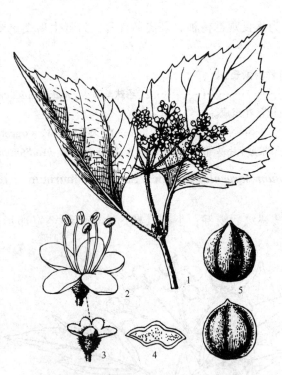

图8-352 桦叶荚蒾 Viburnum betulifolium
1. 花枝 2，3. 花 4. 果核横切面 5. 果核背、腹面

3. 双盾木属 Dipelta Maxim. ／Dipelta

落叶灌木或小乔木。单叶，脉上和边缘微被柔毛。花单生于叶腋或由4~6朵花组成带叶的伞房状聚伞花序；苞片2，早落，小苞片4；萼5裂，萼齿线形或披针形；花冠筒状钟形，近二侧对称；雄蕊4枚，2强，内藏于花冠筒内；子房4室，仅2室发育。核果肉质，萼片宿存，果外具2宿存增大的膜质盾形的翅状小苞片。

中国特有属，3种。

双盾木 *Dipelta floribunda* Maxim. /Rosy Dipelta 图8-353

灌木或小乔木，高6m。树皮剥落。叶全缘，卵状披针形至卵形，长4~10cm，宽1.5~6cm，上面初时被柔毛，后变光滑无毛；叶柄长6~14mm。聚伞花序簇生于侧生短枝顶端叶腋，花梗纤细，长约1cm；苞片条形，被微柔毛，早落；小苞片形状、大小不等，紧贴萼筒的1对盾状，宿存而增大，脉纹明显；萼筒疏被硬毛，萼齿条形；花冠粉红色，裂片圆形至矩圆形，花喉部橘黄色。花期4~7月，果实成熟期8~9月。

产陕西、甘肃、湖北、湖南、广西、四川及贵州等地，生于海拔650~2 200m的杂木林下或灌丛中。耐寒区位6~10。

花美丽，可供观赏。

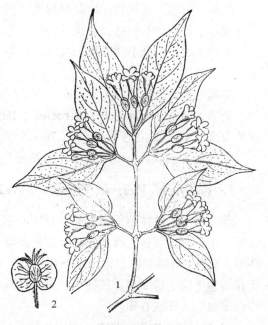

图8-353 双盾木 *Dipelta floribunda*
1. 花枝 2. 果实

4. 六道木属 *Abelia* R. Br. /Abelia

落叶灌木。老枝有时具六棱。叶全缘或有锯齿。花单生、双生，或多花组成聚伞花序或圆锥状，苞片2或4；花萼2~5裂，花后增大、宿存；花冠漏斗形或钟形，5裂，稍两侧对称；雄蕊4枚，等长或2长2短；子房3室，仅1室发育。瘦果，果皮革质，顶端冠以宿萼。种子近圆柱形，种皮膜质。

20余种，分布东亚和墨西哥。中国有9种，主产长江以南和西南地区。

六道木 *Abelia biflora* Turcz. /Biflorous Abelia 图8-354

丛生灌木，高达3m。老枝具六纵沟，幼枝节间膨大。叶长椭圆形至椭圆状披针形，长2~7cm，全缘至羽状浅裂，两面被短柔毛，叶缘有睫毛；叶柄基部膨大，连合贴茎，被刺毛。花无总花梗，两朵生于枝顶；花萼4裂；花冠高脚碟状或窄漏斗形，4裂，白色，淡黄色或带浅红色，外面毛。瘦果弯曲，具纵棱和4枚宿存萼片。花期4~5月，果实成熟期8~9月。

产辽宁、内蒙古、河北、山西、河南、陕西、甘肃等地；生于海拔1 000~2 000m山地灌丛或林缘。耐寒区位6~8。

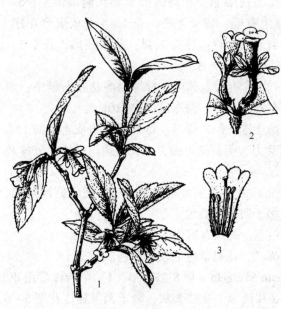

图8-354 六道木 *Abelia biflora*
1. 花枝 2. 花 3. 花冠纵剖面

耐阴，耐寒，喜生长在凉爽湿润的气候条件下。对土壤要求不严，酸性、中性或碱性土壤均能生长。生长强盛，根系发达，萌蘖力、萌芽力强。

干材坚硬，供制手杖、筷子及工艺品等。叶秀花美，可作为园林观赏树种，一般配置于林下、建筑背阴面等。

本属常见的种类还有：

南方六道木 *Abelia dielsii* (Graebn.) Rehd.　　产华北、华中、西南至福建，常生于落叶阔叶林及灌丛中，其总花梗长 0.6~1.2cm，叶全缘或具小锯齿。

糯米条 *Abelia chinensis* R. Br.　　花芳香，常栽培供观赏。

5. 锦带花属 *Weigela* Thunb. /Weigela

落叶灌木。幼枝稍呈四方形，具实心髓。叶缘有锯齿。花单生或由 2~6 花组成聚伞花序，生于侧生短枝上部叶腋或枝顶生；萼檐 5 裂，深达中部或基底；花冠管状钟形或漏斗形，5 裂，两侧对称，裂片短于花冠筒，白色、粉红色或深红色，花梗短；雄蕊 5，短于花冠，下位子房 2 室，花梗状，每室胚珠多数。蒴果圆柱形，革质或木质，2 裂。种子小而多数，无翅或有翅。

12 种，分布中国、日本。中国 2 种，引入 1~2 种。

分种检索表

1. 花萼裂片披针形，仅裂至中部，下部合生；柱头 2 裂，种子无翅 ·················· 锦带花 *W. florida*
1. 花萼裂片线形，裂至基部；柱头头状，种子有翅 ·················· 海仙花 *W. coraeensis*

锦带花 *Weigela florida* (Bunge) A. DC. /Oldfashioned Weigela　　图 8-355：1，2

高达 3m，树皮灰色。小枝细弱，幼时具 2 列柔毛。叶椭圆形至卵状椭圆形，长 5~10cm，顶端锐尖，基部圆形或楔形，表面脉上有毛，背面尤密。花 1~4 朵成聚伞花序，花萼 5，仅裂至中部，裂片披针形；花冠粉红色，5 裂；柱头 2 裂。蒴果柱形，长 1.5~2cm，2 裂。种子无翅。花期 4~5 月，果实成熟期 8~9 月。

产东北、华北、华东，生于海拔 1 400m 以下的杂木林内、林缘、灌丛及石缝中；华北习见，各地栽培。朝鲜、日本、俄罗斯远东地区亦产。耐寒区位 5~10。

喜光，耐寒；对土壤要求不严，能耐瘠薄土壤，但以深厚、湿润而腐殖质丰富的土壤生长最好，怕水涝。对 HCl 的抗性较强。萌芽力、萌蘖能力强，生长迅速。扦插、分株及压条繁殖均可。

叶茂花繁，花期长达 2 个月之久，是华北地区春季主要花灌木之一。适于庭园角隅、湖畔群植，也可在树丛、林缘作花篱，或点缀于假山、坡地。

白花锦带 f. *alba* (Carr.) Rehd.，花冠白色，北京有野生，常见栽培。

'红王子'锦带 *Weigela florida* 'Red Prince'，花冠紫色或玫瑰紫色。

海仙花 *Weigela coraeensis* Thunb. /Korean Weigela（图 8-355：3，4）　　与锦带花 *W. florida* 的区别：小枝无毛；花萼裂至基部，裂片线形；花柱头状；种子稍具翅。花期 5~6 月，果实成熟期 8~9 月。分布山东、江苏、浙江和江西，为著名的观花灌木。华北地区广泛种植。耐寒区位 6~10。

图 8-355　1，2. 锦带花 *Weigela florida*
3，4. 海仙花 *Weigela coraeensis*
1，3. 花枝　2，4. 果枝

6. 猬实属 *Kolkwitzia* Graebn. ／Kolkwitzia

仅1种，中国特有属。

猬实 *Kolkwitzia amabilis* Graebn. ／Beautybush　图 8-356

落叶丛生灌木，高达3m。树皮薄片状剥裂。小枝疏生柔毛。叶卵形至卵状披针形，长3~7cm，顶端渐尖，基部圆形，全缘稀有浅锯齿，两面疏生柔毛。聚伞花序有2花组成，再顶生或腋生形成伞房状；花托和花萼密生刺刚毛，萼筒上部缢缩似颈，顶端5裂；花冠钟形，稍两侧对称，5裂，淡红色；雄蕊4枚，2强，内藏于花冠内。瘦果状核果，2枚合生，密被黄色刺刚毛。花期5~6月，果实成熟期8~9月。

为我国特有种。产山西、河南、陕西、甘肃、湖北以及安徽等地，生于海拔350~1 400m的山坡灌丛中。耐寒区位4~9。

喜光，有一定的耐寒能力；喜排水良好、

图 8-356　猬实 *Kolkwitzia amabilis*
1. 花枝　2. 花冠纵剖面　3. 果实

肥沃土壤，也有一定的耐干旱瘠薄能力。播种、扦插、分株繁殖。

花大色艳，果形奇特，为著名观赏树木。

7. 忍冬属 *Lonicera* Linn. /Honeysuckle

直立灌木或藤本，稀小乔木。小枝实髓或空心。叶全缘，稀波状或浅裂。花常成对并生于叶腋，简称"双花"，或花无柄而呈轮状排列于小枝顶，成头状；每双花具苞片和小苞片各1对；花萼5齿裂；花冠5裂，常成唇形或近辐射对称；雄蕊5枚，花药丁字着生；子房2~3室。浆果，红色、蓝黑色或黑色，2个并生、合生或多个集生为头状。种子3~8。

200种，主产北温带。中国98种，以西南最多。有些种类供药用；多为观赏树种。果实鸟类喜食，是其重要的食源。

分种检索表

1. 直立灌木；落叶。
  2. 小苞片基部多少连合；总花梗长比叶柄短；萼筒被柔毛或无毛；花冠裂片长为筒长的2倍 ……………………………………………………………………………………… 1. 金银忍冬 *L. maackii*
  2. 小苞片分离；总花梗比叶柄长；萼筒有腺毛；花冠裂片长为筒长的2~3倍 ……………………………………………………………………………………… 金花忍冬 *L. chrysantha*
1. 缠绕藤本；叶半常绿 ……………………………………………………… 2. 忍冬 *L. japonica*

1. 金银忍冬（金银木）*Lonicera maackii*（Rupr.）Maxim. /Amur Honeysuckle 图 8-357：1~3

图 8-357　1~3. 金银忍冬 *Lonicera maackii*
4~6. 金花忍冬 *Lonicera chrysantha*
1, 4. 果枝　2, 5. 花　3, 6. 果实

灌木或小乔木，高达5m。小枝中空，幼时被柔毛。叶卵状椭圆形至卵状披针形，长3~8cm，叶缘有睫毛，两面被柔毛；叶柄长3~5cm。花的小苞片基部多少连合；总花梗比叶柄短；萼5裂，萼筒有柔毛或无毛；花冠唇形，长约2cm，裂片长为筒长2倍，白色，后变黄色。果红色，球形，径5~6mm。花期5~6月，果实成熟期8~10月。

产东北、华北、西北，南至长江流域及西南，生于海拔1 800m以下的林中或林缘溪流附近的灌木丛中，西南海拔可达3 000m。俄罗斯远东、朝鲜、日本亦产。耐寒区位2~9。

喜光，耐寒，耐旱。喜湿润肥沃及深厚的土壤。种子或扦插繁殖。

叶浸液可杀棉蚜虫。花可提取芳香油。全株药用，可消肿止痛、治跌打损伤。初夏白花满树，秋季红果累累，冬季雪后，红果白雪，是优良的观花观果灌木。果实是城市鸟类重要的食源；灌丛树冠浓密，隐蔽性好，适合鸟类歇息。

金花忍冬 Lonicera chrysantha Turcz. /Coralline Honeysuckle（图 8-357：4～6）　与金银忍冬 L. maackii 的区别：叶菱状卵形至卵状披针形，长 4～8（12）cm，顶端锐尖，背面沿脉有毛。总花梗长 1.5～3m，比叶柄长。

产东北、华北、西北至青海，南至湖北、四川，生于海拔 250～3 000m 山地山谷林缘灌丛中。俄罗斯西伯利亚、朝鲜、日本亦产。耐寒区位 4～9。

2. 忍冬（金银花）Lonicera japonica Thunb. / Japanese Honeysuckle　图 8-358

半常绿缠绕藤本。小枝细长，中空，密被柔毛及腺毛。叶卵形至长圆状卵形，长 3～8cm，先端渐尖或钝尖，基部圆形至心形，全缘，幼时两面被柔毛，后上面无毛。花苞片叶状，卵形，长 2～3cm；花冠筒部细长，上唇 4 裂片直伸，下唇 1 裂片反卷，外被柔毛及腺毛，白色后变黄色。果黑色。花期 4～6 月，果实成熟期 10～11 月。

产辽宁南部、华北、华中、西南等地，生长在低山丘陵疏林内、林缘、灌丛及岩缝。花清香，枝叶茂密，各地习见栽培。我国南北各地有野生或栽培。朝鲜和日本亦产。耐寒区位 4～11。

喜温暖向阳和湿润土壤，也耐干旱瘠薄。播种、扦插、压条、分株繁殖。

花入药，有清热解毒、治细菌性痢疾等效。花含芳香油可配制化妆品香精。亦是优良垂直绿化植物；老桩可制盆景。在贵州黔西南等地，利用匍匐生长的习性，覆盖裸露岩石，用于石漠化治理，并为当地创造经济效益。

图 8-358　忍冬 Lonicera japonica
1. 花枝　2. 果枝　3. 花

74. 菊科 Asteraceae（Compositae）/Composite Family

草本或灌木，稀乔木。叶互生、对生或轮生；无托叶。头状花序，由 1 至数层苞片组成总苞；花托平或突起；花两性或单性，稀单性异株；萼上位生，多退化成冠毛或鳞片状、刺毛状；花冠合瓣，筒状、唇状或舌状，辐射对称或两侧对称；雄蕊 4～5，聚药雄蕊，与花冠裂片互生；子房下位，2 心皮 1 室；花柱 2 裂。瘦果。种子 1，无胚乳。

世界广布，约 1 620 属，超过 25 000 种。主产于温带和亚热带。中国有 230 属 2 300 多种，南北各地均产。

在 APG 系统中，菊科属于桔梗类分支中的菊目 Asterales，其范围和界定未发生重大变化。

蚂蚱腿子属 *Myripnois* Bunge /Myripnois

1种，中国特有。

蚂蚱腿子 *Myripnois dioica* Bunge /Myripnois 图8-359

灌木，高1m。枝被柔毛。单叶互生，全缘，3出脉，两面近无毛，披针形或卵状披针形，长2~5cm，宽0.5~2cm。头状花序，单生于侧生短枝顶端，花先叶开放；总苞片1层，5~8片，近等长；花序托小，每1花序含4~9花；两性花和单性花异株；两性花花冠白色，下部管状，顶端不规则2裂，外唇3~4短裂，内唇全缘或2裂；雌花舌状，淡紫色；花药基部箭形；子房密被毛。瘦果长圆形或圆柱形，长约5mm，具10条纵棱，冠毛多数，长约8mm。花期4月，果实成熟期5~6月。

产东北（仅辽宁西部锦州、朝阳地区）、华北，南至河南。生于海拔200~1 600m山坡、沟谷、林缘等立地。喜光树种，能形成密集的灌木丛，具有良好的保土持水作用。耐寒区位4~8。

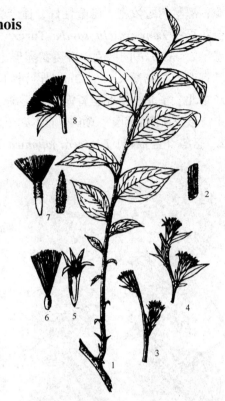

图8-359 蚂蚱腿子 *Myripnois dioica*
1. 枝条 2. 茎的一部分 3，4. 花枝 5. 两性花
6. 雄蕊和雌蕊 7. 果实 8. 果序

Ⅱ. 单子叶植物 MONOCOTYLEDONS

单子叶植物在克朗奎斯特系统中为百合纲。多为草本，极少数为木本。根系为须根系。叶一般为单叶、全缘，稀有掌状或羽状分裂叶以至掌状或羽状复叶；叶脉常为平行脉，叶片与叶柄未分化，或已明显分化，并常有叶柄的一部分抱茎成叶鞘。花为3数，稀有4或2数；花粉为单沟花粉。种子具1枚子叶。

在APG系统中，单子叶植物分支（又称"百合亚纲 Liliidae"）是中生被子植物的较基部分支，包含了除独蕊草科（Hydatellaceae）之外的传统观念中的所有单子叶植物。因此，在APG分类系统中，单子叶植物被插入在传统"双子叶植物"之间，紧跟木兰分支之后。

75. 棕榈科 Arecaceae/Palm Family

常绿乔木、灌木或藤本，茎通常不分枝。茎实心，常有残存叶基或环状叶痕。叶大而少，集生于干顶，形成特殊树冠，称为"棕榈形"树冠；藤本常具刺，叶散生。叶掌状或羽状分裂；叶柄基部常扩大成纤维质鞘。花小，辐射对称，单性、杂性或两性，雌雄同株或异株，组成分枝或不分枝的肉穗状圆锥花序，生于叶丛中或叶鞘束下，常具各式佛焰苞；花被片6，稀3或9，分离或合生；雄蕊3~6，常排成2轮，每轮3；子房上位，1~3(~7)室，或心皮3，分离或基部合生，每室1胚珠。浆果、核果或坚果，外果皮常纤维质。种子有胚乳。

210属约3 000种，分布热带和亚热带，以热带亚洲和热带非洲为分布中心。中国有28属100余种，主产台湾及华南、西南等地区，北方盆栽。为热带植被的典型树种，除提供热带风光外，还有多种用途，如淀粉、纤维、油料、食糖、药材、果品、生活用品等。

APG系统中，棕榈科属于鸭趾草类分支中的棕榈目Arecales，约188属2 500余种。该科范围和界定没有明显变动。

分属检索表

1. 叶掌状分裂。
  2. 叶掌状深裂；叶柄两侧具齿；花单性，或杂性，雌雄同株或异株 ············ **1. 棕榈属** *Trachycarpus*
  2. 叶掌状开裂至中上部；叶柄两侧具刺；花两性 ······················· **2. 蒲葵属** *Livistona*
1. 叶羽状分裂。
  3. 叶轴近基部为针刺状；叶斜展，树干上常有宿存叶轴；花序生于叶腋；坚果小，组成密集的果穗，胚乳富含油脂 ··· **3. 油棕属** *Elaeis*
  3. 叶轴、叶柄均无刺；叶集生树干顶端，平展或弯型下垂；花序生于叶丛中；果大，胚乳大，内具大空腔和汁液 ··· **4. 椰子属** *Cocos*

1. 棕榈属 *Trachycarpus* H. Wendl. /Windmill Palm

乔木或灌木。茎干多直立，具环状叶痕，上部具黑褐色叶鞘。单叶，簇生干端，圆扇形，掌状深裂至中部以下，裂片在芽中内向折叠，顶端2浅裂；叶柄细长，边缘具细齿。花序生于叶丛中，佛焰苞多数，外有毛，基部膨大；花小，单性，雌雄异株，稀雌雄同株或杂性；花萼、花瓣各3；雄蕊6；心皮3，仅基部连合，柱头3，反曲。核果球形，径约0.8cm，粗糙。种子腹面有凹槽。

10种，分布东亚（印度、泰国、缅甸、尼泊尔等）。中国6种，产西南、华南和华中，个别种可达秦岭南坡。北方栽培1种。

棕榈 *Trachycarpus fortunei* (Hook. f.) H. Wendl. /Fortune Windmill Palm 图8-360，彩版4：9

乔木，高15m。树干常有网状纤维叶鞘。叶圆扇形，宽70cm，深裂，裂片30~60；叶柄长50~100cm。花黄色，味苦。果球形，径8mm，熟时黑褐色，微被白粉。花期3~6月，果实成熟期10~11月。

产秦岭、长江流域以南，东至福建、西到四川、云南海拔1 500~2 700m以下，南达广西、广东北部，北至陕西、甘肃；以四川、云南、贵州、湖南和湖北盛产。为本科中最耐寒的种类，栽培已达陕西秦岭南坡海拔1 000m以下。耐寒区位8~11。

喜温暖湿润气候，喜光，稍耐寒，可抵御-17℃的短暂低温。要求中性或石灰性土壤（pH值7~8），但酸性土亦能生长。浅根性，不抗风。生长缓慢，树龄可达1 000年以上。北方盆栽，室内越冬。

棕皮、棕丝（叶鞘纤维）为工业、农业、民用的重要原料，可制绳索、填充物；果皮可取棕蜡；为著名的观赏树种。嫩花序可食，花、果、种子入药。病虫害少，抗污染和有毒气体。

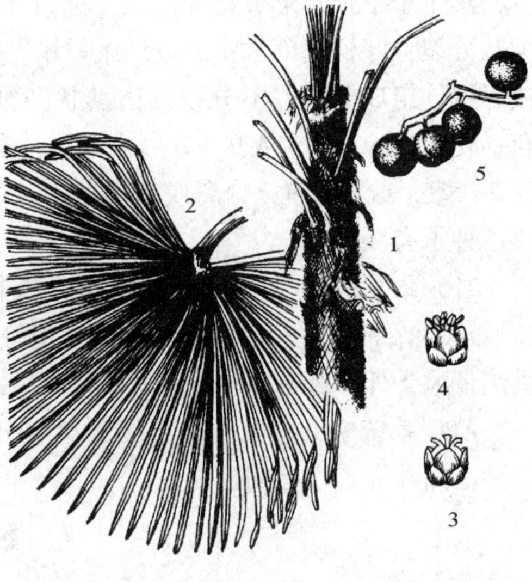

2. 蒲葵属 Livistona R. Br. / Fanpalm

图8-360 棕榈 Trachycarpus fortunei
1. 树干 2. 叶 3. 雌花 4. 雄花 5. 果实

乔木，茎干直立，有环状叶痕，上部有残存叶鞘。叶圆扁形，掌状分裂至中部以上，裂片顶端2裂；叶柄长，两侧具骨质倒刺。花序腋生，佛焰苞管状；花两性，生于分枝的花序上；花萼、花瓣各3，雄蕊6，花丝合生成环；心皮3，近分离。核果1~3，球形至椭圆形。种子1。

约30种，分布亚洲及大洋洲热带。中国约5种，产华南；北方盆栽，室内越冬。

蒲葵 *Livistona chinensis* R. Br./Chinese Fanpalm　图8-361

乔木，高达20m，径15~30cm。叶大，宽肾形，宽达1m以上，掌状浅裂，裂片下垂，先端2裂；叶柄长1.3~1.5m。花序长达1m，花小，黄色，无柄，常4朵集生。核果椭圆形，长1.8~2.2cm，径1~1.2cm，熟时黑色或蓝黑色。花期3~4月，果实成熟期9~11月。

原产华南。广东、广西、福建、台湾、海南等地有栽培。中南半岛有分布。耐寒区位8~12。

喜高温多湿气候，适应性强，耐0℃低温和一定程度的干旱。喜光，略耐阴。须根丛生盘结，抗风力强。能耐一定的水涝和浸泡，可在海滨、河畔种植。主产葵叶，可加工成各种葵制品；如蓑衣、葵扇等；叶脉可作牙签；抗多种污染和有害气体。长寿树种，寿命可达200年以上。树形优美，列植、丛植、对植、孤植均佳。

图8-361　蒲葵 *Livistona chinensis*
1. 树全形　2. 花序一部分　3. 花　4. 雄蕊
5. 雌蕊　6. 果实

3. 油棕属 *Elaeis* Jacq. / Oil Palm

乔木,茎单生。叶簇生茎顶,叶柄基宿存。叶羽状全裂,裂片外向折叠,条状披针形,叶柄及叶轴两侧具刺。花单性,雌雄同株异序;花序腋生,分枝短而密,总花梗短,圆柱状,基部托有苞片状佛焰苞;雄花序由蜡烛形穗状花序组成,花序轴顶端芒状,雄花埋藏于肉质花序轴内,仅雄蕊外露;雄花花萼、花瓣均膜质,雄蕊6;雌花序多分枝,排成头状;花萼花瓣花后增大,子房3室,柱头3叉。核果卵形至倒卵形,聚合成稠密的果束;果径不及5cm,外果皮海绵质,富含油分,中果皮肉质,内果皮坚硬,顶端有3萌发孔。种子1~3。

2种,原产热带非洲及南美洲。我国华南、西南及台湾热带地区引入1种。

油棕 *Elaeis guineensis* Jacq. / African Oil Palm 图8-362

乔木,高达10m,径30cm。叶长3~6m,羽状全裂,裂片50~60对,排列成2列或数平面,两面近光滑,被灰白色鳞秕;叶柄密被灰白色鳞秕。果卵形至倒卵形,径4~5cm,熟时黄褐色。全年开花,果实成熟期7~12月。

原产非洲。1926年引入中国,福建、台湾、海南、广东、广西、云南有栽培,能正常开花结果。耐寒区位11~12。

果肉含油50%~60%,种仁含油50%~55%,有"世界油王"之称,油为优质食用油及人造乳酪和奶油的原料,也为生物质能源开发树种。列植具有较强的观赏性,为优良的行道树。

图8-362 油棕 *Elaeis guineensis*
1. 树全形 2. 核果 3. 雌蕊 4. 雄花序 5. 果序

4. 椰子属 *Cocos* Linn. / Coconut

直立乔木,树干具环状叶痕。叶羽状全裂,裂片多数,向外折叠;叶柄无刺。花单性,雌雄同株同序;花序生于叶丛中,多分枝,佛焰苞2~3,细长而木质化;雄花小,生于花序分枝上部至中部,花萼花瓣均3,雄蕊6;雌花较雄花大,花萼花瓣均3,子房3室,每室1胚珠,通常仅1室发育。核果大,倒卵形至近球形,略具三棱,外果皮革质,中果皮纤维质,内果皮骨质,坚硬,基部具3个萌发孔,有种子1。种皮薄,胚乳(椰肉)白色,内有1大空腔,贮藏汁液。

1种,分布全球热带海岸和岛屿。我国也有栽培。

椰子 *Cocos nunifera* Linn. /Coconut 图 8-363

图 8-363 椰子 *Cocos nunifera*
1. 树全形 2. 果实 3. 果实纵切面

乔木，高达 30m。单茎，通常斜倾或略弯，节环显著，基部粗。叶长 3～7m，裂片条状披针形，排成 2 列，先端下垂。果径达 25cm，熟时黄褐色。全年开花，花后 1 年果熟。

广泛分布于热带海滨。产福建、台湾、广东、海南、广西、云南等地。世界主产区为菲律宾、斯里兰卡、印度尼西亚、马来西亚、印度及太平洋诸岛。耐寒区位 12。

喜光；在高温、湿润、阳光充沛、海风吹拂的海滨环境下生长发育良好，要求年均气温 24～25℃以上，全年无霜，温差较小的气候条件。喜欢海滨和河岸深厚冲积土生长。抗风力强，可抗 6～7 级大风。

热带水果，胚乳营养丰富，含脂肪 70%，椰子水是清凉饮料；椰纤维可制毛刷、地毯；为海岸防护林及观赏树种。

76. 禾本科 Poaceae（Gramineae）/Grass Family

草本，稀木本。茎又称秆，多圆柱形，有节，节间中空。单叶互生，叶鞘抱茎，一侧开口，闭合或开放；叶片狭长，中脉发达，侧脉与中脉平行；有叶舌或缺；叶耳位于叶基两侧或缺。穗状、总状或圆锥花序，由小穗组成；小穗基部具 2 至数枚颖片；花两性，稀单性，花苞片特化为 1 外稃和 1 内稃，外稃常具芒；花被特化为 2（3）浆片；雄蕊 3（1、2、6）；子房上位，1 室，花柱 2～3，柱头羽毛状。颖果，稀坚果或浆果。

约 660 属 1 万余种，分布全球。我国有 225 属约 1 200 种，各地均有分布。具有重要的经济价值，如粮食、饲料、牧草、药材等，竹类也是人类生存、生活不可缺少的原料。

在 APG 系统中，禾本科属于鸭趾草类分支中的禾本目 Poales，世界 707 属 11 000 余种。该科范围和界定没有明显变动。

77. 竹亚科 Bambusoideae/Nees Bamboo Subfamily

乔木状、灌木状，稀藤本或多年生草本。秆散生或丛生。具横走地下茎（竹鞭）。秆常为圆筒形，中空，有节，每节有 2 环，下环称为箨环，上环称为秆环，两环之间称为节内，两节之间称为节间，秆内的节内之间有横隔板。枝条 1、2、3 或多枝生于秆之每节上（图 8-364）。叶二型，即有茎生叶和营养叶（竹叶）之分。茎生叶单生于笋、主秆和大枝的各节上，特称为秆箨（俗称"笋壳"或"笋叶"）、枝箨；秆箨由箨鞘、箨舌、箨耳及箨叶所组成（图8-365），箨耳有无因竹种而定，箨叶无柄；营养叶数枚乃至10余枚互生于末级分枝的各节处；营养叶由叶鞘、叶耳（或继毛）、叶舌（内叶舌、外叶舌）、叶柄和叶片所组成（图8-365），叶片连同叶柄能自叶鞘顶端脱落。小穗有柄或无柄，含1至多朵小花；颖1至数片或不存在；外稃具纵脉，先端无芒或有小尖头，稀具芒；内稃背部具2脊或呈圆弧形而无脊，先端钝或2裂；鳞被3片，稀可缺失或多至6片，甚至更多；雄蕊（2）3~6，稀可为多数，花丝分离或部分连合，有时连合成管状或片状而成为单体雄蕊；雌蕊1，子房无柄，稀具短柄，花柱1~3，柱头（1）2~3，稀更多（图8-366）。颖果，少有坚果、囊果或浆果状。

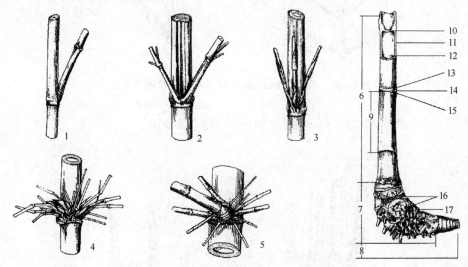

图8-364　竹亚科 Bambusoideae 秆和分枝示意

1. 单分枝　2. 二分枝　3. 三分枝　4. 多分枝（主枝不明显）　5. 多分枝（主枝明显）
6. 秆身　7. 秆基　8. 秆柄　9. 节间　10. 节隔　11. 竹壁　12. 竹腔
13. 秆环　14. 节内　15. 箨环　16. 芽　17. 根

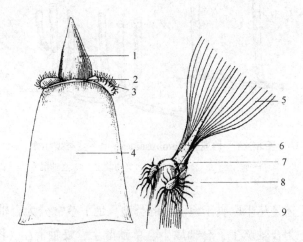

图8-365　竹亚科 Bambusoideae 秆箨及叶形态示意

1. 箨叶　2. 箨舌　3. 箨耳　4. 箨鞘　5. 叶片
6. 叶柄　7. 叶舌　8. 叶耳　9. 叶鞘

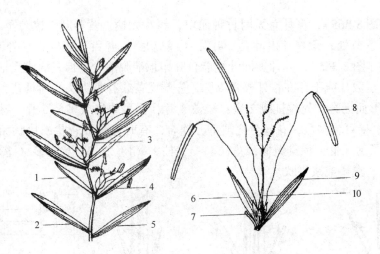

图 8-366 禾本科 Poaceae 小穗及花的构造形态示意

1，6. 内稃 2. 第二颖 3. 小穗轴 4，9. 外稃
5. 第一颖 7. 鳞被 8. 雄蕊 10. 雌蕊

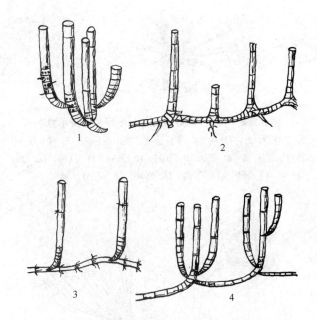

图 8-367 竹亚科 Bambusoideae 地下茎类型示意

1. 合轴丛生 2. 合轴散生 3. 单轴散生 4. 复轴混生

竹类竹秆是散生还是丛生取决于地下茎的类型。地下茎常分为合轴型、单轴型及复轴型 3 种类型，可细分为合轴丛生、合轴散生、单轴散生、复轴混生（图 8-367）及其单轴散生和复轴混生的过渡类型。在合轴型中，如果地下茎中秆柄甚短，地上的秆丛生者为合轴丛生亚型；如果秆柄延伸，并在地中横走较长一段距离，使地上的秆散生的一类称为合

轴散生亚型。在竹类经营中称合轴丛生型竹子为丛生竹。在单轴型中，母竹秆基上的侧芽只长成根状茎，即竹鞭；竹鞭细长，具节和节间，在地下长距离横走，节上有鳞片状退化叶和鞭根；每节通常有1枚鞭芽，交互排列，有的鞭芽抽长成新竹鞭，在土中蔓延生长；而有的鞭芽则发育成笋，笋发育出土长成新竹，其地上秆稀疏散生，形成成片竹林。在竹类经营中称单轴型竹子为散生竹。在复轴型中，母竹秆基上的侧芽既可长成细长的根状茎在地下横走，并从竹鞭节上的侧芽抽笋长成新竹，地上的秆稀疏散生，又可以从母竹秆基的侧芽直接萌发成笋，长出密丛的竹秆。这种兼有单轴型和合轴型地下茎特点的竹子称为复轴混生型竹类。

49属约700种，分布亚洲、中美洲、澳大利亚和非洲。中国竹类约有39属500种，也有学者认为31属300多种。以长江流域、珠江流域、云南南部资源最为丰富。其中，合轴丛生竹喜暖热气候，主产华南、台湾、云南南部；单轴散生竹较耐寒，常于长江中下游各地亚热带，在热带常见于高海拔地区。北方竹类较少。

> **知识窗**
>
> 竹亚科的范畴和系统位置是禾本科分类系统研究争论最大的科学问题。自19世纪下半叶以来，植物分类学家一直认为竹亚科是禾本科中最原始的类群。近年来，随着分子系统学的深入研究，对竹亚科的范畴进行了重新界定。在广泛取样研究的基础上，分析了大量的DNA片断，研究结果表明单源的竹亚科仅包括木本的竹族 Bambuseae 和草本的莪利竹族 Olyeae 两个族，组成真竹支系。同时，分子系统学的研究结果，也为竹亚科的系统地位提出了新的认识，支持竹亚科为多源类群的观点。在竹类演化中，中国既有旧世界热带支系中的簕竹亚族簕竹属 Bambusa 和牡竹属 Dendrocalamus 两主干的全系列，又有温带支系全部两个亚族的全系列，即青篱竹亚族 Arundinariinae 和矮竹亚族 Shibataeinae，体现出中国特有的多样性。就竹类的区系分析看，竹类分布较广，但其在亚洲的多样性远远高于其他地区，分布了44属600种竹种，分别代表了6个亚族，其中中国有5个亚族32~37属450~500种。美洲是竹类的另一个分布中心，共有4个亚族21属约400种竹种。非洲大陆仅有2亚族3属5种竹种。而大洋洲竹类区系极为贫乏。温带支系的竹类除北美青篱竹 Arundiaraia gagantea 分布在北美外，其余的均分布在亚洲温带和高山地区，热带地区竹类则体现出美洲大陆和其他大陆各特有竹种的间断分布。美洲有自己特有的3个亚族，其他大陆特产3个亚族。从形态上，6个亚族非常相似，但分子数据分析则显示了热带支系在大陆之间的分异，这可能与地质历史上的大陆漂移有关，同时，也涉及竹类起源与现代分布格局的形成。可见，竹类充分体现出东亚，特别是中国丰富、复杂的多样性。

分属检索表

1. 秆每节分枝1~2。地面秆散生。
    2. 秆圆筒形，分枝一侧有槽或扁平，每节分枝2。地下茎单轴散生 ············ **1. 刚竹属 Phyllostachys**
    2. 秆圆筒形，无沟槽，每节分枝1，枝基部与秆贴生。地下茎单轴散生或复轴型·················
       ··· **4. 箬竹属 Indocalamus**
1. 秆每节分枝3~7，圆筒形，或分枝一侧稍扁。地面秆丛生或散生。
    3. 地面秆松散丛生；地下茎合轴型。秆分枝3~7或更多，粗细不等 ············ **2. 箭竹属 Sinarundinaria**
    3. 地面秆散生。地下茎单轴散生或复轴混生；秆通常3分枝················ **3. 青篱竹属 Arundinaria**

1. 刚竹属 *Phyllostachys* Sieb. et Zucc. /Bamboo

乔木至灌木状竹。地下茎细长，单轴散生型。秆散生，直立，圆筒形，节间分枝一侧扁平或有槽；每节常具2分枝；秆箨早落，箨叶披针形，箨耳具繸毛；箨舌发达。叶小，披针形至狭披针形，有细锯齿或一侧全缘，背面常为粉绿色，小横脉明显。复穗状花序或密集成头状，具佛焰苞；小穗具2~6花，生于叶状苞片之腋，小穗轴具关节，常可延伸至顶端小花之后而成一具稃片之小柄；颖片1~3；外稃顶端锐尖，内稃具2脊，先端具2尖头；小花具鳞被3；雄蕊3，花丝分离而细长；子房无毛，具柄；柱头3，具小锯齿兼呈羽毛状。颖果针形。春夏出笋。

约50种，产亚洲。我国为分布中心，约40种以上，产东部、中南部至西南部。本属种类多，面积大，用途广，是中国竹类中最重要的类群，在林业生产中占有重要的地位，提供竹材、竹制品和笋制品。也是竹类中耐寒性较强的类群，是发展中国北方地区竹林生产的主要引种竹资源。有的竹秆色泽美丽，秆形特异，为优良的观赏竹，如黄槽竹 *Ph. aureosulcata*、人面竹 *Ph. aurea* 和金竹 *Ph. sulphurea* 等。

分种检索表

1. 秆箨或笋箨具斑点。
　2. 秆箨有箨耳和繸毛。
　　3. 分枝以下秆环平，仅秆箨隆起；新秆密被毛和被白粉；箨鞘密被毛；箨叶三角形，绿色；小枝具2~3叶 ·· **1. 毛竹 *Ph. heterocycla* 'Pubescens'**
　　3. 分枝以下秆环和秆箨均隆起；新秆光滑无毛，仅秆箨被毛及无白粉；箨叶带状，橘红色带有绿边；新生小枝具5~6叶，后为2~3叶 ·· **2. 桂竹 *Ph. bambusoides***
　2. 秆箨无箨耳和繸毛。
　　4. 箨舌先端平截，具波状缺齿；箨叶带状披针形，具紫色脉纹，平直，开展；叶鞘具叶耳和繸毛 ·· **3. 淡竹 *Ph. glauca***
　　4. 箨舌先端弧形，具细齿或微波状；箨叶带状，背面带紫色，平直，反曲；常无叶耳和繸毛 ·· **4. 早园竹 *Ph. propinqua***
1. 秆箨或笋箨无斑点；秆箨淡褐色，密被毛，具明显的箨耳；老秆紫黑色或纯黑色 ··· **5. 紫竹 *Ph. nigra***

1. 毛竹 *Phyllostachys edulis* (Carr.) J. Houzeau/Tortoise Shell Bamboo 图8-368, 彩版4：10

高达25m，径10~30cm；秆中部以上节间长达40cm。分枝以下秆环平，仅箨环隆起。新秆被细绒毛及白粉，后渐变黑。秆箨长于节间，箨鞘厚革质，长20~26cm，背部密被棕褐色粗毛及黑褐色斑，斑点常块状分布；箨叶长1.5~4cm，长三角形至披针形；箨耳小，不明显，繸毛发达。每小枝具2~3叶，叶长4~10cm；花枝单生，不具叶。小穗具2花，仅1朵发育。花期8~9月。笋期3~4月。冬季出冬笋（地下休眠芽），"清明"出春笋。

产秦岭—淮河、汉水流域至长江流域以南，南至华南北部、西至贵州、四川，东达台湾，生海拔1 100m以下山坡、谷地。河南大别山和陕西汉中及安康为分布北界。日本、美国、俄罗斯及欧洲各国有引种栽培。耐寒区位7~12。

适生温暖湿润气候,适生于年平均气温15~20℃以上,冬季月平均气温不低于4℃,年降水量1 000mm 以上地区。喜土层深厚、肥沃壤土或砂土,在肥沃湿润的酸性土壤上生长良好,不耐贫瘠和积水。移竹、移鞭、移笋、种子均可繁殖。

竹材韧性强,篾性好,供建筑、胶合竹板、竹地板、变性竹材、竹家具、沼气池拱顶、编织用具、工艺品和日常生活用品等用。胶合竹板广泛用于卡车车厢底板、建筑模板等。竹笋为菜肴,尤以冬笋为佳,味极鲜美,除鲜食外,还可加工成笋干、笋衣、玉兰片或罐头。幼竹枝叶为纤维原料;毛竹为优良的造林和绿化美化树种,竹林可保持水土、绿化环境。为本科中国分布最广、蓄积量最大、用途最广的重要经济竹种,占全国竹林面积的一半以上。

2. 桂竹 *Phyllostachys bambusoides* Sieb. et Zucc. /Ciant Timber Bamboo 图8-369

秆高20m,径达14~16cm。新

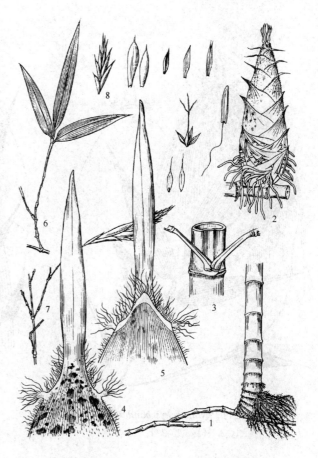

图8-368 毛竹 *Phyllostachys edulis*
1. 地下茎及竹秆下部 2. 笋 3. 秆一节,示二分枝
4. 秆箨背面 5. 秆箨腹面 6. 叶枝 7. 花枝 8. 小穗

秆、老秆均绿色,无毛,无白粉。分枝以下秆环和箨环均微隆起。箨鞘黄褐色,密被淡黑色斑点,疏生直立脱落性黄色刺硬毛;有箨耳或不发达,有弯曲的长繸毛;箨叶橘红色而具绿色边,平直或微皱。每枝有5~6叶,具叶耳和长繸毛,后脱落。笋期5~6月。

产秦岭—淮河流域以南,至华中、华东、西南及华南北部,是分布范围最广、适生范围最大、抗性较强的竹种,能耐-18℃的低温,多生于土壤深厚肥沃的山坡下部和平地。从福建武夷山向西经五岭山山脉至西南有天然生竹株。在辽宁、河北、山西、山东沿海、河南、陕西均有引栽。耐寒区位7~11。

喜温暖湿润气候,适肥厚湿润,排水良好的砂壤土。较毛竹耐寒,耐旱,耐土壤贫瘠。繁殖力强,埋秆育苗,出笋期晚,幼竹易受风雪压、雪折。

本种竹秆粗大,竹材坚硬,篾性好,为优良用材竹种。属华北地区大型耐寒优良竹种。用途同毛竹。笋味略涩。

本竹种早年引入日本,模式标本均采自日本,现世界各地广泛种植。桂竹易遭病菌 *Asterinella hingensis* 危害,使竹秆具有紫褐色至淡褐色斑,因此,将竹秆具有斑点的桂竹称

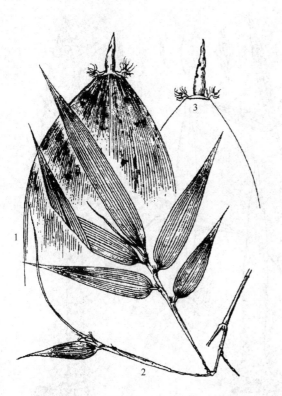
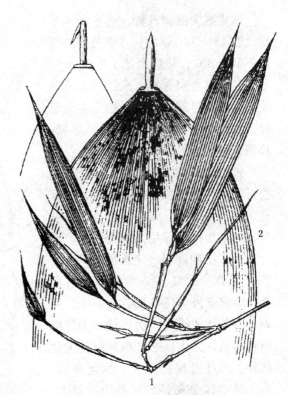

图 8-369 桂竹 Phyllostachys bambusoides
1，3. 秆箨 2. 枝叶

图 8-370 淡竹 Phyllostachys glauca
1. 叶枝 2. 秆箨

为斑竹。一些植物分类学家将染病的桂竹命名为 Ph. bambusoides f. tanakae。斑竹实为病菌引起，1年生新竹并无斑点，而后才感染出现病斑。斑竹具有较强的观赏性。

3. 淡竹 Phyllostachys glauca McClure / Glaucous Bamboo　图 8-370

秆高 18m，径 9~11cm，节间长达 45cm。新秆密被白粉，蓝绿色，老秆暗绿或绿色，节下有白粉环，秆分枝以下箨环、秆环微隆起。箨鞘淡红褐色至绿褐色，有紫色脉纹和紫褐色斑点，无白粉；无箨耳和继毛；箨舌紫色，截平，具灰色短纤毛；箨叶平直，披针形，绿色，有多数紫色脉纹。每小枝有叶 2~3，叶长 8~16cm，具叶耳和继毛，后渐脱落，叶舌紫色。笋期4月。

产黄河流域至长江流域，河南、山东、江苏、浙江、安徽、山西、陕西等地，以江苏、河南、山东为多，形成大面积竹林。河北、辽宁等地移栽。耐寒区位 6~12。

适应性强，低山、丘陵、平地和河漫滩均能生长。可耐一定的干旱瘠薄和较轻度盐碱，耐寒，在 -18℃ 的低温下能正常生长。

易栽易活，成林快，出笋多，3 年可成林。材质优良，韧性强，篾性好，笋味鲜美。为造林、用材、编制、取笋食用、环境美化和水土保持的优良竹种。秆可作农具柄、晒竿、帐竿、瓜架；竹篾编制竹器；笋食用。

4. 早园竹（沙竹）Phyllostachys propinqua McClure / Propinquity Bamboo 图 8-371

秆高 10m，径 5cm，秆中部节间长 25~38cm。幼秆蓝绿色，节下被白粉。秆环，箨环微隆起。笋淡紫褐色，有紫黑色斑点。箨鞘淡紫褐色，有白粉，上部紫棕色斑点较稀，下部密集，无毛；无箨耳和繸毛；箨舌淡紫色，顶端弧形突起，具褐色纤毛。箨叶带状，外面带紫色，反曲。小枝有叶 3~5，叶长 7~16cm，叶舌显著突出，先端有缺裂，叶背基部中脉有细毛。笋期 4 月。

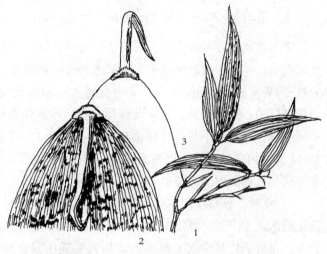

图 8-371 早园竹 Phyllostachys propinqua
1. 叶枝 2, 3. 秆箨背、腹面

分布黄河至长江流域，产广西、贵州、浙江、安徽大别山区、河南南部、湖北、四川东部，多生于山坡下部和河漫滩。辽宁、河北、北京等地引栽。耐寒区位 6~12。

耐寒，适应性强，宅旁肥沃土壤生长最好。秆供作农具柄、棚架、编制用；笋供食用。

5. 紫竹 Phyllostachys nigra (Lodd. ex Lindl.) Munro / Black Bamboo 图 8-372

秆高 4~8m，径 2~6cm，中部节长约 25~30cm。新秆绿色，密被细毛，具白粉，1 年生后渐变为紫黑色或纯黑色，秆箨短于节间，秆环、箨环均隆起，秆环具纤毛。笋淡红褐至淡黄褐色；箨鞘红褐色，略带绿色，无斑点，密被红褐色刺毛；箨耳、箨舌均紫色，有弯曲的繸毛；箨叶三角形至三角状披针形，绿色，有多数紫色脉纹。每小枝具 2~3 叶，叶片窄披针形，长 5~12cm，质地较薄。笋期 4~5 月。

产秦岭以南、华中和华东，垂直分布海拔 400~1 000m。黄河流域以南广为栽培，西至四川、云南和贵州；南达广东、广西。日本、欧美各国有引种。耐 -20℃ 低温，因此，北京、山东、河南、陕西等地均有零星栽培。宜作工艺品或庭园观赏。北京紫竹院

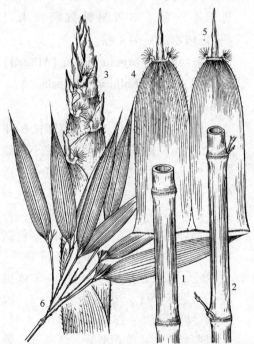

图 8-372 紫竹 Phyllostachys nigra
1. 竹秆 2. 竹秆，示分枝 3. 笋
4, 5. 秆箨背、腹面 6. 叶枝

公园即因栽植此种竹种而得名。耐寒区位 5~12。

2. 箭竹属 *Fargesia* Franch. /Fargesia

灌木状或小乔木状竹类，地下茎合轴型，秆柄常延伸形成假鞭，或短，不延伸。秆丛生或散生，直立，圆筒形或于节间基部分枝一侧微扁，新秆被白粉，中空或近实心。每节分枝 3~7 或更多，粗细不等，节内有时具一圈刺状气生根。秆箨宿存，常被刺毛；箨鞘边缘具纤毛；箨叶狭长；通常无箨耳。总状或圆锥花序，花序分枝腋间常具小瘤状腺体，小穗具柄，具数朵小花；小穗轴具关节；颖片 2，膜质；外稃顶端渐尖或具锥状小尖头，7~11 脉；内稃具 2 脊，顶端 2 齿裂；鳞被 3；雄蕊 3；子房无毛，柱头 2~3，羽毛状。颖果细长，长椭圆形至纺锤形。

约 90 种，分布亚洲东部、非洲及南美洲。中国约 70 种，集中分布于亚热带中山至亚高山地区。主产西部海拔 1 000~3 800m 地带，组成高山针叶林下主要灌木，有大面积的分布。多种箭竹是中国一级保护动物大熊猫主要食用竹种，如分布于陕西南部、湖北西部、四川及贵州东部的箭竹 *F. nitida*，分布于甘肃南部及四川北部的糙花箭竹 *F. scabrida* 和分布于四川西南部和西部的石棉玉山竹 *Yusania lineolata* 及大箭竹 *F. brevipaniculata* 等。

关于箭竹属分类问题，学者间意见很不一致。本教材种数统计来自《中国树木志》第 4 卷。

华西箭竹 *Fargesia nitida*（Miford）Keng f. ex Yi /Shining Fargesia

图 8-373

秆高 1~3m，径 1cm，节间长 6~8（~30）cm，稍端微弯，中空较小。新秆绿色，被白粉，具紫色小斑点，后带紫色。笋紫红或紫色，密被棕色刺毛；箨环显著突起，秆环不明显；竹箨迟落；箨鞘紫绿色，背面被棕色刺毛，尤以中部以上更多；箨舌截平，黄绿色，有黄色纤毛。分枝 3~7 或更多，丛生于节上。小枝有叶 2~4，线状披针形，长 5~13cm，侧脉 3~4 对；叶鞘带紫色，具黄色繸毛。无叶耳。笋期 5~9 月。

产河南伏牛山和宝天曼、陕西秦岭、甘肃东南部、青海东部、宁夏六

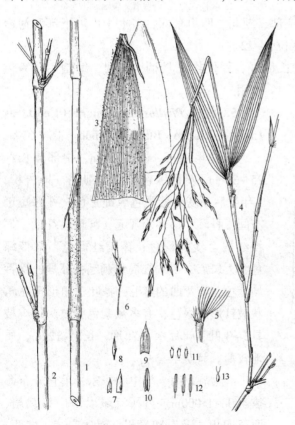

图 8-373 华西箭竹 *Fargesia nitida*
1. 秆的一段，示筒存秆箨 2. 秆的一段，示分枝 3. 秆箨背面
4. 花枝 5. 叶鞘顶端 6. 小穗 7. 颖片 8. 小花 9. 外稃
10. 内稃 11. 鳞被 12. 雄蕊 13. 雌蕊

盘山、湖北西部、四川及贵州东部，垂直分布海拔 1 000 ~ 3 000m 的湿润山谷、林下和旷地。可组成大面积纯林，为高海拔野生竹种。耐寒区位 6 ~ 8。

耐寒，耐干旱瘠薄，繁殖力强。开花结实后，可天然种子繁殖，更新竹林。为大熊猫主要食料，要注意保护和利用；也是水土保持和水源涵养竹种。

3. 大明竹属 *Pleioblastus* Nakai/Bitter Bamboo

小乔木或灌木状竹类，地下茎单轴散生或复轴混生。秆散生或复丛生，直立，秆圆筒形或于节间上部一侧微扁平，被白粉。秆环常隆起。箨鞘迟落或宿存，革质，背面密生刺毛；箨叶发达，锥形至披针形。下部分枝 1，中部分枝 3，上部分枝 3 ~ 7。每小枝生叶 4 ~ 13。总状花序或圆锥花序，具短柄；小穗具多数小花，顶生小花不发育；小穗轴具关节；颖常 2 片或多至 5 片；外稃较内稃长，顶端常具小尖头；内稃具 2 脊，顶端常 2 裂；鳞被 3；雄蕊 3 ~ 4，花丝分离；花柱短，柱头 3，羽毛状；颖果椭圆形，花柱宿存。

60 余种，除 1 种产北美洲外，其余分布于东亚，以日本为多，广布亚热带和温带。中国有 30 余种，主产华东及华南地区。

苦竹 *Pleioblastus amarus*（Keng）Keng f. /Bitter Bamboo　　图 8-374

高达 3 ~ 7m，径 1 ~ 3cm，中部节间长达 25 ~ 40cm。新秆绿色，被白粉，节下明显，老秆绿黄色；秆环微隆起，箨环显著隆起；秆箨绿色，上部边缘橙黄色，宿存或迟落；箨鞘细长三角形，背面有棕色或白色刺毛，尤以中部最多，基部密生棕色刺毛，有时有紫色小斑点；箨耳小至近无，具数根直立的继毛；箨舌截平，顶端具短纤毛。小枝 3 ~ 5 分枝，

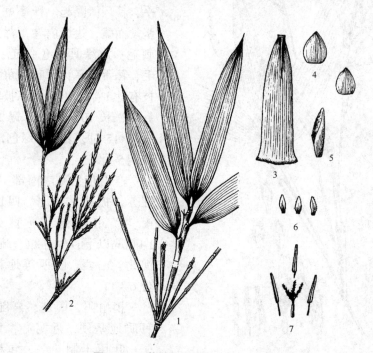

图 8-374　苦竹 *Pleioblastus amarus*
1. 叶枝　2. 花枝　3. 秆箨背面　4. 第一和第二颖
5. 小花　6. 鳞被　7. 雄蕊及雌蕊

每小枝具叶2~4，叶长8~20cm，质地坚韧，背面淡绿色，微具毛。笋期5月。

分布广，产长江流域及西南各地。河南大别山、信阳、商城、陕西长安、华阴、镇巴、宁陕有分布；生于海拔1 000m以下山溪、林缘、肥沃湿润砂壤土，适应性较强。耐寒区位6~10。

笋味苦，故名苦竹，需煮后水浸方可食用。秆可制作工艺品或造纸原料。

4. 箬竹属 *Indocalamus* Nakai /Indocalamus

灌木状或小灌木状竹类，地下茎单轴型或复轴混生型。秆散生或丛生，直立，圆筒形，无沟槽。每节1分枝，枝常直展，与竹秆近等粗，秆环较平，不隆起，节内较长；秆箨宿存，紧抱主秆，或迟落。叶大，侧脉多数。圆锥花序顶生，小穗具柄和关节，具数朵小花，颖片常2，先端尖；外稃近革质，内稃具2脊，顶端常2齿裂；鳞被3；雄蕊3；花柱2，其基部分离或稍有连合，柱头2，羽毛状。

约20种，分布于亚洲印度、斯里兰卡以及菲律宾等地。我国约10种，产秦岭—淮河流域以南低海拔地区。常生于山谷或湿地，组成小片纯林或林下灌木。

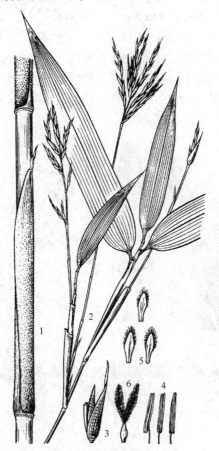

图8-375 阔叶箬竹 *Indocalamus latifolius*
1. 秆及秆箨 2. 花枝及叶枝 3. 小花示外稃、内稃及小穗轴 4. 雄蕊 5. 鳞被 6. 雌蕊

阔叶箬竹 *Indocalamus latifolius* (Keng) McClure /Broad Leaved Indocalamus 图8-375

秆高1~3m，径0.6~1cm，中部节间长达21cm，中空。秆灰绿色，秆环平，箨环微隆起。秆箨短于节间；箨鞘坚硬而脆，边缘内卷，背面密锈色倒生刺毛，边缘具棕色纤毛；无箨耳和繸毛，箨舌截平；箨叶三角状披针形。小枝有叶1~3，叶椭圆状披针形至带状披针形，长10~30cm，宽2.5~5cm，侧脉6~15对，表面翠绿色，背面灰绿色。笋期5月。

产山东、河南南部、陕西、浙江、江苏、福建、湖北、四川、云南、湖南、广东等地，垂直分布在海拔1 000m以下；生林缘、疏林下或山坡。河北、山西、陕西等地栽培。耐寒区位6~11。

稍耐阴，耐寒，喜湿润，不耐旱。秆质地坚硬，近实心，宜作笔杆、筷子；叶用于制斗笠，包粽子；颖果称"竹米"，供实用或药用；栽植观赏，可作为地被植物种植。

复习思考题

1. 根据哪些分类性状认为木兰科是被子植物中较为原始的类群？
2. 木兰属中多数树种分布于中亚热带和南亚热带，秦岭、淮河一带有哪些天然分布种？北方引种栽培的木兰属物种有哪些？生长状况如何？
3. 解释鹅掌楸属曾被某些学者从木兰科中分出并独立成科的原因。
4. 木兰科中有哪些珍稀濒危植物？并举出1例对其分布和习性等加以说明。
5. 试比较蜡梅和梅花的形态特征及系统位置。
6. 简述樟科的主要特征，哪些性状相对木兰科较进化？
7. 樟科中有哪些珍贵的用材树种和观赏树种？试举一例简述其形态特征、分布、生物学特性和生态学特性。
8. 八角是著名的调味香料，同属的莽草有剧毒，二者如何区分？八角主要分布于哪些地区？
9. 在八角种植时，为获得高质量的八角产量如何选择种植地？依据是什么？
10. 北五味子果实为著名中药，成熟后排列在伸长的花托上，试比较与穗状果序的区别。
11. 小檗属植物含有什么成分？有什么用途？
12. 金缕梅亚纲有哪些单型科？为什么将水青树科列在本亚纲的前面？
13. 悬铃木属物种树冠宽大，遮阴效果好，曾被称为"行道树之王"，但目前许多学者并不推荐在幼儿园等公共场所栽培，为什么？
14. 简述金缕梅科的特征，为什么说该科是金缕梅亚纲的演化中心？
15. 简述杜仲的形态特征及其用途，其天然分布区在那里？
16. 举出北方常见的榆属树种3个，并简要说明它们在园林绿化及生态工程建设中的作用。
17. 简述我国特有树种青檀的用途、天然分布区和生境特征。
18. 宣纸的原料是什么树种的树皮？宣纸的主要成产区是哪里？
19. 以菠萝蜜为例说明桑科的果实类型。
20. 桑科的许多树种是热带雨林的重要组成，举例说明热带雨林的特征。
21. 构树的适应能力很强，并具有了入侵的能力，请分析为什么有这种能力？
22. 核桃的果实属于哪种类型？由哪几部分组成？
23. 核桃楸和核桃的分布特点有什么不同？
24. 简述板栗的著名产区，为什么人们称之为铁杆庄稼？
25. 壳斗科在我国主要有哪些属，并简要说明其在林业、园林及生活中的地位和作用。
26. 试述壳斗科中栎属、栲属、石栎属和青冈属在我国的分布规律和特点。
27. 何为"壳斗"？试比较栓皮栎、麻栎、槲栎、槲树、蒙古栎等在壳斗特征上的区别。

28. 为什么说桦木属植物是荒山或皆伐基地的造林先锋树种？
29. 论述榛科植物作为灌木林的重要组成在我国生态环境建设中的作用和地位。
30. 木麻黄科和麻黄科均为固沙保土的重要树种，二者在分类、形态和分布上有何区别？如何根据"适地适树"原则对其进行合理利用？
31. 藜科和蓼科中的树种主要有哪些种类？它们在形态特征、生物学特性和生态学特性上有何共同的特点？思考为何会有这样的特点。
32. 简述藜科和蓼科树种的主要分布区及其生境特点。结合自己的专业知识，阐述保护这些树种对于维护当地生态环境方面的重要意义。
33. 依据哪些特征将芍药科独立成一个科？
34. 牡丹和芍药的主要区别特征是什么？
35. 说明牡丹的生物学特性及经济价值。
36. 牡丹在中国传统文化中有哪些重要意义？
37. 山茶科树木在我国森林生态系统中及资源利用上有什么意义？
38. 说明茶树的生态学特性及经济价值。
39. 编写茶树、油茶和山茶的分种检索表。
40. 猕猴桃属的主要识别特征是什么？
41. 华北地区主要有哪几种猕猴桃植物？如何区别？
42. 椴树属最主要的识别特征是什么？
43. 椴树属树木在我国北方森林生态系统中及资源利用上有什么意义？
44. 编写糠椴、蒙椴、紫椴和华东椴的分种检索表。
45. 梧桐科中有哪些具有重要经济价值的树种？
46. 梧桐在中国传统文化中有哪些含义？
47. 梧桐与英桐（英国梧桐）如何区别？
48. 锦葵科的花部结构有哪些主要特点？
49. 木槿属中有哪些重要的观赏树种？
50. 列出柽柳科的主要识别特征。
51. 柽柳科北方常见有哪几个属？
52. 说明柽柳科树木共同的生态学特性。
53. 柽柳属植物如何适应沙生和盐生的环境？
54. 区别柽柳属与红砂属的区别。
55. 为什么柽柳常被称作红柳？与柳属植物有何区别？
56. 列出蒺藜科的主要识别特征。
57. 比较藜科与蒺藜科的区别特征。
58. 比较白刺属与霸王属的区别特征。
59. 比较蔷薇科四亚科之间的特征区别。
60. 如何区分苹果属与梨属？
61. 蔷薇属的识别要点是什么，如何区分月季与玫瑰？
62. 山桃与碧桃的区别特征是什么？

63. 桃、杏、李、梅、樱桃、稠李在果实上的区别是什么？
64. 常见的三裂绣线菊的花序是什么类型？
65. 绣线菊属与风箱果属如何区分？
66. 白鹃梅属与其他绣线菊亚科植物的区别是什么？
67. 列举四种苹果亚科的水果。
68. 如何区分太平花属和溲疏属植物？
69. 大花溲疏和小花溲疏有哪些区别特征？
70. 豆目共有约2万种植物，它们的共有特征是什么？
71. 荚果、菁荚果与蓇葖的区别是什么？
72. 分别写出含羞草科、云实科与蝶形花科的花程式，从花部结构看，三个科的演化规律是什么？
73. 试述假蝶形花冠和真蝶形花冠的区别。
74. 以台湾相思树为例，试解释发育可塑性。
75. 合欢具有哪种类型的复叶？其花序类型是什么，粉红色供观赏的是植物的什么结构？
76. 香港的紫荆花与校园内的紫荆有什么区别？
77. 如何判断皂荚的刺与刺槐的刺是什么器官变态而来？
78. 如何区分槐树、刺槐、紫穗槐？
79. 胡枝子属与杭子梢属有何区别特征？
80. 葛藤与紫藤同为蝶形花科藤本植物，它们的区别特征有哪些？
81. 列举蝶形花科旱生木本植物，我国特有的豆科常绿阔叶沙生植物是什么？
82. 胡颓子属较为独特的形态特征是什么？它与沙棘属的区别表现在哪里？
83. 沙棘具有哪些突出的特征而成为我国黄土高原及西北干旱地区重要的生态修复和绿化树种？
84. 紫薇属植物的价值有哪些？
85. 桉树属植物的形态特征是什么？其价值表现在哪些方面？
86. 石榴的果实是什么结构？胎座类型是什么？
87. 红树林的价值表现在何处？其常见组成树种有哪些？有哪些独特的适应性特征？
88. 瓜木与八角枫有什么区别特征？
89. 珙桐花朵外围的两片白色苞片有什么生态功能？
90. 山茱萸属的形态特征是什么？与红瑞木有何区别？
91. 山茱萸主要在什么地方分布和种植，具有什么重要的利用价值？
92. 桑寄生与槲寄生的形态区别特征是什么？
93. 卫矛科植物生殖结构上的重要形态特征是什么？本科植物有哪些价值？
94. 冬青属的形态特征和价值是什么？
95. 黄杨属的形态特征和价值是什么？
96. 大戟科的重要形态特征有哪些？其经济价值主要表现在哪些方面？
97. 枣属与枳椇属的形态区别特征有哪些？

98. 葡萄属的典型形态特征是什么？

99. 省沽油属于野鸦椿属的区别特征是什么？

100. 无患子科有哪些价值？为什么浑身是宝、对生境要求相对较低的文冠果目前还没有实现大规模的产业开发？

101. 槭树属的形态特征是什么？

102. 七叶树属是单叶还是复叶？如何区分单叶掌状全裂与掌状复叶？

103. 漆树科植物的重要形态特征有哪些？本科植物有哪些价值？

104. 请以火炬树为例，谈谈你对生物入侵的理解。

105. 臭椿与香椿的形态区别特征有哪些？

106. 柑橘类植物有哪些独特的形态特征？

107. 花椒属植物的生殖结构特征是什么？本属植物有哪些价值？

108. 单子叶植物和双子叶植物的典型区别是什么？

109. 棕榈科的主要特征是什么？

110. 蒲葵和棕榈有什么区别？

111. 散生竹和丛生竹是如何形成的？

112. 竹类能够长粗吗？为什么？

113. 什么是箨壳，具有什么特征？

第3篇
中国树种分布

第9章　中国森林树种地理分布概述

中国国土辽阔，南北跨49个纬度，东西跨63个经度。地势东南低而西北高，呈现出明显的3个阶梯：第一阶梯为东部和东南部地区，大部分为平原和丘陵；第二阶梯为中西部，即云贵高原和黄土高原；第三阶梯为青藏高原。从南到北有热带、亚热带、暖温带、温带、寒温带几种不同的气候带。其中亚热带、暖温带、温带约占70.5%，并拥有青藏高原这一特殊的高寒区。南部的雷州半岛、海南、台湾和云南南部各地，全年无冬，四季高温多雨；长江和黄河中下游地区，四季分明；西南部的高山峡谷地区，依海拔高度的上升，呈现出从湿热到高寒的多种不同气候；广大西北地区，降水稀少，气候干燥，冬冷夏热，气温变化显著；北部的黑龙江等地区，冬季严寒多雪。中国还有高山气候、高原气候、盆地气候、森林气候、草原气候和荒漠气候等多种气候类型。全国的年平均降水量为629mm，分布极不均衡，由东南沿海向西北内陆地区递减。西北平均为164mm，而东南部达896 mm。在降水分布图上，400mm等降水线通过大兴安岭—榆林—兰州—拉萨一线，是中国半湿润和半干旱的地区分界线，以西的地区为大陆性干旱半干旱荒漠和荒漠区；800mm等降水线约与秦岭—淮河线一致，此线以南降水丰沛，属于湿润地区，为海洋性季风区。在中国，湿润地区占32%，半湿润地区占18%，半干旱地区占19%，干旱地区占31%。

辽阔的国土，复杂的地形，多样的气候，加之高山峡谷众多，盆地草原辽阔，从南到北、从东到西冷热干湿悬殊，为多样的森林乡土树种和不同区系的外来树种提供了优越的生存环境和发展空间，成为世界上森林树种资源最丰富的国家之一。中国的森林景观丰富多彩，从南到北，分布着各种森林类型。华南地区分布着由印度、马来西亚等植物区系成分的龙脑香科 Dipterocarpaceae、番荔枝科 Annonaceae、肉豆蔻科 Myristicaceae 等组成的热带雨林和季雨林；华东、华中地区出现了由樟科 Lauraceae、木兰科 Magnoliaceae、壳斗科 Fagaceae、茶科 Theaceae、冬青科 Aquifoliaceae、山矾科 Symplocaceae 等中国亚热带6大科常绿树种组成的常绿阔叶林，其树种多属东亚及东亚—北美区系成分；在青藏高原分布着由喜马拉雅地区特有的树种区系成分——乔松 Pinus wallichiana、西藏红杉 Larix griffithii、喜马拉雅红杉 L. himalaica、滇藏方枝柏 Juniperus indica、喜马拉雅冷杉 Abies spectabilis 等树种构成的森林类型；在东北地区，著名的落叶松 Larix gmelinii、长白落叶松 L. olgensis、红皮云杉 Picea koraiensis、鱼鳞云杉 P. jezoensis、红松 Pinus koraiensis 形成浩瀚的落叶松林、红松林、云杉林，其树种具有西伯利亚区系成分特点；在西北地区，因特殊的地理环境和气候条件，生长着西亚—中亚区系成分树种和森林类型，如胡杨 Populus euphratica 林、梭梭 Haloxylon ammodendron 林及沙拐枣 Calligonum mongolicum 荒漠灌丛等。

由于特殊的地质历史背景，在新生代第四纪冰期，华东、华中、西南等亚热带地区，仅发生局部的山地冰川，未遭受冰川的直接影响，遗存大量的特有珍稀树种资源，如银杏 *Ginkgo biloba*、金钱松 *Pseudolarix amabilis*、银杉 *Cathaya argyrophylla*、水杉 *Metasequoia glyptostroboides*、白豆杉 *Pseudotaxus chienii*、杜仲 *Eucommia ulmoides*、珙桐 *Davidia involucrata*、水青树 *Tetracentron sinense*、连香树 *Cercidiphyllum japonicum* 等。

中国树种资源丰富，区系多歧。树种的地理分布受气候、地形、土壤、生物等因素的影响，而水、热生态因子起主要限制作用。树种自然分布区的形成是树种自身的形成、生长发育与环境相适应的结果，是个漫长的历史过程，包括了时间和空间的地理现象。中国树种地理分布特点直接反映出各地理分布区内的水、热、土壤等自然环境和气候特点。本书参考吴征镒主编的《中国植被》(1980) 分区，结合中国树木区系研究结果和林业发展需求，将中国树种地理分布区划为 7 个区(图 9-1)。树种地理分布区与中国行政区划不完全一致。

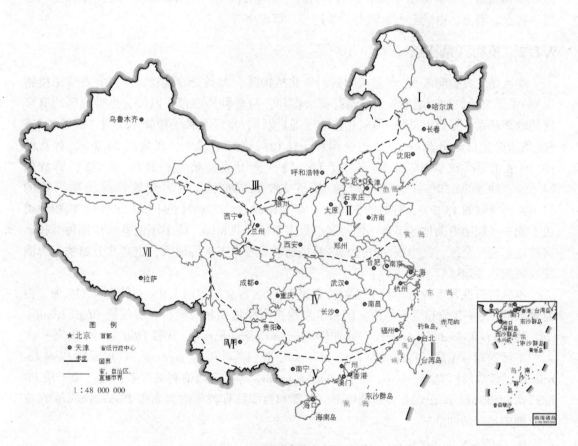

图 9-1　中国树种地理分布区示意
Ⅰ. 东北区　Ⅱ. 华北区　Ⅲ. 蒙新区　Ⅳ. 华东、华中区
Ⅴ. 华南区　Ⅵ. 云贵高原区　Ⅶ. 青藏高原区

9.1 东北区

9.1.1 自然地理条件

东北区地处欧亚大陆东缘，地域辽阔，地理位置北纬38°40′~53°30′，东经115°05′~135°02′。南北相距跨越近15°，东西相距跨越近20°，包括黑龙江、吉林、辽宁大部（沈阳—丹东以南除外）和内蒙古东部。北起黑龙江漠河，南达辽河流域的燕山北坡，西自大兴安岭西坡与草原为界，东到朝鲜、俄罗斯国境线。本区水热条件分异明显，从南到北，随气温变化，可分为暖温带、温带和寒温带；从东到西，随水分变化，可分为湿润区、半湿润区和半干旱区。相应的植被从南到北有暖温带落叶阔叶林、温带针阔混交林和寒温带针叶林；从东到西有森林、草甸草原（森林草原）和典型草原。主要山脉有大兴安岭、长白山、小兴安岭、张广才岭、老爷岭等。主要水系有黑龙江、松花江、乌苏里江、嫩江、辽河等及其支流。土壤类型主要有山地苔原土、棕色针叶林土、暗棕壤、灰色森林土、棕壤、褐土、黑土、白浆土、黑钙土、栗钙土、草甸土等。

9.1.2 植物区系特点

本区是北方植物区系（东北植物区、华北植物区、大兴安岭植物区、内蒙古草原植物区）的汇集之地，地理成分颇为丰富且复杂多样，与全世界寒带、温带、热带地区均有广泛的地理联系。据周以良《中国东北植被地理》统计，本区有种子植物127科736属2 555种（均指野生自然分布种），约占全国种子植物科数的42.2%，属数的24.7%，种数的10.4%；有蕨类植物25科50属131种，约占全国蕨类植物科数的48.1%，属数的24.5%，种数的5.0%；有苔藓植物77科208属596种，约占全国苔藓植物科数的72.6%，属数的43.3%，种数的28.4%。高等植物总计229科994属3 282种。植物种类虽不如一些较南方的地区丰富，但科属总数多于蒙古共和国，略多于俄罗斯东部种类较丰富的远东地区全区，是中国北方植物区系植物种类较为丰富的地区，也是北方植物起源演变发展的重要地区。

本区特有性程度较低。种子植物特有属14个，占总属数的1.9%；特有种117种，占总种数的4.6%，分布也不均衡。国家重点保护野生植物相对较少，有红松 *Pinus koraiensis*、黄檗 *Phellodendron amurense*、水曲柳 *Fraxinus mandshurica*、紫椴 *Tilia amurensis* 等。

本区的森林组成树种有落叶松 *Larix gmelinii*、长白落叶松 *L. olgensis*、红皮云杉 *Picea koraiensis*、鱼鳞云杉 *P. jezoensis*、红松 *Pinus koraiensis* 等具有西伯利亚区系特点。樟子松 *Pinus sylvestris* var. *mongolica* 为欧洲中部、北部和西部特有树种欧洲赤松 *Pinus sylvestris* 在亚洲东部的地理延伸。

9.1.3 主要森林类型、树种资源与分布

本区主要森林类型有寒温带针叶林、温带针阔混交林、暖温带落叶阔叶林。以落叶松 *Larix gmelinii* 林、长白落叶松 *L. olgensis* 林、鱼鳞云杉 *Picea jezoensis* 林、红皮云杉 *P. ko-*

raiensis 林、臭冷杉 *Abies nephrolepis* 林，以及多种类型的红松阔叶混交林为代表。尚有樟子松 *Pinus sylvestris* var. *mongolica* 林、偃松 *P. pumila* 矮曲林以及吉林长白山北坡局限分布的长白松 *P. sylvestris* var. *sylvestriformis* 林。这类森林破坏后，被山杨 *Populus davidiana*、白桦 *Betula platyphylla* 等阔叶树种更新替代形成次生林。由于气候的差异，各地森林结构和树种组成有一定区别，可分为3个树种地理分布小区。

9.1.3.1 大兴安岭区

大兴安岭位于黑龙江西北部，为寒温带森林地区，包括大兴安岭北部及其支脉伊勒呼里山地，一般海拔为700~1 100m，高峰大多只有1 400m左右，最高海拔1 529m。年平均气温-5.6~-2℃，极端最低气温-52℃，年降水量360~500mm，无霜期90~100d，气候寒冷干燥。

主要树种是落叶松 *Larix gmelinii*，组成大面积森林，其次是樟子松 *Pinus sylvestris* var. *mongolica*，山顶有偃松 *P. pumila* 匍匐生长；樟子松林在历史上有大面积的分布，由于20世纪三四十年代的大面积砍伐使之分布面积日益缩小，目前在大兴安岭山地中部海拔450~1 000m地段、黑龙江及其支流海拔200~500m的沙质阶地上尚有樟子松林分布。阔叶树种有白桦 *Betula platyphylla*、黑桦 *B. dahurica*、山杨 *Populus davidiana* 和蒙古栎 *Quercus mongolica*；灌木有越橘 *Vaccinium vitis-idaea*、笃斯越橘 *V. uliginosum*、毛蒿豆 *V. microcarpum* 等。笃斯越橘俗称蓝莓，已作为野生果实和饮料资源开发。在大兴安岭北部漠河生长着少量西伯利亚红松 *Pinus sibirica*。

以落叶松 *Larix gmelinii* 为优势树种组成的落叶松林是大兴安岭地区的优势森林类型，林内的次优势种有白桦 *Betula platyphylla*、鱼鳞云杉 *Picea jezoensis* 和臭冷杉 *Abies nephrolepis*，在山地顶部有岳桦 *Betula ermanii* 和偃松 *Pinus pumila*，常见有红皮云杉 *Picea koraiensis*、花楸树 *Sorbus pohuashanensis* 和樟子松 *Pinus sylvestris* var. *mongolica* 等。灌木优势种因不同地段而异，有兴安杜鹃 *Rhododendron dahuricum*、杜香 *Ledum palustre*、越橘 *Vaccinium vitis-idaea*、笃斯越橘 *V. uliginosum* 和红瑞木 *Swida alba* 等，其他常见的种类有黑果茶藨子 *Ribes nigrum*、兴安蔷薇 *Rosa davurica*、绢毛绣线菊 *Spiraea sericea*、绣线菊 *S. salicifolia*、金露梅 *Potentilla fruticosa*、柴桦 *Betula fruticosa*、扇叶桦 *B. middendorffii*、东北赤杨 *Alnus mandshurica*、胡枝子 *Lespedeza bicolor*、蓝靛果忍冬 *Lonicera caerulea* var. *edulis* 和珍珠梅 *Sorbaria sorbifolia* 等。

落叶松白桦针阔混交林是本小区的主要针阔混交林。以落叶松 *Larix gmelinii* 和白桦 *Betula platyphylla* 为共优势种，伴生有黑桦 *Betula dahurica*、岳桦 *B. ermanii*、樟子松 *Pinus sylvestris* var. *mongolica* 和花楸树 *Sorbus pohuashanensis* 等；兴安杜鹃 *Rhododendron dahuricum*、杜香 *Ledum palustre*、越橘 *Vaccinium vitis-idaea*、兴安蔷薇 *Rosa davurica*、榛 *Corylus heterophylla*、石棒绣线菊 *Spiraea media*、绣线菊 *S. salicifolia* 和珍珠梅 *Sorbaria sorbifolia* 为不同地段的优势灌木，其他常见的有笃斯越橘 *Vaccinium uliginosum*、黑果茶藨子 *Ribes nigrum*、绢毛绣线菊 *Spiraea sericea*、乌苏里绣线菊 *S. ussuriensis*、胡枝子 *Lespedeza bicolor*、东北赤杨 *Alnus mandshurica*、毛赤杨 *A. hirsuta*、小叶锦鸡儿 *Caragana microphylla*、兴安百里香 *Thymus dahurica* 和越橘柳 *Salix myrtilloides* 等。

9.1.3.2 长白山、小兴安岭区

位于东北平原以北、以东的广阔山地，南端以丹东至沈阳一线为界，北部延伸至小兴安岭山地。本小区地形复杂，主要山脉包括长白山、小兴安岭、完达山、张广才岭及老爷岭等。海拔大多不超过1 300m。小兴安岭海拔500～700m，张广才岭达1 760m，长白山达2 691m。水热条件比大兴安岭好，年降水量500～800mm，气候寒冷湿润。植物生长期100～150d。

其地带性森林植被主要是云冷杉林及红松 Pinus koraiensis 与多种阔叶树种构成的针阔混交林。构成本小区植被类型的建群树种，针叶树主要以红松 Pinus koraiensis 为代表，此外还有辽东冷杉 Abies holophylla、臭冷杉 A. nephrolepis、红皮云杉 Picea koraiensis、鱼鳞云杉 P. jezoensis、落叶松 Larix gmelinii、长白落叶松 L. olgensis、东北红豆杉 Taxus cuspidata 和朝鲜崖柏 Thuja koraiensis。本小区主要的森林类型和组成树种有：

赤松 Pinus densiflora 林：多集中在黑龙江鸡西、吉林长白山区、辽宁中部至辽东半岛。林相结构简单，立地较差的地方多为纯林，随着立地条件的转好，林分组成趋于复杂，出现山杨 Populus davidiana、白桦 Betula platyphylla 和紫椴 Tilia amurensis 等乔木树种，以及兴安杜鹃 Rhododendron dauricum、胡枝子 Lespedeza bicolor 和毛榛 Corylus mandshurica 等灌木。

长白落叶松 Larix olgensis 林：为长白山地区特有，自然分布较窄，主要以长白山为分布中心。由于长白落叶松 Larix olgensis 具有喜光、耐寒、耐水湿以及对土壤有广泛适应性的特性，生长在海拔900～1 400m 的亚高山群落中，伴生树种有鱼鳞云杉 Picea jezoensis、红松 Pinus koraiensis、臭冷杉 Abies nephrolepis、岳桦 Betula ermanii 和枫桦 B. costata 等，灌木只有蓝靛果 Lonicera caerulea var. edulis 和朝鲜荚蒾 Viburnum koreanum。分布于沿河两岸低湿阶地的长白落叶松林中，乔木层单一，仅有鱼鳞云杉 Picea jezoensis、臭冷杉 Abies nephrolepis、白桦 Betula platyphylla 和水曲柳 Fraxinus mandshurica 等少量的伴生树种；而生长于洼地、沼泽地和常年积水台地的林分，由于林地过湿，耐水湿的长白落叶松形成纯林，间有白桦 Betula platyphylla 和辽东赤杨 Alnus sibirica。

本小区的云、冷杉林主要有3种：

鱼鳞云杉 Picea jezoensis 林：是中国东北东部山地暗针叶林中的主要林型。分布于大兴安岭、小兴安岭和长白山林区。常与红皮云杉 Picea koraiensis、红松 Pinus koraiensis、臭冷杉 Abies nephrolepis、长白落叶松 Larix olgensis、落叶松 L. gmelinii、岳桦 Betula ermanii、枫桦 B. costata、紫椴 Tilia amurensis、春榆 Ulmus propinqua、槭树 Acer sp. 和花楸树 Sorbus pohuashanensis 等树种混生，而灌木有蓝靛果 Lonicera caerulea var. edulis、毛脉忍冬 L. nigra、金花忍冬 L. chrysantha、东北茶藨子 Ribes mandshuricum、伏生茶藨子 R. ropens、毛榛 Corylus mandshurica 等。

红皮云杉 Picea koraiensis 林：主要分布于大兴安岭、小兴安岭和长白山林区。天然林多为混交林，伴生树种除和鱼鳞云杉 Picea jezoensis 林相同外，还有水曲柳 Fraxinus mandshurica、花楷槭 Acer ukurunduense、青楷槭 A. tegmentosum 等。

臭冷杉 Abies nephrolepis 林：主要分布于小兴安岭和长白山林区。多为与红皮云杉 Picea koraiensis 或鱼鳞云杉 P. jezoensis 形成的混交林。在高海拔地区还有枫桦 Betula costata、

长白落叶松 *Larix olgensis*、青楷槭 *Acer tegmentosum*、花楷槭 *A. ukurunduense*、白桦 *Betula platyphylla* 和大青杨 *Populus ussuriensis* 等。

由红松 *Pinus koraiensis* 和其他阔叶树种形成的针阔混交林为本区代表性林型。常见林型有蒙古栎 *Quercus mongolica*—红松 *Pinus koraiensis* 林、枫桦 *Betula costata*—紫椴 *Tilia amurensis*—红松 *Pinus koraiensis* 林、紫椴 *Tilia amurensis*—水曲柳 *Fraxinus mandshurica*—红松 *Pinus koraiensis* 林和春榆 *Ulmus propinqua*—红松 *Pinus koraiensis* 林。林内主要组成树种有鱼鳞云杉 *Picea jezoensis*、红皮云杉 *P. koraiensis*、臭冷杉 *Abies nephrolepis*、辽东冷杉 *A. holophylla*、核桃楸 *Juglans mandshurica*、黄檗 *Phellodendron amurense*、大青杨 *Populus ussuriensis*、千金榆 *Carpinus cordata*、簇毛槭 *Acer barbinerve*、白牛槭 *A. mandshuricum*、假色槭 *A. pseudosieboldianum*、拧筋槭 *A. triflorum*、小楷槭 *A. tschonoskii*、茶条槭 *A. ginnala*、五角枫 *A. mono*、青楷槭 *A. tegmentosum* 和花楷槭 *A. ukurunduense* 等。

落叶阔叶林主要的组成树种有蒙古栎 *Quercus mongolica*、黄檗 *Phellodendron amurense*、水曲柳 *Fraxinus mandshurica*、刺楸 *Kalopanax septemlobum*、核桃楸 *Juglans mandshurica*、白桦 *Betula platyphylla*、黑桦 *B. dahurica*、枫桦 *B. costata*、春榆 *Ulmus proqinqua*、裂叶榆 *U. laciniata*、紫椴 *Tilia amurensis*、五角枫 *Acer mono*、赤杨 *Alnus japonica*、山杨 *Populus davidiana*、大青杨 *P. ussuriensis*、香杨 *P. koreana* 等，形成山杨 *Populus davidiana* 林、白桦 *Betula platyphylla* 林、大青杨 *Populus ussuriensis* 林、香杨 *Populus koreana* 林、赤杨 *Alnus japonica* 林、蒙古栎 *Quercus mongolica* 林、水曲柳 *Fraxinus mandshurica*—核桃楸 *Juglans mandshurica* 林、五角枫 *Acer mono*—紫椴 *Tilia amurensis* 林等。伴生树种主要有千金榆 *Carpinus cordata*、暴马丁香 *Syringa amurensis*、花楷槭 *Acer ukurunduense*、青楷槭 *A. tegmentosum*、茶条槭 *A. ginnala*、稠李 *Prunus padus*、山桃稠李 *Prunus maackii*、水榆花楸 *Sorbus alnifolia*、怀槐 *Maackia amurensis* 等；灌木种类较多，主要有珍珠梅 *Sorbus sorbifolia*、毛榛 *Corylus mandshurica*、鼠李 *Rhamnus davuricus*、东北山梅花 *Philadelphus schrenkii*、东北刺参 *Oplopanax amurense*、龙芽楤木 *Aralia elata*、疣枝卫矛 *Euonymus pauciflorum*、毛脉卫矛 *E. sacrosancta* 等，在吉林珲春有野生玫瑰 *Rosa rugosa*、刺五加 *Eleutherococcus senticosus* 等；木质藤本有五味子 *Schisandra chinensis*、狗枣猕猴桃 *Actinidia kolomikta*、软枣猕猴桃 *A. arguta*、山葡萄 *Vitis amurensis* 等。

本小区最高的山是长白山，树种垂直分布明显，分为 5 个树种分布带：

海拔 250~550m，一般都在城市边缘和居民点附近。原生的红松 *Pinus koraiensis* 阔叶混交林植被完全破坏，现以落叶阔叶树为主，以蒙古栎 *Quercus mongolica* 为代表树种，其他有白桦 *Betula platyphylla*、黑桦 *B. dahurica*、黄檗 *Phellodendron amurense*、水曲柳 *Fraxinus mandshurica*、糠椴 *Tilia mandshurica*、怀槐 *Maackia amurensis*、五角枫 *Acer mono* 等多种槭树、钻天柳 *Chosenia arbutifolia*、柳属 *Salix* 等；长白松 *Pinus sylvestris* var. *sylvestriformis* 分布在二道白河，是本小区特有树种。

海拔 550~1 150m，为红松阔叶混交林带。以红松 *Pinus koraiensis* 为群落的优势种，次优势种有鱼鳞云杉 *Picea jezoensis*、红皮云杉 *P. koraiensis*、臭冷杉 *Abies nephrolepis* 和辽东冷杉 *Abies holophylla*。因地而异，常见的阔叶树种有白桦 *Betula platyphylla*、枫桦 *B. costata*、黑桦 *B. dahurica*、紫椴 *Tilia amurensis*、蒙古栎 *Quercus mongolica*、落叶松 *Larix gmeli-*

nii、长白落叶松 L. olgensis、山杨 Populus davidiana、大青杨 P. ussuriensis、香杨 P. koreana、裂叶榆 Ulmus laciniata、春榆 U. propinqua，槭属 Acer 也占有一定的优势，如五角枫 A. mono、花楷槭 A. ukurunduense、青楷槭 A. tegmentosum，其他树种还有水曲柳 Fraxinus mandshurica、大叶白蜡 Fraxinus rhynchophylla、千金榆 Carpinus cordata、怀槐 Maackia amurensis 和水榆花楸 Sorbus alnifolia 等。灌木层的优势种有胡枝子 Lespedeza bicolor、毛榛 Corylus mandshurica、稠李 Prunus padus，常见种有东北茶藨子 Ribes mandshuricum、接骨木 Sambucus williamsii、暖木条荚蒾 Viburnum burejaeticum、紫花槭 Acer pseudo-sieboldianum、兴安杜鹃 Rhododendron dahuricum、东北溲疏 Deutzia amurensis、光萼溲疏 D. glabrata、金花忍冬 Lonicera chrysantha、金银忍冬 L. maackii、东北山梅花 Philadelphus schrenkii、红瑞木 Swida alba、珍珠梅 Sorbaria sorbifolia、兴安鼠李 Rhamnus davuricus 和辽东丁香 Syringa robusta 等。

海拔 1 150 ~ 1 700m，为云冷杉林带。云、冷杉林群落以鱼鳞云杉 Picea jezoensis、红皮云杉 P. koraiensis 和臭冷杉 Abies nephrolepis 为优势种，红松 Pinus koraiensis 和白桦 Betula platyphylla 也有一定的优势度，其他常见的有长白落叶松 Larix olgensis、枫桦 Betula costata、紫椴 Tilia amurensis、春榆 Ulmus propinqua、大青杨 Populus ussuriensis、岳桦 B. ermanii、花楷槭 Acer ukurunduense、青楷槭 A. tegmentosum 和水榆花楸 Sorbus alnifolia 等。灌木层占优势的为朝鲜越橘 Vaccinium buergeri、朝鲜荚蒾 Viburnum koreanum、毛榛 Corylus mandshurica、胡枝子 Lespedeza bicolor 和大字杜鹃 Rhododendron schlippenbachii，常见种还有绣线菊 Spiraea salicifolia、蓝靛果 Lonicera caerulea var. edulis、金花忍冬 L. chrysantha、紫花忍冬 L. maximowiczii、单花忍冬 L. monantha、珍珠梅 Sorbaria sorbifolia、山梅花 Philadelphus incanus、刺五加 Eleuthercoccus senticosus、东北刺参 Oplopanax amurense 和天女木兰 Magnolia sieboldii 等。长白落叶松 Larix olgensis 林在海拔 900 ~ 1 400m 普遍分布，以长白落叶松和鱼鳞云杉 Picea jezoensis 为优势种，臭冷杉 Abies nephrolepis、红松 Pinus koraiensis 和白桦 Betula platyphylla 等常见。灌木层的种类不多，有珍珠梅 Sorbaria sorbifolia、金花忍冬 L. chrysantha、刺五加 Eleuthercoccus senticosus 和东北茶藨子 Ribes mandshurica。林内的苔藓植物丰富。

海拔 1 700 ~ 2 200m，为亚高山岳桦林带，属于长白山的森林上限。岳桦 Betula ermanii 因长期适应高山风大的环境，呈多主干的矮曲林。伴生树种有偃松 Pinus pumila、西伯利亚刺柏 Juniperus sibirica、东北赤杨 Alnus fruticosa var. mandshurica、牛皮杜鹃 Rhododendron aureum、蓝靛果 Lonicera caerulea var. edulis、花楸树 Sorbus pohuashanensis、刺蔷薇 Rosa acicularis 等。

海拔 2 000 ~ 2 691m，为高山冻原带。因山高风大，气候寒冷，乔木不能生长，只有低矮小灌木，诸如越橘 Vaccinium vitis-idaea、圆叶柳 Salix rotundifolia、长白柳 Salix polyadenia var. tschanbaischanica、牛皮杜鹃 Rhododendron aureum、苞叶杜鹃 Rh. redowskianum 等。

9.1.3.3 东北平原区

包括松嫩平原和辽河平原及东北东部山地的山前台地。本小区地形平坦，在嫩江等河流下游多湖泊、沼泽等湿地。平原边缘台地和辽河分水岭海拔在 300m 以下。因长期人类耕作和对森林资源的过度利用，森林树种稀少。平原山前台地有小面积的片林，主要树种

有红松 *Pinus koraiensis*、红皮云杉 *Picea koraiensis*、落叶松 *Larix gmelinii*、长白落叶松 *L. olgensis*、榆 *Ulmus pumila*、稠李 *Prunus padus*、毛山荆子 *Malus mandshurica*、紫椴 *Tilia amurensis*、糠椴 *T. mandshurica*、黄檗 *Phellodendron amurense*、水曲柳 *Fraxinus mandshurica*、核桃楸 *Juglans mandshurica*、山杨 *Populus davidiana*、蒙古栎 *Quercus mongolica*、白桦 *Betula platyphylla*、黑桦 *B. dahurica* 等。平原地区以人工林为主，树种有樟子松 *Pinus sylvestris* var. *mongolica*、榆 *Ulmus pumila*、大果榆 *U. macrocarpa*、西伯利亚杏 *Prunus sibirica*、旱柳 *Salix matsudana*、青杨 *Populus cathayana*，以及小黑杨、小钻黑杨、白城杨等人工选育的品种、无性系等。

9.2 华北区

9.2.1 自然地理条件

本区位于秦岭—淮河以北至东北南部和内蒙古之间，约处于北纬32°30′~42°30′，东经103°30′~125°40′。包括黄土高原、华北平原及山地、辽河平原和山东半岛、辽东半岛，北起沈阳、赤峰、围场(车前岭)，沿长城为界，南至秦岭、淮阳山地以北及淮河流域；东临渤海及黄海，西达甘肃乌鞘岭及青甘边境的西倾山。地貌特征是在燕山和秦岭两大山脉之间，以大面积的平原、低山和高原为主，整个地势从西向东逐渐下降，由高原和山地降为平原和丘陵，最后进入渤海和黄海。华北平原及辽河平原地势较平坦，海拔50~100m，而华北山地一般可在1 000m以上，山西东北部五台山主峰达3 058m，黄土高原海拔1 000~1 500m，其中汾河、渭河谷地较低，也各在400~800m，山东东部及辽东半岛丘陵起伏，山峰海拔亦多在1 000m上下，丘陵一般在500m左右。

气候特点是冬季严寒晴燥，夏季酷热多雨，春旱而多风沙。因南北和东西跨度大，气温和降水差别较大，呈现由北向南递增的趋势。年平均气温为10~16℃，由北向南递增，沈阳年平均气温为7.8℃，北京11.6℃，河南驻马店14.8℃。最低气温-35~-20℃（沈阳）；1月平均气温在0℃以下；极端最低气温平原地区多在-25~-20℃，高原、山地及东北部为-35~-30℃；7月平均气温平原约28℃以上，山地、高原和海滨地区为22~24℃。沿海地区冬季较暖，夏季凉爽，温差较小，越向内地温差越大。年降水量500~1 000mm，由东向西递减，在沿海地区为600mm以上，东南部分地区可达1 000mm，向内陆则递减，济南为723.7mm，驻马店724.7mm，西安584.4mm，黄土高原为250~500mm，但均集中于夏季；年平均相对湿度沿海地区达75%以上且较稳定，黄土高原为40%~70%，随季节变化甚大。植物生长期北京为235d，济南为265d。平原和高原有原生和次生黄土，海滨和较干旱地区的河谷低地有冲积性褐土或盐碱土，山地丘陵以棕色森林土及原始褐土为主，高山有灰化土及高山草甸土。

9.2.2 植物区系特点

本区是中国北方植物区系最丰富的地区，野生和常见栽培的种子植物（不包括秦岭的植物）约151科958属3 548种。其中菊科 Asteraceae、蔷薇科 Rosaceae、毛茛科 Ranunculaceae、唇形科 Lamiaceae、豆科 Leguminosae（恩格勒系统）、伞形科 Apiaceae、百合科 Liliaceae、禾本科 Poaceae 和莎草科 Cyperaceae 具植物 100 种以上；绝大多数科含有物种 5～10 种，以草本植物占绝对优势。

温带分布属在华北占 66%，约一半为北温带属；中国特有种为华北植物物种总数的 42%，其中 38% 为华北特有种，中国特有种以东亚中国—日本成分居首位，为其种数的 45%，属的特有性程度低，只有太行花属 *Taihangia*、蚂蚱腿子属 *Myripnois*、文冠果属 *Xanthoceras* 等几个单种或 2 种的特有属。从植物种的水平看，华北属于东亚和温带亚洲植物区系。

本区树木种类丰富。据《华北树木志》和陕西、甘肃相关树种记载，本区有 89 科 245 属 1 000 种以上。主要的森林树种为油松 *Pinus tabuliformis*、赤松 *P. densiflora*（仅见于山东半岛和辽东半岛）、白皮松 *P. bungeana*、华北落叶松 *Larix principis-ruprechtii*、辽东栎 *Quercus wutaishanica*、蒙古栎 *Q. mongolica*、栓皮栎 *Q. variabilis*、麻栎 *Q. acutissima*、槲栎 *Q. aliena*、槲树 *Q. dentata*、山杨 *Populus davidiana*、白桦 *Betula platyphylla*、黑桦 *B. dahurica*、荆条 *Vitex negundo* var. *heterophylla*、酸枣 *Ziziphus jujuba* var. *spinosa* 等，组成地带性森林暖温带落阔林、山地针叶林和松栎林。

9.2.3 主要森林类型、树种资源与分布

根据地貌特征和植物区系特点，可将本区明显分为平原、丘陵、山地和高原四部分。中部为华北平原，西部则为黄土高原一部分；山地如千山、燕山、太行山、五台山、吕梁山、中条山和秦岭，平均海拔 1 500m，最高海拔 3 000m 以上。东部黄海和渤海之滨的辽东和山东半岛为丘陵地区，山峰海拔多在 1 000m 上下。由于夏季湿热与冬季干冷的交叠，因而温带的落叶阔叶林在本区得到发展，越向内地，受季风的影响越小，干燥程度递增，因此自沿海向西北，由森林渐向干草原过渡；在较高山地，因温度低而雨量较多，出现针叶林。本区经过数千年的农垦，原生植被多已破坏，只在较高的山岭间有残存。

本区盛产多种落叶类果树，如苹果 *Malus pumila*、梨 *Pyrus* sp.、杏 *Prunus armeniaca*、桃 *P. persica*、核桃 *Juglans regia*、枣 *Ziziphus jujuba*、板栗 *Castanea mollissima*、柿 *Diospyros kaki* 等，产量都很大。此外，栓皮栎 *Quercus variabilis* 产栓皮，东部有悠久历史的柞蚕区，其他林副产品如药材等亦较多。本区久以农业为中心，原生植被早已破坏，森林稀少，造成严重的水土流失，因此，山地造林及平原高原营造防护林是重要的任务，根据过去的经验，今后除利用本地旱生性及耐风沙的树种外，还可积极引种一些适于本地生长的速生用材树种。同时，在森林环境建设中，要注意乡土树种、长寿树种和速生树种的搭配。

9.2.3.1 辽东、山东半岛丘陵区

东部滨海地区，范围北以辽宁南部为界，南至江苏连云港，西以辽河平原为界，东达山东的平度、五莲至连云。海拔 200～500m。气候温暖，雨量充沛。辽东半岛年平均气温 6～10℃，年降水量达 1 000mm；山东半岛年平均气温 10～15℃，年降水量达 900mm。

本小区的针叶树主要有赤松 *Pinus densiflora*，主要的森林为赤松林，而华北普遍分布的油松 *P. tabuliformis* 却不多见。生长于两半岛内的落叶栎类以辽东栎 *Quercus wutaishanica*、麻栎 *Q. acutissima* 为主，其他还有蒙古栎 *Q. mongolia*、栓皮栎 *Q. variabilis* 和枹栎 *Q.*

serrata，与赤松 *Pinus densiflora* 同为当地的主要森林树种。常见的森林树种还有白桦 *Betula platyphylla*、水曲柳 *Fraxunus mandshurica*、紫椴 *Tilia amurensis*、枫杨 *Pterocarya stenoptera*、刺楸 *Kalopanax septemlobus*、黑桦 *Betula dahurica*、坚桦 *B. chinensis*、大叶白蜡 *Fraxinus rhynchophylla*、楸叶桐 *Paulownia catalpifolia*、华北五角枫 *Acer truncatum* 等；胡枝子 *Lespedeza bicolor*、细叶胡枝子 *L. hedysariodes* 和榛 *Corylus heterophylla* 在不同地段为灌木层的优势种，常见种还有兴安杜鹃 *Rhododendron dahuricum*、光萼溲疏 *Deutzia glabrata*、东北山梅花 *Philadelphus schrenkii* 等。

山东半岛较为温暖，出现了华北其他地区罕见的一些南方树种，如糙叶树 *Aphananthe aspera*、山茶 *Camellia japonica*、白乳木 *Sapium japonicum*、枳椇 *Hovenia dulcis* 等。辽东半岛有少数的东北树种，如辽杨 *Populus maximowiczii*、稠李 *Prunus padus* 等。此外，还有许多喜暖性的亚热带树种，如三桠乌药 *Lindera obtusiloba*、瓜木 *Alangium platanifolia*、漆树 *Toxicodendron vernicifluum*、盐肤木 *Rhus chinensis*、天女木兰 *Magnolia sieboldii* 等。

本小区引种树种很多，有北美乔松 *Pinus strobus*、日本黑松 *P. thunbergii*、北美短叶松 *P. banksiana*、日本厚朴 *Mognolia obovata*。在山东烟台昆嵛山引种的杉木 *Cunninghamia lanceolata* 和池杉 *Taxodium ascendens* 均生长正常。

栽培果树主要有板栗 *Castanea mollissima*、日本板栗 *C. crenata*、苹果 *Malus pumila*、梨 *Pyrus* sp.、樱桃 *Prunus pseudocerasus* 等。在山东胶南、日照等地引种了茶树 *Camellia sinensis*、梅 *Prunus mume* 和枇杷 *Eriobotrya japonica* 等。

9.2.3.2 华北平原区

本小区包括辽河平原和华北平原，是历史悠久的农垦中心。自然植被破坏殆尽，林木极少，仅见于村庄附近及河滩低地，主要树种有油松 *Pinus tabuliformis*、侧柏 *Platycladus orientalis*、加杨 *Populus canadensis*、毛白杨 *P. tomentosa*、青杨 *P. cathayana*、小叶杨 *P. simonii*、旱柳 *Salix matsudana*、垂柳 *S. babylonica*、榆 *Ulmus pumila*、槐树 *Sophora japonica*、刺槐 *Robinia pseudoacacia*、紫穗槐 *Amorpha fruticosa*、臭椿 *Ailanthus altissima*、香椿 *Toona sinensis*、桑树 *Morus alba*、梓树 *Catalpa ovata*、楸树 *C. bungei*、构树 *Broussonetia papyrifera*、白蜡树 *Fraxinus chinensis*，在南部有泡桐属 *Paulownia*、楝树 *Melia azedarach* 等。

果树有枣树 *Ziziphus jujuba*、苹果 *Malus pumila*、梨 *Pyrus* sp.、桃 *Prunus persica*、李 *Prunus salicina*、樱桃 *Prunus pseudocerasus*、葡萄 *Vitis vinifera* 等。

在低山丘浅山区生长的树木种类及数量都很少，主要有山桃 *Prunus davidiana*、西伯利亚杏 *Prunus sibirica*、大叶白蜡 *Fraxinus rhynchophylla*、小叶朴 *Celtis bungeana*、榆 *Ulmus pumila*、黑榆 *U. davidiana*、春榆 *U. propinqua*、大果榆 *U. macrocarpa*、蒙桑 *Morus mongolica*、暴马丁香 *Syringa amurensis*、栾树 *Koelreuteria paniculata*、鹅耳枥 *Carpinus turczaninowii*、皂荚 *Gleditsia sinensis*、栓皮栎 *Quesrcus variabilis*、槲栎 *Q. aliena* 和槲树 *Q. dentata* 等。栽培树种常见有油松 *Pinus tabuliformis*、侧柏 *Platycladus orientalis*、毛白杨 *Populus tomentosa*、小叶杨 *P. simonii*、旱柳 *Salix matsudana*、桑树 *Morus alba*、槐树 *Sophora japonica*、刺槐 *Robinia pseudoacacia*、臭椿 *Ailanthus altissima* 等。栽培水果有京白梨（秋子梨 *Pyrus ussuriensis* 的品种）、山里红 *Crataegus pinnatifida* var. *major*、杏 *Prunus armeniaca* 等。

9.2.3.3 华北山地

本小区包括辽宁西部山地，燕山山脉的军都山，山西的五台山、关帝山的主峰孝文山、中条山主峰舜王坪以及河南伏牛山，秦岭主峰太白山。西至六盘山，北与黄土高原为界，海拔一般在2 000m，但高度差异很大，水热条件变化大，是华北的树木主要分布区。树种类型具有一定的相似性，也有地带性树种，形成特定的森林类型，其中山地针叶林类型比较丰富。根据海拔高度及气候特征可分为低山针叶林、中山针叶林和亚高山针叶林。低山针叶林分布于海拔1 000m以下，主要有油松 *Pinus tabuliformis* 林和侧柏 *Platycladus orientalis* 林，并有少量的白皮松 *Pinus bungeana* 林，在油松林中可出现多种栎树 *Quercus* sp.。中山针叶林分布于海拔1 000~1 400m，仍以油松林为主，在伏牛山和秦岭山地还有华山松 *Pinus armandii* 林。海拔1 700~1 800m为亚高山针叶林，由华北落叶松 *Larix principis-rupprechtii*、白杄 *Picea meyeri*、青杄 *P. wilsonii*、太白冷杉 *Abies sutchuenensis* 等组成的落叶松林、云杉林和冷杉林，其中军都山、五台山和关帝山为青杄 *Picea wilsonii*、白杄 *P. meyeri* 林和华北落叶松 *Larix principis-rupprechtii* 林。在秦岭海拔2 400~2 800m的山地为巴山冷杉 *Abies fargesii* 和太白冷杉 *A. sutchuenensis* 林。在河北雾灵山海拔1 800m以上，由于长期人为干扰，云冷杉林基本消失，仅零星分布有白杄 *Picea meyeri*，现存的森林为针叶林破坏后，由白桦 *Betula platyphylla*、枫桦 *B. costata*、糠椴 *Tilia mandshurica* 等组成的天然次生林。

在中低山的针叶林中，常见的灌木有荆条 *Vitex negundo* var. *heterophylla*、小叶鼠李 *Rhamnus parvifolia*、西伯利亚杏 *Prunus sibirica*、蚂蚱腿子 *Myripnois dioica*、多花胡枝子 *Lespedeza floribunda*、胡枝子 *L. bicolor*、绿叶胡枝子 *L. buergeri*、三裂绣线菊 *Spiraea trilobata*、毛花绣线菊 *S. dasyantha*、土庄绣线菊 *S. pubescens*、照山白 *Rhododendron micranthum*、榛 *Corylus heterophylla* 和毛榛 *C. mandshurica* 等。

多种栎林和由栎 *Quercus* sp.、椴 *Tilia* sp.、槭 *Acer* sp.、鹅耳枥 *Carpinus turczaninowii* 组成的阔叶混交林是本小区山地典型的地带性森林类型。栎类随着海拔高度的变化出现不同的树种，在海拔1 000m以下，主要有栓皮栎 *Qercus variabilis* 林、槲树 *Q. dentata* 林和槲栎 *Q. aliena* 林，其中栓皮栎林的垂直分布由北向南随着海拔的不断上升，在中条山、伏牛山和秦岭可达1 500m，并出现橿子栎 *Q. baronii* 林。灌木以荆条 *Vitex negundo* var. *heterophylla* 和胡枝子 *Lespedeza bicolor* 占优势，并分布着吉氏木蓝 *Indigofera kirilowii*、多花胡枝子 *Lespedeza floribunda*、白檀 *Symplocos paniculata*、雀儿舌头 *Leptopus chinensis*、一叶萩 *Flueggea suffruticosa* 等灌木。在海拔1 000~1 800m，以辽东栎 *Quercus wutaishanica* 林和槲栎 *Q. aliena* 林为主。槲栎 *Q. aliena* 林在太行山北部与燕山南端分布海拔较低，多在1 000m以下，在秦岭山地辽东栎 *Q. wutaishanica* 林分布海拔为1 900~2 300m，槲栎 *Q. aliena* 林的分布介于栓皮栎 *Q. variabilis* 林和辽东栎 *Q. wutaishanica* 林之间。辽东栎 *Q. wutaishanica* 林在中部有广泛分布，分布海拔从北部向南逐渐上升，在北部为80~600m，南部1 000~1 700m，至秦岭山地的北坡海拔达1 500~2 200m。林内乔木种类比较丰富，有黑榆 *Ulmus davidiana*、春榆 *U. propinqua*、怀槐 *Maackia amurensis*、核桃楸 *Juglans mandshurica*、蒙椴 *Tilia mongolica*、糠椴 *T. mandshurica*、大叶白蜡 *Fraxinus rhynchophylla*、五角枫 *Acer mono* 等。蒙古栎 *Quercus mongolica* 林主要见于北部，包括辽宁东部和西南部的低山丘

陵，在河北东北部海拔约 200~700m 和北京海拔 800~1 500m 的中山以及山东东部亦有零星分布。

山杨 *Populus davidiana* 林和桦树 *Betula* sp. 林是本小区常见的落叶阔叶林。桦树林包括由红桦 *Betula albo-sinensis*、白桦 *B. platyphylla*、坚桦 *B. chinensis*、黑桦 *B. dahurica* 组成的红桦林、白桦林、黑桦林、坚桦林等，桦树也常和山杨 *Populus davidiana* 组成山杨桦木林。林内伴生树种有辽东栎 *Quercus wutaishanica*、五角枫 *Acer mono*、花楸 *Sorbus pohuashanensis*、中国黄花柳 *Salix sinica*、大叶白蜡 *Fraxinus rhynchophylla* 等，高海拔有华北落叶松 *Larix principis-rupprechtii*。灌木为六道木 *Abelia biflora*、红丁香 *Syringa villosa*、藏花忍冬 *Lonicera tatarinowii*、迎红杜鹃 *Rhododendron mucronulatum*、毛榛 *Corylus mandshurica*、刺五加 *Eleuthercoccus senticosus*、土庄绣线菊 *Spiraea pubescens*、胡枝子 *Lespedeza bicolor*、蒙古荚蒾 *Viburnum mongolicum*、红瑞木 *Swida alba* 等。山杨林以山杨 *Populus davidiana* 和五角枫 *Acer mono* 为主，并伴有多种乔木，如辽东栎 *Quercus wutaishanica*、白桦 *Betula platyphylla*、坚桦 *B. chinensis*、黑桦 *B. dahurica*、糠椴 *Tilia mandshurica*、蒙椴 *T. mongolica*、大叶白蜡 *Fraxinus rhynchophylla*、花楸 *Sorbus pohuashanensis*、中国黄花柳 *Salix sinica* 等。

本小区森林分布规律明显，随着海拔变化，树种出现明显的垂直变化。以山西五台山阴坡为例说明森林和树种的垂直变化特点：

海拔 800~1 400m，灌草丛和农业区。散生荆条 *Vitex negundo* var. *heterophylla*、蚂蚱腿子 *Myripnois dioica*、三裂绣线菊 *Spiraea trilobata* 等灌木。

海拔 1 400~1 800m，山地灌丛带，主要灌木有毛花绣线菊 *Spiraea dasyantha*、蚂蚱腿子 *Myripnois dioica*、虎榛子 *Ostriopsis davidiana*、胡枝子 *Lespedeza bicolor*、沙棘 *Hippophae rhamnoides* subsp. *sinensis*、金花忍冬 *Lonicera chrysantha*、蒙古荚蒾 *Vibernum mongolicum*、毛叶丁香 *Syringa pubescens*、灰栒子 *Contoneaster acutifolius* 等。

海拔 1 800~2 200m，乔木为青杆 *Picea wilsonii*、华北落叶松 *Larix principis-rupprechtii*、白桦 *Betula platyphylla* 和山杨 *Populus davidiana*；灌木有胡枝子 *Lespedeza bicolor*、土庄绣线菊 *Spiraea pubescens* 等。

海拔 2 200~2 600m，为寒温性针叶林带，由青杆 *Picea wilsonii*、白杆 *P. meyeri*、华北落叶松 *Larix principis-rupprechtii* 和臭冷杉 *Abies nephrolepis* 组成；灌木为金露梅 *Potentilla fruticosa*、银露梅 *P. glabra*、高山绣线菊 *Spiraea alpina* 等。

海拔 2 600~2 800m，为亚高山灌丛，灌木为金露梅 *Potentilla fruticosa*、银露梅 *P. glabra*、鬼箭锦鸡儿 *Caragana jubata* 等。

本地区的主要人工林造林树种为华北落叶松 *Larix principis-rupprechtii*、日本落叶松 *L. kaempferi*、油松 *Pinus tabuliformis*、华山松 *P. armandii*、侧柏 *Platycladus orientalis*、栓皮栎 *Quercus variabilis* 等。

为说明具体的树种资源和分布，将本小区又分为 3 小区分述如下：

(1) 辽西、晋、冀山区和丘陵区

包括辽宁西部山地的医巫闾山、河北各山区、山西阳城、曲沃以北各山区。河北小五台山海拔高 2 870m，山西五台山海拔高 3 058m，北京东灵山海拔高 2 303m。区内年平均气温 5~9℃，年降水量 500~700mm，随着海拔高度变化，树种垂直分布明显，以油松 *Pi*-

nus tabuliformis 和辽东栎 Quercus wutaishanica 为代表种。森林及树种垂直分布以北京灵山为例简述如下：

海拔 800(1 000)m 以下，针叶树种以油松 Pinus tabuliformis、侧柏 Platycladus orientalis 为主，阔叶树种有栓皮栎 Quercus variabilis、槲树 Q. dentata、槲栎 Q. aliena、黑弹朴 Celtis bungeana、大果榆 Ulmus macrocarpa、春榆 U. propinqua、栾树 Koelreuteria paniculata、大叶白蜡 Fraxinus rhynchophylla、西伯利亚杏 Prunus sibirica、荆条 Vitex negundo var. heterophylla、酸枣 Ziziphus jujuba var. spinosa 等。山前台地多种植柿 Diospyros kaki、核桃 Juglans regia、板栗 Castanea mollissima、山楂 Crataegus pinnatifida、楸子 Malus prunifolia、苹果 M. pumila、梨 Pyrus sp.、杏 Prunus armeniaca、樱桃 P. pseudocerasus、桃 P. persica 等果树。

海拔 800~1 200m 有油松 Pinus tabuliformis、辽东栎 Quercus wutaishanica、核桃楸 Juglans mandshurica、大叶白蜡 Fraxinus rhynchophylla、大果榆 Ulmus macrocarpa、脱皮榆 Ulmus lamellosa、山桃 Prunus davidiana、西伯利亚杏 P. sibirica、五角枫 Acer mono、华北五角枫 A. truncatum、蒙椴 Tilia mongolica、糠椴 T. mandshurica、山杨 Populus davidiana 等。灌木有大花溲疏 Duetzia grandiflora、小花溲疏 D. parviflora、土庄绣线菊 Spiraea pubescens、三裂绣线菊 S. trilobata、虎榛 Ostriopsis davidiana 等。

海拔 1 200~1 600m 有油松 Pinus tabuliformis、白桦 Betula platyphylla、坚桦 B. chinensis、黑桦 B. dahurica、辽东栎 Quercus wutaishanica、蒙古栎 Q. mongolica、山杨 Populus davidiana、青杨 P. cathayana、辽杨 P. maximowiczii、裂叶榆 Ulmus laciniata、蒙椴 Tilia mongolica、糠椴 T. mandshurica、山荆子 Malus baccata、榛 Corylus heterophylla、毛榛 C. mandshurica、金花忍冬 Lonicera chrysantha、冻绿 Rhamnus utilis、锐齿鼠李 Rh. arguta、刺五加 Eleuthercoccus senticosus、无梗五加 E. sessiliflorus、照山白 Rhododendron micrathum、迎红杜鹃 Rh. mucronulatum、胡枝子 Lespedeza bicolor 和五味子 Schisandra chinensis、沙柳 Salix cheilophila 和蒿柳 S. viminalis 等，木本植物种类很多。人工林多为华北落叶松 Larix principis-rupprechtii 林。

海拔 1 600~2 100m 出现白杆 Picea meyeri、青杆 P. wilsonii、华北落叶松 Larix principis-rupprechtii、臭冷杉 Abies nephrolepis、枫桦 Betula costata、红桦 B. albo-sinensis 和以中国黄花柳 Salix sinica 为代表的多种柳树。

海拔 2 100~2 303m 为亚高山草甸，以草本植物为主，灌木有鬼箭锦鸡儿 Caragana jubata、金露梅 Potentilla fruticosa、银露梅 P. glabra、红丁香 Syringa villosa、糖茶藨 Ribes himalense、蒙古绣线菊 Spiraea mongolica、西伯利亚小檗 Berberis sibirica 等。

(2) 山东泰山、沂蒙山区

包括平原以内的丘陵和山地。泰山海拔高 1 524m。年平均气温 13.2℃，临沂年降水量 915.3mm。树种以油松 Pinus tabuliformis 和麻栎 Quercus acutissima 为代表，有许多树种与山东泰山、沂蒙山区树种相同，如栓皮栎 Q. variabilis、槲栎 Q. aliena 等。但由于水热条件较好，有许多喜温暖树种，如山胡椒 Lindera glauca、红果山胡椒 L. erythrocarpa、三桠乌药 L. obtusiloba、枫杨 Pterocarya stenoptera、黄檀 Dalbergia hupeana、白檀 Symplocos paniculata 等亚热带成分。

引种树种有马尾松 Pinus massoniana、日本落叶松 Larix kaempferi、杉木 Cunnighamia *lanceolata*、三尖杉 *Cephalotaxus fortunei*、乌桕 *Sapium sebiferum*、油桐 *Vernicia fordii*、茶树 *Camellia sinensis* 等。

(3) 晋南、豫西、秦岭北坡区

范围北自太行山南端，经山西阳城、曲沃及陕西铜川至甘肃的天水，南至淮河主流，伏牛山脉至秦岭北坡。秦岭是区内的最高山岭，主峰太白山海拔高 3 767m。年平均气温 12℃，年降水量 600~700mm，随海拔高低而增减。

以油松 *Pinus tabuliformis* 和半常绿的橿子栎 *Quercus baronii* 为代表树种。除具有华北区的树种外，还有许多亚热带成分的树种，如连香树 *Cercidiphyllum japonicum*、领春木 *Euptelea pleiosperma*、水青树 *Tetracentron sinense*、杜仲 *Eucommia ulmoides*、漆树 *Toxicodendron vernicifluum*、化香树 *Platycarya strobilacea*、枫香 *Liquidambar formosana* 等。在本小区西南边缘的秦岭北坡树种资源较为丰富，其森林类型和树种垂直分布如下：

海拔 600~1 000m，为落叶阔叶林，其树种与华北平原树种相似，以人工栽培为主，如旱柳 *Salix matsudana*、箭杆杨 *Populus nigra* var. *thevestina*、毛白杨 *P. tomentosa*、榆 *Ulmus pumila*、槐树 *Sophora japonica*、臭椿 *Ailanthus altissima*、香椿 *Toona sinensis*、构树 *Broussonetia papyrifera*、桑树 *Morus alba*、皂荚 *Gleditsia sinensis*、毛泡桐 *Paulownia tomentosa*、光叶泡桐 *P. tomentosa* var. *tsinlingensis* 等。在陡坡、土浅、石多之处，多为耐旱的栎类混交林，主要树种有栓皮栎 *Quercus variabilis*、槲树 *Q. dentata*、枹栎 *Q. glandulifera*、橿子栎 *Q. baronii*。此外，还有片状的侧柏 *Platycladus orientalis*、圆柏 *Juniperus chinensis* 林，常见的木本植物还有榔榆 *Ulmus parvifolia*、小叶朴 *Celtis bungeana*、山桃 *Prunus davidiana*、盐肤木 *Rhus chinensis*、黄栌 *Cotinus coggygria* var. *cinerea*、毛樱桃 *Prunus tomentosa* 等。

海拔 1 000~2 500m 为落叶阔叶林和针阔叶混交林，有时栎树、槭树及桦树又分别成片。其种类有油松 *Pinus tabuliformis*、华山松 *P. armandii*、槲栎 *Quercus aliena*、辽东栎 *Q. wutaishanica*、栓皮栎 *Q. variabilis*、槲树 *Q. dentata* 及橿子栎 *Q. baronii* 等。槭树有青榨槭 *Acer davidii*、五角枫 *A. mono*、辽吉槭 *A. barbinerve*、红色木 *A. tetramerum*、马氏槭 *A. maximowiczii* 及权权叶 *A. robustum*；桦树一般分布在 2 300~2 500m，其种类有红桦 *Betula albo-sinensis* 及糙皮桦 *B. utilis*。在山西中条山分布着典型的落叶阔叶林，主要建群树种有栓皮栎 *Quercus variabilis*、榉树 *Zelkova serrata*、脱皮榆 *Ulmus lamellosa*、漆树 *Toxicodendron vernicifluum*、枳椇 *Hovenia dulcis*、华北五角枫 *Acer mono* 等树种。

海拔 2 500~3 500m 为高山针叶林，主要树种有巴山冷杉 *Abies fargesii*、太白红杉 *Larix chinensis*。此外，还有云杉 *Picea asperata*。伴生树种有桦树 *Betula* sp.。

海拔 3 500m 以上为匍匐性或矮型的高山灌丛，主要树种有杜鹃 *Rhododendron* sp. 以及高山绣线菊 *Spiraea alpina* 等。

综上所述，落叶阔叶树为华北区的代表性树种，组成森林的主要树种为栎属 *Quercus* 的落叶栎类、杨柳科 Salicaceae、桦木科 Betulaceae 树种，针叶树以油松 *Pinus tabuliformis* 较为普遍。在较高的山地，则被耐寒的云杉属 *Picea* 与落叶松属 *Larix* 树种所代替，这一类型与东北区有类似之处，但种类则有所不同，就温带地区而言，本区的植物资源是丰富的，尤以华北山地有多种优良的用材树种而著称。

9.2.3.4 黄土高原区

典型的黄土高原属暖温带半湿润半干旱的森林草原带，为华北森林与内蒙古草原的过渡带。长期的农垦和干旱的气候特点，植被久经破坏，黄土裸露，植物稀疏，树种比华北平原地区少得多，但却富于旱生性。次生林仅残存于山地。只有在河谷和较湿润的山坡有成片的森林和灌丛，分布的树种有油松 Pinus tabuliformis、侧柏 Platycladus orientalis、榆 Ulmus pumila、山杨 Populus davidiana、辽东栎 Quercus wutaishanica、槲栎 Q. aliena、坚桦 Betula chinensis、核桃楸 Juglans mandshurica、杜梨 Pyrus betulaefolia、栾树 Koelreuteria paniculata、山杏 Prunus armeniaca var. ansu、扁核木 Prinsepia uniflora、文冠果 Xanthoceras sorbifolia 等。上述林木被破坏后，则形成以山杨 Populus davidiana、辽东栎 Quercus wutaishanica 和坚桦 Betula chinensis 为优势的次生林，针叶树很少，在南部地区则有油松 Pinus tabuliformis 的纯林。在黄土高原的腹地甘肃庆阳地区子午岭尚有保存良好的森林植被，树木的区系特点和种类与华北山地相似，同时还有天然分布的漆树 Toxicodendron verniciflum 等。在三北防护林建设中，常见有油松 Pinus tabuliformis、樟子松 Pinus sylvestris var. mongolica、榆 Ulmus pumila、杨树 Populus sp.、泡桐 Paulownia sp. 等。

9.3 蒙新区

9.3.1 自然地理条件

包括内蒙古大部、新疆大部、青海东部、宁夏西北部和甘肃西北部。由帕米尔至大兴安岭南端西坡，南边是青藏高原、黄土高原，北边与蒙古为邻。由一系列的高山、盆地、高原、沙地和荒漠组成。包括新疆天山和阿尔泰山、青海祁连山、宁夏贺兰山、内蒙古阴山。高原都在 1 200m 左右，边缘的山岭海拔在 1 500 ~3 000m。境内融汇了中国境内大部分沙漠和荒漠。本区位于欧亚大陆中心，是中亚荒漠的一部分，距海远，为典型的大陆性气候，干燥、少云、日照丰富。降水量在山区略多，如祁连山山涧谷地年降水量约 300mm，高山达 500 ~800mm，而盆地部分非常干燥，年降水量常在 250mm 以下，有时不足 100mm，甚至仅 5mm。新疆北部盆地向西伸展，多少受到西来湿润气流的影响，降水量可达 300mm 以上。内蒙古平均气温 -2 ~10℃，最高不到 14℃，1 月平均最低气温可达 -28℃，7 月平均气温20 ~24℃，年较差在 40℃左右，日较差15 ~30℃。土壤为各种类型的漠钙土，依成土母质及地下水位情况不同而形成盐土、碱土或盐碱土等。在山地及河边有雪水灌溉的地区则成为植物生长茂盛的绿洲，在山地水湿条件好的地方有森林分布，天山、阿尔泰山树木种类较多。在沙漠边缘比较湿润地区形成草地景色，植物多为旱生性或沙生性的草类和灌木，属亚洲中部干草原成分。

9.3.2 植物区系特点

以新疆阿尔泰种子植物区系为例来说明该区的特点。

阿尔泰山脉东起蒙古巴彦温都尔，经新疆北部向西延至俄罗斯，横亘于蒙古、中国、哈萨克斯坦、俄罗斯境内。由于地处亚洲腹地，远距海洋，气候干旱，为典型的大陆性气候。在中国境内的阿尔泰山脉为中段西南坡，由一系列由西南向东北逐渐升高的阶梯状山地组成，切割剧烈。海拔一般在 1 000～3 500m，其中北部最高的友谊峰高 4 374m，奎屯峰 4 104m。阿尔泰山位于北疆，受到北冰洋、大西洋冷湿气流作用，使北部寒冷而湿润，另一方面受西伯利亚—蒙古高压干燥反气旋的影响，使东南部温暖而干燥。作为新疆的多雨中心，降水量从北向南、从西向东逐渐减少，随着海拔升高，降水量增加，温度降低，积雪加厚。阿尔泰山处于草原地带，西部、中部和东部山地的植被垂直带结构类型有显著差异。西部喀纳斯山地的植物垂直带谱为：山地草原带、山地森林—草甸带（南泰加型暗针叶林和落叶松林）、亚高山草甸带、高山草甸带、高山冻原带和冰川恒雪带。森林植被面积大，有多种适应冷湿气候的针叶林，由西伯利亚红松 Pinus sibirica、新疆冷杉 Abies sibirica、新疆云杉 Picea oborata 和西伯利亚落叶松 Larix sibirica 等组成。

本区有种子植物 94 科 528 属 1 491 种，其中裸子植物 3 科 6 属 15 种，被子植物 91 科 522 属 1 476 种。各类属地理成分中，以温带地理成分占较大优势，含 438 属，占总属数的 95.02%，并以北温带分布的属最多，主要有冷杉属 Abies、云杉属 Picea、落叶松属 Larix、桦木属 Betula、杨属 Populus、柳属 Salix、蔷薇属 Rosa、花楸属 Sorbus、绣线菊属 Spiraea、忍冬属 Lonicera、荚蒾属 Viburnum 等，构成了本区系的主体。

9.3.3 主要森林类型、树种资源与分布

根据地理位置、气候特点和植物区系特征，本区分为内蒙古高原区、河西走廊及祁连山、新疆区和沙漠区。现分述如下：

9.3.3.1 内蒙古高原区（蒙宁区）

本小区范围包括东北平原以西，大兴安岭南段西坡，华北区以北，西界大致从内蒙古的阴山、贺兰山至青海湖东缘。地势较高，辽阔坦荡。区内有大兴安岭（西坡）、阴山山脉、贺兰山、六盘山。气候寒冷干燥，为温带草原区。经济树种有山杏 Prunus sibirica var. ansu、沙果 Malus asiatica，在内蒙古巴林左旗石房子有野生文冠果 Xanthoceras sorbifolia。本小区可分为南北 2 个小区。

(1) 北部区（内蒙古东部区）

大致为以呼和浩特南面的大黑河为界以北以东地区，至大兴安岭西坡，包括呼伦贝尔草原和大兴安岭西坡等草原和山地。1 月平均气温 -20～-10℃，极端最低气温为 -40～-30℃，冬季长达 5～7 月，年降水量 100～450mm，自东向西递减。全区以草本、灌木为主，常见灌木有锦鸡儿属 Caragana、沙冬青属 Ammopiptanthus、胡枝子属 Lespedeza、绣线菊属 Spiraea，沿河有柽柳 Tamarix chinensis、胡杨 Populus euphratica 等。大兴安岭林区的树种与东北区大兴安岭近似，落叶松 Larix gmelini 为主要森林树种，樟子松 Pinus sylvestris var. mongolica 自海拉尔沿伊敏河至红花尔基呈带状分布。白音敖包的白杆 Picea meyeri 成片分布在沙地上，景观独特。油松 Pinus tabuliformis 分布在全区各山区，阔叶树种分布最多的是白桦 Betula platyphylla、山杨 Populus davidiana、榆 Ulmus sp.、旱柳 Salix matsudana 等；蒙古栎 Quercus mongolica 主要分布在东部的大兴安岭。

(2) 南部区（贺兰山、阴山林区）

北以大黑河为界，沿贺兰山至青海湖边，东部至华北区西界，包括贺兰山、阴山、阿

拉善草原等山地和草原，区内贺兰山海拔高3 420m，六盘山海拔高2 929m。1月平均气温 -10 ~ -8℃，年降水量330 ~ 500mm，较北部气温略高。

本小区仍以草本为主。灌木有锦鸡儿属 Caragana、木蓼 Atraphaxis frutescens、白刺 Nitraria sibirica 等；乔木主要分布在贺兰山和六盘山地区。据《宁夏六盘山、贺兰山木本植物图鉴》记载，有木本植物47科95属243种，针叶树种有油松 Pinus tabuliformis、华山松 P. armandii、青海云杉 Picea crassifolia；阔叶树以山杨 Populus davidiana、白桦 Betula platyphylla、辽东栎 Quercus wutaishanica 为主。六盘山由于气温较高有漆树 Toxicodendron vernicifluum、膀胱果 Staphylea holocarpa 等分布。

9.3.3.2 河西走廊及祁连山区

位于甘肃西北部祁连山脉以北、合黎山和龙首山以南、乌鞘岭以西，海拔高1 000 ~ 1 500m，大部为祁连山北麓冲积—洪积扇构成的山前倾斜平原。内部起伏较大，被突出其间的丘陵、山地分割为武威平原、张掖—酒泉平原、疏勒河平原。每个平原的中部多是绿洲区，沟渠交错，耕地如织。绿洲之间贯穿有戈壁、沙漠。属温带干旱荒漠气候，年平均气温约6 ~ 11℃，是西伯利亚气流南下的通道，故冬季达半年之久，1月平均气温 -13 ~ -10℃，极端最低气温 -30℃；7月平均气温多在20 ~ 26℃，极端最高气温≥40℃。年降水量30 ~ 160mm，无霜期约160 ~ 230d。灌木有驼绒藜 Krascheninnikovia ceratoides、锦鸡儿 Caragana sp.、红砂 Reaumuria soongorica、白刺 Nitraria sibirica、梭梭 Haloxylon ammodendron、裸果木 Gymnocarpos przewalskii 等。

主要的森林植被出现在祁连山。祁连山最高峰素珠琏峰海拔5 564m，山地自然植被垂直分带明显，带谱完整，为河西走廊主要的水源地，是中国干旱地区物种资源集中分布的地区之一，维管束植物有1 044种，其中国家重点保护植物有裸果木 Gymnocarpos przewalskii、蒙古扁桃 Prunus mongolica、沙冬青 Ammopiptanthus mongolicus、半日花 Helianthemum songaricum 等10多种。主要的森林类型、树种和分布如下：

海拔1 500 ~ 1 800m为荒漠或绿洲河谷林带，土层深厚有灌溉条件的地段已开垦为绿洲、果园，其他地段为牧场。主要物种有杨属 Populus 树种、沙枣 Elaeagnus angustifolia、柽柳 Tamarix chinensis 等。

海拔1 800 ~ 2 200m为山地荒漠草原。

海拔2 000 ~ 2 700m为山地草原，为优良的牧场。

海拔2 600 ~ 3 400m（东部）、2 700 ~ 3 300m（西部）为山地森林带，分布着青海云杉 Picea crassifolia、祁连圆柏 Juniperus przewalskii 等寒温性针叶林。青海云杉 Picea crassifolia 林分布于阴坡，为不连续的纯林，或与祁连圆柏 Juniperus przewalskii 混交，兼有山杨 Populus davidiana、红桦 Betula albo-sinensis 次生林。祁连圆柏 Juniperus przewalskii 林分布在阳坡。在祁连山北坡河西走廊背面有青杆 Picea wilsonii 林。森林带下部有由油松 Pinus tabuliformis 和山杨 Populus davidiana 组成的混交林。

海拔3 200 ~ 3 800m（东部）、3 300 ~ 3 900m（西部）为亚高山灌丛草甸带。

海拔3 800m以上至雪线为高山冰雪稀疏植被或垫状植被带，生长着稀疏的点地梅 Androsace sp.、蚤缀 Arenaria sp.、地衣等。

9.3.3.3 新疆区

四周高山环绕，远离海洋，自然地理环境封闭。境内北部为阿尔泰山，南部为昆仑山，天山横亘中部，与北部的准噶尔盆地和南部的塔里木盆地形成"三山夹两盆"的地貌格局。地处中温带极端干旱的荒漠地带。年平均气温 11.7℃，1 月平均气温北疆为 -20℃ 以下，南疆为 10℃；7 月平均气温约 25℃。年平均降水量 150mm。本区又分为 3 个小区。

(1) 南疆区

包括天山以南新疆大部分地区。1 月平均气温 -6～10℃，年降水量 14～60mm，无霜期 180～230d。因干旱缺水，树木种类很贫乏。主要灌木有膜果麻黄 Ephedra przewalskii、白刺 Nitraria sibirica、盐豆木 Halimodendron halodendron、骆驼刺 Alhagi pseudoalhagi、沙拐枣 Calligonum mongolicum、霸王 Zygophylum xanthoxylon、灌木青兰 Dracocephahum fruticulosum subsp. psammohpilum、四合木 Tetraena mongolica 等。在塔里木有大面积胡杨 Populus euphratica 分布。栽培树木有杨属 Populus、榆属 Ulmus、沙枣 Elaeagnus angustifolia 树种；栽培果树有苹果 Malus pumila、楸子 M. prunifolia、梨 Pyrus sp.、桃 Prunus persica、杏 P. armeniaca、樱桃 P. pseudocerasus、核桃 Juglans regia、葡萄 Vitis vinifera、枣 Ziziphus jujuba、桑树 Morus alba 等，尤以苹果 Malus pumila、核桃 Juglans regia、杏 Prunus armeniaca 品种最为繁多。吐鲁番的葡萄 Vitis vinifera 最为著名。

(2) 北疆及天山林区

包括天山北坡、阿尔泰山以南准噶尔盆地。盆地海拔 300～500m，周围山地 600～1 000m，天山山脊海拔多在 3 000m 以上。1 月平均气温 -20～-10℃，年降水量 100～200mm，较南疆湿润。树木种类比较丰富，有野生木本植物 47 科 82 属 352 种，引栽 71 属 184 种，主要分布在本区，在伊宁地区果子沟有大面积新疆野苹果 Malus sieversii、樱桃李 Prunus cerasifera、野生的核桃 Juglans regia、天山樱桃 Prunus tianshanica 等。本小区仍以草本植物占优势，灌木有梭梭 Haloxylon ammodendron、白梭梭 H. persicum；沙漠有沙拐枣 Calligonum mongolicum、麻黄 Ephedra sp.、驼绒藜 Ceratoides latens；绿洲有胡杨 Populus euphratica、榆 Ulmus pumila、怪柳 Tamarix chinensis 等。以乌鲁木齐、石河子、伊宁引栽树木最多，夏栎 Quercus robur、心叶椴 Tilia cordata、美国皂荚 Gleditsia triacanthos、白柳 Salix alba、欧洲大叶榆 Ulmus laevis 均生长良好，果树种类较多，以葡萄 Vitis vinifera、苹果 Malus pumila 为主。

天山地势高峻，山体多在海拔 3 000～5 000m，天山东部最高峰博格达山海拔 5 445m。下部受大陆性气候的影响，极为干燥，向上气候逐渐冷湿，北部因受北冰洋湿气流影响较多，气候较南坡湿润，年降水量 300～650mm，顶部终年积雪。在 3 900m 以上为终年积雪地带，3 000～3 900m 为山地草甸土，2 000～2 900m 为棕褐土。

天山植被从下而上的垂直分布为荒漠、草原、灌丛、亚高山针叶林、高山草甸和高山石漠。天山东西绵延很长，植被垂直分布海拔高度有所不同。西段(南支)的森林带分布于海拔 1 300～2 850m，优势树种为雪岭云杉 Picea schrenkiana，中段的森林带分布于 1 450～2 700m，东段森林带分布于 2 100～2 800m，主要树种为西伯利亚落叶松 Larix sibirica。其他森林类型有山杨 Populus davidiana 林、天山桦 Betula tianshanica 林和崖柳 Salix xerophylla 林等；在伊犁河谷湿润山区有新疆野苹果 Malus sieversii 林。

雪岭云杉 Picea schrenkiana 林分布于天山及昆仑山西部海拔 1 200~3 000m 地带，形成纯林，在天山东部与西伯利亚落叶松 Larix sibirica 形成混交林。伴生树种有欧洲山杨 Populus tremula、垂枝桦 Betula pendula、天山桦 B. tianshanica、新疆桦 B. turkestanica 等。

(3) 阿尔泰林区

阿尔泰山脉自西北走向东南，山势平缓，寒冷湿润，年降水量约 800mm，山的下部受准噶尔盆地影响，呈现干旱灌木草原和荒漠景观，但是在阿尔泰山的中上部形成茂密的森林。森林的垂直分布为：

海拔 2 500m 或 3 000m 以上，主要为冰碛乱石堆，植物贫乏，仅有蔓柳 Salix turczaninowii、欧洲越橘柳 S. myrsinites 及小檗叶柳 S. berberifolia var. brayi 等，但是也有的地方形成高山草甸。

海拔 1 300~2 700m 的阴坡或半阴坡有大面积的寒温带针叶林，主要树种有西伯利亚冷杉 Abies sibirica、新疆云杉 Picea obovata、西伯利亚落叶松 Larix sibirica 及西伯利亚红松 Pinus sibirica 等，这些种类有的成片状纯林，有的组成混交林。一般云杉生长在下部，冷杉生长在上部，但在干旱地段常形成落叶松纯林。在西北部高山准平原的森林上限（海拔 2 350m）处有西伯利亚红松 Pinus sibirica 形成的矮曲林，成为天然的松子园，林下灌木有 2 种越橘属 Vaccinium 植物。

海拔 1 300m 以下为荒漠草原，间有蔷薇 Rosa sp.、绣线菊 Spiraea sp.、小檗 Berberis sp.、忍冬 Lonicera sp.、锦鸡儿 Caragana sp.、栒子木 Cotoneaster sp. 等组成的灌丛，在河流两岸有苦杨 Populus laurifolia 及几种柳树 Salix sp.。阿尔泰地处荒漠草原区，要注重森林的保护和生态环境建设，使之在保持水土和调节水源方面发挥重要的作用。

9.3.3.4 沙漠区

从内蒙古至新疆、青海出现了绵延数千里的戈壁沙漠，属荒漠及半荒漠景观，在极干旱处常数百里无一植物。东北部沙地主要有内蒙古呼伦贝尔沙地、科尔沁沙地、浑善达克沙地及松嫩地区的零星沙丘；鄂尔多斯沙地，包括河套以南、长城以北的库布齐和毛乌素两沙地及宁夏河东沙地和甘肃鸣沙山；阿拉善地区的沙漠，包括河西走廊以北，中国与蒙古国境线以南，新疆以东，贺兰山以西的广大地区；青海沙漠主要指位于青海西北的柴达木盆地沙漠；新疆的沙漠与戈壁主要是准噶尔盆地的沙漠、塔克拉玛干沙漠、古尔班通古特沙漠、库姆塔格沙漠等。中国沙漠分布区气候干旱，降水稀少，年降水量自东向西递减。东部沙区年降水量可达 250~500mm，内蒙古中部及宁夏一带沙区为 150~250mm，阿拉善地区及新疆的沙区均在 150mm 以下，塔克拉玛干沙漠东部及中部则不及 25mm。由于地下水位深浅、水中含盐量高低以及不同类型的沙漠，植被类型也有差异。主要的类型有：

胡杨 Populus euphratica 林：天然分布于西北至新疆，东至内蒙古鄂尔多斯，西至柴达木盆地，分布海拔可达 2 900m。

白梭梭 Haloxylon persicum 与梭梭 H. ammodendron 林：白梭梭林在新疆沙漠广泛分布；梭梭林多分布在内蒙古鄂尔多斯。

沙枣 Elaeagnus angustifolia 林：天然分布于新疆、甘肃河西走廊；在鄂尔多斯沙地和张掖半固定沙地及河滩地有人工林。

柽柳 *Tamarix chinensis* 林：天然分布在地下水位 1~2m 的沙地及河滩地。在新疆还有塔克拉玛干柽柳 *T. taklamakanensis* 和多枝柽柳 *T. ramosissima*。

小叶锦鸡儿（柠条）*Caragana microphylla* 林：广布在沙漠地区，以鄂尔多斯较为集中。在固定、半固定沙地形成密集灌丛。

在本小区还有一些天然分布的乔木和灌木。在阿拉善以西流动沙地背风坡及丘间地有罗布麻 *Apocynum venetum*、沙拐枣 *Calligonum mongolicum*、花棒 *Hedysarum scoparium*、盐豆木 *Halimodendron holodendron*，而在以东的流动及半流东沙丘上有毛条 *Caragana korshinskii*、西北沙柳 *Salix psammophila* 等；在风蚀沙地广泛分布白刺 *Nitraria sibirica* 等。

9.4 华东、华中区

9.4.1 自然地理条件

本区北部以秦岭—淮河主流一线为界，南界大致在北回归线附近。东起台湾阿里山至武夷山、南岭一线以北；西至青藏高原东坡，大约在四川的松潘、天全、木里一线。东面包括江苏南部的大部分，沿黄海、东海直至福建东北角和台湾中部及北部；南面沿南岭包括福建西部的大部分、广东北部，直至广西西北；西面从贵州西南向北经四川的石柱、川峡及大巴山，至四川盆地西缘山地山麓；北面以秦岭为界，包括陕西汉中地区和甘肃东南部，直至黄海海岸。最冷月平均气温为 0~15℃，无霜期 250~350d，年降水量大于 1 000mm，属于亚热带地区。

本区西北面多山，包括秦岭、桐柏山、巫山、大巴山等山脉，海拔 1 000~3 600m，其间有汉中盆地，海拔 200m 左右和四川盆地，海拔 250~750m。贵州东北部、湖北西部境内偶有小丘陵起伏，地形自西北向东南倾斜，海拔在 300~700m，盆地边缘山区的海拔多在 1 000m 以上，西北部甚至达 3 000m 以上。东南部多为长江冲积或湖泊冲积平原，浙江、安徽、江西、湖北、湖南多为丘陵，其中较高的山地海拔可达 1 800m。

9.4.2 植物区系特点

本区树木种类繁多，资源丰富，针叶树以杉木 *Cunninghamia lanceolata*、马尾松 *Pinus massoniana* 为主；阔叶树以木兰科 Magnoliaceae、樟科 Lauraceae、壳斗科 Fagaceae、山茶科 Theaceae 的种类为主；竹类则以散生的毛竹 *Phyllostachys edulis* 分布最广。据位于北亚热带的鸡公山资料统计，有树种 71 科 181 属 543 种；据位于中亚热带的湖南省资料统计，有木本植物 114 科 431 属 1 868 种及变种。著名的水杉 *Metasequoia glyptostroboides*、银杉 *Cathaya argyrophylla*、金钱松 *Pseudolarix amabilis*、水松 *Glyptostrobus pensilis*、珙桐 *Davidia involucrata*、水青树 *Tetracenstron sinense* 等多种珍稀树木均分布在本区。

本区的植物区系可分为华东、华中植物区系。

9.4.2.1 华东植物区系

本小区种子植物区系起源古老，现代种子植物区系与第三纪种子植物区系在组成上有很大的相似性。植物种类繁多且复杂，子遗植物众多，单种属和少型属也较多，还有单型的中国特有科，如银杏科 Ginkgoaceae、杜仲科 Eucommiaceae 和伯乐树科 Bretschneideraceae 等。已知植物分属 174 科 1 180 属 4 259 种，其中裸子植物有 8 科 22 属 38 种；单子叶植物有 25 科 258 属 833 种；双子叶植物 141 科 900 属 3 388 种。区系组成以草本为主，其次为灌木和乔木，藤本植物为少数。区系研究表明，在华东种子植物中，科、属和种的温带植物成分均占总数的 50% 以上，显示华东种子植物区系基本上是温带区系性质和特点。华东地区特有种丰富，其中华东特有种 425 种，中国特有种 1 744 种，分别占本区种子植物总数的 9.97% 和 40.43%，合计为 50.4%。

9.4.2.2 华中植物区系

同华东植物区系一样，本区系植物物种丰富多样，起源古老。种子植物计约 207 科 1 279 属 6 390 种。古老、残遗和原始类群丰富，多起源于白垩纪或侏罗纪，裸子植物中有银杏 *Ginkgo biloba*、金钱松 *Pseudolarix amabilis*、水杉 *Metasequoia glyptostroboides*、水松 *Glyptostrobus pensilis*、秃杉 *Taiwania cryptomerioides*、红豆杉 *Taxus wallichiana* var. *chinensis*、白豆杉 *Pseudotaxus chienii*、穗花杉 *Amentotaxus argotaenia*、榧树 *Torreya grandis* 等；被子植物的木兰科 Magnoliaceae、八角科 Illiciaceae、小檗科 Berberidaceae、樟科 Lauraceae、大血藤科 Sargentodoxaceae、壳斗科 Fagaceae、桦木科 Betulaceae、杨柳科 Salicaceae、胡桃科 Juglandaceae、榆科 Ulmaceae、马尾树科 Rhoipteleaceae、水青树科 Tetracentronaceae、领春木科 Eupteleaceae、连香树科 Cercidiphyllaceae、杜仲科 Eucommiaceae 和金缕梅科 Hamamelidaceae 等；桫椤 *Alsophila spinulosa* 等古老蕨类植物则起源于古生代。本区集中了世界北温带的属，占中国北温带属的 70%，特别是乔木属更为集中，北温带区系成分是华中山地植物的主体，特别是建群种，如水青冈 *Fagus* 林为欧亚美三大洲在第三纪共有的古森林；同时，华中的东亚分布属占中国同类属的 57.8%，东亚特有的 22 科中，华中占有 18 科，表明华中是东亚区系的核心地区。同时，中国的特有科——杜仲科 Eucommiaceae、伯乐树科 Bretschneideraceae、银鹊树科（省沽油科）Staphyleaceae 在华中均有分布。本区有中国特有属 92 个，占中国同类属的 76.6%。

本区的地方特有性强，历史固有的，即原地起源（autochtonous）的物种较多，计约 4 035 种，此外，东亚分布种约 1 045 种，合计约 5 080 种，占本区全部植物种数的 79.5%，说明近 80% 的植物种类为东亚特有。华中珍藏众多的珍稀特有树种，其原因可归结为：①华中地区成陆历史古老，三叠纪后形成陆地，再未受海侵，因此，被认为是古生物区系的衍生地；②受更新世冰期的影响较小，受冰期降温的影响不明显，山地避难所广泛存在，使喜温植物得以幸存；③华中四面环绕大山，地形复杂多样而封闭，使古特有植物得到保存，为新特有种的形成分化提供了基础，使华中拥有众多的中国特有种，成为古老、残遗和特有类群的保存中心。

9.4.3 主要森林类型、树种资源与分布

全区山地、盆地、平原、湖沼相互交错，海岸线曲折，为本区地形的特色。从地理上分为华东、华中、四川盆地 3 小区。

9.4.3.1 华东区

位于中国东南部，跨越北亚热带与中亚热带 2 个气候带。东界为东南沿海，西自湖北襄樊、宜昌到湖南邵阳，南达南岭以北经福建武夷山北段至浙江洞宫山和乐清弯一线，北

界从河南南阳沿桐柏山、大别山跨巢湖向东至南通一线。气候为亚热带季风型气候,季节性变化明显,四季分明。春季梅雨连绵,湿度大,夏热多雨,冬季则易受北方南下寒潮冷空气的影响,冬寒多雪,日照时数长,为本小区气候特色。年平均气温14~18℃,夏季气温大都在28℃以上,最冷月气温可至 -5℃,极端最低气温可达 -10℃,年降水量为750~2 500mm,相对湿度全年平均80%左右。土壤在平原多为冲积土,山地多为红壤、黄壤和黄棕壤。

本小区是中国亚热带森林多样性最丰富的地区,地带性植被为常绿、落叶阔叶混交林和常绿阔叶林,主要以壳斗科 Fagaceae 为建群种。常绿落叶阔叶林体现中国北方落叶阔叶林与南方亚热带常绿阔叶林的过渡,在水平分布上表现为,树种组成中常绿种类往南逐渐增多,在中亚热带,水热条件优越,林内常绿树种发展为优势树种,过渡为常绿阔叶林;而往北为北亚热带,落叶树种占优势。在中亚热带海拔较高的山地上,由于海拔的变化,依次分布着常绿阔叶林、常绿与落叶阔叶混交林、针阔叶混交林、常绿针叶林和落叶针叶林。落叶阔叶林也常出现在中亚热带地区。常见的针叶林和阔叶林简述如下:

针叶林:以暖性针叶林为主,种类十分丰富,起源古老,其中有许多孑遗种属,且多为中国所特有。构成针叶林乔木层的裸子植物有松科 Pinaceae 的松属 *Pinus*、油杉属 *Keteleeria*、黄杉属 *Pseudotsuga*、银杉属 *Cathaya*、柏科 Cupressaceae 的柏木属 *Cupressus*、扁柏属 *Chamaecyparis*、福建柏属 *Fokienia*、杉木属 *Cunninghamia*、水松属 *Glyptostrobus*,罗汉松科 Podocarpaceae 的罗汉松属 *Podocarpus* 和陆均松属 *Dacrydium*、红豆杉科 Taxaceae 的红豆杉属 *Taxus*、白豆杉属 *Pseudotaxus* 和穗花杉属 *Amentotaxus* 等。乔木层中常混生有壳斗科 Fagaceae 的常绿阔叶树和落叶阔叶树种。灌木层常见的种类有樟科 Lauraceae 的山胡椒属 *Lindera*、新木姜子属 *Neolitsea*、木姜子属 *Litsea*,杜鹃花科 Ericaceae 的杜鹃花属 *Rhododendron*、南烛属 *Lyonia*,山茶科 Theaceae 的柃属 *Eurya*、山茶属 *Camellia*,金缕梅科 Hamamelidaceae 的檵木属 *Loropetalum*,蔷薇科 Rosaceae 的蔷薇属 *Rosa*、绣线菊属 *Spiraea*、悬钩子属 *Rubus*,冬青科 Aquifoliaceae 的冬青属 *Ilex*,忍冬科 Caprifoliaceae 的荚蒾属 *Viburnum* 和山矾科 Symplocaceae 的山矾属 *Symplocos* 等。

松属 *Pinus* 中以马尾松 *Pinus massoniana* 林分布最广,分布海拔最高达1 000m,大多分布在海拔500m以下(在四川,马尾松林分布海拔可达1 500m)。黄山松 *Pinus taiwanensis* 林主要见于亚热带东部山地,分布海拔约800~1 700m,高于马尾松林(在云南,云南松 *P. yunnanensis* 林替代了马尾松林)。杉木 *Cunninghamia lanceolata* 林是亚热带低山广泛分布的森林类型。除人工集约经营的人工林外,在近天然的杉木林中,乔木层中有华山松 *P. armandii*、马尾松 *P. massoniana*、刺果米槠 *Castanopsis carlesii* var. *spinulosa*、旱冬瓜 *Alnus nepalensis*、西南木荷 *Schima wallichii*、小果润楠 *Machilus microcarpa*、板栗 *Castanea mollissima* 等;灌木常见的有茶 *Camellia sinensis*、油茶 *C. oleifera*、山胡椒 *Lindera glauca*、柃木 *Eurya japonica* 等。

阔叶林:常绿阔叶林以木兰科 Magnoliaceae、樟科 Lauraceae、金缕梅科 Hamamelidaceae、壳斗科 Fagaceae、山茶科 Theaceae 和杜英科 Elaeocarpaceae 的常绿阔叶树种组成,其中以壳斗科 Fagaceae 的栲属 *Castanopsis* 树种组成的常绿阔叶林为主,分布最广的有栲树 *Castanopsis fargesii* 林、甜槠 *C. eyrei* 林、钩栗 *C. tibetana* 林、苦槠 *C. sclerophylla* 林和刺栲

C. hystrix 林，其他常见的常绿阔叶林还有石栎 *Lithocarpus glaber* 林、青冈栎 *Cyclobalanopsis glauca* 林和木荷 *Schima superba* 林等。在不同地区分布的各类常绿阔叶林的伴生或共优势种组成有一定差异，主要有马尾松 *Pinus massoniana*、杉木 *Cunninghamia lanceolata*、南方木莲 *Mangleitia chinii*、红楠 *Machilus thunbergii*、润楠 *M. pingii*、泡花楠 *M. pauhoi*、大果蜡瓣花 *Corylopsis multiflora*、茅栗 *Castanea seguinii*、青冈 *Cyclobalanopsis glauca*、褐叶青冈 *C. stewardiana*、小叶青冈 *C. myrsinaefolia*、闽粤栲 *Castanopsis fissa*、青栲 *C. armata*、罗浮栲 *C. fabri*、两广石栎 *Lithocarpus synbalanos*、黄杞 *Engelhardtia roxburghiana*、中华杜英 *Elaeocarpus chinensis*、山杜英 *E. sylvestris*、大果马蹄荷 *Exbucklandia tonkinensis*、细青皮 *Altingia excelsa*、尖叶红山茶 *Camellia edithae*、木荷 *Schima superba*、银木荷 *S. argentea*、五列木 *Pentaphylax euryoides*、小花红苞木 *Rhodoleia parvipetala*、腺鼠刺 *Itea glutinosa*、野漆 *Toxicodendron succedaneum* 等。

常绿落叶阔叶混交林在山地有较广泛的分布，一般无明显优势种。落叶阔叶树种有不少是分布在暖温带的树种，如栎属 *Quercus* 的落叶栎类、槭属 *Acer*、桦木属 *Betula*、鹅耳枥属 *Carpinus*、黄连木属 *Pistacia*、水青冈属 *Fagus*、化香树属 *Platycarya*、合欢属 *Albizia*、枫香属 *Liquidambar* 和泡花树属 *Meliosma* 等的树种。常绿阔叶树的种类以青冈属 *Cyclobalanopsis*、栲属 *Castanopsis*、石栎属 *Lithocarpus* 和木荷属 *Schima* 等为主。灌木层植物的科属特征与亚热带针叶林相似。常见常绿落叶阔叶混交林有湖南北部的青冈 *Cyclobalanpsis glauca*、白栎 *Quercus fabri* 林；华东东部山地代表性类型的小叶青冈 *Cyclobalanopsis gracilis*、雷公鹅耳枥 *Carpinus viminea* 林；江西和湖南的苦槠 *Castanopsis sclerophylla*、枫香 *Liquidambar formosana*、化香树 *Platycarya strobilacea*、麻栎 *Quercus acutissima* 林；华东东部中山地带分布的甜槠 *Castanopsis eyrei*、缺萼枫香 *Liquidambar acalycina*、水青冈 *Fagus longipetiolata*、锥栗 *Castanea henryi* 林；在浙江庆元和临安一带山地海拔1 000～1 700m 出现亮叶水青冈 *Fagus lucida*、木荷 *Schima superba*、巴东栎 *Quercus engleriana* 林和木荷 *Schima superba*、小叶青冈 *Cyclobalanpsis myrsinaefolia*、锥栗 *Castanea henryi* 林等。伴生树种的常绿树种有黄檀 *Dalbergia hupeana*、乌楣栲 *Castanopsis jucunda*、青冈 *Cyclobalanopsis glauca*、赤皮青冈 *C. gilva*、交让木 *Daphniphyllum macropodum*、杨子黄肉楠 *Actinodaphne lancifolia* var. *sinensis*、木荷 *Schima superba*、冬青 *Ilex purpurea*、油茶 *Camellia oleifera* 等。落叶树种有枫香 *Liquidambar formosana*、化香树 *Platycarya strobilacea*、黄连木 *Pistacia chinensis*、小叶朴 *Celtis bungeana*、檫木 *Sassafras tzumu*、山合欢 *Albizia kalkora*、紫树 *Nyssa sinensis*、水青冈 *Fagus longipetiolata*、蜡瓣花 *Corylopsis sinensis* 等。在石灰岩山地的常绿落叶阔叶混交林中，如安徽滁州琅琊山，落叶树种则以喜钙的树种如朴属 *Celtis*、榆属 *Ulmus*、青檀属 *Pteroceltis*、榉属 *Zelkova*、黄连木属 *Pistacia*、栾属 *Koelreuteria* 和化香树属 *Platycarya* 等的树种为主，常绿阔叶树种以壳斗科 Fagaceae、樟科 Lauraceae 和木犀科 Oleaceae 等的植物所组成。

落叶阔叶林为山地垂直带的组成部分，组成树种有壳斗科 Fagaceae 的栎属 *Quercus*、水青冈属 *Fagus*、栗属 *Castanea*，胡桃科 Juglandaceae 的化香树属 *Platycarya*、核桃属 *Juglans*，樟科 Lauraceae 的檫木属 *Sassafras*，槭树科 Aceraceae 的槭属 *Acer*，金缕梅科 Hamamelidaceae 的枫香属 *Liquidambar*，桦木科 Betulaceae 的鹅耳枥属 *Carpinus*、桤木属 *Alnus*、桦属 *Betula*，榆科 Ulmaceae 的榆属 *Ulmus*、榉属 *Zelkova*，野茉莉科 Styracaceae 的野茉

莉属 *Styrax*，含羞草科 Mimosaceae 的合欢属 *Albizia* 和漆树科 Anacardiaceae 的黄连木属 *Pistacia* 等。落叶阔叶林内还混生有一些壳斗科的常绿树种如青冈属 *Cyclobalanpsis*、栲属 *Castanopsis*、石栎属 *Lithocarpus* 以及针叶中松属 *Pinus* 的树种。其中栓皮栎 *Quercus variabilis* 林是广泛分布于山地丘陵的落叶阔叶林，常与麻栎 *Q. acutissima*，或与枫香 *Liquidambar formosana*、短柄枹栎 *Quercus serrata* var. *brevipetiolata*，或与白栎 *Q. fabri*、川滇桤木 *Alnus ferdinandicoburgi* 分别组成混交林。其他的还有麻栎 *Quercus acutissima* 林，苦槠 *Castanopsis sclerophylla*、枫香 *Liquidambar formosana*、化香树 *Platycarya strobilacea*、麻栎 *Quercus acutissima* 混交林，茅栗 *Castanea seguinii* 林等。灌木层的组成兼有常绿和落叶的种类，常见的有山胡椒属 *Lindera*、悬钩子属 *Rubus*、胡枝子属 *Lespedeza*、茶属 *Camellia*、柃木属 *Eurya*、山矾属 *Symplocos*、冬青属 *Ilex*、杜鹃花属 *Rhododendron* 和荚蒾属 *Viburnum* 等。

森林的垂直分布以湖北的天柱山和浙江的西天目山为例说明。

天柱山森林垂直分布：海拔 100 m 以下为农耕地，本带原生植被已破坏，仅残存少许壳斗科 Fagaceae 及樟科 Lauraceae 的常绿阔叶树，栽培果树有橙 *Citrus sinensis*、柑橘 *C. renticulata* 及柚 *C. grandis*。

海拔 100~450 m 为中亚热带的常绿阔叶林，已很少存在，常见的有常绿与落叶阔叶混交林，由樟科 Lauraceae 与壳斗科 Fagaceae 的常绿树种与栎属 *Quercus* 的落叶栎类为主要成分，或由落叶栎类为主组成的落叶阔叶林，或由马尾松 *Pinus massoniana* 与落叶栎类组成的混交林，或马尾松林。栽培的果树有梨 *Pyrus* sp.、柿 *Diospyros kaki*、柚 *Citrus grandis*。此外，还有油桐 *Vernicia fordii*、乌桕 *Sapium sebiferum* 及棕榈 *Trachycarpus fortunei*。

海拔 450~1 500 m 为北亚热带的常绿与落叶阔叶混交林，主要常绿树种为栲属 *Castanopsis*，落叶树种有栎属 *Quercus* 的落叶栎类、桦属 *Betula*、锥栗 *Castanea henryi*、水青冈 *Fagus longipetiolata*、鹅掌楸 *Liriodendron chinense*、檫木 *Sassafras tsumu*、千金榆 *Carpinus cordata*、珙桐 *Davidia involucrata* 等，特种经济林木有漆树 *Toxicodendron vernicifluum*、厚朴 *Magnolia officinalis* 及杜仲 *Eucommia ulmoides*。

海拔 1 500 m 以上为温带落叶阔叶林，以桦木科 Betulaceae 及槭树科 Aceraceae 树种为主要成分。

浙江西天目山的森林垂直分布：沟谷地段海拔 800 m 为常绿阔叶林。由于人为干扰频繁，壳斗科 Fagaceae 及樟科 Lauraceae 的常绿树种较少，除有本区特有的榧树 *Torrya grandis* 外，栎属 *Quercus* 的落叶栎类较多。人工林有杉木 *Cunninghamia lanceolata* 林、马尾松 *Pinus massoniana* 林和人工毛竹 *Phyllostachys edulis* 林，常见树种有连香树 *Cercidiphyllum japonicum*、浙江楠 *Phoebe chekiangensis*、领春木 *Euptelea pleiospermum*、天目木兰 *Magnolia amoena*、凹叶厚朴 *Magnolia officinalis* subsp. *biloba*、银鹊树 *Tapiscia sinensis* 等。

海拔 800~1 200 m 为常绿、落叶阔叶混交林，是天目山的主要植被。常绿阔叶树有青冈 *Cyclobalanopsis glauca*、绵槠 *Lithocapus henryi*、交让木 *Daphniphyllum macropodum* 及柃木 *Eurya japonica* 等。落叶阔叶树有香果树 *Emmenopterys henryi*、天目木姜子 *Litsea auriculata*、紫茎 *Stewartia sinensis*、夏蜡梅 *Calycanthus chinensis* 及青檀 *Pteroceltis tatarinowii* 等。

亚热带的针阔叶混交林分布于海拔 1 200 m 以下地区，针叶树主要为柳杉 *Cryptomeria fortunei*，胸径 100 cm 以上有 398 多株，胸径 200 cm 以上有 15 株，最大的"大树王"胸径

233cm，现已枯死，其间有少量银杏 *Ginkgo biloba* 及金钱松 *Pseudolarix amabilis* 混生；金钱松最高株达 56m，胸径 1m 多。柳杉 *Cryptomeria fortunei*、金钱松 *Pseudolarix amabilis* 与银杏 *Ginkgo biloba* 被称为西天目山中的"三绝"，体现西天目山树木的"大、高、古"。

海拔 1 200m 以上为温带落叶阔叶灌丛，如槭树属 *Acer* 的落叶槭类、桦木科 Betulaceae 等树种，并偶有黄山松 *Pinus taiwanensis* 混生其间。

9.4.3.2　华中区

本小区位于湖北宜昌—湖南邵阳以西，峨眉山以东，西界为成都—贵阳以西沿四川盆地西缘山地山麓，南界为南岭，北界为秦岭的地理范围。行政区域包括陕西南部、甘肃东南部、湖北西部、湖南西部、四川中部和东部、贵州东部和北部、重庆、云南东北部、广西东北部。本小区地形复杂，有山地、高原与盆地，海拔一般为 1 000～2 000m，主要地貌包括大巴山山地（含汉中盆地）、贵州高原、川东南山地、鄂西南山地、四川盆地、湘西北武陵山和湘西南雪峰山。大巴山山脉向东延伸至鄂西北形成华中第一峰——神农架，主峰海拔 3 052m。秦巴山地横贯华中北部，形成北部屏障，阻挡北方冷空气入侵，形成许多背风港，使该地区特有、珍稀植物得以发展。

华中南北气温相差较大。大巴山至汉中盆地为北亚热带，年平均气温 14～16℃，年降水量 750～1 200mm，无霜期 250～270d。而四川南部、长江河谷地带和赤水河谷为准南亚热带，年平均气温 18～19℃，年降水量 1 000～1 200mm，无霜期 320～350d。大部分地区为中亚热带，年平均气温 16～17.5℃，年降水量 750～1 300mm，无霜期 280～300d。全区属季风气候，降水集中在春、夏季，降水量占全年的 70% 以上。其中较为特殊的是四川盆地和贵州高原，日照少、雨雾日多。本小区雨热同期、温暖湿润，雨日、雾日多，日照少的气候特点有利于许多古老残遗植物的生存、发展和演化。

本小区阔叶林类型和森林组成的科属成分与华东区相似，但在西部高山有一些特殊类型。

常绿阔叶林分布于山麓海拔 1 500m 以下，其主要成分多为常绿的壳斗科 Fagaceae、樟科 Lauraceae、茶科 Theaceae 及木兰科 Magnoliaceae 树种。林型有青冈 *Cyclobalanopsis glauca* 林、米槠 *Castanopsis carlesii* 林等；而高山栲 *Castanopsis delavayi* 林为该区的特殊森林，见于四川金阳海拔 1 600～2 000m 的山地，伴生树种有滇青冈 *Cyclobalanopsis glaucoides*、元江栲 *Castanopsis orthacantha*、滇石栎 *Lithocarpus dealbatus* 等乔木种类。

常绿、落叶阔叶混交林分布于海拔 1 500～2 000m 或 1 800～2 200m，常绿树种有栲属 *Castanopsis*、石栎属 *Lithocarpus* 树种，落叶树种有槭树属 *Acer*、桦木属 *Betula*、冬青属 *Ilex* 落叶类树种，以及水青冈 *Fagus longipetiolata* 等。如重庆南川以及川西海拔 1 800～2 300m 的中山阴坡、半阳坡分布着包石栎 *Lithocarpus cleistocarpus*、峨眉栲 *Castanopsis platycantha*、香桦 *Betula insignis* 组成的混交林，伴生的常绿树种有青冈 *Cyclobalanopsis glauca*、曼青冈 *C. oxyodon*、大叶石栎 *Lithocarpus megalophyllus*、硬斗石栎 *L. hancei*、华木荷 *Schima sinensis* 和多种冬青 *Ilex* spp. 等。

落叶阔叶林在华中地区较为常见。米心水青冈 *Fagus engleriana* 林分布范围广，在华东和华中均有分布。川红桦 *Betula utilis* var. *sinensis* 林，分布在四川的大巴山海拔 2 000～2 500m，常见伴生树种有华鹅耳枥 *Carpinus cordata* var. *chinensis*、千金榆 *Carpinus cordata*、大穗鹅耳枥 C. viminea、房县槭 Acer franchetii、建始槭 A. henryi、光叶槭 A. laevigatum、领春木 Euptelea pleiospermum、金钱槭 Dipteronia sinensis 和华山松 Pinus armandii 等；白桦 Betula platyphylla 林分布于四川西部的高山峡谷海拔 2 800m 以上，常混生有山杨 Populus davidiana、糙皮桦 Betula utilis、川西云杉 Picea likiangensis var. balfouriana、丽江云杉 P. likiangensis、麦吊云杉 P. brachytyla、长苞冷杉 Abies georgei、高山松 Pinus densata 等；糙皮桦 Betula utilis 林是桦木林分布海拔最高的类型之一，主要分布在四川西部海拔 2 500~3 600m 的高山峡谷，常散生有川西云杉 Picea likiangensis var. balfouriana、丽江云杉 P. likiangensis、麦吊云杉 P. brachytyla、长苞冷杉 Abies georgei 等针叶树；在四川西部海拔 2 200~4 000m 的亚高山和盆地边缘山地，分布着山杨 Populus davidiana 林，林内混生有川滇高山栎 Quercus aquifolioides、白桦 Betula platyphylla、川西云杉 Picea likiangensis var. balfouriana、丽江云杉 P. likiangensis、麦吊云杉 P. brachytyla 和高山松 Pinus densata 等。扇叶槭 Acer flabellatum 林、刺叶野樱 Prunus serrulata 林、水青树 Tetracentron sinensis 混交林是亚热带落叶阔叶林分布海拔最高的类型，主要分布于梵净山和雷公山海拔 1 900~2 200m，林内还有中华槭 Acer sinense、米心水青冈 Fagus engleriana、褐叶青冈 Cyclobalanopsis stewardiana、心叶荚蒾 Viburnum cordifolium 和粉白杜鹃 Phododendron hypoglaucum 等。

　　海拔 1 000~2 200m 分布有针阔叶混交林，主要由黄杉 Pseudotsuga sinensis、铁坚油杉 Keteleeria davidiana、铁杉 Tsuga chinensis、华山松 Pinus armandii、水青冈 Fagus longipetiolata、珙桐 Davidia involucrata，以及栲属 Castanopsis、槭树属 Acer、椴树属 Tilia、桦木属 Betula 等树种组成。

　　由于华中区多山，有利于针叶林的发展，故针叶林现存分布的面积大、范围很广。由各种松 Pinus sp. 林、柏木 Cupressus fortunei 林、杉木 Cunninghamia lanceolata 林及亚热带中山和亚高山的铁杉 Tsuga sp. 林、云杉 Picea sp. 林、冷杉 Abies sp. 林、大果圆柏 Juniperus tibetica 林构成了暖性、温性以及寒温性的针叶林。

　　暖性针叶林的分布区基本上与常绿阔叶林的分布范围相似，常见有马尾松 Pinus massoniana 林、杉木 Cunninghamia lanceolata 林等。

　　温性针叶林是亚热带中山上部分布的一类针叶林，分布在较高的山地，下接暖性针叶林，上连寒温性针叶林。在较低的山地，温性针叶林可分布到山顶，林下土壤为棕壤或灰棕壤。乔木层的主要组成成分为松属 Pinus 耐寒的种类。乔木层中常混生有常绿和落叶阔叶树种，如栎属 Quercus、青冈属 Cyclobalanopsis、化香树属 Platycarya、鹅耳枥属 Carpinus、桦木属 Betula、水青冈属 Fagus 和石栎属 Lithocarpus 的一些种类。针叶树还有柏木属 Cupressus 和黄杉属 Pseudotsuga 的树种。灌木为杜鹃花属 Rhododendron、南烛属 Lyonia、荚蒾属 Viburnum、栒子木属 Cotoneaster、山胡椒属 Lindera 和山矾属 Symplocos 等树种。

　　以铁杉 Tsuga chinensis 为主的针阔混交林是亚热带西部中山和亚高山分布的一类混交林，位于亚热带山地多云雾的地带，生境温暖而潮湿。组成树种以铁杉属 Tsuga 种类占优势，常与栎属 Quercus、青冈属 Cyclobalanopsis、木荷属 Schima 和润楠属 Machilus 等常绿树种和水青冈属 Fagus、桤木属 Alnus、鹅耳枥属 Carpinus、桦木属 Betula、槭属 Acer 和五加属 Eleutherococcus 等落叶树种构成。灌木种类较少，常见箭竹属 Fargesia、杜鹃属 Rhododendron、荚蒾属 Viburnum、茶藨子属 Ribes 和忍冬属 Lonicera 树种。

寒温性针叶林在亚热带分布于亚高山山地，与寒温带、温带针叶林的科属特征极为相似，以冷杉属 Abies、云杉属 Picea、落叶松属 Larix 和刺柏属 Juniperus 的种类为主。灌木则为山胡椒属 Lindera、木姜子属 Litsea、栒子木属 Cotoneaster、蔷薇属 Rosa、杜鹃花属 Rhododendron、白珠属 Gaultheria、南烛属 Lyonia、卫矛属 Euonymus、茶藨子属 Ribes、忍冬属 Lonicera、荚蒾属 Viburnum 和箭竹属 Fargesia 等树种。

其垂直分布以四川的峨眉山和湖北的神农架为例简述如下。

峨眉山森林和组成树种垂直分布：

海拔 500～1 000m 为常绿阔叶林，在 1 000m 以下以樟科 Lauraceae、木兰科 Magnoliaceae 为主，主要树种有楠木 Phoebe zhennan、小叶楠 Ph. hui、黑壳楠 Lindera meghaphylla、润楠属 Machilus、油樟 Cinnanmomum inuctum、云南樟 C. glanduliferum、四川木莲 Manglietia szechuanica、峨眉含笑 Michelia wilsonii、小叶青冈 Cyclobalanopsis myrsinaefolia、短刺小叶栲 Castanopsis carlesii var. brevispinulosa 及喜树 Camptotheca acuminata 等。

海拔 1 000～2 000m 为壳斗科 Fagaceae、山茶科 Theaceae 树种组成的常绿阔叶林，主要常绿树种为峨眉栲 Castanopsis platyacantha、包石砾 Lithocarpus cleistocarpus、光叶石栎 L. hancei、木荷 Schima superba 等；落叶阔叶树有水青冈 Fagus longipetiolata、珙桐 Davidia involucrata、木瓜红 Rehderodendron macrocarpum 及香果树 Emmenopterys henryi 等。

海拔 2 000～2 200m 是常绿阔叶林与高山针叶林的过渡地带，出现了较多的落叶阔叶树，主要树种有水青树 Tetracentron sinensis，以及槭树属 Acer、桦木属 Betula 树种。

海拔 2 200m 以上则为高山针叶林，主要树种有冷杉 Abies fabri、油麦吊云杉 Picea brachytyla var. complanata 及云南铁杉 Tsuga dumosa；灌木为杜鹃属 Rhododendron、越橘属 Vaccinium 等树种。

神农架森林和组成树种垂直分布：位于湖北巴东、兴山、房县三县的交界处，最高海拔为 3 052m。处于北亚热带向中亚热带过渡地带。

海拔 200～1 600m 为落叶阔叶林和常绿阔叶林。低海拔处如北坡约 800m 以下、南坡 1 000m 以下的代表性森林为常绿、落叶阔叶混交林，常绿阔叶林在阴湿峡谷中成小片分布，主要有青冈 Cyclobalanopsis glauca 林和刺叶栎 Quercus spinosa 林等。此外，还有马尾松 Pinus massoniana 林和杉木 Cunninghamia lanceolata 林。

海拔 1 000（800）～1 600（1 400）m 为落叶阔叶林和针叶林。落叶阔叶林主要有茅栗 Castanea seguinii、化香树 Platycarya strobilacea 混交林，栓皮栎 Quercus variabilis 林和枹栎 Q. serrata 林。针叶林以巴山松 Pinus henryi 林为代表。

海拔 1 600～2 300m 为落叶阔叶林，以水青冈 Fagus longipetiolata 林和锐齿槲栎 Quercus aliena var. acuteserrata 林为代表，并有次生的红桦 Betula albo-sinensis 林。该海拔地段的针叶林为华山松 Pinus armandii 林，是川金丝猴重要栖息的森林类型。

海拔 2 300～3 052m 为寒温性针叶林带，代表性森林为巴山冷杉 Abies fargesii 林。秦岭冷杉 A. chensiensis 和黄果冷杉 A. ernestii 仅见少量散生。麦吊云杉 Picea brachytyla 林仅小面积出现，并有少量青杆 Picea wilsonii 生长。此外，巴山冷杉 Abies fargesii 与红桦 Betula albo-sinensis、槭树属 Acer 树种还可形成混交林。

9.4.3.3 四川盆地区

本区海拔300~500m，气候温和，年平均气温在15℃以上；冬季降至0℃以下的时间较少，平均气温5℃左右；夏日长达175d，最热月平均气温34~36℃，生长季节达300d以上；年降水量达1 000~1 500mm，集中于6、7、8三个月，冬季最少；湿度高，相对湿度达80%以上。本区气候的特色为温度高、湿度大、霜期短、生长期长，为常绿阔叶树的生长创造了良好的条件。盆地中心为肥沃的紫色土，盆地边缘多灰棕壤和黄壤。

本盆地为常绿阔叶树生长的地区，目前多已破坏，仅华蓥山以东的山地尚可见到常绿阔叶林，其他地区均属散生，如盆地普遍生长的黄葛树 *Ficus virens* var. *sublanceolata*、柑橘属 *Citrus*、慈竹 *Neosinocalamus affinis*、泸州附近的龙眼 *Dimocarpus longan*、荔枝 *Litchi chinensis*，以及成都附近到峨眉山麓分布的柏木属 *Cupressus* 与润楠属 *Machilus*，都属常绿阔叶林破坏后的残迹。

人工林是华中、华东区重要的森林组成部分，其树种以马尾松 *Pinus massoniana*、杉木 *Cunninghamia lanceolata* 和毛竹 *Phyllostachys edulis* 为主，一般在山的中、下部栽植。马尾松林分布遍及全区，在江苏、浙江、安徽、江西等地垂直分布达700m，在福建达1 000m，在湖北西南、贵州可达1 500m。杉木林面积虽然没有马尾松林广，但是杉木的经济价值比马尾松高；垂直分布在长江以南可达海拔1 500m，秦岭南坡可达880m，东部大别山可达600~700m。毛竹 *Phyllostachys edulis* 林分布江苏、浙江、安徽南部、江西、湖南、湖北、四川及贵州东部，尤以浙江、安徽南部、江西、湖南栽培普遍。此外，南方的丛生竹如麻竹 *Dendrocalamus latiflorus*、慈竹 *Neosinocalamus affinis*、车筒竹 *Bambusa sinospinosa*、撑篙竹 *B. pervariabilis*、普陀孝顺竹 *B. glaucescens*、粉单竹 *Bambusa chungii* 及散生竹中的桂竹 *Phyllostachys bambusoides*、淡竹 *Ph. glauca* 等在本区栽培都很普遍。本小区是中国茶树 *Camellia sinensis* 和油茶 *C. oleifera* 的栽培中心。经济林木中的油桐 *Vernicia fordii*、乌桕 *Sapium sebifera* 和漆树 *Toxicodendron vernicifluum* 等在本小区栽培亦甚普遍。果树以柑橘 *Citrus renticulata*、橙 *C. sinensis*、柚 *C. grandis* 为主。在绿化树种利用上，趋向于多样化，樟树 *Cinnamomum camphora*、乐山拟单性木兰 *Parakmeria lotungensis*、荷花木兰 *Magnolia grandiflora*、山杜英 *Elaepcarpus sylvestris*、榕树 *Ficus microcarpus* 等较为常见。本小区水网密集、沟渠纵横、湿地丰富，因此，耐水湿和喜湿性树种多用于农田防护、水网防护、湿地恢复等防护林建设，其中水杉 *Metaseqoia glyptostroboides*、水松 *Glyptostrobus pensilis*、落羽杉 *Taxodium distichum*、池杉 *T. ascendens*、垂柳 *Salix babylonica*、枫杨 *Pterocarya stenoptera* 等树种最为常见。在速生丰产林建设中，北方的杨树得到大面积应用，但在品系和无性系方面要给予关注，以引进适合的杨树品种。

9.5 华南区

9.5.1 自然地理条件

本区大致包括北回归线以南地区，地处热带北缘。东至台湾阿里山一线以南，西至西藏察隅、墨脱以南低海拔地区。包括福建南部、广东南部、台湾、海南、广西南部、云南南部和西南部及西藏东南部。地形复杂，有山地、平原和丘陵。南岭丘陵海拔多在 400m 左右，平地在 200m 以下；珠江三角洲地势平坦，海拔在 30m 以下；海南五指山为 1 879m；台湾玉山主峰海拔 3 997m；云南热带谷地山岭交错，海拔多在 1 000m 以下；广西多为石灰岩喀斯特地形，有孤立山峰，深邃曲洞，风景举世闻名。气候受东南季风的影响，每年11月至翌年4月为旱季，雨量小，湿度小，而 4~10 月季风盛行，日温差小，湿度大，形成干湿季节明显的气候特点；区内的平均气温约22℃，全年基本无霜，年降水量 3 000~5 000mm。

9.5.2 植物区系特点

本区属于热带雨林和季雨林区，树木种类繁多，且具有热带树木的特征，如具板根、老茎生花等现象。本区85%以上树种属于热带成分，主要树种有罗汉松科 Podocarpaceae 的鸡毛松 *Podocarpus imbricatus*、陆均松 *Dacrydium pierrei*、龙脑香科 Dipterocarpaceae 的青梅 *Vatica mangachapoi*、望天树 *Shorea chinensis*，无患子科 Sapindaceae 野生的荔枝 *Litchi chinensis* 等。平地多棕榈科 Arecaceae 树种，如椰子 *Cocos nucifera*、槟榔 *Areca catechu* 等，此外还有木本蕨类的桫椤 *Alsophila spinulosa* 等。

海南与北部湾区，生物多样性极其丰富，据《海南植物志》记载，海南有种子植物216科1 233属3 137种。本区气候湿热，适于热带性科属树种的生长，如桑科 Moraceae、大戟科 Euphorbiaceae、番荔枝科 Annocaceae、肉豆蔻科 Myristicaceae、桃金娘科 Myrtaceae、无患子科 Sapindaceae、梧桐科 Sterculiaceae、龙脑香科 Dipterocarpaceae、红树科 Rhizophoraceae、钩枝藤科 Ancistrocladaceae、茜草科 Rubiaceae、棕榈科 Arecaceae 等。这些科多属于马来西亚植物区系，其中如鸡毛松 *Podocarpus imbricatus*、陆均松 *Dacrydium pierrei*、榄仁树 *Terminalia catappa* 及龙脑香科 Dipterocarpaceae 等为本区与越南、马来西亚等地所共有，而海南榄仁 *Terminalia hainanensis*、天料木 *Homalium cochinchinense*、坡垒 *Hopea hainanensis* 等又为海南所特有。本区尤其是海南适于发展热带经济林树种，如椰子 *Cocos nucifera*、槟榔 *Areca catechu*、油棕 *Elaeis quineensis*、橡胶树 *Hevea brasiliensis*、小粒咖啡 *Coffea arabica*、可可 *Theobroma cacao*。速生丰产林建设在本区得到全面发展，其主要树种有桉树 *Eucalyptus* sp. 和相思树 *Acacia* sp. 。热带水果主要有菠萝蜜 *Artocarpus heterophyllus*、龙眼 *Dimocarpus longan*、杧果 *Mangifera indica*、榴莲 *Durio zibethinus*、阳桃 *Averrhoa carambola*、蒲桃（莲雾）*Syzygium jambos*、山竹子 *Garcinia oligantha* 等。本区特有的热带雨林及红树林均应注意保存。

本区西南部的西双版纳号称植物的王国，单在西双版纳自然保护区内，约有种子植物172科913属2 520种，其中裸子植物6科6属14种，被子植物166科907属2 506种。生物多样性和珍稀濒危种类在全国有独特的重要地位，特有属少，特有种在系统位置上较年轻，古特有性不强。该保护区是印度—马来西亚植物区系分布的北界，有明显的热带雨林向亚热带常绿阔叶林过渡的特点，具有热带北缘性质。

9.5.3 主要森林类型、树种资源与分布

9.5.3.1 台湾林区

本小区包括台湾本岛和邻近的澎湖、红头屿及火烧岛等，与福建隔海相望，最近处距厦门约50km。台湾山地丰富，自西向东由阿里山、雪山—玉山、台湾山和台东山脉组成，玉山主峰海拔3 997m；西部平原海拔高约100m。年平均气温22~24℃，冬季亦在10℃以上，而夏季最热月亦不超过32℃，山区如阿里山年平均气温10.6℃，除高山外，终年不见霜雪，植物可全年生长。雨量丰沛，年降水量达1 500~3 000mm，以东部沿海最少，中央山地最多，冬季降雨普遍较少。夏季多台风，年雨日100~200d，以北部沿海最多，东部沿海最少。湿度较大，年相对湿度约80%，夏季6月可达90%，所以云量较多，日照不佳。土壤在平原为冲积土，丘陵地带为黄壤或红壤，山地海拔1 000m以上为灰化森林土。树种蕴藏丰富，垂直分布明显。本小区的树种有的属马来西亚成分，有的为亚洲东部广布种，也有的是台湾特有种。

沿海滩涂分布有红树林，主要由红树科 Rhizophoraceae 树种，如红茄苳 *Rhizophora mucronata*、角果木 *Ceriops tagal*、木榄 *Bruguiera gymnorrhiza* 及秋茄树 *Kandelia candel* 等组成。此外，还有少数使君子科 Combretaceae 及马鞭草科 Verbenaceae 的树种。

海拔100m以下属海岸林，主要树种有露兜树 *Pandanus tectorius*、滨玉蕊 *Barringtonia asiatica*、红厚壳 *Calophyllum inophyllum*、蜡树 *Hernandra ovigera* 及海滨杷戟 *Morinda citrifolia* 等。这些树种一般耐水湿，有的具支柱根，有的果实能浮漂。

海拔100m以上属山地森林，以阿里山为例简述如下：

海拔100~700m，南部可到900m以上，属热带雨林，主要树种有树蕨 *Cyathea*、重阳木 *Bischofia polycarpa*、樟树 *Cinnanmomum camphora*、桢楠 *Phoebe zhennan*、厚壳桂 *Cryptocarya chinensis*、琼楠 *Beilschmiedia intermedia*、龙眼 *Dimocarpus longan*、山龙眼 *Helicia formosana*、血桐 *Macaranga tanarius* 及壳斗科 Fagaceae 的少数树种。林内攀缘及附生植物甚为丰富。

海拔700m或900~1 800m属亚热带常绿阔叶林，主要树种有樟科 Lauraceae 树种10余种，壳斗科 Fagaceae 树种近20种。此外，常绿树种还有山茶科 Theaceae、木兰科 Magnoliaceae、杜英科 Elaeocarpaceae 树种等；针叶树种有台湾翠柏 *Calocedrus macrolepis* var. *formosana*、台湾油杉 *Keteleeria formosana*、台湾黄杉 *Pseudotsuga wilsoniana*、竹柏 *Podocarpus nagi* 等。近1 800m处，有散生或成小片的落叶阔叶树，如台湾核桃 *Juglans formosana*、台湾赤杨 *Alnus formosana* 等。

海拔1 800~3 000m为暖温性针叶林，是台湾主要的木材生产基地，其主要针叶树种为红桧 *Chamaecyparis formosensis*、秃杉 *Taiwania cryptomerioides*、台湾铁杉 *Tsuga formosana*，阔叶树有台湾青冈 *Cyclobalanopsis morii*、玉山黄肉楠 *Actinodaphne morrisonensis* 等。在本分布范围的下段有台湾果松 *Pinus armandii* var. *masteriana*、台湾黄杉 *Pseudotsuga wilsoniana* 与台湾青冈 *Cyclobalanopsis morii*、台湾榆 *Ulmus uyamatsui* 组成针阔叶混交林。

海拔3 000~3 500m为高山寒温带针叶林，主要树种为台湾冷杉 *Abies kawakamii*、台湾云杉 *Picea morrisonicola*，局部有台湾铁杉 *Tsuga formosana*，下木有台湾高山杜鹃 *Rhodo-*

dendron morii、玉山蔷薇 Rosa morrisonensis 等。

海拔 3 500~3 850m 为高山矮林或灌丛，主要树种有高山柏 Juniperus squamata 及阿里山杜鹃 Rhododendron pseudochrysanthum 等。

海拔约 3 950m 的上部为高山草甸。

9.5.3.2 北部丘陵山地林区

包括福建南部沿海部分，东至东海、南海，南至勾漏山脉，西至南盘江与北部湾地区相接，北以武夷山脉、南岭与华东、华中区分界。本小区属南岭丘陵，多数山体海拔在 400m 左右，平地在 200m 以下。广西多为石灰岩喀斯特地形。珠江三角洲地势平坦，海拔在 30m 以下。气候受东南季风的影响，全年气温常在 20℃左右，冬季亦在 5℃以上，除高山地区外霜雪罕见；夏季平均气温不超过 30℃，最热月气温可达 30℃以上，夏日长达 5 个月之久。降水量达 1 000~2 000mm，沿海及丘陵山地迎风面的雨量较多，降水量以 5、6 月最多。湿度常达 80%以上，沿海多雾，日照较短。夏秋多台风。但气候温热，植物生长茂盛，作物一年可三熟。土壤以红壤为主，或有灰化红壤，河流下游多冲积土，沿海多弱碱沙丘。

由于人为破坏的影响天然林残存不多。广东肇庆的鼎湖山为保存较好者，该处森林结构复杂，藤本及附生植物均多，树种丰富，以壳斗科 Fagaceae、樟科 Lauraceae 树木占优势，常见的大树有黧蒴栲 Castanopsis fissa、桂林栲 C. chinensis、厚壳桂 Crytocarya chinensis、长叶厚壳桂 C. concinlla、翻白叶树 Pterospermum heterophyllum、人面子 Dracontomenlon duperreanum、黄桐 Endospermum chinense、厚荚红豆 Ormosia elliptica、银柴 Aporusa dioica 及鱼尾葵 Caryota ochlandra 等。散生于本小区的树种有樟树 Cinnanmomum camphora、枫香 Liquidambar formosana、乌桕 Sapium sebiferum、楝树 Melia azedarach、构树 Broussonetia papyrifera、榕树 Ficus microcarpa、柞木 Xylosma racemosum、南岭黄檀 Dalbergia balansae 及山牡荆 Vitex quinata 等。在水边常见生长的树种有水松 Glyptrobus pensilis、蒲桃 Syzygium jambos 及水翁 Cleistocalyx operculatus 等。

人工林较多，除马尾松 Pinus massoniana、杉木 Cunninghamia lanceolata、台湾相思 Acacia confusa、马占相思 A. mangium、尾巨桉（尾叶桉 Eucalyptus urophylla×巨桉 E. grandis）等外，还有毛竹 Phyllostachys edulis、茶秆竹 Pseudosasa amabilis、麻竹 Dendrocalamus latiflorus、粉单竹 Bambusa chungii 等。广西东门林场是中国桉树，尤其是尾巨桉等杂交桉集中种植区，是重要的桉树速生丰产林集约生产区。此外，肉桂 Cinnamomum cassia、八角 Illicium verum、阳桃 Averrhoa carambola、柑橘 Citrus reticulata 及香蕉 Musa nana（多年生草本）在本小区栽培普遍。

9.5.3.3 海南及北部湾林区

包括海南岛、海南岛以南的各岛屿及北部湾地区。

(1) 海南岛林区

海南岛原是大陆的一部分，因发生断层与大陆分离，二者相距不足 25km。该岛地势西南高而东北低，北部 1/3 地势平坦，间为小丘陵所隔，至腹地，地势渐高，中南部为山岳地带，由无数峰峦起伏的山岭构成，五指山海拔 1 879m，因此，东西部的气候有很大的差异。本区保存较好的林区内森林层次较多，缠绕植物、附生植物甚为丰富，板状根发达，有时可见高大的榕树 *Ficus* sp. 的支柱根，老茎生花现象常见，反映出热带雨林的景色。

海南岛树木种类极为丰富，重要名贵用材树种有鸡毛松 *Podocarpus imbricatus*、百日青 *P. neriifolius*、陆均松 *Dacrydium pierrei*、红花天料木（母生）*Homalium hainanense*、天料木 *H. cochinchinense*、坡垒 *Hopea hainanensis*、青梅 *Vatica mangachapoi*、海南榄仁 *Terminalia hainanensis*、细子龙 *Amesiodendron chinense*、苦梓 *Gmelina hainansensis*、荔枝 *Litchi chinensis*、海南黄檀 *Dalbergia hainanensis*、苦梓含笑 *Michelia balansae*、海南木莲 *Manglietia hainanensis*，以及樟科 Lauraceae 和壳斗科 Fagaceae 树种。该区种植大量重要的热带经济树种。橡胶树 *Hevea brasiliensis* 种植面积最大，主要种植在全岛的平地和台地，盛产小粒咖啡 *Coffea arabica*、胡椒 *Piper nigrum*、龙眼 *Dimocarpus longan*、荔枝 *Litchi chinensis*、阳桃 *Averrhoa carambola*、莲雾 *Syzygium jambos*、榴莲 *Durio zibethinus* 等。

海南岛的树种分布以尖峰岭为例简述如下：

海拔 30~80m，南部及西部山前阶地，为稀树草原，乔木稀疏，以木棉 *Bombax ceiba*、酸豆 *Tamarindus indica* 为主，大多已开垦为农田。

海拔 80（100）~750 m，半常绿季雨林，分布在西侧的丘陵或河谷，在种类组成上有旱季落叶树种，如海南榄仁 *Terminalia hainanensis*、厚皮树 *Lannea coromandelica* 等。主要的森林有：①青梅 *Vatica mangachapoi*—海南紫荆木 *Madhuca hainanensis*—倒卵阿丁枫 *Altingia obovata* 林，分布于海拔 300~600m 的山脊中、下部，组成树种有竹叶栎 *Quercus bambusifolia*、雷公栎 *Q. hui*、盘壳栎 *Q. petelliformis*、木荷 *Schima superba*、多种蒲桃 *Syzygium* spp.、黄叶树 *Xanthophyllum hainanense*、细子龙 *Amesiodendron chinense*、野生荔枝 *Litchi chinensis* var. *euspontana* 等。在一些地段青梅与栎类 *Quercus*、野生荔枝、细子龙分别组成各类以青梅为主的常绿季雨林。②倒卵阿丁枫 *Altingia obovata*—油丹 *Alseodaphne hainanensis* 林，分布在海拔 350~400m 背风坡的中、下部，组成树种有盆架树 *Winchia calophylla*、橄榄 *Ganarium album*、大叶白颜树 *Gironniera subaequalis*、长柄梭罗木 *Reevesia longipetiolata*、黄柄木 *Gonocaryum lobbianum* 等。③橄榄 *Canarium album*—野生荔枝 *Litchi chinensis* var. *euspontana* 林，分布在海拔 300~750m 三面环山沟谷，组成树种有大叶白颜树 *Gironniera subaequalis*、中平树 *Macaranga denticulata*、海南韶子 *Nephelium topengii*、粗毛野桐 *Mallotus hookerianus*、密鳞紫金牛 *Ardisia densilepidotula* 等。

热带常绿季雨林分布在海拔 200~600（700）m 的山坡中、下部地形开阔地带。在种类组成上有龙脑香科 Dipterocarpaceae 的青梅 *Vatica mangachapoi* 为主，无落叶树种。

热带山地雨林分布在海拔 650(700)~1 000(1 100)m 的各种地形上，森林的组成种类最为复杂，树木高，层次不清，是热带山地发育最好的森林类型。常见有：①以鸡毛松 *Podocarpus imbricatus* 为标志的多种阔叶树混交的低山雨林，分布于尖峰岭东南坡海拔 900m 的沟谷中，林内有阴香 *Cinnamomum burmannii*、中华杜英 *Elaeocarpus chinensis*、长柄琼楠 *Beilschmiedia longipetiolata*、托盘青冈 *Cyclobalanopsis*、*patelliformis*、栎子青冈 *C. blakei*、海南木犀榄 *Olea hainanensis*、美丽新木姜子 *Neolitsea pulchella*、阔叶肖榄 *Platea latifolia*、鹅掌藤 *Schefflera arboricola* 和长序厚壳桂 *Cryptocarya metcalfiana* 等。②以陆均松 *Dacrydium pierrei* 为标志的中山雨林；在海拔 1 190m 中山雨林中分布的其他树种有滨木犀

榄 *Olea brachiata*、五列木 *Pentaphylax euryoides*、线枝蒲桃 *Syzygium araiocladum*、微毛山矾 *Symplocos wikstroemiifolia*、十棱山矾 *S. chunii* 和绒毛润楠 *Machilus velutina* 等。在海拔 650～1 100m 的陆均松林主要伴生树种有倒卵阿丁枫 *Altingia obovata*、杏叶石栎 *Lithocarpus amygdalifolius*、海南紫荆木 *Madhuca hainanensis*、多种蒲桃 *Syzygium* sp. 等。③红柯 *Lithocarpus fenzelianus*—杏叶石栎 *Lithocarpus amygdalifolius*—竹叶青冈 *Cyclobalanopsis bambusaefolia*—饭甑青冈 *C. fleuryi* 林，分布在南部海拔 650～1 000m，主要树种有陆均松 *Dacrydium pierrei*、海南紫荆木 *Madhuca hainanensis*、雷公栎 *Quercus hui*、柄果柯 *Lithocarpus longipedicellatus*、毛果柯 *L. pseudovestitus*、木荷 *Schima superba*、倒卵阿丁枫 *Altingia obovata*、多种栲 *Castanopsis* sp. 和蒲桃 *Syzygium* sp. 等。

龙脑香科 Dipterocarpaceae 的坡垒 *Hopea hainanensis* 出现在海拔 1 200m 或 1 100m 以上的孤峰或狭窄山脊上，面积不大，其区系特征是温带成分增加，热带成分减少，林木矮小而弯曲，树干下部附生着浓密的苔藓植物。

(2) 北部湾林区

包括雷州半岛、广西南部钦州至十万大山以南。属平原、台地或丘陵地，海拔常在 1 000m 以下，沿河低处常出现大片农地，极为富饶。本小区属海洋性热带气候，沿海地带常受西南季风的调和，年平均气温在 20～25℃，冬季平均气温在 15℃ 以上，最热月平均气温达 32℃，全年均为生长季。年降水量 1 250～2 000mm，但集中于 7～9 月（占 70%～80%）。年相对湿度在 80% 左右，夏季在 80% 以上，云量较多，日照稍差，但日照时数仍很长。在河川出口处或大河河谷常有冲积平原。

北部湾周围地区的 500m 以下区域为南亚热带常绿阔叶林，以樟科 Lauraceae、桑科 Moraceae、大戟科 Euphorbiaceae、无患子科 Sapindaceae、山榄科 Sapotaceae 等为主，海拔较高的地段则以壳斗科 Fagaceae、山茶科 Theaceae、樟科 Lauraceae、木兰科 Magnoliaceae 及金缕梅科 Hamamelidaceae 等为主组成常绿阔叶林，组成树种极为丰富。在海拔较高处还有红豆杉 *Taxus wallichiana* var. *chinensis*、三尖杉 *Cephalotaxus fortunei*、鸡毛松 *Podocarpus imbricatus* 及百日青 *P. neriifolius* 等针叶树。

本小区的特有阔叶树种有马尾树 *Rhoiptelea chiliantha*、掌叶木 *Handeliodendron bodinieri*、喙核桃 *Annamocarya sinensis*、蚬木 *Excentrodendron hsienmu* 及望天树 *Shorea chinensis* 等。

主要的森林类型有石灰岩季雨林，如望天树 *Shorea chinensis*—海南风吹楠 *Horsfieldia hainanensis* 林，主要分布在广西西南部的龙州、田阳、那坡等地的石灰岩和夹层砂页岩构成的丘陵及沟谷。常见伴生种有蚬木 *Excentrodendron hsienmu*、金丝李 *Garcinia paucinervis*、肥牛树 *Cephalomappa sinensis*、格郎央 *Acrocarpus fraxinifolius* 和中国无忧花 *Saraca dives* 等石灰岩地区特有的种类。与海南风吹楠形成森林的树种还有东京桐 *Deutzianthus tonkinensis*、大叶水榕 *Ficus glaberrima*、丛花厚壳桂 *Cryptocarya densiflora*、假肥牛树 *Cleistanthus petelotii* 等。

蚬木 *Excentrodendron hsienmu*、肥牛树 *Cephalomappa sinensis* 林主要分布在广西西南一带海拔 700m 以下的的石灰岩山地水湿条件良好的山麓，有较明显的季节性换叶和落叶性特点，树种以常绿和半常绿阔叶树为主，常绿树以蚬木占优势，其次为肥牛树 *Cephalo*-

mappa sinensis、密花核果木 Drypetes congestiflora、网脉核果木 D. perreticulata、华南朴 Celtis austro-sinensis 和硬叶樟 Cinnamomum calcareum，其他常绿树种还有海南大风子 Hydnocarpus hainanensis、割舌树 Walsura robusta、闭花木 Cleistanthus sumatranus 和金丝李 Garcinia paucinervis 等。

木本植物区系特征及森林垂直分布以广西十万大山为例说明如下：

十万大山地处广西南部，濒临北部湾，地处北回归线以南，为热带的北缘，海洋性气候比较明显，最高峰莳良岭海拔 1 462m。裸子植物 8 科 9 属 16 种，被子植物 181 科 827 属 2 067 种。木本植物 108 科 402 属，占维管植物的 47.5%，显示植物区系以木本植物为主；热带分布科 120 科，占 63.5%，反映该区热带性质的优势和北热带植物区系的特点，如肉豆蔻科 Myristicaceae、胡椒科 Piperaceae、海桑科 Sonneratiaceae、天料木科 Samydaceae、山龙眼科 Proteaceae、龙脑香科 Dipterocarpaceae、桃金娘科 Myrtaceae、山竹子科 Guttiferae、梧桐科 Sterculiaceae、含羞草科 Mimosaceae、无患子科 Sapindaceae 等。而主产亚热带的木兰科 Magnoliaceae、樟科 Lauraceae、山茶科 Theaceae、壳斗科 Fagaceae、冬青科 Aquifoliaceae、木犀科 Oleaceae、榆科 Ulmaceae 等也常见。

海拔 500m 以下地带，季节性雨林基本被人工林替代，仅见零星小片状次生林，人工林有马尾松 Pinus massoniana 林、八角 Illicium verum 林、肉桂 Cinnamomum cassia 林。主要树种有十万大山苏铁 Cycas shiwandashanica、狭叶坡垒 Hopea chinensis、上思瓜馥木 Fissistigma shangtzeense、蕉木 Oncodostigma hainanense、尖叶藤黄 Garcinia subfalcata、华南栲 Castanopsis concinna、锈毛梭子果（血胶树）Eberhardtia aurata、壳菜果 Mytilaria laosensis、棋子豆 Cylindrokelupha robinsonii、大花第伦桃 Dillenia turbinata、观光木 Tsoongiodendron odorum、上思琼楠 Beilschmiedia shangsiensis、半枫荷 Semiliquidambar cathayensis、密花美登木 Maytenus confertiflorus、南宁红豆 Ormosia nanningensis 等。其中，著名的金花茶 Camellia nitidissima、东兴金花茶 C. tunghinensis、显脉金花茶 C. euphlebia、薄叶金花茶 C. chrysanthoides 分布海拔 50~300m。

海拔 500~1 000m 为以常绿阔叶林和季风常绿阔叶林构成的北热带季节性雨林，局部湿热山谷为沟谷雨林。主要有橄榄 Canarium album 林、紫荆木 Madhuca pasquieri 林、红荷木 Schima wallichii 林、锈毛梭子果 Eberhardtia aurata 林、毛果石栎 Lithocarpus pseudovestitus 林、狭叶坡垒 Hopea chinensis 林、翻白叶树 Pterospermum heterophyllum 林、壳菜果（米老排）Mytilaria laosensis 林、黄果厚壳桂 Cryptocarya concinna 林等。

海拔 1 000m 以上为山地常绿阔叶林，有米椎 Castanopsis carlesii 林、马蹄荷 Exbucklandia populnea 林、五列木 Pentaphylax euryoides 林等；暖性落叶阔叶林有枫香 Liquidambar formosana 林；山脊上为山顶矮林，如石斑木 Raphiolepis indica 林，主要树种有倒卵叶红淡比 Cleyera obovata、长脐红豆 Ormosia balansae、南宁栲 Castanopsis amabilis、尖叶柯 Lithocarpus attenuatus、长柄山龙眼 Helicia longipetiolata 等。

北部湾沿海滩涂是我国红树林的主要分布区，从广东湛江到广西防城港分布着大量天然的红树林，常见有红树科的红海榄 Rhizophora stylosa、秋茄树 Kandelia obovata 和木榄 Bruguiera gymnorrhiza、马鞭草科 Verbenaceae 的白骨壤（海榄雌）Avicennia marina、报春花科 Primulaceae 桐花树（蜡烛果）Aegiceras corniculatum，及相应形成的红海榄秋茄树、木榄、白骨壤、桐花树纯林落和白骨壤+桐花树、桐花树+秋茄、桐花树+红海榄等群落。为保护红树林，在北部湾沿海建立了广东湛江、广西北仑河口和山口国家级自然保护区。

9.5.3.4 云南南部林区

包括云南南部的西双版纳、红河州河口及西南部德宏州的盈江及西藏的雅鲁藏布江下游以及墨脱和察隅等地。本小区谷地、山岭和高原交错分布，海拔多在1 000m以下；年平均气温20~22℃，极端最低气温在5℃以上，除高海拔地区有轻霜外，全年无霜；年降水量1 200~1 500mm，干湿季明显。

本小区的主要森林类型和树种叙述如下：

半常绿季雨林：主要分布云南南部和西南部海拔1 000m以下宽广的河谷盆地或向阳山坡，或石灰岩山地。①高山榕 Ficus altissima—毛麻楝 Chukrasia tabularis var. velutina 林，集中分布在滇西南和滇西海拔1 000m以下。因人为干扰，原始森林几乎消失，只有零散的森林和残存大树，其他常绿树种有西南木荷 Schima wallichii、樟叶朴 Celtis cinnamomifolia、水筒木 Ficus fistulosa、滇龙眼 Dimocarpus yunnanensis 和秋枫 Bischofia javanica 等；落叶树种有云南黄杞 Engelhardtia spicata、木蝴蝶 Oroxylum indicum、楹树 Albizia chinensis 和木棉 Bombax ceiba 等。②铁刀木 Cassia siamea 林，分布在滇西南850m以下，为人工栽培薪炭林后自然发育的常绿季雨林，伴生种有野杧果 Mangifera sylvatica、长穗桦 Betula cylindrostachya、印度栲 Castanopsis indica、红光树 Knema furfuracea、高山榕 Ficus altissima、西南猫尾木 Dolichandrone stipulata、粗糠柴 Mallotus philippinensis 和围涎树 Pithecellobium clypearia。

落叶季雨林：广泛分布于云南南部的南北流向的河谷，特别是分布于盘龙江、元江、澜沧江、怒江、陇川江、大盈江等低凹河谷及其支流，因河谷局部环流和焚风效应导致生境干热，其森林为：①木棉 Bombax ceiba—楹树 Albizia chinensis 林，分布于云南红河、澜沧江、怒江及其支流谷地以及金沙江、南盘江的局部地区，森林中大树较稀疏，树冠大呈伞形，林内透光度大，其他树种有刺桐 Erythrina variegata、多花白头树 Garuga floribunda、羽叶楸 Stereospermum colais 和水团花 Adina pilulifera 等。②千果榄仁 Terminalia myriocarpa—劲直刺桐 Erythrina stricta 林，树木高大，林冠不整齐，种类繁多，附生和藤本植物丰富，其他树种有石籽刺桐 Erythrina lithocarpa、美脉杜英 Elaeocarpus varunua、八宝树 Duabanga grandiflora 和四数木 Tetrameles nudiflora 等，该森林类型在西藏东喜马拉雅南坡也有分布。③马蹄果 Protium serratum—红锥 Castanopsis hystrix 林，分布在滇西600~1 000m的低山丘陵，其他树种有山牡荆 Vitex quinata、西南木荷 Schima wallichii、黄杞 Engelhardtia roxburghiana、高大含笑 Michelia excelsa、小花五桠果 Dillenia pentagyna、滇银柴 Aporosa yunnanensis、毛银柴 A. villosa 和钝叶黄檀 Dalbergia obtusifolia 等。④羊蹄甲 Bauhinia variegata 林，为热带雨林遭受砍伐后，形成的小块状次生林，分布海拔为600~1 000m，以西双版纳地区的较为典型。林内树种有朴叶扁担木 Grewia celtidifolia、一担柴 Colona floribunda、余甘子 Phyllanthus emblica、粗糠柴 Mallotus philippinensis、西南木荷 Schima wallichii 等。

石灰岩季雨林：四数木 Tetrameles nudiflora—多花白头树 Garuga floribunda 林，主要分布在滇南、滇西南热带地区海拔600~700m的石灰岩山地。上层乔木均为落叶树种，如四数木 Tetrameles nudiflora、多花白头树 Garuga floribunda、越南榆 Ulmus tonkinensis、槟榔青

Spondias pinnata 等，其他伴生树种有闭花木 *Cleistanthus sumatranus*、清香木 *Pistacia weinmannifolia*、麻楝 *Chukrasia tabularis*、番龙眼 *Pometia tomentosa*、韶子 *Nephelium chryseum* var. *topengii*、蚬木 *Excentrodendron hsienmu*、多脉藤春 *Alphonsea tsangyuanensis* 等。

热带湿润雨林：常见热带湿润雨林有①龙脑香 *Dipterocarpus* 林，分布局限在东喜马拉雅山南侧的山麓地带，包括雅鲁藏布江下游以及丹巴、那曲和察隅河南段等河谷，南至国境线与印度阿萨姆邦的热带雨林相接，分布海拔为 100~600（500）m。主要树种有羯布罗香 *Dipterocarpus turbinatus*、大果龙脑香 *D. macrocarpus*、长毛龙脑香 *D. pilosus*、野树波罗 *Artocarpus chama*、滇榄 *Canarium strictum*、阿萨姆婆罗双 *Shorea assamica*、野生龙眼 *Dimocarpus longan*、四数木 *Tetrameles nudiflora*、红果樫木 *Dysoxylum binectaniferum* 以及榕属 *Ficus*、楠属 *Phoebe* 和润楠属 *Machilus* 树种。②东京龙脑香 *Dipterocarpus retusus*—多毛坡垒 *Hopea mollissima* 林，分布于云南河口海拔 500（700）m 以下的深切狭窄的陡坡上，伴生树种有隐翼木 *Crypteronia paniculata*、四数木 *Tetrameles nudiflora*、大叶山楝 *Aphanamixis grandifolia*、毛麻楝 *Chukrasia tabularis* var. *velutina*、仪花 *Lysidice rhodostegia*、中国无忧花 *Saraca dives*、细子龙 *Amesiodendron chinense*、番龙眼 *Pometia tomentosa*、人面子 *Dracontomelon duperreanum* 和八宝树 *Duabanga grandiflora* 等。

季节雨林有：①番龙眼 *Pometia tomentosa*—千果榄仁 *Terminalia myriocarpa*—红光树 *Knema furfuracea*—云树 *Garcinia cowa* 林，为云南南部普遍存在的类型，其他树种有窄叶半枫荷 *Pterospermum lanceaefolium*、大叶水榕 *Ficus glaberrima*、长梗三宝木 *Trigonostemon thyrsoideus* 和二室棒柄花 *Cleidion spiciflorum* 等。②望天树 *Parashorea chinensis* 林，分布于云南勐腊县，树高可达 50m，组成种类十分丰富，伴生树种有番龙眼 *Pometia tomentosa*、多脉葱臭木 *Dysoxylum lukii*、云南肉豆蔻 *Myristica yunnanensis*、红光树 *Knema furfuracea*、金钩花 *Pseuduvaria indochinensis*、梭果玉蕊 *Barringtonia fusicarpa*、野树波罗 *Artocarpus chama*、云树 *Garcinia cowa*、云南银钩花 *Mitrephora wangii*、勐海石栎 *Lithocarpus fohaiensis* 和印度栲 *Castanopsis indica* 等。③版纳青梅 *Vatica xishuangbannaensis* 林，分布于西双版纳，林内树种有臀果木 *Pygeum topengii*、黄心树 *Machilus bombycina*、竹节树 *Carallia brachiata*、白颜树 *Gironniera subaequalis*、梭果玉蕊 *Barringtonia fusicarpa*、柴桂 *Cinnamomum tamala* 和滇叶轮木 *Ostodes katharinae* 等。④樫木 *Dysoxylum gobara*—麻楝 *Chukrasia tabularis*—千果榄仁 *Terminalia myriocarpa*—小果紫薇 *Lagerstroemia minuticarpa* 林，分布在西藏墨脱等海拔 630~900m 的东喜马拉雅山南坡，树高达 30~40m，伴生常绿树种盖裂木 *Talauma hodgsonii*、瓦山栲 *Castanopsis ceratacantha*、印度栲 *C. indica*、厚叶石栎 *Lithocarpus pachyphyllus* 及多种榕树 *Ficus* 等。⑤见血封喉 *Antiaris toxicaria*—龙果 *Pouteria grandifolia*—橄榄 *Canarium album* 林，广泛分布于西双版纳南部海拔 800m 以下的低山、丘陵、台地。其他乔木有高山榕 *Ficus altissima*、翅子树 *Pterospermum acerifolium*、白颜树 *Gironniera subaequalis*、云南银钩花 *Mitrephora wangii*、细基丸 *Polyalthia cerasoides*、红光树 *Knema furfuracea*、小叶红光树 *K. globularia*、狭叶红光树 *K. cinerea* var. *glauca*、泰国黄叶树 *Xanthophyllum siamense*、山油柑 *Acronychia pedunculata*、樱叶杜英 *Elaeocarpus prunifolioides*、杧果 *Mangifera indica*、肉托果 *Semecarpus reticulata* 和梭果玉蕊 *Barringtonia fusicarpa* 等。⑥阿萨姆婆罗双 *Shorea assamica*—羯布罗香 *Dipterocarpus turbinatus* 林，分布于云南盈江西部铜壁关保护区海拔 600m 以下的

羯羊河的湿润沟谷和坡脚。由于人为破坏，目前只有残林，其他树种有高山大风子 *Hydnocarpus alpina*、云南无忧花 *Saraca griffithiana*、红光树 *Knema furfuracea* 和溪桫 *Chisocheton paniculatus*。

山地雨林：野橡胶 *Alstonia pachycarpa* 林，广泛分布于滇南和滇东南湿润热带海拔 700~1 000m 的山地。其他树种有合果木 *Paramichelia baillonii*、西南木荷 *Schima wallichii*、思茅黄肉楠 *Actinodaphne henryi*、浆果乌桕 *Sapium baccatum*、红椿 *Toona ciliata*、思茅崖豆藤 *Millettia leptobotrya* 和五瓣子楝树 *Decaspermum fruticosum* 等。

9.6 云贵高原区

9.6.1 自然地理条件

包括四川木里、云南香格里拉以南的云南高原和横断山山脉中部地区，西藏东南察隅的高海拔地区、四川西昌以及贵州西部。本区地形复杂，大部分海拔在 1 500~3 000m 之间。其中贵州高原大部分地区海拔达 1 000m 左右，年平均气温 15℃ 左右；云南高原山系向东南倾斜，海拔 1 500~2 800m，因境内海拔高差悬殊南北可相差 3 000m，山间有大小坝子及断层湖。以昆明为例，年平均气温约 16℃，夏季多雨而凉爽。气温的年较差与月较差相近，约 12℃。年降水量 1 000mm 左右，向风坡或较高山地，可达 1 250mm，降雨集中在 6~9 月，冬春晴朗多风，干湿季明显。土壤在云南境内多红壤，滇中为紫色土，林地多为灰棕壤。贵州地面岩石裸露，海拔从 1 000m 左右向西部逐渐提升，地势崎岖，雨日较多，约 150~250d，故有"天无三日晴"之谚语，在贵州酸性土有泥炭土、灰棕壤及灰色红黄壤等，钙质土有黑色石灰岩土、紫色土、棕色土及石灰性冲积土等。全区气候受西南季风的影响，随地势高低而有变化，低处或低洼山谷气候温暖，年平均气温可达 17~18℃，青藏高原的气温大致由东南向西北递减，藏东南年平均气温 12~20℃，藏南谷地中部年平均气温 4~10℃，至藏北高原和阿里地区温度下降到 0℃ 以下。贵州高原的年降水量大多为 1 100~1 300mm，川西山地的年降水量为 1 200mm，云南高原的降水量分布不均，少雨和多雨地区年降水量可在 500~2 500mm 之间变化。

9.6.2 植物区系特点

以云南高原为例，本区是一个十分自然的植物区系地区，种子植物区系约有 249 科 1 491 属 5 545 种，其中裸子植物 9 科 17 属 28 种，基本上属于亚热带性质，并表现出从热带植物区系向温带植物区系的中间过渡。属的分布型统计表明，热带亚热带属占优势，种的分布型呈现热带亚热带种占总种数的 35.79%，而中国特有种也多是亚热带种。本区植物地理联系广泛，但与中国—喜马拉雅区系联系密切。本区种子植物区系的替代现象极为明显，组成植被的区系成分与中国—日本森林植物亚区有一系列的优势种水平替代现象，云南松 *Pinus yunnanensis* 替代了马尾松 *Pinus massoniana*，云南油杉 *Keteleeria evelyniana* 替代铁坚油杉 *K. davidiana*，滇青冈 *Cyclobalanopsis glaucoides* 代替了青冈 *Cyclobalanopsis glauca*，高山栲 *Castanopsis delavayi* 代替了苦槠 *Castanopsis sclerophylla*。

9.6.3 主要森林类型、树种资源与分布

9.6.3.1 高原季风林区

本小区原始的植被类型是以壳斗科 Fagaceae 为主的常绿阔叶林，主要树种有滇青冈 *Cyclobalanopsis glaucoides*、黄毛青冈 *C. delavayi*、高山栲 *Castanopsis delavayi*、元江栲 *C. orthacantha*、木姜叶柯 *Lithocarpus litseifolius* 与白柯 *L. dealbatus* 等。在常绿阔叶林被破坏后，逐渐为落叶阔叶树如栎属 *Quercus*、冬青属 *Ilex* 的落叶树种即旱冬瓜 *Alnus nepalensis* 所代替，在南部则有西桦 *Betula alnoides*，有时为云南松 *Pinus yunnanensis* 或思茅松 *Pinus kesiya* var. *langbianensis* 所代替。其特点表现为：

① 森林植被垂直分布不明显，虽然有群落不同，其支配的主导生态因子，不是温度，而是湿度。

② 地形复杂，小气候类型繁多，因此，树木种类丰富，既有本区的特有种，也有与相邻地区区系的共有种。

③ 云贵两地气候类型不同，贵州潮湿，宜用杉木 *Cunninghamia lanceolata* 造林，滇中干燥，宜用松树直播。

主要的森林类型和组成树种介绍如下：

峨眉栲 *Castanopsis platycantha* 林：主要分布在川、滇一带。两地分布的峨眉栲林种类丰富程度相似，但乔木成分不同。在四川雷波海拔 1 300~1 600m 分布的森林，乔木有中华木荷 *Schima sinensis*、大叶石栎 *Lithocarpus megalophyllus*、青冈 *Cyclobalanopsis glauca*、细叶青冈 *C. gracilis*、巴东栎 *Quercus engleriana*、山矾 *Symplocos sumuntia*、珙桐 *Davidia involucrata* 及槭属 *Acer* 树种。云南绥江大关海拔 1 500~2 000m 分布的峨眉栲林中乔木有圆齿木荷 *Schima crenata*、宜昌桢楠 *Machilus ichangensis*、米心水青冈 *Fagus engleriana*、细叶青冈 *Cyclobalanopsis gracilis*、硬斗石栎 *Lithocarpus hancei*、五裂槭 *Acer oliverianum*、山矾 *Symplocos sumuntia*、锐齿冬青 *Ilex intermedia* var. *fangii*、华新木姜 *Neolitsea chinensis* 等。

元江栲 *Castanopsis orthacantha* 林：普遍分布于滇中高原，并延伸至偏南的无量山及哀牢山山地，通常见于海拔 2 000~2 400m，与滇青冈 *Cyclobalanopsis glaucoides*、滇石栎 *Lithocarpus dealbatus*、包斗栎 *L. craibianus*、银木荷 *Schima argentea* 混生，组成种类十分复杂，常见乔木有云南油杉 *Keteleeria evelyniana*、云南松 *Pinus yunnanensis*、石楠 *Photinia serrulata*、云南樟 *Cinnamomum glanduliferum*、野樱桃 *Prunus conradinae*、滇楸 *Catalpa fargesii* f. *duclouxii*、山玉兰 *Magnolia delavayi*、云南泡花树 *Meliosma yunnanensis*、梁王茶 *Nothopanax delavayi* 和截果石栎 *Lithocarpus truncatus* 等。

滇青冈 *Cyclobalanopsis glaucoides* 林：分布在以受西南季风影响的地区。滇青冈 *Cyclobalanopsis glaucoides*—滇石栎 *Lithocarpus dealbatus*—云南油杉 *Keteleeria evelyniana* 林是滇中高原的重要类型，见于昆明盆地边缘的西山海拔 2 100~2 300m 上部，伴生种有锐齿槲栎 *Quercus aliena* var. *acuteserrata*、灰背栎 *Quercus senescens*、杜氏滇润楠 *Machilus yunnanensis* 及干香柏 *Cupressus duclouxiana* 等。在滇中海拔 1 500~2 000m 石灰岩地区的滇青冈林，伴生有野漆 *Toxicodendron succedaneum*、球花石楠 *Photinia glomerata*、西南枇杷 *Eriobotrya bengalensis*、金河槭 *Acer paxii*、鹧鸪花 *Trichilia connaroides*、大果冬青 *Ilex macrocarpa*、清香

木 Pistacia weinmannifolia；在某些地段上为高山栲 Castanopsis delavayi、清香木 Pistacia weinmannifolia、滇朴 Celits yunnanensis、山玉兰 Magnolia delavayi、云南泡花树 Meliosma yunnanensis 等。在四川德昌海拔1 800~2 400m的滇青冈林中，伴生树种有银木荷 Schima argentea、新樟 Neocinnamomum delavayi、野核桃 Juglans cathayensis 和白辛树 Pterostyrax psiophylla 等。

黄毛青冈 Cyclobalanopsis delavayi 林：见于滇中高原海拔1 900~2 500m地带。在海拔1 800~2 000m的金沙江河谷上部山地的黄毛青冈林中，伴生有云南松 Pinus yunanensis、窄叶石栎 Lithocarpus confinis、包石栎 L. cleistocarpus、白柯 L. dealbatus、川西栎 Quercus gilliana、滇青冈 Cyclobalanopsis glaucoides、元江栲 Castanopsis orthacantha、滇黄檀 Dalbergia yunnanensis、清香木 Pistacia weinmannifolia 等。

薄片青冈 Cyclobalanopsis lamellosa 林：见于西藏察隅、墨脱，海拔1 800~2 200m，在滇西也有分布。通常伴生树种有西藏石栎 Lithocarpus xizangensis、瓦山栲 Castanopsis ceratacantha、大叶桂 Cinnamomum iners、变叶山龙眼 Helicia nilagrica 及绒尾榕 Ficus filicauda 等。

刺果石栎 Lithocarpus echinotholus 林：湿性常绿阔叶林的代表类型之一，主要分布于海拔2 000~2 600m的怒江流域镇康大雪山的中部山地，是植被垂直带谱中常绿阔叶林带中上部的主要类型，生境湿润，多雨雾，苔藓植物很丰富。刺果石栎 Lithocarpus echinotholus 与南洋木荷 Schima noronhae、滇青冈 Cyclobalanopsis glaucoides 构成混交林，其他树种有美脉杜英 Elaeocarpus varunus、瑞丽桢楠 Machilus shweliensis、马蹄荷 Exbucklandia populnea、大叶檀香 Scleropyrum mekongense、青皮槭 Acer cappadocicum、银木荷 Schima argentea、厚皮香 Ternstroemia gymnanthera、森林榕 Ficus nemoralis、多花含笑 Michelia floribunda 和川滇木莲 Manglietia duclouxii 等。

多变石栎 Lithocarpus variolosus 林：分布于滇西苍山、怒江和川西。苍山西坡海拔2 800m左右的多变石栎林常与元江栲 Castanopsis orthacantha 组成森林，并有滇蜡瓣花 Corylopsis yunnanensis、滇青冈 Cyclobalanopsis glaucoides 等。在四川西昌螺髻山海拔2 500~3 000m分布的多变石栎林中有滇八角 Illicium yunnanense、红叶木姜子 Litsea rubescens、小叶杨 Populus simonii 和滇青冈 Cyclobalanopsis glaucoides 等。

川滇木莲 Manglietia duclouxii 林：南亚热带季风常绿阔叶林类型之一，常与栎子青冈 Cyclobalanopsis blakei、四棱蒲桃 Syzygium etragonum 组成混交林，伴生种有红锥 Castanopsis hystrix、米槠 C. carlesii、马蹄参 Diplopanax stachyanthus、五蕊单室茱萸 Mastixia alternifolia 和美叶石栎 Lithocarpus calophyllus 等。

硬叶常绿阔叶林是中国亚热带西部和西南部、青藏高原东南线及横断山脉地区所特有的一种森林类型，从北纬32°左右的岷山南部起，南抵北纬26°左右的澜沧江、怒江的中游，东经约103°往西止于中喜马拉雅山南侧的吉隆地区。即四川盆地西线以西，云南滇西北、滇北的金沙江、澜沧江及怒江流域的高山峡谷东界至滇东的东川，西至香格里拉与川西相连，贵州主要分布在威宁、毕节、盘州以及梵净山等地。硬叶常绿阔叶林由高山栎类组成。

高山栎 Quercus semicarpifolia 林：分布于喜马拉雅山，在中国境内分布于中喜马拉雅山的吉隆、聂拉木一带,分布海拔集中于 2 500~3 900m,林内混生有喜马拉雅铁杉 *Tsuga dumosa*、乔松 *Pinus griffithii*、糙皮桦 *Betula utilis*、树形杜鹃 *Rhododendron arboreum*、硬刺杜鹃 *Rh. barbatum*、美丽马醉木 *Pieris formosa*、南烛（珍珠花）*Lyonia ovalifolia*、吴茱萸五加 *Eleutherococcus evodiaefolius* 等。

川滇高山栎 *Quercus aquifolioides* 林：为川西、滇西及西藏东南部分布面积最大的硬叶常绿阔叶林。乔木林或矮林,在严寒或土壤干燥瘠薄向阳地带则成为灌丛。在四川分布于金沙江、大渡河流域,海拔 3 000~4 000m 的山腰河谷或山顶凹地。在西藏东南部的三江峡谷、林芝的尼洋河流域、米林的雅鲁藏布江两侧、察隅等地均有分布,分布海拔为 2 900~4 199m。林内其他树种很少,有长苞冷杉 *Abies georgei*、丽江云杉 *Picea likiangensis*、大果红杉 *Larix potaninii* var. *macrocarpa* 及高山松 *Pinus densata* 等。

黄背栎 *Quercus pannosa* 林：四川分布于西昌、凉山等地石灰岩中山海拔 2 500~3 300m 山坡或河谷两岸；成片的分布见于贵州威宁海拔 2 300~2 850m 的石灰岩山地；在云南分布于滇西北金沙江流域中下游沿岸,海拔 2 900~3 700m 的石灰岩山地上部。优势伴生树种有云南松 *Pinus yunnanensis*、丽江云杉 *Picea likiangensis*、川滇冷杉 *Abies forrestii*、黄果冷杉 *A. ernestii*、大果红杉 *Larix potaninii* var. *macrocarpa*、山杨 *Populus davidiana*、糙皮桦 *Betula utilis*、苍白花楸 *Sorbus pallescens*、红毛花楸 *S. rufopilosa*、杈叶槭 *Acer robustum*、吴茱萸五加 *Eleutherococcus evodiaefolius* 等。

帽斗栎 *Quercus guyavaefolia*—长穗高山栎 *Q. longispica* 林：分布在滇西北大理、丽江和香格里拉等地海拔 2 600~3 200m 的石灰岩山地。原为高大乔木,现大多成为矮林或灌丛。林内伴生华山松 *Pinus armandii*、云南松 *P. yunnanensis*、丽江云杉 *Picea likiangensis*、黄背栎 *Quercus pannosa* 和光叶高山栎 *Q. rehderiana*。而长穗高山栎 *Quercus longispica* 纯林仅见于四川西南部,海拔 2 300~3 400m 的阳坡,结构简单,仅有云南松 *Pinus yunnanensis* 或高山松 *P. densata* 伴生。

毛脉高山栎 *Quercus rehderiana* 林：局限分布于石灰岩山地。在四川分布于甘孜南部、东部及西昌西南部,海拔 2 000~3 200m 的半阳坡和沟谷。在云南仅见于金沙江峡谷上缘,海拔 2 200~2 400m 石灰岩裸露的陡坡,林分结构简单,伴生种有滇青冈 *Cyclobalanopsis glaucoides*、齿叶石楠 *Photinia prionophylla* 和绣毛冬青 *Ilex ferruginea* 等。贵州威宁、毕节等地海拔 2 200~2 500m 沟谷两侧上部的光叶高山栎林伴生树种有厚叶鹅耳枥 *Carpinus pubescens* var. *firmifolia* 和锐齿槲栎 *Quercus aliena* var. *acuteserrata* 等。

铁橡栎 *Quercus cocciferoides* 林：分布于滇中高原北缘河谷,海拔 1 600~2 000m 的石灰岩山地。有清香木 *Pistacia weinmannifolia*、滇青冈 *Cyclobalanopsis glaucoides*、毛叶柿 *Diospyros mollifolia*、刺叶石楠 *Photinia prionophylla*、栌菊木 *Nouelia insignis*、滇榄仁 *Terminalia franchetii* 和窄叶石栎 *Lithocarpus confines* 等树种伴生。

锥连栎 *Quercus franchetii*—毛叶黄杞 *Engelhardtia colebrookiana* 林：分布于滇北金沙江石鼓以下直至下游普渡河峡谷海拔 1 600~2 000m 两侧的非石灰岩地区。因受人为反复砍伐已成为矮林,常见树种有毛枝青冈 *Cyclobalanopsis helferiana* 和清香木 *Pistacia weinmannifolia* 等。

9.6.3.2 西南高山针叶林区

包括云南西北部、四川西部，西至中印边界，北接青藏高原，南与北部湾区接壤。因有金沙江、澜沧江、怒江等纵横其间，因此形成了高山深谷，气候的垂直差异比水平差异更大。又因山脉走向由西北向东南延伸，东南及西南的季风可以沿河谷进入，木棉 Bombax ceiba 能分布到西藏附近就是这个缘故。高山很冷，有的终年积雪，云南的玉龙雪山即为其例，或冬季积雪，如苍山和高黎贡山。从山谷到山峰形成各种气候带，河谷年平均气温约14℃。年降水量一般在500~1 250mm，个别地区高达1 900mm（峨眉山），分布情况由山下至山上逐渐增加，由东到西逐渐减少。因高山多数在雾线之上，故高山的日照强度比山谷较弱。土壤的垂直分布显著，低山为红壤，山的上部逐渐变为灰棕壤，4 000m以上为高山草原土。

本小区是中国西南林区重要组成部分，是中国的云杉林和冷杉林的分布中心。主要森林类型和树种简述如下：

(1) 云杉林

川西云杉 Picea likiangensis var. balfouriana 林：分布区广，垂直分布于海拔3 000~4 000m，藏东南高达4 200m；丽江云杉 P. likiangensis 林，主要分布在金沙江及其以西、以南地区，常与川西云杉 Picea likiangensis var. balfouriana、黄果冷杉 Abies ernestii、长苞冷杉 A. georgei 混生，常见于海拔3 000~4 000m 的峡谷；林芝云杉 P. linzhiensis 林，分布藏东南林芝至滇西北的香格里拉，分布海拔最高约3 400~3 700m；油麦吊云杉 P. branchytyla var. complanata 林，分布在滇西北、川西和西藏东南海拔2 500~3 200m，常与冷杉 Abies fabri、铁杉 Tsuga chinensis、喜马拉雅铁杉 Tsuga dumosa、丽江云杉 Picea likiangensis 形成混交林。

(2) 冷杉林

在山地分布范围与云杉林相似，主要分布在滇西北、川西和藏东南的长苞冷杉 Abies georgei 林、川滇冷杉 A. forrestii 林，分布海拔最高为3 600~4 500m；急尖长苞冷杉 A. georgei var. smithii 林，在滇东北乌蒙山海拔3 000~3 800m 处有残留森林；苍山冷杉 A. delavayi 林，见于苍山海拔3 400~3 800m，组成纯林；墨脱冷杉 A. delavayi var. motuoensis 林，分布于西藏东南的墨脱、察隅等地海拔3 000~4 000m 高山地带；梵净山冷杉 A. fanjingshanensis 林，分布海拔低，约2 200m。

(3) 圆柏林

圆柏 Juniperus 林是亚热带山地上高海拔分布的森林类型，生境较差，如大果圆柏 Juniperus tibetica 林、方枝圆柏 J. saltuaria 林、塔枝圆柏 J. komarovii 林和密枝圆柏 J. convallium 林，均分布四川、西藏海拔3 200~4 000m 的山地，唯垂枝圆柏 J. recurva 林分布较低，在海拔3 000~3 500m 左右地段，在西藏吉隆垂枝圆柏林分布可下降至2 700m 左右。

(4) 落叶松林

以大果红杉 Larix potaninii var. macrocarpa 林为代表，分布川西、滇西北和藏东南海拔3 000~4 400m 地带。

云杉林、冷杉林、圆柏林和落叶松林都是高山分布的重要森林类型。冷杉林需要阴湿的生境，落叶松林是一种喜光的类型，而圆柏林是最耐恶劣生境的类型。这几类针叶林一般认为是山地垂直带上的原生类型。

(5) 松林

华山松 *Pinus armandii* 林：分布于海拔 1 600~3 200m 阴坡，常与光皮桦 *Betula luminifera*、川红桦 *Betula utilis* var. *sinensis*、云南松 *Pinus yunnanensis*、高山松 *P. densata*、云南油杉 *Keteleeria yunnanensis* 等伴生；灌木有木竹 *Indocalamus scuriosus*、插田泡 *Rubus coreanus*、川莓 *R. setchuenensis*、峨眉蔷薇 *Rosa omeiensis*。在西藏林芝东久至鲁朗一线海拔1 500m左右，华山松与高山松 *Pinus densata* 常混交。

云南松 *Pinus yunnanensis* 林：分布广，是云贵高原常见的重要林种，分布海拔1 000~3 100m，常与华山松 *Pinus armandii*、黄果冷杉 *Abies ernestii*、丽江云杉 *Picea likiangensis*、云南油杉 *Keteleeria evelyniana*、光皮桦 *Betula luminifera*、白桦 *B. platyphylla*、灰背栎 *Quercus senescens*、旱冬瓜 *Alnus nepalensis* 等伴生；灌木有映山红马樱花 *Rhododendron delavayi*、大白花杜鹃 *Rh. decorum*、爆杖花 *Rh. spinuliferum*、小叶栒子木 *Cotoneaster microphyllus*、黄杨叶栒子 *C. buxifolius*、木匍匐栒子木 *C. adpressus*、川滇蔷薇 *Rosa soulieana* 和野坝子 *Elsholtzia rugulosa* 等。

高山松 *Pinus densata* 林：为中国西南和青藏高原东南缘高山峡谷区的主要松树。川西冷杉 *Abies forrestii*、大果红杉 *Larix potaninii* var. *macrocarpa*、西藏红杉 *Larirx griffithii* 等高海拔分布的树种均在高山松林中出现，其他有华山松 *Pinus armandii*、白桦 *Betula platyphylla*、帽斗栎 *Quercus guyavaefolia*、山杨 *Populus davidiana*、藏川杨 *P. szechwanica* var. *tibetica* 等；灌木有川滇高山栎 *Q. aquifolioides*、矮高山栎 *Q. monimotricha*、乌鸦果 *Vaccinium fragile*、云南杜鹃 *Rhododendron yunnanensis*、亮叶杜鹃 *Rh. vernicosum*、窄叶火棘 *Pyracantha angustifolia* 等。

思茅松 *Pinus kesiya* var. *langibianensis* 林：分布云南南部哀崂山，形成大面积纯林，伴生有西南木荷 *Schima wallichii*、红锥 *Castanopsis hystrix*、毛叶黄杞 *Engelhardia colebrookiana*、西桦 *Betula alnoides*、毛杨梅 *Myrica esculenta*、小果栲 *Castanopsis fleuryi*、毛枝青冈 *Cyclobalanopsis helferiana*、茶梨 *Anneslea fragrans*、栓皮栎 *Quercus variabilis*、麻栎 *Q. acutissima*、华南石栎 *Lithocarpus fenestratus* 和假木荷 *Craibiodendron stelatum* 等；灌木有余甘子 *Phyllanthus emblica*、圆锥水锦树 *Wendlandia paniculata*、馒头果 *Glochidion fortunei*、米饭花 *Vaccinium sprengelii*、密花树 *Rapanea neriifolia*、云南银柴 *Aporosa yunnanensis* 等。

(6) 其他针叶林

云南油杉 *Keteleeria yunnanensis* 林：是云贵高原特有森林类型，分布海拔 1 000 ~ 2 500m，常与云南松 *Pinus yunnanensis*、栎属 *Quercus* 树种混生。秃杉 *Taiwania cryptomerioides* 林，分布于高黎贡山的龙陵、腾冲、贡山等海拔 1 700~2 700m 地带，常和乔松 *Pinus griffithii* 和阔叶树混生，并有大面积的人工秃杉林。

森林垂直分布以玉龙山为例。

海拔 3 000m 以下为松林或松栎林，松树为云南松 *Pinus yunnanensis* 与高山松 *P. densata*，栎类有川滇高山栎 *Quercus aquifolioides*、川西栎 *Q. gilliana* 及毛脉高山栎 *Q.*

rehderiana 等。

海拔 3 000m 以上开始生长温带的高山针叶林，其树种有苍山冷杉 *Abies delavayi*、冷杉 *A. fabri*、川滇冷杉 *A. forrestii*、长苞冷杉 *A. georgei*、丽江云杉 *Picea likiangensis*、川西云杉 *P. likiangensis* var. *balfouriana*、康定云杉 *P. likiangensis* var. *monigena*、油麦吊云杉 *P. brachytyla*、喜马拉雅铁杉 *Tsuga dumosa* 及大果红杉 *Larix potaninii* var. *macrocarpa* 等，其中落叶阔叶树为槭属 *Acer* 及桦属 *Betula* 树种。

海拔 4 000m 以上为高山灌丛，主要种类有多种杜鹃 *Rhododendron* sp.、越橘 *Vaccinium* sp. 及高山柏 *Juniperus squamata*，常成匍匐状或团状，还有落叶的桦木属 *Betula* 及柳属 *Salix* 树种，形成南山的奇异景观。

海拔 5 000m 以上为终年积雪的地带。

9.7 青藏高原区

9.7.1 自然地理条件

青藏高原被誉为"世界屋脊"，海拔多在 3 000～5 000m，北界为昆仑山、阿尔金山和祁连山山脉，南至喜马拉雅山脉，东达横断山脉东支山脊，西连帕米尔高原。年平均气温 0～8℃，日较差 12～18℃，年降水量 200～500mm。高原上的山脉为东西和西北—东南走向，自北而南有祁连山、昆仑山、唐古拉山、冈底斯山和喜马拉雅山。青藏高原湖泊众多，著名的青海湖位于青海省境内，是中国最大的咸水湖。其次是西藏自治区境内的纳木措。湖泊周围、山间盆地和向阳缓坡地带分布着大片翠绿的草地。

青藏高原的自然保护区丰富多彩，几乎包括了中国境内所有的主要陆地生态系统，尤其高原特有的高寒草地、荒漠及湖泊湿地等生态系统与有关的珍稀野生动植物保护区为世界罕见，为在这一独特、多样的生态环境中生存的野生动植物提供了较为安全的繁衍场所。青藏高原是世界上杜鹃花 *Rhododendron* sp. 种类最为丰富的地区，有"杜鹃花王国"之誉。青藏高原地广人稀，人为干扰破坏相对较轻，大部分保护区自然生态系统保存完好，但由于高原自然生态系统较脆弱，易受外界因素干扰破坏，因此要注重保护。

9.7.2 植物区系特点

青藏高原海拔 4 200m 以上的高寒地区，共有种子植物 67 科 339 属 1 816 种，裸子植物较少，有 3 科 6 属 12 种，除麻黄属 *Ephedra* 外，均分布于高原的南部、东部和唐古特地区，并形成大面积高山针叶林，是中国西南部林区的重要组成部分。海拔 4 200m 基本上是森林的上限，个别树种，如香柏 *Juniperus pingii* var. *wilsonii* 分布到海拔 5 300m。从科分析看出，青藏高原高寒地区菊科 Asteraceae、禾本科 Poaceae、龙胆科 Gentianaceae、报春花科 Primulaceae 和虎耳草科 Saxifragaceae 为大科，属于温带成分，是以中国—喜马拉雅为分布中心的科；就属而言，北温带分布型的属是本区系的主干，同中亚、西亚有一定联系；从种分析看，本区亚洲温带分布有 631 种，占种数的 34.7%。本区特有成分有 604

种，占种数的33.2%，特有种多是青藏高原区系特点。在米林保存有大花黄牡丹 *Paeonia ludlowii* 原生群落。

9.7.3 主要森林类型、树种资源与分布

高原北部和西部为羌塘高原，气候干旱、无森林分布，树木主要分布在高原的南部和东南部，森林上限海拔 4 300~4 400m。高原的东南，即喜马拉雅山、横断山、念青唐古拉山高山峡谷有森林分布，该森林由独特的树种组成，植被类型丰富，垂直带谱完整。西藏特有裸子植物有西藏红杉 *Larix griffithiana*、喜马拉雅红杉 *L. himalaica*、林芝云杉 *Picea linzhiensis*、长叶云杉 *P. smithiana*、乔松 *Pinus griffithii*、西藏冷杉 *Abies spectabilis*、藏柏 *Cupressus torulosa*、巨柏 *C. gigantea* 等。

高原森林的垂直分布明显。海拔 1 500~2 400m 为常绿阔叶林，主要树种有通麦栎 *Quercus tungmaiensis*、毛曼青冈 *Cyclobalanopsis gambleana*、薄叶青冈 *C. lamellosa*、毛叶黄杞 *Engelhardtia colebrookiana*；阳坡可见西藏长叶松 *Pinus roxburghii*，河漫滩有旱冬瓜 *Alnus nepalensis*、大叶杨 *Populus lasiocarpa* 等。

海拔 2 400~2 600（3 100）m 为山地温带针阔混交林，主要树种有云南铁杉 *Tsuga dumosa*、西藏红杉 *Larix griffithiana*；阳坡有川滇高山栎 *Quercus aquifolioides* 林、高山松 *Pinus densata* 林、华山松 *P. armandii* 林等。在林芝地区分布的巨柏 *Cupressus gigantea* 高达50m，胸径达400cm，非常壮观。

海拔 2 600（3 100）~4 000（4 300）m 为山地温带及寒温带针叶林，主要树种是急尖长苞冷杉 *Abies smithii*、墨脱冷杉 *A. delavayi* var. *motuoensis*、西藏冷杉 *A. spectabilis*、川西云杉 *Picea likiangensis* var. *balfouriana*、林芝云杉 *P. linzhiensis*、滇藏方枝柏 *Juniperus wallichiana*、大果圆柏 *J. tibetica* 等，阔叶树种有桦属 *Betula*、柳属 *Salix*、杨属 *Populus* 等树种；灌木有锦鸡儿属 *Caragana*、杜鹃花属 *Rhododendron* 等。在林芝、米林、波密、贡布江达等海拔3 300~3 700m地段分布大面积的林芝云杉林，伴生树种有西南花楸 *Sorbus rehderiana*、云南沙棘 *Hippophae rhamnoides* subsp. *yunnanensis*、林芝杜鹃 *Rhododendron nyingchiense*、钟花杜鹃 *Rh. campanulata*、雪层杜鹃 *Rh. nivale* 等，因林中河流通过，空气湿度大，地衣类植物长松萝 *Usnea longissima* 发育良好，出现大量"树挂"。大果红杉 *Larix potaninii* var. *macrocarpa* 分布海拔2 700~4 200m，组成纯林或与长苞冷杉 *Abies georgei*、川滇冷杉 *A. forrestii*、川西云杉 *Picea likiangensis* var. *balfouriana*、高山松 *Pinus densata*、川滇高山栎 *Quercus aquifolioides*、糙皮桦 *Betula utilis* 等混生。

海拔 4 300~5 000m 为高山灌丛，以常绿灌丛为主，建群种有钟花杜鹃 *Rhododendron campanulata*、宏钟杜鹃 *Rh. wightii*、毛喉杜鹃 *Rh. trichostomum*、雪层杜鹃 *Rh. nivale*、头花杜鹃 *Rh. canpitatum* 等。伴生灌木有西南花楸 *Sorbus rehderiana*、理塘忍冬 *Lonicera litangensis* 以及绣线菊属 *Spiraea*、柳属 *Salix* 树种。而落叶灌丛则为小叶金露梅 *Potentilla parvifolia*、垫状金露梅 *P. fruticosa* var. *pumila*、变色锦鸡儿 *Caragana versicolor*、西藏沙棘 *Hippophae tibetica* 等为主。落叶灌丛分布可达5 200m。

参考文献

北京林学院，1962. 森林植物学（上、下册）[M]. 北京：农业出版社.
北京林学院，1980. 树木学 [M]. 北京：中国林业出版社.
曹慧娟，1989. 植物学 [M]. 北京：中国林业出版社.
陈嵘，1953. 中国树木分类学 [M]. 修订版. 上海：上海科学技术出版社.
陈有民，1990. 园林树木学 [M]. 北京：中国林业出版社.
陈之端，冯旻，等，1998. 植物系统学进展 [M]. 北京：科学出版社.
董世林，1993. 东北木本植物图谱检索表 [M]. 哈尔滨：东北林业大学出版社.
傅立国，等，2000—2006. 中国高等植物（1~14卷）[M]. 青岛：青岛出版社.
关克俭，等，1983. 拉汉英种子植物名称 [M]. 北京：科学出版社.
郭善基，等，1992. 木本植物拉丁学名基础 [M]. 上海：上海科学技术出版社.
侯宽昭，1982. 中国种子植物科属词典 [M]. 修订本. 北京：科学出版社.
华北树木志编写组，1984. 华北树木志 [M]. 北京：中国林业出版社.
火树华，1992. 树木学 [M]. 2版. 北京：中国林业出版社.
金春星，1989. 中国树木学名诠释 [M]. 北京：中国林业出版社.
李延生，1990. 辽宁树木志 [M]. 北京：中国林业出版社.
刘慎谔，1955. 东北木本植物图志 [M]. 北京：科学出版社.
刘棠瑞，廖日京，1988. 树木学（上、下册）[M]. 3版. 台北：商务印书馆.
南京林学院，1961. 树木学（上、下册）[M]. 北京：农业出版社.
祁承经，汤庚国，2005. 树木学（南方本）[M]. 北京：中国林业出版社.
[英] 斯特恩，1978. 植物学拉丁文 [M]. 秦仁昌，译. 北京：科学出版社.
任宪威，姚庆渭，王木林，1991. 中国落叶树木冬态 [M]. 北京：中国林业出版社.
任宪威，1997. 树木学（北方本）[M]. 北京：中国林业出版社.
任宪威，等，2003. 拉汉英中国木本植物名录 [M]. 北京：中国林业出版社.
树木学（南方本）编委会，1994. 树木学（南方本）[M]. 北京：中国林业出版社.
孙立元，任宪威，1979. 河北树木志 [M]. 北京：中国林业出版社.
田兴军，1992. 东北木本植物 [M]. 香港：乐斯国际出版社.
汪劲武，1985. 种子植物分类学 [M]. 北京：高等教育出版社.
王勋陵，王静，1989. 植物的形态结构与环境 [M]. 兰州：兰州大学出版社.
（美）詹姆斯·吉哈，2001. 图解植物学词典 [M]. 王宇飞，赵良成，冯广平，等译. 北京：科学出版社.
温远光，和太平，谭伟福，. 2004. 广西热带和亚热带山地的植物多样性及群落特征 [M]. 北京：气象出版社.
吴征镒，1980. 中国植被 [M]. 北京：科学出版社.
吴征镒，等，2003. 中国被子植物科属综论 [M]. 北京：科学出版社.
西北植物研究所，1976—1981. 秦岭植物志（1~5卷）[M]. 北京：科学出版社.

向其柏，臧德奎，等，2004. 国际栽培植物命名法规（ICNCP）[M]. 北京：中国林业出版社.
张大勇，2004. 植物生活史进化与繁殖生态学[M]. 北京：科学出版社.
张若蕙，1993. 中国主要树木幼苗形态[M]. 北京：科学出版社.
郑万钧，1961. 中国树木学（第一分册）[M]. 南京：江苏人民出版社.
郑万钧，1983—2004. 中国树木志（1~4卷）[M]. 北京：中国林业出版社.
中国科学院植物研究所，1972—1983. 中国高等植物图鉴[M]. 北京：科学出版社.
中国科学院植物研究所，1996. 新编拉汉英植物名称[M]. 北京：航空工业出版社.
中国科学院中国植物志编辑委员会，1961—2002. 中国植物志（7~80卷）[M]. 北京：科学出版社.
中国森林编委会，1999—2003. 中国森林（1~3卷）[M]. 北京：中国林业出版社.
中国树木志编委会，1978. 中国主要树种造林技术[M]. 北京：农业出版社.
周以良，1986. 黑龙江树木志[M]. 哈尔滨：黑龙江科学技术出版社.
周云龙，1999. 植物生物学[M]. 北京：高等教育出版社.
朱光华，译，2001. 国际植物命名法规（圣路易斯法规）[M]. 北京：科学出版社.
陈文俐，杨昌友，2000. 中国阿尔泰种子植物区系研究[J]. 云南植物研究，22（4）：371-378.
冯缨、潘伯荣，2004. 新疆特有种植物区系及生态学研究[J]. 云南植物研究，26（2）：183-188.
何亚平，刘建全，2003. 植物繁育系统研究的最新进展和评述[J]. 植物生态学报，27（2）：151-163.
李锡文，1995. 云南高原地区种子植物区系[J]. 云南植物研究，17（1）：1-14.
刘昉勋，刘守炉，杨志斌，等，1995. 华东地区种子植物区系研究[J]. 云南植物研究（增刊Ⅶ）：93-110.
马成仓，高玉葆，刘惠芬，等，2003. 小叶锦鸡儿、中间锦鸡儿和柠条锦鸡儿地理渐变性 Ⅰ. 生态学和RAPD证据[J]. 植物学报，45（10）：1218-1227.
马其侠，王发国，陈炳辉，2004. 从见血封喉的分布看广东省热带与亚热带的界线划分[J]. 热带亚热带植物学报，12（1）：7-12.
祁承经，喻勋林，肖育檀，等，1995. 华中植物区种子植物区系的研究[J]. 云南植物研究（增刊Ⅶ）：55-92.
史全良，诸葛强，2001. 用ITS序列研究杨属各组之间的系统发育关系[J]. 植物学报，43（2）：323-325.
吴征镒，1991. 中国种子植物属的分布区类型[J]. 云南植物研究（增刊Ⅳ）：1-139.
武素功，杨永平，费勇，1995. 青藏高原高寒地区种子植物区系的研究[J]. 云南植物研究，17（3）：233-250.
赵平，孙谷畴，曾小平，等，2000. 两种生态型榕树的叶绿素含量、荧光特性和叶片气体交换日变化的比较研究[J]. 应用生态学报，11（3）：327-332.
杨永，王志恒，徐晓婷，2017. 世界裸子植物的分类和地理分布[M]. 上海：上海科学技术出版社.
Aas G, Riedmiller A, 1987. Bäume [M]. München: Gräf und Unzer Gmb H.
Angiosperm Phylogeny Group, 1998. An Ordinal Classification for the Families of Flowering Plants [J]. *Annals of the Missouri Botanical Garden*, 85: 531-553.
Brunsfeld, Steven J, et al., 1994. Phylogenetic Relationships among the Genera of Taxodiaceae and Cupressaceae: Evidence from *rbc*L Sequences [J]. *Systematic Botany*, 19 (2): 253-262.
Campbell N A, 1996. Biology [M]. 4th ed. San Francisco: The Benjamin/Cummings Publishing

Company Inc.

Chase M W, Soltis D E, Olmstead R G, et al., 1993. Phylogenetics of Seed Plants: An Analysis of Nucleotide Sequences from Plastid Gene *rbc*L [J]. *Annals of the Missouri Botanical Garden*, 80: 528 – 580.

Chase M W, Stevenson D W, Wilkin P, et al., 1995. Monocotyledon Systematics: A Combined Analysis. // Rudall P J, et al., Monocotyledons Systematics and Evolution [M]. Kew: Royal Botanic Gardens, 685 – 730.

Cronquist A, 1981. An Integrated System of Classification of Flowering Plants [M]. New York: Columbia University Press.

Cronquist A, 1988. The Evolution and Classification of Flowering Plants [M]. New York: New York Botanical Garden.

Dahlgren R, 1989. An Updated Angiosperm Classification [J]. *Botanical Journal of the Linnean Society*, 100: 197 – 203.

Engler A, 1887—1909. Die natürlichen Pflanzenfamilien Vol. 32. [M]. Leipzig: Verlage von Wilhelm Engelmann.

Gadek P A, Quinn C J, 1993. An Analysis of Relationships Within the Cupressaceae Based on *rbc*L Sequences [J]. *Annals of the Missouri Botanical Garden*, 80: 581 – 586.

Harder S C H, Barrett L D, 1996. Pollen Dispersal and Matting Patterns in Animal-pollinated Plant [M]. In: Lloyd D G, Barrett S C H. Floral Biology. New York: Chapman & Hill.

Hutchinson J, 1926, 1934. The Families of Flowering Plants Vol. I & II. [M]. London: MacMillan Co.

Hutchinson J, 1959. The Families of Flowering Plants Vol. I & II. [M]. 2nd ed. Oxford: Oxford University Press.

Hutchinson J, 1969. The Families of Flowering Plants [M]. 3rd ed. Oxford: Clarendon Press.

James W Hardin, Donald J Leopold, Fred M White, 2001. Harlow & Harrar's Textbook of Dendrology [M]. 9th ed. New York: McGraw-Hill Higher Education.

John Laird Farrar, 1995. Trees in Canada [M]. Markham: Fitzhenry & Whiteside Ltd.

Judd W S, Campbell C S, Kellogg E A, et al., 1999. Plant Systematics, a Phylogenetic Approach [M]. Massachusetts: Sinauer Associates Inc. Publishers, 183 – 184.

Nandi O I, Chase M W, Endress P K, 1998. A Combined Cladistic Analysis of Angiosperms Using *rbc*L and Nonmolecular Data Sets [J]. *Annals of the Missouri Botanical Garden*, 85: 137 – 212.

Natho, Müller, Schmidt, 1990. Wörterbücher der Biologie: Morphologie und Systematik der Pflanzen, Teil (A-K) und Teil 2 (L-Z) [M]. Stuttgart: Gustav Fischer Verlag.

Pigliucci M, 2001. Phenotypic Plasticty: Beyongd Nature and Nurture [M]. London: The Johns Hopkings University Press.

Roth I, 1977. Fruits of Angiosperms. Encyclopedia of Plant Anatomy [M]. Stuttgart: Gebrüder Borntraeger.

Savolainen V, Fay M F, Albach D C, et al., 2000. Phylogeny of the Eudicots: A Nearly Complete Familial Analysis Based on *rbc*L Gene Sequences [J]. *Kew Bulletin*, 55: 257 – 309.

Schlichting C D, Pigliucci M, 1998. Phenotypic Evolution: A Reaction Norm Perspective [M]. Massachusetts: Sinauer Press.

Singh H, 1978. Embryology of Gymnosperms. Encyclopedia of Plant Anatomy [M]. Berlin: Gebrüder Borntraeger-Stuttgart.

Sitte P, Ziegler H, et al., 1998. Strasburgur Lehrbuch der Botanik (34. Auflage) [M]. Berlin: Spektrum Akademischer Verlag Heidelberg.

Soltis D E, Soltis P S, Nickrent D L, et al., 1997. Angiosperm Phylogeny Inferred from 18S Ribosomal DNA Sequences [J]. *Annals of the Missouri Botanical Garden*, 84: 1-49.

Strasburger, 1999. Lehrbuch der Botanik [M]. Berlin: Spektrum Akademischer Verlag Heidelberg.

Stützel Th, 1995. Morphologie und Systematik der Pflanzen [M]. (A Manuscript of Textbook Printed in Ruhr-Universität Bochum, Germany).

Stützel Th, 2002. Botanische Bestimmungsübungen [M]. Ulm: Verlag Eugen Ulmer Gmb H. & Co.

Takhtajan A, 1997. Diversity and Classification of Flowering Plants [M]. New York: Columbia University Press.

The Flora of China Editorial Committee, 1994—2007. Flora of China [M]. Srt. Louis: Missouri Botanical Garden Press.

Wu Zhenyi, Peter H Raven, Hong Deyuan, 2001. Flora of China Illustrations [M]. Beijing: Science Press, Srt. Louis: Missouri Botanical Garden Press.

索 引

中文名索引

学名索引

英文名索引

彩版 1

1. 平滑
梧桐 Firmiana simplex

2. 粗糙
臭椿 Ailanthus altissima

3. 鳞片状开裂
鱼鳞云杉 Picea jezoensis

4. 细纵裂
枫香 Liquidambar formosana
（成年树）

5. 浅纵裂
蒙椴 Tilia mongolica

6. 深纵裂
栓皮栎 Quercus variabilis

7. 鳞块状纵裂
马尾松 Pinus massoniana

8. 窄长条浅纵裂
柳杉 Cryptomeria fortunei

9. 不规则纵裂
黄檗 Phelodendron amurense

10. 方块状开裂
柿树 Diospyros kaki

11. 横向浅裂
山桃 Prunus davidiana

12. 鳞状剥落
榔榆 Ulmus parvifolia

13. 片状剥落
白皮松 Pinus bungeana

14. 长条片剥落
香椿 Toona sinensis

15. 纸状剥落
红桦 Betula albo-sinensis

16. 皮刺
木棉 Bombax ceiba

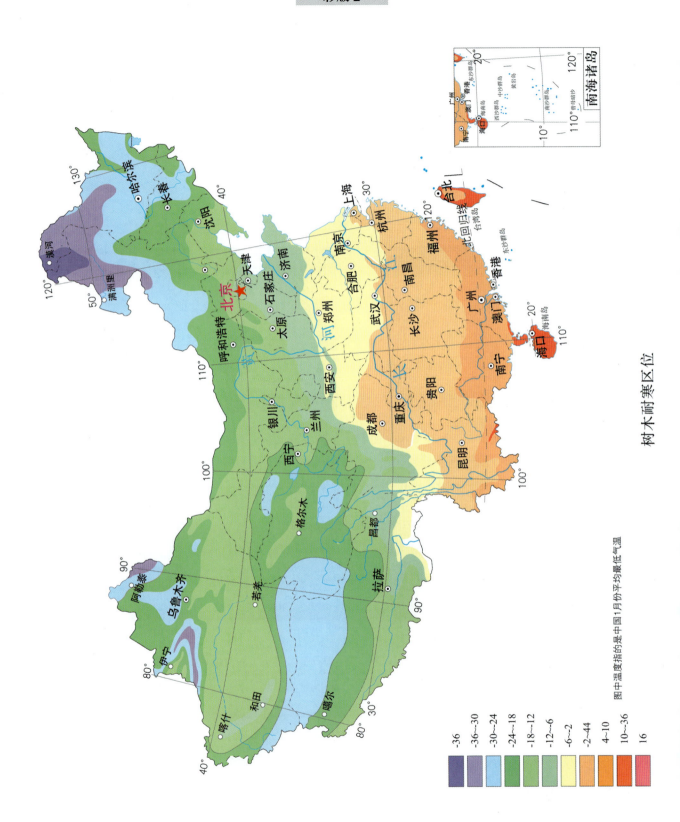

彩版 3

1. 珙桐 *Davidia involucrata* 头状花序具 2 枚白色苞片，国家 I 级保护植物

4. 白豆杉 *Pseudotaxus chienii* 种子半包以白色肉质被套，国家 II 级保护植物

7. 金花茶 *Camellia nitidissima* 珍贵花卉种质资源，国家 I 级保护植物

8. 翅果油树 *Elaeagnus mollis* 果实具 8 条棱脊，国家 II 级保护植物

2. 中华桫椤 *Alsophila costularis* 国家 II 级保护植物，图为云南龙陵一碗水桫椤保护区，生境破坏严重

5. 长果秤锤树 *Sinojackia dolichocarpa* 果实倒圆锥形，具喙，国家 II 级保护植物

9. 金钱槭 *Dipteronia sinensis* 翅果近圆形，常一个发育，国家 III 级保护植物

3. 金钱松 *Pseudolarix amabilis* 落叶树种，秋叶金黄，国家 II 级保护植物

6. 观光木 *Tsoongiodendron odorum* 聚合蓇葖果，国家 II 级保护植物

10. 银杏 *Ginkgo biloba* 成熟的种子，国家 I 级保护植物（原生种）

彩版 4

1. 大叶杨 *Populus lasiocarpa* 枝、口

2. 刺五加 *Acanthopanax senticosus* 花序伞形

3. 茶树 *Camellia sinensis* 蒴果

4. 苏铁 *Cycas revoluta* 大孢子叶球

5. 罗汉松 *Podocarpus macrophyllus* 种子蓝黑色，种托红色

6. 玉兰 *Magnolia denudata* 花白色，花被片 9

7. 木油桐 *Vernicia montana* 果皮具网状皱纹

8. 小桐子 *Jatropha curcas* 蒴果开裂，种子黑色

9. 棕榈 *Trachycarpus fortunei* 肉穗状圆锥花序（雄花序）

10. 毛竹 *Phyllostachys heterocycla* 'Pubescens' 竹林